Areum Math new series

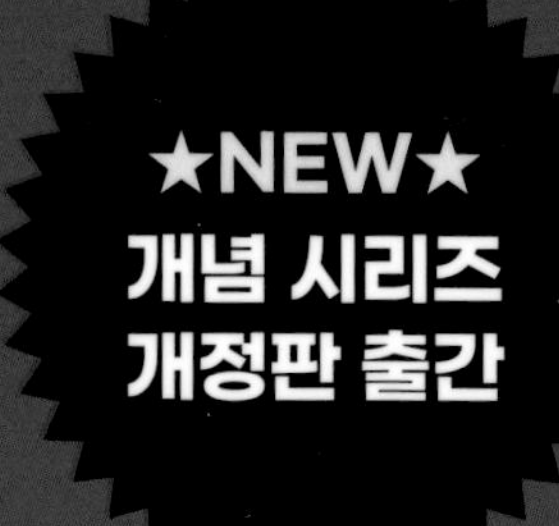

편입수학은 한아름 ③

다변수 미적분

한아름 편저

140개 유형 430개 문제로 기초를 다지는 **필수 기본서**

고득점 합격을 위한 **핵심 전략** 공개

편입 성공 선배들의 **최신 합격 수기**

1타 강사의 **15년 노하우** 결정체 수록

"**편입수학**의 시작과 끝은 **한아름**으로 통한다!"

미다스북스

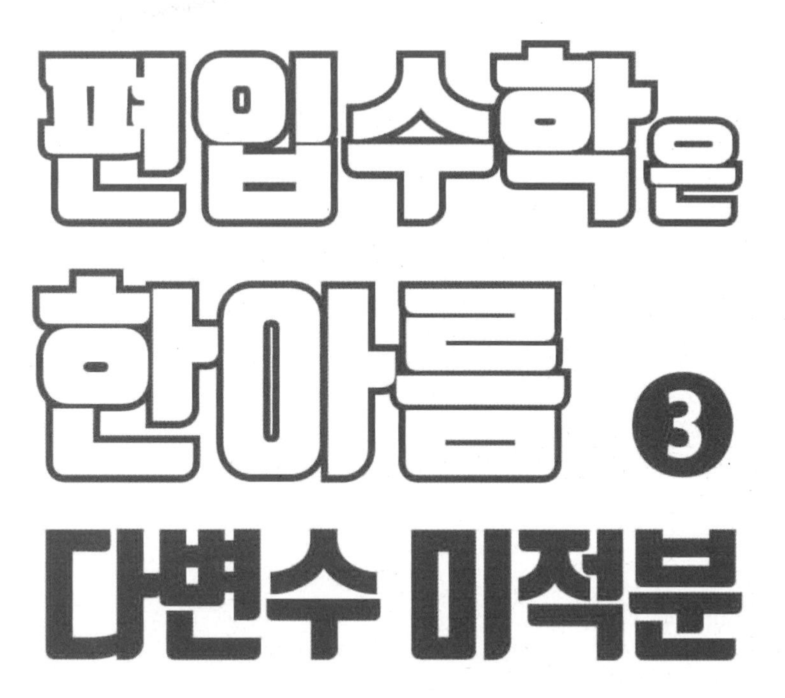
Areum Math new series
편입수학은
한아름 3
다변수 미적분

편입수학은
한아름 ❸ 다변수 미적분

초 판 1쇄 2024년 05월 03일

지은이 한아름
펴낸이 류종렬

펴낸곳 미다스북스
책임편집 이다경 백승정
책임진행 김가영 윤가희 이예나 임인영 김요섭 안채원 임윤정

등록 2001년 3월 21일 제2001-000040호
주소 서울시 마포구 양화로 133 서교타워 711호
전화 02) 322-7802~3
팩스 02) 6007-1845
블로그 http://blog.naver.com/midasbooks
전자주소 midasbooks@hanmail.net
페이스북 https://www.facebook.com/midasbooks425

ISBN 979-11-6910-637-5 (13410)

값 38,000원

한아름 선생님은…

법대를 졸업하고 수학 선생님을 하겠다는 목표로 수학과에 편입하였습니다.

우연한 기회에 편입수학 강의를 시작하게 되었고 인생의 터닝포인트가 되었습니다.

편입은 결코 쉬운 길이 아닙니다. 수험생은 먼저 용기를 내야 합니다. 그리고 묵묵히 공부하며 합격이라는 결과를 얻기까지 외로운 자신과의 싸움을 해야 합니다. 저 또한 그 편입 과정의 어려움을 알기에 용기 있게 도전하는 학생들에게 조금이나마 힘이 되어주고 싶습니다. 그 길을 가는 데 제가 도움이 될 수 있다면 저 또한 고마움과 보람을 느낄 것입니다.

무엇보다도, 이 책은 그와 같은 마음을 바탕으로 그동안의 연구들을 정리하여 담은 것입니다. 자신의 인생을 개척하고자 결정한 여러분께 틀림없이 도움이 될 수 있을 것이라고 생각합니다.

그 동안의 강의 생활에서 매 순간 최선을 다했고 두려움을 피하지 않았으며 기회가 왔을 때 물러서지 않고 도전했습니다. 앞으로도 초심을 잃지 않고 1타라는 무거운 책임감 아래 더 열심히 노력하겠습니다. 믿고 함께한다면 합격이라는 목표뿐만 아니라 인생의 새로운 목표들도 이룰 수 있을 것입니다.

여러분의 도전을 응원합니다!!

▶ 유튜브 "편입수학은 한아름"

▶ 카카오톡 ID　areummath

▶ 네이버 "편입수학은 한아름"

▶ 현장강의 _ 브라운 편입학원 자연계전문관

유튜브 〈편입수학은 한아름〉

브라운 편입학원

Areum Math 수강생 후기

수험생에게 아름쌤 말은 정답입니다! 수학을 포기하신 분들이나 자신이 없던 분들도 편입시험은 대학 입시에서 마지막 기회일 텐데 아름쌤은 항상 자신감을 심어주시고 응원해주십니다. 공부하다 상담을 했을 때 문제점을 귀신같이 찾아서 그에 맞는 해결책을 주세요. 아름쌤은 항상 학생들에게 조금이라도 도움되는 방법에 대해 고민하시니까, 믿고 따르세요.

- 김○박 (경희대학교 기계공학과)

아름쌤 수업은 믹서기예요. 어려운 편입수학을 먹기 좋게 갈아서 떠먹을 수 있도록 만들어주기 때문입니다. 편입수학에서 가장 개념에 정통한 수업이라고 생각해요. 새로운 수학을 배우고 있다는 느낌이 들 것입니다. 아름쌤은 수준별로 수업을 나누지 않고 다 똑같은 수업을 듣게 하세요. 수학이란 개념, 정의가 가장 중요하기 때문이라고 생각합니다. 수업을 따라가다 보면 합격은 당연히 따라올 것입니다.

- 김○민 (한양대학교 융합전자공학과)

편입한 선배의 추천을 받고 아름쌤을 선택했어요. 합격해본 사람이 안다더니, 역시나 좋았습니다. 아름쌤은 만능이십니다. 개념 강의와 문제, 현강, 모의고사형 수업 등 전반적으로 다 좋아서 하나만 꼽기가 어려워요. 사실, 준비 기간 동안 많은 문제를 풀지는 못했는데도 합격할 수 있었던 이유는 개념을 이해하고 핵심 유형을 알았기 때문이라고 생각합니다. 한아름쌤은 개념, 스킬, 시간 단축, 기출, 편입생에게 도움 될 얘기, 우리를 위한 얘기를 해주십니다. 정해진 기간이 있는 레이스에서 시행착오를 대폭 줄여주십니다.

- 양○연 (인하대학교 전자공학과)

아름쌤은 합격코드입니다. 지금 아름쌤의 말씀을 돌이켜보면 다 옳았고, 예언처럼 다 맞아떨어졌습니다. 저는 쌤의 모든 게 마음에 들었습니다. 불만족스러웠던 적도 없었습니다. 학생 편의를 위해 접근성이 좋은 유익한 컨텐츠를 연구하는 게 무신경한 제 눈에도 너무 잘 보였습니다. 그중에서도 개념강의가 최고입니다. 학생들이 몸과 마음만 준비되어 있다면 아름쌤을 전적으로 믿고 100% 따라가세요. 합격은 보장되어 있습니다.

- 장○수 (광운대학교 전기공학과)

나중에 기출, 다른 선생님들의 파이널을 풀다 보면 희한한 문제, 처음 보는 문제들을 볼 수 있습니다. 하지만 아름쌤 수업과 교재에서는 보편타당한 문제들, 즉 합격을 하기 위해서 맞히는 문제들이 있습니다. 아름쌤은 꼭 필요한 것들, 혹은 합격을 위한 모든 문제들을 포괄할 수 있는 것들을 가르쳐주십니다. 아름쌤 수업은 편입수학의 '기저(基底)' 입니다.

- 조○원 (서강대학교 생명과학과)

아름쌤은 마약 같습니다. 한번 빠지면 헤어나올 수 없어요! 편입수학은 어려운 수학을 다루는 시험이다 보니까 개념, 공식들이 정말 중요합니다. 아름쌤은 무조건적인 편법풀이, 공식 암기보다는 개념을 자세하게 이해시키고 나서 공식을 유도시키고, 그 후에 편법풀이의 원리도 설명해주셔서 정말 머리에 쏙쏙 박히는 수업입니다. 또한 학생들에게 정말 많은 관심을 가져주시고 잘 챙겨주십니다.

- 주○영 (세종대학교 정보보호학과)

아름쌤은 긍정 열매세요. '올해는 글렀다. 올해는 합격하지 못할 것 같다. 수능보다 더 어렵다고 소문이 난 편입을 내가 붙을 수 있을까?' 이런 생각을 하고 있을 때, 모의고사에서 19점을 받았던 학생이 서울과학기술대학교에 합격한 자료를 보여주셨습니다. 그러면서 끝까지 하는 자가 합격한다며 긍정적인 에너지를 쏟아주셨어요. 선생님이 보여주신 긍정 덕분에 저도 합격할 수 있었던 것 같습니다.

- 최○은 (서울과학기술대학교 건설시스템공학과)

사막에서 목이 너무 말라 지쳐 쓰러지기 직전, 오아시스를 만난다면 죽기 직전의 사람도 살아나는 마법이 일어납니다. 아름쌤 수업은 합격을 위해서 필요한 개념을 정말 자세하게 설명해주시기 때문에, 어려울 때마다 만나는 오아시스 같은 느낌입니다. 우선 수학의 기본인 개념 정리의 끝판왕이십니다. 합격으로 가는 지름길을 걷게 해주십니다. 믿고 따라간다면, 그리고 교수님께서 강조하시는 당일 복습과 누적 복습을 철저하게 한다면, 적어도 봤던 문제들에서 틀리기 어려울 것입니다. 그리고 처음 보는 문제들은 천천히 어떻게 풀어나갈지 방향을 잡을 수 있는 능력을 가지게 될 거예요!

- 한○희 (홍익대학교 실내건축학과)

교재가 좋습니다. 한아름 선생님의 수업내용과 교재를 정리하다 보니 스토리가 있다는 사실을 알게 되었습니다. 정말 내용과 그 순서가 잘 되어 있습니다. 그리고 빈출유형 수업이 좋습니다. 한아름 선생님께서 문제를 풀어보라고 하신 적이 있습니다. 그때 주변 학생분들은 많이 풀었는데 저는 1문제 정도밖에 못 풀었어요. 충격 받아서 실력이 가장 많이 올랐던 것 같습니다. 선생님이 수업하시는 내용과 방법들이 결국 시험문제로 나옵니다. 한아름쌤의 수업을 듣는 학생들이라면 쌤을 잘 믿고 쌤이 하라는 대로 공부하세요. 아름쌤 수업은 합격으로 향하는 지름길입니다!

- 홍○영 (한양대학교 도시공학과)

다변수 미적분학 - 공간상의 곡면과 곡선

앞에서 배웠던 일변수 미적분학은 평면에서 그려지는 그래프에 대한 내용이었다면, 다변수 미적분학은 공간상의 곡면과 곡선에 대한 내용을 기반으로 학습을 하게 됩니다. 따라서 공간상의 직선, 평면, 곡면의 그래프를 개략적으로 그릴 수 있다면 도움이 많이 될 것입니다. 그래프만 그려도 문제의 절반 이상을 해결했다고 해도 과언이 아니기 때문입니다. 다변수 미적분학의 학습 구조는 일변수 미적분학의 학습구조와 거의 유사합니다. 미적분법, 미적분의 기하학적 의미, 실질적인 활용과 응용에 대해 배우게 됩니다. 따라서 일변수 미적분의 복습이 잘 되어 있다면 다변수 미적분학은 고득점으로 합격할 수 있는 효자과목입니다.

정형화된 문제는 계속 나옵니다

다변수 미적분학을 공부하면서 학습 분량과 복습의 양이 점점 늘어난다는 부담감이 있을 수 있지만, 시험에 출제되는 부분은 정해져있습니다. 또한 매년 출제되는 문제들은 난이도가 높지 않고 정형화되어 있기 때문에 수업 내용과 기본서를 반복적으로 복습하여 출제유형을 익혀야 합니다. 특히, 6단원의 선적분과 면적분은 문제의 난이도는 높지 않지만 물리학에 대한 내용을 포함하고 있기 때문에 학생들이 느끼는 심리적 부담감이 큰 단원입니다. 그러나 수학적인 해결력을 가지고, 문제를 유형별로 접근하는 연습을 한다면 높은 점수를 얻을 수 있는 단원입니다.

늦었다고 생각할 때가 가장 빠르다!

다변수 미적분 수업을 들으면서 눈과 머리로는 이해가 가는데 직접 풀어보면 어색하고 잘 안 풀리는 경험을 하게 될 거예요. 그래서 “합격할 수 있을까?”라고 생각하는 학생이 있다면 “합격할 수 있습니다.”라고 말해주고 싶습니다. 그런 어려움을 겪는 이유는 미적분의 절대적인 복습량이 부족한 탓이지 내용이 어려워서가 아니기 때문입니다. 다변수 미적분과 일변수 미적분은 중복되는 부분이 많기 때문에 지금부터 복습을 병행한다면 반드시 극복할 수 있는 과목입니다. 지금 시작하세요!!

편입시험에 최적화된 수업

“편입수학을 독학하는 것이 가능한가요?”라고 질문한다면 “가능하지만 준비기간이 굉장히 길 것입니다.”라고 답변을 합니다. 제 수업은 단기간에 편입수학의 모든 부분을 마스터하기 위한 수업입니다. 즉, 편입시험에 최적화되어 있다는 것입니다. 또한 개념에 대한 설명을 하고 최신 기출문제에 적용함으로써 실전감각을 향상시키고 학습방향을 잡을 수 있습니다. 그래서 이 교재는 집필할 때, 수업을 듣는 학생들의 입장에서 가장 쉽고 체계적으로 받아들일 수 있도록 구성하였습니다.
특히 선적분과 면적분은 출제율이 높을 뿐만 아니라 난이도도 높은 단원인데, 문제를 접근하는 방법과 답을 도출하는 과정까지 단순화하는 과정을 통해서 어떤 문제가 출제되더라도 100% 해결할 수 있을 것입니다. 즉, 저는 여러분이 다변수 미적분학을 해결하는 Key를 찾도록 길을 안내하겠습니다.

“태산이 높다하되 하늘아래 뫼이로다.”

산이 아무리 높다 하더라도 오르고 또 오르면 못 오를 리 없지만 산이 높다고만 여기고 오르기를 포기하는 사람은 결코 산 정상에 오르는 경험을 할 수 없습니다. 여러분들이 편입을 해야겠다고 결심했다면 그 목표만을 위해서 긍정적인 마인드로 집중해야 합니다. 따라서 여러분의 인생 제2막을 열기 위해서 더 이상 피하지 말고 앞으로 나가세요. 그렇게 한다면 분명 여러분의 날개를 펼쳐 더 높이 비상(飛上)할 수 있을 것입니다.

Areum Math는 그 길에서 항상 여러분을 응원하고 함께 하겠습니다!!!

한아름 드림

다변수 미적분학 공략의 Key

공간상의 그래프 그리기

다변수 미적분학은 편도함수와 다중적분으로 나눌 수 있습니다.

편도함수의 기하학적 의미는 방향을 제시한 곡면의 기울기이고, 이중적분의 기하학적 의미는 곡면들이 둘러싸인 부피를 구하는 것입니다. 우리가 공간상의 곡면을 정확하게 그릴 수는 없지만 간략한 개형만 알고 있어도 문제를 해결하는데 중요한 Key를 얻게 됩니다.

또한 포물면, 원기둥 곡면, 구(타원체)등 수학적으로 풀이를 위해 문제에서 제시되는 곡면은 제한적입니다. 따라서 직접 그려보고 문제에서 원하는 부분을 파악할 수 있도록 노력해야 합니다.

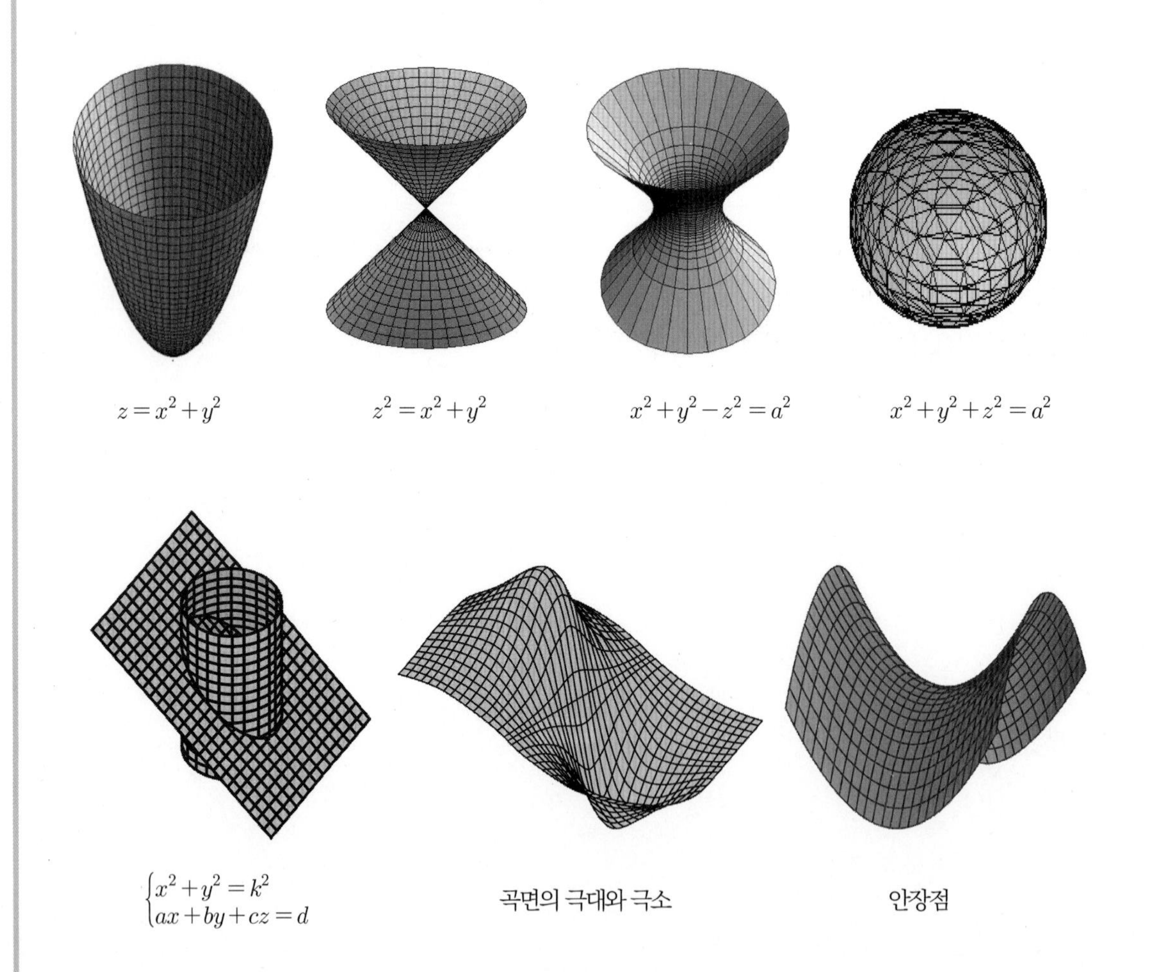

Areum Math 3원칙

여러분이 이 교재를 완벽하게 마스터하기 위해서 세 가지 원칙을 지켜주세요.

수업!! 복습!! 질문!! 너무 식상하고 당연한 얘기 같지만, 가장 중요한 원칙입니다.

1 수업

수업 시간에 학습 내용을 최대한 이해해야 합니다. 필기를 하다가 수업 내용을 놓쳐서는 안 됩니다. 때문에 필기가 필요하다면 연습장을 이용해서 빠르게 하시고, 수업 후 책에 옮겨 적으면서 복습하는 것을 권해드립니다.

2 복습

에빙하우스의 '망각의 법칙'을 들어본 적이 있나요? 수업 후 몇 시간만 지나도 수업 내용을 금방 잊어버립니다. 그래서 수업 후 당일 복습을 원칙으로 하고, 공부할 시간과 공부할 분량을 정해서 매일매일 복습하는 것이 효율적입니다.

목차의 ☑☑☑☑☑은 전체 커리큘럼을 마치는 동안 최소한 기본서를 5회 이상 반복 학습하기 위한 표시입니다. 해당 목차를 복습할 때마다 체크를 하면 복습을 시각화하고, 성취감도 올릴 수 있습니다. 체크를 하기 위해서라도 복습을 꾸준하게 해보세요. 이것이 누적 복습을 하는 방법입니다.

3 질문

공부를 하다보면 자신이 무엇을 알고 무엇을 모르는지도 잘 모릅니다. 그러나 선생님에게 질문을 하면서 어떤 내용을 모르고 있고 어떤 부분이 부족한가를 스스로 인지할 수 있을 것입니다. 또한 막연하게 알고 있던 것을 정확하게 정리할 수도 있습니다. 그래서 질문은 실력이 향상되는 지름길이라는 것을 스스로 느낄 것입니다.

이 원칙을 생활화하면 여러분은 반드시 목표달성에 성공할 것입니다.

힘든 시기가 있을 지라도 극복하고 나면 결코 힘든 시기가 아니었음을 깨닫게 됩니다.

끝까지 여러분과 함께 목표 달성을 위해서 Fighting!!

커리큘럼

Areum Math 커리큘럼

	기본 · 심화				
개념	편입수학 베이직	미적분과 급수	다변수 미적분	선형대수	공학수학
당일복습	D.I 1	D.I 2	D.I 3	D.I 4	D.I 5
누적복습	N.J 1	N.J 2	N.J 3	N.J 4	N.J 5

실전		파이널
연도별 기출	2015 / 2016 / … / 2023 /2024 / …	시크릿 모의고사 대학별 직전특강
대학별 기출	가천대, 가톨릭대, 광운대, 건국대, 경기대, 경희대, 국민대, 단국대, 동국대, 명지대, 서강대, 서울시립대, 서울과학기술대, 성균관대, 세종대, 숙명여대, 숭실대, 아주대, 이화여대, 인하대, 중앙대, 한국공학대, 한국항공대, 한성대, 한양대, 홍익대	

❖ 편입수학 익힘책, 1200제 문제집은 자습용 교재로 활용해주세요.

대학별 출제과목

미적분 & 급수	다변수 미적분	건국대, 아주대, 숙명여대			
미적분 & 급수	다변수 미적분	선형대수	경기대, 동국대, 명지대, 세종대, 중앙대, 이화여대		
미적분 & 급수	다변수 미적분	선형대수	공학수학1	가천대, 가톨릭대, 국민대, 광운대, 경희대, 단국대, 서울과학기술대 서강대, 성균관대, 숭실대, 인하대, 한국공학대, 한양대, 한성대	
미적분 & 급수	다변수 미적분	선형대수	공학수학1	공학수학2	서울시립대, 홍익대, 항공대,

Areum Math

_______년 _____월 _____일,

나 _________은(는) 한아름 교수님과 함께

열정과 자신감을 가지고 나아가 목표를 이루겠습니다.

다짐 1, ________________________________

다짐 2, ________________________________

다짐 3, ________________________________

가장 현명한 사람은

자신만의 방향을 따른다.

- 에우리피데스(Euripides)

8주 완성 학습 스케줄표

Timeline		강의 내용	교재	수강일	복습 체크	이해도
Chapter 1	1 Day	이변수함수의 그래프 (1)	18~24			
		이변수함수의 그래프 (2)	18~24			
		이변수함수의 극한과 연속 (1)	26~28			
		이변수함수의 극한과 연속 (2)	29~30			
	2 Day	편도함수 (1)	32~35			
		편도함수 (2)	36~39			
		이변수함수의 미분가능성	40~42			
		라이프니츠 미분공식	44~45			
	3 Day	합성함수 미분법(1)	46~48			
		합성함수 미분법(2)	50~52			
		합성함수 미분법(3)	53~55			
		전미분	56~58			
	4 Day	음함수 미분법	60~63			
Chapter 2		경도벡터	70~71			
		방향도함수(1)	72~75			
		방향도함수(2)	76~80			
	5 Day	공간곡선	82~87			
		곡선의 길이, 재매개화	88~90			
		T,N,B벡터	92~93			
		곡률과 열률 (1)	94~97			
	6 Day	곡률과 열률 (2)	98~99			
		곡면의 접평면과 법선 (1)	100~103			
		곡면의 접평면과 법선 (2)	104~107			
		두 곡면의 교선	108~110			
Chapter 3	7 Day	이변수함수의 테일러급수	116~117			
		이변수함수의 극대와 극소	118~121			
		이변수함수의 최대와 최소 (1)	122~125			
		이변수함수의 최대와 최소 (2)	126~127			
	8 Day	이변수함수의 최대와 최소 (3)	128~131			
		이변수함수의 최대와 최소 (4)	132~134			
		이변수함수의 최대와 최소 (5)	136~139			
		이변수함수의 최대와 최소 (6)	140~143			

Timeline		강의 내용	교재	수강일	복습 체크	이해도
Chapter 4	9 Day	이중적분의 계산(1)	150~154			
		이중적분의 계산(2)	155~160			
		극좌표에서 이중적분(1)	162~165			
		극좌표에서 이중적분(2)	166~167			
	10 Day	이중적분의 적분변수변환 (1)	168~170			
		이중적분의 적분변수변환 (2)	171~173			
		이중적분의 적분변수변환 (3)	174~176			
		부피 (1)	178~182			
	11 Day	부피 (2)	183~186			
		무게중심	188~191			
		곡면적(1)	192~195			
		곡면적(2)	196~200			
Chapter 5	12 Day	삼중적분의 계산(1)	210~213			
		삼중적분의 계산(2)	214~215			
		원주좌표계	216~219			
		구면좌표계	220~224			
	13 Day	적분변수변환	226~227			
		부피 (1)	228~230			
		부피 (2)	231~232			
		무게중심	234~238			
	14 Day	선적분(1)	246~249			
		선적분(2)	250~253			
		선적분(3)	254~257			
		그린정리	258~263			
Chapter 6	15 Day	그린정리의 확장(1)	264~267			
		그린정리의 확장(2)	268~271			
		면적분(1)	272~276			
		면적분(2)	278~281			
	16 Day	발산정리	282~287			
		발산정리의 확장	288~291			
		스톡스정리(1)	292~295			
		스톡스정리(1)	296~299			

차례

다변수
미적분

CHAPTER 01

편도함수

01 편도함수

1 다변수 함수[1]

1 삼차원 좌표계

(1) 삼차원 직교좌표계

평면에서 점의 위치를 결정할 때 두 수가 필요하다. 두 실수의 순서쌍 (a, b)에서 a는 x의 좌표, b는 y의 좌표를 나타낸다.

공간에서 점의 위치를 결정할 때 세 수가 필요하다. 세 실수의 순서쌍 (a, b, c)로 나타낼 수 있다.

점 $P(a,b,c)$를 결정하기 위해서 원점 O에서 출발하여 x축의 방향으로 a만큼 이동한 뒤, y축과 평행하게 b만큼, 다시 z축과 평행하게 c만큼 이동한다. 세 실수의 순서쌍 전체의 집합 $\{(x, y, z) | x, y, z \in R\}$을 R^3로 나타내고, 삼차원 직교좌표계라고 한다.

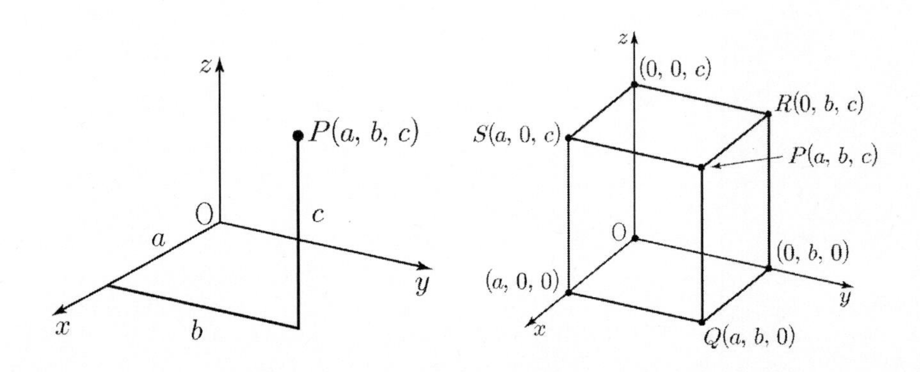

※ 하나의 식이 주어지면, 전후 관계로부터 R^2의 곡선 또는 R^3의 곡면 중 어느 것을 나타내는가를 알 수 있어야 한다.

(2) 삼차원에서 거리 공식

두 점 $P_1(x_1, y_1, z_1)$과 $P_2(x_2, y_2, z_2)$ 사이의 거리 $\overline{P_1P_2}$는

$\overline{P_1P_2} = \sqrt{(x_2-x_1)^2 + (y_2-y_1)^2 + (z_2-z_1)^2}$ 이다.

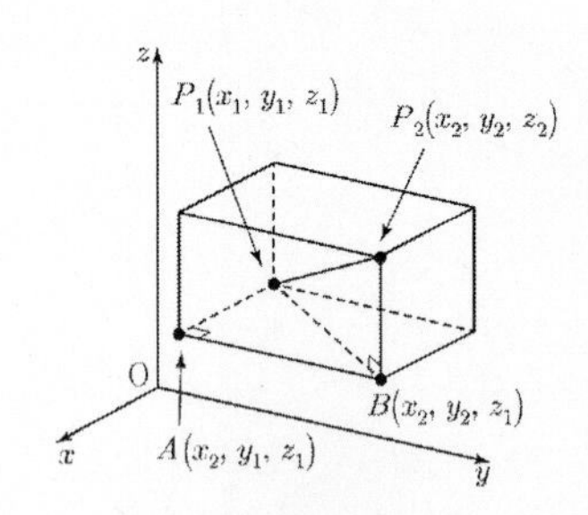

(3) 구면의 방정식

중심이 $C(h, k, l)$이고, 반지름의 길이가 r인 구면의 방정식은

$(x-h)^2 + (y-k)^2 + (z-l)^2 = r^2$이다.

특히 중심이 원점 O인 구면의 방정식은

$x^2 + y^2 + z^2 = r^2$이다.

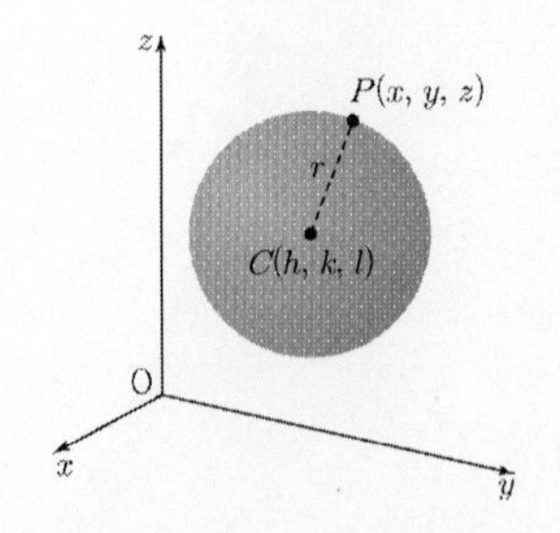

1. 다음 주어진 집합은 무엇을 나타내고 있는가?

(1) $\{(x,y,z)\in R^3 | x^2+y^2=1, z=3\}$

(2) $\{(x,y,z)\in R^3 | x^2+y^2=1\}$

(3) $\{(x,y,z)\in R^3 | z=3\}$

(4) $\{(x,y,z)\in R^3 | y=5\}$

(5) $\{(x,y,z)\in R^3 | y=x\}$

2. 점 $P(2,-1,7)$에서 점 $Q(1,-3,5)$까지의 거리를 구하시오.

3. 다음 주어진 집합 $\{(x,y,z)\in R^3 | 1\le x^2+y^2+z^2\le 4, z\le 0\}$은 무엇을 나타내고 있는가?

2 일변수 함수

(1) $f: X \to Y$ 인 함수 $y=f(x)$ 의 정의역은 X, 공역은 Y, 치역은 $f(x)$ 인 함수이다.

(2) 평면의 직선 또는 곡선의 형태를 나타낸다.

3 이변수 함수

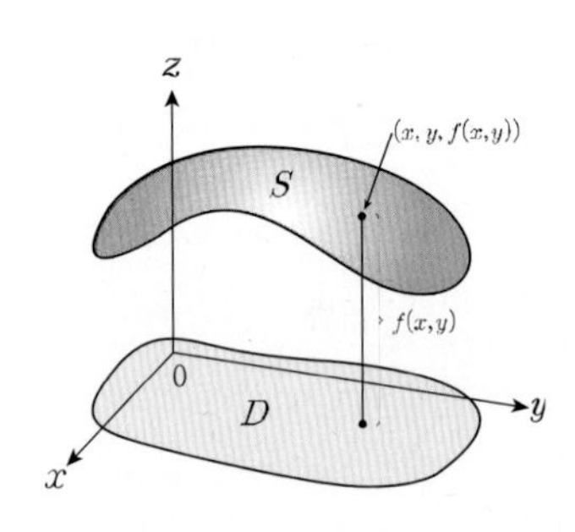

(1) f는 집합 $D \subset R^2$ 안의 각 실수 순서쌍 (x, y)에 대해

$f(x, y)$로 표시되는 유일한 실수값에 대응시켜주는 규칙이다.

$f: D \to R \Rightarrow z=f(x, y)$

(2) 집합 D는 f 의 정의역이고, f 의 치역은 $\{f(x,y) | (x,y) \in D\}$ 이다.

(3) 공간상의 곡면을 나타낸다.

4 다변수 함수

(1) f는 집합 $D \subset R^n$ 안의 각 실수 순서쌍 $(x_1, x_2, \cdots, x_n)$에 대해

실수 값 y에 대응시켜주는 대응규칙 f를 n변수함수라 한다.

$f: D \to R \Rightarrow y=f(x_1, x_2, \cdots, x_n)$

(2) 두 개 이상의 변수를 가지는 함수를 다변수 함수라 한다.

5 등위곡선

이변수 함수 f의 등위곡선은 방정식 $f(x, y)=k$로 주어진 곡선이다. 여기서 k는 f의 치역에서의 하나의 상수이다.

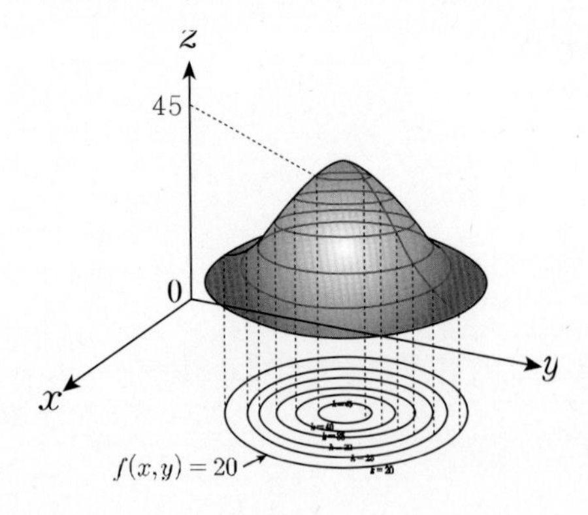

6 이차곡면의 그래프

(1) 타원면 $\dfrac{x^2}{a^2}+\dfrac{y^2}{b^2}+\dfrac{z^2}{c^2}=1$

모든 자취는 타원이다. $a=b=c$인 타원면은 구면이다.

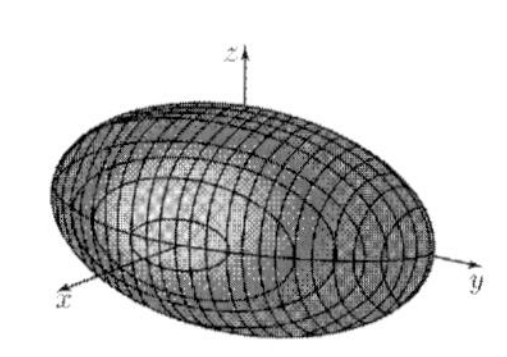

(2) 타원포물면 $\dfrac{z}{c}=\dfrac{x^2}{a^2}+\dfrac{y^2}{b^2}$

수평자취는 타원이고, 수직자취는 포물선이다.

1차 거듭제곱으로 된 변수는 타원포물면의 축을 암시한다.

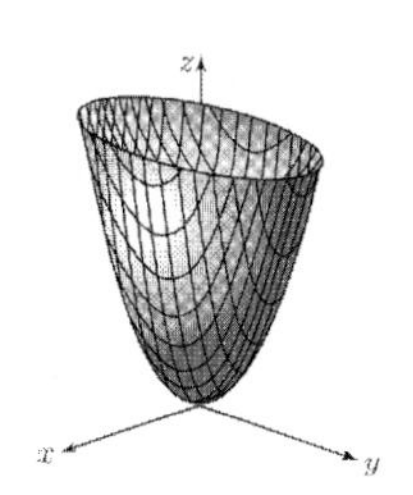

(3) 원뿔면 $\dfrac{z^2}{c^2}=\dfrac{x^2}{a^2}+\dfrac{y^2}{b^2}$

수평자취는 타원이다. $k\neq0$일 때,

평면 $x=k$와 $y=k$ 위의 수직자취는 쌍곡선이고,

$k=0$이면 수직자취는 각각 한 쌍의 직선이다.

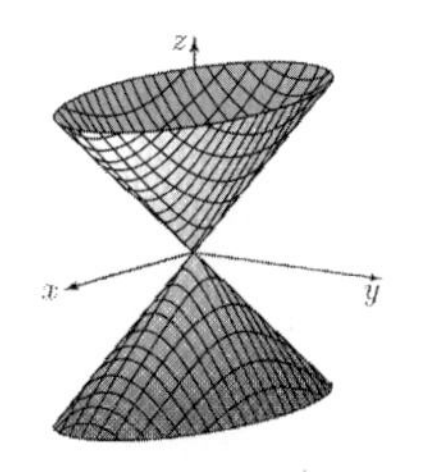

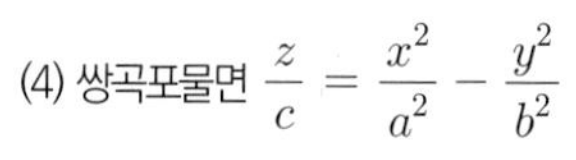

(4) 쌍곡포물면 $\dfrac{z}{c}=\dfrac{x^2}{a^2}-\dfrac{y^2}{b^2}$

수평자취는 쌍곡선이고, 수직자취는 포물선이다.

그림은 $c<0$인 경우의 그래프다.

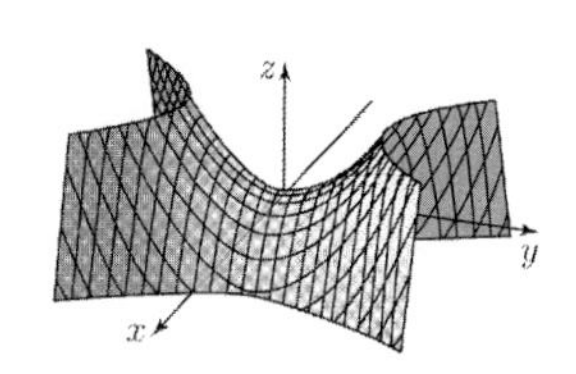

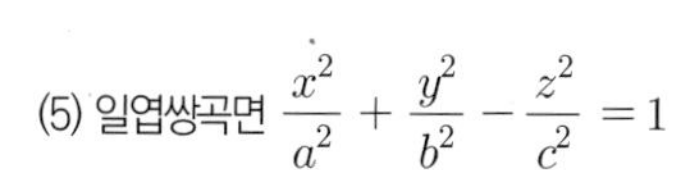

(5) 일엽쌍곡면 $\dfrac{x^2}{a^2}+\dfrac{y^2}{b^2}-\dfrac{z^2}{c^2}=1$

수평자취는 타원이고, 수직자취는 쌍곡선이다.

대칭축은 계수가 음인 변수와 대응한다.

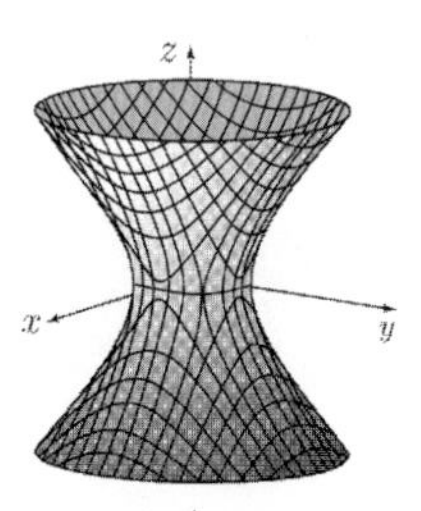

(6) 이엽쌍곡면 $-\dfrac{x^2}{a^2}-\dfrac{y^2}{b^2}+\dfrac{z^2}{c^2}=1$

평면 $z=k(k>c$ 또는 $k<-c)$ 위의 수평자취는 타원이다.

수직자취는 쌍곡선이다.

두 개의 음의 부호가 이엽을 나타낸다.

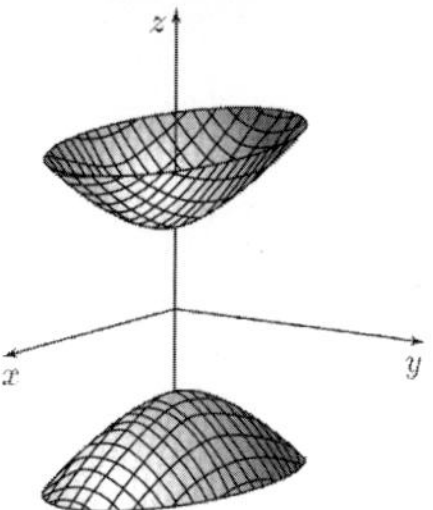

Areum Math Tip

주어진 이차곡면의 그래프를 그려보자.

(1) $x^2+y^2+z^2=a^2$

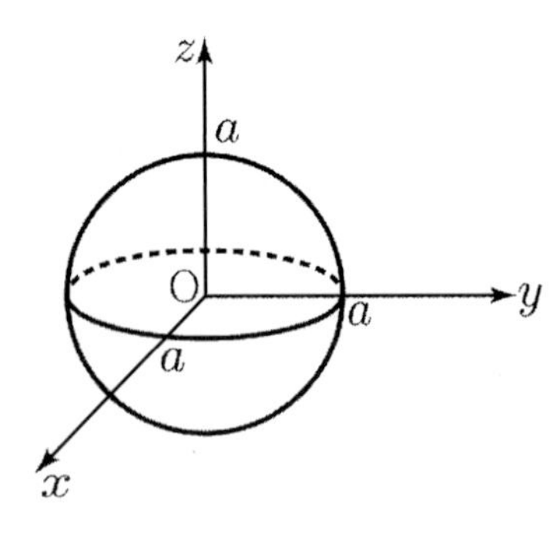

(2) $x^2+\dfrac{y^2}{3^2}+\dfrac{z^2}{2^2}=1$

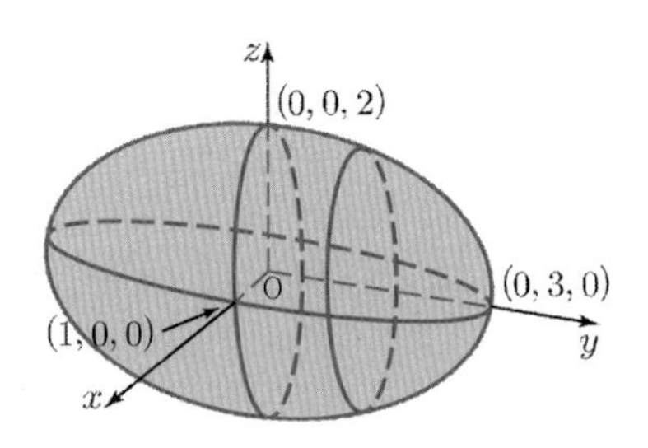

(3) $z=\sqrt{9-x^2-y^2}$

$z=\sqrt{9-x^2-y^2}$에서 $9-x^2-y^2\ge 0 \Leftrightarrow x^2+y^2\le 9$ 이므로

정의역은 $\{(x,y)|x^2+y^2\le 9\}$이고 치역은 $\{z|0\le z\le 3\}$이다.

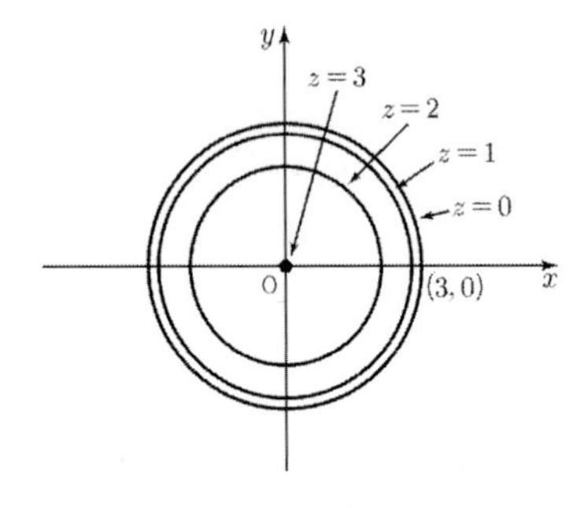

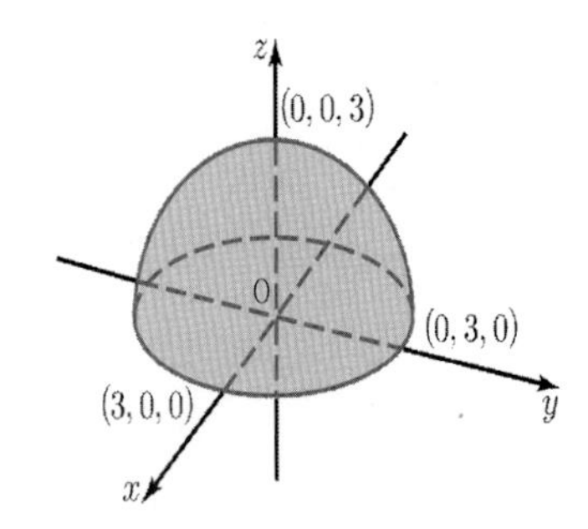

(4) $f(x\,,\,y)=x^2+y^2$

$f:R^2\to R$에서 정의역: $(x,y)\in R^2$, 치역: $z\ge 0$이다.

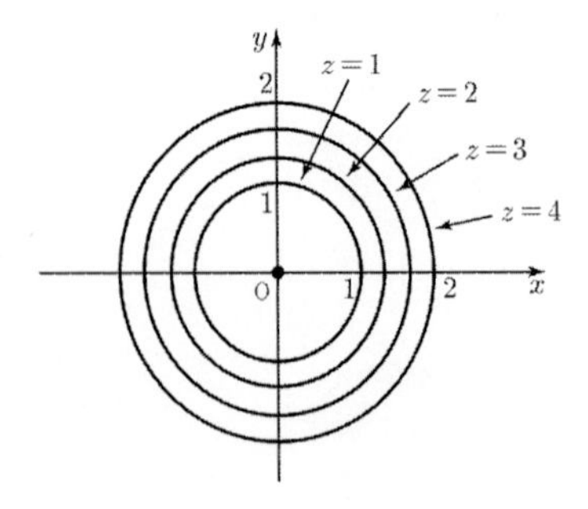

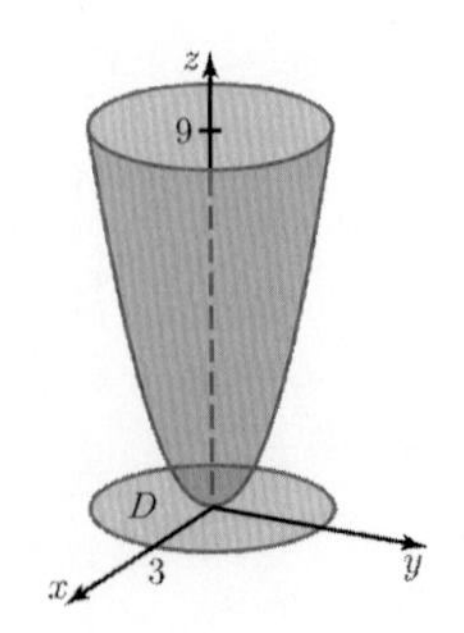

(5) $z=x^2+y^2-a$ ($a>0$일 때)

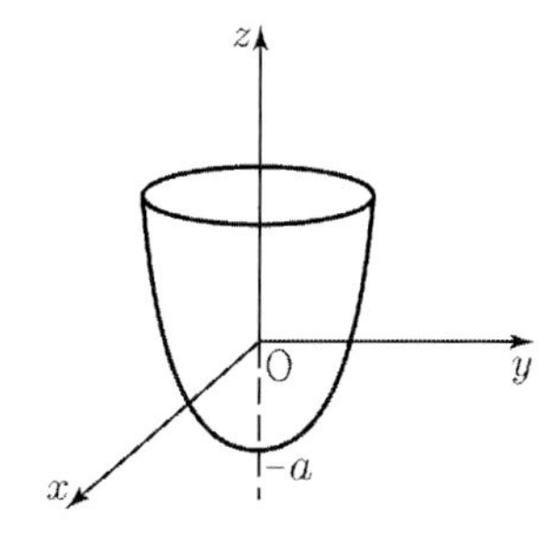

(6) $f(x,\ y)=4x^2+y^2$

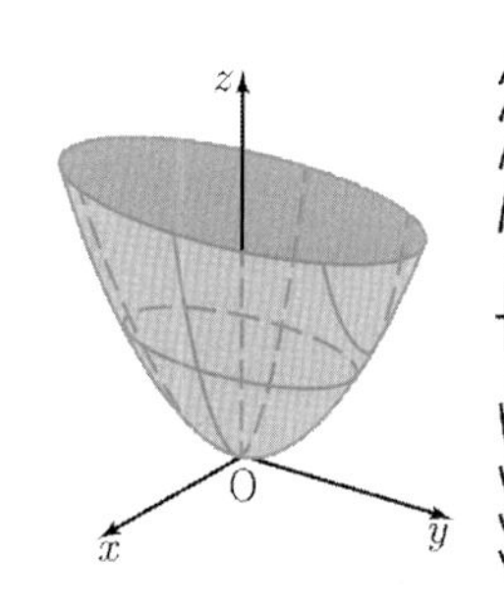

(7) $z=-(x^2+y^2)$

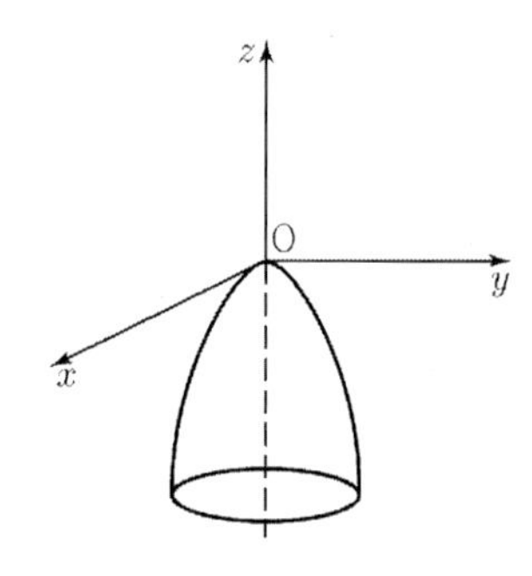

(8) $z=4-x^2-y^2$

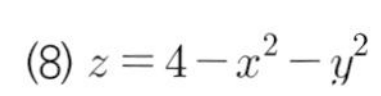

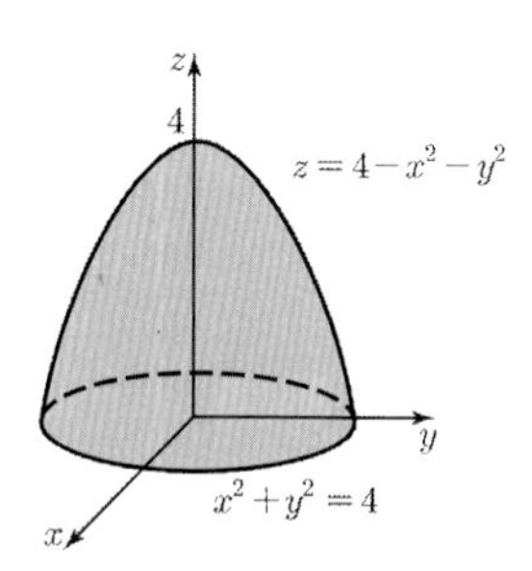

(9) $z^2=x^2+y^2$

$\begin{cases} z=\sqrt{x^2+y^2} \\ z=-\sqrt{x^2+y^2} \end{cases}$ 이므로

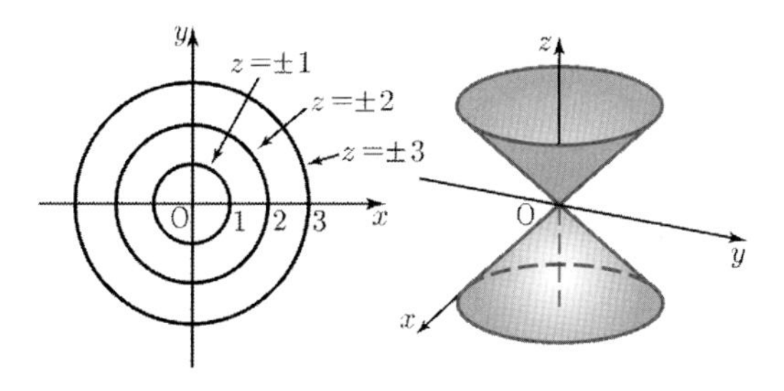

(10) $z=y^2-x^2$

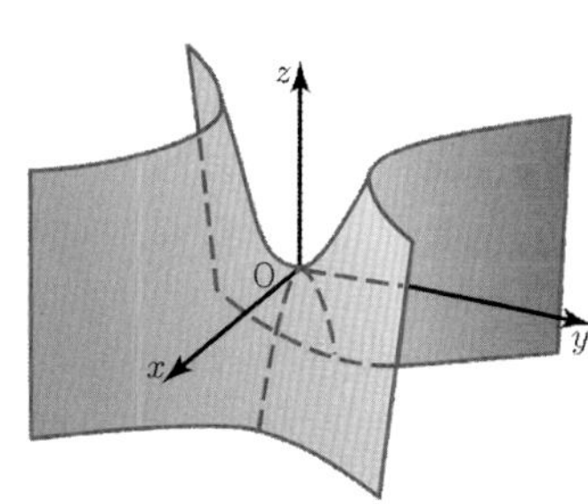

(11) $x^2+y^2=c^2$

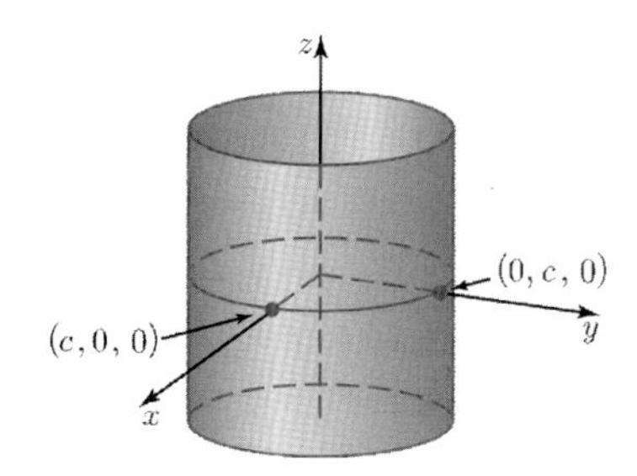

(12) $y^2+z^2=a^2$

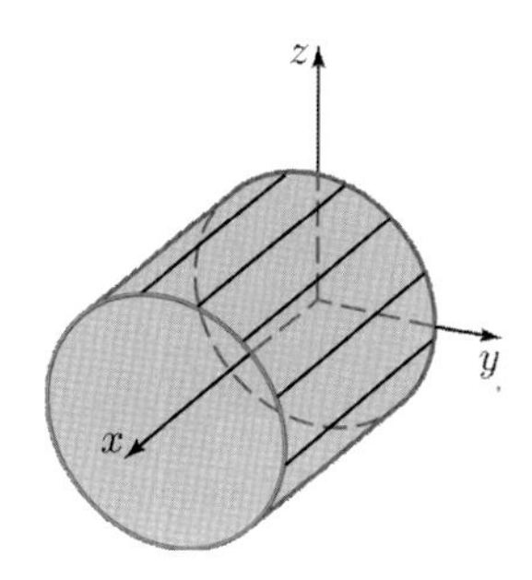

(13) $x^2+y^2-z^2=1$

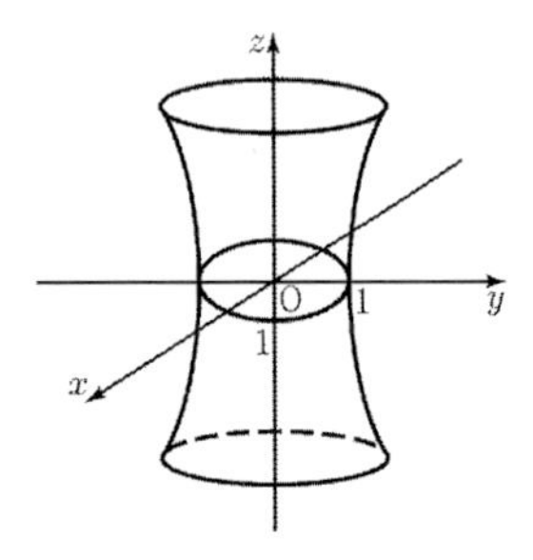

(14) $\dfrac{x^2}{4}+y^2-\dfrac{z^2}{4}=1$

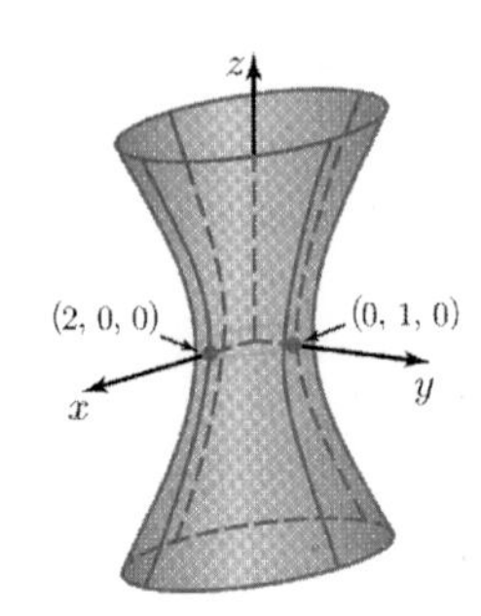

(15) $4x^2-y^2+2z^2=-4$

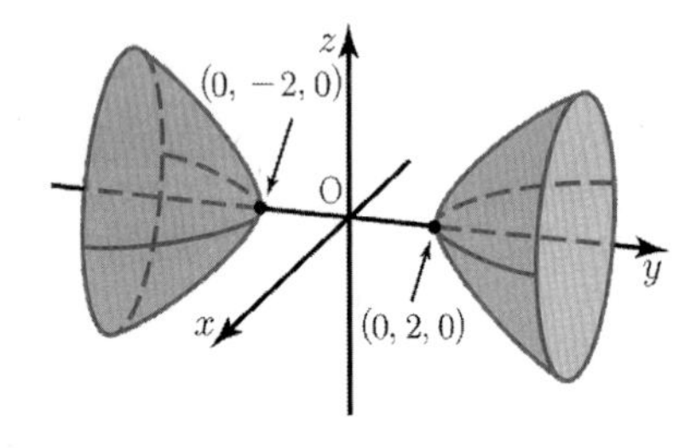

(16) $2x+3y+4z=12$

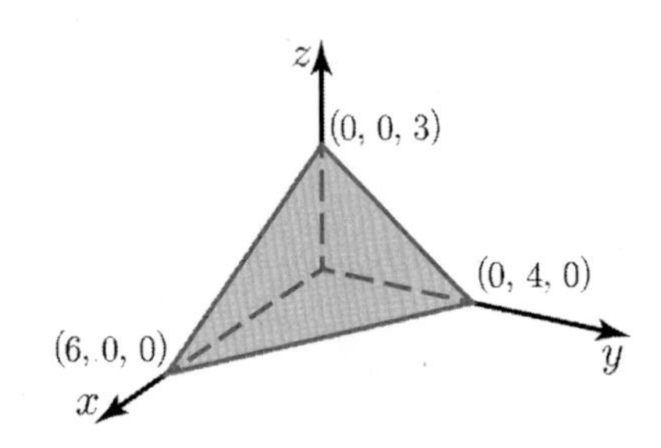

(17) $y=\sqrt{3}x$

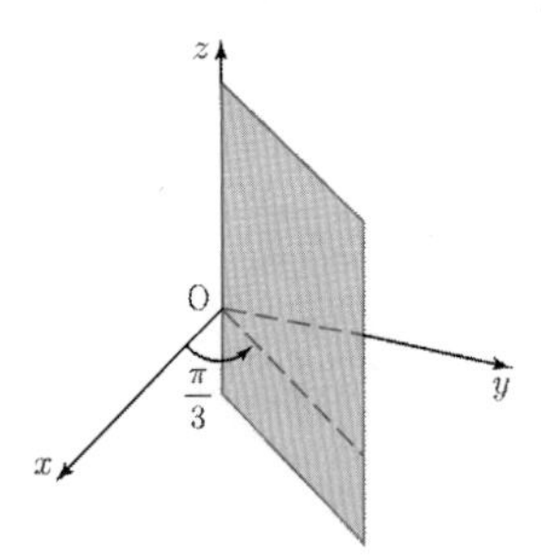

(18) $y=x^2$

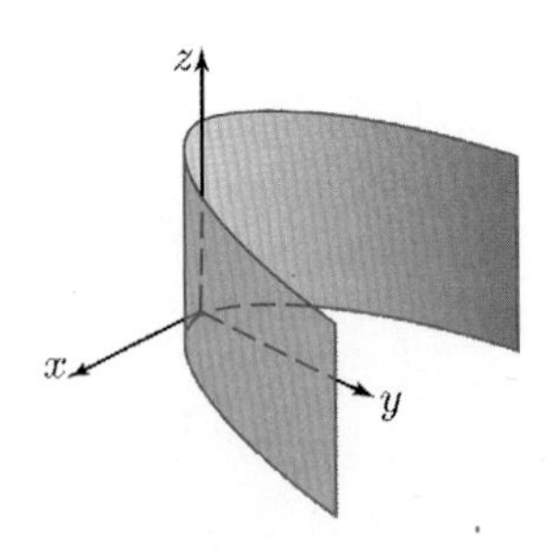

(19) $z=x^2$

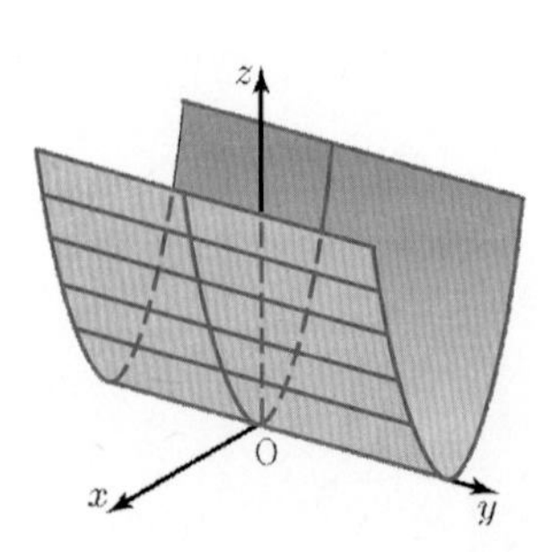

2 이변수 함수의 극한 & 연속

1 이변수 함수의 극한

(1) 이변수 함수 $z = f(x, y)$의 (x, y)가 점 (a, b)로 다가가는 경로와 방법에 관계없이

$f(x, y)$가 일정한 값 L로 가까워질 때, L를 $f(x, y)$의 극한값이라 하고, $\lim_{(x,y)\to(a,b)} f(x, y) = L$로 표기한다.

(2) 만약 C_1경로를 따라서 $(x, y)\to(a, b)$일 때, $f(x, y)\to L_1$이고, C_2경로를 따라서 $(x, y)\to(a, b)$일 때,

$f(x, y)\to L_2$이고, $L_1 \neq L_2$이면 $\lim_{(x,y)\to(a,b)} f(x, y)$는 '존재하지 않는다.'라고 한다.

2 $\lim_{(x,y)\to(0,0)} f(x, y)$: 부정형의 극한 구하기

(1) 경로를 직접 따라가면서 극한 구하기

step1) (x, y)가 x축에 따라서 원점에 접근할 때

$y = 0$으로 고정하고 $x \to 0$으로 극한을 확인한다. 즉, $\lim_{x\to 0} f(x, 0)$을 구한다.

step2) (x, y)가 y축에 따라서 원점에 접근할 때

$x = 0$으로 고정하고 $y \to 0$으로 극한을 확인한다. 즉, $\lim_{y\to 0} f(0, y)$을 구한다.

step3) (x, y)가 $y = mx^n$ 또는 $x = my^n$를 따라서 원점에 접근할 때 (단, m은 임의의 상수)

$f(x, y)$에 $y = mx^n$ 또는 $x = my^n$를 대입하여 $\lim_{x\to 0} f(x, mx^n)$ 또는 $\lim_{y\to 0} f(my^n, y)$를 구한다.

여기서 분모를 동차함수로 만들기 위해서 적당한 $y = mx^n$ 또는 $x = my^n$를 이용한다.

step4) 위 과정에서 극한값이 모두 같은 값을 가질 때,

$\lim_{(x,y)\to(0,0)} f(x, y)$의 극한값은 위에서 구한 극한값으로 수렴한다고 한다.

(2) 극좌표를 이용한 극한

$x = r\cos\theta,\ y = r\sin\theta$이면 $(x, y)\to(0, 0)$일 때, 모든 θ에 대하여 $r \to 0$이 된다.

(3) 동차함수를 이용한 극한

① 모든 실수 x, y, t에 대하여 $f(tx, ty) = t^m f(x, y)$을 만족하는 함수 $f(x, y)$를 m차의 동차함수라고 한다.

ex $f(x, y) = x^2 + y^2$은 2차 동차함수, $f(x, y) = xy^2 + x^3 + y^3$은 3차 동차함수

② 이변수 함수의 극한 중에서 분모와 분자가 동차함수이고, $\frac{0}{0}$의 부정형일 때

(i) (분모의 차수) ≥ (분자의 차수) : 극한값 존재하지 않음

(ii) (분모의 차수) < (분자의 차수) : 극한값은 "0"

필수 예제 1

다음 극한을 계산하시오.

(1) $\lim_{(x,y)\to(0,0)} \frac{xy}{x^2+y^2}$ (2) $\lim_{(x,y)\to(0,0)} \frac{xy^2}{x^2+y^4}$

풀이 (1) x축, y축, 직선 $y=mx$를 따라서 원점에 접근하자. 또한 극좌표의 원리를 통해서 확인할 수도 있다.

(i) x축을 따라서 원점에 접근할 때, $x\to 0$이고 $y=0$이므로 $\lim_{\substack{x\to 0\\ y=0}} \frac{xy}{x^2+y^2} = \lim_{x\to 0} \frac{0}{x^2+0^2} = 0$

(ii) y축을 따라서 원점에 접근할 때, $y\to 0$이고 $x=0$이므로 $\lim_{\substack{y\to 0\\ x=0}} \frac{xy}{x^2+y^2} = \lim_{y\to 0} \frac{0}{0^2+y^2} = 0$

(iii) $y=mx$ (단, m은 임의의 상수)를 따라서 원점에 접근할 때, $x\to 0$이고 $y=mx$이므로

$$\lim_{\substack{x\to 0\\ y=mx}} \frac{xy}{x^2+y^2} = \lim_{x\to 0} \frac{x\cdot mx}{x^2+m^2x^2} = \lim_{x\to 0} \frac{mx^2}{(m^2+1)x^2} = \frac{m}{m^2+1}$$ $\Rightarrow$ m의 값에 따라 극한값이 변한다.

$\therefore \lim_{\substack{y\to 0\\ x\to 0}} \frac{xy}{x^2+y^2}$ 는 존재하지 않는다.

(iv) $x=r\cos\theta,\ y=r\sin\theta$일 때, $x^2+y^2=r^2$이고 $(x,\ y)\to(0,\ 0)$이면 $r\to 0$이다.

$\lim_{r\to 0} \frac{r\cos\theta\cdot r\sin\theta}{r^2} = \lim_{r\to 0} \cos\theta sin\theta$는 θ의 값에 따라 극한값이 변한다.

(2) x축, y축, 직선 $y=mx,\ x=my^2$를 따라서 원점에 접근하자.

(i) x축을 따라서 원점에 접근할 때, $x\to 0$이고 $y=0$이므로 $\lim_{(x,y)\to(0,0)} \frac{xy^2}{x^2+y^4} = \lim_{x\to 0} \frac{0}{x^2} = 0$

(ii) y축을 따라서 원점에 접근할 때, $y\to 0$이고 $x=0$이므로 $\lim_{(x,y)\to(0,0)} \frac{xy^2}{x^2+y^4} = \lim_{y\to 0} \frac{0}{y^4} = 0$

(iii) $y=mx$ (단, m은 임의의 상수)를 따라서 원점에 접근할 때, $x\to 0$이고 $y=mx$이므로

$$\lim_{\substack{x\to 0\\ y=mx}} \frac{xy^2}{x^2+y^4} = \lim_{x\to 0} \frac{x\cdot m^2x^2}{x^2+m^4x^4} = \lim_{x\to 0} \frac{mx}{1+m^4x^2} = 0$$

$\Rightarrow$ 원점을 지나는 모든 직선을 따라 $f(x,y)$는 같은 극한값을 갖는다.

(iv) 포물선 $x=my^2$을 따라서 원점에 접근할 때, $\lim_{\substack{y\to 0\\ x=my^2}} \frac{my^4}{m^2y^4+y^4} = \frac{m}{m^2+1}$ $\Rightarrow$ m의 값에 따라 극한값이 변한다.

$\therefore \lim_{\substack{y\to 0\\ x\to 0}} \frac{xy^2}{x^2+y^4}$ 는 존재하지 않는다.

4. 다음의 값을 구하시오.

(1) $\lim_{(x,y)\to(0,0)} \frac{x^2-y^2}{x^2+y^2}$

(2) $\lim_{(x,y)\to(0,0)} \frac{3x^2y}{x^2+y^2}$

(3) $\lim_{(x,y)\to(0,0)} \frac{xy}{\sqrt{x^2+y^2}}$

(4) $\lim_{(x,y)\to(0,0)} xy\frac{x^2-y^2}{x^2+y^2}$

(5) $\lim_{(x,y)\to(0,0)} \frac{x^2-7xy+y^2}{x^2+3y^2}$

(6) $\lim_{(s,t)\to(0,0)} \frac{3s^2t}{s^2+t^2}$

(7) $\lim_{(x,\,y)\to(0,\,0)} \frac{x\sqrt{y^3}}{x^2+y^2}$

(8) $\lim_{(x,y)\to(0,0)} \frac{4x^2+y^3}{x^3+y^2}$

(9) $\lim_{(x,y)\to(0,0)} \frac{2x^2y}{x^4+y^2}$

(10) $\lim_{(x,\,y)\to(0,\,0)} \frac{x^3y}{x^2+y^4}$

(11) $\lim_{(x,y)\to(1,0)} \frac{xy^2-y^2}{x^2-2x+1+y^4}$

(12) $\lim_{(s,t)\to(0,0)} \frac{s^2+t^2}{\sqrt{s^2+t^2+1}-1}$

(13) $\lim_{(x,y,z)\to(0,0,0)} \frac{xy+yz}{x^2+y^2+z^2}$

(14) $\lim_{(x,y,z)\to(0,0,0)} \frac{xy+yz^2+xz^2}{x^2+y^2+z^4}$

5. 다음의 값을 구하시오.

(1) $\lim_{(x,\,y)\to(1,\,1)} |x|^{\ln y}$

(2) $\lim_{(s,t)\to(0,0)} \dfrac{s^2te^t}{s^4+4t^2}$

(3) $\lim_{(x,y)\to(0,0)} \dfrac{e^{-x^2-y^2}-1}{x^2+y^2}$

(4) $\lim_{(x,y)\to(0,0)} (x^2+y^2)\ln(x^2+y^2)$

(5) $\lim_{(x,y)\to(0,0)} \dfrac{\sin(x^2+y^2)}{x^2+y^2}$

(6) $\lim_{(x,y)\to(0,0)} \dfrac{x\sin(x^2+y^2)}{x^2+y^2}$

(7) $\lim_{(x,\,y)\to(0,\,0)} \dfrac{xy}{\sin^2 y}$

(8) $\lim_{(x,y)\to(0,0)} \dfrac{x\sin^2 y}{x^2+y^2}$

(9) $\lim_{(x,y)\to(0,0)} \dfrac{x^2\sin^2 y}{x^2+y^2}$

(10) $\lim_{(x,y)\to(0,0)} \dfrac{x^3\sin^2 y}{x^2+y^2}$

(11) $\lim_{(x,y)\to(0,0)} \dfrac{xy\cos y}{3x^2+y^2}$

(12) $\lim_{(x,y)\to(0,0)} \dfrac{xy^2\cos y}{3x^2+y^2}$

(13) $\lim_{(x,y)\to(0,0)} \dfrac{x^2+\sin^2 y}{2x^2+y^2}$

(14) $\lim_{(x,\,y)\to(0,\,0)} \dfrac{x-y}{\sin(x+y)}$

3 이변수 함수의 연속

(1) 이변수 함수 f에 대하여 $\lim_{(x,y)\to(a,b)} f(x,y)=f(a,b)$가 성립한다면 $f(x,y)$는 점 (a,b)에서 연속이라고 한다.

(2) 만약 정의역에 속하는 모든 점 (a,b)에서 f가 연속이면 f는 정의역에서 연속이다.

필수 예제 2

다음과 같이 정의된 함수 $f(x,y)$가 원점에서 연속이 되도록 c의 값을 구하면?

$$f(x,y)=\begin{cases} \dfrac{xy^2+3\tan(x^2+y^2)}{2(x^2+y^2)} & (x,y)\neq(0,0) \\ c & (x,y)=(0,0) \end{cases}$$

풀이 $(0,0)$에서 연속이기 위해서 $(0,0)$에서 극한값을 함숫값으로 결정하면 된다.

$$\lim_{(x,y)\to(0,0)} f(x,y) = \lim_{(x,y)\to(0,0)} \frac{xy^2+3\tan(x^2+y^2)}{2(x^2+y^2)} = \lim_{(x,y)\to(0,0)} \frac{xy^2}{2(x^2+y^2)} + \lim_{(x,y)\to(0,0)} \frac{3\tan(x^2+y^2)}{2(x^2+y^2)}$$

(i) $\lim_{(x,y)\to(0,0)} \dfrac{xy^2}{2(x^2+y^2)}=0$($\because$ 동차함수 성질)

(ii) $\lim_{(x,y)\to(0,0)} \dfrac{3\tan(x^2+y^2)}{2(x^2+y^2)}=\lim_{t\to0}\dfrac{3\tan t}{2t}=\dfrac{3}{2}$

$\therefore \lim_{(x,y)\to(0,0)} f(x,y)=\dfrac{3}{2}$이고, $c=\dfrac{3}{2}$이면 원점에서 연속이다.

6. $f(x,y)=\dfrac{\cos(x^2+y^2)-1}{x^2+y^2}$, $(x,y)\neq(0,0)$ **일 때,** $f(x,y)$**가** $(0,0)$**에서 연속이 되도록** $f(0,0)$**의 값을 정하시오.**

7. 다음 중 연속인 함수의 개수는?

(가) $f(x,y)=\begin{cases} \dfrac{\sin xy}{xy}, & xy\neq0 \\ 1, & xy=0 \end{cases}$

(나) $g(x,y)=\begin{cases} \dfrac{x^2y-xy^2}{x^2+y^2}, & (x,y)\neq(0,0) \\ 0, & (x,y)=(0,0) \end{cases}$

(다) $h(x,y)=\begin{cases} \dfrac{e^{-1/(x^2+y^2)}}{x^2+y^2}, & (x,y)\neq(0,0) \\ 0, & (x,y)=(0,0) \end{cases}$

(라) $j(x,y)=\begin{cases} \dfrac{1-\cos(x^2+y^2)}{(x^2+y^2)^2}, & (x,y)\neq(0,0) \\ \dfrac{1}{2}, & (x,y)=(0,0) \end{cases}$

3 편도함수

1 편도함수

이변수 함수 $z = f(x, y)$ 에 대하여

(1) x 에 관한 편도함수

① 정의 : $f_x(x, y) = \lim_{h \to 0} \dfrac{f(x+h, y) - f(x, y)}{h}$

② 기호 : $\dfrac{\partial z}{\partial x} = \dfrac{\partial f}{\partial x} = z_x = f_x = f_x(x, y) = f_1 = D_1 f = D_x f$

③ 계산 : y 를 상수로 취급하고, $f(x, y)$를 x 에 관하여 미분한다.

④ 의미 : x축 방향으로 z의 변화율 또는 접선의 기울기

⑤ $f_x(a, b) = \lim_{h \to 0} \dfrac{f(a+h, b) - f(a, b)}{h} = g'(a)$ (단, $g(x) = f(x, b)$)

(2) y 에 관한 편도함수

① 정의 : $f_y(x, y) = \lim_{h \to 0} \dfrac{f(x, y+h) - f(x, y)}{h}$

② 기호 : $\dfrac{\partial z}{\partial y} = \dfrac{\partial f}{\partial y} = z_y = f_y = f_y(x, y) = f_2 = D_2 f = D_y f$

③ 계산 : x 를 상수로 취급하고, $f(x, y)$를 y 에 관하여 미분한다.

④ 의미 : y축 방향으로 z의 변화율 또는 접선의 기울기 (단, $g(y) = f(a, y)$)

2 2계 편도함수

이변수 함수 $z = f(x, y)$에서 편도함수 f_x, f_y도 이변수 함수이므로,

그것들의 편도함수를 2계 편도함수라고 하고 다음과 같이 표기하고 정의한다.

(1) $(f_x)_x = f_{xx} = f_{11} = \dfrac{\partial}{\partial x}\left(\dfrac{\partial f}{\partial x}\right) = \dfrac{\partial^2 f}{\partial x^2} = z_{xx} = \dfrac{\partial^2 z}{\partial x^2} = \lim_{h \to 0} \dfrac{f_x(x+h, y) - f_x(x, y)}{h}$

(2) $(f_x)_y = f_{xy} = f_{12} = \dfrac{\partial}{\partial y}\left(\dfrac{\partial f}{\partial x}\right) = \dfrac{\partial^2 f}{\partial y \partial x} = z_{xy} = \dfrac{\partial^2 z}{\partial y \partial x} = \lim_{h \to 0} \dfrac{f_x(x, y+h) - f_x(x, y)}{h}$

(3) $(f_y)_x = f_{yx} = f_{21} = \dfrac{\partial}{\partial x}\left(\dfrac{\partial f}{\partial y}\right) = \dfrac{\partial^2 f}{\partial x \partial y} = z_{yx} = \dfrac{\partial^2 z}{\partial x \partial y} = \lim_{h \to 0} \dfrac{f_y(x+h, y) - f_y(x, y)}{h}$

(4) $(f_y)_y = f_{yy} = f_{22} = \dfrac{\partial}{\partial y}\left(\dfrac{\partial f}{\partial y}\right) = \dfrac{\partial^2 f}{\partial y \partial y} = z_{yy} = \dfrac{\partial^2 z}{\partial y^2} = \lim_{h \to 0} \dfrac{f_y(x, y+h) - f_y(x, y)}{h}$

필수 예제 3

다음 주어진 함수의 편미분계수를 구하시오.

(1) $f(x,y)=4-x^2-2y^2$; $f_x(1,1)$, $f_y(1,1)$

(2) $f(x,y)=\ln\left(x+\sqrt{x^2+y^2}\right)$; $f_x(3,4)$, $f_y(3,4)$

(3) $f(x,y,z)=\sqrt{\sin^2 x+\sin^2 y+\sin^2 z}$; $f_x\left(0,0,\frac{\pi}{4}\right)$, $f_y\left(0,0,\frac{\pi}{4}\right)$, $f_z\left(0,0,\frac{\pi}{4}\right)$

풀이 (1) (i) $y=1$로 고정하면 $f(x,1)=4-x^2-2=2-x^2$에서 $f_x(x,1)=-2x$이므로 $f_x(1,1)=-2$이다.

[다른 풀이] $f_x(x,y)=-2x$이므로 $f_x(1,1)=-2$

(ii) $x=1$로 고정하면 $f(1,y)=4-1-2y^2=3-2y^2$에서 $f_y(1,y)=-4y$이므로 $f_y(1,1)=-4$이다.

[다른 풀이] $f_y(x,y)=-4y$이므로 $f_y(1,1)=-4$

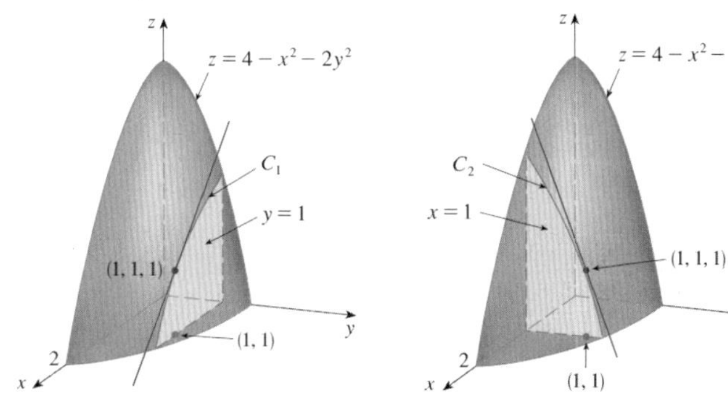

(2) (i) $y=4$로 고정을 하면 $f(x,4)=g(x)=\ln\left(x+\sqrt{x^2+16}\right)$이고

$$f_x(x,4)=g'(x)=\frac{1}{x+\sqrt{x^2+16}}\cdot\left(1+\frac{2x}{2\sqrt{x^2+16}}\right) \Rightarrow f_x(3,4)=g'(3)=\frac{1}{8}\cdot\left(1+\frac{3}{5}\right)=\frac{1}{5}\text{이다.}$$

(ii) $x=3$으로 고정하면 $f(3,y)=h(y)=\ln\left(3+\sqrt{9+y^2}\right)$이고

$$f_y(3,y)=h'(y)=\frac{1}{3+\sqrt{9+y^2}}\cdot\left(\frac{2y}{2\sqrt{9+y^2}}\right) \Rightarrow f_y(3,4)=h'(4)=\frac{1}{8}\cdot\frac{4}{5}=\frac{1}{10}\text{이다.}$$

(3) (i) $y=0,\ z=\frac{\pi}{4}$로 고정하면 $f\left(x,0,\frac{\pi}{4}\right)=g(x)=\sqrt{\sin^2 x+\frac{1}{2}}$이고

$$f_x\left(x,0,\frac{\pi}{4}\right)=g'(x)=\frac{2\sin x\cos x}{2\sqrt{\sin^2 x+\frac{1}{2}}} \Rightarrow f_x\left(0,0,\frac{\pi}{4}\right)=g'(0)=0\text{이다.}$$

(ii) $x=0,\ z=\frac{\pi}{4}$로 고정하면 $f\left(0,y,\frac{\pi}{4}\right)=h(y)=\sqrt{\sin^2 y+\frac{1}{2}}$이고

$$f_y\left(0,y,\frac{\pi}{4}\right)=h'(y)=\frac{2\sin y\cos y}{2\sqrt{\sin^2 y+\frac{1}{2}}} \Rightarrow f_y\left(0,0,\frac{\pi}{4}\right)=h'(0)=0\text{이다.}$$

(iii) $x=0,\ y=0$으로 고정하면 $f(0,0,z)=j(z)=\sqrt{\sin^2 z}=\sin z$이고

$$f_z(0,0,z)=j'(z)=\cos z \Rightarrow f_z\left(0,0,\frac{\pi}{4}\right)=j'\left(\frac{\pi}{4}\right)=\frac{\sqrt{2}}{2}\text{이다.}$$

8. 다음 주어진 이변수 함수의 $\frac{\partial f}{\partial x}$, $\frac{\partial f}{\partial y}$ 를 구하시오.

(1) $f(x, y) = \sin\left(\frac{x}{1+y}\right)$

(2) $f(x, y) = y\cos(xy)$

(3) $f(x, y) = \tan^{-1}\frac{y}{x} + \tan^{-1}\frac{x}{y}$

(4) $f(x, y, z) = e^{xy}\ln z$

(5) $f(x, y) = x^4 + 5xy^3$

(6) $f(x, y) = x^2y - 3y^4$

(7) $f(x, t) = t^2e^{-x}$

(8) $f(x, t) = \sqrt{3x+4t}$

(9) $z = \ln(x+t^2)$

(10) $z = x\sin(xy)$

(11) $f(x, y) = \frac{x}{y}$

(12) $f(x, y) = \frac{x}{(x+y)^2}$

(13) $f(x, y) = \frac{ax+by}{cx+dy}$

(14) $w = \frac{e^v}{u+v^2}$

(15) $g(u, v) = (u^2v - v^3)^5$

(16) $u(r, \theta) = \sin(r\cos\theta)$

(17) $R(p, q) = \tan^{-1}(pq^2)$

(18) $f(x, y) = x^y$

(19) $F(x, y) = \int_y^x \cos(e^t)\, dt$

(20) $F(\alpha, \beta) = \int_\alpha^\beta \sqrt{t^3+1}\, dt$

(21) $f(x, y, z) = x^3yz^2 + 2yz$

(22) $f(x, y, z) = xy^2e^{-xz}$

(23) $w = \ln(x + 2y + 3z)$

(24) $w = y\tan(x + 2z)$

(25) $p = \sqrt{t^4 + u^2\cos v}$

(26) $u = x^{\frac{y}{z}}$

(27) $h(x, y, z, t) = x^2y\cos(z/t)$

(28) $\phi(x, y, z, t) = \dfrac{\alpha x + \beta y^2}{\gamma z + \delta t^2}$

필수 예제 4

함수 $f(x,y)=2x^2y+3xy+y^2-5\cos(2\pi xy^2)+\sin\left(\frac{\pi}{4}y\right)$ 에 대한 다음 적분은?

$$\int_0^1 \frac{\partial f}{\partial x}(x,0)dx+\int_0^2 \frac{\partial f}{\partial y}(1,y)dy$$

풀이

$$\int_0^1 \frac{\partial f}{\partial x}(x,0)dx=\int_0^1 f_x(x,0)dx=f(x,0)]_0^1=f(1,0)-f(0,0)$$

$$\int_0^2 \frac{\partial f}{\partial y}(1,y)dy=\int_0^2 f_y(1,y)dy=f(1,y)]_0^2=f(1,2)-f(1,0)$$

$$\int_0^1 \frac{\partial f}{\partial x}(x,0)dx+\int_0^2 \frac{\partial f}{\partial y}(1,y)dy=f(1,0)-f(0,0)+f(1,2)-f(1,0)=f(1,2)-f(0,0)=15$$

9. 다음 주어진 함수의 편미분계수를 구하시오.

(1) $f(x,y)=\tan^{-1}\left(\frac{y}{x}\right)$; $f_x(2,3)$, $f_y(2,3)$

(2) $f(x,y,z)=\frac{y}{x+y+z}$; $f_x(2,1,-1)$, $f_y(2,1,-1)$, $f_z(2,1,-1)$

10. $f(x,y,z)=yz^3+\cos(x+y)$일 때, $\left(\frac{\partial f}{\partial x}+\frac{\partial f}{\partial y}+\frac{\partial f}{\partial z}\right)\left(0,\frac{\pi}{2},1\right)$의 값을 구하시오.

11. $f(x,y)=\int_{xy}^{x^2-y^2}\frac{1}{\sqrt{1+t^2}}dt$일 때 편미분계수 $f_x(1,2)$의 값은?

3 클레로의 정리 (Clairaut's Theorem)

점 (a,b)를 포함하는 원판 D 위에서 정의되는 함수를 f라 하자. 함수 f_{xy}와 f_{yx}가 D에서 연속이면 다음 식이 성립한다.

$$f_{xy}(a,\ b) = f_{yx}(a,\ b)$$

TIP 모든 함수가 항상 f_{xy}와 f_{yx}의 값이 일치하는 것은 아니다.

그러나 실제 문제에서 만나는 대부분의 함수는 f_{xy}와 f_{yx}의 값이 일치하는 것으로 판명된다.

4 라플라스 방정식과 조화함수

(1) 함수 $z=f(x,y)$에 대해 $\dfrac{\partial^2 f}{\partial x^2}+\dfrac{\partial^2 f}{\partial y^2}=0$을 라플라스 방정식이라 하고,

이 방정식을 만족하는 $z=f(x,y)$ (즉, 라플라스 방정식의 해)를 조화함수라 한다.

(2) 함수 $u=f(x,y,z)$에 대해 $\dfrac{\partial^2 f}{\partial x^2}+\dfrac{\partial^2 f}{\partial y^2}+\dfrac{\partial^2 f}{\partial z^2}=0$을 라플라스 방정식이라 하고,

이 방정식을 만족하는 $u=f(x,y,z)$ (즉, 라플라스 방정식의 해)를 조화함수라 한다.

5 파동방정식

(1) 형태 : $\dfrac{\partial^2 z}{\partial t^2}=c^2\dfrac{\partial^2 z}{\partial x^2}$ (여기서 z는 파도의 높이, x는 거리, t는 시간, c는 파도가 지나가는 속도)

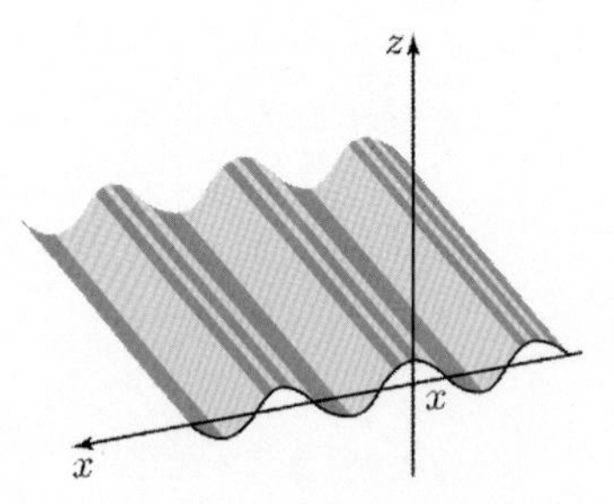

(2) 해의 꼴

① $z(x,t)=f(x+ct)$

② $z(x,t)=f(x+ct)+g(x-ct)$

③ $z(x,t)=\dfrac{1}{2}\{f(x+ct)+f(x-ct)\}+\dfrac{1}{2c}\displaystyle\int_{x-ct}^{x+ct}g(s)ds$

필수 예제 5

$x>0$일 때, $z=x^y$에서 $\dfrac{\partial^2 z}{\partial y \partial x}$를 구하시오.

풀이 $\dfrac{\partial^2 z}{\partial y \partial x}=\dfrac{\partial}{\partial y}\left(\dfrac{\partial z}{\partial x}\right)=z_{xy}$이고 $\dfrac{\partial z}{\partial x}$에서 미분하는 미지수는 x이기 때문에 y를 상수 취급하면

$\dfrac{\partial z}{\partial x}=yx^{y-1}$

$\dfrac{\partial^2 z}{\partial y \partial x}=x^{y-1}+yx^{y-1}\cdot \ln x$ ($\because$ y에 대한 곱미분)이다.

12. $f(x, y)=x^2y-e^{xy}$에서 $f_{yx}(2, 0)$의 값을 구하시오.

13. 다음 함수 중 $u_{xx}+u_{yy}=0$의 해가 되지 못하는 것은?

① $u(x,y)=x^2-y^2$ ② $u(x,y)=x^3+3xy^2$ ③ $u(x,y)=e^{-x}\cos y$ ④ $u(x,y)=\ln\sqrt{x^2+y^2}$

⑤ $U=x^2+y^2$ ⑥ $U=\dfrac{y}{x}-\dfrac{x}{y}$ ⑦ $U=x^3-3xy^2$

14. 파동함수 $z=\cos(x+4t)-\sin(x-4t)$에 대하여 $\dfrac{\partial^2 z}{\partial t^2}=k\dfrac{\partial^2 z}{\partial x^2}$를 만족할 때 k의 값은?

15. 다음 중에서 파동방정식 $\dfrac{\partial^2 z}{\partial t^2}=9\dfrac{\partial^2 z}{\partial x^2}$의 해가 아닌 것은?

① $z=\sin(x+3t)+\cos(x-3t)$ ② $z=\cos^2(x+3t)-e^{(x-3t)}$

③ $z=\sin^2(x+3t)+(x-t)^5$ ④ $z=\sin^2(x+3t)+\sin(x+3t)$

6 이변수 함수의 미분가능성

(1) 일변수 함수의 미분가능성 정의

미분계수는 평균변화율의 극한값이다. ⇔ $f'(a)=\lim_{\Delta x\to 0}\frac{\Delta y}{\Delta x}=\lim_{\Delta x\to 0}\frac{f(a+\Delta x)-f(a)}{\Delta x}$

함수 $y=f(x)$가 $x=a$에서 미분가능하다. ⇔ $f(a+\Delta x)-f(a)=f'(a)\Delta x+\epsilon\Delta x$를 만족하는 $\lim_{\Delta x\to 0}\epsilon=0$이다.

(2) 이변수 함수의 미분가능성 정의

$z=f(x,y)$일 때, 만약 $\Delta z=f(a+\Delta x,b+\Delta y)-f(a,b)$이고

$f(a+\Delta x,b+\Delta y)-f(a,b)=f_x(a,b)\Delta x+f_y(a,b)\Delta y+\epsilon_1\Delta x+\epsilon_2\Delta y$형으로 표현될 수 있다면

$f(x,y)$는 (a,b)에서 미분가능이다. 단, $(\Delta x,\Delta y)\to(0,0)$일 때 $\epsilon_1\to 0,\epsilon_2\to 0$이다.

※ 미분가능한 함수는 (x,y)가 (a,b)에서 접평면에 잘 근접한다.

(3) 점 $(a,\ b)\in D$이고, 영역 D에서 정의된 $z=f(x,\ y)$에 대하여 편미분계수 $f_x(a,\ b)$, $f_y(a,\ b)$가 존재하고, 각각의 편도함수 $f_x(x,\ y)$, $f_y(x,\ y)$가 점 $(a,\ b)$에서 연속이면 $(a,\ b)$에서 $z=f(x,\ y)$는 미분가능하다.

(4) 점 $(a,\ b)\in D$이고, 영역 D에서 정의된 $z=f(x,\ y)$에 대하여 편미분계수 $f_x(a,\ b)$, $f_y(a,\ b)$는 존재하고, 각각의 편도함수 $f_x(x,\ y)$, $f_y(x,\ y)$가 점 $(a,\ b)$에서 연속이 아니면 정의를 통해서 미분가능성을 판단해야 한다.

(5) $(a,\ b)$에서 $f(x,\ y)$가 미분가능하면 $(a,\ b)$에서 $f(x,\ y)$는 연속이다.

(6) $(a,\ b)$에서 $f(x,\ y)$가 불연속이면 $(a,\ b)$에서 $f(x,\ y)$는 미분불가능하다.

필수 예제 6

$f(x,\ y)=\begin{cases}\sin\left(\dfrac{x^3-xy^2}{x^2+y^2}\right), & (x,\ y)\neq(0,\ 0)\\ 0, & (x,\ y)=(0,\ 0)\end{cases}$ **에 대해 점 $(0,0)$에서 일차편도함수 $f_x(0,0)$을 구하시오.**

풀이 편도함수의 정의에 의하여 $f_x(0,0)=\lim_{h\to 0}\frac{f(0+h,0)-f(0,0)}{h}=\lim_{h\to 0}\frac{\sin\left(\frac{h^3}{h^2}\right)}{h}=\lim_{h\to 0}\frac{\sin h}{h}=1$

[다른 풀이]

$f_x(0,0)$을 구하기 방법 중에서 $f(x,y)$의 $y=0$으로 고정한 후에 x에 대한 미분을 통해서 구할 수 있다.

$f(x,0)=\begin{cases}\sin x, & (x,\ y)\neq(0,\ 0)\\ 0, & (x,\ y)=(0,\ 0)\end{cases}=\sin x\,(x\in R)$이고 $f_x(x,0)=\cos x\ \Rightarrow\ f_x(0,0)=1$이다.

16. 함수 $f(x, y)=\begin{cases} \dfrac{xy}{x^2+y^2} & (x, y)\neq(0, 0) \\ 0 & (x, y)=(0, 0) \end{cases}$ 일 때, 다음 <보기> 중 참인 것을 모두 고르면?

(가) $\left(\dfrac{\partial f(x, y)}{\partial x}\right)_{(x, y)=(0, 0)}=0$

(나) $\left(\dfrac{\partial f(x, y)}{\partial y}\right)_{(x, y)=(0, 0)}=0$

(다) 원점에서 편미분계수가 존재하므로 연속이고 미분가능하다.

17. 이변수 함수 $f(x,y)=\begin{cases} \dfrac{xy^2}{x^2+y^2}, & (x,y)\neq(0,0) \\ 0, & (x,y)=(0,0) \end{cases}$ 에 대한 설명 중 옳은 것을 모두 고르시오.

(가) $\dfrac{\partial f(0,\ 1)}{\partial x}=1$

(나) $f(x,\ y)$는 원점에서 연속이다.

(다) $f(x,\ y)$는 원점에서 미분가능하다.

18. 집합 $\{(x,\ y)\mid -\pi<y<\pi\}$에서 정의된 $f(x,y)=\begin{cases} \dfrac{e^{xy}-1}{\sin y}, & (y\neq 0) \\ x, & (y=0) \end{cases}$ 에 대하여 $\dfrac{\partial f}{\partial y}(1,\ 0)$의 값을 구하시오.

필수 예제 7

$f(x, y) = \begin{cases} \dfrac{x^3y - xy^3}{x^2+y^2}, & (x, y) \neq (0, 0) \\ 0, & (x, y) = (0, 0) \end{cases}$ 에 대하여 $f_x(0, 0)$, $f_y(0, 0)$, $f_{xy}(0, 0)$, $f_{yx}(0, 0)$의 값은?

풀이 (i) $f_x(0,0) = \lim_{h\to 0}\dfrac{f(0+h, 0) - f(0, 0)}{h} = \lim_{h\to 0}\dfrac{\dfrac{0-0}{h^2+0^2} - 0}{h} = \lim_{h\to 0}\dfrac{0}{h^3} = 0$

(ii) $f_y(0,0) = \lim_{h\to 0}\dfrac{f(0, 0+h) - f(0, 0)}{h} = \lim_{h\to 0}\dfrac{\dfrac{0-0}{0^2+h^2} - 0}{h} = \lim_{h\to 0}\dfrac{0}{h^3} = 0$이고

$(x, y) \neq (0, 0)$일 때,

$f_x(x, y) = \dfrac{(3x^2y - y^3)(x^2+y^2) - (x^3y - xy^3)\cdot 2x}{(x^2+y^2)^2} = \dfrac{x^4y + 4x^2y^3 - y^5}{(x^2+y^2)^2}$이고

$f_y(x, y) = \dfrac{(x^3 - 3xy^2)(x^2+y^2) - (x^3y - xy^3)\cdot 2y}{(x^2+y^2)^2} = \dfrac{x^5 - 4x^3y^2 - xy^4}{(x^2+y^2)^2}$이므로

$f_x(x, y) = \begin{cases} \dfrac{x^4y + 4x^2y^3 - y^5}{(x^2+y^2)^2}, & (x, y) \neq (0, 0) \\ 0, & (x, y) = (0, 0) \end{cases}$, $f_y(x, y) = \begin{cases} \dfrac{x^5 - 4x^3y^2 - xy^4}{(x^2+y^2)^2}, & (x, y) \neq (0, 0) \\ 0, & (x, y) = (0, 0) \end{cases}$

(iii) $f_{xy}(0,0) = \lim_{h\to 0}\dfrac{f_x(0, 0+h) - f_x(0, 0)}{h} = \lim_{h\to 0}\dfrac{\dfrac{-h^3\cdot h^2 - 0}{h^4} - 0}{h} = \lim_{h\to 0}\dfrac{-h^5}{h^5} = -1$

(iv) $f_{yx}(0,0) = \lim_{h\to 0}\dfrac{f_y(0+h, 0) - f_y(0, 0)}{h} = \lim_{h\to 0}\dfrac{\dfrac{h^3\cdot h^2 - 0}{h^4} - 0}{h} = \lim_{h\to 0}\dfrac{h^5}{h^5} = 1$

19. $f(0, 0) = 0$이고 $(x, y) \neq (0, 0)$이면 $f(x, y) = \dfrac{2xy(y^2 - 2x^2)}{x^2+3y^2}$로 정의된 함수 $f(x, y)$에 대하여 $\alpha = \dfrac{\partial^2 f}{\partial y\partial x}(0, 0)$, $\beta = \dfrac{\partial^2 f}{\partial x\partial y}(0, 0)$라고 놓을 때, $\alpha + \beta$의 값은?

① $\dfrac{10}{3}$ ② $\dfrac{4}{3}$ ③ $-\dfrac{10}{3}$ ④ $-\dfrac{4}{3}$

7 라이프니츠 규칙

$-\infty < a(x), b(x) < \infty$에서 $f(x,t), f_x(x,t)$가 구간 $t \in [a(x), b(x)]$에서 연속일 때

$\int_{a(x)}^{b(x)} f(x,t)\,dt$이 대한 미분 규칙이 존재한다.

(1) $\dfrac{d}{dx}\left(\int_{a(x)}^{b(x)} f(x,t)\,dt\right) = f(x, b(x)) \cdot b'(x) - f(x, a(x)) \cdot a'(x) + \int_{a(x)}^{b(x)} \dfrac{\partial}{\partial x} f(x,t)\,dt$

(2) $a(x), b(x)$가 상수라면 $\dfrac{d}{dx}\left(\int_a^b f(x,t)\,dt\right) = \int_a^b \dfrac{\partial}{\partial x} f(x,t)\,dt$

❖ 증명

$u(x) = \int_a^b f(x,t)\,dt$라고 하자.

$$u'(x) = \lim_{h\to 0}\frac{u(x+h)-u(x)}{h} = \lim_{h\to 0}\frac{\int_a^b f(x+h,t)\,dt - \int_a^b f(x,t)dt}{h}$$

$$= \lim_{h\to 0}\frac{\int_a^b f(x+h,t) - f(x,t)dt}{h} = \lim_{h\to 0}\int_a^b \frac{f(x+h,t)-f(x,t)}{h}dt = \int_a^b f_x(x,t)dt$$

필수 예제 8

$\phi(\alpha) = 2\int_0^\infty xe^{-x^4}\cos(\alpha x^2)dx$라 할 때, $\phi(2)$의 값은?

풀이 $x^2 = t$로 치환하면 $2xdx = dt$가 되어서 $\phi(\alpha) = \int_0^\infty e^{-t^2}\cos(\alpha t)dt$이다.

$$\phi'(\alpha) = \int_0^\infty \frac{\partial}{\partial\alpha}\left(e^{-t^2}\cos(\alpha t)\right)dt = -\int_0^\infty te^{-t^2}\sin(\alpha t)dt$$

$$= -\left\{\left[-\frac{1}{2}e^{-t^2}\sin(\alpha t)\right]_0^\infty + \frac{1}{2}\int_0^\infty \alpha e^{-t^2}\cos(\alpha t)\,dt\right\} \ (\because \text{부분적분})$$

$$= -\frac{\alpha}{2}\int_0^\infty e^{-t^2}\cos(\alpha t)\,dt = -\frac{\alpha}{2}\phi(\alpha)$$

$\dfrac{\phi'(\alpha)}{\phi(\alpha)} = -\dfrac{\alpha}{2}$이므로 양 변을 적분하면 $\ln(\phi(\alpha)) = -\dfrac{\alpha^2}{4} + C$ (C는 적분상수)

$\phi(\alpha) = e^C e^{-\frac{\alpha^2}{4}}$이고, $\phi(0) = \int_0^\infty e^{-t^2}dt = \dfrac{\sqrt{\pi}}{2}$이므로 $e^C = \dfrac{\sqrt{\pi}}{2}$가 된다.

따라서 $\phi(\alpha) = \dfrac{\sqrt{\pi}}{2}e^{-\frac{\alpha^2}{4}}$이므로 $\phi(2) = \dfrac{\sqrt{\pi}}{2e}$가 된다.

20. 함수 $f(x)=\int_0^{x^2}\sin(xt)\,dt$ 의 미분 $f'(1)$ 의 값은?

21. 함수 $f(x)=\int_x^{x^3}\sin(\sqrt{xt})\,dt$ 의 미분 $f'(1)$ 의 값은?

22. 함수 $f(x)=x-\int_0^x \ln(x^2-t^2)\,dt$에 대하여, $f'\left(\frac{1}{2}\right)$의 값은?

23. $y>0$일 때, $\frac{d}{dy}\int_0^1 \frac{e^{-x}-e^{-xy}}{x}dx$를 계산하면?

① $1-e^{-y}$ ② $1-e^{-x}$ ③ $\frac{1-e^{-x}}{x}$ ④ $\frac{1-e^{-y}}{y}$

4 합성함수 미분

1 일변수 함수의 합성함수 미분

f, g가 미분가능한 함수이고, $y=f(x)$, $x=g(t)$일 때, $y=f(g(t))$이다.

$$\frac{dy}{dt}=f'(g(t))g'(t)=\frac{dy}{dx}\frac{dx}{dt}$$

2 이변수 함수의 합성함수 미분 – 독립변수가 1개인 경우

$z=f(x,y)$가 x, y에 관하여 미분가능한 함수이고, $x=g(t)$, $y=h(t)$가 모든 t에 관하여 미분가능한 함수라고 하자.

step1) 수형도를 그리기 → $z=f\left\langle\begin{matrix} x-t \\ y-t \end{matrix}\right.$

step2) $\dfrac{dz(t)}{dt}=\dfrac{\partial f(x,y)}{\partial x}\cdot\dfrac{dx(t)}{dt}+\dfrac{\partial f(x,y)}{\partial y}\cdot\dfrac{dy(t)}{dt}=\dfrac{\partial f}{\partial x}\cdot\dfrac{dx}{dt}+\dfrac{\partial f}{\partial y}\cdot\dfrac{dy}{dt}$

필수 예제 9

다음을 구하시오.

(1) $f(x,y)=x^2e^y$이고, $x(t)=t^2-1$, $y(t)=\sin t$이다. $t=0$에서 $\dfrac{df}{dt}$의 값은?

(2) $f(s,t)=e^{st}$이고 $s=\cos u$, $t=\ln(u+1)$이다. $u=0$에서 $\dfrac{df}{du}$의 값은?

풀이 합성함수 미분법을 적용시킨다.

(1) $\dfrac{df}{dt}=\dfrac{\partial f}{\partial x}\dfrac{dx}{dt}+\dfrac{\partial f}{\partial y}\dfrac{dy}{dt}=(2xe^y)(2t)+(x^2e^y)(\cos t)$이다.

$t=0$일 때, $x=-1$, $y=0$이므로 $\dfrac{dg}{dt}=(2xe^y)(2t)+(x^2e^y)(\cos t)$에 대입하면 $\dfrac{df}{dt}=1$이다.

(2) $\dfrac{df}{du}=f_s\times\dfrac{ds}{du}+f_t\times\dfrac{dt}{du}=t\,e^{st}\times(-\sin u)+s\,e^{st}\times\dfrac{1}{u+1}$

$u=0$일 때, $s=1$, $t=0$이므로 $u=0$에서 $\dfrac{df}{du}=1$이다.

24. 다음을 구하시오.

(1) $x=\sin 2t,\ y=\cos t$ 일 때, $z=x^2y+3xy^4$이면 $t=0$일 때, $\dfrac{dz}{dt}$ 의 값은?

(2) $x=t^2,\ y=1,\ z=1+2t$ 일 때, $w=xe^{\frac{y}{z}}$ 이면 $t=1$일 때, $\dfrac{dw}{dt}$ 의 값은?

(3) $u=r^2-\tan\theta,\ r=\sqrt{s},\ \theta=\pi s$ 일 때, $s=\dfrac{1}{4}$ 에서 $\dfrac{du}{ds}$ 의 값은?

(4) $f(x,y,z)=xe^{\frac{y}{z}},\ x=t^2,\ y=1-t,\ z=1+2t$에서 $t=0$일 때, $\dfrac{df}{dt}$ 의 값은?

25. $x(t)=t^2-1, y(t)=\sin t$이고, $f(x,y)=x^2e^y$일 때, $\dfrac{df(x(t),y(t))}{dt}$ 는?

① $(t^4-1)e^{\sin t}$
② $(t^4-1)e^{\sin t}\cos t$
③ $4t(t^2-1)e^{\sin t}+(t^2-1)^2e^{\sin t}\cos t$
④ $\left[2(t^2-1)e^{\sin t}+(t^2-1)^2e^{\sin t}\right]\cos t$

26. $u=f(x,y)$ 이고 $x=e^8\cos t$, $y=e^8\sin t$ 일 때, $\dfrac{du}{dt}$ 와 항상 같은 값을 구하시오.

① $\dfrac{\partial f}{\partial x}e^8\cos t+\dfrac{\partial f}{\partial y}e^8\sin t$
② $e^8\sin t$
③ $-\dfrac{\partial f}{\partial x}e^8\sin t+\dfrac{\partial f}{\partial y}e^8\cos t$
④ $e^8\cos t$

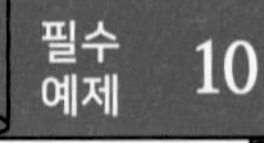

연속인 편도함수를 갖는 $f(x,y)$에 대하여 $g(t)=f(t^2-2t, e^t+t)$로 정의할 때, 다음 표를 참고하여 $g'(0)$을 구하면?

$g(0)$	$f(0,0)$	$f_x(0,0)$	$f_x(0,1)$	$f_y(0,0)$	$f_y(0,1)$
1	2	3	-1	-2	-3

풀이 $g(t)=f(t^2-2t,\ e^t+t)=f(x,\ y)$이므로 $x=t^2-2t,\ y=e^t+t$이다.

$g=f\left\langle \begin{matrix} x-t \\ y-t \end{matrix}\right.$이고, $t=0$일 때, $x=0,\ y=1$이므로

$g'(t)=f_x(x,\ y)\cdot x'(t)+f_y(x,\ y)\cdot y'(t)$

$g'(0)=f_x(0,\ 1)\cdot x'(0)+f_y(0,\ 1)\cdot y'(0)$

$=-1\cdot(2t-2)+(-3)\cdot(e^t+1)\big|_{t=0}=2-6=-4$

27. 미분가능한 함수 $z=f(x,y)$에 대하여 $x=g(t)$, $y=h(t)$, $g(3)=2$, $g'(3)=5$, $h(3)=7$, $h'(3)=-4$, $f_x(2,7)=6$, $f_y(2,7)=-8$이다. $t=3$일 때, $\dfrac{dz}{dt}$의 값을 구하면?

28. $f(x,y)$는 미분가능하고 $p(t)=f(g(t),h(t))$라 하자. $g(2)=4$, $g'(2)=-3$, $h(2)=5$, $h'(2)=6$, $f_x(4,5)=2$, $f_y(4,5)=8$을 만족할 때 $p'(2)$의 값을 구하면?

29. $z=f(x,y)$에서 $f_x(1,3)=5$, $f_y(1,3)=3$이다. $g(x)=f(x,4x-x^2)$일 때, 미분계수 $g'(1)$의 값은?

3 이변수 함수의 합성함수 미분 - 독립변수가 2개인 경우

$z=f(x,\ y),\ x=g(s,\ t),\ y=h(s,\ t)$일 때 $z=f(x,\ y)$가 $x,\ y$에 관하여 미분가능한 함수이고, $x=g(s,\ t),\ y=h(s,\ t)$가 모든 s,t에 관하여 미분가능한 함수라고 하자.

step1) 수형도를 그리기 → $z=f\left\langle \begin{matrix} x\left\langle\begin{matrix}s\\t\end{matrix}\right. \\ y\left\langle\begin{matrix}s\\t\end{matrix}\right. \end{matrix}\right.$

step2) $\dfrac{\partial z(s,t)}{\partial s}=\dfrac{\partial f(x,y)}{\partial x}\cdot\dfrac{\partial x(s,t)}{\partial s}+\dfrac{\partial f(x,y)}{\partial y}\cdot\dfrac{\partial y(s,t)}{\partial s}=\dfrac{\partial f}{\partial x}\cdot\dfrac{\partial x}{\partial s}+\dfrac{\partial f}{\partial y}\cdot\dfrac{\partial y}{\partial s}$

$\dfrac{\partial z(s,t)}{\partial t}=\dfrac{\partial f(x,y)}{\partial x}\cdot\dfrac{\partial x(s,t)}{\partial t}+\dfrac{\partial f(x,y)}{\partial y}\cdot\dfrac{\partial y(s,t)}{\partial t}=\dfrac{\partial f}{\partial x}\cdot\dfrac{\partial x}{\partial t}+\dfrac{\partial f}{\partial y}\cdot\dfrac{\partial y}{\partial t}$

필수 예제 11

다음을 구하시오.

(1) $x=2rse^t,\ y=r^2s^2e^{-t},\ z=r^2s\sin t$**이고,** $u=x^4y^2+y^2z^2$**이면,** $r=1,\ s=1,\ t=0$**일 때,** $\dfrac{\partial u}{\partial s}$ **값은?**

(2) $f(x,\ y,\ z)=xy+yz+zx,\ x=r\cos\theta,\ y=r\sin\theta,\ z=r\theta$**일 때,** $r=1,\ \theta=\pi$**에서의 편도함수** $\dfrac{\partial f}{\partial \theta}$ **의 값은?**

(3) $z=f(x-y)$ **일 때,** $\dfrac{\partial z}{\partial x}+\dfrac{\partial z}{\partial y}$ **의 값은?**

풀이 (1) $r=1,\ s=1,\ t=0$이므로 $x=2,\ y=1,\ z=0$이다.

또한 $\dfrac{\partial u}{\partial s}=\dfrac{\partial u}{\partial x}\cdot\dfrac{\partial x}{\partial s}+\dfrac{\partial u}{\partial y}\cdot\dfrac{\partial y}{\partial s}+\dfrac{\partial u}{\partial z}\cdot\dfrac{\partial z}{\partial s}=(4x^3y^2)(2re^t)+(2x^4y+2yz^2)(2r^2se^{-t})+(2y^2z)(r^2\sin t)$이므로

$r=1,\ s=1,\ t=0$일 때, $\dfrac{\partial u}{\partial s}=(4\cdot2^3)\cdot2+(2\cdot2^4)\cdot2+0=64+64=128$

(2) $\dfrac{\partial f}{\partial\theta}=\dfrac{\partial f}{\partial x}\cdot\dfrac{\partial x}{\partial\theta}+\dfrac{\partial f}{\partial y}\cdot\dfrac{\partial y}{\partial\theta}+\dfrac{\partial f}{\partial z}\cdot\dfrac{\partial z}{\partial\theta}=(y+z)(-r\sin\theta)+(x+z)(r\cos\theta)+(x+y)r$

$r=1,\ \theta=\pi$일 때, $x=-1, y=0, z=\pi$이므로 $\dfrac{\partial f}{\partial\theta}=\pi\cdot0+(-1+\pi)(-1)+(-1)\cdot1=-\pi$

(3) $x-y=t$라고 하면, 수형도를 그려보자.

$z=f\to t\left\langle\begin{matrix}x\\y\end{matrix}\right.$이므로 $\dfrac{\partial z}{\partial x}=f'(t)\times1,\ \dfrac{\partial z}{\partial y}=f'(t)\times(-1)$이므로 $\dfrac{\partial z}{\partial x}+\dfrac{\partial z}{\partial y}=0$이다.

30. 다음을 구하시오.

(1) $z=x^2y+2$, $x=s+2t$, $y=1-st^2$일 때, $(s, t)=(1, -1)$에서 $\frac{\partial z}{\partial t}$, $\frac{\partial z}{\partial s}$의 값을 구하시오.

(2) $f(u, v)=u^2+v^2\cos v$, $u=x+y$, $v=x-y$일 때, $\frac{\partial f}{\partial x}(1, 1)$, $\frac{\partial f}{\partial y}(1, 1)$의 값을 구하시오.

(3) $x=rse^t$, $y=rs^2e^{-t}$, $z=r^2s\sin t$, $u=x^4y+y^2z^3$이면, $r=2$, $s=1$, $t=0$일 때, $\frac{\partial u}{\partial s}$의 값을 구하시오.

31. 함수 $g(x,y,z)=xz+\ln y$의 변수가 $x=s+t$, $y=\cos(s)$, $z=\frac{s^2}{t}$일 때, 점 $(s,t)=(-1,2)$에서 $\frac{\partial g}{\partial s}$의 값은?

① $\tan 1-\frac{1}{2}$　② $\cot 1-\frac{1}{2}$　③ $\sec 1-\frac{1}{2}$　④ $\sin 1-\frac{1}{2}$

32. 세 함수 $z=f(x, y)$, $x=g(s,t)$, $y=h(s, t)$가 다음을 만족할 때, $s=1$, $t=2$에서 $\frac{\partial z}{\partial t}$의 값은?

$g(1, 2)=3$, $h(1, 2)=6$, $g_s(1, 2)=-1$, $g_t(1, 2)=4$

$h_s(1, 2)=-5$, $h_t(1, 2)=10$, $f_x(3, 6)=7$, $f_y(3, 6)=8$

필수 예제 12

함수 $h(u,v)$에서 $\frac{\partial h}{\partial u}(0,v)=v$, $\frac{\partial h}{\partial v}(0,v)=2v+1$일 때, 함수 $f(x,y)=h(ye^x-1, 1-2y)$에 대하여 $\frac{\partial f}{\partial y}(0,1)$의 값을 구하시오.

풀이 $f(x,y)=h(ye^x-1, 1-2y)=h(u,v)$ 이므로 $u=ye^x-1$, $v=1-2y$이다.

$f(x,y)=h(u,v)\left\langle \begin{array}{l} u\langle^x_y \\ v\langle^x_y \end{array}\right.$의 수형도를 따른다.

$\frac{\partial f}{\partial y}(0,1)$은 $(x,\ y)=(0,\ 1)$일 때의 $\frac{\partial f}{\partial y}$를 의미한다. $(x,\ y)=(0,\ 1)$일 때, $(u,\ v)=(0,\ -1)$이므로

$$\frac{\partial f}{\partial y}(0,1)=\frac{\partial h(u,v)}{\partial u}\cdot\frac{\partial u(x,y)}{\partial y}+\frac{\partial h(u,v)}{\partial v}\cdot\frac{\partial v(x,y)}{\partial y}\Bigg]_{\substack{(x,y)=(0,1)\\(u,v)=(0,-1)}}$$

$$=\frac{\partial h(0,-1)}{\partial u}\cdot e^x+\frac{\partial h(0,-1)}{\partial v}\cdot(-2)\Bigg]_{(x,y)=(0,1)}=-1+2=1$$

33. f는 u, v함수로 편미분가능하다. $g(x,y)=f(x+y, 5x-y)$이고 $\frac{\partial f}{\partial u}(3,3)=5$, $\frac{\partial f}{\partial v}(3,3)=1$일 때, $\frac{\partial g}{\partial x}(1,2)$의 값을 고르시오.

34. 이변수 함수 $z(s,t)=\tan\left(\frac{2s+3t}{3s-2t}\right)$이다. $s=\frac{3}{13}$, $t=-\frac{2}{13}$일 때, $\left(\frac{\partial z}{\partial s}, \frac{\partial z}{\partial t}\right)$의 값은?

35. 두 함수 $f(x,y)=\left(e^{x(x-1)}\cos\pi y, \frac{x}{x^2+y^2}\right)$와 $g(s,t)=s^2(t^3+s)$에 대하여 $\frac{\partial}{\partial x}(g\circ f)(1,0)$의 값은?

필수 예제 13

$z=f(x,y)$, $x=r\cos\theta$, $y=r\sin\theta$일 때 다음을 보여라.

(1) $\left(\frac{\partial z}{\partial x}\right)^2+\left(\frac{\partial z}{\partial y}\right)^2=\left(\frac{\partial z}{\partial r}\right)^2+\frac{1}{r^2}\left(\frac{\partial z}{\partial \theta}\right)^2$

(2) $\frac{\partial^2 z}{\partial x^2}+\frac{\partial^2 z}{\partial y^2}=\frac{\partial^2 z}{\partial r^2}+\frac{1}{r^2}\frac{\partial^2 z}{\partial \theta^2}+\frac{1}{r}\frac{\partial z}{\partial r}$

풀이 (1) $\frac{\partial z}{\partial r}=f_x(x,y)\cdot\cos\theta+f_y(x,y)\cdot\sin\theta$, $\frac{\partial z}{\partial \theta}=f_x(x,y)(-r\sin\theta)+f_y(x,y)(r\cos\theta)$

$\left(\frac{\partial z}{\partial r}\right)^2=(f_x)^2\cos^2\theta+(f_y)^2\sin^2\theta+2f_xf_y\cos\theta sin\theta \quad \cdots$ (a)

$\frac{1}{r^2}\left(\frac{\partial z}{\partial \theta}\right)^2=(f_x)^2\sin^2\theta+(f_y)^2\cos^2\theta-2f_xf_y\cos\theta sin\theta \quad \cdots$ (b)

(a)+(b)를 하면 $\left(\frac{\partial z}{\partial x}\right)^2+\left(\frac{\partial z}{\partial y}\right)^2=\left(\frac{\partial z}{\partial r}\right)^2+\frac{1}{r^2}\left(\frac{\partial z}{\partial \theta}\right)^2$이 성립한다.

(2) 위에서 구한 식 $\frac{\partial z}{\partial r}$, $\frac{\partial z}{\partial \theta}$을 또다시 미분하기 위해서 수형도를 생각하자. $f_x \left\langle \begin{matrix} x\left\langle \begin{matrix} r \\ \theta \end{matrix}\right. \\ y\left\langle \begin{matrix} r \\ \theta \end{matrix}\right. \end{matrix}\right.$ $f_y \left\langle \begin{matrix} x\left\langle \begin{matrix} r \\ \theta \end{matrix}\right. \\ y\left\langle \begin{matrix} r \\ \theta \end{matrix}\right. \end{matrix}\right.$

$\frac{\partial^2 z}{\partial r^2}=(f_{xx}\cos\theta+f_{xy}\sin\theta)\cos\theta+(f_{yx}\cos\theta+f_{yy}\sin\theta)\sin\theta=f_{xx}\cos^2\theta+2f_{xy}\sin\theta\cos\theta+f_{yy}\sin^2\theta$

$\frac{\partial^2 z}{\partial \theta^2}=(f_{xx}(-r\sin\theta)+f_{xy}(r\cos\theta))(-r\sin\theta)+f_x(-r\cos\theta)+(f_{yx}(-r\sin\theta)+f_{yy}(r\cos\theta))(r\cos\theta)+f_y(-r\sin\theta)$

$=f_{xx}r^2\sin^2\theta-2f_{xy}r^2\sin\theta\cos\theta+f_{yy}r^2\cos^2\theta-f_xr\cos\theta-f_yr\sin\theta$

$\frac{1}{r^2}\frac{\partial^2 z}{\partial \theta^2}=f_{xx}\sin^2\theta-2f_{xy}\sin\theta\cos\theta+f_{yy}\cos^2\theta-f_x\frac{1}{r}\cos\theta-f_y\frac{1}{r}\sin\theta$

$\frac{1}{r}\frac{\partial z}{\partial r}=f_x(x,y)\cdot\frac{1}{r}\cos\theta+f_y(x,y)\cdot\frac{1}{r}\sin\theta$

$\therefore \frac{\partial^2 z}{\partial r^2}+\frac{1}{r^2}\frac{\partial^2 z}{\partial \theta^2}+\frac{1}{r}\frac{\partial z}{\partial r}=f_{xx}\cos^2\theta+2f_{xy}\sin\theta\cos\theta+f_{yy}\sin^2\theta+f_{xx}\sin^2\theta-2f_{xy}\sin\theta\cos\theta+f_{yy}\cos^2\theta$

$=f_{xx}+f_{yy}=\frac{\partial^2 z}{\partial x^2}+\frac{\partial^2 z}{\partial y^2}$

36. 영역 D에서 정의된 함수 $z=f(x,y)$가 연속인 2계 편도함수를 갖고 $x(u,v), y(u,v)$일 때, $\frac{\partial^2 z}{\partial u^2}$, $\frac{\partial^2 z}{\partial v^2}$, $\frac{\partial^2 z}{\partial v \partial u}$를 구하시오.

37. $z=f(x,y)$가 연속인 2계 편도함수를 갖고 $x=r^2+s^2$, $y=2rs$일 때, 다음을 구하시오.

(1) $\frac{\partial z}{\partial r}$

(2) $\frac{\partial^2 z}{\partial r^2}$

38. 영역 D에서 정의된 함수 $z=f(x,y)$가 연속인 $\frac{\partial^2 z}{\partial x \partial y}$와 $\frac{\partial^2 z}{\partial y \partial x}$를 가진다. $x=-u^2+v$, $y=uv$일 때, $\frac{\partial^2 z}{\partial u^2}$를 구하면?

① $4u^2\frac{\partial^2 z}{\partial x^2}+v^2\frac{\partial^2 z}{\partial y^2}-4uv\frac{\partial^2 z}{\partial x\,\partial y}-4\frac{\partial z}{\partial x}$

② $4u^2\frac{\partial^2 z}{\partial x^2}+v^2\frac{\partial^2 z}{\partial y^2}-2uv\frac{\partial^2 z}{\partial x\,\partial y}-2\frac{\partial z}{\partial x}$

③ $4u^2\frac{\partial^2 z}{\partial x^2}+v^2\frac{\partial^2 z}{\partial y^2}-4uv\frac{\partial^2 z}{\partial x\,\partial y}-2\frac{\partial z}{\partial y}$

④ $4u^2\frac{\partial^2 z}{\partial x^2}+v^2\frac{\partial^2 z}{\partial y^2}-4uv\frac{\partial^2 z}{\partial x\,\partial y}-2\frac{\partial z}{\partial x}$

4 동차형 함수의 성질

임의의 t에 대하여 $f(tx, ty) = t^n f(x, y)$를 만족하는 n차 동차함수 $f(x, y)$가 2계 편미분가능하고 연속일 때, 다음이 성립한다.

(1) $x\dfrac{\partial f}{\partial x} + y\dfrac{\partial f}{\partial y} = nf(x, y) \Leftrightarrow x f_x(x, y) + yf_y(x, y) = nf(x, y)$

(2) $x^2\dfrac{\partial^2 f}{\partial x^2} + y^2\dfrac{\partial^2 f}{\partial y^2} + 2xy\dfrac{\partial^2 f}{\partial x \partial y} = n(n-1)f(x, y)$

(3) $f_x(tx, ty) = t^{n-1}f_x(x, y)$

Areum Math Tip

$f(tx, ty) = t^n f(x, y)$의 양 변을 t로 편미분하자.

좌변 : $z = f(tx, ty) \Leftrightarrow z = f(u, v)$, $u = tx$, $v = ty$라 하면

$$\frac{\partial f}{\partial t} = \frac{\partial f}{\partial u}\frac{\partial u}{\partial t} + \frac{\partial f}{\partial v}\frac{\partial v}{\partial t} = \frac{\partial f}{\partial u}x + \frac{\partial f}{\partial v}y \quad \cdots (a)$$

$$\frac{\partial f}{\partial x} = \frac{\partial f}{\partial u}\frac{\partial u}{\partial x} + \frac{\partial f}{\partial v}\frac{\partial v}{\partial x} = \frac{\partial f}{\partial u}t + \frac{\partial f}{\partial v}0 \Rightarrow \frac{\partial f}{\partial u} = \left(\frac{1}{t}\right)\frac{\partial f}{\partial x}$$

$$\frac{\partial f}{\partial y} = \frac{\partial f}{\partial u}\frac{\partial u}{\partial y} + \frac{\partial f}{\partial v}\frac{\partial v}{\partial y} = \frac{\partial f}{\partial u}0 + \frac{\partial f}{\partial v}t \Rightarrow \frac{\partial f}{\partial v} = \left(\frac{1}{t}\right)\frac{\partial f}{\partial y}$$

이를 (a)에 대입하면 $\dfrac{\partial f}{\partial t} = \left(\dfrac{1}{t}\right)\dfrac{\partial f}{\partial x}x + \left(\dfrac{1}{t}\right)\dfrac{\partial f}{\partial y}y$

우변 : $\dfrac{\partial f}{\partial t}\{t^n f(x, y)\} = nt^{n-1}f(x, y)$

따라서 $\left(\dfrac{1}{t}\right)\dfrac{\partial f}{\partial x}x + \left(\dfrac{1}{t}\right)\dfrac{\partial f}{\partial y}y = nt^{n-1}f(x, y)$이고, 임의의 t에 대하여 성립하므로

$t = 1$을 대입하면 $x\dfrac{\partial f}{\partial x} + y\dfrac{\partial f}{\partial y} = nf(x, y)$이다.

39. 함수 $f : R^2 \to R$가 미분가능이고, 모든 $t > 0$에 대하여 $f(tx, ty) = t^2 f(x, y)$의 관계식이 항상 만족할 때, 함수 $x\dfrac{\partial f}{\partial x} + y\dfrac{\partial f}{\partial y}$를 f로 표현하면?

① $tf(x, y)$　② $2f(x, y)$　③ $f(x, y)$　④ 1

5 전미분

1 전미분 (전체미분)

(1) 일변수 함수 $y = f(x)$ 의 전미분

$$\frac{dy}{dx} = f'(x) \quad \Leftrightarrow \quad dy = f'(x)\,dx$$

(2) 이변수 함수 $z = f(x,\ y)$ 의 전미분

$$dz = f_x(x,\ y)\,dx + f_y(x,\ y)\,dy = \frac{\partial z}{\partial x}dx + \frac{\partial z}{\partial y}dy$$

↳ $z = f(x,\ y)$, $x = g(t)$, $y = h(t)$ 일 때,

합성함수 미분 $\frac{dz}{dt} = \frac{\partial f}{\partial x} \cdot \frac{dx}{dt} + \frac{\partial f}{\partial y} \cdot \frac{dy}{dt}$ 의 양 변에 dt 를 곱한 형태이다.

(3) 3변수함수 $u = f(x,\ y,\ z)$ 의 전미분

$$du = f_x(x,\ y,\ z)\,dx + f_y(x,\ y,\ z)\,dy + f_z(x,\ y,\ z)\,dz = \frac{\partial f}{\partial x}dx + \frac{\partial f}{\partial y}dy + \frac{\partial f}{\partial z}dz$$

2 최대 오차 (근사 오차)

이변수 함수 $z = f(x,\ y)$ 의 증분 Δz와 미분 dz의 관계 $\Delta x \approx dx$, $\Delta y \approx dy$, $\Delta z \approx dz$

(1) dz를 z의 최대 오차 또는 근사 오차라고 한다.

(2) 함수 z의 전미분 dz를 z의 오차라고 할 때, $\frac{dz}{z}$ 를 최대 상대 오차라 한다.

(3) 양 변에 로그를 취해서 최대 상대 오차를 쉽게 구할 수 있다.

step1) 함수 $z = f(x,\ y)$ 의 양 변에 로그를 취하기 $\to \ln z = \ln\{f(x,\ y)\}$

step2) 양 변을 전미분 $\to \frac{dz}{z} = \frac{f_x(x,\ y)}{z}dx + \frac{f_y(x,\ y)}{z}dy$

(4) 함수 z의 전미분 dz를 z의 오차라고 할 때, $\frac{dz}{z} \times 100$을 최대 백분율 오차라 한다.

3 전미분의 기하학적 의미

$z = f(x,\ y)$ 의 $(a,\ b)$ 에서의 전미분 dz 의 의미는

점 $(a,\ b)$ 에서 가까운 점 $(a+dx,\ b+dy)$ 로 이동할 때,

f 의 선형식($(a,\ b)$ 에서의 접평면)에서의 변화량

즉, x, y가 변했을 때의 f의 변화량의 근삿값을 의미한다.

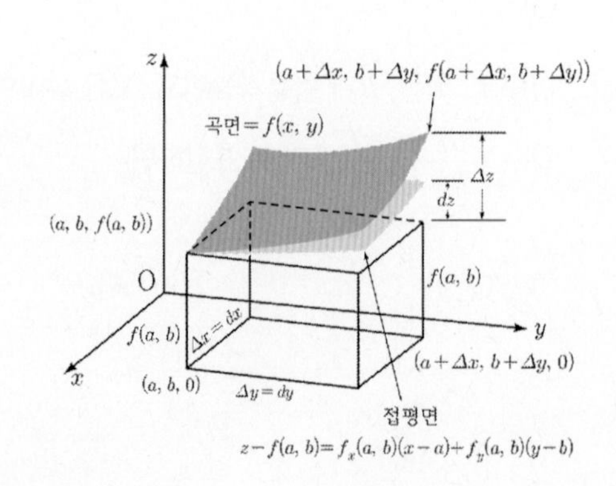

필수 예제 14

$z=f(x,y)$의 전미분은 $dz=f_x(x,y)\,dx+f_y(x,y)\,dy$이다. 함수 $f_x(x,y)=x-y+1$, $f_y(x,y)=y-x$, $f(0,0)=0$일 때, $f(1,1)$의 값을 구하시오.

풀이 $f(x,y)=\int f_x\,dx=\int(x-y+1)dx=\frac{1}{2}x^2-xy+x+A(y)$

양 변을 y로 미분하면 $f_y=-x+A'(y)=y-x \Rightarrow A'(y)=y \Rightarrow A(y)=\frac{1}{2}y^2+c$ 임을 알 수 있다.

따라서 $f(x,y)=\frac{1}{2}x^2-xy+x+\frac{1}{2}y^2+c$이고, $f(0,0)=0$이므로 $c=0$이다.

$\therefore f(x,y)=\frac{1}{2}x^2-xy+x+\frac{1}{2}y^2,\ f(1,1)=\frac{1}{2}-1+1+\frac{1}{2}=1$

[다른 풀이]

$\int f_x\,dx=\int f_y\,dy=f(x,y)$이므로 $\int(x-y+1)dx=\int(y-x)dy$이다.

$\frac{1}{2}x^2-xy+x+A(y)=\frac{1}{2}y^2-xy+B(x)$이므로 $A(y)=\frac{1}{2}y^2+c,\ B(x)=\frac{1}{2}x^2+x+c$로 유추할 수 있다.

따라서 $f(x,y)=\frac{1}{2}x^2-xy+x+\frac{1}{2}y^2+c$이고, $f(0,0)=0$이므로 $c=0$이다.

$\therefore f(x,y)=\frac{1}{2}x^2-xy+x+\frac{1}{2}y^2,\ f(1,1)=\frac{1}{2}-1+1+\frac{1}{2}=1$

40. 다음 주어진 함수의 전미분을 구하시오.

(1) $z=\ln\sqrt{x^2+y^2}$

(2) $z=x^2\cdot\tan^{-1}y$

(3) $u=xy+yz^2-xyz$

(4) $z=2y\ln(x^2y)$

41. f에 대하여 $df=(2xy^3-2y^2)dx+(3x^2y^2-4xy)dy$이고, $f(1,1)=0$일 때, $f(1,0)$의 값을 구하시오.

필수 예제 15

사각형의 길이와 폭이 각각 최대 0.1 cm의 오차범위 내에서 30cm와 24cm로 측정되었다. 전미분을 이용하여 사각형 넓이의 최대 오차, 최대 상대 오차, 최대 백분율 오차를 구하시오.

풀이 주어진 사각형의 길이를 x, 폭을 y라 할 때, 각각의 최대 0.1 cm의 오차범위는 $dx=0.1$, $dy=0.1$을 의미하고, 각 측정값으로는 $x=30\,\text{cm}$, $y=24\,\text{cm}$이기 때문에 넓이 $S=xy$에 대하여

(1) (최대 오차)=(전미분 값) $=dS=ydx+xdy=(24)\cdot(0.1)+(30)\cdot(0.1)=2.4+3=5.4$

(2) 최대 상대 오차 : $\frac{dS}{S}$를 의미한다. 원식 $S=xy$에서 $\ln S=\ln xy=\ln x+\ln y$를 미분하면

$$\frac{dS}{S}=\frac{1}{x}dx+\frac{1}{y}dy=\frac{1}{30}\cdot\left(\frac{1}{10}\right)+\frac{1}{24}\cdot\left(\frac{1}{10}\right)=\frac{1}{3\cdot 2^2\cdot 5^2}+\frac{1}{3\cdot 2^4\cdot 5}=\frac{4+5}{3\cdot 2^4\cdot 5^2}=\frac{3}{400}$$

(3) (최대 백분율 오차)$=\frac{dS}{S}\times 100=\frac{3}{400}\times 100=\frac{3}{4}=\frac{75}{100}=0.75\%$

42. 반지름과 높이가 각각 10cm와 25cm인 직원뿔이 있다. 각각의 측정 오차는 0.1cm이다. 전미분을 이용하여 원뿔 부피의 최대 오차, 최대 상대 오차, 최대 백분율 오차를 구하시오.

43. 두 변의 길이가 각각 3 cm, 4 cm이고, 사잇각이 30° 인 삼각형이 있다. 두 변의 길이를 그대로 둔 채로 사잇각을 1° 만큼 크게 할 때, 넓이의 증가량은?

① $\frac{\pi}{60}\ \text{cm}^2$　　② $\frac{\sqrt{3}\pi}{60}\ \text{cm}^2$　　③ $\frac{\pi}{90}\ \text{cm}^2$　　④ $\frac{\sqrt{3}\pi}{10}\ \text{cm}^2$

6 음함수 미분

1 $f(x, y) = C$의 미분

$f(x, y) = C$ 또는 $f(x, y) = 0$은 x로 미분가능한 $y = g(x)$를 음함수로 정의한 것이다.

f의 수형도를 그리자. $f\left\langle \begin{matrix} x \\ y - x \end{matrix} \right.$

(1) 양 변을 x에 대하여 미분을 하면 $\Rightarrow f_x + f_y \dfrac{dy}{dx} = 0 \Rightarrow \dfrac{dy}{dx} = -\dfrac{f_x}{f_y}$

(2) 1계 편도함수의 수형도를 그리고, 다시 x에 대하여 미분을 하자. $f_x \left\langle \begin{matrix} x \\ y - x \end{matrix} \right.$ $f_y \left\langle \begin{matrix} x \\ y - x \end{matrix} \right.$

$$\frac{d}{dx}\left(\frac{dy}{dx}\right) = -\frac{(f_{xx} + f_{xy}y')f_y - f_x(f_{yx} + f_{yy}y')}{(f_y)^2} = -\frac{f_{xx}(f_y)^2 + f_{yy}(f_x)^2 - 2f_{xy}f_xf_y}{(f_y)^3}$$

필수 예제 16

$\ln(x^2+y^2+1) + \sin(x^2-y^2) = \ln 2$ 위의 점 $\left(\dfrac{1}{\sqrt{2}}, \dfrac{1}{\sqrt{2}}\right)$에서 $\dfrac{dy}{dx}$의 값을 구하시오.

풀이 $F_x = \dfrac{2x}{x^2+y^2+1} + 2x\cos(x^2-y^2) \Rightarrow F_x\left(\dfrac{1}{\sqrt{2}}, \dfrac{1}{\sqrt{2}}\right) = \dfrac{\sqrt{2}}{2} + \sqrt{2} = \dfrac{3\sqrt{2}}{2}$

$F_y = \dfrac{2y}{x^2+y^2+1} - 2y\cos(x^2-y^2) \Rightarrow F_y\left(\dfrac{1}{\sqrt{2}}, \dfrac{1}{\sqrt{2}}\right) = \dfrac{\sqrt{2}}{2} - \sqrt{2} = \dfrac{-\sqrt{2}}{2}$ 이므로

$$\left.\frac{dy}{dx}\right|_{\left(\frac{1}{\sqrt{2}}, \frac{1}{\sqrt{2}}\right)} = -\frac{F_x\left(\frac{1}{\sqrt{2}}, \frac{1}{\sqrt{2}}\right)}{F_y\left(\frac{1}{\sqrt{2}}, \frac{1}{\sqrt{2}}\right)} = -\frac{\frac{3\sqrt{2}}{2}}{-\frac{\sqrt{2}}{2}} = 3$$

44. 곡선 $x^4 - 4x^2y + y^3 = 1$ 위에 있는 한 점 P에서 접선의 기울기가 P의 x좌표와 같다고 한다. P가 2사분면 위에 있다면 P의 y좌표를 구하시오.

45. $x^2y^2-2x^3y-\tan x=0$일 때 y' 은?

① $y'=\dfrac{6x^2y+2xy^2-\sec^2x}{2x^2y+2x^3}$ ② $y'=\dfrac{6x^2y+2xy^2-\sec^2x}{2x^2y-2x^3}$

③ $y'=\dfrac{6x^2y-2xy^2+\sec^2x}{2x^2y-2x^3}$ ④ $y'=\dfrac{6x^2y-2xy^2-\sec^2x}{2x^2y+2x^3}$

46. $e^{\frac{x}{y}}=x+y$일 때, $\dfrac{dy}{dx}$ 는?

① $\dfrac{ye^{\frac{x}{y}}-y^2}{xe^{\frac{x}{y}}+y^2}$ ② $\dfrac{xe^{\frac{x}{y}}-y^2}{xe^{\frac{x}{y}}+y^2}$ ③ $\dfrac{ye^{\frac{x}{y}}-x^2}{xe^{\frac{x}{y}}+y^2}$ ④ $\dfrac{ye^{\frac{x}{y}}-y^2}{ye^{\frac{x}{y}}+y^2}$

47. $y=y(x)$가 $y^x=x^y$을 만족하는 $y(1)+y'(1)$은?

① -1 ② 0 ③ 1 ④ 2

48. 곡선 $y^2+2e^{-xy}=6$ 위의 점 $(0,\ 2)$에서 다음을 구하시오.

(1) $\dfrac{dy}{dx}$ (2) $\dfrac{d^2y}{dx^2}$

2 $F(x, y, z) = C$의 미분

$F(x, y, z) = C$ 또는 $F(x, y, z) = 0$는 $z = f(x, y)$를 음함수로 정의한 것이다.

F의 수형도를 그리자. $F\left\langle \begin{array}{l} x \\ y \\ z \left\langle \begin{array}{l} x \\ y \end{array}\right. \end{array}\right.$

(1) 양 변을 x에 대하여 미분을 하면 $\Rightarrow F_x + F_z \dfrac{\partial z}{\partial x} = 0 \Rightarrow \dfrac{\partial z}{\partial x} = -\dfrac{F_x}{F_z}$

(2) 양 변을 y에 대하여 미분을 하면 $\Rightarrow F_y + F_z \dfrac{\partial z}{\partial y} = 0 \Rightarrow \dfrac{\partial z}{\partial y} = -\dfrac{F_y}{F_z}$

필수 예제 17

$xyz = \cos(x+y+z)$일 때, $x=0$, $y=\dfrac{\pi}{2}$, $z=\pi$에서 다음을 구하시오.

(1) $\dfrac{\partial z}{\partial x}$ (2) $\dfrac{\partial z}{\partial y}$ (3) $\dfrac{\partial x}{\partial z}$ (4) $\dfrac{\partial y}{\partial x}$

풀이 $F(x, y, z) = xyz - \cos(x+y+z) = 0$이라 두면

$F_x = yz + \sin(x+y+z) \Rightarrow F_x\left(0, \dfrac{\pi}{2}, \pi\right) = \dfrac{\pi^2}{2} + \sin\left(\dfrac{3\pi}{2}\right) = \dfrac{\pi^2}{2} - 1$

$F_y = xz + \sin(x+y+z) \Rightarrow F_y\left(0, \dfrac{\pi}{2}, \pi\right) = 0 + \sin\left(\dfrac{3\pi}{2}\right) = -1$

$F_z = xy + \sin(x+y+z) \Rightarrow F_z\left(0, \dfrac{\pi}{2}, \pi\right) = 0 + \sin\left(\dfrac{3\pi}{2}\right) = -1$

(1) $\dfrac{\partial z}{\partial x} = -\dfrac{F_x}{F_z} = -\dfrac{\dfrac{\pi^2}{2}-1}{-1} = \dfrac{\pi^2}{2} - 1$

(2) $\dfrac{\partial z}{\partial y} = -\dfrac{F_y}{F_z} = -\dfrac{-1}{-1} = -1$

(3) $\dfrac{\partial x}{\partial z} = -\dfrac{F_z}{F_x} = -\dfrac{-1}{\dfrac{\pi^2}{2}-1} = \dfrac{2}{\pi^2 - 2}$

(4) $\dfrac{\partial y}{\partial x} = -\dfrac{F_x}{F_y} = -\dfrac{\dfrac{\pi^2}{2}-1}{-1} = \dfrac{\pi^2}{2} - 1$

49. 다음 함수들의 $\frac{\partial z}{\partial x}$, $\frac{\partial z}{\partial y}$ 를 구하시오.

(1) $x^2+2y^2+3z^2=1$

(2) $x^2-y^2+z^2-2z=4$

(3) $e^z=xyz$

(4) $yz+x\ln y=z^2$

50. z가 다음에 의해서 x와 y의 음함수로 정의될 때, $\frac{\partial z}{\partial x}$ 를 구하면?

$x^3+y^3+z^3+6xyz=k$ (단, k는 상수)

① $-\frac{3x^2+2yz}{2z^2+3xy}$ ② $-\frac{3x^2+2yz}{2z^2+6xy}$ ③ $-\frac{x^2+2yz}{z^2+2xy}$ ④ $-\frac{3x^2+2xz}{z^2+2xy}$

51. 식 $x^2yz^2=y+2z$에서 x, y, z 각각을 다른 두 변수의 음함수로 간주될 때, $\frac{\partial x}{\partial z}$와 $\frac{\partial x}{\partial z}\frac{\partial z}{\partial y}\frac{\partial y}{\partial x}$를 순서대로 쓴 것은?

① $\frac{1-x^2yz}{xyz^2}$, -1 ② $\frac{1-x^2yz}{xyz^2}$, 1 ③ $\frac{1+x^2yz}{xyz^2}$, -1 ④ $\frac{1+x^2yz}{xyz^2}$, 1

선배들의 이야기 ++

편입 스펙

세종대학교(건설환경공학과) 학점 2.7 토익 840

합격 대학

중앙대학교(바이오메디컬공학과), 경희대학교(식품영양학과) 건국대학교(식품유통공학과)

편입 동기 & 목적

저는 수능 삼수생입니다. 국어를 밀려 쓰면서 전적대학교에 입학했었습니다. 목표했던 학교와 학과가 아닌 곳에서 꿈을 펼치기에는 앞으로 살아갈 날들이 너무 많이 남았었기에, 방황을 많이 했었습니다. 방황하던 도중 편입을 추천받고 공부를 시작하게 되었습니다.

수학 학습법 – 과거의 실력에 매몰되지 말자

수학능력시험 성적과 편입 합격은 연관관계가 상당히 떨어집니다. 수능은 사고력을 요하지만, 편입 수학은 풀어 봤던 문제를 얼마나 빠르고 정확하게 풀어 낼 수 있는지가 중요한 시험입니다. 그렇기에 과거 수학 실력을 배경으로 "나는 전적대가 좋지 못하고 수능 성적도 안 좋으니까 OO대만 가도 좋아!"라고 생각하시기보단, 본인이 어떤 분야에 관심을 가지고 있는지 객관화한 후에 네임이 가장 좋은 학교를 나열하고 해당 학교 교육과정을 바탕으로 목표를 설정하시길 추천합니다.

1. 목표를 이루기 위한 가장 합리적이고 빠른 길

"아름쌤이 하라는 대로 하세요." 편입판에서 전국1타를 수년간 자리매김하신 분과 처음 편입을 접하는 학생의 시야는 절대적으로 다릅니다. 수학에 어느 정도 자신이 있고 확고한 공부법이 있으신 분들은 본인이 추구하는 방향을 쫓아 가셔도 좋습니다. 하지만, 아름쌤께 본인이 가는 방향이 올바른지에 대해 피드백을 꼭 받아보시길 바랍니다.

2. 누적복습

앞으로 귀에 피나도록 들으실 단어가 누적복습입니다. '저는 단어를 너무 까먹어요.' '수학 공식을 계속 까먹어요.' 이 두 문장은 질문보다는 투정에 가깝습니다. 모든 사람은 생물학적으로 망각을 하게 되어 있습니다. 망각은 정말로 누구나 계속해요. 누적복습을 진행하면서 복습해야 할 부분을 줄여나가는 것이 편입생들의 핵심입니다. 개념 구멍은 시험 직전까지 계속 생겨요. 시험 직전에 구멍 난 부분을 살피고 채워서 시험장에 들어가는 것이 편입 수학입니다.

step1. 어차피 까먹는다는 생각으로 공부(but 공부하는 순간에는 뇌에 새긴다는 느낌으로 집중해서!)

step2. 까먹은 부분을 새로운 마음으로 공부(까먹는 걸로 스트레스 받지 마세요!! 인간이 날지 못해 슬퍼하는 것과 같습니다.)

3. 가로복습 세로복습 (feat.올인원)

저는 시험 초반기에는 가로 복습을 진행하면서 취약점을 많이 찾았어요. 취약점을 파악한 뒤에는 세로복습을 진행하면서 취약점을 자신 있는 부분으로 바꾸는 연습을 많이 했던것이 나중에 도움이 많이 되었습니다. 편입수학의 양은 광범위하기 때문에 취약점이 자신 있는 부분으로 바뀌기도 하지만 자신 있는 부분이 망각되는 경우도 많았던 거 같아요. 그래서 아름쌤이 강조하신 누적복습이 엄청 중요했어요!!

영어 학습법 – 하루에 몇 문제씩이라도!

영어와 수학 학습비율은 수학 6, 영어 4로 시험 전까지 가져갔고 단어는 하루에 300개씩 꾸준히 외웠어요. 저는 책을 여러 종류 외웠는데 하나만 잡고 열심히 회독하는게 훨씬 좋다고 느꼈었어요. 꾸준히 모고 70점대를 유지하다가 직전 특강 영어 시험 점수가 너무 잘 나와서 시험 직전에 수학만 투자했는데 큰 독이 됐던 거 같아요. 여러분들은 꼭 하루에 몇 문제씩이라도 풀면서 감을 유지해서 시험장에 들어가시길 추천드립니다. 한양대는 시험 문제도 많고 시간도 길어서 2시간동안 집중해서 문제 푸는 연습해 보시길 강추합니다.

아름쌤을 추천하는 이유 – 스토리텔링과 접근 방식, 그리고 긍정의 힘!

첫 번째는, 스토리텔링 방식입니다. 특히 선형대수학 같은 경우, 처음 진입장벽이 굉장히 높아요. 처음부터 마지막까지 수업을 듣고 나면 하나의 맥락으로 이어지는 과목이기 때문이에요. 아름쌤은 하나의 맥락을 가지고 처음부터 마지막까지 이어지는 수업을 해주시기 때문에 완강이 됐을 때 모든 기출을 풀 수 있을 정도로 과목에 대한 높은 이해도를 가져갈 수 있었습니다. 추가로 기저를 씨앗으로 표현해주시는 등 추상적인 영역을 굉장히 빠른 속도로 습득시켜주십니다.

두 번째로, 광범위한 양의 편입 수학을 접근해주시는 방식입니다. 아름쌤은 공식을 알려주시면서 학생의 입장에서 받아들일 만한 증명이면 함께 설명해주십니다. 저는 암기력이 좋지 못한 편이지만, 아름쌤께서 알려주신 증명과 함께 공부하면서 더욱 재밌게 공부할 수 있었고, 공식을 까먹으면 증명을 직접해보며 공식을 복기하곤 했습니다. (절대로 시험장에선 증명을 하고 있으면 안 됩니다!) 이 과정에서 다양한 공식들을 수월하게 암기할 수 있었습니다.

마지막으로, 긍정의 힘!! 아름매직!! 입니다. 실패만 하면서 살아 온 인생이라, 아름쌤이 알려주시는 길, 응원이 정말 큰 힘이 되었던 기억이 있어요.

인강으로만 보다가 실제로 보면 엄청난 카리스마로 압도돼서 한 동안은 질문할 때 눈도 못 마주쳤던 기억이 있습니다. 나중에 알게 되시겠지만 너무 좋은 분이세요. 수험생 때는 모두가 예민하고 약하기 때문에 선생님의 카리스마가 무서울 수 있지만 누구보다 학생들을 생각하시는 분이기에 열심히만 하시면 됩니다!

- 임○정 (중앙대학교 바이오메디컬공학과)

CHAPTER 02

방향도함수와 공간도형

1. 경도벡터 & 방향도함수
2. 공간곡선
3. 곡면의 접평면 & 법선

02 방향도함수와 공간도형

1 경도벡터 & 방향도함수

1 등위곡선 & 경도벡터

(1) 등위곡선(level curve)

함수 $z=f(x,y)$가 일정한 상수값 $z=c$인 평면상의 점들의 집합을 f의 등위곡선이라고 한다.

(2) 경도벡터(기울기벡터, gradient vector)

① 미분가능한 함수 $z=f(x,y)$를 각각의 독립변수로 편미분한 값을 성분으로 갖는 벡터를 말한다.

$$\nabla f(x,y) = \langle f_x(x,y),\ f_y(x,y) \rangle = f_x(x,y)i + f_y(x,y)j = \langle f_x,\ f_y \rangle$$

② 기하학적 의미

등위곡선 $f(x,y)=c$위의 한 점 (x_0, y_0)에서 접선의 기울기는

$\dfrac{dy}{dx} = -\dfrac{f_x(x_0,y_0)}{f_y(x_0,y_0)}$이고, 법선의 기울기는 $\dfrac{dy}{dx} = \dfrac{f_y(x_0,y_0)}{f_x(x_0,y_0)}$이다.

따라서 $z=f(x,y)$의 등위곡선 위의 점 (x_0, y_0)에서

곡선의 법선벡터(수직인 벡터)는 $\langle f_x(x_0,y_0), f_y(x_0,y_0) \rangle$이다.

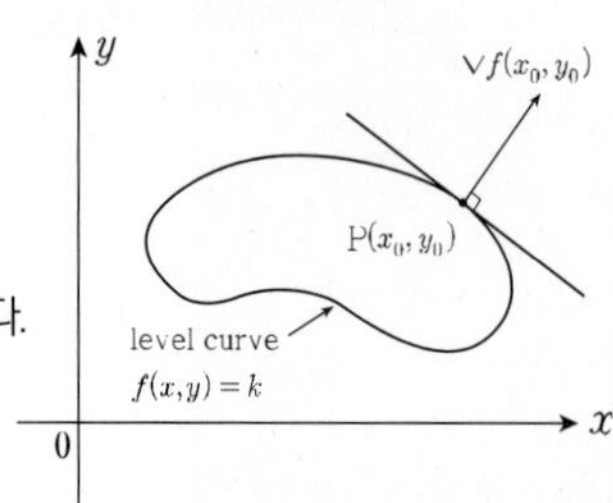

2 보존적 벡터장

이변수 함수 $f(x,y)$의 2계 편도함수가 각각 연속(클레로 정리 성립)이라고 하자.

벡터장 F가 스칼라 함수 $f(x,y)$의 경도벡터일 때, 즉 $F=\nabla f$가 되는 함수 f가 존재할 때,

F를 보존적 벡터장이라 부른다. 이때, f를 F의 포텐셜 함수라고 한다.

정리 $F(x,y)=\langle P(x,y), Q(x,y) \rangle$가 보존적 벡터장이고,

P, Q는 정의역 D에서 연속이고, 1계 편도함수를 갖는다면 정의역 D에서 다음 식이 성립한다.

$$\frac{\partial P}{\partial y} = \frac{\partial Q}{\partial x}$$

필수 예제 18

함수 $f(x,y)=\dfrac{(x+y^3)\cos(xy^2)}{e^{2x+y}}$ 에 대하여 $\nabla f(0,0)=(a,b)$라 할 때, $a-b$의 값은?

풀이 $a=f_x(0,\ 0),\ b=f_y(0,\ 0)$이다.

$f(x,\ 0)=g(x)=\dfrac{x}{e^{2x}}=xe^{-2x}\Rightarrow f_x(x,\ 0)=g'(x)=e^{-2x}-2xe^{-2x}\ \Rightarrow\ a=f_x(0,\ 0)=1$

$f(0,\ y)=h(y)=\dfrac{y^3}{e^y}=y^3e^{-y}\ \Rightarrow\ f_y(0,\ y)=h(y)=3y^2e^{-y}-y^3e^{-y}\ \Rightarrow\ b=f_y(0,\ 0)=0$

$\therefore\ a-b=1$

52. $f(x,\ y)=x^2+y^2-2x-6y+12$의 점 $(1,\ 4)$에서 경도벡터(gradient vector)를 구하시오.

53. 다음 주어진 벡터함수가 보존적 벡터장이 아닌 것은?

① $(x-y,\ x-2)$ ② $(3+2xy,\ x^2-2y^2)$ ③ $(xy^2,\ x^2y)$ ④ $(x^2,\ y^2)$

54. $F(x,\ y)=\langle 2xy,\ x^2+3y^2\rangle$에 대하여 $F=grad\,f$를 만족시키는 $f(x,\ y)$를 구하시오.

55. 다음 두 함수로부터 얻은 합성함수 $(f\circ\overrightarrow{G})(x,y)$ 에 대해 물매(그래디언트) $\nabla(f\circ\overrightarrow{G})(0,0)$ 은?

$$f(u,v)=u^2+3uv-v^2 \qquad (u,v)=\overrightarrow{G}(x,y)=(\cos x+\sin y,\ -\cos x+\sin y)$$

3 방향도함수

(1) 곡면 $z = f(x\,,\ y)$ 위의 한 점 (x_0, y_0)에서 임의의 방향 u방향(단위벡터)으로 곡면의 기울기를 방향도함수 또는 유향미분계수라고한다.

(2) 점 (x_0, y_0)를 지나고 벡터 u와 평행하고, xy평면과 수직인 평면과 곡면 $z = f(x,y)$와의 교선에서의 접선의 기울기를 의미한다.

$$D_{\vec{u}}\, f(x\,,\ y) = \nabla f(x\,,\ y)\, \cdot\, \vec{u}$$

4 단위벡터 u를 제시하는 방법

(1) 직접 제시

(2) 두 점을 통해 벡터 구하기

(3) x축과 u벡터가 이루는 각 θ를 제시할 경우 $u = (\cos\theta,\ \sin\theta)$

Areum Math Tip

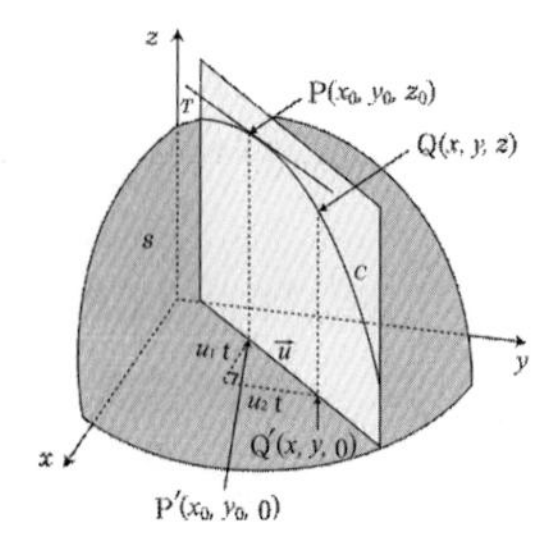

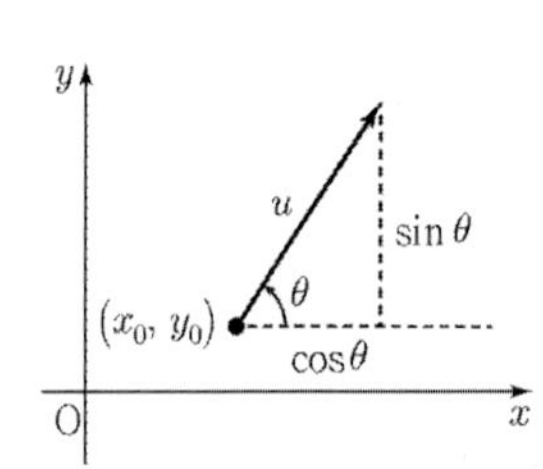

임의의 단위벡터 $u = \langle a, b\rangle = \langle \cos\theta, \sin\theta\rangle$방향으로 (x_0, y_0)에서 z의 변화율을 구해보자. 방정식 $z = f(x, y)$인 곡면 S를 생각하자. 점 $\mathrm{P}(x_0, y_0, z_0)$는 S에 놓인 점이다. u방향으로 점 P를 지나는 xy평면에 수직인 평면은 곡선 C에서 S를 가로지른다. 점 P에서 곡선 C에 대한 접선 T의 기울기는 u방향으로의 z의 변화율이다. P'와 Q'는 xy평면에 P, Q를 투사한 점이고, $\overrightarrow{\mathrm{P}'\mathrm{Q}'}$는 u에 평행이므로, $\overrightarrow{\mathrm{P}'\mathrm{Q}'} = hu = \langle ha, hb\rangle$이다. $\therefore x - x_0 = ha = h\cos\theta, y - y_0 = hb = h\sin\theta \Rightarrow x = x_0 + h\cos\theta,\ y = y_0 + h\sin\theta$

평균변화율 : $\dfrac{\Delta z}{h} = \dfrac{z - z_0}{h} = \dfrac{f(x_0 + ha, y_0 + hb) - f(x_0, y_0)}{h} = \dfrac{f(x_0 + h\cos\theta, y_0 + h\sin\theta) - f(x_0, y_0)}{h}$

평균변화율의 극한 $= (x_0,\ y_0)$에서 u방향으로 곡면의 기울기

$$D_u f(x_0, y_0) = \lim_{h\to 0}\frac{z - z_0}{h} = \lim_{h\to 0}\frac{f(x_0 + h\cos\theta, y_0 + h\sin\theta) - f(x_0, y_0)}{h}\ (x = x_0 + h\cos\theta, y = y_0 + h\sin\theta)$$

$$= \lim_{h\to 0}\{f_x(x_0 + h\cos\theta,\ y_0 + h\sin\theta)\cdot\cos\theta + f_y(x_0 + h\cos\theta,\ y_0 + h\sin\theta)\cdot\sin\theta\}$$

$$= f_x(x_0, y_0)\cdot\cos\theta + f_y(x_0, y_0)\cdot\sin\theta = \langle f_x(x_0, y_0), f_y(x_0, y_0)\rangle\cdot\langle\cos\theta, \sin\theta\rangle = \nabla f(x_0, y_0)\cdot u$$

필수 예제 19

곡면 $f(x,\ y)=9-x^2-y^2$ 일 때, 점 $(1,\ 1)$에서 다음을 구하시오.

(1) $i+j$ 방향으로의 방향도함수

(2) 점 $(1,\ 1)$에서 점 $(3,\ 3)$방향으로의 방향도함수

(3) 평면 $y=x$로 잘랐을 때의 방향도함수

(4) 평면 $y=\sqrt{3}(x-1)+1$로 잘랐을 때의 방향도함수

풀이

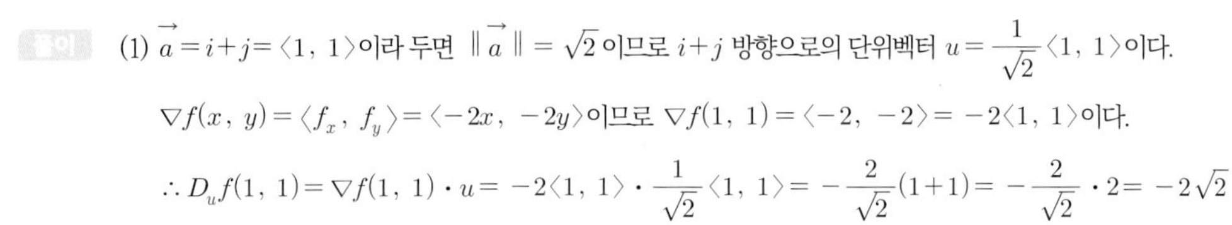

(1) $\vec{a}=i+j=\langle 1,\ 1\rangle$이라 두면 $\|\vec{a}\|=\sqrt{2}$이므로 $i+j$ 방향으로의 단위벡터 $u=\dfrac{1}{\sqrt{2}}\langle 1,\ 1\rangle$이다.

$\nabla f(x,\ y)=\langle f_x,\ f_y\rangle=\langle -2x,\ -2y\rangle$이므로 $\nabla f(1,\ 1)=\langle -2,\ -2\rangle=-2\langle 1,\ 1\rangle$이다.

$\therefore D_u f(1,\ 1)=\nabla f(1,\ 1)\cdot u=-2\langle 1,\ 1\rangle\cdot\dfrac{1}{\sqrt{2}}\langle 1,\ 1\rangle=-\dfrac{2}{\sqrt{2}}(1+1)=-\dfrac{2}{\sqrt{2}}\cdot 2=-2\sqrt{2}$

(2) (A(1, 1)에서 B(3, 3)으로의 방향) $\overrightarrow{AB}=\langle 2,\ 2\rangle \Rightarrow \vec{u}=\dfrac{1}{2\sqrt{2}}\langle 2,\ 2\rangle=\dfrac{1}{\sqrt{2}}\langle 1,\ 1\rangle$

$\therefore D_u f(1,\ 1)=\nabla f(1,\ 1)\cdot u=-2\langle 1,\ 1\rangle\cdot\dfrac{1}{\sqrt{2}}\langle 1,\ 1\rangle=-2\sqrt{2}$

(3) 평면 $y=x$의 기울기는 1이므로 평면과 x축이 이루는 각을 θ라 하면

$\theta=\dfrac{\pi}{4} \Rightarrow u=\left\langle \cos\dfrac{\pi}{4},\ \sin\dfrac{\pi}{4}\right\rangle=\left(\dfrac{1}{\sqrt{2}},\ \dfrac{1}{\sqrt{2}}\right)=\dfrac{1}{\sqrt{2}}(1,\ 1)$

$\therefore D_u f(1,\ 1)=\nabla f(1,\ 1)\cdot u=-2\langle 1,\ 1\rangle\cdot\dfrac{1}{\sqrt{2}}\langle 1,\ 1\rangle=-2\sqrt{2}$

(4) 평면 $y=\sqrt{3}(x-1)+1$의 기울기는 $\sqrt{3}$이므로 평면과 x축이 이루는 각을 θ라 하면

$\theta=\dfrac{\pi}{3} \Rightarrow u=\left\langle \cos\dfrac{\pi}{3},\ \sin\dfrac{\pi}{3}\right\rangle=\left\langle \dfrac{1}{2},\ \dfrac{\sqrt{3}}{2}\right\rangle$

$\therefore D_u f(1,\ 1)=\nabla f(1,\ 1)\cdot u=-2\langle 1,\ 1\rangle\cdot\left\langle \dfrac{1}{2},\ \dfrac{\sqrt{3}}{2}\right\rangle=-1-\sqrt{3}$

56. 점 $(2,\ -1)$에서 벡터 $v=2i+5j$의 방향으로의 함수 $f(x,\ y)=x^2y^3-4y$ 의 방향도함수를 구하시오.

57. $f(x,\ y,\ z)=x\sin yz$일 때, 점 $(1,\ 3,\ 0)$에서 점 $(2,\ 5,\ -1)$의 방향으로의 f의 방향도함수를 구하시오.

58. 벡터 u가 양의 x축과 이루는 각의 크기가 $\frac{\pi}{6}$일 때, 점 $(1,\ 2)$에서 u벡터 방향으로 곡면 $f(x,\ y)=x^3-3xy+4y^2$의 방향도함수를 구하시오.

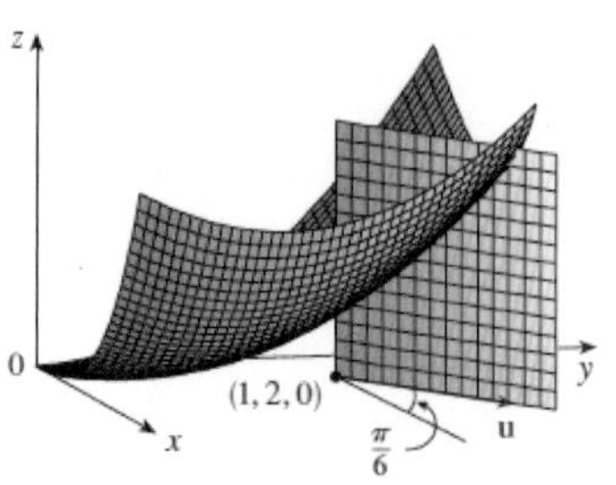

59. $f(x,\ y)=\sin xy+y$라 하자. 3차원 공간에서 곡면 $f(x,\ y)$를 평면 $x-y+1=0$으로 잘랐을 때, 점 $(0,\ 1,\ 1)$에서 f의 변화율의 값을 구하시오.

60. 단위벡터 u가 양의 x축과 이루는 각의 크기가 $\frac{\pi}{3}$일 때, 점 $(2,1)$에서 함수 $f(x,\ y)=x^2-2xy+y^3$의 $u-$방향의 방향도함수 $D_uf(2,\ 1)$의 값은?

① $\frac{1-\sqrt{3}}{2}$　② $\frac{1+\sqrt{3}}{2}$　③ $\frac{2-\sqrt{3}}{2}$　④ $\frac{2+\sqrt{3}}{2}$

필수 예제 20

함수 $f(x,y,z)=x\cos y\sin z$에 대하여, 점 $\left(1, \frac{\pi}{4}, \pi\right)$에서 $2\vec{i}-\vec{j}+4\vec{k}$ 방향으로의 방향미분계수는?

① $-\frac{3\sqrt{42}}{19}$　② $-\frac{2\sqrt{42}}{21}$　③ $-\frac{3\sqrt{28}}{23}$　④ $-\frac{2\sqrt{38}}{25}$

풀이 $\nabla f=(\cos y\sin z,\ -x\sin y\sin z,\ x\cos y\cos z)$이고 $2\vec{i}-\vec{j}+4\vec{k}$ 방향으로의 단위벡터는 $u=\frac{1}{\sqrt{21}}(2,\ -1,\ 4)$이므로

점 $\left(1,\ \frac{\pi}{4},\ \pi\right)$에서 $2\vec{i}-\vec{j}+4\vec{k}$ 방향으로의 방향미분계수는 다음과 같다.

$$D_u f\left(1,\ \frac{\pi}{4},\ \pi\right)=\nabla f\left(1,\ \frac{\pi}{4},\ \pi\right)\cdot u=\left(0,\ 0,\ -\frac{\sqrt{2}}{2}\right)\cdot\frac{1}{\sqrt{21}}(2,\ -1,\ 4)=-\frac{2\sqrt{2}}{\sqrt{21}}=-\frac{2}{21}\sqrt{42}$$

61. 함수 $f(x,y,z)=\sqrt{xyz}$ 의 점 $(3,2,6)$에서 $i+2j-2k$ 방향으로의 방향도함수는?

① 1　② 2　③ 3　④ 4

62. 점 $(1,-1,1)$에서 함수 $F(x,y,z)=x^2y^2(2z+1)^2$의 벡터 $\mathrm{j}+\mathrm{k}$ 방향으로의 방향도함수는?

① $\sqrt{2}$　② $-\sqrt{2}$　③ $3\sqrt{2}$　④ $-3\sqrt{2}$

63. 함수 $f(x,y,z)=2x^3-xy^2-yz$ 에 대해 점 $\mathrm{P}(-1,1,0)$ 에서 점 $\mathrm{Q}(2,0,-1)$ 방향으로의 방향도함수는 얼마인가?

① $\frac{14}{\sqrt{11}}$　② $\frac{7}{\sqrt{11}}$　③ $\frac{14}{\sqrt{13}}$　④ $\frac{7}{\sqrt{13}}$

필수 예제 21

점 $(1, 1)$에서 함수 $f(x, y)=\tan^{-1}\left(\frac{x}{y}\right)$의 방향도함수가 $\frac{1}{2}$이 되는 방향의 단위벡터를 (a, b)라 할 때, $a+2b$의 값으로 가능한 것은?

① -3　　② -2　　③ -1　　④ 0

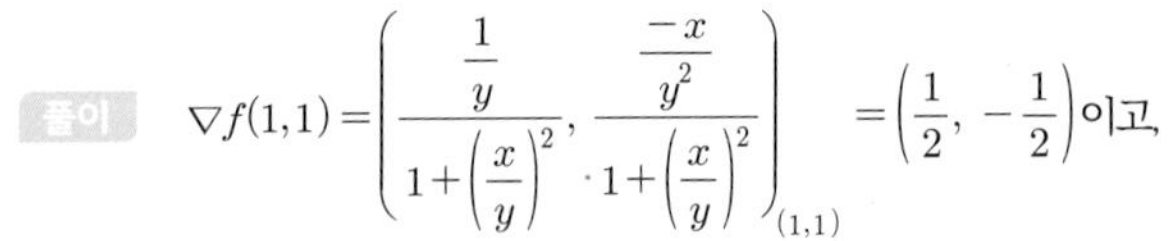

풀이 $\nabla f(1,1)=\left(\dfrac{\frac{1}{y}}{1+\left(\frac{x}{y}\right)^2}, \dfrac{\frac{-x}{y^2}}{1+\left(\frac{x}{y}\right)^2}\right)_{(1,1)}=\left(\frac{1}{2}, -\frac{1}{2}\right)$이고,

단위벡터 $\vec{u}=(a, b)$ 방향으로의 방향도함수는 $D_{\vec{u}}f(1, 1)=\nabla f(1, 1)\cdot(a, b)=\frac{a}{2}-\frac{b}{2}=\frac{1}{2} \Leftrightarrow a-b=1$이다.

또한, (a, b)가 단위벡터이어야 하므로 $a^2+b^2=1$이다. 따라서 $a=1+b$를 $a^2+b^2=1$에 대입하자.

$(1+b)^2+b^2=1 \Leftrightarrow 2b^2+2b+1=1 \Leftrightarrow 2b(b+1)=0 \Leftrightarrow b=-1$ 또는 0

따라서 $a=1, b=0$이거나 $a=0, b=-1$이어야 한다.

(i) $a=1, b=0$일 때, $a+2b=1$

(ii) $a=0, b=-1$일 때, $a+2b=-2$

그러므로 $a+2b$로 가능한 값은 1과 -2이고 보기 중 가능한 것은 -2이다.

64. 함수 $f(x, y)=x^3-3x^2y-\frac{1}{2}y^2$에 대하여 점 $(1, 1)$에서 방향도함수의 값이 0인 방향을 나타내는 벡터는?

① $\left(-\frac{4}{5}, \frac{3}{5}\right)$　　② $\left(\frac{4}{5}, \frac{3}{5}\right)$　　③ $\left(-\frac{3}{5}, \frac{4}{5}\right)$　　④ $\left(\frac{3}{5}, \frac{4}{5}\right)$

65. $2i+j$ 방향으로의 점 P_0의 함수 f의 방향도함수가 $\sqrt{5}$이고, $-i+j$ 방향으로의 점 P_0의 함수 f의 방향도함수가 $\sqrt{2}$ 일 때, 점 P_0에서 f의 경도 (∇f)는?

① $i+3j$　　② $i-3j$　　③ $2i-3j$　　④ $3i+j$

66. 평면의 모든 점에서 미분가능한 함수 $f(x, y)$의 점 $(2, 1)$에서 점 $(1, 3)$ 방향으로의 방향도함수가 $-\frac{2}{\sqrt{5}}$ 이고 점 $(5, 5)$ 방향으로의 방향도함수는 $\frac{1}{5}$ 이라고 한다. 그러면 점 $(2, 1)$에서 점 $(2, 3)$ 방향으로의 함수 $f(x, y)$의 방향도함수는?

① -1　　② $-\frac{1}{2}$　　③ $\frac{1}{2}$　　④ 2

67. 함수 $f(x, y)=\begin{cases} \frac{x^2-y^2}{x^2+y^2}, & (x, y)\neq(0, 0) \\ 0, & (x, y)=(0, 0) \end{cases}$ 이라 하자.

어떤 벡터의 방향에 대하여 점 $(0, 0)$에서 f의 방향도함수가 존재하는가?

① $\frac{1}{2}i-\frac{\sqrt{3}}{2}j$　　② $\frac{1}{2}i+\frac{\sqrt{3}}{2}j$　　③ $\frac{\sqrt{2}}{2}i+\frac{\sqrt{2}}{2}j$　　④ $\frac{\sqrt{3}}{3}i-\frac{\sqrt{6}}{3}j$

68. 함수 $f(x,y)$의 2계 방향도함수가 $D_u^2 f(x,y)=D_u[D_u f(x,y)]$이다. $f(x,y)=x^3+5x^2y+y^3$이고 $u=\left\langle \frac{3}{5}, \frac{4}{5} \right\rangle$일 때 $D_u^2 f(2,1)$을 구하시오.

5 방향도함수의 최댓값 & 최솟값

(1) 방향도함수의 최댓값은 $|\nabla f(x, y)|$이다.

두 벡터 ∇f와 u의 사잇각이 0일 때이고, 경도벡터와 단위벡터는 평행 관계이다.

(2) 함수 $f(x, y)$의 값이 가장 빨리 증가하는 방향은 경도 방향이다.

(3) 가장 빨리 감소하는 방향은 경도의 반대 방향이다.

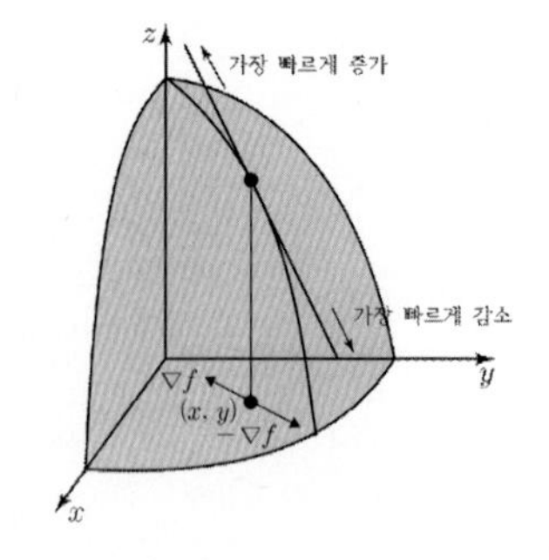

$$D_{\vec{u}} f(x, y) = \nabla f(x, y) \cdot \vec{u} = |\nabla f(x, y)||\vec{u}|\cos\theta$$

$$= |\nabla f(x, y)|\cos\theta \text{(단, } \theta \text{는 } \nabla f \text{와 } u \text{의 사잇각)}$$

$-1 \le \cos\theta \le 1$이므로

$$-|\nabla f(x, y)| \le |\nabla f(x, y)|\cos\theta \le |\nabla f(x, y)|$$

↳ θ가 π일 때의 값 ↳ θ가 0일 때의 값

필수 예제 22

곡면 $f(x, y) = xe^y$에 대하여 다음을 구하시오.

(1) 점 $\mathrm{P}(2, 0)$에서 점 $\mathrm{Q}\left(\frac{1}{2}, 2\right)$ 방향으로 점 P에서 f의 방향도함수

(2) 점 P에서 $f(x,y)$의 최대변화율을 가지는 방향

(3) 점 P에서 $f(x,y)$의 변화율의 최댓값

풀이 (i) $\overrightarrow{\mathrm{PQ}} = \mathrm{Q} - \mathrm{P} = \left\langle -\frac{3}{2}, 2 \right\rangle \Rightarrow \|\overrightarrow{\mathrm{PQ}}\| = \sqrt{\frac{9}{4}+4} = \sqrt{\frac{25}{4}} = \frac{5}{2}$

주어진 벡터를 정규화한 단위벡터는 $u = \frac{2}{5}\left\langle -\frac{3}{2}, 2 \right\rangle = \frac{1}{5}\langle -3, 4 \rangle$이다.

(ii) $\nabla f = \langle f_x, f_y \rangle = \langle e^y, xe^y \rangle \Rightarrow \nabla f(2, 0) = \langle 1, 2 \rangle$

(1) 점 (2,0)에서 방향도함수는 $D_u f(2, 0) = \nabla f(2, 0) \cdot u = \langle 1, 2 \rangle \cdot \frac{1}{5}\langle -3, 4 \rangle = \frac{1}{5}(-3+8) = 1$이다.

(2) 함숫값의 최대변화율을 가지는 방향은 방향도함수가 최댓값을 갖는 경도 방향이다. $\Rightarrow \nabla f(2, 0) = \langle 1, 2 \rangle$

(3) 함숫값의 변화율의 최댓값은 방향도함수의 최댓값을 말한다. $\Rightarrow \|\nabla f(2, 0)\| = \sqrt{5}$

필수 예제 23

$f(x, y) = \sin xy + y$라 하자. 3차원 공간에서 곡면 $z = f(x, y)$를 평면 $ax + y - 1 = 0$으로 잘랐을 때, 점 $(0, 1, 1)$에서 f의 변화율이 가장 크게 되는 a의 값을 구하시오.

풀이 f의 변화율이 가장 큰 방향은 $u = \langle \cos\theta, \sin\theta \rangle = \frac{1}{|\nabla f|}\nabla f$일 때이다.

$\nabla f = \langle f_x, f_y \rangle = \langle y\cos(xy),\ x\cos(xy) + 1 \rangle$

$\nabla f(0, 1) = \langle 1, 1 \rangle \Rightarrow u = \frac{1}{\sqrt{2}}\langle 1, 1 \rangle = \left\langle \cos\frac{\pi}{4}, \sin\frac{\pi}{4} \right\rangle \quad \therefore \theta = \frac{\pi}{4}$

방향도함수의 방향을 제시하는 세 가지 방법 중 xy평면과 수직한 평면을 제시한 것은 방향벡터 $u = \langle \cos\theta, \sin\theta \rangle$의 θ를 제시한 것과 같다.

$ax + y - 1 = 0 \Leftrightarrow y = -ax + 1$이므로 $-a = \tan\theta = \tan\frac{\pi}{4} = 1$

$\therefore a = -1$

69. 점 (0, 1)에서 함수 $f(x, y) = \frac{1}{\sqrt{2}}(e^x + y)$의 변화율이 최대가 되는 방향에 대해, 함수 $f(x, y)$의 방향미분값을 구하시오.

① 1　　② $-\sqrt{2}$　　③ $\sqrt{2}$　　④ -1

70. $f(x, y) = xe^y$일 때, 점 $(2, 0)$에서 f가 최대변화율을 갖는 방향은?

① $\frac{2i+j}{\sqrt{5}}$　　② $\frac{i+2j}{\sqrt{5}}$　　③ $\frac{-i-2j}{\sqrt{5}}$　　④ $\frac{-2i-j}{\sqrt{5}}$

필수 예제 24

방정식 $z+1=xe^{y}\cos z$에 의해 $(x,\ y)=(1,\ 0)$ 근방에서 z가 x와 y의 음함수로 정의된다면 z가 가장 빨리 증가하는 방향은? (단, $-\frac{\pi}{2}<z<\frac{\pi}{2}$)

① $(1,\ -1)$ ② $(1,\ 1)$ ③ $(1,\ 0)$ ④ $(0,\ 1)$

풀이 $F(x,y,z)=0$, $z=f(x,y)$꼴의 음함수를 생각하자.

$x=1, y=0$일 때, $z+1=\cos z$를 만족하는 $z=0$이다.

$F(x,y,z)=xe^{y}\cos z-z-1$이고, $F_x=e^{y}\cos z$, $F_y=xe^{y}\cos z$, $F_z=-xe^{y}\sin z-1$이다.

방향도함수의 최댓값을 갖는 방향은 경도벡터 방향 $\langle f_x(1,0), f_y(1,0)\rangle=\langle z_x(1,0), z_y(1,0)\rangle$이다.

$z_x(1,0)=\frac{\partial z}{\partial x}=-\frac{F_x(1,0,0)}{F_z(1,0,0)}=-\frac{1}{-1}=1$, $z_y(1,0)=\frac{\partial z}{\partial y}=-\frac{F_y(1,0,0)}{F_z(1,0,0)}=-\frac{1}{-1}=1$이므로

가장 빨리 증가하는 방향은 $\langle 1,1\rangle$이다.

71. 금속입방체 안에 점 $(x,\ y,\ z)$에서의 온도가 $f(x,\ y,\ z)=e^{x^2+2y+z}$로 주어졌을 때, 점 $(0,\ 0,\ 0)$에서 온도가 가장 빠르게 증가하는 방향에 대한 온도의 증가율을 구하시오.

72. 돌판의 표면온도가 $T(x,\ y)=40-\frac{2}{3}\sqrt{x^2+y^2}$으로 표시될 때, 돌판 위에서 운동하는 물체가 점 $(3,\ 4)$에서 높은 온도의 지점으로 가장 빨리 이동하기 위하여 택해야 하는 방향은?

① $-3i-4j$ ② $4j$ ③ $3i$ ④ $3i+4j$

73. 어떤 호수의 한 지점에 떠 있는 부표를 원점으로 하였을 때, 부표에서 동쪽으로 xm, 북쪽으로 ym 떨어진 지점의 호수의 깊이가 함수 $h(x,y)=15-x^2-2y^2$로 나타내어진다고 한다. 부표에서 동쪽으로 2m, 남쪽으로 1m 떨어진 지점에서 호수의 깊이가 가장 빠르게 증가하는 방향으로의 깊이의 변화율은?

2 공간곡선

1 벡터함수 - 공간곡선

공간곡선의 매개방정식 $x = f(t)$, $y = g(t)$, $z = h(t)$에서 각각 미분가능한 함수라고 할 때,
함수 $r(t) = \langle x(t),\ y(t),\ z(t) \rangle = \langle f(t),\ g(t),\ h(t) \rangle$를 벡터함수라고 한다.

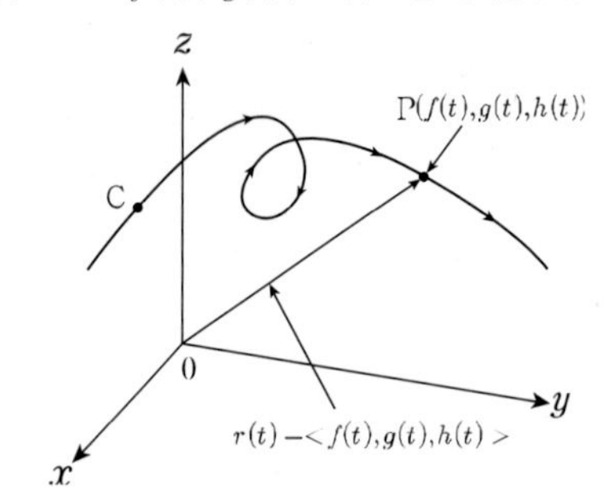

2 공간곡선의 접선벡터

공간곡선 $r(t) = \langle x(t), y(t), z(t) \rangle = \langle f(t), g(t), h(t) \rangle$에 대하여 접선벡터는 다음과 같다.

$r'(t) = \langle x'(t), y'(t), z'(t) \rangle = \langle f'(t), g'(t), h'(t) \rangle$

$$\lim_{h\to0}\frac{r(t+h)-r(t)}{h}$$
$$=\lim_{h\to0}\frac{\langle x(t+h), y(t+h), z(t+h)\rangle - \langle x(t), y(t), z(t)\rangle}{h}$$
$$=\left\langle \lim_{h\to0}\frac{x(t+h)-x(t)}{h}, \lim_{h\to0}\frac{y(t+h)-y(t)}{h}, \lim_{h\to0}\frac{z(t+h)-z(t)}{h} \right\rangle$$
$$=\langle x'(t), y'(t), z'(t)\rangle$$

3 공간곡선의 접선과 법평면

곡선 $r(t) = \langle x(t), y(t), z(t) \rangle$ 위의 한 점 $r(t_1) = \langle x(t_1), y(t_1), z(t_1) \rangle = \langle x_1, y_1, z_1 \rangle$에서

(1) 접선의 방정식 : $\dfrac{x-x_1}{x'(t_1)} = \dfrac{y-y_1}{y'(t_1)} = \dfrac{z-z_1}{z'(t_1)}$

(2) 법평면의 방정식 : $x'(t_1)(x-x_1) + y'(t_1)(y-y_1) + z'(t_1)(z-z_1) = 0$

❖ 공간곡선의 접선벡터는 공간곡선의 법평면의 법선벡터와 같다.

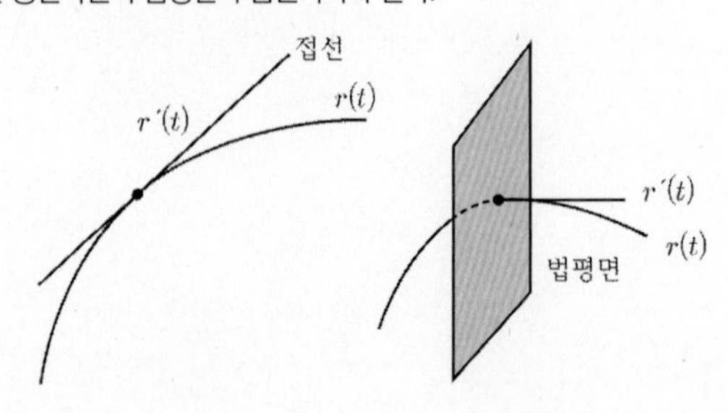

필수 예제 25

주면 $x^2+y^2=1$과 평면 $y+z=2$가 만나서 생기는 곡선을 C라고 하자. 곡선 C 위의 점 $(-1, 0, 2)$에서의 접선의 방정식을 구하시오.

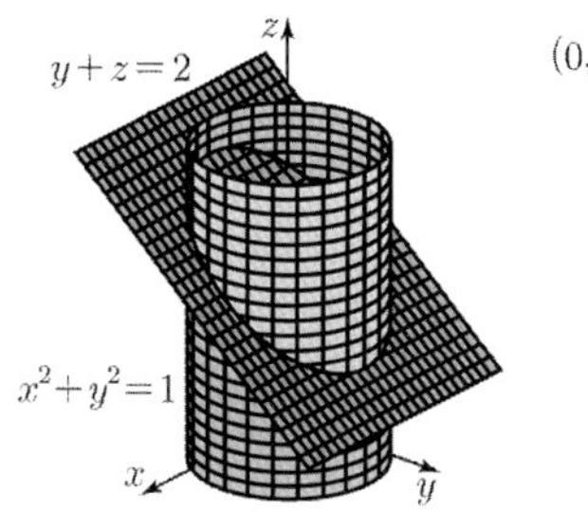

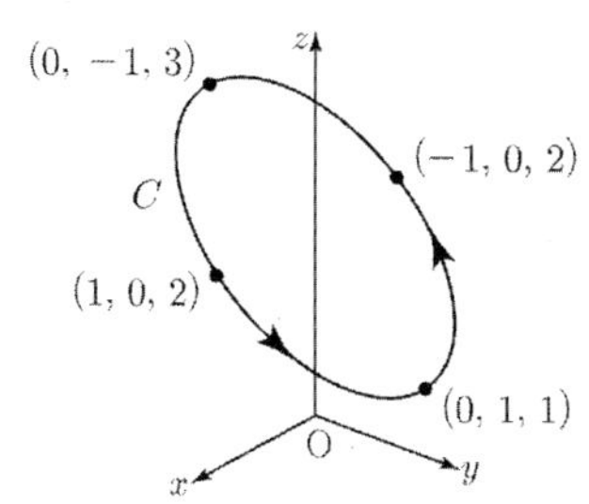

풀이 두 곡면의 교선은 $\begin{cases} x^2+y^2=1 \\ y+z=2 \end{cases}$를 동시에 만족하는 점의 집합이므로 $C=\{(x, y, z) \mid x^2+y^2=1, y+z=2\}$이다.

$x=\cos t$, $y=\sin t$라 두면 $z=2-y=2-\sin t$이므로 $C: r(t)=(x, y, z)=(\cos t, \sin t, 2-\sin t)$이다.

$r(t)=(x, y, z)=(-1, 0, 2)$는 $t=\pi$일 때의 점이다.

$r'(t)=\langle -\sin t, \cos t, -\cos t\rangle$이고, $r'(\pi)=\langle 0, -1, 1\rangle$이다.

접선의 방향벡터는 $r'(\pi)=\langle 0, -1, 1\rangle$, 지나는 한 점은 $r(\pi)=(-1, 0, 2)$이므로

접선의 방정식은 $\begin{cases} x=0\cdot t-1 \\ y=-t \\ z=t+2 \end{cases} \Rightarrow \langle x, y, z\rangle=\langle -1, -t, t+2\rangle$이다.

74. 벡터함수의 도함수를 구하시오.

(1) $r(t)=(t\sin t, t^2, t\cos 2t)$

(2) $r(t)=\left(\tan t, \sec t, \dfrac{1}{t^2}\right)$

(3) $r(t)=\left(e^{t^2}, -1, \ln(1+3t)\right)$

(4) $r(t)=(at\cos 3t, b\sin^3 t, c\cos^3 t)$

75. 다음 적분을 구하시오.

(1) $\displaystyle\int_0^1\left(\frac{4}{1+t^2}\boldsymbol{j}+\frac{2t}{1+t^2}\boldsymbol{k}\right)dt$

(2) $\displaystyle\int_0^{\frac{\pi}{2}}(3\sin^2 t\cos t\,\boldsymbol{i}+3\sin t\cos^2 t\,\boldsymbol{j}+2\sin t\cos t\,\boldsymbol{k})\,dt$

(3) $\displaystyle\int_1^2(t^2\boldsymbol{i}+t\sqrt{t-1}\,\boldsymbol{j}+t\sin\pi t\,\boldsymbol{k})\,dt$

(4) $\displaystyle\int(e^t\boldsymbol{i}+2t\boldsymbol{j}+\ln t\,\boldsymbol{k})\,dt$

76. $r(t)=\langle t, t^2, t^3 \rangle$에 대하여 $r'(t) \cdot r''(t)$, $r'(t) \times r''(t)$를 구하시오.

77. 벡터방정식 $r(t) = \cos t i + \sin t j + t k$의 $r\left(\frac{\pi}{2}\right)$에서의 접선의 방정식과 법평면의 방정식을 구하시오.

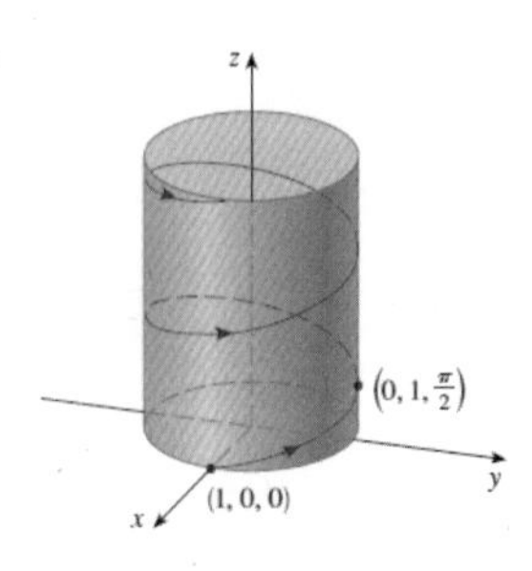

78. 평면 $\sqrt{3}x+y=1$과 평행한 접선을 가지는 곡선 $r(t)=\langle 2\cos t, 2\sin t, e^t \rangle, 0 \le t \le \pi$위의 점을 구하시오.

79. 두 곡선 $r_1(t) = \cos t i + \sin t j + t k$와 $r_2(t) = (1+t) i + t^2 j + t^3 k$는 점 $(1, 0, 0)$에서 만난다. 이때, 두 곡선이 이루는 각을 구하시오.

80. 점 $(3, 4, 2)$에서 원기둥 $x^2+y^2=25$와 $y^2+z^2=20$의 교선에 대한 접선의 방정식을 구하시오.

4 벡터함수의 미분공식

$u(t)$, $v(t)$는 벡터함수, c는 상수, $f(t)$는 스칼라 함수라고 하자.

(1) $\frac{d}{dt}[u(t)+v(t)]=u'(t)+v'(t)$

(2) $\frac{d}{dt}[cu(t)]=cu'(t)$

(3) $\frac{d}{dt}[f(t)\,u(t)]=f'(t)u(t)+f(t)\,u'(t)$

(4) $\frac{d}{dt}[u(t)\cdot v(t)]=u'(t)\cdot v(t)+u(t)\cdot v'(t)$

(5) $\frac{d}{dt}[u(t)\times v(t)]=u'(t)\times v(t)+u(t)\times v'(t)$

(6) $\frac{d}{dt}[u(f(t))]=u'(f(t))\,f'(t)$: 합성함수 미분

Areum Math Tip

❖ 벡터함수의 미분공식 증명

(3) $u(t)=\langle x(t),\ y(t),\ z(t)\rangle$일 때,

$$f(t)u(t)=\langle f(t)x(t),\ f(t)y(t),\ f(t)z(t)\rangle$$

$$\begin{aligned}\frac{d}{dt}[f(t)u(t)]&=\langle f'(t)x(t)+f(t)x'(t),\ f'(t)y(t)+f(t)y'(t),\ f'(t)z(t)+f(t)z'(t)\rangle\\&=\langle f'(t)x(t),\ f'(t)y(t),\ f'(t)z(t)\rangle+\langle f(t)x'(t),\ f(t)y'(t),\ f(t)z'(t)\rangle\\&=f'(t)\langle x(t),\ y(t),\ z(t)\rangle+f(t)\langle x'(t),\ y'(t),\ z'(t)\rangle\\&=f'(t)u(t)+f(t)u'(t)\end{aligned}$$

(4) $u(t)=\langle x(t),\ y(t)\rangle$, $v(t)=\langle a(t),\ b(t)\rangle$일 때,

$$\begin{aligned}\frac{d}{dt}[u(t)\cdot v(t)]&=\frac{d}{dt}[x(t)a(t)+y(t)b(t)]=x'(t)a(t)+x(t)a'(t)+y'(t)b(t)+y(t)b'(t)\\&=\{x'(t)a(t)+y'(t)b(t)\}+\{x(t)a'(t)+y(t)b'(t)\}\\&=\langle x'(t),\ y'(t)\rangle\cdot\langle a(t),\ b(t)\rangle+\langle x(t),\ y(t)\rangle\cdot\langle a'(t),\ b'(t)\rangle\\&=u'(t)\cdot v(t)+u(t)\cdot v'(t)\end{aligned}$$

필수 예제 26

벡터함수 $\mathrm{r}(t)$가 $|\mathrm{r}(t)|=c$를 만족할 때, $\mathrm{r}'(t)$와 $\mathrm{r}(t)$가 직교함을 보이시오. (단, c는 0이 아닌 상수)

풀이 $|r(t)|=c$ 이면 $|r(t)|^2=c^2 \Rightarrow r(t)\cdot r(t)=c^2$이다.
양 변을 t에 대해 미분하면
$r'(t)\cdot r(t)+r(t)\cdot r'(t)=0$
$\Rightarrow 2r'(t)\cdot r(t)=0$
$\Rightarrow r'(t)\cdot r(t)=0 \Leftrightarrow r'(t)\perp r(t)$

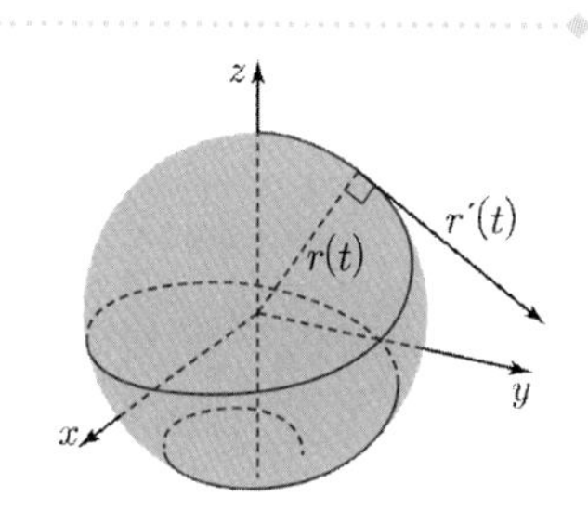

81. $f(t)=u(t)\cdot v(t)$이고, $u(2)=(1,2,-1), u'(2)=(3,0,4)$, $v(t)=(t,t^2,t^3)$일 때 $f'(2)$의 값을 구하시오.

82. 다음 영벡터가 아닌 벡터함수 $r(t),u(t),v(t),w(t)$는 미분가능할 때 다음을 구하시오.

(1) $\dfrac{d}{dt}[r(t)\times r'(t)]$

(2) $\dfrac{d}{dt}|r(t)|$

(3) $\dfrac{d}{dt}[u(t)\cdot(v(t)\times w(t))]$

(4) $\dfrac{d}{dt}[r(t)\cdot(r'(t)\times r''(t))]$

83. 벡터 함수 $r(t)$에 의해 결정되는 곡선 C가 있다. 모든 t에 대해 벡터 $r(t)$는 항상 일정한 크기를 가지고 있다. C 위에 있는 임의의 점에서의 접선 벡터와 벡터 $r(t)$가 이루는 각을 θ라고 할 때, $\sin\left(\dfrac{\theta}{2}\right)\cos\left(\dfrac{\theta}{2}\right)$의 값을 구하시오.

5 벡터함수의 곡선의 길이

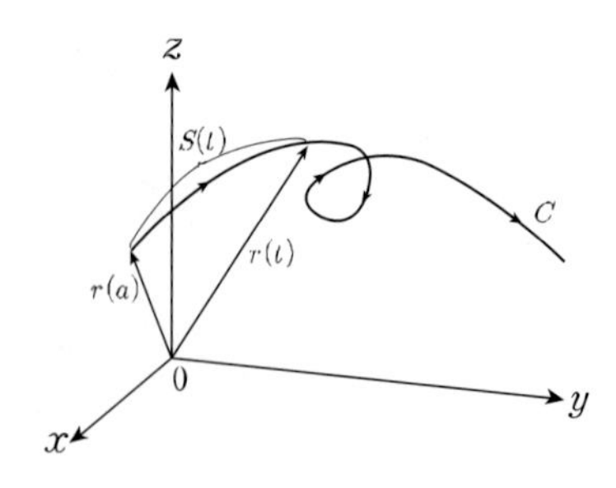

(1) $a \le t \le b$에서 곡선 $\boldsymbol{r}(t) = \langle f(t),\ g(t) \rangle$의 길이

$$\int_a^b \sqrt{\{f'(t)\}^2 + \{g'(t)\}^2}\, dt = \int_a^b |\, r'(t)\,|\, dt$$

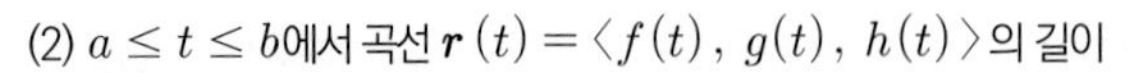

(2) $a \le t \le b$에서 곡선 $\boldsymbol{r}(t) = \langle f(t),\ g(t),\ h(t) \rangle$의 길이

$$\int_a^b \sqrt{\{f'(t)\}^2 + \{g'(t)\}^2 + \{h'(t)\}^2}\, dt = \int_a^b |\, r'(t)\,|\, dt$$

(3) 벡터함수의 길이를 함수 s로 정의한다.

$$s(t) = \int_a^t |\, r'(u)\,|\, du \ \ (\text{단, } t > a\text{이고, } \frac{ds(t)}{dt} = |\, r'(t)\,|)$$

필수 예제 27

벡터함수 $r(t)$에 의하여 주어진 곡선 C의 길이는? $\left(\text{단}, 0 \le t \le \dfrac{1}{\sqrt{2}}\right)$

$$C : r(t) = \langle \sin^{-1}t, \cos^{-1}t, \sqrt{2}\ln(\sqrt{1-t^2}) \rangle$$

풀이 곡선의 길이를 L이라 하면

$$L = \int_0^{\frac{1}{\sqrt{2}}} \sqrt{\left(\frac{dx}{dt}\right)^2 + \left(\frac{dy}{dt}\right)^2 + \left(\frac{dz}{dt}\right)^2}\, dt$$

$$= \int_0^{\frac{1}{\sqrt{2}}} \sqrt{\left(\frac{1}{\sqrt{1-t^2}}\right)^2 + \left(-\frac{1}{\sqrt{1-t^2}}\right)^2 + \left(\frac{\sqrt{2}}{2} \cdot \frac{-2t}{1-t^2}\right)^2}\, dt$$

$$= \int_0^{\frac{1}{\sqrt{2}}} \sqrt{\frac{1}{1-t^2} + \frac{1}{1-t^2} + \frac{2t^2}{(1-t^2)^2}}\, dt = \sqrt{2}\int_0^{\frac{1}{\sqrt{2}}} \frac{1}{1-t^2}\, dt$$

$$= \frac{\sqrt{2}}{2}\left[\ln\left|\frac{1+t}{1-t}\right|\right]_0^{\frac{1}{\sqrt{2}}} = \frac{\sqrt{2}}{2}\ln\left(\frac{\sqrt{2}+1}{\sqrt{2}-1}\right)$$

$$= \frac{1}{\sqrt{2}}\ln\left(\frac{\sqrt{2}+1}{\sqrt{2}-1} \times \frac{\sqrt{2}+1}{\sqrt{2}+1}\right) = \frac{1}{\sqrt{2}}\ln(3+2\sqrt{2})$$

84. 구간 $0 \le t \le \pi$에서 벡터함수 $\vec{r}=e^t\cos t\,i+e^t\sin t\,j+e^t k$로 형성되는 곡선의 길이를 구하면? (여기서 i, j, k는 각각 x, y, z축 방향의 단위벡터이다.)

① e^{π}　② $\sqrt{3}e^{\pi}$　③ $\sqrt{3}(e^{\pi}-1)$　④ $\sqrt{3}(e^{\pi}+1)$

85. 공간곡선 $x=a\sin t, y=a\cos t, z=a\ln\cos t$에 대하여 구간 $0 \le t \le \frac{\pi}{3}$ 에서의 호의 길이는? (단, $a>0$)

① $a\ln(1+\sqrt{2})$　② $a\ln(1+\sqrt{3})$　③ $a\ln(2+\sqrt{2})$　④ $a\ln(2+\sqrt{3})$

86. 다음과 같이 주어진 공간곡선 Γ의 길이를 정적분으로 표현하면? (단, $i=(1,0,0)$, $j=(0,1,0)$, $k=(0,0,1)$이고 $\times$는 벡터의 외적을 표시한다.)

$$\Gamma : \boldsymbol{r}(t)=(2\cos t\,i+2\sin t\,j+2t^2k)\times(\cos t\,i+\sin t\,j),\ 0 \le t \le 1$$

① $2\int_0^1 t\sqrt{t^2+4}\,dt$　② $2\int_0^1 t\sqrt{t^2+16}\,dt$　③ $2\int_0^1 \sqrt{t^2+4}\,dt$　④ $2\int_0^1 \sqrt{t^2+16}\,dt$

87. 원주면 $\frac{x^2}{2}+y^2=1$과 평면 $z=y$가 만나 생기는 곡선의 길이는?

① π　② $\sqrt{2}\pi$　③ 2π　④ $2\sqrt{2}\pi$

필수 예제 28

벡터방정식 $r(t) = \cos t i + \sin t j + t k$를 갖는 원형나선이 존재한다.

(1) 곡선 위의 점 $(1,0,0)$에서 점 $(1,0,2\pi)$까지의 호의 길이를 구하여라.

(2) 시작점 $(1,0,0)$으로부터 t가 증가하는 방향으로 잰 호의 길이에 관하여 재매개변수화를 하여라.

풀이 (1) $r'(t) = -\sin t\, i + \cos t\, j + k$이므로 $|r'(t)| = \sqrt{(-\sin t)^2 + (\cos t)^2 + 1} = \sqrt{2}$를 얻는다.

점 $(1, 0, 0)$에서 점 $(1, 0, 2\pi)$까지의 호의 매개변수 구간 $0 \le t \le 2\pi$에 의하여 표시되므로,

공식에 의해서 $\int_0^{2\pi} |r'(t)|\, dt = \int_0^{2\pi} \sqrt{2}\, dt = 2\sqrt{2}\pi$이다.

(2) $s = s(t) = \int_0^t |r'(u)|\, du = \int_0^t \sqrt{2}\, du = \sqrt{2}t$ 이므로 $t = \frac{s}{\sqrt{2}} \Leftrightarrow 0 \le t = \frac{s}{\sqrt{2}} \le 2\pi$

곡선 $r(t) = \cos t\, i + \sin t\, j + t k$를 재매개화하면

$r(t(s)) = r\left(\frac{s}{\sqrt{2}}\right) = \cos\left(\frac{s}{\sqrt{2}}\right) i + \sin\left(\frac{s}{\sqrt{2}}\right) j + \frac{s}{\sqrt{2}} k$이다. 여기서 $0 \le s \le 2\sqrt{2}\pi$이다.

88. 비틀린 3차곡선 $r(t) = \langle t, t^2, t^3 \rangle\ (1 \le t \le 2)$는 매개변수 t와 u사이의 관계가 $t = e^u$로 주어질 때 곡선을 재매개화하시오.

89. 곡선을 $t = 0$인 점에서 t가 증가하는 방향으로의 벡터함수 $r(t) = (2t, 1-3t, 5+4t)$에 대하여 호의 길이에 관하여 재매개화하시오.

90. $\frac{\pi}{2} \le t < \pi$에서 정의된 벡터함수 $f(t) = (\cos t, \sin t, \ln \sin t)$에 대하여 호의 길이에 관해 다시 매개화하시오.

6 T, N, B 벡터

3차원 벡터함수로 표현되는 공간곡선 $r(t)$에 대하여 다음의 단위벡터 T, N, B가 존재한다.

(1) 단위접선벡터 (unit tangent vector) : $T(t) = \dfrac{r'(t)}{|r'(t)|}$

↳ 곡선 $r(t)$의 단위접선벡터

(2) 단위법선벡터 (principal unit normal vector) : $N(t) = \dfrac{T'(t)}{|T'(t)|}$

↳ 벡터 $T(t)$와 수직인 벡터로 각 점에서 곡선이 휘는 방향을 가리킨다.

↳ $|T(t)| = 1$이므로 $T(t) \cdot T'(t) = 0$을 이용해서 법선벡터를 결정한다.

(3) 단위종법선벡터 (binormal vector) : $B(t) = T(t) \times N(t)$

↳ 벡터 $T(t)$, $N(t)$와 동시에 수직인 단위벡터이다.

↳ 접촉평면과 수직인 벡터이다.

↳ 벡터 $r' \times r''$는 벡터 B와 평행 관계이다.

(4) 법평면과 접촉평면

① 법평면 : 단위접선벡터를 법선벡터로 갖는 평면이다.

② 접촉평면 : 단위종법선벡터를 법선벡터로 갖는 평면, 접촉원을 품는 평면이다.

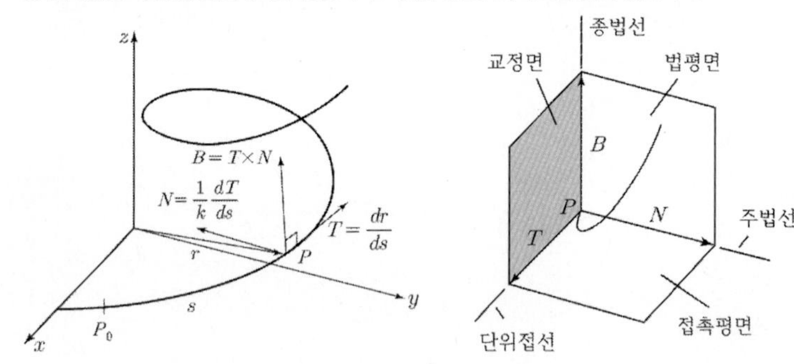

Areum Math Tip

(1) $T(t) = \dfrac{r'(t)}{|r'(t)|} = f(t)r'(t)$ (여기서 $f(t) = \dfrac{1}{|r'|}$이다.)

(2) $T'(t) = f'(t)r'(t) + f(t)r''(t)$이고, $|T'(t)| = |f'(t)r'(t) + f(t)r''(t)|$, $\dfrac{1}{|T'|} = g(t)$라고 하면

$N(t) = \dfrac{T'(t)}{|T'(t)|} = g(t)T'(t) = g(t)f'(t)r'(t) + g(t)f(t)r''(t)$이다.

조금 더 간결하게 표현하기 위해서 $g(t)f'(t) = h(t)$, $g(t)f(t) = k(t)$라고 하면 $N(t) = h(t)r'(t) + k(t)r''(t)$이다.

(3) $B(t) = T(t) \times N(t) = f(t)r'(t) \times (h(t)r'(t) + k(t)r''(t))$

$= f(t)h(t)[r' \times r'] + f(t)k(t)[r' \times r'']$

$= f(t)k(t)[r' \times r'']$ $(\because r' \times r' = O)$

필수 예제 29

원형나선 $r(t)=\cos t i+\sin t j+tk$에 대하여 T, N, B 벡터를 각각 구하시오.

풀이 $r(t)=\langle \cos t,\ \sin t,\ t\rangle$의 접선벡터는 $r'(t)=\langle -\sin t,\ \cos t,\ 1\rangle$이다.

$|r'(t)|=\sqrt{\sin^2 t+\cos^2 t+1}=\sqrt{2}$ 이므로 단위접선벡터 $T(t)=\frac{1}{\sqrt{2}}\langle -\sin t,\ \cos t,\ 1\rangle$이다.

$T'(t)=\frac{1}{\sqrt{2}}\langle -\cos t,\ -\sin t,\ 0\rangle$이고 $|T'(t)|=\frac{1}{\sqrt{2}}\sqrt{\cos^2 t+\sin^2 t}=\frac{1}{\sqrt{2}}$ 이므로

단위법선벡터 $N(t)=\langle -\cos t,\ -\sin t,\ 0\rangle$이다.

$$T\times N=\frac{1}{\sqrt{2}}\begin{vmatrix} i & j & k \\ -\sin t & \cos t & 1 \\ -\cos t & -\sin t & 0 \end{vmatrix}=\frac{1}{\sqrt{2}}\langle \sin t,\ -\cos t,\ 1\rangle$$

$B(t)=T(t)\times N(t)=\frac{1}{\sqrt{2}}\langle \sin t,\ -\cos t,\ 1\rangle$이다.

91. 다음 주어진 점에서 벡터 T, N, B를 구하시오.

(1) $r(t)=\left\langle t^2, \frac{2}{3}t^3, t\right\rangle$, $\left(1, \frac{2}{3}, 1\right)$

(2) $r(t)=\langle \cos t, \sin t, \ln\cos t\rangle$, $(1,0,0)$

92. 다음 주어진 점에서 곡선의 법평면과 접촉평면의 방정식을 구하시오.

(1) $x=\sin 2t,\ y=-\cos 2t,\ z=4t\ ;\ (0,\ 1,\ 2\pi)$

(2) $x=\ln t,\ y=2t,\ z=t^2;\ (0,\ 2,\ 1)$

93. 점 $(1,1,1)$에서 포물기둥 $x=y^2$과 $z=x^2$의 교선에 대한 법평면과 접촉평면의 방정식을 구하시오.

7 공간곡선의 곡률

곡률(曲率, curvature)은 기하학적 의미로 '굽은 정도'를 뜻한다. 함수의 종류에 따라서 곡률을 구하는 식은 다음과 같다.

(1) 정의 : 단위접선벡터 $T(t)=\dfrac{r'(t)}{|r'(t)|}$ 의 곡선을 따라 단위길이당 회전하는 변화율을 말한다.

$$\kappa=\left|\frac{dT}{ds}\right|=\frac{|T'(t)|}{|r'(t)|}$$

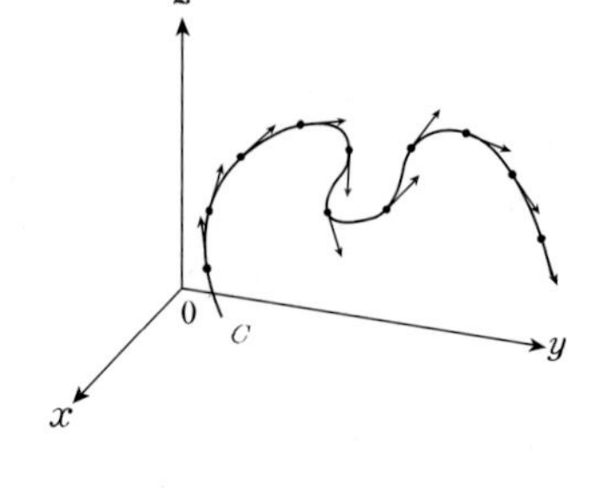

(2) 직교좌표계 $y=f(x)$일 때, $\kappa=\dfrac{|y''|}{\{1+(y')^2\}^{\frac{3}{2}}}$

(3) 매개방정식 $\begin{cases} x=f(t) \\ y=g(t) \end{cases}$ 일 때, $\kappa=\dfrac{|f'(t)g''(t)-g'(t)f''(t)|}{[\{f'(t)\}^2+\{g'(t)\}^2]^{\frac{3}{2}}}$

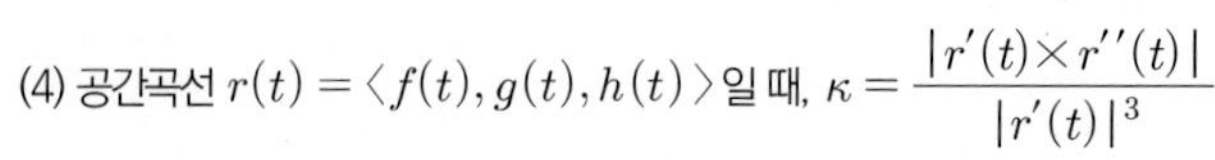

(4) 공간곡선 $r(t)=\langle f(t), g(t), h(t)\rangle$일 때, $\kappa=\dfrac{|r'(t)\times r''(t)|}{|r'(t)|^3}$

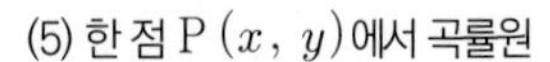

(5) 한 점 $\mathrm{P}(x,\ y)$에서 곡률원

① 곡률원의 반지름 $\rho=\dfrac{1}{\kappa}$

② 곡률원의 중심 $(X, Y)=\left(x-\dfrac{y'}{y''}\{1+(y')^2\}, y+\dfrac{1}{y''}\{1+(y')^2\}\right)$

(6) 직선의 곡률은 0이다.

8 공간곡선의 열률

(1) 열률 또는 비틀림률(torsion)은 $\tau=-\dfrac{dB}{ds}\cdot N$ 또는 $\dfrac{dB}{ds}=-\tau N$으로 정의한다.

공간곡선의 $r(t)$의 열률 $\tau=\dfrac{(r'\times r'')\cdot r'''}{|r'\times r''|^2}=\dfrac{1}{|r'\times r''|^2}\begin{vmatrix} r'(t) \\ r''(t) \\ r'''(t) \end{vmatrix}$ 이다.

(2) 평면 위에 존재하는 곡선의 열률은 0이다.

Areum Math Tip

❖ 곡률공식 증명

공간상의 곡선 $r(t)$에 대하여 단위접선벡터의 정의는 $T=\dfrac{r'}{|r'|}$이고, $|T|=1$이다.

곡선의 길이공식이 $s=\displaystyle\int_{t_0}^{t}|r'(u)|\,du$ 일 때, $\dfrac{ds}{dt}=|r'(t)|$이고, 위 식에서 $r'=|r'|T=\dfrac{ds}{dt}T$이 성립한다.

벡터함수의 미분공식에 따라서 $r''=\dfrac{d^2s}{dt^2}T+\dfrac{ds}{dt}T'$이다.

$$\begin{aligned} r'\times r'' &= \frac{ds}{dt}T\times\left(\frac{d^2s}{dt^2}T+\frac{ds}{dt}T'\right) \\ &= \left(\frac{ds}{dt}\right)\left(\frac{d^2s}{dt^2}\right)(T\times T)+\left(\frac{ds}{dt}\right)^2(T\times T') \quad (\Leftarrow\ T\times T=\vec{0}\text{이므로}) \\ &= \left(\frac{ds}{dt}\right)^2(T\times T') \end{aligned}$$

$|T|=1$일 때, T와 T'은 서로 직교 관계 $\theta=\dfrac{\pi}{2}$ 이므로 $|T\times T'|=|T||T'|\sin\theta=|T'|$가 성립한다.

$$|r'\times r''|=\left(\frac{ds}{dt}\right)^2|T\times T'|=\left(\frac{ds}{dt}\right)^2|T||T'|\sin\theta=\left(\frac{ds}{dt}\right)^2|T'| \Rightarrow |T'|=\frac{|r'\times r''|}{\left(\frac{ds}{dt}\right)^2}=\frac{|r'\times r''|}{|r'|^2}$$

곡률 $\kappa=\left|\dfrac{dT}{ds}\right|=\left|\dfrac{\frac{dT}{dt}}{\frac{ds}{dt}}\right|=\dfrac{|T'|}{|r'|}=\dfrac{|r'\times r''|}{|r'|^3}$이다.

❖ 곡률과 T, N의 관계

$$\frac{dT}{ds}=\frac{dT}{dt}\cdot\frac{dt}{ds}=T'(t)\frac{1}{|r'(t)|}=\frac{|T'|}{|r'|}\cdot\frac{T'}{|T'|}=kN(t)$$

필수 예제 30

나선 $r(t)=(a\cos t)i+(a\sin t)j+btk$ 의 곡률 $\kappa(t)$과 열률 $\tau(t)$를 구하시오.

풀이 주어진 벡터함수에 대한 미분을 하자.

$r'(t)=(-a\sin t)i+(a\cos t)j+bk \Rightarrow |r'(t)|=\sqrt{a^2+b^2}$

$r''(t)=(-a\cos t)i+(-a\sin t)j$

$r'''(t)=(a\sin t)i+(-a\cos t)j$

$r'\times r''=(ab\sin t)i+(-ab\cos t)j+a^2k \Rightarrow |r'(t)\times r''(t)|=\sqrt{a^2b^2+a^4}=|a|\sqrt{a^2+b^2}$

$(r'\times r'')\cdot r'''=a^2b\sin^2t+a^2b\cos^2t=a^2b$

곡률 $\kappa=\dfrac{|r'(t)\times r''(t)|}{|r'(t)|^3}=\dfrac{|a|\sqrt{a^2+b^2}}{(a^2+b^2)\sqrt{a^2+b^2}}=\dfrac{|a|}{a^2+b^2}$

열률 $\tau=\dfrac{(r'\times r'')\cdot r'''}{|r'\times r''|^2}=\dfrac{a^2b}{a^2(a^2+b^2)}=\dfrac{b}{a^2+b^2}$

94. 다음 곡선의 곡률과 비틀림률을 구하시오.

(1) $r(t)=\left\langle t, \dfrac{1}{2}t^2, \dfrac{1}{3}t^3\right\rangle$

(2) $r(t)=\langle \sinh t, \cosh t, t\rangle$

95. R^3에서 정의된 경로 $C: \vec{r}(t)=(\sin^2 t)\vec{i}+(\cos^2 t)\vec{j}+\vec{k}$, $0\le t\le 2\pi$에서 $t=\dfrac{\pi}{4}$일 때의 곡률과 열률의 합은?

① 0 ② 1 ③ $\dfrac{\pi}{2}$ ④ 2

96. 다음을 구하시오.

(1) 곡선 $r(t) = \langle \sin 2t,\ 3t,\ \cos 2t \rangle$에서 $t = \frac{\pi}{2}$일 때 곡선의 곡률을 구하시오.

(2) 곡선 $r(t) = \langle t,\ t^2,\ t^3 \rangle$ 위의 점 $(0,\ 0,\ 0)$에서 곡선의 곡률을 구하시오.

(3) 곡선 $r(t) = \langle t,\ t^2,\ t^3 \rangle$ 위의 점 $(1,\ 1,\ 1)$에서 곡선의 곡률을 구하시오.

(4) $r(t) = \langle t, 3\cos t, 3\sin t \rangle$의 곡률과 단위접선벡터 $T(t)$, 단위법선벡터 $N(t)$를 구하시오.

(5) $r(t) = \langle \sqrt{2}t, e^t, e^{-t} \rangle$의 곡률과 단위접선벡터 $T(t)$, 단위법선벡터 $N(t)$를 구하시오.

(6) $r(t) = t^3 j + t^2 k$의 곡률을 구하시오.

(7) $r(t) = \sqrt{6}t^2 i + 2tj + 2t^3 k$의 곡률을 구하시오.

97. 곡선 $y = e^x$에서 $x = a$일 때의 곡률을 $f(a)$라 하면, $\lim_{a \to \infty} f(a)$는?

① 0　　② 1　　③ e　　④ ∞

98. 곡선 $y = \cosh^{-1} x$ 위의 임의의 점 (x, y)에서 곡률반경은? (단, $y > 0$)

① $\frac{1}{x^2}$　　② x^2　　③ $\frac{4}{(e^x + e^{-x})^2}$　　④ $\frac{(e^x + e^{-x})^2}{4}$

필수 예제 31

다음과 같이 매개변수의 표현으로 정의되는 곡선 C 의 각 점에서 곡률을 $\kappa(t)$ 라 할 때, $\kappa(t)$ 의 최솟값을 구하시오.

$$C : \boldsymbol{r}(t) = 4(t-\sin t,\ 1-\cos t), \quad \frac{\pi}{3} \le t \le \frac{\pi}{2}$$

풀이 $C : x = 4(t-\sin t),\ y = 4(1-\cos t)$ 이므로 $x'(t) = 4(1-\cos t),\ x''(t) = 4\sin t,\ y'(t) = 4\sin t, y''(t) = 4\cos t$ 이고,
곡률 κ는 매개함수 곡률공식을 이용하자.

$$\kappa(t) = \frac{|x'y''-x''y'|}{\{(x')^2+(y')^2\}^{\frac{3}{2}}} = \frac{|16(1-\cos t)\cos t - 16\sin^2 t|}{\{16(1-\cos t)^2+16\sin^2 t\}^{\frac{3}{2}}} = \frac{|-16(1-\cos t)|}{\{32(1-\cos t)\}^{\frac{3}{2}}} = \frac{1}{8\sqrt{2}}\frac{1}{\sqrt{1-\cos t}}$$

$f(t) = \sqrt{1-\cos t}$ 가 최댓값을 갖을 때 $\kappa(t)$의 최솟값을 갖는다.

$\frac{\pi}{3} \le t \le \frac{\pi}{2}$ 에서 $0 \le \cos t \le \frac{1}{2}$ 이고, $\frac{1}{2} \le 1-\cos t \le 1$ 이므로 $t = \frac{\pi}{2}$ 일 때 곡률은 최솟값 $\frac{1}{8\sqrt{2}}$ 을 갖는다.

99. 벡터함수 $r(t) = \langle \sin t, \cos t, \ln(-\cos t) \rangle$ 에 의하여 주어진 곡선 C 위의 점 $P(0,-1,0)$ 에서 단위노말벡터가 $N = \langle a, b, c \rangle$ 이고 점 $P(0,-1,0)$ 에서 곡선의 곡률이 κ 일 때, $a^2+b^2-c^2+\kappa^2$ 의 값은?

100. 다음 곡선이 최대곡률을 가지게 되는 점을 구하고, $\lim_{x\to\infty}\kappa(x)$ 의 값을 구하시오.

(1) $y = \ln x$

(2) $y = e^x$

101. 타원 $x^2 + \frac{y^2}{4} = 1$ 에서 곡률의 최댓값과 최솟값의 곱을 구하면?

[문제 102 ~ 105]
벡터함수 $r(t)=\langle \sin t, \cos t, 3t \rangle$에 대하여 점 $P(0,1,0)$에서 다음을 구하시오.

102. 점 $P(0,1,0)$에서 접촉평면의 방정식을 구하시오.

103. 점 $P(0,1,0)$에서 접촉원의 반지름을 구하시오.

104. 점 $P(0,1,0)$에서 접촉원의 중심을 구하시오.

105. 점 $P(0,1,0)$에서 접촉원의 방정식을 구하시오.

3 곡면의 접평면 & 법선

1 곡면 위의 점에서 접평면과 법선

$F(x, y, z)=0$으로 주어진 곡면 S 위의 한 점 $\mathrm{P}(x_0, y_0, z_0)$에서

(1) 접평면의 방정식 : $(F_x)_\mathrm{P}(x-x_0)+(F_y)_\mathrm{P}(y-y_0)+(F_z)_\mathrm{P}(z-z_0)=0$

$\hookrightarrow \nabla F \cdot (x-x_0, y-y_0, z-z_0)=0$

(2) 법선의 방정식 : $\dfrac{x-x_0}{(F_x)_\mathrm{P}}=\dfrac{y-y_0}{(F_y)_\mathrm{P}}=\dfrac{z-z_0}{(F_z)_\mathrm{P}}$

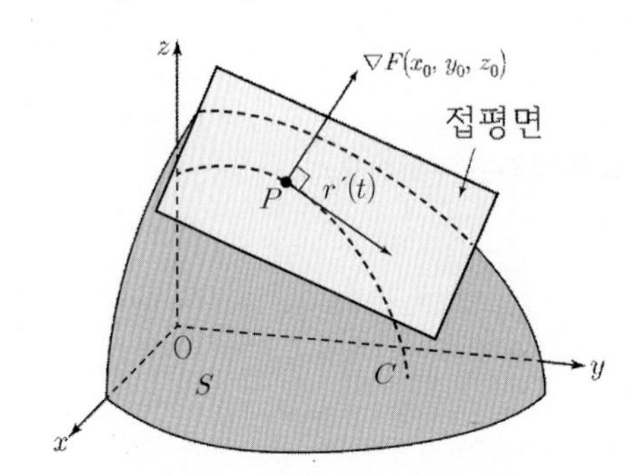

Areum Math Tip

곡면 $S: F(x, y, z)=0$에 포함된 임의의 곡선을 $C: r(t)=\langle x(t), y(t), z(t)\rangle$라 하자.

곡선 C를 포함한 곡면 $S: F(x, y, z)=F(x(t), y(t), z(t))=0$의 수형도를 그려보자. $F\left\langle \begin{matrix} x-t \\ y-t \\ z-t \end{matrix} \right.$

양변을 t로 미분하면 $\dfrac{dF}{dt}=0$이다.

즉, $\dfrac{dF}{dt}=\dfrac{\partial F}{\partial x}\cdot\dfrac{dx}{dt}+\dfrac{\partial F}{\partial y}\cdot\dfrac{dy}{dt}+\dfrac{\partial F}{\partial z}\cdot\dfrac{dz}{dt}=0$

$=\left\langle \dfrac{\partial F}{\partial x}, \dfrac{\partial F}{\partial y}, \dfrac{\partial F}{\partial z}\right\rangle \cdot \left\langle \dfrac{dx}{dt}, \dfrac{dy}{dt}, \dfrac{dz}{dt}\right\rangle$

$=\langle F_x, F_y, F_z\rangle \cdot \langle x'(t), y'(t), z'(t)\rangle$

$=\nabla F \cdot r'(t)=0 \Leftrightarrow \nabla F \perp r'(t)$

곡면 $S: F(x, y, z)=C$의 $\nabla F=\langle F_x, F_y, F_z\rangle=\left\langle \dfrac{\partial F}{\partial x}, \dfrac{\partial F}{\partial y}, \dfrac{\partial F}{\partial z}\right\rangle$는 곡면의 수직인 벡터이고, 접평면의 법선벡터이다.

Areum Math Tip

곡면 S를 양함수 $z=f(x,y)$로 제시가 되는 경우도 있고, 음함수 $F(x,y,z)=C$로 제시가 될 수 있다.

(1) 곡면 $z=f(x,y)$의 법선벡터는 $\langle -f_x, -f_y, 1\rangle$ 또는 $\langle f_x, f_y, -1\rangle$ 또는 이 벡터들과 비례 관계에 놓인 벡터이다.

여기서 $f_x = z_x = \dfrac{\partial z}{\partial x}$를 의미한다.

(2) 곡면 $F(x,y,z)=C$의 법선벡터는 $\langle F_x, F_y, F_z\rangle$ 또는 이 벡터와 비례 관계에 놓인 벡터이다.

따라서 $\left\langle \dfrac{F_x}{F_z}, \dfrac{F_y}{F_z}, 1\right\rangle$도 법선벡터가 될 수 있다.

(3) $z=f(x,y)$를 만족하는 곡면(함수) $F(x,y,z)=C$의 $z_x=\dfrac{\partial z}{\partial x}=-\dfrac{F_x}{F_z}$이고, $z_y=\dfrac{\partial z}{\partial y}=-\dfrac{F_y}{F_z}$이다.

곡면 $F(x,y,z)=C$의 법선벡터는 $\left\langle \dfrac{F_x}{F_z}, \dfrac{F_y}{F_z}, 1\right\rangle = \langle -z_x, -z_y, 1\rangle = \langle -f_x, -f_y, 1\rangle$이다.

(4) 양함수 $z=f(x,y)$와 음함수 $F(x,y,z)=C$로 제시된 곡면 S의 (상향)법선벡터를 ∇S라고 한다면

$\nabla S = \langle -f_x, -f_y, 1\rangle = \left\langle \dfrac{F_x}{F_z}, \dfrac{F_y}{F_z}, 1\right\rangle$이 성립한다.

필수 예제 32

곡면 $(x+1)(y+2)(z+3)=8$ 위의 점 (α, β, γ)에서의 접평면의 방정식이 $x+y+z=0$이라 하면 $\alpha+2\beta+3\gamma$는?

풀이 곡면 $f(x, y, z)=(x+1)(y+2)(z+3)-8$일 때, 점 (α, β, γ)에서의 접평면의 법선벡터는
$\nabla f(x, y, z)=((y+2)(z+3), (x+1)(z+3), (x+1)(y+2))$ 이고 점 (α, β, γ)를 대입한다.
$\nabla f(\alpha, \beta, \gamma)=((\beta+2)(\gamma+3), (\alpha+1)(\gamma+3), (\alpha+1)(\beta+2))$이므로
접평면의 방정식이 $x+y+z=0$이기 위해서는 $(\beta+2)(\gamma+3)=(\alpha+1)(\gamma+3)=(\alpha+1)(\beta+2)$을 만족해야 한다.
즉, $\alpha+1=\beta+2$, $\alpha+1=\gamma+3$, $\gamma+3=\beta+2$를 만족해야 한다.
또한 점 (α, β, γ)는 접평면 위의 점이므로 $\alpha+\beta+\gamma=0$을 만족해야 한다.
그러므로 연립방정식 $\alpha+1=\beta+2$, $\alpha+1=\gamma+3$, $\gamma+3=\beta+2$, $\alpha+\beta+\gamma=0$을 풀면 $\alpha=1$, $\beta=0$, $\gamma=-1$이다.
따라서 $\alpha+2\beta+3\gamma=1-3=-2$이다.

106. 곡면 $z=x+y^2$ 위의 점 $(-1, -1, 0)$에서의 접평면과 법선의 방정식을 구하시오.

107. 함수 $f(x, y)=e^x\cos(xy)$의 그래프로 표현된 곡면이 있다. 점 $(0, 0, 1)$에서의 접평면의 식은?

① $x-y+z=1$　② $x-y=0$　③ $y-z=-1$　④ $x-z=-1$

108. 점 $(1, 1, 2)$에서 구면 $x^2+y^2+z^2=6$의 접평면을 L이라 하자. 이때, 다음 중 L 위에 있는 점은?

① $(1, 2, 3)$　② $(-1, 1, 3)$　③ $(2, 2, 0)$　④ $(2, 3, -1)$

필수 예제 33

$z=f(x,y)$를 만족하는 음함수의 곡면 $F(x,y,z)=0$ 위의 점 $\left(1,1,\frac{1}{2}\right)$에서 접평면의 방정식이 $x+y-2z=1$일 때, $|\nabla f(1,1)|$의 값은?

풀이 곡면 $F(x,\ y,\ z)=0$의 법선벡터는 $\nabla F=(F_x,\ F_y,\ F_z)$이고, $\nabla F\left(1,1,\frac{1}{2}\right)$와 접평면의 법선벡터와 비례 관계에 놓인다.

따라서 $\left(F_x\left(1,1,\frac{1}{2}\right), F_y\left(1,1,\frac{1}{2}\right), F_z\left(1,1,\frac{1}{2}\right)\right)=t(1,1,-2)$이다.

여기서 $f_x(1,1)=z_x(1,1)=-\dfrac{F_x\left(1,1,\frac{1}{2}\right)}{F_z\left(1,1,\frac{1}{2}\right)}=-\dfrac{t}{-2t}=\dfrac{1}{2}$, $f_y(1,1)=z_y(1,1)=-\dfrac{F_y\left(1,1,\frac{1}{2}\right)}{F_z\left(1,1,\frac{1}{2}\right)}=-\dfrac{t}{-2t}=\dfrac{1}{2}$이다.

$\therefore |\nabla f(1,1)|=\sqrt{\{f_x(1,1)\}^2+\{f_y(1,1)\}^2}=\sqrt{\left(\frac{1}{2}\right)^2+\left(\frac{1}{2}\right)^2}=\dfrac{\sqrt{2}}{2}$

109. 곡면 $\dfrac{x^2}{4}+y^2+\dfrac{z^2}{9}=3$ 위의 점 $\mathrm{P}(-2,1,-3)$에서의 법선의 방정식이 $\dfrac{x+a}{3}=\dfrac{y-1}{b}=\dfrac{z+c}{d}$로 주어질 때, $a+b+c+d$의 값을 구하시오.

110. 곡면 $-yz=\ln(z-x+1)$ 위의 점 $(1,-\ln\sqrt{2},2)$에서 접평면을 $x+ay+bz+\gamma=0$이라 하고, 노말직선을 $\dfrac{x-1}{c}=\dfrac{y+\ln\sqrt{2}}{4}=\dfrac{z-2}{d}$라고 할 때, $a+b+c+d$의 값은? (단, a,b,c,d,γ는 상수)

111. $z=2x^2+y^2$을 만족하는 곡면 위의 점 $(1,1,3)$에서의 접평면이 z축과 만나는 점의 좌표를 구하시오.

필수 예제 34

곡면 S_1과 S_2가 아래와 같이 주어졌다. 점 $(2,-1,1)$에서 S_1의 접평면과 S_2의 접평면의 사잇각을 θ라 할 때, $\cos\theta$의 값은?

$$S_1 : z = x^2 + y^2 - 2x \quad S_2 : x^2 + 4y^2 + z^2 = 9$$

풀이 두 평면의 사잇각은 두 평면의 법선벡터의 사잇각과 같다는 것을 이용해서 문제를 풀어보자.

$S_1 : x^2 + y^2 - 2x - z = 0$이라 하면 $\nabla S_1 = <2x-2,\ 2y,\ -1>$이다.

$n_1 = \nabla S_1(2,\ -1,\ 1) = <2,\ -2,\ -1>$

$S_2 : x^2 + 4y^2 + z^2 - 9 = 0$이라 하면 $\nabla S_2 = <2x,\ 8y,\ 2z>$이다.

$n_2 = \nabla S_2(2,\ -1,\ 1) = <4,\ -8,\ 2>$

$\therefore \cos\theta = \dfrac{n_1 \cdot n_2}{|n_1||n_2|} = \dfrac{11}{3\sqrt{21}}$

112. 타원 포물면 $z = 2x^2 + y^2$ 위의 점 $(1,1,3)$에서의 접평면과 xy평면이 이루는 각도를 θ라고 하자. 이때 $\cos\theta$의 값은? (단, $0 \le \theta \le \frac{\pi}{2}$ 이다.)

113. 곡면 $2x + y^2 - z = 2$ 위의 점 $(1,\ 1,\ 1)$에서 법선벡터가 y축과 이루는 예각을 θ라고 할 때, $\cos\theta$의 값은?

114. 곡면 $2x^2 + y^2 + 3z^2 = 6$ 위의 점 $(1,\ -1,\ 1)$에서의 접평면과 평면 $3x + 2y + z = 4$의 사잇각은?

① $\frac{\pi}{6}$ ② $\frac{\pi}{4}$ ③ $\frac{\pi}{3}$ ④ $\frac{\pi}{2}$

필수 예제 35

평면 $x-2y-2z=9$에 평행하고, 구면 $x^2+y^2+z^2=1$에 접하는 평면의 방정식을 구하시오.

풀이 구면 $x^2+y^2+z^2=1$의 접평면 중 평면 $x-2y-2z=9$와 평행한 평면을 구해보자.

구면을 $F(x,y,z)=x^2+y^2+z^2-1=0$이라 두면 구면 위의 점 (x,y,z)에서 접평면의 법선벡터

$\nabla F(x,y,z)=\langle 2x,2y,2z\rangle // \langle x,y,z\rangle$와 평행한 평면

$x-2y-2z=9$의 법선벡터는 $\langle 1,-2,-2\rangle$은 비례 관계에 놓인다.

$\langle x,y,z\rangle = t\langle 1,-2,-2\rangle \Rightarrow x=t,\ y=-2t,\ z=-2t$

점 (x,y,z)는 구 위의 점이므로 $x^2+y^2+z^2=1$에 대입하면

$x^2+y^2+z^2=1 \Rightarrow 9t^2=1 \Rightarrow t^2=\frac{1}{9} \Rightarrow t=\frac{1}{3}$ 또는 $t=-\frac{1}{3}$

(i) $t=\frac{1}{3}$이면 $(x,y,z)=\left(\frac{1}{3},-\frac{2}{3},-\frac{2}{3}\right)$이고 접평면은 $x-2y-2z=3$이다.

(ii) $t=-\frac{1}{3}$이면 $(x,y,z)=\left(-\frac{1}{3},\frac{2}{3},\frac{2}{3}\right)$이고 접평면은 $x-2y-2z=-3$이다.

115. 구면 $x^2+y^2+z^2=3$상의 점 $(1,1,1)$에서의 접평면을 P라고 하자. 점 $(1,2,3)$에서 평면 P까지의 거리는?

116. 구면 $x^2+y^2+z^2=1$에 접하는 평면과 평행한 평면 $x-2y-2z=9$ 사이의 거리를 구하시오.

① $\frac{1}{3}$ ② $\frac{1}{\sqrt{3}}$ ③ 1 ④ 2

117. 점 P는 평면 $x+y+2z+2\sqrt{3}=0$ 위의 점이고 점 Q는 타원면 $\frac{x^2}{2^2}+\frac{y^2}{2^2}+z^2=1$ 위의 점일 때, P와 Q 사이의 거리의 최솟값은?

① 0 ② $\frac{1}{\sqrt{3}}$ ③ $\frac{1}{\sqrt{2}}$ ④ $\frac{1}{2}$

2 벡터함수로 주어진 곡면의 접평면

공간곡면의 매개방정식 $x = f(u,\ v)$, $y = g(u,\ v)$, $z = h(u,\ v)$에서 각각 편미분가능할 때,

벡터함수 $r(u,\ v) = x(u,\ v)i + y(u,\ v)j + z(u,\ v)k$에 의해 주어진 매개변수곡면 S 의 접평면의 방정식은

$(r_u \times r_v) \cdot (x - x_0,\ y - y_0,\ z - z_0) = 0$이다.

↳ 법선벡터 $n = r_u \times r_v$

필수 예제 36

벡터방정식 $r(u,\ v) = 2\cos u\, i + v j + 2\sin u\, k$에 대하여 다음을 구하시오.

(1) 구간 $0 \le u \le \frac{\pi}{2}$, $0 \le v \le \frac{\pi}{2}$ 에서의 곡면을 그리시오.

(2) 점 $(\sqrt{2},\ 2,\ \sqrt{2})$에서의 접평면의 방정식을 구하시오.

풀이 (1) $r(u,\ v) = \langle 2\cos u,\ v,\ 2\sin u \rangle$에서

$x = 2\cos u$, $z = 2\sin u$이므로 $x^2 + z^2 = 4$의 관계식이 만들어지고,

$\Rightarrow$ $u = 0$일 때, $x = 2$, $z = 0$이고 $u = \frac{\pi}{2}$일 때, $x = 0$, $z = 2$인 좌표를 지난다.

또한, $0 \le y = v \le \frac{\pi}{2}$이므로 곡면의 그래프는 다음과 같다.

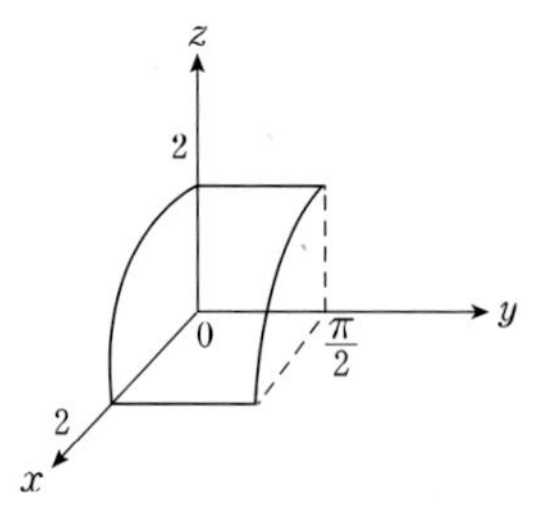

(2) $r(u,\ v) = \langle 2\cos u,\ v,\ 2\sin u \rangle$에서 점 $(\sqrt{2},\ 2,\ \sqrt{2})$는 $u = \frac{\pi}{4}$, $v = 2$일 때의 점이다.

$r_u(u,\ v) = \langle -2\sin u,\ 0,\ 2\cos u \rangle$, $r_v(u,\ v) = \langle 0,\ 1,\ 0 \rangle$에서

$r_u\left(\frac{\pi}{4},\ 2\right) = \langle -\sqrt{2},\ 0,\ \sqrt{2} \rangle$, $r_v\left(\frac{\pi}{4},\ 2\right) = \langle 0,\ 1,\ 0 \rangle$이다.

(접평면의 법선벡터)$= r_u \times r_v = \begin{vmatrix} i & j & k \\ -\sqrt{2} & 0 & \sqrt{2} \\ 0 & 1 & 0 \end{vmatrix} = \langle -\sqrt{2},\ 0,\ -\sqrt{2} \rangle = -\sqrt{2}\langle 1,\ 0,\ 1 \rangle$이고

지나는 한 점은 $(\sqrt{2},\ 2,\ \sqrt{2})$이므로 접평면의 방정식은 $x + z = 2\sqrt{2}$이다.

[다른 풀이]

벡터함수의 곡면 $r(u,\ v) = \langle 2\cos u,\ v,\ 2\sin u \rangle$을 음함수 곡면 $x^2 + z^2 = 4$으로 만들 수 있다.

$F(x,\ y,\ z) = x^2 + z^2 - 4$라 두면 $\nabla F(x,\ y,\ z) = \langle 2x,\ 0,\ 2z \rangle$이고

$\nabla F(\sqrt{2},\ 2,\ \sqrt{2}) = \langle 2\sqrt{2},\ 0,\ 2\sqrt{2} \rangle = 2\sqrt{2}\langle 1,\ 0,\ 1 \rangle$이므로 접평면의 방정식은 $x + z = 2\sqrt{2}$이다.

필수 예제 37

벡터방정식 $\vec{R}(u, v)=(u^2, e^{1-v}, u+2v)$로 주어진 곡면 위의 점 $(1, 1, 1)$에서의 접평면과 $\vec{r}(t)=\left(t, \dfrac{2}{1+t^2}, 2t\ln t\right)$로 주어진 곡선 위의 점 $(1, 1, 0)$에서의 접선의 교점을 (a, b, c)라 할 때, $a+b+c$의 값은?

풀이 (i) $R(u, v)=(u^2, e^{1-v}, u+2v)$ 위의 점 $(1, 1, 1)$은 $u=-1, v=1$일 때이다. 즉, $R(-1, 1)=(1, 1, 1)$이다.

$$R_u\times R_v(1,1,1)=\begin{vmatrix} i & j & k \\ 2u & 0 & 1 \\ 0 & -e^{1-v} & 2 \end{vmatrix}_{(-1,1)}=\begin{vmatrix} i & j & k \\ -2 & 0 & 1 \\ 0 & -1 & 2 \end{vmatrix}=\langle 1, 4, 2\rangle$$ 이므로 접평면의 방정식은 $x+4y+2z=7$이다.

(ii) $r(t)=\left(t, \dfrac{2}{1+t^2}, 2t\ln t\right)$에서 $r'(t)=\left(1, \dfrac{-4t}{(1+t^2)^2}, 2\ln t+2\right)$이므로 $r(1)=(1, 1, 0)$, $r'(1)=(1, -1, 2)$

따라서 점 $(1, 1, 0)$에서의 접선의 방정식은 $x=t+1$, $y=-t+1$, $z=2t$이다.

(i), (ii)에 의하여 접평면 $x+4y+2z=7$과 접선 $x=t+1$, $y=-t+1$, $z=2t$의 교점은 대입을 통해서 구할 수 있다.

$(t+1)+4(-t+1)+2(2t)=7 \Rightarrow t+5=7 \quad \therefore t=2$

교점의 좌표는 $(x, y, z)=(3, -1, 4)=(a, b, c)$이므로 $a+b+c=6$이다.

118. 점 $(1,1,3)$에서 매개변수방정식 $x=u^2$, $y=v^2$, $z=u+2v$로 주어진 곡면에 대한 접평면의 방정식을 구하시오.

119. $r(u, v)=(u^2+1)i+(v^3+1)j+(u+v)k$로 주어진 곡면위의 점 $(u, v)=(2, 1)$에서의 접평면의 방정식을 구하시오.

120. 원주면 $r(\theta, z)=(3\sin 2\theta)i+(6\sin^2\theta)j+zk$에 대하여 점 $(\theta, z)=\left(\dfrac{\pi}{3}, 0\right)$에서의 접평면을 P라 할 때, 다음 중 평면 P 위에 존재하는 것을 고르면?

① $(\sqrt{3}, 6, 2)$ ② $(\sqrt{3}, 3, 2)$ ③ $(3, 6, 2)$ ④ $(0, \sqrt{3}, 2)$

3 두 곡면의 교선에서의 접선벡터

(1) 두 곡면 $F(x, y, z) = 0$, $G(x, y, z) = 0$의 교선상의 점 $\mathrm{P}(x_1, y_1, z_1)$에서

접선벡터는 $\nabla F \times \nabla G = \begin{vmatrix} i & j & k \\ F_x & F_y & F_z \\ G_x & G_y & G_z \end{vmatrix}$

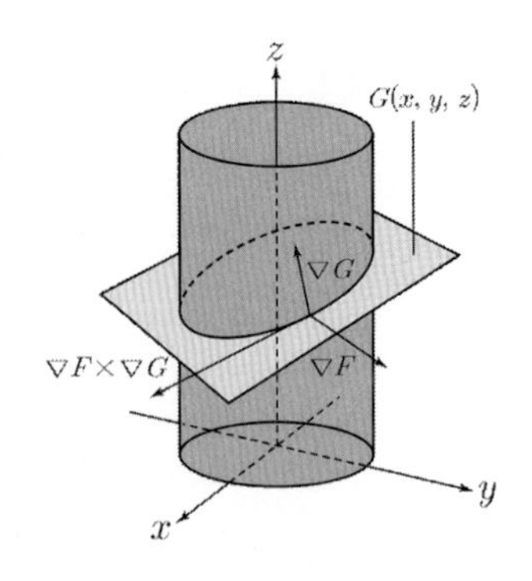

(2) 벡터 $\nabla F \times \nabla G$는 교선의 접선벡터이고,

법평면의 법선벡터이다.

필수 예제 38

주면 $x^2 + y^2 = 1$과 평면 $y + z = 2$가 만나서 생기는 곡선을 C라고 하자. 곡선 C 위의 한 점 $(-1, 0, 2)$에서 접선의 방정식을 구하시오.

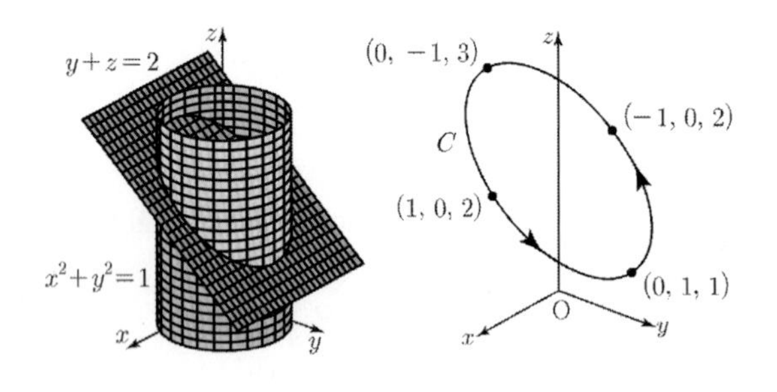

풀이 (교선 C 위에서의 접선의 방향벡터) ⊥ (평면의 법선벡터)이고

(교선 C 위에서의 접선의 방향벡터) ⊥ (원기둥면 F의 ∇F)이므로

(교선 C 위에서의 접선의 방향벡터) = (평면의 법선벡터) × (원기둥면 F의 ∇F)이다.

원기둥면을 $F(x, y, z) = x^2 + y^2 - 1$, 평면을 $G(x, y, z) = y + z - 2$라 두면

$\nabla F(x, y, z) = \langle 2x, 2y, 0 \rangle$, $\nabla G(x, y, z)$

$$\nabla F \times \nabla G = \left. \begin{vmatrix} i & j & k \\ 2x & 2y & 0 \\ 0 & 1 & 1 \end{vmatrix} \right|_{\substack{x=-1 \\ y=0 \\ z=2}} = \begin{vmatrix} i & j & k \\ -2 & 0 & 0 \\ 0 & 1 & 1 \end{vmatrix} = \langle 0, 2, -2 \rangle = 2\langle 0, 1, -1 \rangle \text{이므로}$$

따라서 접선의 방향벡터는 $\nabla F \times \nabla G = \langle 0, 1, -1 \rangle$이고 지나는 한 점은 $(-1, 0, 2)$이므로

접선의 방정식은 $\begin{cases} x = -1 \\ y = t \\ z = -t + 2 \end{cases}$ 이다.

121. 원주면 $x^2+y^2-2=0$과 평면 $x+z-4=0$의 공통부분을 C라 하자. 점 $\mathrm{A}(1,\ 1,\ 3)$에서 곡선 C에 접하는 직선의 방정식을 구하시오.

122. $x^2+y^2+z^2=14$와 $x^2+y^2=5$의 교선 위의 점 $(1,\ 2,\ 3)$에서의 법평면의 방정식을 구하시오.

123. 포물면 $z=x^2+y^2$ 과 평면 $3x+y+z=6$의 교선을 C 라 할 때, 곡선 C 위의 점 $(1,\ -2,\ 5)$에서의 접선과 평행한 벡터 v는?

① $v=(2,\ 2,\ -8)$　② $v=(-5,\ 0,\ 15)$　③ $v=(1,\ -5,\ 2)$　④ $v=(3,\ 5,\ -14)$

124. 곡면 $z=2x^2+2y^2$과 곡면 $2x^2+y^2+z^2=19$의 교선 위의 점 $(-1,\ 1,\ 4)$에서 접선의 방정식이 $\dfrac{x+1}{a}=\dfrac{y-1}{b}=\dfrac{z-4}{c}$일 때, $(a,\ b,\ c)$로 가능한 것은?

① $(34,\ 36,\ 8)$　② $(-34,\ 36,\ 8)$　③ $(34,\ -36,\ 8)$　④ $(34,\ 36,\ 4)$

125. 두 곡면 $y=x^2+z^2$과 $4x^2+y^2+z^2=9$의 교집합으로 주어지는 곡선 C위의 점 $(-1,2,1)$에서 접하는 C의 접선의 방정식은?

① $\frac{x+1}{6}=\frac{y-2}{5}=\frac{z-1}{8}$
② $\frac{x+1}{5}=\frac{y-2}{8}=\frac{z-1}{6}$
③ $\frac{x+1}{8}=\frac{y-2}{6}=\frac{z-1}{5}$
④ $\frac{x+1}{5}=\frac{y-2}{6}=\frac{z-1}{8}$

126. 두 곡면 $x^2+y^2-z^2=1$과 $x+y+z=5$의 교선 위의 점 $(1,\ 2,\ 2)$에서의 접선의 대칭방정식은?

① $x=1,\ y=2$
② $\frac{x-1}{4}=\frac{y-2}{3}=\frac{z-2}{1}$
③ $\frac{x-1}{4}=\frac{y-2}{-3}=\frac{z-2}{-1}$
④ $\frac{x-1}{4}=\frac{y-2}{3}=\frac{z-2}{-1}$

127. 곡면 $z=2x^2+2y^2$과 곡면 $2x^2+y^2+z^2=19$의 교선 위의 점 $(-1,1,4)$에서 접선의 방정식이 $\frac{x+1}{a}=\frac{y-1}{b}=\frac{z-4}{4}$일 때, $a+b$의 값은?

① 17
② 23
③ 35
④ 39

128. 두 곡면 $z=x^2-y^2$과 $x^2+y^2-z^2=2$의 교선 위의 점 $(1,\ -1,\ 0)$에서 이 곡선의 접선의 방정식은?

① $4x-z=4,\ 4y-z=-4$
② $4x-z=4,\ 4y+z=-4$
③ $x+y+4z=0$
④ $x+y-4z=0$

선배들의 이야기 ++

편입 스펙

강남대학교(인공지능융합공학부) 토익 705

합격한 대학

한양대학교(데이터사이언스학과), 건국대학교(컴퓨터공학과), 홍익대학교(컴퓨터공학과), 세종대학교(인공지능학과)

편입 동기 & 목적

저는 학교 병행으로 지방 4년제에서 한양대로 편입하게 되었습니다. 편입 동기와 목적은 대부분이 그렇듯이 학벌 때문입니다. 저는 입학할 당시 학생 때는 듣지 못했던 대학을 들어간다는 충격에 처음부터 편입을 생각하였습니다. 저는 학생 때부터 성실한 학생이었습니다. 하지만 노력에 대한 보상은 받지 못했다는 생각이 너무 커서 자존감도 낮았고, 노력만으로는 안되는구나 생각을 했던 것 같습니다. 항상 반에서 열심히 했던 학생이었던 저는 남들에게 저의 대학교 이름을 말하는 것에 대해 꺼려했습니다. 여러분들에게 "그동안 자신들이 쌓아왔던 노력을 무시하지 말고 목표를 낮게 잡지 마라"라고 말해드리고 싶습니다. 언젠가는 그 노력이 쌓여 빛을 볼 날이 오게 될 것입니다. "현재의 고난은 장차 우리에게 나타날 영광과 비교할 수 없다"라는 말이 있습니다. 현재 비록 내가 초라해 보일지라도 남들 놀 때 독서실에서 공부하고 있더라도 합격의 기쁨은 그 고난들과 힘듦을 다 겪을 이유가 있었다고 생각이 들 만큼 클 것이라고 생각합니다.

2024학년도 대비 영어 성적관리

시행 회차		1회	2회	3회	4회	5회	6회	7회	8회	9회	10회
득점	원점수	77.5	82.5	75	62.5	70	72.5	45	77.5	65	67.5
	표준점수	65.1	70.4	65.8	63.5	67.7	63.6	45.4	62.5	57.3	64.1
	백분위	85	91.7	85.3	81.3	88.6	81.4	40.2	79.2	67.7	82.4
백분위	당회-전회	-	6.7	-6.4	-4	7.3	-7.2	-41.2	39	-11.5	14.7
	성장추이	-	▲	▼	▼	▲	▼	▼	▲	▼	▲

2024학년도 대비 수학 성적관리

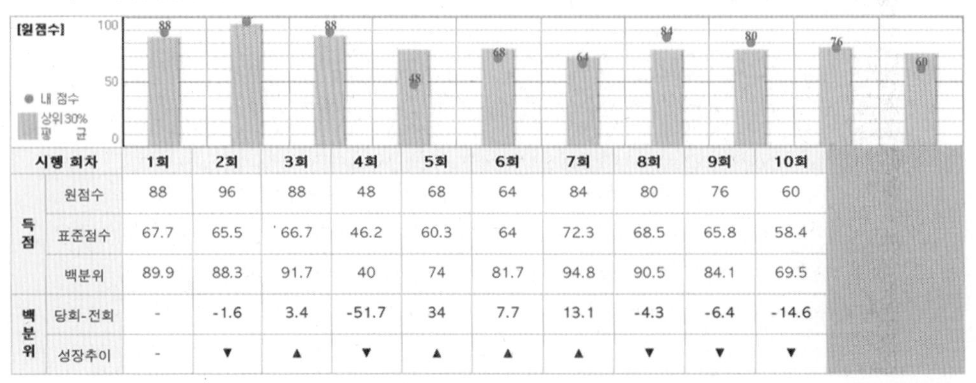

시행 회차		1회	2회	3회	4회	5회	6회	7회	8회	9회	10회
득점	원점수	88	96	88	48	68	64	84	80	76	60
	표준점수	67.7	65.5	66.7	46.2	60.3	64	72.3	68.5	65.8	58.4
	백분위	89.9	88.3	91.7	40	74	81.7	94.8	90.5	84.1	69.5
백분위	당회-전회	-	-1.6	3.4	-51.7	34	7.7	13.1	-4.3	-6.4	-14.6
	성장추이	-	▼	▲	▼	▲	▲	▲	▼	▼	▼

영어 학습법 - 지금 가장 효율적인 방법을 찾아서

일단 우리의 목표는 시험 때 최고점을 맞으면 되는 것입니다. 모의고사나 기출이 안 나온다고 자책하지 마세요! 저도 마지막까지 기출이 안정적이지 않아서 불안했지만 결국 시험장에서 최고의 컨디션으로 제일 후회 없는 시험이 되었습니다.

편입은 학교별로 문제 유형이 달라서 자신이 맞는 유형이 있습니다. 학교 레벨에 상관없다는 것입니다. 저는 마지막까지 문법이 약했고, 한양대 영어 기출을 풀었을 때에도 모든 문제를 못 풀 만큼 시간이 부족했습니다. 하지만 그나마 문법과 단어보다는 논리와 독해에 강했고, 한양대 시험 일주일 전에 3개년 기출을 풀면서 교수님이 했던 방식을 그대로 따라하면서 20분 안에 푸는 연습을 했습니다. 또한 상위권으로 갈 수록 논리와 독해가 중요한데, 사고력보다는 얼마나 필요없는 것을 지우는가, 핵심을 보는가의 문제입니다. 지문이 강조하고자 하는 단서(예를 들면, instead, although, one of, first)에 집중하는 것이 도움이 됩니다.

그리고 '주어진 상황에서 효율적으로 할 수 있는 방법을 생각해보라!' 입니다. 학교 병행으로 왕복 3시간 정도를 통학해야 해서 많은 자습시간을 확보하지는 못하는 상황이었습니다. 지하철에서 최대한 퀴즐렛을 보고 시험을 보면서 단어를 외웠습니다.

수학 학습법 - 처음부터 하더라도 꾸준히

미적분을 너무 만만하게 보지 마세요. 고등학교때 배운 내용이 많아서 빠르게 진도를 냈는데 막판에 미적분이 기억이 너무 안나고 오래 전에 배운 과목이다 보니 가장 휘발되는 과목입니다. 저는 인강을 보면서 문제를 푸시기 전에 멈춰놓고 풀었고 다 본 뒤에 한번 더 푸는 방식으로 학습했습니다.

그리고 한아름쌤은 특히 회독을 강조하십니다. 일주일 후에 하고 한달 후에 하는 루틴이 초반에 잡히면 좋습니다. 하지만 너무 집착할 필요는 없다고 말해드리고 싶습니다. 학교병행이다 보니 중간시험이나 기말시험이 있을 때마다 루틴이 깨져 스트레스를 받았는데, 계획이 깨지더라도 처음부터 하더라도 꾸준히가 중요한 것 같습니다.

그리고 시험을 보면서 편입은 새로운 문제를 푸는 것보다는 내가 푼 문제를 얼마나 빠르고 효율적이게 풀어봤고, 기억해내느냐의 싸움이라고 생각했습니다. 또한 다양한 풀이가 도움이 되었습니다. 기출풀이는 다른 선생님의 풀이 방식을 참고하는 것도 도움이 되었습니다.

아름쌤과 함께 암기보다는 이해 위주로 하는 공부로!

아름쌤은 노베부터 최상위 학생까지 모두 커버가 가능하고, 커리가 단순해서 따라가기 쉽습니다. 저는 선생님을 고를때, 암기 위주보다는 이해 위주로 하는 점을 주안점으로 봤습니다. 그리고 무엇보다도 학생들을 생각하시는 선생님이어서 수업시간에 해주시는 말씀이 동기부여가 되고 힘이 되었습니다.무엇보다 온라인 클래스가 큰 장점이었습니다. 학교 병행이라서 인강으로만 들어야 하는 상황이었는데, 학생들끼리 질문을 받아주면서 서로 도움이 되었습니다.

- 최○영(한양대학교 데이터사이언스학과)

CHAPTER 03

이변수 함수의 극대 & 극소

1. 이변수 함수의 테일러 전개
2. 이변수 함수의 극대 & 극소
3. 이변수 함수의 최대 & 최소

03 이변수 함수의 극대 & 극소

1 이변수 함수의 테일러 전개

1 일변수 함수의 테일러(Taylor) 급수

$x=a$에서 $f(x)=f(a)+f'(a)(x-a)+\dfrac{f''(a)}{2!}(x-a)^2+\dfrac{f'''(a)}{3!}(x-a)^3+\cdots$

↳ $x=a$에서 $f(x)$의 선형근사식은 $x=a$에서 $f(x)$의 접선의 방정식과 같다.

2 이변수 함수의 테일러 급수

$(x,\ y)=(a,\ b)$에서

$$f(x,\ y)=f(a,\ b)+f_x(a,\ b)(x-a)+f_y(a,\ b)(y-b)$$
$$+\frac{1}{2!}\left\{f_{xx}(a,\ b)(x-a)^2+f_{yy}(a,\ b)(y-b)^2+2f_{xy}(a,\ b)(x-a)(y-b)\right\}$$
$$+\frac{1}{3!}\{\cdots\}+\cdots$$

3 선형근사식(접평면의 방정식)

$z=f(x,\ y)$로 주어진 곡면 S 위의 한 점 $\mathrm{P}(x_1,\ y_1,\ z_1)$의 근삿값 구하기

① 곡면 위의 한 점 $\mathrm{P}(x_1,\ y_1,\ z_1)$ 부근의 다른 한 점 $\mathrm{P}(x_0,\ y_0,\ z_0)$에서 접평면 L 구하기

② $f(x_1,\ y_1)\ \approx\ L(x_1,\ y_1)$

필수 예제 39

함수 $f(x,y)=\sqrt{2x+y+1}$의 그래프 위의 점 $(1,1,2)$에서 접평면의 방정식을 $z=T(x,y)$라 할 때, $T(0.9,1.1)$을 구하면?

풀이 접평면의 방정식이 곧 선형근사식이다.

$f(1,1)=2,\ f_x(x,y)=\dfrac{1}{\sqrt{2x+y+1}}\ \Rightarrow\ f_x(1,1)=\dfrac{1}{\sqrt{4}}=\dfrac{1}{2},\ f_y(x,y)=\dfrac{1}{2\sqrt{2x+y+1}}\ \Rightarrow\ f_y(1,1)=\dfrac{1}{2\sqrt{4}}=\dfrac{1}{4}$

$z=f(x,y)\approx f(1,1)+f_x(1,1)(x-1)+f_y(1,1,)(y-1)=2+\dfrac{1}{2}(x-1)+\dfrac{1}{4}(y-1)$이므로 접평면의 방정식은

$z=T(x,y)=2+\dfrac{1}{2}(x-1)+\dfrac{1}{4}(y-1)$이다.

따라서 $z=T(0.9,\ 1.1)=\dfrac{79}{40}$이다.

129. 점 $(0,\ 0)$ 에서 $f(x,\ y) = \ln(1+x+2y)$ 의 이차 근사다항식을 이용하여 $f(1,\ 0)$ 의 근삿값을 구하시오.

130. 함수 $f(x,y)=2x^2+y^2$ 의 그래프에 대한 선형근사식을 이용하여 점 $(1.1, 0.95)$ 에서의 $f(x,y)$ 의 근삿값을 구하시오.

131. $f(x,\ y) = xe^{xy}$ 의 선형근사식을 이용하여 점 $(1.1,\ -0.1)$ 의 근삿값을 구하시오.

132. 함수 $f(x,\ y) = \ln(1+xy)$ 에 대하여 점 $(2, 3)$ 에서 테일러 급수를 구할 때, $(y-3)^2$ 항의 계수는?

133. 함수 $f(x,y)= e^x \ln(1+y)$ 의 $(0, 0)$ 에서 2차 근사식을 구하시오.

2 이변수 함수의 극대 & 극소

1 이변수 함수의 극값의 정의

(1) 극대(local maximum)

함수 $z = f(x, y)$에 대하여 점 $(a,\ b)$를 포함한 임의의 근방에서 f가 최댓값을 가지면

점 $(a,\ b)$에서 극대를 갖는다" 하고, $f(a, b)$ 를 극댓값이라고 한다.

(2) 극소(local minimum)

함수 $z = f(x, y)$에 대하여 점 $(a,\ b)$를 포함한 임의의 근방에서 f가 최솟값을 가지면

점 $(a,\ b)$에서 극소를 갖는다" 하고, $f(a, b)$ 를 극솟값이라고 한다.

2 극값 구하는 방법

step1) 임계점을 구한다.

임계점은 $\begin{cases} f_x(x,\ y) = 0 \\ f_y(x,\ y) = 0 \end{cases}$을 만족하거나 $f_x(x,\ y)$, $f_y(x,\ y)$ 가 존재하지 않는 점을 말한다.

step2) 판별식 $\triangle(x,\ y)$에 임계점을 대입해서 극대, 극소, 안장점을 구분한다.

$$\triangle(x,\ y) = f_{xx}f_{yy} - (f_{xy})^2 = \begin{vmatrix} f_{xx} & f_{xy} \\ f_{yx} & f_{yy} \end{vmatrix}$$

(i) $\triangle(a,\ b) > 0$, $f_{xx}(a,\ b) > 0 \Rightarrow (a,\ b)$에서 극솟점을 갖는다.

$\triangle(a,\ b) > 0$, $f_{xx}(a,\ b) < 0 \Rightarrow (a,\ b)$에서 극댓점을 갖는다.

(ii) $\triangle(c,\ d) < 0 \Rightarrow (c,\ d)$에서 안장점을 갖는다. (극대 또는 극소 아니다.)

(iii) $\triangle(e,\ f) = 0 \Rightarrow (e,\ f)$에서 판정불가이다. (그래프 이용)

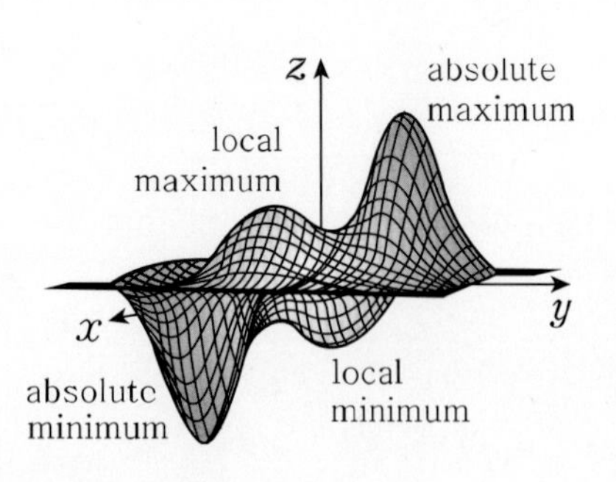

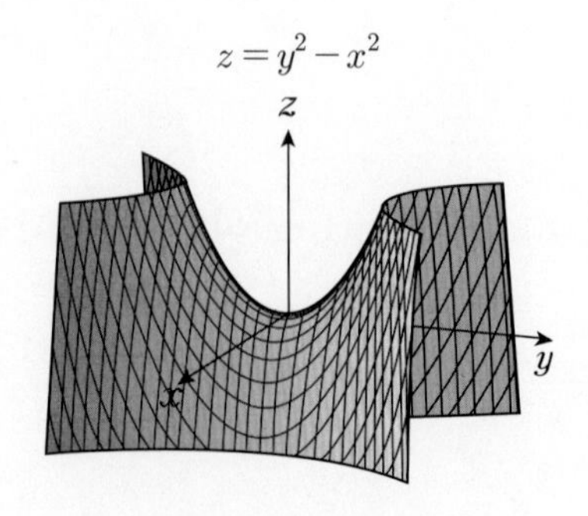

필수 예제 40

영역 $D=\{(x,y):0<x<\pi,\ 0<y<\pi\}$에서 $h(x,\ y)=\sin x+\sin y+\sin(x+y)$의 극댓값을 구하면?

풀이 (i) $h(x,\ y)=\sin x+\sin y+\sin(x+y)$에서 $\begin{cases} h_x(x,\ y)=\cos x+\cos(x+y)=0 \\ h_y(x,\ y)=\cos y+\cos(x+y)=0 \end{cases}$

$\Rightarrow\ \cos(x+y)=-\cos x=-\cos y\ \Leftrightarrow\ x=y$

$\Rightarrow\ \cos x+\cos 2x=0$

$\Rightarrow\ \cos x+2\cos^2 x-1=0\ (\because \cos^2 x=\dfrac{1+\cos 2x}{2}\ \Rightarrow \cos 2x=2\cos^2 x-1)$

$\Rightarrow\ (2\cos x-1)(\cos x+1)=0$

$\Rightarrow\ \cos x=\dfrac{1}{2}$ 또는 $\cos x=-1$

$\therefore x=\dfrac{\pi}{3},\ -\dfrac{\pi}{3},\ \cdots$ 또는 $x=\pm\pi,\ \pm 3\pi,\ \cdots$ 이 중에서 D에 속하는 것은 $\dfrac{\pi}{3}$뿐이다. 따라서 임계점은 $\left(\dfrac{\pi}{3},\ \dfrac{\pi}{3}\right)$이다.

(ii) $\Delta(x,\ y)=\{-\sin x-\sin(x+y)\}\cdot\{-\sin y-\sin(x+y)\}-\{-\sin(x+y)\}^2$이므로

$\Delta\left(\dfrac{\pi}{3},\ \dfrac{\pi}{3}\right)=\left(\sin\dfrac{\pi}{3}+\sin\dfrac{2\pi}{3}\right)^2-\left(\sin\dfrac{2\pi}{3}\right)^2=\left(\dfrac{\sqrt{3}}{2}+\dfrac{\sqrt{3}}{2}\right)^2-\left(\dfrac{\sqrt{3}}{2}\right)^2=3-\dfrac{3}{4}>0$이고

$f_{xx}\left(\dfrac{\pi}{3},\ \dfrac{\pi}{3}\right)=-\sin\dfrac{\pi}{3}-\sin\dfrac{2\pi}{3}=-\sqrt{3}<0$이다. 따라서 점 $\left(\dfrac{\pi}{3},\ \dfrac{\pi}{3}\right)$에서 극댓값이자 최댓값을 갖는다.

$\therefore f\left(\dfrac{\pi}{3},\ \dfrac{\pi}{3}\right)=2\sin\dfrac{\pi}{3}+\sin\dfrac{2\pi}{3}=\dfrac{\sqrt{3}}{2}\times 2+\dfrac{\sqrt{3}}{2}=\dfrac{3\sqrt{3}}{2}$

[다른 풀이]

$y=x$ 위에서 임계점이 존재함을 알았으므로 $f(x,y)$의 식에 $y=x$를 대입해서 $f(x)=2\sin x+\sin 2x$라는 일변수 함수를 생각하자. $f'(x)=2\cos x+2\cos 2x$에서 $f'\left(\dfrac{\pi}{3}\right)=0$이고, $f''(x)=-2\sin x-4\sin 2x$, $f''\left(\dfrac{\pi}{3}\right)<0$이므로 $x=\dfrac{\pi}{3}$에서 극대를 갖는다는 것을 알 수 있다.

134. 다음 주어진 곡면의 극점 또는 안장점을 구하시오.

(1) $f(x, y) = x^2 + y^2 - 2x - 6y + 14$

(2) $f(x, y) = y^2 - x^2$

(3) $f(x, y) = 3xy - x^3 - y^3$

(4) $f(x, y) = x + y - \ln xy$

(5) $f(x,y) = x^3 + y^3 - 3x - 3y + 4$

(6) $f(x, y) = xy(x + y + 2)$

135. 함수 $f(x,y) = x^4 + y^4 - 4xy + 1$가 극대치를 갖는 x의 값은?

① -1　② 0　③ 1　④ 없음

136. 함수 $f(x, y) = 4xy - x^4 - y^4$에 대하여 옳은 것은?

① 점 $(0, 0)$에서 극솟값을 가진다.
② 안장점은 존재하지 않는다.
③ 점 $(1, -1)$에서 극댓값 또는 극솟값을 가진다.
④ 점 $(-1, -1)$에서 극솟값을 가진다.
⑤ 극댓값은 2이다.

137. 이변수 함수 $f(x, y) = A - (x^2 + Bx + y^2 + Cy)$의 극댓값이 $f(2, 1) = 15$일 때, $A + B + C$의 값은?

필수 예제 41

이변수 함수 $f(x,\ y)=x^2+ay^2-2xy$의 임계점인 원점이 극솟점이 되도록 하는 실수 a를 모두 구하면?

① $a<-1$ ② $a\le -1$ ③ $a>1$ ④ $\alpha\ge 1$

풀이 $f_x(x,y)=2x-2y,\ f_y(x,y)=2ay-2x$이고, $f_x(0,0)=0,\ f_y(0,0)=0$이므로 $(0,0)$에서 임계점을 갖는다.
$f_{xx}(x,y)=2,\ f_{yy}(x,y)=2a,\ f_{xy}(x,y)=-2$이므로 $\Delta(x,y)=4a-4$이고 극솟값을 갖기 위해서는
(i) $\Delta(0,0)=4a-4>0,\ f_{xx}(0,0)=4>0$이므로 극솟값을 갖는다. 따라서 $a>1$이면 된다.
(ii) $\Delta(0,0)=4a-4=0$, 즉 $a=1$이면 판별 불가하므로 그래프 또는 함숫값을 생각하자.
$a=1$일 때 $f(x,y)=x^2+y^2-2xy=(x-y)^2\ge 0$이므로 $(0,0)$에서 $f(0,0)=0$이므로 극솟값을 갖는다.
$\therefore\ \alpha\ge 1$일 때 $f(x,y)$는 원점에서 극솟값을 갖는다. 따라서 정답은 ④이다.

138. 다음 함수 중 원점에서 극값을 갖는 것을 모두 고르면?

① $f(x,y)=e^x\cos y$ ② $f(x,y)=x\sin y$ ③ $f(x,y)=y^2-x^2$

④ $f(x,y)=x^2+y^2+x^2y$ ⑤ $f(x,y)=\cos(x^2+y^2)$

139. 함수 $f(x,y)=x^2+ky^2-4xy+16$에 대하여 원점 $(0,0)$이 극솟점이 되도록 하는 실수 k를 모두 구하면?

140. 함수 $f(x,y)=ax^2-xy+y^2+9x-6y$가 $a>n$이면 극솟값을 갖고, $a<n$이면 극솟값을 갖지 않는다고 한다. n의 값은?

① $\frac{1}{5}$ ② $\frac{1}{4}$ ③ $\frac{3}{5}$ ④ $\frac{3}{7}$

3 이변수 함수의 최대 & 최소

1 극대값과 극솟값을 이용한 최대 최소

문제에서 주어진 조건식(관계식)을 구하고자 하는 함수에 대입하여 변수의 개수를 줄여서 극대와 극소를 찾고 최대 최소를 구한다. 조건식을 대입할 때 변수의 범위에 주의하여야 한다. 극값이 1개일 때 극댓값이 최댓값이 되고 또는 극솟값이 최솟값이 된다.

2 라그랑주 승수법(Method of Lagrange multipliers) - 조건식 1개인 경우

라그랑주 승수법(라그랑주 미정계수법)은 조건식이 제시된 다변수 함수의 최댓값과 최솟값을 좀 더 쉽게 구하는 방법을 말한다.

(1) 조건식 $g(x,y)=0$을 만족하는 (x,y)에 대하여 $f(x,y)$의 최댓값과 최솟값을 구하려면

step1) $\begin{cases} \nabla f(x,y) = \lambda \nabla g(x,y) \\ g(x,y) \quad = 0 \end{cases}$ 의 연립방정식을 푼다.

$\nabla f(x,y) = \lambda \nabla g(x,y)$은 두 벡터가 비례관계이므로 행렬식 $\begin{vmatrix} f_x & f_y \\ g_x & g_y \end{vmatrix} = 0$을 이용하여 관계식을 구할 수 있다.

step2) 위 식에서 구한 연립방정식의 해 (x, y)를 f에 대입한다.

그 값 중에 가장 큰 값이 f의 최댓값, 가장 작은 값이 f의 최솟값이다.

(2) 조건식 $g(x,y,z)=0$를 만족하는 (x,y,z) 하에서 $f(xy,z)$의 최댓값과 최솟값을 구하려면

step1) $\begin{cases} \nabla f(x,y,z) = \lambda \nabla g(x,y,z) \\ g(x,y,z) \quad = 0 \end{cases}$ 의 연립방정식을 푼다.

$\nabla f(x,y,z) = \lambda \nabla g(x,y,z)$은 두 벡터가 비례관계이므로 $\nabla g \times \nabla f = (0,0,0)$을 이용하여 관계식을 구할 수 있다.

step2) 위 식에서 구한 연립방정식의 해(x,y,z)에서 f의 값을 계산한다.

그 값 중에 가장 큰 값이 f의 최댓값, 가장 작은 값이 f의 최솟값이다.

Areum Math Tip

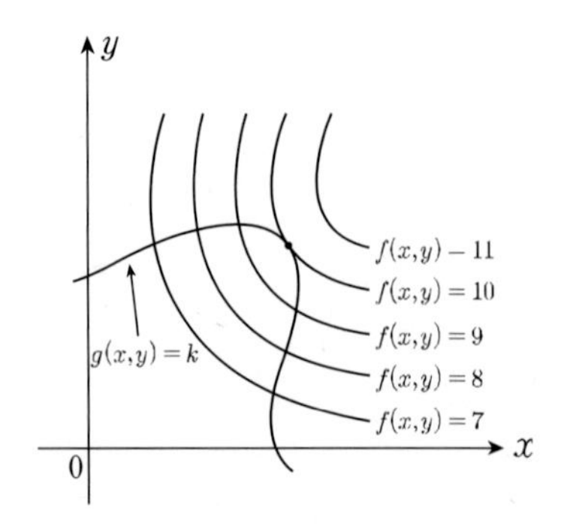

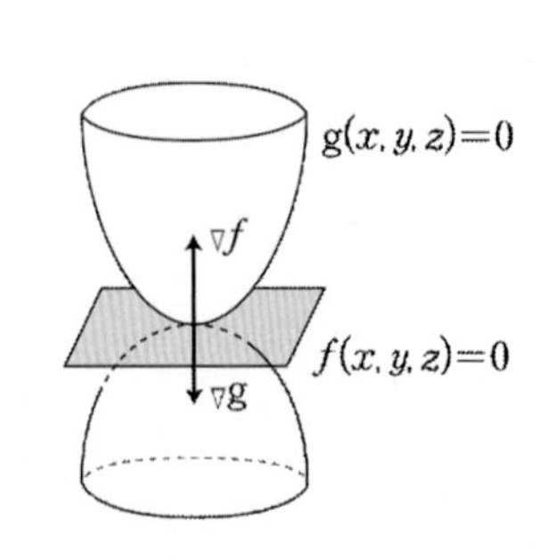

3 산술기하 평균

(1) $a>0,\ b>0$일 때, $\dfrac{a+b}{2} \geq \sqrt{ab}$ (단, 등호는 $a=b$일 때 성립)

(2) $a>0,\ b>0,\ c>0$일 때, $\dfrac{a+b+c}{3} \geq \sqrt[3]{abc}$ (단, 등호는 $a=b=c$일 때 성립)

4 코시-슈바르츠 부등식

(1) $(a^2+b^2)(x^2+y^2) \geq (ax+by)^2$ (단, 등호는 $\dfrac{x}{a}=\dfrac{y}{b}$ 일 때 성립)

(2) $(a^2+b^2)\{(cx)^2+(dy)^2\} \geq (acx+bdy)^2$

(3) $(a^2+b^2+c^2)(x^2+y^2+z^2) \geq (ax+by+cz)^2$ (단, 등호는 $\dfrac{x}{a}=\dfrac{y}{b}=\dfrac{z}{c}$ 일 때 성립)

(4) $(a^2+b^2+c^2)\{(dx)^2+(ey)^2+(fz)^2\} \geq (adx+bey+cfz)^2$

Areum Math Tip

1. 산술·기하 평균 증명하기

양수 $a,\ b,\ c$에 대하여

(1) $a+b-2\sqrt{ab}=(\sqrt{a}-\sqrt{b})^2 \geq 0$이므로 $a+b \geq 2\sqrt{ab}$가 성립한다.

$a+b$의 최솟값은 $2\sqrt{ab}$이고, $2\sqrt{ab}$의 최댓값은 $a+b$이다. 이것은 등호가 성립할 때이고, 등호의 성립조건은 $a=b$일 때이다.

(2) $x^2+y^2+z^2-xy-xz-yz=\dfrac{1}{2}(x-y)^2+\dfrac{1}{2}(x-z)^2+\dfrac{1}{2}(y-z)^2$ 이 성립한다.

$$x^3+y^3+z^3-3xyz=(x+y+z)(x^2+y^2+z^2-xy-xz-yz)$$
$$=\frac{1}{2}(x+y+z)\{(x-y)^2+(x-z)^2+(y-z)^2\} \geq 0 \text{이 성립한다.}$$

따라서 $x^3+y^3+z^3 \geq 3xyz$이 성립하고, $x^3+y^3+z^3$의 최솟값은 $3xyz$이고, $3xyz$의 최댓값은 $x^3+y^3+z^3$이다.

이것은 등호가 성립할 때이고, 등호 성립조건은 $x=y=z$일 때이다.

$x=\sqrt[3]{a},\ y=\sqrt[3]{b},\ z=\sqrt[3]{c}$라고 하면 $x^3+y^3+z^3 \geq 3xyz$이므로 $a+b+c \geq 3\sqrt[3]{abc}$을 만족한다.

2. 코시-슈바르츠 부등식 증명하기

(1) $(a^2+b^2)(x^2+y^2)-(ax+by)^2=a^2y^2+b^2x^2-2abxy=(ay-bx)^2 \geq 0$ 이므로

$(a^2+b^2)(x^2+y^2) \geq (ax+by)^2$이 성립한다. 여기서 등호 성립조건은 $ay=bx \Leftrightarrow \dfrac{x}{a}=\dfrac{y}{b}$이다.

(2) $(a^2+b^2+c^2)(x^2+y^2+z^2)-(ax+by+cz)^2=(ay-bx)^2+(az-cx)^2+(bz-cy)^2 \geq 0$이므로

$(a^2+b^2+c^2)(x^2+y^2+z^2) \geq (ax+by+cz)^2$이 성립한다. 여기서 등호 성립조건은 $\dfrac{x}{a}=\dfrac{y}{b}=\dfrac{z}{c}$이다.

필수 예제 42

원점을 중심으로 하는 원 $x^2+y^2=1$ 위에서 $f(x, y)=4x+y^3$의 최댓값은 얼마인가?

풀이 조건식을 $g(x, y)=x^2+y^2-1$, 구하고자 하는 식을 $f(x, y)=4x+y^3$라고 하자.
라그랑주 승수법에 의하여 $\nabla g=\lambda\nabla f$, $g(x, y)=0$을 만족하는 x, y의 값을 찾는다.

(i) $\langle 2x, 2y\rangle=\lambda\langle 4, 3y^2\rangle \Leftrightarrow \langle x, y\rangle=t\langle 4, 3y^2\rangle$; 두 벡터가 비례 관계이므로 $\begin{vmatrix} x & y \\ 4 & 3y^2 \end{vmatrix}=0$을 만족해야 한다.

$\Rightarrow 3xy^2-4y=y(3xy-4)=0 \Leftrightarrow y=0$ 또는 $xy=\dfrac{4}{3}$

(ii) $g(x, y)=0 \Leftrightarrow x^2+y^2=1$

(i), (ii)를 만족하는 x, y의 값을 찾자.

① $y=0$일 때, $x^2=1$이므로 $f(1, 0)=4$, $f(-1, 0)=-4$의 함숫값을 갖는다.

② $xy=\dfrac{4}{3} \Rightarrow y=\dfrac{4}{3x}$를 조건식에 대입하면 $x^2+\dfrac{16}{9x^2}=1 \Leftrightarrow 9x^4-9x^2+16=0$은 실근을 갖지 않는다.

$\therefore f(x,y)$의 최댓값은 4이다.

141. 타원 $x^2+2y^2=1$인 함수 $f(x, y)=2x^2-y^2$의 최댓값과 최솟값을 구하시오.

142. 원 $x^2+y^2=1$ 위에서 $f(x, y)=x^3+y^2$의 최댓값과 최솟값의 합을 구하면?

143. $x^{1/3}+y^{1/3}=5$를 만족하는 양의 실수 x, y에 대하여 $12x+3y$의 최솟값은?

144. 데카르트 엽선 $x^3+y^3=6xy$ 상에서 $x+y$의 최댓값은?

145. 곡선 $\frac{x^2}{4}+y^2=1$ 위에서 함수 $f(x, y)=x^3y$의 최댓값을 구하면?

146. 원 $x^2+y^2=8$ 위에서 함수 $f(x, y)=e^{xy}$ 의 최댓값을 M, 최솟값을 m 이라 할 때 최댓값과 최솟값의 합 $M+m$ 을 구하시오.

필수 예제 43

세 변수 x, y, z 가 관계식 $x^2+y^2+z^2=1$ 을 만족할 때, 함수 $f(x, y, z)=xy+z^2$ 의 최솟값은?

풀이 $g(x, y, z)=x^2+y^2+z^2-1$ 이라하면 $\nabla f=\lambda\nabla g \Rightarrow (y, x, 2z)=\lambda(x, y, z)$; 두 벡터가 비례관계이므로 외적의 결과는 영벡터이다.

$$\nabla g\times\nabla f=\begin{vmatrix} i & j & k \\ x & y & z \\ y & x & 2z \end{vmatrix}=(2yz-xz, yz-2xz, x^2-y^2)=(z(2y-x), z(y-2x), x^2-y^2)=(0,0,0)$$ 을 만족해야한다.

(i) $z=0$이면, $x^2=y^2$을 만족하고 조건식 $x^2+y^2+z^2=1$도 만족해야 하므로 $x^2=y^2=\frac{1}{2}$이고

이 때 f의 값은 $\frac{1}{2}, -\frac{1}{2}$이다.

(ii) $z\neq 0$이면 $x=y=0$ 이고,조건식 $x^2+y^2+z^2=1$도 만족해야 하므로 $z^2=1$이다. 이 때 f의 값은 1이다.

따라서 함수 $f(x, y, z)=xy+z^2$ 의 최솟값은 $-\frac{1}{2}$ 이다.

147. **$x^2+y^2+z^2=9$일 때, $f(x,y,z)=2x+2y+z$의 최댓값과 최솟값을 구하시오.**

148. **제약조건 $xyz=32$에 대하여 함수 $f(x,y,z)=xy+2yz+2zx$의 최소가 되는 x, y, z의 합을 구하면? (단, x, y, z는 양수)**

필수 예제 44

원점과 곡면 $z^2 = x^2y + 4$ 사이의 최소거리를 구하시오.

풀이 원점 $(0, 0, 0)$과 곡면 위의 점 (x, y, z)의 거리를 d라고 하자.

$d = \sqrt{(x-0)^2 + (y-0)^2 + (z-0)^2} = \sqrt{x^2 + y^2 + z^2}$ (곡면의 관계식을 통해서 변수를 줄이자!)

$= \sqrt{x^2 + y^2 + x^2y + 4} = \sqrt{f(x, y)}$ 이므로 $f(x, y) = x^2 + y^2 + x^2y + 4$라 두자.

(i) $f_x = 2x + 2xy = 2x(1+y) = 0 \Rightarrow x = 0$ 또는 $y = -1$

$f_y = 2y + x^2 = 0 \Rightarrow 2y = -x^2$

㉠ $x = 0$이면 $y = 0$, ㉡ $y = -1$이면 $x^2 = 2 \Rightarrow x = \pm\sqrt{2}$

따라서 임계점은 $(0, 0)$, $(\sqrt{2}, -1)$, $(-\sqrt{2}, -1)$

(ii) $\Delta(x, y) = f_{xx} \cdot f_{yy} - (f_{xy})^2 = (2+2y) \cdot 2 - (2x)^2$

$\Delta(0, 0) = 4 > 0$, $f_{xx}(0, 0) = 2 > 0$이므로 점 $(0, 0)$에서 극솟값 $f(0, 0) = 4$를 갖는다.

$\Delta(\sqrt{2}, -1) = -8 < 0$, $\Delta(-\sqrt{2}, -1) = -8 < 0$이므로 점 $(\pm\sqrt{2}, -1)$에서 안장점을 갖는다.

따라서 $f(x, y)$는 점 $(0, 0)$에서 최솟값을 가지므로 d의 최솟값은 $\sqrt{f(0, 0)} = \sqrt{4} = 2$이다.

149. 점 $(4, 2, 0)$에 가장 가까이 있는 원뿔 $z^2 = x^2 + y^2$ 위의 점을 구하시오.

150. 곡면 $z^2 = x^2 + y^2$ 위의 점 $\mathrm{P}(a, b, c)$와 점 $\mathrm{Q}(4, 2, 0)$에 대하여 $\overline{\mathrm{PQ}}$가 최소일 때, $a^2 + b^2 + c^2$의 값은?

151. 곡면 $x^2 + y^2 + z^2 = 4$ 위의 점 중에서 점 $\mathrm{P}(3, 1, -1)$과 가장 가까운 점과 가장 먼 점을 구하시오.

필수 예제 45

원점을 중심으로 하는 반지름이 1인 원 위에서 함수 $f(x,\ y)=xy$의 최댓값을 구하시오.

풀이 원점을 중심으로 하는 반지름이 1인 원은 $x^2+y^2=1$이므로 산술기하 평균 부등식에 의하여

$1=x^2+y^2\geq 2\sqrt{x^2y^2}=2|xy| \Rightarrow 2|xy|\leq 1 \Rightarrow |xy|\leq \frac{1}{2} \Rightarrow -\frac{1}{2}\leq xy\leq \frac{1}{2}$

$\therefore f(x,\ y)=xy$의 최댓값 : $\frac{1}{2}$, 최솟값 : $-\frac{1}{2}$

[다른 풀이] 산술기하 평균의 등호 성립 조건을 활용하면 더 빠르게 구할 수 있다.

$x^2+y^2\geq 2\sqrt{x^2y^2}=2|xy|$에서 $|xy|$의 최댓값은 등호가 성립할 때이고 $x^2=y^2=\frac{1}{2}$이다.

따라서 $x=\pm\frac{1}{\sqrt{2}},\ y=\pm\frac{1}{\sqrt{2}}$일 때이고, $-\frac{1}{2}\leq xy\leq\frac{1}{2}$이다.

[다른 풀이]

원점을 중심으로 하는 반지름이 1인 원은 $x^2+y^2=1$을 매개화하면 $x=\cos t, y=\sin t\ (0\leq t\leq 2\pi)$이고

$f=\cos t\sin t=\frac{1}{2}\sin 2t$이므로 $-\frac{1}{2}\leq f\leq\frac{1}{2}$이다. 따라서 f의 최댓값은 $\frac{1}{2}$이다.

[다른 풀이] 라그랑주 미정계수법을 통해서 구할 수도 있다.

152. 곡선 $\frac{x^2}{4}+y^2=1$ 위에서 함수 $f(x,y)=xy$의 최댓값을 구하면?

153. 실수 x,y가 $x^2+y^2=16$을 만족할 때, $f(x,y)=e^{xy}$의 최댓값과 최솟값을 구하시오.

154. 실수 x,y가 $x^3+y^3=16$을 만족할 때, $f(x,y)=e^{xy}$의 최댓값을 구하시오.

필수 예제 46

타원체 $\frac{x^2}{a^2}+\frac{y^2}{b^2}+\frac{z^2}{c^2}=1$에 내접하는 직육면체의 부피의 최댓값을 구하시오. (단, $a>0, b>0, c>0$)

풀이 산술·기하 평균을 이용하면

$$\frac{x^2}{a^2}+\frac{y^2}{b^2}+\frac{z^2}{c^2}\geq 3\sqrt[3]{\frac{x^2}{a^2}\frac{y^2}{b^2}\frac{z^2}{c^2}} \Leftrightarrow \frac{1}{3}\geq \sqrt[3]{\left(\frac{xyz}{abc}\right)^2} \Leftrightarrow \frac{1}{3\sqrt{3}}\geq \left|\frac{xyz}{abc}\right|$$

$$\Leftrightarrow \frac{abc}{3\sqrt{3}}\geq |xyz|=xyz \quad (\because x>0, y>0, z>0)$$

따라서 $V=8xyz$의 최댓값은 $\frac{8abc}{3\sqrt{3}}$이다.

[다른 풀이]

등호가 성립할 때 최댓값과 최솟값을 갖는다. 따라서 $\frac{x^2}{a^2}=\frac{y^2}{b^2}=\frac{z^2}{c^2}=\frac{1}{3}$일 때 $x^2=\frac{a^2}{3}$, $y^2=\frac{b^2}{3}$, $z^2=\frac{c^2}{3}$이므로

내접하는 부피의 최댓값은 $V=8xyz=8\frac{a}{\sqrt{3}}\frac{b}{\sqrt{3}}\frac{c}{\sqrt{3}}$이다.

155. 반지름 r인 구에 내접하는 가장 큰 직육면체의 부피를 구하여라.

156. $x^2+2y^2+3z^2=6$일 때, $f(x, y, z)=xyz$의 최댓값을 구하시오.

157. 좌표공간에서 타원면 $8x^2+2y^2+z^2=8$에 내접하는 직육면체가 최대 부피를 가질 때 제1팔분공간에서 접하는 점(a,b,c)에 대한 $a+b+c$의 값을 구하시오.
(단, 직육면체의 모서리 각각은 좌표축 중 어느 하나와 평행하다.)

필수 예제 47

좌표면을 세 면으로 하고, 평면 $x+2y+3z=6$에 하나의 꼭짓점을 갖는 제1팔분공간 안에서 가장 큰 사각형 상자의 부피를 구하시오.

풀이 평면 위에 있는 사각형 상자의 꼭짓점을 (x, y, z)라 하자. $(x,\ y,\ z>0)$

$x+2y+3z=6$을 만족하면서 부피 xyz의 최댓값을 구해야 된다. 산술기하 평균을 이용하자.

$$\frac{x+2y+3z}{3}=2\geq\sqrt[3]{6xyz}\ \Leftrightarrow\ (6xyz)^{\frac{1}{3}}\leq2\Rightarrow6xyz\leq8\Rightarrow xyz\leq\frac{4}{3}$$

따라서 부피의 최댓값은 $\frac{4}{3}$이다.

[다른 풀이] 라그랑주 미정계수법을 이용하자.

$f(x,\ y,\ z)=xyz,\ g(x,\ y,\ z)=x+2y+3z$라 하자.

라그랑주 승수법에 의해서 $\nabla f=\lambda\nabla g\ \Leftrightarrow\ <yz,\ xz,\ xy>=\lambda<1,\ 2,\ 3>\ \Leftrightarrow\ yz=\lambda,\ xz=2\lambda,\ xy=3\lambda$

순서대로 각 식에 6배, 3배, 2배를 하면 $6\lambda=6yz=3xz=2xy$이다. 이 식을 연립하면 $x=2y=3z$이다.

$x+2y+3z=3x=6\Rightarrow x=2$이므로 $y=1,\ z=\frac{2}{3}$이다. 따라서 부피 $xyz=\frac{4}{3}$이 최댓값이다.

158. 겉넓이가 $64\,cm^2$인 가장 큰 부피의 직육면체 상자의 치수(길이, 폭, 높이)를 구하시오.

159. 뚜껑이 없는 직육면체의 상자가 넓이 $12\,\text{m}^2$의 판지로 만들어졌다. 이 상자의 부피의 최댓값을 구하시오.

160. 12변의 길이의 합이 상수 c일 때, 최대 부피를 갖는 상자의 치수(길이, 폭, 높이)를 구하시오.

161. 합이 100이고 곱이 최대가 되는 세 양수를 구하시오.

필수 예제 48

제약조건 $xyz=32$에 대하여 함수 $f(x,y,z)=xy+2yz+2zx$의 최소가 되는 x, y, z의 합을 구하면? (단, x, y, z는 양수)

풀이 더하기와 곱의 구조는 산술기하 평균을 이용하자.

조건식은 $xyz=32=2^5$이고, 산술기하 평균에 의해서 $f(x,y,z)=xy+2yz+2zx \geq 3\sqrt[3]{4|xyz|^2}$이므로

$f(x,y,z)$의 최솟값은 등호 성립조건 $xy=2yz=2xz \Leftrightarrow x=y=2z$일 때 성립한다.

따라서 $xyz=4z^3=32$을 만족하는 $x=y=4, z=2$일 때 $f(x,y,z)$는 최솟값 48을 갖고 그 때 $x+y+z=10$이다.

[다른 풀이] 라그랑주 미정계수법을 이용하자.

조건식을 $g(x,y,z)=xyz-32$, 구하고자 하는 식을 $f(x,y,z)=xy+2yz+2zx$라고 하자.

라그랑주 승수법을 이용하여 $\nabla f=\lambda\nabla g$, $g(x,y,z)=0$을 만족하는 x, y, z를 구하자.

(i) $\langle y+2z, x+2z, 2x+2y\rangle=\lambda\langle yz, xz, xy\rangle$에서 다음과 같은 관계식이 성립한다.

$y+2z=\lambda yz \cdots (a)$ $\quad x+2z=\lambda xz \cdots (b)$ $\quad 2x+2y=\lambda xy \cdots (c)$

$$\Rightarrow \begin{cases}\lambda yz=y+2z\\ \lambda xz=x+2z\\ \lambda xy=2x+2y\end{cases} \Rightarrow \begin{cases}\lambda xyz=xy+2xz\\ \lambda xyz=xy+2yz\\ \lambda xyz=2xz+2yz\end{cases} \quad \therefore \lambda xyz=xy+2xz=xy+2yz=2xz+2yz$$

$xy+2xz=xy+2yz$에서 $y=x$이고, $xy+2yz=2xz+2yz$에서 $y=2z$이다.

(ii) 위에서 정리된 식을 $g(x,y,z)=0 \Leftrightarrow xyz=32$에 대입하면 $\Rightarrow y^3=64$이고, $y=x=4, z=2$이다.

따라서 f의 최솟값을 갖는 점의 좌표는 $x=4, y=4, z=2$이다.

그러므로 f의 최소가 되는 x, y, z의 합은 10이다. $\therefore x+y+z=10$

162. 부피가 $1000cm^3$인 최소 겉넓이를 갖는 상자의 치수(길이, 폭, 높이)를 구하시오.

163. 삼차원 공간에서 원점과 곡면 $xyz=8$위의 점 사이의 거리의 최솟값이 d일 때, d^2의 값은?

164. $xyz=128$인 모든 양의 실수 x, y, z에 대하여 $2x+y+\frac{z}{2}$의 최솟값은?

필수 예제 49

곡선 $\frac{x^2}{4}+y^2=1$ 위에서 함수 $f(x,\ y)=x^3y$의 최댓값을 구하면?

풀이 산술기하 평균의 등호 성립 조건을 활용하자.

$\frac{x^2}{4}+y^2=\frac{x^2}{12}+\frac{x^2}{12}+\frac{x^2}{12}+y^2\geq 4\sqrt[4]{\frac{(xxxy)^2}{12^3}}=k\,|\,x^3y\,|^{\frac{2}{4}}$ 에서

$|x^3y|$의 최댓값은 등호가 성립할 때이고 $\frac{x^2}{12}=y^2=\frac{1}{4}$이다.

따라서 $x^2=3,\ \ y=\pm\frac{1}{2}$일 때이고, $-\frac{3\sqrt{3}}{2}\leq x^3y\leq\frac{3\sqrt{3}}{2}$이다. 따라서 f의 최댓값은 $\frac{3\sqrt{3}}{2}$이다.

165. 곡선 $\frac{x^2}{4}+y^2=1$ 위에서 함수 $f(x,\ y)=x^2y$의 최댓값을 구하면?

166. 매개변수 방정식 $x=\cos\theta,\ y=2\sin\theta,\ 0\leq\theta\leq 2\pi$ 로 표현되는 곡선 위 점(x,y)에 대하여 $f(x,y)=x^2y$의 최댓값을 구하시오.

167. 극곡선 $r=4\cos\theta\left(-\frac{\pi}{2}\leq\theta\leq\frac{\pi}{2}\right)$으로 표현된 곡선 위의 점 (x,y)에 대하여 $f(x,y)=(x-2)y^2$의 최댓값을 구하시오.

필수 예제 50

구면 $x^2+y^2+z^2=4$상에서 함수 $f(x,\ y,\ z)=xy^2z$의 최댓값은?

풀이 산술기하 평균을 이용하자.

$x^2+y^2+z^2=x^2+\frac{y^2}{2}+\frac{y^2}{2}+z^2\ge 4\sqrt[4]{\frac{(xy^2z)^2}{4}}$ $\Leftrightarrow$ $|xy^2z|$의 최댓값은 등호가 성립할 때이다.

따라서 $x^2=\frac{y^2}{2}=z^2=1$일 때이다. 즉, $x=1,\ y=\sqrt{2},\ z=1$일 때 xy^2z의 최댓값은 2이다.

[다른 풀이] 라그랑주 미정계수법을 이용하자.

$h(x,\ y,\ z)=x^2+y^2+z^2-4$라고 할 때, 라그랑주 승수법을 이용하면

$\nabla f//\nabla h \Leftrightarrow (x,\ y,\ z)//(y^2z,\ 2xyz,\ xy^2)$ $\Leftrightarrow$ $(x,\ y,\ z)=\lambda(y^2z,\ 2xyz,\ xy^2)$

$\Leftrightarrow x=\lambda y^2z,\ y=\lambda 2xyz,\ z=\lambda xy^2$ $\Rightarrow$ $2x^2=y^2=2z^2$을 만족할 때, 최댓값과 최솟값을 갖는다. 그러므로

$x^2+y^2+z^2=4\Rightarrow x^2+2x^2+x^2=4$ $\Leftrightarrow$ $x^2=1,\ y^2=2,\ z^2=1$ 일 때, 최댓값은 $f(1,\ \sqrt{2},\ 1)=2$이고 최솟값은 $f(-1,\ \sqrt{2},\ 1)=-2$이다.

168. 실수 x, y, z가 관계식 $x^2+\frac{y^2}{2}+\frac{z^2}{4}=3$을 만족할 때, $f(x, y, z)=xyz$의 최댓값을 구하시오.

169. 실수 x, y, z가 관계식 $x^2+\frac{y^2}{2}+\frac{z^2}{4}=3$을 만족할 때, $f(x, y, z)=xy^2z$의 최댓값을 구하시오.

170. 실수 x, y, z가 관계식 $x^2+\frac{y^2}{2}+\frac{z^2}{4}=3$을 만족할 때, $f(x, y, z)=xy^2z^3$의 최댓값을 구하시오.

필수 예제 51

원점과 곡면 $xy^2z^3=3$ 위의 점 사이의 거리가 최소일 때, y좌표를 k라고하자. k^6을 구하시오.

풀이 산술기하 평균을 이용하자.

원점과 곡면 사이의 거리는 $d=\sqrt{x^2+y^2+z^2}$ 이고, $d^2=f(x,y,z)=x^2+y^2+z^2$ 이라고 하자. 조건식은 곡면 $xy^2z^3=3$이다.

$x^2+y^2+z^2=x^2+\frac{y^2}{2}+\frac{y^2}{2}+\frac{z^2}{3}+\frac{z^2}{3}+\frac{z^2}{3}\ge 6\sqrt[6]{\frac{(xy^2z^3)}{4\cdot 27}}$ 이고

$f(x,y,z)=x^2+\frac{y^2}{2}+\frac{y^2}{2}+\frac{z^2}{3}+\frac{z^2}{3}+\frac{z^2}{3}$ 의 최솟값은 등호 성립 조건 $x^2=\frac{y^2}{2}=\frac{z^2}{3}$ 일 때이다.

즉, $y^2=2x^2$, $z^2=3x^2$ 일 때 $d^2=x^2+y^2+z^2=6x^2$ 의 최솟값을 갖는다.

따라서 $xy^2z^3=x\cdot 2x^2\cdot 3\sqrt{3}x^3=6\sqrt{3}x^6=3 \Rightarrow x^6=\frac{1}{2\sqrt{3}}$ 이다. 이때 $k^6=y^6=8x^6=\frac{4}{\sqrt{3}}$ 이다.

[다른 풀이] 라그랑주 미정계수법

조건식 $xy^2z^3=3$ 위에서 $f(x,y,z)=x^2+y^2+z^2$ 의 최솟값을 구하자.

즉, $(y^2z^3,\ 2xyz^3,\ 3xy^2z^2)\,//\,(2x,\ 2y,\ 2z) \Rightarrow 6x^2=3y^2=2z^2$ 을 만족할 때, 최솟값을 갖는다. 따라서

$xy^2z^3=x(2x^2)(\sqrt{3}x)^3=6\sqrt{3}x^6=3 \Leftrightarrow x^6=\frac{1}{2\sqrt{3}}$, $y^6=8x^6=\frac{8}{2\sqrt{3}}=\frac{4}{\sqrt{3}}$, $z^6=27x^6=\frac{27}{2\sqrt{3}}$ 일 때,

최솟값을 가지므로 $k^6=y^6=8x^6=\frac{4}{\sqrt{3}}$ 이다.

171. 삼차원 공간에서 원점과 곡면 $x^2yz=32$ 위의 점 사이의 거리의 최솟값이 d일 때, d^2의 값은?

172. $xyz=128$ 인 모든 양의 실수 x, y, z에 대하여 $2\sqrt{x}+y+\frac{z^2}{2}$ 의 최솟값은?

173. 음이 아닌 세 실수 p, q, r 가 $p+2q+3r=10$을 만족할 때, $A=p^{1/6}q^{1/3}r^{1/2}$ 의 최댓값이 $\frac{b}{a}$ 일 때 $a+b$의 값을 구하시오. (단, a, b는 서로소이다.)

필수 예제 52

곡면 $x^2+3y^2+z^2=8$ 위의 점 중에서 $2x-3y+z$의 최댓값과 최솟값을 구하시오.

풀이 구하려는 식을 $f(x,y,z)=2x-3y+z$, 조건식을 $g(x,y,z)=x^2+3y^2+z^2-8=0$라고 하자. 라그랑주 승수법을 이용하면

$$\nabla g=\lambda\nabla f \Rightarrow \langle x,\ 3y,\ z\rangle = t\langle 2,\ -3,\ 1\rangle \Rightarrow \begin{cases} x=2t \\ 3y=-3t \\ z=t \end{cases} \Rightarrow \begin{cases} x=2t \\ y=-t \\ z=t \end{cases} \Leftrightarrow y=-z,\ \ x=2z$$가 성립한다.

이를 $g(x,\ y,\ z)=x^2+3y^2+z^2-8=0$에 대입하면 $4z^2+3z^2+z^2=8$이므로 $z^2=1$이다.

(i) $z=1$일 때, $x=2$, $y=-1$이므로 $f(2,\ -1,\ 1)=4+3+1=8$은 최댓값이다.

(ii) $z=-1$일 때, $x=-2$, $y=1$이므로 $f(-2,\ 1,\ -1)=-4-3-1=-8$은 최솟값이다.

[다른 풀이]

코시-슈바르츠 부등식 $(a^2+b^2+c^2)\{(dx)^2+(ey)^2+(fz)^2\}\geq(adx+bey+cfz)^2$을 이용하면

$(a^2+b^2+c^2)(x^2+(\sqrt{3}y)^2+z^2)\geq(ax+\sqrt{3}by+cz)^2=(2x-3y+z)^2$이 성립하기 위해서

$a=2$, $b=-\sqrt{3}$, $c=1$이면 된다. 이 값을 부등식에 대입하자.

$\{2^2+(-\sqrt{3})^2+1^2\}(x^2+3y^2+z^2)\geq(2x-3y+z)^2 \Leftrightarrow 8\cdot 8\geq|2x-3y+z|^2 \Leftrightarrow -8\leq 2x-3y+z\leq 8$

따라서 $f(x,\ y,\ z)=2x-3y+z$의 최댓값은 8, 최솟값은 -8이다.

174. 타원면 $x^2+y^2+2z^2=16$ 위에서의 함수 $f(x,\ y,\ z)=x-y+2z$의 최솟값을 α, 최댓값을 β라 할 때, $\beta-\alpha$의 값은?

175. $x^2+y^2+z^2=9$일 때, $f(x,y,z)=2x+2y+z$의 최댓값과 최솟값을 구하시오.

176. 조건 $x^2+y^2+z^2=4$를 만족하는 x, y, z에 대하여 함수 $f(x, y, z) = 2x+y+3z$의 최댓값과 최댓값을 가질 때 x좌표는?

177. 다음 조건 $x^2+y^2+z^2+6y=5$을 만족하는 x, y, z에 대하여 $x+2y+3z$의 최댓값은?

178. 합이 12이고 제곱의 합이 최소가 되는 세 양수를 구하시오.

179. $x+y+z=11$을 만족하는 실수 x, y, z에 대하여 $x^2+2y^2+3z^2-4x+4y+6z$ 의 최솟값은?

5 라그랑주 승수법 (Method of Lagrange multipliers) - 조건식 2개인 경우

$f(x, y, z)$, $g(x, y, z)$, $h(x, y, z)$가 미분가능한 함수라고 하자.

조건식 $g(x, y, z) = 0$, $h(x, y, z) = 0$하에서 $f(x, y, z)$의 최댓값과 최솟값을 구할 때

step 1) $\begin{cases} \nabla f(x, y, z) = \lambda \nabla g(x, y, z) + \mu \nabla h(x, y, z) \\ g(x, y, z) = 0 \\ h(x, y, z) = 0 \end{cases}$ 의 연립방정식을 푼다.

$\nabla f(x, y, z) = \lambda \nabla g(x, y, z) + \mu \nabla h(x, y, z)$의 식은 세 벡터 $\nabla f, \nabla g, \nabla h$가 일차종속이므로

$\begin{vmatrix} \nabla f \\ \nabla g \\ \nabla h \end{vmatrix} = 0$을 만족하는 식을 찾을 수 있다.

step 2) 위 식에서 구한 연립방정식의 해 (x, y, z)에서 f의 값을 계산한다. 그 값 중에 가장 큰 값이 f의 최댓값, 가장 작은 값이 f의 최솟값이다.

필수 예제 53

평면 $x-y+z=1$과 원주면 $x^2+y^2=1$이 만나는 교차곡선 위에서 $f(x, y, z) = x+2y+3z$의 최댓값과 최솟값을 구하시오.

풀이 $f(x, y, z) = x+2y+3z$, $g(x, y, z) : x-y+z=1$, $h(x, y, z) : x^2+y^2=1$이라고 하자.

라그랑주 승수법을 이용하면 $\nabla f = a\nabla g + b\nabla h$이고 $\nabla f, \nabla g, \nabla h$의 관계는 일차 종속이므로

$\begin{vmatrix} \nabla f \\ \nabla g \\ \nabla h \end{vmatrix} = \begin{vmatrix} 1 & 2 & 3 \\ 1 & -1 & 1 \\ x & y & 0 \end{vmatrix} = 1(0-y) - 2(0-x) + 3(y+x) = 2y+5x = 0$을 만족해야 하므로 $y = -\dfrac{5x}{2}$이다.

$\begin{cases} y = -\dfrac{5x}{2} \\ x-y+z=1 \\ x^2+y^2=1 \end{cases}$ 의 연립방정식을 풀자.

$\Rightarrow x-y+z=1=0$에 대입 : $x+\dfrac{5}{2}x+z-1=0 \Rightarrow z=1-\dfrac{7}{2}x$

$\Rightarrow x^2+\dfrac{25}{4}x^2=1 \Rightarrow x^2=\dfrac{4}{29} \Rightarrow x=\pm\dfrac{2}{\sqrt{29}}$

위 조건을 모두 만족하는 식은 $f(x, y, z) = x+2y+3z = x-5x+3-\dfrac{21}{2}x = 3-\dfrac{29}{2}x$이고,

x값을 대입하면 f값은 $3-\sqrt{29}$ 또는 $3+\sqrt{29}$이다. 따라서 f의 최댓값은 $3+\sqrt{29}$이고 최솟값은 $3-\sqrt{29}$이다.

[다른 풀이]

평면과 원주면의 교차곡선을 매개화하면, $\begin{cases} x = \cos t \\ y = \sin t \\ z = 1-\cos t+\sin t \end{cases}$ 이고,

이것을 만족하는 $f = x+2y+3z = 5\sin t - 2\cos t + 3$이다. 삼각함수의 합성에 의해서 $f = \sqrt{29}\sin(t-\alpha)+3$으로 정리할 수 있다. 따라서 f의 최댓값은 $3+\sqrt{29}$이고, 최솟값은 $3-\sqrt{29}$이다.

필수 예제 54

원점에서 두 곡면 $x-y=1,\ y^2-z^2=1$의 교선까지의 최소 거리를 구하시오.

풀이 두 곡면의 교선 위의 점 (x,y,z)와 원점까지의 거리 $d=\sqrt{x^2+y^2+z^2}$의 최솟값을 구하자.

여기서 $f(x,y,z)=x^2+y^2+z^2$, $g(x,y,z): x-y=1$, $h(x,y,z): y^2-z^2=1$라고 하자.

라그랑주 승수법에 의해서 $\begin{vmatrix} \nabla f \\ \nabla g \\ \nabla h \end{vmatrix} = \begin{vmatrix} x & y & z \\ 1 & -1 & 0 \\ 0 & y & -z \end{vmatrix} = 0 \Rightarrow z(x+2y)=0$을 만족하고 조건식도 만족하는 해를 찾자.

(i) $z=0$이므로 $y^2=1 \Rightarrow y=1,\ -1$일 때 $x=2,\ x=0$이다.

$(2,\ 1,\ 0)$일 때 $f=5$, $(0,\ -1,\ 0)$일 때 $f=1$이므로 f의 최댓값은 5이고 최솟값은 1이다.

(ii) $x=-2y$일 때 조건식 g에 연립하면 $x-y=-3y=1 \Rightarrow y=-\dfrac{1}{3}$이다.

조건식 h에 대입하면 $y^2-z^2=\dfrac{1}{9}-z^2=1 \Rightarrow z^2=-\dfrac{8}{9}$이므로 모순이다.

따라서 $d=\sqrt{x^2+y^2+z^2}$의 최솟값은 1이다.

180. 평면 $z=x+y$와 곡면 $x^2+y^2=26$의 교선 위에서 함수 $f(x,\ y,\ z)=2x-2y+3z$의 최댓값은?

181. 함수 $f(x,\ y,\ z)=x+2y$에 대하여 다음 두 제한 $x+y+z=1,\ y^2+z^2=4$을 만족시키는 f의 최댓값과 최솟값은?

182. 함수 $f(x,\ y,\ z)=3x-y-3z$에 대하여 다음 두 조건식 $x+y-z=0,\ x^2+2z^2=1$을 만족시키는 f의 최댓값과 최솟값은?

183. 함수 $f(x,\ y,\ z)=yz+xy$에 대하여 다음 두 조건식 $xy=1,\ y^2+z^2=1$을 만족시키는 f의 최댓값과 최솟값은?

6 조건식이 부등식으로 주어져 있을 때 최댓값, 최솟값

유계인 폐집합 D에서 연속함수 f는 최댓값과 최솟값을 갖는다. 최댓값과 최솟값을 구하려면

step1) D 내에 있는 f의 임계점에서 함숫값을 구한다.

step2) D의 경계에서 f의 최대 최소를 구한다. D의 경계라는 것은 조건식을 제시한 것과 동일한 효과가 있다.
관계식을 통해서 변수를 줄여서 풀이 가능, 라그랑주 미정계수법도 가능하다.

step3) 위로부터 얻은 값 중 가장 큰 값이 최댓값, 가장 작은 값이 최솟값이다.

필수 예제 55

집합 $D=\{(x,y)\in R^2 : x^2+2y^2 \le 2\}$를 정의역으로 갖는 함수 $f(x,y)=x^2+xy+2y^2$의 최댓값과 최솟값의 차를 구하시오.

풀이 step1) D의 내부에서 임계점 찾기

$$\begin{cases} f_x = 2x+y=0 \\ f_y = x+4y=0 \end{cases} \Rightarrow (x,\ y)=(0,\ 0) \Rightarrow f(0,\ 0)=0$$

step2) D의 경계에서 최댓값과 최솟값 찾기

$x^2+2y^2=2$일 때, $f(x,\ y)=x^2+xy+2y^2=xy+2$이다.

여기서 산술·기하평균에 의해서 $\dfrac{x^2+2y^2}{2} \ge \sqrt{2x^2y^2} \Rightarrow \sqrt{2}|xy| \le 1 \Leftrightarrow -\dfrac{1}{\sqrt{2}} \le xy \le \dfrac{1}{\sqrt{2}}$

따라서 $f(x,y)$의 최댓값은 $2+\dfrac{1}{\sqrt{2}}$, 최솟값은 $2-\dfrac{1}{\sqrt{2}}$이다.

step3) 위 두 과정에서 얻은 함숫값들을 비교하면 $f(x,\ y)$의 최댓값은 $2+\dfrac{1}{\sqrt{2}}$이고 최솟값은 0이므로

최댓값과 최솟값의 차는 $2+\dfrac{1}{\sqrt{2}}$이다.

184. 다음 주어진 영역 $x^2+y^2 \le 1$에서 함수 $f(x,\ y)=x^2+2y^2$의 최댓값 M, 최솟값 m을 구하시오.

필수 예제 56

영역 $x^2+4y^2 \le 1$에서 $f(x,y)=x^2+y^2-2y$의 최댓값 M과 최솟값 m의 차 $M-m$을 구하면?

풀이 (i) 정의역 내에서 임계점을 찾고, 그 점에서 함숫값을 확인한다. $\begin{cases} f_x=2x \\ f_y=2y-2 \end{cases}$ 이고 $(0,1)$에서 임계점이 존재하지만 주어진 영역 내의 점이 아니다.

(ii) 영역의 경계(조건식) $x^2+4y^2=1$위에서 라그랑주 미정계수법에 의해서 $f(x,y)$의 최댓값과 최솟값을 구하자.

$\begin{vmatrix} \nabla f \\ \nabla g \end{vmatrix} = \begin{vmatrix} 2x & 2y-2 \\ x & 4y \end{vmatrix}=0 \quad \Rightarrow \quad x(1+3y)=0$

① $x=0$이면 $y=\pm\dfrac{1}{2}$이고 $f\left(0,\dfrac{1}{2}\right)=-\dfrac{3}{4}$, $f\left(0,-\dfrac{1}{2}\right)=\dfrac{5}{4}$이다.

② $y=-\dfrac{1}{3}$이면 $y^2=\dfrac{1}{9}$, $x^2=\dfrac{5}{9}$이고, $f=\dfrac{4}{3}$이다.

(iii) 위 과정에 통해 $x^2+4y^2 \le 1$에서 함숫값의 대소관계는 최댓값은 $M=\dfrac{4}{3}$, 최솟값은 $m=-\dfrac{3}{4}$이다.

$\therefore \ M-m=\dfrac{4}{3}+\dfrac{3}{4}=\dfrac{25}{12}$이다.

185. $x^2+y^2 \le 4$인 x, y에 대하여 $f(x,\ y)=\left(x^2+y^2-3\right)e^{-x}$의 최솟값을 m, 최댓값을 M이라 하자. 이때 곱 mM의 값을 구하시오.

186. 실수 x, y가 $x^2+y^2 \le 1$을 만족할 때, x^3y의 최댓값은?

187. 영역 $\{(x,\ y)\,|\,1 \le x^2+y^2 \le 9\}$에서 함수 $f(x,\ y)=x^2+y^2-4y$의 최댓값과 최솟값의 합은?

필수 예제 57

영역 $D = \{(x, y) | 0 \le x \le 3, 0 \le y \le 2\}$에서 함수 $f(x, y) = x^2 - 2xy + 2y$의 최댓값, 최솟값을 구하시오.

풀이 step1) 임계점에서 함숫값을 구한다.

$f_x = 2x - 2y = 0 \Rightarrow x = y$, $f_y = -2x + 2 = 0 \Rightarrow x = 1$이므로 $(1, 1)$에서 임계점을 갖는다. $\Rightarrow f(1, 1) = 1$

step2) 경계에서 함숫값을 구한다.

① $0 \le x \le 3$, $y = 0 \Rightarrow f(x, 0) = x^2$ 일 때, 최솟값은 $f(0, 0) = 0$, 최댓값은 $f(3, 0) = 9$이다.

② $x = 3$, $0 \le y \le 2 \Rightarrow f(3, y) = 9 - 6y + 2y = 9 - 4y$일 때, 최솟값은 $f(3, 2) = 1$, 최댓값은 $f(3, 0) = 9$이다.

③ $0 \le x \le 3$, $y = 2 \Rightarrow f(x, 2) = x^2 - 4x + 4 = (x-2)^2$일 때, 최솟값은 $f(2, 2) = 0$, 최댓값은 $f(0, 2) = 4$이다.

④ $x = 0$, $0 \le y \le 2 \Rightarrow f(0, y) = 2y$일 때, 솟값은 $f(0, 0) = 0$, 최댓값은 $f(0, 2) = 4$이다.

step3) 위 과정에서 구한 함숫값을 대소비교를 한다. $\therefore$ 최댓값은 $f(3, 0) = 9$, 최솟값은 $f(0, 0) = f(2, 2) = 0$이다.

188. 영역 $R = \{(x, y) : 0 \le x \le 4, 0 \le y \le 2x\}$에서 함수 $f(x, y) = xy - 2x - 3y$의 최댓값과 최솟값의 합은?

189. D는 세 점 $(2,0), (0,2), (0,-2)$로 둘러싸인 삼각형의 영역이다. D에서 함수 $f(x,y) = x^2 + y^2 - 2x$ 의 최댓값과 최솟값을 구하시오.

190. 영역 $D = \{(x, y) | -1 \le x \le 1, -1 \le y \le 1\}$ 에서 함수 $f(x, y) = x^2 + y^2 + x^2y + 4$ 의 최댓값을 M, 최솟값을 m 이라 할 때, $M + m$ 의 값은?

필수 예제 58

$|x|+|y| \le 1$을 만족하는 실수 $x,\ y$에 대하여 함수 $f(x,\ y)=x^2+y^2+2x+4y$의 최댓값과 최솟값의 합은?.

풀이 step1) 임계점에서 함숫값을 구한다.

$f_x(x,\ y)=2x+2=0,\ f_y(x,\ y)=2y+4=0$를 만족하는 $(-1,\ -2)$는 영역 $|x|+|y|\le 1$안에 존재하지 않는다.

step2) 경계에서 함숫값을 구한다.

(i) $x+y=1(0 \le x \le 1)$일 때,

$f(x)=x^2+(1-x)^2+2x+4(1-x)=x^2+x^2-2x+1+2x+4-4x=2x^2-4x+5$이고

$f'(x)=4x-4$이므로 최댓값은 $f(0)=5$, 최솟값은 $f(1)=3$이다.

(ii) $-x+y=1(-1 \le x \le 0)$일 때,

$f(x)=x^2+(1+x)^2+2x+4(1+x)=x^2+x^2+2x+1+2x+4+4x=2x^2+8x+5$이고

$f'(x)=4x+8$이므로 최댓값은 $f(0)=5$, 최솟값은 $f(-1)=-1$이다.

(iii) $-x-y=1(-1 \le x \le 0)$일 때,

$f(x)=x^2+(-x-1)^2+2x+4(-x-1)=x^2+x^2+2x+1+2x-4x-4=2x^2-3$이고

$f'(x)=4x$이므로 최댓값은 $f(-1)=-1$, 최솟값은 $f(0)=-3$이다.

(iv) $x-y=1(0 \le x \le 1)$일 때,

$f(x)=x^2+(x-1)^2+2x+4(x-1)=x^2+x^2-2x+1+2x+4x-4=2x^2+4x-3$이고

$f'(x)=4x+4$이므로 최댓값은 $f(1)=3$, 최솟값은 $f(0)=-3$이다.

step3) 위 과정에서 구한 함숫값을 대소비교에 의해서 최댓값은 5, 최솟값은 -3이다.

$\therefore$ 최댓값과 최솟값의 합은 $5+(-3)=2$이다.

191. 세 직선 $x=0,\ y=0,\ y=-x+6$ 으로 둘러싸인 xy 평면도형에서 함수 $f(x,\ y)=3+4x+2y-x^2-y^2$ 의 최댓값과 최솟값의 차는?

192. T가 $(0,0),\ (1,0),\ (1,1)$을 잇는 삼각형의 영역 일 때 T에서 $f(x,y)=x^2+y^2-4x-2y+6$의 최댓값을 M, 최솟값을 m이라고 할 때 $M-m$의 값을 구하시오.

선배들의 이야기 ++

편입 스펙

한국해양대학교(건설공학과) 토익 830

합격 대학

경희대학교(기계공학과), 국민대학교(기계공학부), 서울과기대(기계시스템디자인공학과), 세종대학교(기계항공우주공학부)

편입 동기 & 목적

재수까지 해서 들어간 학교이지만 학교와 과에 대한 아쉬움은 항상 저에게 남아 있었고 주변에 연세대나 고려대를 다니는 친구들과 얘기를 나누다 보면 그 친구들은 의도한 것이 아닌데 저도 모르게 작아지는 저를 발견할 수 있었습니다. 군 제대 후 복학한 학교 선배가 저에게 편입을 권유했고 같이 재수했던 친구가 아름 쌤 수업을 듣고 학교 병행하며 중앙대학교에 합격한 소식을 듣고 편입을 결심하게 되었습니다.

수험생에게 아름쌤 말은 정답입니다!

수학을 잘하는 편이 아니었던 저는 수학에 있어서만큼은 학습법이나 노하우는 아름쌤 하시는 말이 모두 다 옳다고 생각하고 공부했습니다. 그래서 저는 공부법보다는 수험생으로서 지난 일 년 동안 편입공부를 하며 겪었던 시행착오나 당부 드리고자 하는 말씀 몇 가지 드리고 싶습니다.

1. 영어에 자신이 없고 수학에 중점을 두시려는 분들은 영어를 포기하시고 수학에만 집중하는 것도 좋은 전략이라 생각됩니다. 편입제도 특성상 각 학교마다 시험범위, 과목이 다 다르므로 자신의 강점을 파악하고 전략을 잘 세우시는 것이 중요하다 생각됩니다. 제 토익점수는 825점이고 수능 때도 영어가 자신 없는 과목은 아니었습니다. 수학이 부족하다 생각되어서 채우려 노력하며 자연스레 수학에 비해 영어에 투자하는 시간이 줄어들게 되었습니다. 하지만 서성한 등 상위권 학교에 대한 미련이 남아 영어를 놓지 못한 것이 지금 생각해보면 수험기간 막바지에 공업수학2의 내용을 온전히 제 것으로 소화하는 데 있어 방해요인이 되지 않았나 싶습니다. 나머지 학교를 포함 서성한을 목표로 하시는 분들께는 영어는 필수이고 수학공부에 부담이 적은 전반부까지는 영어 위주로 시간투자 많이 해두어 실력을 많이 쌓아두셨으면 좋겠습니다.

2. 편입영어를 준비 안 하시더라도 토익은 꼭 하셨으면 좋겠습니다. 편입영어는 일 년 동안 꾸준한 노력과 성실함을 요하는 반면에 토익은 단 기간 내에 목표 점수를 취득 합니다. 입시 초반에 토익 점수를 만들어 놓는다면 경희대 서울시립대 서울과학기술대학교 지방 거점 국립 대학교 등 분명 지원할 수 있는 학교가 늘어나기 때문에 학교 지원할 시기에 효자 노릇을 분명 할 것이라 생각됩니다. (수학만 보는 학교 수가 많지 않기 때문에 특히, 수학위주로, 수학만 준비하시려는 분들께는 좋은 선택이 되는 것 같습니다.)

3. 수험생활 초중반부에 기본서 회독 많이 해놓으셨으면 좋겠습니다.

수험생활 시작하는 3월과 후반부인 11월의 하루를 똑같이 비교해봤을 때의 공부 양 차이는 배로 차이 나는데 이때 기본서회독과 개념이 잘 되어 있지 않으면 학교별 기출문제 풀 때 허점이 드러나는 것 같습니다. 전반부에 회독을 많이 돌리면 돌릴수록 9월 이후에 누군가에게는 1회독 소요시간이 일주일인 반면에 누군가에게는 3일이 되듯이 후반부에 공부하는 데 있어 시간부담이 적어질 것입니다. 미적분 다변수 선형대수학 순으로 비교적 공부해야 될 과목수가 적을 때 배운 과목들의 기본서 회독을 많이 돌려놓고 누군가에게 설명 가능할 정도로 개념이 잘 다져져야 후반부에 기출, 공업수업 들어갔을 때, 영향 안 받고 소화 잘 할 수 있는 것 같습니다.

4. 질문을 많이 하셨으면 좋겠습니다. 수학에 흥미가 있고 수학적으로 감이 뛰어나신 분들 같은 경우에는 수학이 흥미롭고 재밌는 과목일 수 있지만 저 같은 경우엔 성격이 급한 탓에 모르는 부분이 생겼는데 해결이 안 되면 답답함을 많이 느끼곤 했습니다. 이런 답답함이 수학이 자신 없는 과목이 되었던 이유 중 하나였던 것 같습니다. 이 답답함이 해결되니까 수학이 재미있어졌고 자신 있어졌습니다. 물론 아름쌤의 수업내용도 좋지만 질문도 잘 받아주시고 밴드 혹은 게시판을 이용하는 시스템들은 질문을 바로 바로 해결하고 아는 부분도 확실히 할 수 있어 가장 좋은 점 중 하나라 생각됩니다. 조교 선생님들도 학원에 오래 계셔서 학원에서 공부한다면 바로 질문하실 수 있는 이점이 있기에 학원 혹은 학원 근처에서 공부하시는 걸 권유 드립니다. 그리고 질문을 했을 때 조교 선생님들의 추가적인 설명이나 팁에서 얻어갈 수 있는 부분이 많습니다!

당일복습, 누적복습, 기본서, 질문이 진리입니다

앞에서 아름쌤의 공부법이 옳다한 이유는 항상 당일복습, 누적복습, 기본서 다독, 질문을 강조하시기 때문입니다. 저는 이 방법대로 수학공부를 안 해와서 그동안 수학이 제가 자신 없는 과목이 되었던 것 같습니다.

사람마다 방법이 다 다르지만, 제가 했던 방법으로는 수업 당일 내용을 당일복습 후 바로 다음날 그 주 주말 순으로 어제 복습했던 개념과 문제풀이를 a4에 자기 글씨로 적어보며 정리 해놓은 것이 다음 회독 때도 편하고 머리에 오래 남는 것 같습니다.

한 문제를 두고 여러 방법으로 풀어보는 방법도 정말 좋습니다. 다변수에서 최대최소 부분이 좋은 예인데 라그랑주 미정계수법으로 풀었을 때 5분 걸리는 문제가 매개화로 풀면 1분도 안걸리는 문제로 바뀔 수 있습니다. 하지만 시험보실 땐 무조건 하던 방법으로 풀게 되기 때문에 여러 방법을 유연하게 사용하실 수 있는 연습을 평소에 해두시는걸 추천 드립니다.

과목과 단원마다 차이가 있겠지만 저 같은 경우엔 거의 수학만 한 경우라 평균 10번 정도 본 것 같습니다. 기본서 회독할 때마다 저번에 이해가 덜 됐던 부분이 이해가 된다거나 오래 걸렸던 문제가 빠르게 풀리는 것을 보며 저는 매번 새로운 느낌이었는데 횟수가 늘어날수록 얻어가는 내용의 깊이와 시간이 단축되는 것을 체감하시며 재미와 보람을 느끼실 수 있었으면 좋겠습니다.

다른 과목도 마찬가지겠지만 선형대수학은 특히 문제를 보고 바로 뭘 구하라는 건지 모르는 경우가 많은데 기본서 공부하며 문제를 보고 무엇을 구하고 무슨 개념이 적용되는 건지 자신의 말로 문제 밑에 써보시며 문제 해석하시는 연습을 특히 많이 하셨으면 좋겠습니다. 아름쌤이 또 말씀하시겠지만 누구에게 설명하듯이 말하면서 공부하는 것도 도움 많이 되는 것 같습니다!!

기출이나 점수에 연연하거나 일희일비하지 마세요

저는 후반부에 보는 학교별 기출이나 파이널 점수에 너무 연연해 일희일비해서 힘들었던 것 같습니다. 그날 컨디션 따라 기복도 많은 편이고 계산실수도 잦은 터라 정말 동그라미 두 개에 그날 기분이 달렸다고 해도 과언이 아닐 정도네요. 저는 학원을 다니며 마음 맞고 공부 열심히 하는 친구들 두세 명과 같이 공부를 했는데 멘탈이 약한 저는 그 친구들 덕분에 일 년을 잘 보낼 수 있었던 것 같습니다. 학원에서 친목을 도모하라는 소리가 아니라 같이 힘든 부분을 공유하고, 때론 그 친구들 공부하는 모습을 보면 좋은 자극제가 되기도 합니다. 공부하는 부분에 있어서도 이게 아름쌤, 조교쌤이 설명해줄 때와는 또 다르게 힘든 점이나 공부법, 더 나은 문제 풀이 법을 공유하며 공부했던 것이 많은 도움이 된 것 같습니다.

저 포함해서 저와 같이 공부했던 친구들 한양대 부산대 항공대 등 모두 자신이 만족할 만한 결과를 이루어 뒤돌아보면 일 년을 보람차게 보냈다고 서로 칭찬해주었습니다.

시작하기로 결심했던 그 순간을 기억하시기를

시작하시면서 기대 반 걱정 반으로 시작하셨을 텐데 시작을 결심했을 때 마음을 생각하시며 공부하시고 욕심내어 도전한 만큼 후회 없는 1년을 보내셔서 수험생활이 끝나셨을 때 그 욕심에 책임졌다고 당당하게 말할 수 있으셨으면 좋겠습니다. 아름쌤은 항상 학생들에게 조금이라도 도움 되는 방법에 대해 고민하시니까 믿고 따르시고 여러분들의 건승을 기원 드리겠습니다!!!!

- 김○박 (경희대학교 기계공학과)

CHAPTER 04

이중적분

1. 이중적분의 계산 & 성질
2. 극좌표에서 이중적분
3. 적분변수변환
4. 부피
5. 무게중심
6. 곡면적

04 이중적분

1 이중적분의 계산 & 성질

1 이중적분의 풀이법

$\iint_D f(x, y)\,dx\,dy$ 또는 $\iint_D f(x, y)\,dy\,dx$의 정의역 D는 xy평면상의 영역이다.

(1) 정의역 $D = \{(x, y) \mid a \le x \le b,\ g_1(x) \le y \le g_2(x)\}$에 대하여

$$\iint_D f(x, y)\,dA = \int_a^b \int_{g_1(x)}^{g_2(x)} f(x, y)\,dy\,dx = \int_a^b \left(\int_{g_1(x)}^{g_2(x)} f(x, y)\,dy \right) dx$$

step1) $f(x, y)$에서 x를 상수 취급하고 y에 대해 적분한다.

step2) 위의 결과를 x에 대해 적분한다. 적분값이 상수로 나오기 위해서 반드시 x값의 범위는 상수로 세팅한다.

❖ D의 면적을 구한다면

$\int_a^b g_2(x) - g_1(x)\,dx = \int_a^b \int_{g_1(x)}^{g_2(x)} 1\,dy\,dx$의 식을 세울 수 있다.

따라서 $\iint_D 1\,dA$는 D의 면적이다.

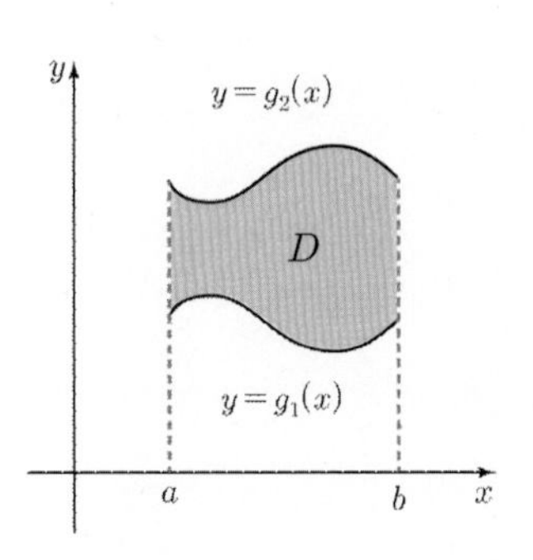

(2) 정의역 $U = \{(x, y) \mid c \le y \le d,\ h_1(y) \le x \le h_2(y)\}$에 대하여

$$\iint_U f(x, y)\,dA = \int_c^d \int_{h_1(y)}^{h_2(y)} f(x, y)\,dx\,dy = \int_c^d \left(\int_{h_1(y)}^{h_2(y)} f(x, y)\,dx \right) dy$$

step1) $f(x, y)$에서 y를 상수 취급하고 x에 대해 적분한다.

step2) 위의 결과를 y에 대해 적분한다. 적분값이 상수로 나오기 위해서 반드시 y값의 범위는 상수로 세팅한다.

❖ U의 면적을 구한다면

$\int_c^d h_2(x) - h_1(x)\,dy = \int_c^d \int_{h_1(x)}^{h_2(x)} 1\,dx\,dy$의 식을 세울 수 있다.

따라서 $\iint_U 1\,dA$는 U의 면적이다.

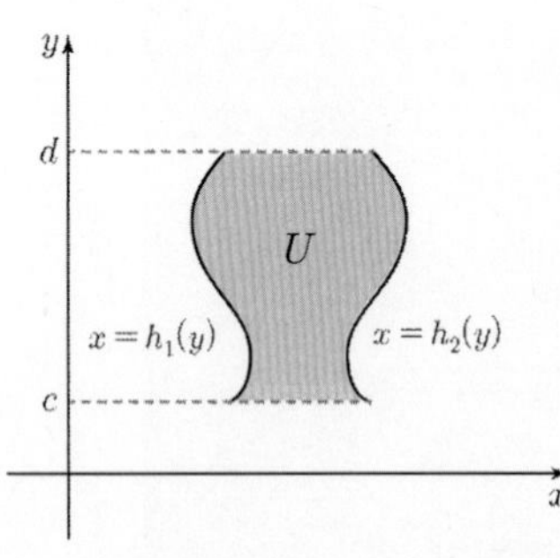

Areum Math Tip

D가 중심이 원점이고 반지름이 a인 원의 영역이라면

$D = \left\{(x, y) \mid -a \le x \le a,\ -\sqrt{a^2 - x^2} \le y \le \sqrt{a^2 - x^2}\right\}$ 또는

$= \left\{(x, y) \mid -a \le y \le a,\ -\sqrt{a^2 - y^2} \le x \le \sqrt{a^2 - y^2}\right\}$

⇒ D 의 영역이 바뀌지 않기 때문에 $dA = dydx = dx\,dy$ 모두 같은 것으로 간주한다.

(3) 이중적분의 기하학적 의미

영역 D 위에서 곡면 $z=f(x,\ y)\ \geq 0$이면 xy 평면과 곡면 $z=f(x,\ y)$ 사이의 부피 $V=\iint_D f(x,\ y)\,dA$

⇒ 양의 값을 갖는 함수의 이중적분값은 직사각형 기둥 부피의 합의 극한이다.

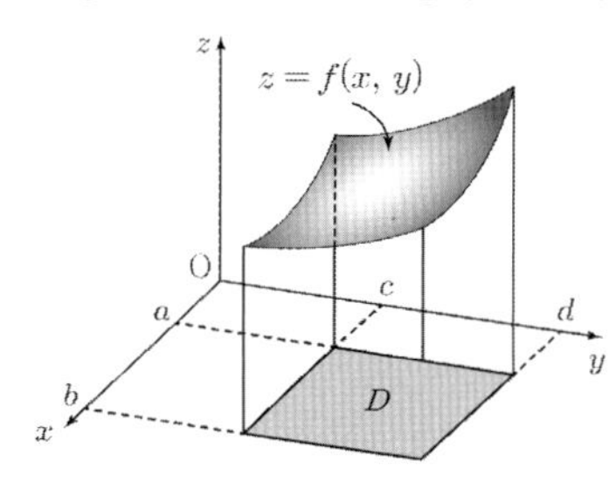

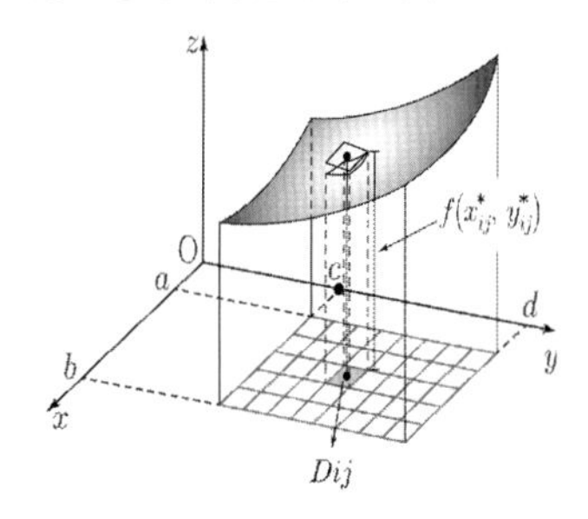

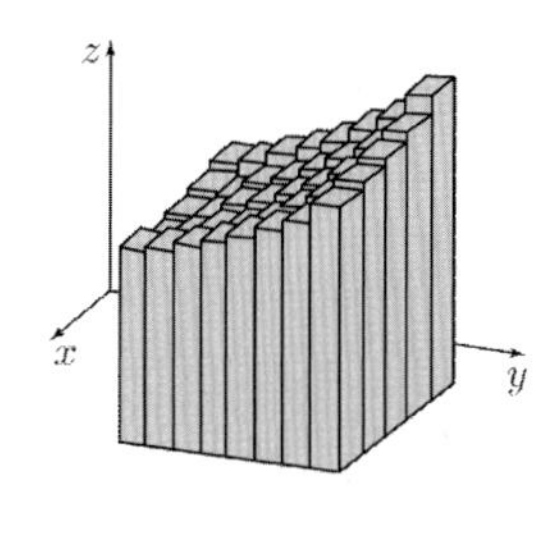

2 이중적분의 성질

$f(x,\ y)$가 정의역 D에서 연속이면

(1) $\iint_D \{f(x,\ y)+g(x,\ y)\}\,dA=\iint_D f(x,\ y)\,dA+\iint_D g(x,\ y)\,dA$

(2) $\iint_D c\,f(x,\ y)\,dA\ =c\iint_D f(x,\ y)\,dA$ (c는 상수)

(3) 영역 D가 D_1과 D_2로 분할되는 경우 $(D=D_1\cup D_2,\ D_1\cap D_2=\phi)$

$$\iint_D f(x,\ y)\,dA\ =\iint_{D_1} f(x,\ y)\,dA\ +\iint_{D_2} f(x,\ y)\,dA$$

(4) $\iint_D 1\,dA\ =A(D)$: D의 면적

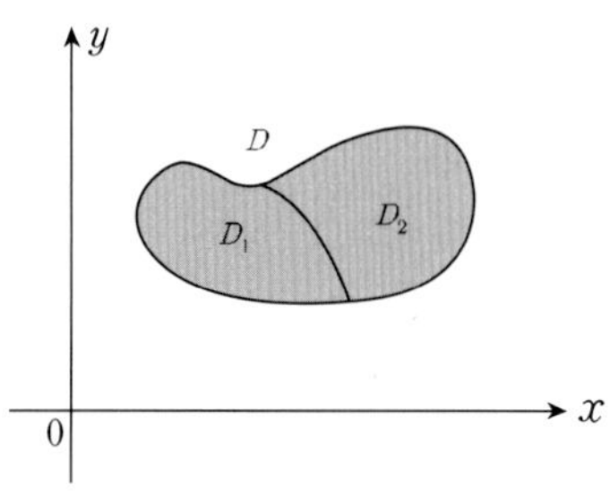

3 푸비니 정리

$f(x,\ y)$가 직사각형 $D=\{(x,\ y)\,|\,a\ \leq x\leq b,\ c\leq y\leq d\}$에서 연속이면

(1) $\iint_D f(x,\ y)\,dA\ =\int_a^b\int_c^d f(x,\ y)\,dy\,dx\ =\int_c^d\int_a^b f(x,\ y)\,dx\,dy$

(2) $\iint_D g(x)\,h(y)\,dA\ =\int_a^b g(x)\,dx\int_c^d h(y)\,dy$

4 적분순서변경

(1) 주어진 영역에서 D에서 $\iint_D f(x,y)dydx=\iint_D f(x,y)dxdy$이므로

적분이 되지 않는다면 적분순서를 변경해서 적분할 수 있다.

(2) 적분순서변경에 의해서 $\int_a^b\int_{f(x)}^{f(b)} g(x,y)dydx=\int_{f(a)}^{f(b)}\int_a^{f^{-1}(y)} g(x,y)dxdy$이 성립한다.

(3) 주어진 영역을 한 번에 정의할 수 없을 때, 구간을 나눠서 적분할 수 있다.

$$\iint_D f(x,y)dA=\iint_{D_1} f(x,y)dA+\iint_{D_2} f(x,y)dA$$

TIP 영역 D의 그림을 그리는 것은 필수!!

필수 예제 59

영역 $R=\{(x,\,y)\mid 0\le x\le 2,\, 1\le y\le 2\}$일 때, $\iint_R x-3y^2\,dA$의 값을 구하시오.

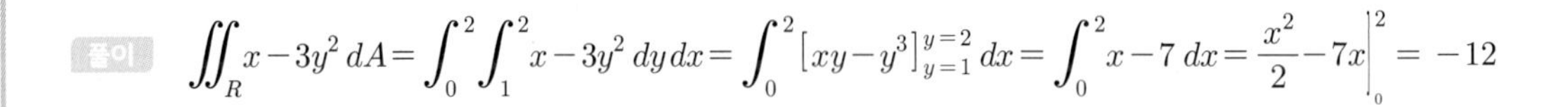

풀이 $\iint_R x-3y^2\,dA=\int_0^2\int_1^2 x-3y^2\,dy\,dx=\int_0^2\left[xy-y^3\right]_{y=1}^{y=2}dx=\int_0^2 x-7\,dx=\frac{x^2}{2}-7x\Big]_0^2=-12$

[다른 풀이]

$$\iint_R x-3y^2\,dA=\int_1^2\int_0^2 x-3y^2\,dx\,dy=\int_1^2\left[\frac{1}{2}x^2-3xy^2\right]_{x=0}^{x=2}dy$$

$$=\int_0^2 2-6y^2dy=2y-2y^3\big]_0^2=-12$$

[다른 풀이]

$$\iint_R x-3y^2\,dA=\int_1^2\int_0^2 x\,dxdy-\int_0^2\int_1^2 3y^2\,dy\,dx=\int_1^2\frac{1}{2}x^2\big]_0^2dy-\int_0^2 y^3\big]_1^2dx$$

$$=\int_1^2 2\,dy-\int_0^2 7\,dx=2-14=-12$$

TIP $R=\{(x,\,y)\mid 0\le x\le 2,\, 1\le y\le 2\}$의 다른 표현으로 $R:[0,2]\times[1,2]$도 가능하다.

193. 다음 이중적분을 계산하시오.

(1) $\int_0^3\int_1^2 x^2y\,dy\,dx$

(2) $\int_0^\pi\int_0^{\frac{\pi}{2}}\cos x\cos y\,dy\,dx$

(3) $\int_1^4\int_0^2 6x^2y-2x\,dy\,dx$

(4) $\int_1^4\int_1^2\left(\frac{x}{y}+\frac{y}{x}\right)dy\,dx$

(5) $\int_0^1\int_{-3}^3\frac{xy^2}{x^2+1}\,dy\,dx$

(6) $\int_0^{\frac{\pi}{3}}\int_0^{\frac{\pi}{6}}x\sin(x+y)\,dx\,dy$

필수 예제 60

세 직선 $2y=x$, $y=1$, $x=0$으로 둘러싸인 영역을 D라 할 때, $\iint_D (6x+3y)\,dA$의 값을 구하시오.

풀이 $D=\left\{(x,\ y)\ \middle|\ 0\le x\le 2,\ \frac{x}{2}\le y\le 1\right\}=\{(x,\ y)\mid 0\le y\le 1,\ 0\le x\le 2y\}$이다.

$$\iint_D (6x+3y)\,dA=\int_0^2\int_{\frac{x}{2}}^1 (6x+3y)\,dy\,dx=\int_0^2\left[6xy+\frac{3}{2}y^2\right]_{\frac{x}{2}}^1 dx$$

$$=\int_0^2\left\{6x\left(1-\frac{x}{2}\right)+\frac{3}{2}\left(1-\frac{x^2}{4}\right)\right\}dx=\int_0^2\left(6x-3x^2+\frac{3}{2}-\frac{3}{8}x^2\right)dx$$

$$=\int_0^2\left(6x-\frac{27}{8}x^2+\frac{3}{2}\right)dx=\left[3x^2-\frac{9}{8}x^3+\frac{3}{2}x\right]_0^2=12-9+3=6$$

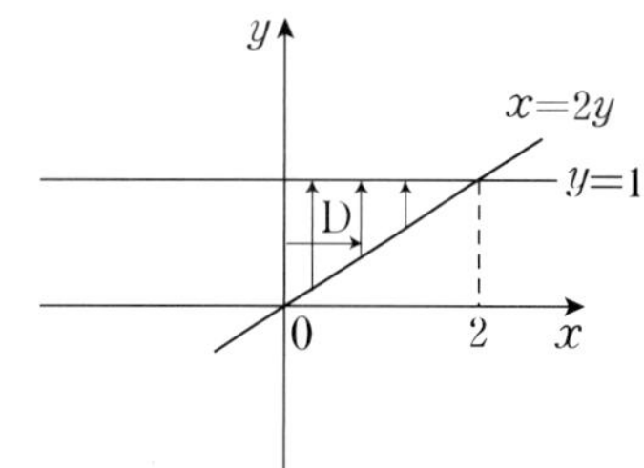

[다른 풀이]

$$\iint_D (6x+3y)\,dA=\int_0^1\int_0^{2y}(6x+3y)\,dx\,dy=\int_0^1\left[3x^2+3yx\right]_0^{2y}dy=\int_0^1\left(12y^2+6y^2\right)dy=\int_0^1 18y^2\,dy=\left[6y^3\right]_0^1=6$$

194. 직선 $y=2x$와 포물선 $y=x^2$으로 둘러싸인 xy 평면의 영역 D에 대해 $\iint_D (x+2y)dA$의 값을 구하시오.

195. 영역 $D=\{(x,\ y)\mid 1\le y\le 2,\ 0\le x\le 2y\}$일 때, $\iint_D x^3y\,dA$의 값을 구하시오.

196. 영역 D는 점 $(0,\ 0)$, $(1,\ 0)$, $(1,\ 1)$을 세 꼭짓점으로 갖는 삼각형의 내부일 때, $\iint_D xy\,dA$의 값은?

필수 예제 61

다음을 계산하시오.

(1) $\int_0^1 \int_y^1 2e^{x^2} dx\, dy$ (2) $\int_0^2 \int_x^2 2y^2 \sin(xy)\, dy\, dx$

풀이 (1) $D=\{(x,\ y) \mid y \le x \le 1,\ 0 \le y \le 1\}=\{(x,\ y) \mid 0 \le x \le 1,\ 0 \le y \le x\}$이므로

$$\int_0^1 \int_y^1 2e^{x^2} dx\, dy = \int_0^1 \int_0^x 2e^{x^2} dy dx = \int_0^1 2e^{x^2} \cdot [y]_0^x\, dx = \int_0^1 2xe^{x^2} dx = \left[e^{x^2}\right]_0^1 = e-1$$

(2) $D=\{(x,\ y) \mid 0 \le x \le 2,\ x \le y \le 2\}=\{(x,\ y) \mid 0 \le y \le 2,\ 0 \le x \le y\}$ 이므로

$$\int_0^2 \int_x^2 2y^2 \sin(xy)\, dy\, dx = \int_0^2 \int_0^y 2y^2 \sin(xy)\, dx dy = \int_0^2 [-2y\cos(xy)]_0^y\, dy$$

$$= \int_0^2 [-2y\{\cos(y^2)-1\}]\, dy = \int_0^2 \{-2y\cos(y^2)+2y\}\, dy = \left[-\sin(y^2)+y^2\right]_0^2 = -\sin 4+4 = 4-\sin 4$$

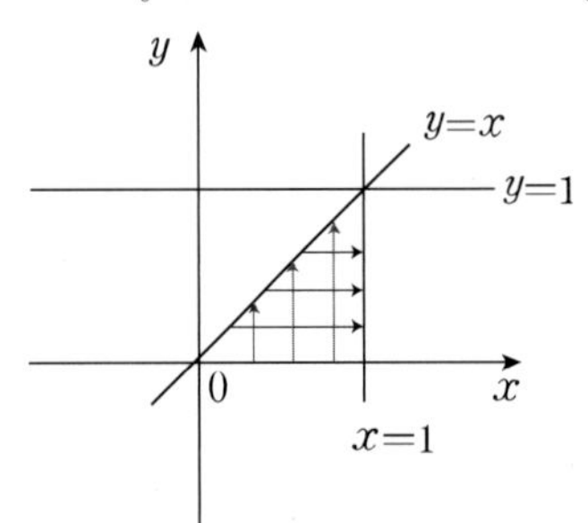

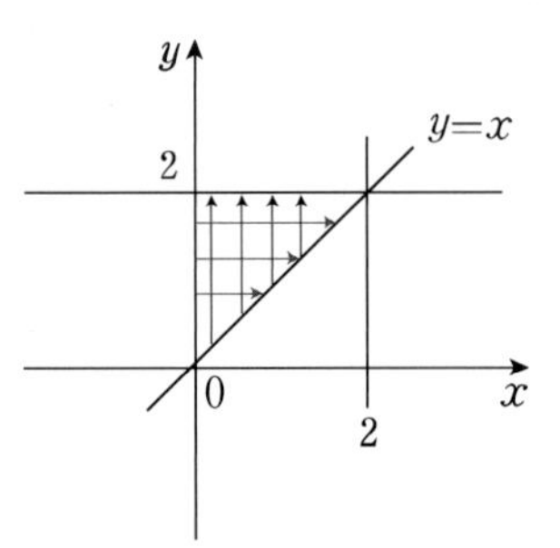

197. 이중적분 $\int_0^1 \int_{\sqrt{x}}^1 \frac{2xe^{y^2}}{y^3} dy\, dx$의 값을 구하시오.

198. 이중적분 $\int_0^{\frac{\pi}{3}} \int_{\sqrt{y}}^{\sqrt{\frac{\pi}{3}}} \frac{y\cos(x^2)}{x^3}\, dx\, dy$의 값을 구하시오.

199. 이중적분 $\int_0^8 \int_{\sqrt[3]{x}}^2 \sqrt{1+y^4}\, dydx$의 값을 구하라.

200. 다음 이중적분값을 계산하시오.

(1) $\int_0^1 \int_x^1 (1+y^2)^{\frac{5}{2}} dy dx$

(2) $\int_0^1 \int_{\sqrt{x}}^1 \sqrt{1+y^3}\, dy dx$

(3) $\int_0^3 \int_{y^2}^9 y\sin(x^2) dx dy$

(4) $\int_0^1 \int_{\sqrt{y}}^1 \frac{\sec^2 x}{x^2}\, dx\, dy$

(5) $\int_0^1 \int_x^1 \sin(y^2)\, dy dx$

(6) $\int_0^1 \int_{\sqrt{y}}^1 e^{x^3} dx dy$

(7) $\int_0^1 \int_y^1 2e^{-x^2} dx dy$

(8) $\int_0^1 \int_{\sqrt{x}}^1 \frac{1}{y^3+1} dy dx$

(9) $\int_0^9 \int_{\sqrt{y}}^3 e^{\frac{x^3}{3}}\, dx dy$

(10) $\int_0^{\frac{\pi}{2}} \int_x^{\frac{\pi}{2}} \frac{\sin y}{y}\, dy\, dx$

(11) $\int_0^2 \int_{x^2+1}^5 x e^{(y-1)^2} dy\, dx$

(12) $\int_0^1 \int_x^1 (e^{\frac{x}{y}} + \cos(\pi y^2)) dy dx$

다음 적분을 계산하시오.

(1) $\int_0^1 \int_{\sin^{-1}y}^{\frac{\pi}{2}} \cos x \sqrt{1+\cos^2 x}\, dx\, dy$　　(2) $\int_0^1 \int_0^{\cos^{-1}x} e^{\sin y}\, dy\, dx$

풀이 (1) $D == \left\{(x,\ y) \,\middle|\, 0 \le \sin^{-1}y \le x \le \frac{\pi}{2}\right\} = \{(x,\ y) \mid 0 \le y \le \sin x \le 1\}$이므로

$$\int_0^1 \int_{\sin^{-1}y}^{\frac{\pi}{2}} \cos x \sqrt{1+\cos^2 x}\, dx\, dy = \int_0^{\frac{\pi}{2}} \int_0^{\sin x} \cos x \sqrt{1+\cos^2 x}\, dy\, dx$$

$$= \int_0^{\frac{\pi}{2}} \sin x \cos x \sqrt{1+\cos^2 x}\, dx = \frac{1}{2} \cdot \frac{3}{2}(1+\cos^2 x)^{\frac{3}{2}}\Big]_{\frac{\pi}{2}}^{0} = \frac{2\sqrt{2}-1}{3}$$

(2) $D = \{(x,\ y) \mid 0 \le x \le 1,\ 0 \le y \le \cos^{-1}x\}$에서 $y = \cos^{-1}x \Leftrightarrow x = \cos y$이므로

$D = \left\{(x,\ y) \,\middle|\, 0 \le y \le \frac{\pi}{2},\ 0 \le x \le \cos y\right\}$이다. 따라서

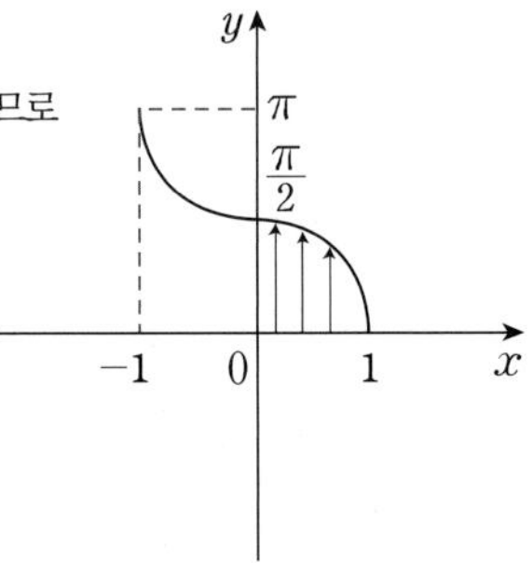

$$\int_0^1 \int_0^{\cos^{-1}x} e^{\sin y}\, dy\, dx = \int_0^{\frac{\pi}{2}} \int_0^{\cos y} e^{\sin y}\, dx\, dy$$

$$= \int_0^{\frac{\pi}{2}} e^{\sin y} \cdot [x]_0^{\cos y}\, dy = \int_0^{\frac{\pi}{2}} \cos y \cdot e^{\sin y}\, dy = \left[e^{\sin y}\right]_0^{\frac{\pi}{2}} = e - 1$$

201. 이중적분 $\int_0^1 \int_{\sin^{-1}y}^{\pi/2} \frac{\cos x}{1+\cos^2 x}\, dx dy$ 의 값을 구하시오.

202. 이중적분 $\int_0^1 \int_{\frac{1}{2}\sin^{-1}y}^{\frac{\pi}{4}} \frac{1}{\cos^2 x + 1}\, dx\, dy$ 의 값을 구하시오.

203. 이중적분 $\int_0^1 \int_{\tan^{-1}x}^{\frac{\pi}{4}} \sec y \, dy \, dx$ 의 값을 구하시오.

204. D 가 포물선 $y=2x^2$과 $y=1+x^2$에 의해 유계된 영역일 때, $\iint_D (x+2y)\, dA$의 값을 구하시오.

205. 곡선 $y=x^2$ 과 $y=\sqrt{x}$ 로 둘러싸인 영역을 D 라 할 때, $\iint_D 4xy\, dA$ 의 값은?

206. 평면 위의 영역 R은 두 곡선 $y^2=x-1$과 $y=x-3$으로 둘러싸인 영역이다. 이 영역 R에 대하여 이중적분 $\iint_R y\, dA$의 값은?

207. 영역 $R=\{(x, y) \mid 0 \le 2x \le y < \infty\}$에서 이중적분 $\iint_R e^{-x-y} dx dy$의 값은?

필수 예제 63

$$\int_{-3}^{-1}\int_{-\sqrt{2y+6}}^{\sqrt{2y+6}} e^{-x^2-y^4}\,dx\,dy + \int_{-1}^{5}\int_{y-1}^{\sqrt{2y+6}} e^{-x^2-y^4}dx\,dy = \int_a^b\int_{g(x)}^{f(x)} e^{-x^2-y^4}\,dydx$$ 일 때,

$a+b+f'(1)+g'(1)$의 값을 구하시오.

풀이 $D=D_1\cup D_2$이면 $\iint_{D_1} f(x,\ y)\,dA+\iint_{D_2} f(x,\ y)\,dA=\iint_D f(x,\ y)\,dA$ 이므로 각각의 영역을 체크하자.

$\begin{cases} x=\sqrt{2y+6} \\ x=-\sqrt{2y+6}\end{cases} \Rightarrow x^2=2y+6 \Rightarrow 2y=x^2-6 \Rightarrow y=\frac{1}{2}x^2-3$이고

$x=y-1 \Rightarrow y=x+1$이다.

$y=\frac{1}{2}x^2-3$과 $y=x+1$의 교점의 x좌표를 구하면

$\frac{1}{2}x^2-3=x+1 \Rightarrow x^2-6=2x+2 \Rightarrow x^2-2x-8=(x-4)(x+2)=0$

$\therefore x=-2$ 또는 $x=4$

따라서 $D=\left\{(x,\ y)\ \middle|\ -2\le x\le 4,\ \frac{x^2}{2}-3\le y\le x+1\right\}$이고

$\int_{-3}^{-1}\int_{-\sqrt{2y+6}}^{\sqrt{2y+6}} e^{-x^2-y^4}\,dx\,dy + \int_{-1}^{5}\int_{y-1}^{\sqrt{2y+6}} e^{-x^2-y^4}dx\,dy = \int_{-2}^{4}\int_{\frac{x^2}{2}-3}^{x+1} e^{-x^2-y^4}\,dydx$ 이다.

$\therefore a=-2,\ b=4,\ f(x)=x+1,\ g(x)=\frac{1}{2}x^2-3 \Rightarrow f'(x)=1,\ g'(x)=x$이므로 $f'(1)=1,\ g'(1)=1$

$\therefore a+b+f'(1)+g'(1)=-2+4+1+1=4$

208. 반복적분에서 적분의 순서를 아래와 같이 바꿀 때 $a+b+c$의 값은?

$$\int_{-1}^{4}\int_{x^2-2}^{3x+2} e^{x^2+y^3}\,dydx=\int_a^b\int_{-\sqrt{y+2}}^{\sqrt{y+2}} e^{x^2+y^3}\,dxdy+\int_b^c\int_{\frac{y-2}{3}}^{\sqrt{y+2}} e^{x^2+y^3}\,dxdy$$

209. 임의의 연속함수 $f(x,\ y)$에 대하여 $\iint_D f(x,\ y)\,dxdy=\int_0^1\int_0^{2y} f(x,\ y)dxdy+\int_0^2\int_1^{3-x} f(x,\ y)dydx$

가 성립하는 닫힌 영역 D의 면적은?

필수 예제 64

이중적분 $\int_0^1 \int_0^1 e^{|x-y|}\,dy\,dx$ 의 값을 구하시오.

풀이 $|x-y| = \begin{cases} x-y\ , & x-y \ge 0 \\ -x+y\ , & x-y<0 \end{cases}$이므로 $D_1 = \{(x,\ y) \mid 0 \le y \le x,\ 0 \le x \le 1\}$,

$D_2 = \{(x,\ y) \mid x < y \le 1,\ 0 \le x \le 1\}$이라 두면

(ⅰ) D_1에서 $y \le x \Rightarrow x-y \ge 0 \Rightarrow |x-y| = x-y$이므로

$$\iint_{D_1} e^{|x-y|}dA = \int_0^1 \int_0^x e^{x-y}\,dydx$$
$$= \int_0^1 \int_0^x e^x \cdot e^{-y}\,dydx = \int_0^1 \left\{-e^x \left[e^{-y}\right]_0^x\right\}dx$$
$$= -\int_0^1 e^x\left(e^{-x}-1\right)dx = -\int_0^1 \left(1-e^x\right)dx$$
$$= \left[-x+e^x\right]_0^1 = -1+e-1 = e-2$$

(ⅱ) D_2에서 $y > x \Rightarrow x-y<0 \Rightarrow |x-y| = -x+y$

$$\iint_{D_2} e^{|x-y|}dA = \int_0^1 \int_0^y e^{-x+y}\,dxdy = \int_0^1 \int_0^y e^y \cdot e^{-x}\,dxdy$$
$$= \int_0^1 \left\{-e^y \cdot \left[e^{-x}\right]_0^y\right\}dy = \int_0^1 \left\{-e^y\left(e^{-y}-1\right)\right\}dy = \int_0^1 \left(e^y-1\right)dy = \left[e^y-y\right]_0^1 = e-1-1 = e-2$$

$$\therefore \iint_D e^{|x-y|}dA = \iint_{D_1} e^{|x-y|}dA + \iint_{D_2} e^{|x-y|}dA = e-2+e-2 = 2e-4$$

210. 적분값 $\int_0^1 \int_0^1 |x-y|\,dxdy$를 구하시오.

211. $R = \{(x,\ y) \mid 0 \le x < 2,\ 0 \le y < 2\}$ 일 때, $\iint_R ([x]+[y])\,dydx$ 의 값을 구하시오.

(단, $[x]$ 는 x 보다 크지 않은 최대의 정수)

필수 예제 65

$f(y)=\int_0^\infty \frac{\tan^{-1}(xy)-\tan^{-1}(x)}{x}dx$ 일 때, $f(\pi)+f'(\pi)$의 값을 구하시오.

풀이 $f(y)=\int_0^\infty \frac{\tan^{-1}(xy)-\tan^{-1}(x)}{x}dx=\int_0^\infty\int_1^y \frac{1}{1+(xt)^2}dt\,dx$

$=\int_1^y\int_0^\infty \frac{1}{1+(xt)^2}dx\,dt=\int_1^y \frac{\tan^{-1}(xt)}{t}\Big]_{x=0}^{x=\infty}dt=\frac{\pi}{2}\int_1^y\frac{1}{t}dt=\frac{\pi}{2}\ln y$

$f(\pi)=\frac{\pi}{2}\ln\pi$이고, $f'(y)=\frac{\pi}{2}\cdot\frac{1}{y}$이고, $f'(\pi)=\frac{1}{2}$이다. 따라서 $f(\pi)+f'(\pi)=\frac{\pi\ln\pi+1}{2}$이다.

[다른 풀이]

라이프니츠 미분법에 대하여 $f(y)=\int_0^\infty \frac{\tan^{-1}(xy)-\tan^{-1}(x)}{x}dx$를 y에 대하여 미분하면

$f'(y)=\int_0^\infty \frac{1}{1+(xy)^2}dx=\frac{1}{y}\tan^{-1}(xy)\Big]_0^\infty=\frac{\pi}{2}\cdot\frac{1}{y}$이므로 $f(y)=\frac{\pi}{2}\ln y$이다.

$f'(\pi)=\frac{1}{2}$이고 $f(\pi)=\frac{\pi}{2}\ln\pi$이다. 따라서 $f(\pi)+f'(\pi)=\frac{\pi\ln\pi+1}{2}$이다.

212. $y>0$일 때, $f(y)=\int_0^1\frac{e^{-x}-e^{-xy}}{x}dx$에 대하여 $f'(y)$를 구하시오.

① $1-e^{-y}$ ② $1-e^{-x}$ ③ $\frac{1-e^{-x}}{x}$ ④ $\frac{1-e^{-y}}{y}$

213. $f(x)=\int_0^{x^2}\int_1^x e^{t^2}dt\,dy$로 정의된 함수 $f(x)$에 대해 $f'(1)$의 값은?

① 1 ② $\frac{e}{4}$ ③ $\frac{e}{2}$ ④ e ⑤ $2e$

214. 양의 실수 t에 대하여 $f(t)=\int_0^{2t}\int_x^{2t}\frac{\sin y}{y}dy\,dx$라 하자. $f'\left(\frac{\pi}{4}\right)$의 값은?

① -1 ② 0 ③ 1 ④ 2

2 극좌표에서 이중적분 (치환적분)

1 직교좌표계에서 극좌표계로 변경

직교좌표계에서 극좌표계로 변경하는 이유는 (i) 직교좌표에서 이중적분으로 표현하기 어렵거나 (ii) 적분을 구할 수 없는 경우 극좌표로 바꾸면 적분이 가능한 함수로 바뀌므로 이중적분을 쉽게 구할 수 있다.

⇒ 일반적으로 적분함수에 x^2+y^2 꼴이 들어 있는 경우,

정의역 D 가 원 또는 원의 일부로 주어질 경우 극좌표계로 변경하여 구한다.

2 직교좌표계와 극좌표계 사이의 관계식

$x=r\cos\theta,\ y=r\sin\theta$로 치환하면 $x^2+y^2=r^2,\ \tan^{-1}\dfrac{y}{x}=\theta,\ dxdy=r\,drd\theta$ 이 된다.

$$\iint_D f(x,\ y)\,dydx = \iint f(r\cos\theta,\ r\sin\theta)r\,drd\theta$$

필수 예제 66

다음 적분 $\displaystyle\iint_{x^2+y^2\le 25} ye^x\,dA$을 계산하시오.

풀이 $D=\left\{(x,\ y)\,\middle|\,-5\le x\le 5,\ -\sqrt{25-x^2}\le y\le\sqrt{25-x^2}\right\}$이므로

$$\iint_D ye^x\,dA=\int_{-5}^{5}\int_{-\sqrt{25-x^2}}^{\sqrt{25-x^2}} ye^x\,dydx=\int_{-5}^{5} e^x\left[\frac{1}{2}y^2\right]_{-\sqrt{25-x^2}}^{\sqrt{25-x^2}}dx=\int_{-5}^{5}\frac{e^x}{2}\cdot 0\,dx=0$$

[다른 풀이]

극좌표를 이용해서 풀이하자.

$$\iint_D ye^x\,dA=\int_0^{2\pi}\int_0^5 r\sin\theta e^{r\cos\theta}\,r\,dr\,d\theta=\int_0^5\int_0^{2\pi} r\sin\theta e^{r\cos\theta}\,r\,d\theta\,dr$$

$$=\int_0^5 re^{r\cos\theta}\Big]_{2\pi}^{0}\,dr=\int_0^5 r\left(e^r-e^r\right)dr=0$$

<주의사항>

$\displaystyle\iint_{x^2+y^2\le 25} ye^x\,dA \ne 4\int_0^5\int_0^{\sqrt{25-x^2}} ye^x\,dydx$이므로 영역이 대칭 관계라고 해서 k배할 수 없음을 기억하자!!

필수 예제 67

다음 이중적분을 계산하시오.

$$\int_{-3}^{\frac{3}{\sqrt{2}}}\int_{-\sqrt{9-x^2}}^{\sqrt{9-x^2}}\sqrt{x^2+y^2}\,dydx-\int_{0}^{\frac{3}{\sqrt{2}}}\int_{-x}^{x}\sqrt{x^2+y^2}\,dydx=\iint_D\sqrt{x^2+y^2}\,dydx$$

풀이 두 영역을 함께 그려 빼보면 중심각이 $\frac{3}{2}\pi$인 부채꼴이다.

$$\iint_D\sqrt{x^2+y^2}\,dydx=\int_{\frac{\pi}{4}}^{\frac{7\pi}{4}}\int_0^3 r\cdot r\,dr\,d\theta=\frac{3\pi}{2}\cdot\frac{1}{3}r^3\Big]_0^3=\frac{27}{2}\pi$$

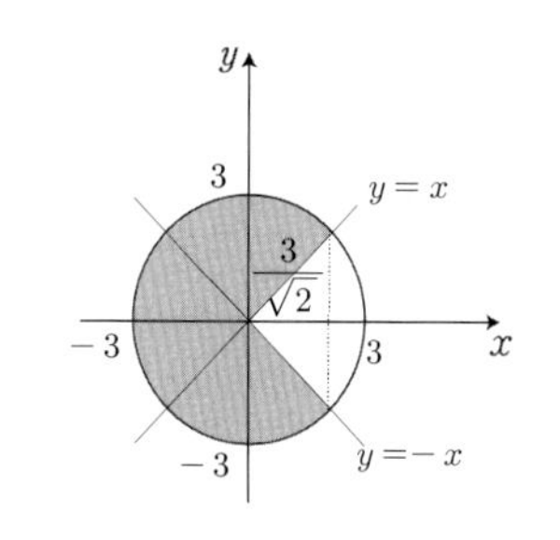

215. 영역 $D=\{(x,y)\,|\,1\le x^2+y^2\le 4,\,0\le y\le\sqrt{3}x\}$에 대하여 이중적분 $\iint_D\tan^{-1}\left(\frac{y}{x}\right)dA$의 값을 구하시오.

216. 두 원 $x^2+y^2=1$, $x^2+y^2=e^2$으로 둘러싸인 제 1사분면 내의 영역 R에 대한 이중적분 $\iint_R\frac{2}{x^2+y^2}dxdy$의 값을 구하시오.

217. 다음 주어진 영역에 대한 이중적분을 계산하시오.

(1) $\int_{-2}^{2}\int_{-\sqrt{4-x^2}}^{\sqrt{4-x^2}} \frac{1}{1+x^2+y^2}\,dy\,dx$

(2) $\int_{0}^{1}\int_{0}^{\sqrt{1-y^2}} \frac{1}{1+\sqrt{x^2+y^2}}\,dx\,dy$

(3) $\int_{0}^{2}\int_{0}^{\sqrt{4-y^2}} \frac{xy}{\sqrt{x^2+y^2}}\,dx\,dy$

(4) $\int_{-2}^{2}\int_{0}^{\sqrt{4-x^2}} (x^2+y^2)^{\frac{3}{2}}\,dy\,dx$

(5) $\int_{0}^{1}\int_{0}^{\sqrt{1-x^2}} \frac{1}{(1+x^2+y^2)(2+x^2+y^2)}\,dy\,dx$

(6) $\int_{0}^{2}\int_{x}^{\sqrt{8-x^2}} \frac{1}{5+x^2+y^2}\,dy\,dx$

(7) $\int_{0}^{1}\int_{y}^{\sqrt{2-y^2}} e^{-x^2-y^2}\,dx\,dy$

(8) $\int_{\frac{1}{\sqrt{2}}}^{1}\int_{\sqrt{1-x^2}}^{x} xy\,dy\,dx + \int_{1}^{\sqrt{2}}\int_{0}^{\sqrt{2-x^2}} xy\,dy\,dx$

218. 다음 주어진 영역에 대한 이중적분을 계산하시오.

(1) $1 \le x^2+y^2 \le 4$인 영역을 D 라 할 때, $\iint_D \ln(x^2+y^2)\, dxdy$

(2) $R=\{(x,\ y)\,|\,1 \le x^2+y^2 \le 9,\ x \le y \le \sqrt{3}x\}$일 때, $\iint_R \sqrt{x^2+y^2}\ \tan^{-1}\frac{y}{x}\, dx\, dy$

(3) $\Omega=\{(x,y)|\ 1 \le x^2+y^2 \le 4\}$일 때, $\iint_\Omega e^{x^2+y^2} dxdy$

(4) $D=\{(x,y)|\, x^2+y^2 \le 2,\ 0 \le x \le y\}$일 때, $\iint_D \sqrt{x^2+y^2}\, dA$

(5) R이 x축과 곡선 $y=\sqrt{1-x^2}$ 으로 둘러싸인 반원 영역일 때, $\iint_R e^{\sqrt{x^2+y^2}} dydx$

(6) 영역 $R=\{(x,y)\,|\,1 \le x^2+y^2 \le 4,\, 0 \le y \le \sqrt{3}\,x\}$일 때, $\iint_R (x^2+y^2)^{\frac{3}{2}} dxdy$

(7) 영역 $D=\{\,(x,y)\ \mid\ |x| \le y \le \sqrt{4-x^2}\,\}$일 때, $\iint_D y\,\sqrt{x^2+y^2}\ dA$

(8) 원뿔면 $z=\sqrt{x^2+y^2}$ 아래 놓이고, 원판 $x^2+y^2 \le 4$ 위에 놓인 입체의 부피를 구하시오.

필수 예제 68

다음 이중적분의 계산을 하시오.

(1) $R=\{(x,\ y)\mid x^2+(y-1)^2\le 1\}$일 때, $\iint_R \sqrt{x^2+y^2}\,dx\,dy$

(2) 직선 $y=x$, $y=0$, $x=1$로 둘러싸인 영역을 D라고 할 때, $\iint_D \sqrt{x^2+y^2}\,dA$

풀이 (1) 영역 R을 극좌표로 변환하면 $\{(r,\ \theta)\mid 0\le r\le 2\sin\theta,\ 0\le\theta\le\pi\}$이므로

$$\iint_R \sqrt{x^2+y^2}\,dx\,dy=\int_0^{\pi}\int_0^{2\sin\theta}\sqrt{r^2}\cdot r\,dr\,d\theta=\int_0^{\pi}\int_0^{2\sin\theta}r^2\,dr\,d\theta=\int_0^{\pi}\left[\frac{1}{3}r^3\right]_0^{2\sin\theta}d\theta$$

$$=\frac{8}{3}\int_0^{\pi}\sin^3\theta\,d\theta=\frac{8}{3}\cdot\frac{2}{3}\cdot 2=\frac{32}{9}\ (\because \text{왈리스(Wallis) 공식})$$

(2) $x=1\Rightarrow r\cos\theta=1\Rightarrow r=\sec\theta$이므로

$$\iint_D \sqrt{x^2+y^2}\,dA=\int_0^{\frac{\pi}{4}}\int_0^{\sec\theta}\sqrt{r^2}\cdot r\,dr\,d\theta=\int_0^{\frac{\pi}{4}}\left[\frac{1}{3}r^3\right]_0^{\sec\theta}d\theta=\frac{1}{3}\int_0^{\frac{\pi}{4}}\sec^3\theta\,d\theta$$

$$=\frac{1}{3}\cdot\frac{1}{2}\left[\sec\theta\tan\theta+\ln(\sec\theta+\tan\theta)\right]_0^{\frac{\pi}{4}}=\frac{1}{6}\{\sqrt{2}+\ln(\sqrt{2}+1)\}=\frac{\sqrt{2}+\ln(\sqrt{2}+1)}{6}$$

219. 다음 중 반복적분 $\int_0^1\int_{\sqrt{3}x}^{\sqrt{3}} xy\,dy\,dx$를 극좌표 변수를 사용한 반복적분으로 옳게 나타낸 것은?

① $\int_0^{\pi/3}\int_0^{\sqrt{3}\csc\theta}\frac{r^3}{2}\sin 2\theta\,dr\,d\theta$

② $\int_{\pi/6}^{\pi/3}\int_0^{\csc\theta}r^3\cos 2\theta\,dr\,d\theta$

③ $\int_{\pi/6}^{\pi/3}\int_0^{\sqrt{3}\sec\theta}\frac{r^3}{2}\cos 2\theta\,dr\,d\theta$

④ $\int_{\pi/3}^{\pi/2}\int_0^{\sqrt{3}\csc\theta}\frac{r^3}{2}\sin 2\theta\,dr\,d\theta$

220. 이중적분 $\int_1^2\int_0^{\sqrt{2x-x^2}}\frac{1}{(x^2+y^2)^2}dy\,dx$의 값을 구하시오.

221. 이중적분 $\int_0^2\int_{-\sqrt{2x-x^2}}^{0}(x^2+y^2)^{\frac{3}{2}}dy\,dx$의 값을 구하시오.

필수 예제 69

$I=\int_0^\infty e^{-x^2}dx=\frac{\sqrt{\pi}}{2}$ 임을 보여라.

풀이 $I=\int_0^\infty e^{-x^2}dx=\int_0^\infty e^{-y^2}dy\ (I>0)$이므로

$I^2=\int_0^\infty e^{-x^2}dx\cdot\int_0^\infty e^{-y^2}dy=\int_0^\infty\int_0^\infty e^{-x^2}\cdot e^{-y^2}dxdy=\int_0^\infty\int_0^\infty e^{-(x^2+y^2)}dxdy$

$=\int_0^{\frac{\pi}{2}}\int_0^\infty e^{-r^2}\cdot r\,drd\theta=\frac{\pi}{2}\cdot\left(-\frac{1}{2}\right)\left[e^{-r^2}\right]_0^\infty=-\frac{\pi}{4}(e^{-\infty}-e^0)=\frac{\pi}{4}$ 이므로 $I=\frac{\sqrt{\pi}}{2}$ 이다.

222. 다음을 계산하시오.

(1) $\int_{-\infty}^\infty e^{-x^2}dx$

(2) $\iint_{R^2} e^{-(x^2+y^2)}\,dydx$

(3) $\int_{-\infty}^\infty e^{-ax^2}dx$

(4) $\int_0^\infty \frac{e^{-x}}{\sqrt{x}}dx$

(5) $\int_0^\infty \frac{e^{-2x}}{\sqrt{2x}}dx$

(6) $\int_0^\infty x^2e^{-x^2}dx$

223. 이중적분 $\int_0^\infty\int_0^\infty (x+2y)^2e^{-\frac{x^2}{2}}e^{-\frac{y^2}{2}}dxdy$ 의 값을 구하시오.

3 적분변수변환

1 이중적분에서 변수변환 (치환적분)

영역 D 에서 $f(x,\ y)$의 적분이 불가능할 때, $\begin{cases} x=g(u,\ v) \\ y=h(u,\ v) \end{cases}$ 로 치환, $dx\,dy=|\,J\,|\,du\,dv$

$$\iint_D f(x,\ y)\,dydx = \iint_S f(g(u,\ v),\ h(u,\ v))\,|\,J\,|\,du\,dv$$

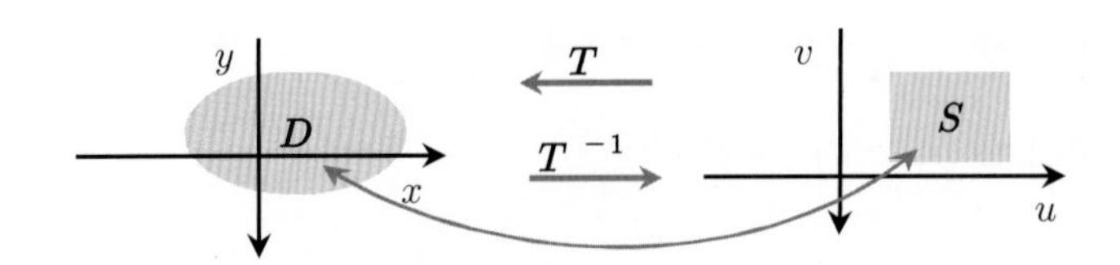

(1) 야코비안(Jacobian) 행렬식 $J=\dfrac{\partial(x,y)}{\partial(u,v)}=\begin{vmatrix} x_u & x_v \\ y_u & y_v \end{vmatrix}=\dfrac{1}{\begin{vmatrix} u_x & u_y \\ v_x & v_y \end{vmatrix}}$

(2) $J^{-1}=\begin{vmatrix} u_x & u_y \\ v_x & v_y \end{vmatrix}$

(3) $J\cdot J^{-1}=1$

(4) $x=au+bv,\ y=cu+dv$라는 일차변환의 경우 $J=\dfrac{\partial(x,y)}{\partial(u,v)}=\begin{vmatrix} x_u & x_v \\ y_u & y_v \end{vmatrix}=\begin{vmatrix} a & b \\ c & d \end{vmatrix}$ 이고,

$$\iint_D dxdy=\iint_{D'}|J|\,du\,dv=|J|\iint_{D'}du\,dv \Leftrightarrow D \text{ 의 면적}=|\,J\,|\cdot D' \text{ 의 면적}$$

2 극좌표를 이용한 변수변환

기존의 변수 $x,\ y$를 새로운 변수 $r,\ \theta$의 변수로 바꾸는 관계 $x=r\cos\theta,\ y=r\sin\theta$로 변환할 때,

$$\iint_D f(x,\ y)\,dxdy = \iint_S f(r\cos\theta,\ r\sin\theta)\,|\,J\,|\,drd\theta$$

$$J=\begin{vmatrix} x_r & x_\theta \\ y_r & y_\theta \end{vmatrix}=\begin{vmatrix} \cos\theta & -r\sin\theta \\ \sin\theta & r\cos\theta \end{vmatrix}=r\cos^2\theta+r\sin^2\theta=r$$

3 적분변수변환 접근법

(1) 문제에서 제시하는 경우

문제에서 $x=f(u,v),\ y=g(u,v)$와 같이 적분변수변환이 주어진 경우는 쉽게 해결할 수 있다.

(2) 변환이 주어지지 않은 경우 ⇒ 적당한 변수변환을 생각해야 한다.

① $f(x,\ y)$의 형태에서 변환을 추측

② 적분영역 D 가 다루기 곤란하면 대응되는 uv 평면의 영역 S 가 간단하게 표시되도록 변환을 선택해야만 한다.

필수 예제 70

곡선 $x^2+4y^2=4$로 둘러싸인 영역을 D라고 할 때, 적분 $\iint_D e^{x^2+4y^2}\,dA$의 값을 구하시오.

풀이 $D: x^2+4y^2=4 \Rightarrow \frac{x^2}{2^2}+y^2=1$ 를 $x=2X,\ y=Y$로 치환하면 $D' : X^2+Y^2=1$이다.

$dx=2dX,\ dy=dY \Rightarrow dx\,dy=2dXdY$

$\iint_D e^{x^2+4y^2}dx\,dy=\iint_{D'} e^{4X^2+4Y^2}\cdot 2dXdY=2\int_0^{2\pi}\int_0^1 re^{4r^2}dr\,d\theta=2\cdot 2\pi\cdot\frac{1}{8}\left[e^{4r^2}\right]_0^1=\frac{\pi}{2}(e^4-1)$

[다른 풀이]

$D: x^2+4y^2=4$를 $x=X,\ y=\frac{Y}{2}$로 치환하면 $D' : X^2+Y^2=4$이다. $dx=dX,\ dy=\frac{1}{2}dY \Rightarrow dx\,dy=\frac{1}{2}dXdY$

$\iint_D e^{x^2+4y^2}dx\,dy=\iint_{D'} e^{X^2+Y^2}\cdot\frac{1}{2}dXdY=\frac{1}{2}\int_0^{2\pi}\int_0^2 e^{r^2}\cdot r\,dr\,d\theta=\frac{1}{2}\cdot 2\pi\cdot\frac{1}{2}\left[e^{r^2}\right]_0^2=\frac{\pi}{2}(e^4-1)$

224. R이 타원 $\frac{x^2}{4}+\frac{y^2}{9}=1$로 갇힌 영역일 때, 이중적분 $\iint_R (x^2+y^2)\,dxdy$의 값은?

225. R이 타원 $\frac{x^2}{9}+\frac{y^2}{4}=1$로 둘러싸인 영역일 때, $\iint_R \frac{1}{\sqrt{36x^2+81y^2}}dxdy$을 구하시오.

226. 영역 T는 $9x^2+4y^2=1$로 둘러싸인 1사분면의 영역일 때, 이중적분 $\iint_T \sin(9x^2+4y^2)\,dA$의 값을 구하시오.

필수 예제 71

네 개의 꼭짓점 $(1,0)$, $(2,0)$, $(0,-2)$, $(0,-1)$을 갖는 사다리꼴 영역을 R이라 할 때, $\iint_R e^{\frac{x+y}{x-y}}dA$를 구하시오.

풀이 $x+y=u$, $x-y=v$로 치환하고, 기존 xy평면의 영역이 uv평면의 어떤 점으로 이동하는지를 찾자.

$(x, y)\to(u, v)$: $(1, 0)\to(1, 1)$, $(2, 0)\to(2, 2)$, $(0, -2)\to(-2, 2)$, $(0, -1)\to(-1, 1)$이고

$R'=\{(u, v)\mid 1\le v\le 2,\ -v\le u\le v\}$

$$J^{-1}=\begin{vmatrix} u_x & u_y \\ v_x & v_y\end{vmatrix}=\begin{vmatrix} 1 & 1 \\ 1 & -1\end{vmatrix}=-2\Rightarrow |J|=\frac{1}{2}$$

$$\iint_R e^{\frac{x+y}{x-y}}dxdy=\iint_{R'}e^{\frac{u}{v}}\cdot|J|\,du\,dv$$

$$=\int_1^2\int_{-v}^{v}e^{\frac{u}{v}}\cdot\frac{1}{2}du\,dv=\frac{1}{2}\int_1^2 v\left[e^{\frac{u}{v}}\right]_{-v}^{v}dv$$

$$=\frac{1}{2}\int_1^2 v(e-e^{-1})dv=\frac{e-e^{-1}}{2}\cdot\frac{1}{2}\left[v^2\right]_1^2=\frac{3}{4}(e-e^{-1})$$

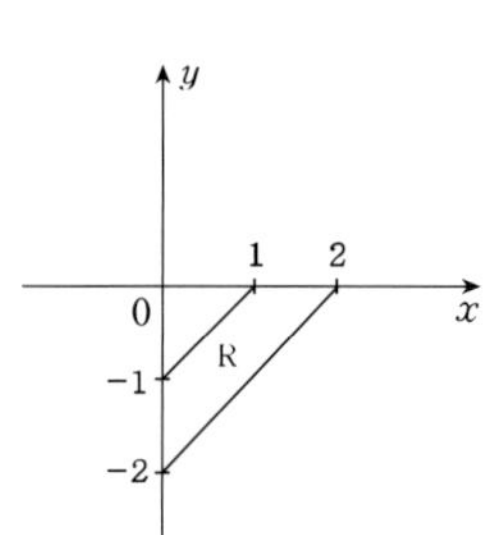

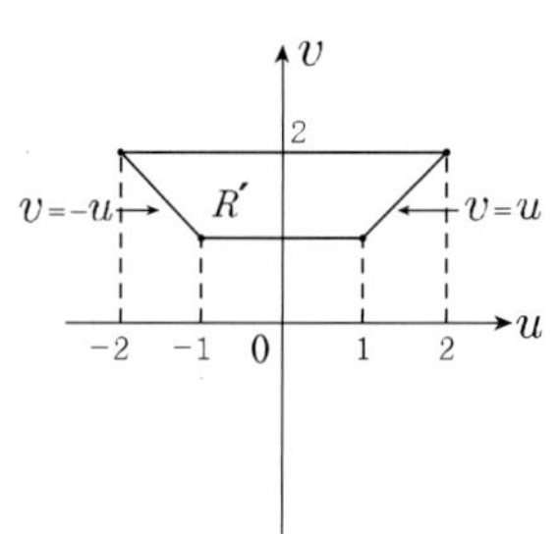

[다른 풀이]

$x-y=u$, $x+y=v$로 치환하고, 기존 xy평면의 영역이 uv평면의 어떤 점으로 이동하는지를 찾자.

$(x, y)\to(u, v)$: $(1, 0)\to(1, 1)$, $(2, 0)\to(2, 2)$, $(0, -2)\to(2, -2)$, $(0, -1)\to(1, -1)$이고

$R'=\{(u, v)\mid 1\le u\le 2,\ -u\le v\le u\}$

$$J^{-1}=\begin{vmatrix} u_x & u_y \\ v_x & v_y\end{vmatrix}=\begin{vmatrix} 1 & -1 \\ 1 & 1\end{vmatrix}=2\Rightarrow |J|=\frac{1}{2}$$

$$\iint_R e^{\frac{x+y}{x-y}}dxdy=\iint_{R'}e^{\frac{v}{u}}\cdot|J|\,dv\,du$$

$$=\int_1^2\int_{-u}^{u}e^{\frac{v}{u}}\cdot\frac{1}{2}dv\,du=\frac{1}{2}\int_1^2\left[e^{\frac{v}{u}}u\right]_{-u}^{u}du$$

$$=\frac{1}{2}\int_1^2 u(e-e^{-1})du=\frac{e-e^{-1}}{2}\cdot\frac{1}{2}\left[u^2\right]_1^2=\frac{3}{4}(e-e^{-1})$$

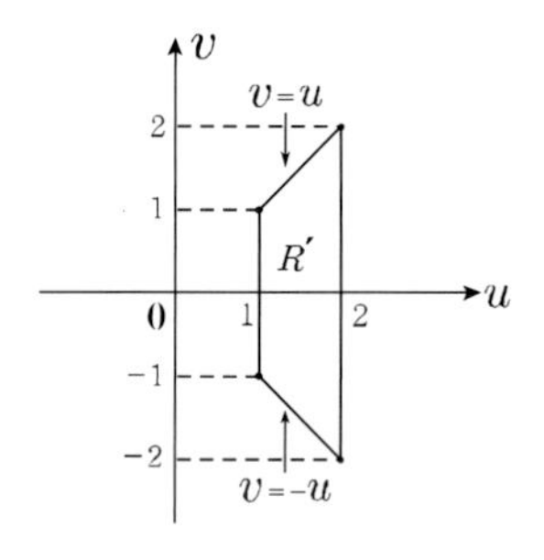

TIP 점의 이동은 행렬의 곱을 통해서 빠르게 계산할 수 있다.

$x-y=u$, $x+y=v$로 치환할 경우 $\begin{pmatrix}u\\v\end{pmatrix}=\begin{pmatrix}1 & -1\\1 & 1\end{pmatrix}\begin{pmatrix}x\\y\end{pmatrix}$로 세팅할 수 있고,

$(1,0)$, $(2,0)$, $(0,-2)$, $(0,-1)$은 $\begin{pmatrix}1 & -1\\1 & 1\end{pmatrix}\begin{pmatrix}1 & 2 & 0 & 0\\0 & 0 & -2 & -1\end{pmatrix}=\begin{pmatrix}1 & 2 & 2 & 1\\1 & 2 & -2 & -1\end{pmatrix}$ 관계가 나온다.

$(x, y)\to(u, v)$: $(1, 0)\to(1, 1)$, $(2, 0)\to(2, 2)$, $(0, -2)\to(-2, 2)$, $(0, -1)\to(-1, 1)$이 된다.

227. R이 점 $(1,0)$, $(2,0)$, $(0,2)$, $(0,1)$을 꼭짓점으로 하는 사다리꼴일 때, 이중적분 $\iint_R \cos\left(\frac{y-x}{y+x}\right) dA$의 값을 구하시오.

228. 꼭짓점이 $\left(\frac{1}{5}, \frac{3}{5}\right)$, $\left(\frac{2}{5}, \frac{6}{5}\right)$, $\left(\frac{3}{5}, -\frac{1}{5}\right)$, $\left(\frac{6}{5}, -\frac{2}{5}\right)$인 사각형을 영역 R이라고 할 때, 이중적분 $\iint_R e^{\frac{x-2y}{2x+y}} dA$의 값은?

229. 좌표평면에서 $(0,0)$, $(1,2)$, $(3,1)$, $(2,-1)$을 꼭짓점으로하는 평행사변형의 내부 영역을 P라 할 때, $\iint_P \frac{(x+2y)^3}{(2x-y+1)^2} dxdy$를 계산하면?

230. 영역 R이 네 점 $(0,0)$, $(-2,3)$, $(2,5)$, $(4,2)$를 꼭짓점으로 갖는 평행사변형일 때, 이중적분 $\iint_R (3x+2y)\sqrt{2y-x}\, dA$를 계산하면?

231. 네 꼭짓점 $(0,0)$, $\left(1, \frac{1}{3}\right)$, $\left(\frac{4}{3}, \frac{1}{9}\right)$, $\left(\frac{1}{3}, -\frac{2}{9}\right)$로 이루어진 사각형 영역 D에 대하여 이중적분 $\iint_D (x-3y-1)e^{2x+3y}\cos(x-3y)dA$ 의 값은?

필수 예제 72

평면 위 4개의 직선 $x+y=1$, $x+y=-1$, $x-y=1$, $x-y=-1$로 둘러싸인 영역을 S라고 할 때, 이중적분 $\iint_S \left(\frac{x-y}{x+y+2}\right)^2 dxdy$의 값을 구하시오.

풀이 네 개의 직선으로 둘러싸인 영역은 $|x|+|y| \le 1$과 동일하다.
$S=\{(x,y) \mid |x|+|y| \le 1\}=\{(x,y) \mid -1 \le x+y \le 1,\ -1 \le x-y \le 1\}$이다.
$u=x+y$, $v=x-y$라 두면 $S'=\{(u,v) \mid -1 \le u \le 1,\ -1 \le v \le 1\}$이다.

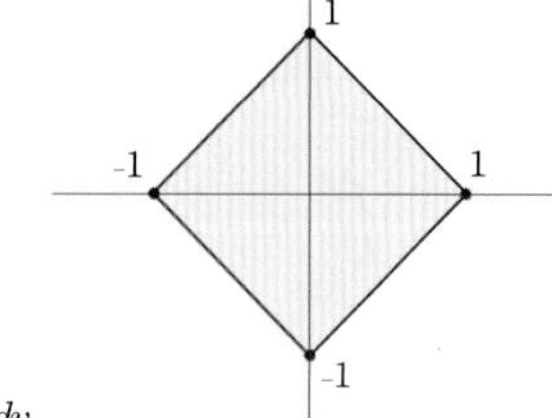

$$J^{-1}=\begin{vmatrix} u_x & u_y \\ v_x & v_y \end{vmatrix}=\begin{vmatrix} 1 & 1 \\ 1 & -1 \end{vmatrix}=-2 \Rightarrow |J|=\frac{1}{2}$$

$$\therefore \iint_S \left(\frac{x-y}{x+y+2}\right)^2 dxdy=\iint_{S'}\left(\frac{v}{u+2}\right)^2 \cdot |J|\, dudv=\int_{-1}^{1}\int_{-1}^{1}\frac{v^2}{(u+2)^2}\cdot\frac{1}{2}\,dudv$$

$$=\frac{1}{2}\int_{-1}^{1}\frac{1}{(u+2)^2}du \cdot \int_{-1}^{1}v^2 dv=\frac{1}{2}\int_{-1}^{1}\frac{1}{(u+2)^2}du \cdot 2\int_{0}^{1}v^2 dv$$

$$=\frac{1}{2}\left[\frac{-1}{u+2}\right]_{-1}^{1}\cdot 2\cdot\frac{1}{3}\left[u^3\right]_0^1=\left(-\frac{1}{3}+1\right)\cdot\frac{1}{3}=\frac{2}{3}\cdot\frac{1}{3}=\frac{2}{9}$$

232. 집합 $D=\{(x,y)\in R^2 : |x|+|y| \le 1, y \ge 0\}$에 대하여 적분 $\iint_D (x+y)e^{x-y}\,dxdy$의 값은?

233. 영역 $S=\{(x,y) \mid |x|+|y| \le 1\}$에 대하여 이중적분 $\iint_S e^{x+y}dA$를 계산하시오.

234. 좌표평면 위에 부등식 $|x|+|y| \le 1$을 만족하는 점들의 집합을 R이라고 할 때, 이중적분 $\iint_R e^{3x+y}dA$의 값을 구하시오.

필수 예제 73

직선 $y=-2x+4$, $y=-2x+7$, $y=x-2$, $y=x+1$로 둘러싸인 영역 R에 대하여 $\iint_R (2x^2-xy-y^2)\,dx\,dy$의 값은?

풀이 주어진 영역 R의 영역은 $4 \le 2x+y \le 7$, $-1 \le x-y \le 2$이고 $u=2x+y$, $v=x-y$와 같이 치환하면

$\Rightarrow 4 \le u \le 7$, $-1 \le v \le 2$, $|J| = \dfrac{1}{\begin{vmatrix} 2 & 1 \\ 1 & -1 \end{vmatrix}} = \dfrac{1}{3}$이다.

$$\iint_R (2x^2-xy-y^2)dxdy = \iint_R (2x+y)(x-y)dxdy = \frac{1}{3}\int_{-1}^{2}\int_{4}^{7} uvdudv$$

$$= \frac{1}{6}\int_{-1}^{2}[u^2]_4^7 vdv = \frac{33}{12}[v^2]_{-1}^{2} = \frac{33}{4}$$

235. $R=\left\{(x,y)\in\mathbb{R}^2 \mid 0 \le x+y \le 1, \dfrac{\pi}{6} \le x-y \le \dfrac{\pi}{3}\right\}$라 하자. $\iint_R (x-y)\cos(x^2-y^2)\,dA$를 구하시오.

236. $R=\{(x,y)\in\mathbb{R}^2 \mid 0 \le x+y \le 3, 0 \le x-y \le 2\}$라 하자. $\iint_R (x+y)e^{x^2-y^2}\,dA$를 구하시오.

237. 영역 R은 네 직선 $x-2y=0$, $x-2y=4$, $3x-y=1$, $3x-y=8$으로 둘러싸인 영역일 때, 이중적분 $\iint_R \dfrac{x-2y}{3x-y}\,dA$의 값을 구하시오.

238. 영역 R은 네 직선 $x-y=0$, $x-y=2$, $x+y=0$, $x+y=3$으로 둘러싸인 영역일 때, 이중적분 $\iint_R (x-y)e^{x^2-y^2}\,dA$의 값을 구하시오.

필수 예제 74

R은 제1사분면에서 직선 $y=x$, $y=3x$와 쌍곡선 $xy=1$, $xy=3$으로 둘러싸인 영역이다. 이중적분 $\iint_R xy\,dA$를 구하시오.

풀이 직선 $y=x$, $y=3x$은 $\frac{y}{x}=1$, $\frac{y}{x}=3$으로 나타낼 수 있다.

따라서 직선 $\frac{y}{x}=1$, $\frac{y}{x}=3$과 쌍곡선 $xy=1$, $xy=3$으로 둘러싸인 영역 R은

$R=\left\{(x,y)\,|\,1\le \frac{y}{x}\le 3,\ 1\le xy\le 3\right\}$이다.

$u=\frac{y}{x}$, $v=xy$라고 치환하면 $R'=\{(u,v)\,|\,1\le u\le 3,\ 1\le v\le 3\}$이다.

$$J^{-1}=\begin{vmatrix} u_x & u_y \\ v_x & v_y \end{vmatrix}=\begin{vmatrix} -\frac{y}{x^2} & \frac{1}{x} \\ y & x \end{vmatrix}=-\frac{y}{x}-\frac{y}{x}=-2u \Rightarrow |J|=\frac{1}{2u}$$

$$\therefore \iint_R xy\,dA=\iint_{R'} v\cdot|J|\,du\,dv=\int_1^3\int_1^3 v\cdot\frac{1}{2u}\,du\,dv$$

$$=\int_1^3 v\,dv\cdot\int_1^3\frac{1}{2u}\,du=\frac{1}{2}\left[v^2\right]_1^3\cdot\frac{1}{2}\left[\ln u\right]_1^3=\frac{8}{4}(\ln 3)=2\ln 3$$

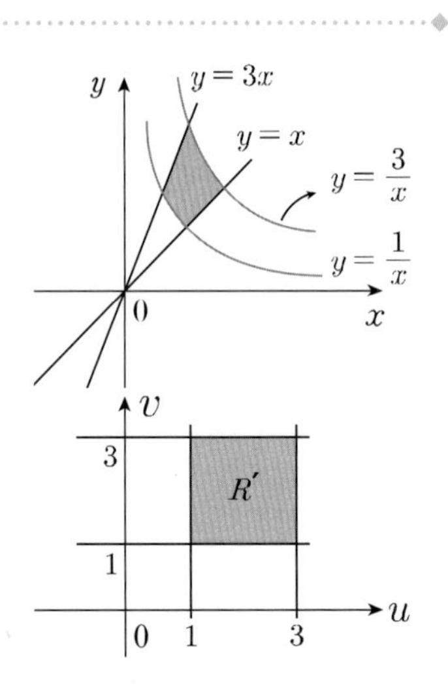

239. R이 직선 $y=x$와 $y=2x$, 쌍곡선 $y=\frac{1}{x}$과 $y=\frac{2}{x}$에 의하여 둘러싸인 영역일 때, 이중적분 $\iint_R e^{xy}dA$의 값을 구하시오.

240. 영역 R은 곡선 $xy=1$, $xy=2$, $xy^2=1$, $xy^2=2$로 둘러싸인 영역이다. 이중적분 $\iint_R y^2\,dA$의 값을 구하시오.

필수 예제 75

평면 R^2에 있는 세 점 $(1, 0)$, $(3, 0)$, $(3, 2)$를 꼭짓점으로 갖는 삼각형 영역을 D라고 하자.
$T(u, v) = \left(u - \frac{1}{2}v,\ -u + 2v\right)$로 정의된 선형변환 T에 의한 D의 상(image)을 R이라고 할 때,
이중적분 $\iint_R \sin\left[\frac{\pi}{3}(2x-y)\right]dxdy$의 값은?

풀이 영역 R은 xy평면의 영역이고, 영역 D는 uv평면의 영역이다. 함수 $T(u, v) = \left(u - \frac{1}{2}v,\ -u + 2v\right)$의 상은 치역을 말하는 것이고, 그 치역이 R이므로 $x = u - \frac{1}{2}v,\ y = -u + 2v$임을 알 수 있다. 즉, 어떻게 변수변화를 할 것인지를 직접 제시하고 있다.

영역 D에서 R로, R에서 D로 자유자재로 적분이 가능하다.

$\iint_R \sin\left[\frac{\pi}{3}(2x-y)\right]dxdy$를 $x = u - \frac{1}{2}v,\ y = -u + 2v$로 치환하는 적분변수변환을 하고자 한다.

$J = \frac{\partial(x,y)}{\partial(u,v)} = \begin{vmatrix} x_u & x_v \\ y_u & y_v \end{vmatrix} = \begin{vmatrix} 1 & -\frac{1}{2} \\ -1 & 2 \end{vmatrix} = \frac{3}{2}$이다.

$$\iint_R \sin\left[\frac{\pi}{3}(2x-y)\right]dxdy = \iint_D \sin(\pi u - \pi v) \cdot |J|\,dvdu = \frac{3}{2}\int_1^3 \int_0^{u-1} \sin(\pi u - \pi v)\,dvdu$$

$$= \frac{3}{2\pi}\int_1^3 \cos(\pi u - \pi v)\Big]_0^{u-1} du = \frac{3}{2\pi}\int_1^3 \cos\pi - \cos(\pi u)du = \frac{3}{2\pi}\left[-u - \frac{1}{\pi}\sin\pi u\right]_1^3 = -\frac{3}{\pi}$$

241. XY 평면에서 주어진 영역 S 의 면적이 1일 때, 변환 $u = 2x + y,\ v = x + 2y$에 의한 uv 평면에서 S의 상의 면적을 구하시오.

242. D 는 꼭짓점이 $(0, 0)$, $(2, 4)$, $(3, 4)$, $(1, 0)$인 평행사변형의 내부영역이다.
$I = \iint_D (2x-y)^2\, dx\, dy$ 를 계산하시오. (힌트 : $x = u + v$, $y = 2v$로 변수변환하자.)

필수 예제 76

좌표평면 위에 $3x^2+2xy+y^2 \le 1$을 만족하는 모든 점의 집합을 S라고 하자. 이때, 이중적분 $\iint_S e^{-(3x^2+2xy+y^2)}dxdy$의 값은?

풀이 주어진 영역의 식을 정리하면 $3x^2+2xy+y^2=\left(\sqrt{3}\,x+\frac{1}{\sqrt{3}}y\right)^2+\left(\frac{\sqrt{2}}{\sqrt{3}}y\right)^2 \le 1$이고

$u=\sqrt{3}\,x+\frac{1}{\sqrt{3}}y,\ v=\frac{\sqrt{2}}{\sqrt{3}}y$로 치환하면 $u^2+v^2 \le 1$이고 $J(u,v)=\frac{1}{\sqrt{2}}$이다.

$$\iint_S e^{-(3x^2+2xy+y^2)}dxdy=\frac{1}{\sqrt{2}}\int_0^{2\pi}\int_0^1 e^{-r^2}rdrd\theta \quad (\because \text{극좌표 변환})$$

$$=\frac{1}{2\sqrt{2}}\int_0^{2\pi}\int_0^1 e^{-t}dtd\theta \quad (\because r^2=t\text{로 치환})$$

$$=-\frac{1}{2\sqrt{2}}\int_0^{2\pi}[e^{-t}]_0^1d\theta=\frac{\pi}{\sqrt{2}}(1-e^{-1})$$

243. 영역 $D=\{(x,y)\mid x^2-xy+y^2 \le 2\}$에 대하여, 이중적분 $\iint_D (x^2-xy+y^2)dA$의 값은?

244. 중심이 원점이고 장축과 단축의 길이가 각각 4와 2인 타원 $7x^2+6\sqrt{3}xy+13y^2=16$에 의해 유계된 영역을 R이라 할 때, 이중적분 $\iint_R xy\,dA$의 값은?

※ 선형대수의 '이차형식' 학습 후 풀이가 가능한 문제입니다.

4 부피

이중적분을 이용한 부피

(1) 영역 D 위에서 xy 평면과 곡면 $z=f(x,y)$ 사이의 부피 $V=\iint_D |f(x,y)|\,dA$

(2) 영역 D 위에서 곡면 $z=f(x,y)\geq 0$이면 xy 평면과 곡면 $z=f(x,y)$ 사이의 영역의 부피

$V=\iint_D f(x,y)dA$ ⇒ 양의 값을 갖는 함수의 이중적분값은 직사각형 기둥 부피의 합의 극한이다.

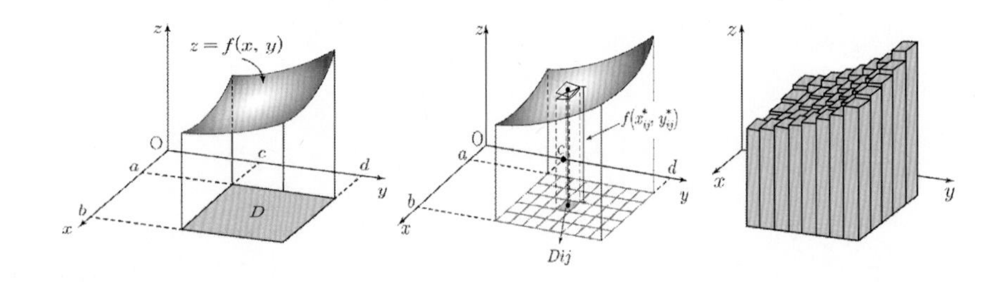

(3) 영역 D 위에서 두 곡면 $S_1: z=f(x,y)$와 $S_2: z=g(x,y)$으로 둘러싸인 입체의 E의 부피

$V=\iint_D |f(x,y)-g(x,y)|\,dA$

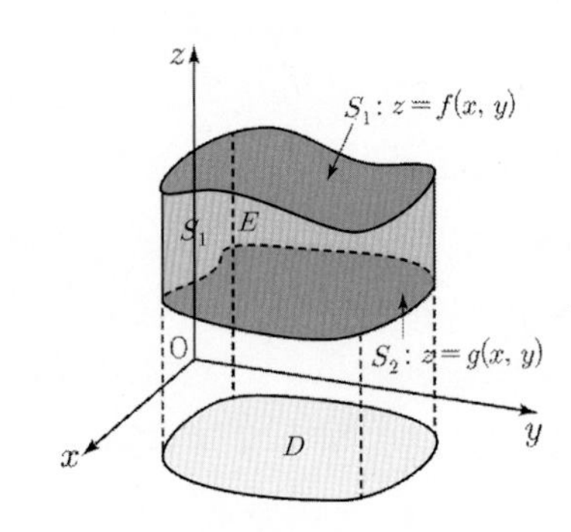

(4) 영역 D 위에서 $f(x,y)\geq g(x,y)$를 만족하는 두 곡면

$S_1: z=f(x,y)$와 $S_2: z=g(x,y)$로 둘러싸인

입체 E의 부피 $V=\iint_D f(x,y)-g(x,y)dA$

필수 예제 77

곡면 $z=x^2+y^2$, $x^2+y^2=9$, $z=0$으로 둘러싸인 부분의 부피를 구하시오.

풀이 영역 D는 $z=x^2+y^2$과 $x^2+y^2=9$가 만나는 교선을 xy 평면으로 사영시킨 것이다.

$$V=\iint_D f(x,\ y)\,dA$$
$$=\iint_D (x^2+y^2)\,dx\,dy$$
$$=\int_0^{2\pi}\int_0^3 r^2\cdot r\,dr\,d\theta$$
$$=2\pi\int_0^3 r^3\,dr=2\pi\left[\frac{1}{4}r^4\right]_0^3$$
$$=\frac{\pi}{2}\cdot 81=\frac{81}{2}\pi$$

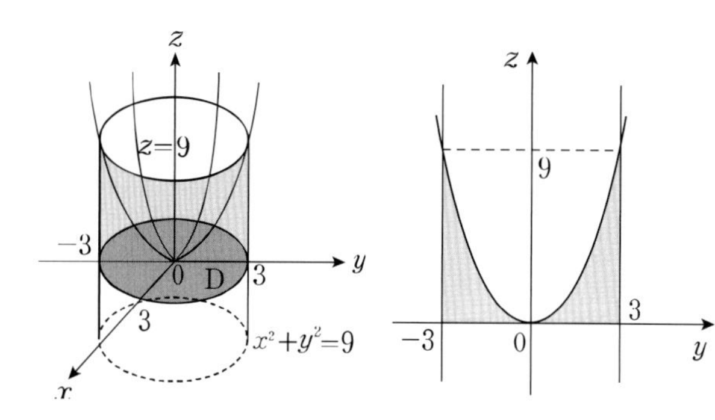

245. 포물면 $z=100-x^2-y^2$ 과 xy 평면으로 둘러싸인 입체의 부피를 구하시오.

246. 포물면 $z=18-2x^2-2y^2$아래 놓이고, xy평면 위에 놓인 입체의 부피를 구하시오.

247. 원뿔면 $z=\sqrt{x^2+y^2}$ 아래 놓이고, 원판 $x^2+y^2\le 4$위에 놓인 입체의 부피를 구하시오.

248. 입체 $\left\{(x,y,z)\mid x^2+y^2\le a^2,\ 0\le z\le e^{-(x^2+y^2)}\right\}$의 부피를 $V(a)$라 할 때, $\lim_{a\to\infty}V(a)$는?

필수 예제 78

포물면 $z=x^2+y^2$과 평면 $z=1$로 둘러싸인 부분의 부피를 구하시오.

풀이 $z_1=1$, $z_2=x^2+y^2$라 두면 구하고자 하는 입체의 높이는 z_1-z_2이다.

(i) $z=x^2+y^2$과 $z=1$의 교선을 xy 평면에 정사영 시킨 영역을 D라 하면 $D=\{(x,\ y)\mid x^2+y^2=1\}$이다.

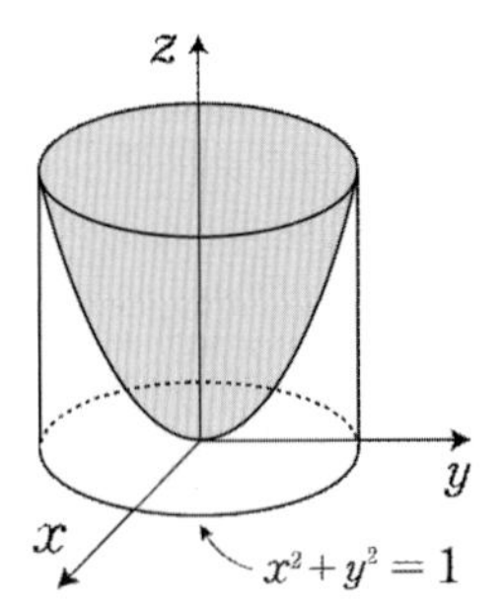

(ii) $V=\iint_D(z_1-z_2)\,dA=\iint_D\{1-(x^2+y^2)\}\,dA$

$=\iint_D 1\,dA-\iint_D r^2\cdot r\,dr\,d\theta$

$=\pi-\int_0^{2\pi}\int_0^1 r^3\,dr\,d\theta$

$=\pi-2\pi\cdot\dfrac{1}{4}=\dfrac{\pi}{2}$

249. 포물선 $z=6-x^2-y^2$과 평면 $z=2$로 둘러싸인 입체의 부피는?

250. 제1사분면에서 포물면 $z=1+2x^2+2y^2$과 평면 $z=7$에 의해 유계된 입체의 부피를 구하시오.

필수 예제 79

두 곡면 $z=3-x^2-y^2$과 $z=2x^2+2y^2$으로 둘러싸인 영역의 부피를 구하시오.

풀이 두 곡면을 각각 $z_1=3-x^2-y^2$, $z_2=2x^2+2y^2$이라 두자.

(i) 교선의 정의역 구하기

$$z_1=z_2 \Rightarrow 3-x^2-y^2=2x^2+2y^2$$

$$\Rightarrow 3=3x^2+3y^2 \Rightarrow x^2+y^2=1$$

(ii) $$V=\iint_D (z_1-z_2)\,dA=\iint_D \{(3-x^2-y^2)-(2x^2+2y^2)\}dA$$

$$=\iint_D (3-3x^2-3y^2)dA=\int_0^{2\pi}\int_0^1 (3-3r^2)r\,dr\,d\theta$$

$$=2\pi\int_0^1 (3r-3r^3)dr=2\pi\left[\frac{3}{2}r^2-\frac{3}{4}r^4\right]_0^1=2\pi\left(\frac{3}{2}-\frac{3}{4}\right)=3\pi-\frac{3}{2}\pi=\frac{3}{2}\pi$$

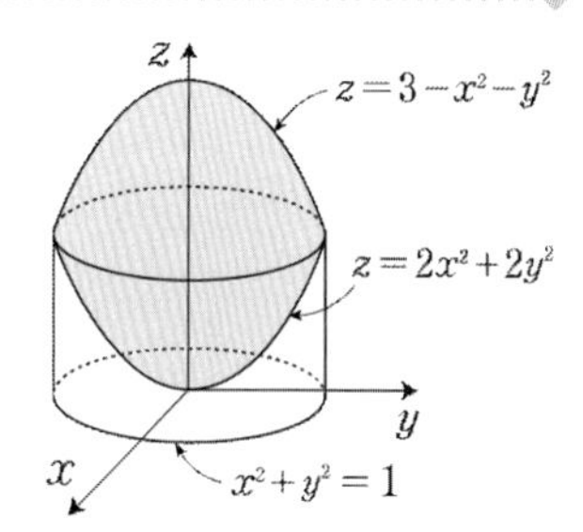

251. 두 포물면 $z=3x^2+3y^2$, $z=4-x^2-y^2$에 의해 유계된 입체의 부피를 구하시오.

252. 반구면 $z=\sqrt{6-x^2-y^2}$과 포물면 $z=x^2+y^2$으로 둘러싸인 입체의 부피를 구하시오.

필수 예제 80

곡면 $z = 2x^2 + 3y^2$과 평면 $z = 4x + 6y + 7$으로 둘러싸인 영역의 부피를 구하시오.

풀이 두 곡면을 각각 $z_1 = 2x^2 + 3y^2$, $z_2 = 4x + 6y + 7$이라 두자.

(i) 교선의 정의역 D 구하기

$$z_1 = z_2 \Rightarrow 2x^2 - 4x + 3y^2 - 6y = 7 \Rightarrow 2(x-1)^2 + 3(y-1)^2 = 12$$

(ii) $V = \iint_D (z_2 - z_1)\, dA = \iint_D -(2x^2 + 3y^2 - 4x - 6y - 7)\, dxdy$

$$= \iint_{2(x-1)^2 + 3(y-2)^2 \le 12} 12 - 2(x-1)^2 - 3(y-1)^2\, dxdy \quad (x-1 = X,\ y-1 = Y\text{로 치환하자})$$

$$= \iint_{2X^2 + 3Y^2 \le 12} 12 - 2X^2 - 3Y^2\, dXdY$$

$$= \iint_{\frac{X^2}{6} + \frac{Y^2}{4} \le 1} 12\, dXdY - \iint_{\frac{X^2}{6} + \frac{Y^2}{4} \le 1} 2X^2 + 3Y^2\, dXdY \quad (X = \sqrt{6}u,\ Y = 2v\text{로 치환하면})$$

$$= 12 \cdot \sqrt{6} \cdot 2 \cdot \pi - 12 \cdot 2\sqrt{6} \iint_{u^2 + v^2 \le 1} u^2 + v^2\, dudv$$

$$= 24\sqrt{6}\pi - 24\sqrt{6} \cdot \int_0^{2\pi} \int_0^1 r^3\, dr$$

$$= 24\sqrt{6}\pi - 24\sqrt{6} \cdot 2\pi \cdot \frac{1}{4} = 12\sqrt{6}\pi$$

253. 곡면 $z = x^2 + y^2$과 평면 $z = 2x + 4y + 4$으로 둘러싸인 영역의 부피를 구하시오.

254. 입체 $\{(x, y, z) \mid -1 \le x \le 1,\ 0 \le z \le 1,\ 0 \le y \le \sqrt{1 - z^2}\}$의 부피는?

필수 예제 81

부등식 $x^2+y^2 \le 1,\ -y \le z \le y$로 정의되는 입체의 부피는?

풀이

영역 $D=\{(x,y)|x^2+y^2 \le 1, y \ge 0\}$위에서

곡면 $z=y,\ z=-y$로 둘러싸인 입체의 부피는

$\iint_D y-(-y)dxdy=\iint_D 2ydxdy$이다.

극좌표계로 변경하면 $D=\{(r,\theta)|0 \le r \le 1, 0 \le \theta \le \pi\}$

$$\iint_D 2ydxdy=\int_0^{\pi}\int_0^1 2r\sin\theta \cdot rdrd\theta$$

$$=\int_0^{\pi}\left[\frac{2}{3}r^3\right]_0^1 \sin\theta d\theta=\frac{2}{3}\int_0^{\pi}\sin\theta d\theta=\frac{4}{3}$$

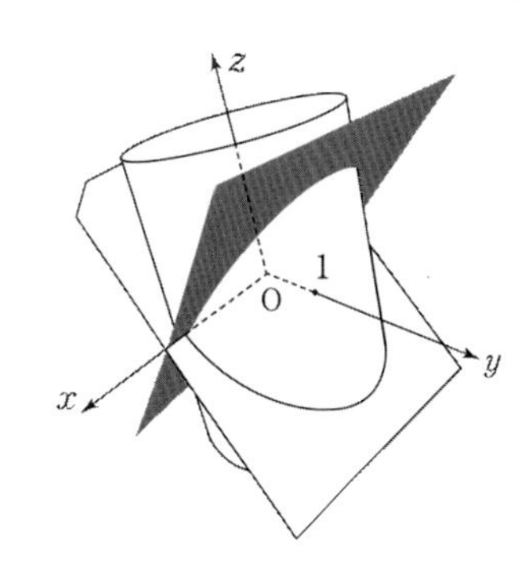

255. 제 1 공간 내에서 원기둥 $x^2+y^2=4$와 평면 $y+z=2$로 둘러싸인 입체의 부피를 구하시오.

256. 무한 원기둥 $x^2+y^2=1$, 평면 $z=2x,\ xy-$평면으로 둘러싸인 점들로 이루어진 영역의 부피는?

필수 예제 82

세 곡면 $z = 2x^2 + 2y^2$, $x^2 + y^2 = 2x$, $z = 0$ 으로 둘러싸인 부분의 부피를 구하시오.

풀이 $x^2 + y^2 = 2x \Rightarrow (x-1)^2 + y^2 = 1$: 중심이 $(1,\ 0)$이고 반지름이 1인 원을 극방정식으로 나타내면 $r = 2\cos\theta$이다.

$$V = \iint_D f(x,\ y)\,dA = \iint_D (2x^2 + 2y^2)\,dA = \int_{-\frac{\pi}{2}}^{\frac{\pi}{2}} \int_0^{2\cos\theta} 2r^2 \cdot r\,dr\,d\theta = \int_{-\frac{\pi}{2}}^{\frac{\pi}{2}} 2\left[\frac{1}{4}r^4\right]_0^{2\cos\theta} d\theta$$

$$= \frac{1}{2}\int_{-\frac{\pi}{2}}^{\frac{\pi}{2}} 16\cos^4\theta\,d\theta = 8 \cdot 2\int_0^{\frac{\pi}{2}} \cos^4\theta\,d\theta = 16 \cdot \frac{3}{4} \cdot \frac{1}{2} \cdot \frac{\pi}{2} = 3\pi$$

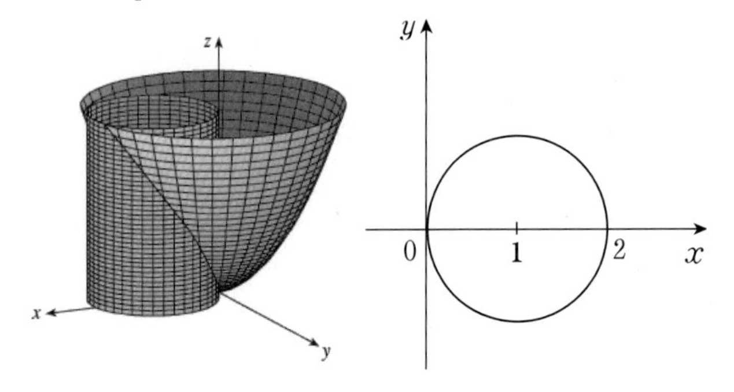

257. 심장 모양 $r = 1 + \cos\theta$의 기둥과 원뿔면 $z = \sqrt{x^2 + y^2}$ 과 xy평면으로 둘러싸인 입체의 부피를 구하시오.

258. 제1팔분공간에 존재하는 $r = \sin 3\theta$의 기둥과 중심이 원점이고 반지름이 1인 구로 둘러싸인 입체의 부피를 구하시오.

259. 제1팔분공간에 존재하는 기둥 $r = 2\sin 2\theta$의 내부와 기둥 $r = 1$의 외부, 평면 $z = 0$, 곡면 $z = x^2 + y^2$으로 둘러싸인 입체의 부피를 구하시오.

필수 예제 83

구 $x^2+y^2+z^2=4$의 내부와 실린더 $x^2+y^2=1$의 외부인 영역의 부피를 구하시오.

풀이 $D=\{(x,y)\,|\,1\le x^2+y^2\le 4\}$이고 xy평면 윗부분과 아랫부분이 서로 대칭 관계이므로 윗부분의 부피를 구해서 2배 하자.

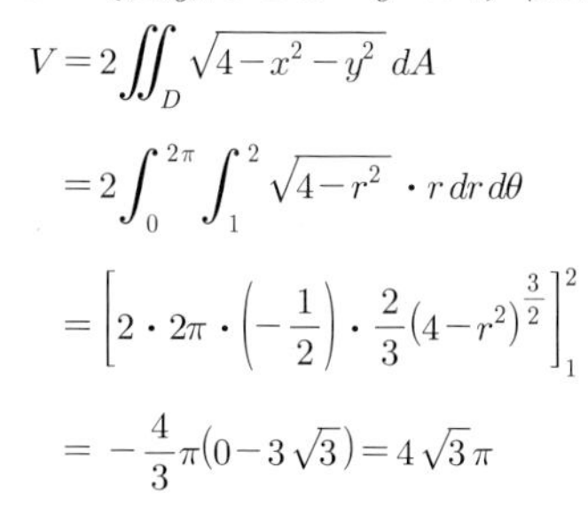

$$V=2\iint_D \sqrt{4-x^2-y^2}\,dA$$

$$=2\int_0^{2\pi}\int_1^2 \sqrt{4-r^2}\cdot r\,dr\,d\theta$$

$$=\left[2\cdot 2\pi\cdot\left(-\frac{1}{2}\right)\cdot\frac{2}{3}(4-r^2)^{\frac{3}{2}}\right]_1^2$$

$$=-\frac{4}{3}\pi(0-3\sqrt{3})=4\sqrt{3}\pi$$

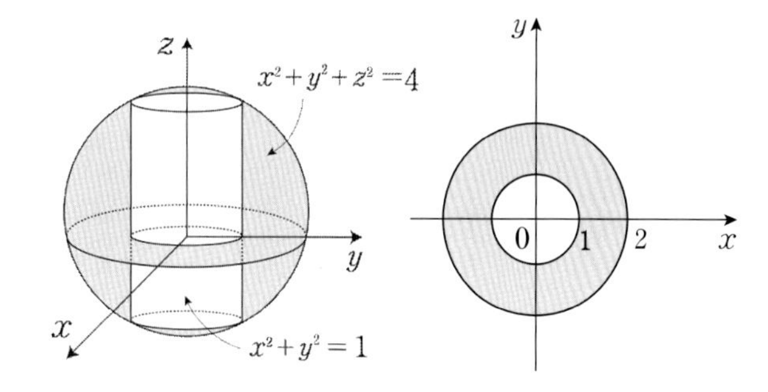

[다른 풀이]

삼중적분(원주좌표계)을 이용해서 식을 만들자.

$$\iiint_E 1dV=2\int_0^{2\pi}\int_1^2\int_0^{\sqrt{4-r^2}} r\,dz\,dr\,d\theta=2\cdot 2\pi\left[\int_1^2 r\sqrt{4-r^2}\,dr\right]=4\pi\left[\left(-\frac{1}{2}\right)\cdot\frac{2}{3}(4-r^2)^{\frac{3}{2}}\right]_1^2=4\sqrt{3}\pi$$

260. 구면 $x^2+y^2+z^2=16$ 내부에 놓이고 원기둥 $x^2+y^2=4$ 외부에 놓인 입체의 부피를 구하시오.

261. 원기둥 $x^2+y^2=4$의 내부와 타원면 $4x^2+4y^2+z^2=64$ 의 내부로 둘러싸인 입체의 부피를 구하시오.

262. 영역 $E=\{(x,y,z)|x^2+y^2+z^2\le 4, x^2+y^2-z^2\ge 1\}$의 부피를 구하시오.

필수 예제 84

포물면 $z=x^2+4y^2$과 xy평면 그리고 두 포물주면 $y^2=x, x^2=y$에 의해 둘러싸인 입체 영역의 부피를 구하시오.

풀이

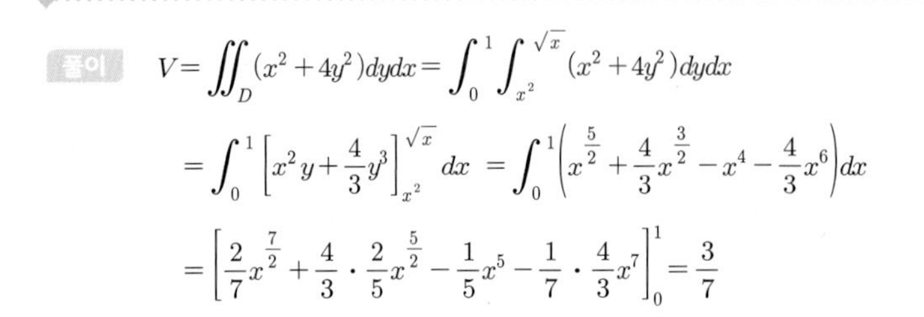

$$V=\iint_D (x^2+4y^2)dydx=\int_0^1\int_{x^2}^{\sqrt{x}}(x^2+4y^2)dydx$$

$$=\int_0^1\left[x^2y+\frac{4}{3}y^3\right]_{x^2}^{\sqrt{x}}dx=\int_0^1\left(x^{\frac{5}{2}}+\frac{4}{3}x^{\frac{3}{2}}-x^4-\frac{4}{3}x^6\right)dx$$

$$=\left[\frac{2}{7}x^{\frac{7}{2}}+\frac{4}{3}\cdot\frac{2}{5}x^{\frac{5}{2}}-\frac{1}{5}x^5-\frac{1}{7}\cdot\frac{4}{3}x^7\right]_0^1=\frac{3}{7}$$

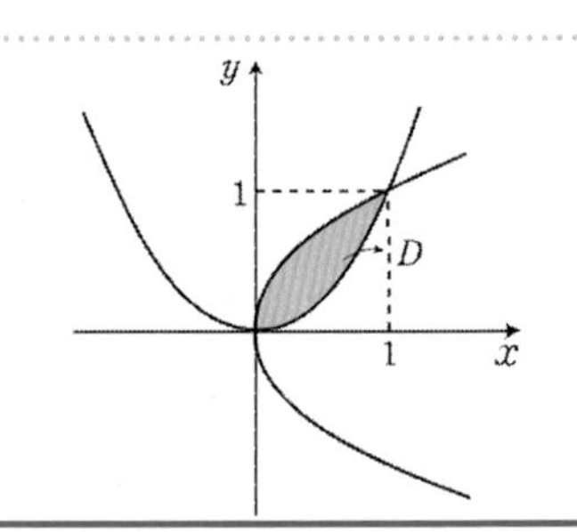

263. 곡면 $z=x+1$의 아래이고, xy평면에서 직선 $y=x$와 곡선 $y=x^2$으로 둘러싸인 영역 위에 있는 입체의 부피는?

264. 평면 $x-2y+z=1$아래에 놓이고 $x+y=1$, $x^2+y=1$에 의해 유계된 영역 위에 놓인 입체의 부피를 구하시오.

265. 포물면 $z=x^2+3y^2$과 평면 $x=0$, $y=1$, $y=x$, $z=0$으로 둘러싸인 입체의 부피를 구하시오.

266. 평면 $x+2y+z=2$, $x=2y$, $x=0$, $z=0$으로 둘러싸인 사면체 T의 부피를 구하시오.

5 무게중심

1 밀도 $\rho(x, y)$ 와 질량 m 과의 관계

밀도를 ρ, 질량을 m, 부피를 v라 하면 $\rho = \dfrac{m}{v} \Leftrightarrow m = v \cdot \rho$ 이와 같은 관계가 성립한다.

2 밀도함수 $\rho(x, y)$ 가 주어질 경우의 무게중심

평면 영역 D 의 무게중심의 좌표 $(\overline{x}, \overline{y})$라고 할 때

질량 $m = \iint_D \rho(x, y)\, dA$이고, 질량중심의 좌표는 무게중심의 좌표와 같다.

$$\overline{x} = \frac{\iint_D x\rho(x, y)\, dA}{\iint_D \rho(x, y)\, dA},\ \overline{y} = \frac{\iint_D y\rho(x, y)\, dA}{\iint_D \rho(x, y)\, dA}$$

3 밀도가 일정($\rho(x, y) = k$) 할 경우의 무게중심

(1) 평면 영역의 무게중심의 좌표 : $\overline{x} = \dfrac{\iint_D x\, dA}{\iint_D 1\, dA},\ \overline{y} = \dfrac{\iint_D y\, dA}{\iint_D 1\, dA}$

(2) 모든 점에서 밀도가 일정한 경우 원의 무게중심은 원의 중심과 같다.

(3) 모든 점에서 밀도가 일정한 경우 삼각형의 무게중심은 다음과 같다.

① 삼각형의 꼭짓점이 $(x_1, y_1), (x_2, y_2), (x_3, y_3)$인 경우 $(\overline{x}, \overline{y}) = \left(\dfrac{x_1+x_2+x_3}{3}, \dfrac{y_1+y_2+y_3}{3}\right)$

② 삼각형의 꼭짓점이 $(x_1, y_1, z_1), (x_2, y_2, z_2), (x_3, y_3, z_3)$인 경우

$$(\overline{x}, \overline{y}, \overline{z}) = \left(\frac{x_1+x_2+x_3}{3}, \frac{y_1+y_2+y_3}{3}, \frac{z_1+z_2+z_3}{3}\right)$$ 이다.

필수 예제 85

직선 $y=ax$와 포물선 $y=x^2$에 의해 둘러싸인 영역은 상수밀도함수를 갖는다. 이 영역의 질량 중심을 구하시오.

풀이 직선 $y=ax$와 포물선 $y=x^2$의 교점은 (a, a^2)이다.

(i) $\iint_D 1\,dA=\int_0^a\int_{x^2}^{ax} 1\,dy\,dx=\int_0^a (ax-x^2)\,dx=\left.\frac{ax^2}{2}-\frac{x^3}{3}\right]_0^a=\frac{a^3}{6}$

(ii) $\iint_D x\,dA=\int_0^a\int_{x^2}^{ax} x\,dy\,dx=\int_0^a x(ax-x^2)\,dx=\int_0^a (ax^2-x^3)\,dx=\left.\frac{ax^3}{3}-\frac{x^4}{4}\right]_0^a=\frac{a^4}{12}$

(iii) $\iint_D y\,dA=\int_0^a\int_{x^2}^{ax} y\,dy\,dx=\int_0^a\left[\frac{1}{2}y^2\right]_{x^2}^{ax}dx=\frac{1}{2}\int_0^a (a^2x^2-x^4)\,dx=\frac{1}{2}\left(\left.\frac{a^2x^3}{3}-\frac{x^5}{5}\right]_0^a\right)=\frac{a^5}{15}$

(i), (ii), (iii)에 의하여 $\bar{x}=\dfrac{\iint_D x\,dA}{\iint_D 1\,dA}=\dfrac{\frac{a^4}{12}}{\frac{a^3}{6}}=\dfrac{a}{2}$, $\quad \bar{y}=\dfrac{\iint_D y\,dA}{\iint_D 1\,dA}=\dfrac{\frac{a^5}{15}}{\frac{a^3}{6}}=\dfrac{2a^2}{5}$

$\therefore\ (\bar{x}, \bar{y})=\left(\frac{a}{2}, \frac{2a^2}{5}\right)$

267. 곡선 $y=\cos x$와 $y=0$, $x=0$, $x=\frac{\pi}{2}$에 의해서 둘러싸인 영역은 상수 밀도함수를 갖는다. 이 영역의 무게중심을 구하시오.

268. 곡선 $y=\sin^2 x\ (0\le x\le \pi)$와 x축으로 둘러싸인 영역은 상수 밀도함수를 갖는다. 이 영역에 대한 무게중심의 y좌표를 구하시오.

269. 좌표평면 위에 곡선 $x=y^2-2y$와 직선 $y=x$에 의하여 둘러싸인 영역 S는 상수 밀도함수를 갖는다. $(\bar{x}, \bar{y})$를 S의 무게중심의 할 때, $\bar{x}+\bar{y}$의 값은?

필수 예제 86

$x^2+y^2=a^2$의 상반원의 얇은 막 위의 임의의 점에 대한 밀도는 원의 중심에서 떨어진 거리에 비례한다. 이 얇은 막의 질량 중심을 구하여라.

풀이 얇은 막 위의 임의의 점을 (x,y)라고 할 때, 원의 중심(원점)과의 거리는 $\sqrt{x^2+y^2}$ 이 된다. 따라서 밀도함수는 $\rho(x,y)=k\sqrt{x^2+y^2}$ 이다.

$$m=\iint_D k\sqrt{x^2+y^2}\,dA=k\int_0^{\pi}\int_0^{a}r^2\,dr\,d\theta=k\cdot\pi\cdot\frac{a^3}{3}=\frac{a^3}{3}k\pi$$

$$\iint_D x\cdot k\sqrt{x^2+y^2}\,dA=k\int_0^{\pi}\int_0^{a}r^3\cos\theta\,dr\,d\theta=0\text{이므로 }\bar{x}=\frac{\iint_D x\cdot k\sqrt{x^2+y^2}\,dA}{m}=0$$

$$\iint_D y\cdot k\sqrt{x^2+y^2}\,dA=k\int_0^{\pi}\int_0^{a}r^3\sin\theta\,dr\,d\theta=\frac{a^4}{2}k\text{이므로 }\bar{y}=\frac{\iint_D y\cdot k\sqrt{x^2+y^2}\,dA}{m}=\frac{a^4k}{2}\cdot\frac{3}{a^3k\pi}=\frac{3a}{2\pi}$$

따라서 질량중심은 $\left(0,\ \frac{3a}{2\pi}\right)$이다.

270. 얇은 막이 제1사분면에 놓이는 원판 $x^2+y^2\le 1$의부분을 차지하고 있다. 임의의 점에서 밀도가 x축으로부터 그 점까지의 거리에 비례할 때 질량중심을 구하시오.

271. 얇은 막이 제1사분면에 놓이는 원판 $x^2+y^2\le 1$의부분을 차지하고 있다. 임의의 점에서 밀도가 원점에서 거리의 제곱에 비례할 때 질량중심을 구하시오.

272. 얇은 막의 영역 D는 4잎 장미 $r=\cos 2\theta$의 오른쪽 한 잎에 의해서 둘러싸인 영역이다. 밀도함수는 영역의 한 점에서 원점까지의 거리의 제곱이다. 얇은 막의 질량을 구하시오.

필수 예제 87

영역 $D=\{(x,\ y)\,|\,(x-a)^2+(y-b)^2\le r^2\}$에 대하여 이중적분 $\iint_D x\,dx\,dy$, $\iint_D y\,dx\,dy$를 구하시오.

풀이 상수밀도함수를 갖는다면 D의 무게중심은 $\bar{x}=a$, $\bar{y}=b$이다. $\iint_D 1\,dA=(D\text{의 면적})=\pi r^2$이다.

$$\bar{x}=\frac{\iint_D x\,dA}{\iint_D 1\,dA}\ \Leftrightarrow\ a=\frac{\iint_D x\,dA}{\iint_D 1\,dA}\ \Leftrightarrow\ \iint_D x\,dA=a\iint_D 1\,dA=a\pi r^2$$

$$\bar{y}=\frac{\iint_D y\,dA}{\iint_D 1\,dA}\ \Leftrightarrow\ b=\frac{\iint_D y\,dA}{\iint_D 1\,dA}\ \Leftrightarrow\ \iint_D y\,dA=b\iint_D 1\,dA=b\pi r^2$$

273. 영역 $D=\{(x,\ y)\,|\,(x-2)^2+(y-2)^2\le 1\}$에 대하여 이중적분 $\iint_D y\,dx\,dy$를 구하시오.

274. 영역 D는 x축, y축과 $3x+2y=6$으로 둘러싸인 영역이라고 할 때, 이중적분 $\iint_D x+y\,dx\,dy$를 구하시오.

275. 영역 $D=\{(x,\ y)\,|\,2x^2+3y^2-4x+12y+9\le 1\}$에 대하여 이중적분 $\iint_D 3x+2y\,dx\,dy$를 구하시오.

6 곡면적

1 매개변수 곡면 $r(u, v)$ 의 곡면적

매끄러운 매개변수 곡면 S가 방정식 $r(u,v)=x(u,v)i+y(u,v)j+z(u,v)k,\ (u,v)\in D$에 의하여 주어지고, S가 매개변수 정의역 D를 통하여 움직이는 (u,v)에 따라 단 한번 덮어진다면, S의 곡면의 넓이는 다음과 같다.

$$\iint_S dS = \iint_D |\, r_u \times r_v \,|\ dudv$$

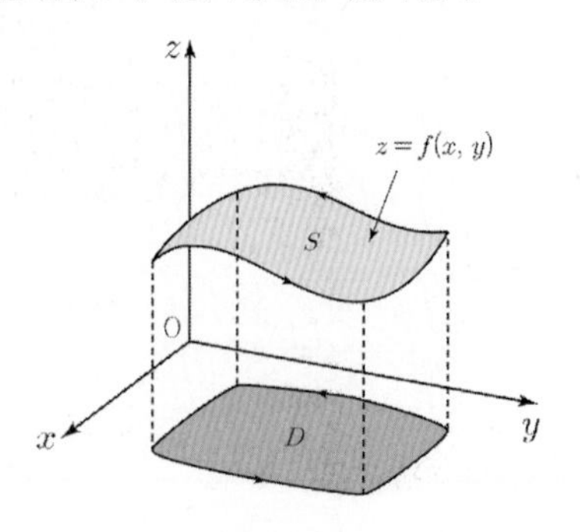

2 영역 D 위에서 곡면 $z=f(x, y)$ 의 곡면적

(1) 곡면 $z=f(x, y)$를 매개변수 방정식으로 바꾸면 $r(x, y) = \langle x, y, f(x, y) \rangle$이다.

$r_x \times r_y = \begin{vmatrix} i & j & k \\ 1 & 0 & f_x \\ 0 & 1 & f_y \end{vmatrix} = (-f_x, -f_y, 1)$이므로 $|\, r_x \times r_y \,| = \sqrt{1+(f_x)^2+(f_y)^2}$

$$\iint_S dS = \iint_D |\, r_x \times r_y \,|\, dx\, dy = \iint_D \sqrt{1+(f_x)^2+(f_y)^2}\ dx\, dy$$

(2) 곡면 S를 양함수 $z=f(x,y)$로 제시가 되는 경우도 있고, 음함수 $F(x,y,z)=C$로 제시가 될 수 있다.

곡면의 법선벡터를 구하면 $\langle -f_x, -f_y, 1 \rangle$ 또는 $\langle F_x, F_y, F_z \rangle$이고, 두 벡터는 서로 비례 관계에 놓여있다.

여기서 곡면 S의 (상향)법선벡터를 ∇S라고 한다면 $\nabla S = \langle -f_x, -f_y, 1 \rangle = \left\langle \frac{F_x}{F_z}, \frac{F_y}{F_z}, 1 \right\rangle$이 성립한다.

$|\, \nabla S \,| = \sqrt{1+(f_x)^2+(f_y)^2} = \sqrt{1+(z_x)^2+(z_y)^2} = \sqrt{1+\left(\frac{F_x}{F_z}\right)^2+\left(\frac{F_y}{F_z}\right)^2}$

이므로 곡면적의 식은 다음과 같이 정리된다.

$$\iint_S dS = \iint_D |\, \nabla S \,|\ dx\, dy$$

필수 예제 88

C가 원통 $x^2+y^2=1$과 평면 $y+z=2$가 만나서 이루는 폐곡선이라 할 때, C의 내부면적을 구하시오.

풀이 $D=\{(x,\ y)\mid x^2+y^2=1\}$이고

$y+z=2 \Rightarrow z=2-y \Rightarrow z_x=0,\ z_y=-1$이므로

$$\iint_S dS=\iint_D \sqrt{1+(z_x)^2+(z_y)^2}\,dA$$

$$=\iint_D \sqrt{1+0+1}\,dA$$

$$=\sqrt{2}\iint_D 1\,dA=\sqrt{2}\times(D\text{의 면적})$$

$$=\sqrt{2}\cdot\pi\cdot 1^2=\sqrt{2}\pi$$

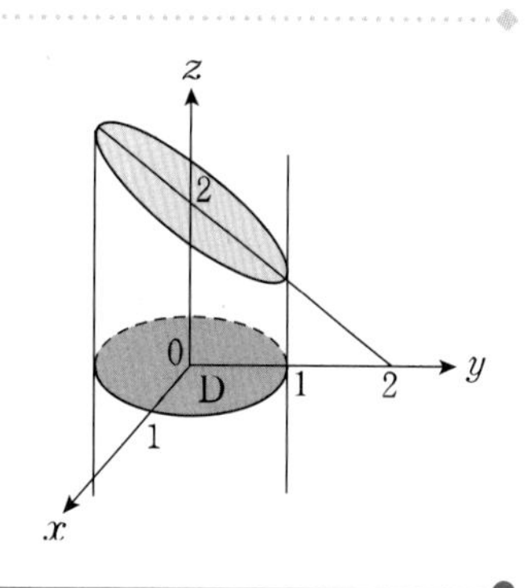

276. 제1팔분공간 안에 놓여 있는 평면 $3x+2y+z=6$의 면적을 구하시오.

277. 원기둥 $x^2+y^2=3$에 속하는 평면 $x+2y+3z=1$의 부분의 면적을 구하시오.

278. 평면 $z=1$ 아래에 놓여 있는 포물면 $z=x^2+y^2$ 부분의 넓이를 구하시오.

279. xy평면 위에 놓인 포물면 $z=4-x^2-y^2$의 면적을 구하시오.

280. 세 꼭짓점이 $(0,0)$, $(1,0)$, $(1,1)$인 삼각형 영역 T위의 곡면 $z=x^2+2y$의 넓이를 구하시오.

281. 원기둥 $x^2+y^2=1$내부에 속하는 곡면 $z=xy$의 부분의 면적을 구하시오.

282. 두 원기둥 $x^2+y^2=1,\ x^2+y^2=4$사이에 놓인 쌍곡포물면 $z=y^2-x^2$의 면적을 구하시오.

283. xy평면 위에 꼭지점 $(0,0),(4,0),(0,2),(4,2)$인 직사각형 위에 놓인 원기둥 $y^2+z^2=9$의 면적을 구하시오.

284. 평면 $y=x$와 포물기둥 $y=x^2$사이에 놓인 원뿔면 $z=\sqrt{x^2+y^2}$의 면적을 구하시오.

필수 예제 89

삼차원 공간에서의 타원기둥 $y^2+4z^2=9$의 내부에 있는 곡면 $x=y^2+2z^2$의 넓이는?

풀이 타원기둥 $y^2+4z^2=9$의 내부에 있는 곡면 $x=y^2+2z^2$의 넓이는 $D=\{(y,\ z)\,|\,y^2+4z^2\le 9\}$에서

$$\iint_S dS=\iint_D\sqrt{1+\left(\frac{\partial x}{\partial y}\right)^2+\left(\frac{\partial x}{\partial z}\right)^2}\,dydz$$

$=\iint_D\sqrt{1+(2y)^2+(4z)^2}\,dydz$; $y=u,\ z=\frac{1}{2}v$라고 치환하면 $D'=\{(u,v)\,|\,u^2+v^2\le 9\}$이다.

$=\frac{1}{2}\iint_{D'}\sqrt{1+4u^2+4v^2}\,dudv$; 극좌표계로 치환하자.

$$=\frac{1}{2}\int_0^{2\pi}\int_0^3\sqrt{1+4r^2}\,rdrd\theta=\frac{1}{2}\cdot 2\pi\cdot\frac{2}{3}\cdot\frac{1}{8}(1+4r^2)^{\frac{3}{2}}\Big|_0^3=\frac{\pi(37\sqrt{37}-1)}{12}$$

[다른 풀이]

타원기둥 $y^2+4z^2=9$의 내부에 있는 곡면 $x=y^2+2z^2$의 넓이는 타원기둥 $y^2+4x^2=9$의 내부에 있는 곡면 $z=y^2+2x^2$의 넓이와 같다. 따라서 $D=\{(x,\ y)\,|\,4x^2+y^2\le 9\}$ 위에서 곡면 $z=y^2+2x^2$의 넓이는

$$\iint_S dS=\iint_D\sqrt{1+\left(\frac{\partial z}{\partial x}\right)^2+\left(\frac{\partial z}{\partial y}\right)^2}\,dxdy$$

$=\iint_D\sqrt{1+(4x)^2+(2y)^2}\,dxdy$; $2x=X,\ y=Y$라 치환하면 영역 $D'=\{(X,\ Y)\,|\,X^2+Y^2\le 9\}$

$=\iint_{D'}\sqrt{1+4X^2+4Y^2}\,\frac{1}{2}\,dX\,dY$; 극좌표계로 변경하면 $D'=\{(r,\theta)\,|\,0\le r\le 3,\ 0\le\theta\le 2\pi\}$이므로

$=\frac{1}{2}\int_0^{2\pi}\int_0^3\sqrt{1+4r^2}\,rdrd\theta$; $\sqrt{1+4r^2}=t$로 치환

$$=\frac{1}{2}\int_0^{2\pi}\int_1^{\sqrt{37}}\frac{1}{4}t^2dtd\theta=\frac{1}{8}\int_0^{2\pi}\left[\frac{1}{3}t^3\right]_1^{\sqrt{37}}d\theta$$

$$=\frac{1}{24}\int_0^{2\pi}(37\sqrt{37}-1)d\theta=\frac{\pi(37\sqrt{37}-1)}{12}$$

285. 원기둥 $y^2+z^2=9$안에 놓여있는 포물면 $x=y^2+z^2$의 면적을 구하시오.

286. $x=0,\ x=1,\ z=0,\ z=1$사이에 속하는 곡면 $y=4x+z^2$의 면적을 구하시오.

필수 예제 90

곡면 $S: x^2+y^2+z^2=a^2$의 면적을 구하자. (단, $a>0$)

풀이 상반구 $S_1: z=\sqrt{a^2-x^2-y^2}$ 의 면적을 구해서 2배 하자.

$z_x=\dfrac{-x}{\sqrt{a^2-x^2-y^2}}$, $z_y=\dfrac{-y}{\sqrt{a^2-x^2-y^2}}$ 이고, $|\nabla S|=\sqrt{1+(z_x)^2+(z_y)^2}=\dfrac{a}{\sqrt{a^2-x^2-y^2}}$ 이다.

$$\iint_S dS=2\iint_{S_1}dS=2\iint_D\sqrt{(z_x)^2+(z_y)^2+1}\,dA=2\iint_D\sqrt{\frac{a^2}{a^2-x^2-y^2}}\,dA$$

$$=2\int_0^{2\pi}\int_0^a\frac{ar}{\sqrt{a^2-r^2}}\,dr\,d\theta=2\cdot 2\pi\cdot a\left[-(a^2-r^2)^{\frac{1}{2}}\right]_0^a=4\pi\cdot a^2$$

[다른 풀이] $F: x^2+y^2+z^2=a^2$라고 할 때, $\nabla F=\langle 2x, 2y, 2z\rangle \Rightarrow \nabla S=\left\langle \frac{x}{z}, \frac{y}{z}, 1\right\rangle$

$|\nabla S|=\sqrt{\dfrac{x^2}{z^2}+\dfrac{y^2}{z^2}+1}=\dfrac{\sqrt{x^2+y^2+z^2}}{|z|}=\dfrac{a}{|z|}$ 이다.

상반구 $S_1: z=\sqrt{a^2-x^2-y^2}$ 의 면적을 구해서 2배 하자.

$$\iint_S dS=2\iint_{S_1}dS=2\iint_D|\nabla S|\,dA=2\iint_D\frac{a}{z}\,dxdy=2a\iint_D\frac{1}{\sqrt{a^2-x^2-y^2}}dA=4\pi\cdot a^2$$

[다른 풀이] 구의 매개화를 이용하여 구하자.

$x^2+y^2+z^2=a^2 \Leftrightarrow r(\phi,\ \theta)=\langle a\sin\phi\cos\theta,\ a\sin\phi\sin\theta,\ a\cos\phi\rangle\ (0\le\theta\le 2\pi, 0\le\phi\le\pi)$

$$r_\phi\times r_\theta=\begin{vmatrix} i & j & k \\ a\cos\phi\cos\theta & a\cos\phi\sin\theta & -a\sin\phi \\ -a\sin\phi\sin\theta & a\sin\phi\cos\theta & 0\end{vmatrix}=a\cdot a\sin\phi\begin{vmatrix} i & j & k \\ \cos\phi\cos\theta & \cos\phi\sin\theta & -\sin\phi \\ -\sin\theta & \cos\theta & 0\end{vmatrix}$$

$$=a^2\sin\phi\langle\sin\phi\cos\theta,\ \sin\phi\sin\theta,\ \cos\phi\rangle=a\sin\phi\langle a\sin\phi\cos\theta,\ a\sin\phi\sin\theta,\ a\cos\phi\rangle$$

$\Rightarrow |r_\phi\times r_\theta|=|a^2\sin\phi|=a^2\sin\phi\ (\because 0\le\phi\le\pi)$

$$\therefore (\text{구의 면적})=\iint_S dS=2\iint_{S_1}dS=\iint_D|r_\phi\times r_\theta|\,d\phi d\theta=\int_0^{2\pi}\int_0^\pi a^2\sin\phi\,d\phi\,d\theta$$

$$=a^2\int_0^{2\pi}1\,d\theta\cdot\int_0^\pi\sin\phi\,d\phi=a^2\cdot 2\pi\cdot 2=4\pi a^2$$

287. **평면 $z=2$위에 존재하는 곡면 $x^2+y^2+z^2=16$의 면적을 구하시오.**

필수 예제 91

다음과 같이 주어진 공간곡면 S의 넓이를 구하시오.

$$S : r(u,\ v) = (u\cos v,\ u\sin v,\ v)\ (0 \le u \le 1,\ 0 \le v \le \pi)$$

풀이

$$r_u \times r_v = \begin{vmatrix} i & j & k \\ \cos v & \sin v & 0 \\ -u\sin v & u\cos v & 1 \end{vmatrix} = \langle \sin v,\ -\cos v,\ u(\cos^2 v + \sin^2 v) \rangle = \langle \sin v,\ -\cos v,\ u \rangle$$

$$\Rightarrow \| r_u \times r_v \| = \sqrt{\sin^2 v + \cos^2 v + u^2} = \sqrt{1+u^2}$$

$$\iint_S dS = \iint_D \| r_u \times r_v \| \, du\, dv = \int_0^{\pi} \int_0^1 \sqrt{1+u^2}\, du\, dv$$

$$= \int_0^{\pi} 1\, dv \int_0^1 \sqrt{1+u^2}\, du = \pi \int_0^1 \sqrt{1+u^2}\, du$$; $u = \tan\theta$로 치환하면 $du = \sec^2\theta\, d\theta$

$$= \pi \int_0^{\frac{\pi}{4}} \sec\theta \cdot sec^2\theta\, d\theta = \frac{\pi}{2} [\sec\theta \cdot tan\theta + \ln(\sec\theta + \tan\theta)]_0^{\frac{\pi}{4}} = \frac{\pi}{2} \{ \sqrt{2} + \ln(\sqrt{2}+1) \}$$

288. 구면 $S = \{(x, y, z) \in \mathbb{R}^3 \mid x^2 + y^2 + z^2 = 1\}$ 의 $z \ge a$ 인 부분의 면적이 S 의 전체 면적의 $\frac{1}{6}$ 이다. a 를 구하시오.

289. 매개변수방정식 $x = u^2,\ y = uv,\ z = \frac{1}{2}v^2$ (단, $0 \le u \le 1,\ 0 \le v \le 2$)을 갖는 곡면의 넓이를 구하시오.

290. $0 \le u \le 2,\ -1 \le v \le 1$에서 주어진 벡터함수 $r(u,v) = \langle u+v,\ 2-3u,\ 1+u-v \rangle$를 가지는 곡면의 면적을 구하시오.

필수 예제 92

R^3에서 곡면 Ω 를
$\Omega = \{r(\theta, \phi) = (2+\cos\phi)\cos\theta i + (2+\cos\phi)\sin\theta j + \sin\phi k \mid 0 \le \theta \le 2\pi, 0 \le \phi \le 2\pi\}$ 와 같이 매개변수로 표현되는 토러스(torus)라고 할 때, Ω 의 표면적을 구하시오.

풀이 $r(\theta, \phi) = \langle (2+\cos\phi)\cos\theta, (2+\cos\phi)\sin\theta, \sin\phi \rangle$ 일 때,

$$r_\theta \times r_\phi = \begin{vmatrix} i & j & k \\ -(2+\cos\phi)\sin\theta & (2+\cos\phi)\cos\theta & 0 \\ -\sin\phi\cos\theta & -\sin\phi\sin\theta & \cos\phi \end{vmatrix}$$

$$= \langle (2+\cos\phi)\cos\theta\cos\phi, (2+\cos\phi)\sin\theta\cos\phi, \quad (2+\cos\phi)\sin\phi\sin^2\theta + (2+\cos\phi)\sin\phi\cos^2\theta \rangle$$

$$= \langle (2+\cos\phi)\cos\theta\cos\phi, (2+\cos\phi)\sin\theta\cos\phi, (2+\cos\phi)\sin\phi \rangle = (2+\cos\phi)\langle \cos\theta\cos\phi, \sin\theta\cos\phi, \sin\phi \rangle$$

$$\Rightarrow \|r_\theta \times r_\phi\| = |2+\cos\phi| \sqrt{\cos^2\theta\cos^2\phi + \sin^2\theta\cos^2\phi + \sin^2\phi} = |2+\cos\phi| \sqrt{\cos^2\phi + \sin^2\phi} = |2+\cos\phi|$$

$$\therefore S = \iint_D ||r_\theta \times r_\phi|| d\theta d\phi = \iint_D |2+\cos\phi| dA = \int_0^{2\pi}\int_0^{2\pi} 2+\cos\phi d\theta d\phi = 2\pi\int_0^{2\pi} 2+\cos\phi d\phi = 8\pi^2$$

[다른 풀이]

$\theta = 0$일 때, $x = 2+\cos\phi,\ y = 0,\ z = \sin\phi$이므로 $(x-2)^2 + z^2 = 1$

$\theta = \frac{\pi}{2}$일 때, $x = 0,\ y = 2+\cos\phi,\ z = \sin\phi$이므로 $(y-2)^2 + z^2 = 1$

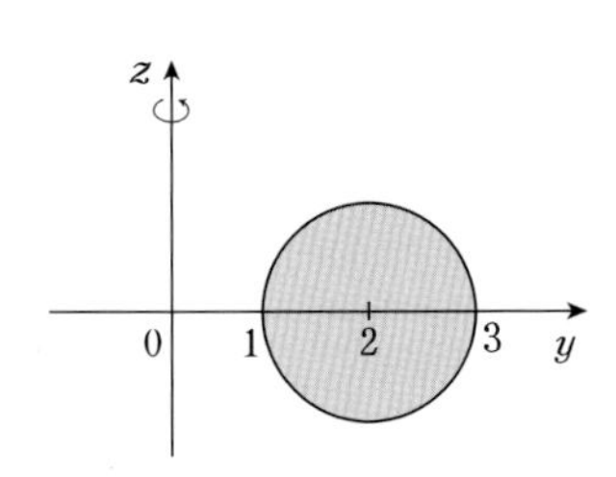

파푸스 정리를 이용하면

S=(원의 둘레)$\times 2\pi \times$(원의 중심이 이동한 거리 d)

$= (2\pi \times 1) \times 2\pi \times 2 = 8\pi^2$

291. 곡면 $F(u, v) = (2u\cos v, 2u\sin v, u^2)$ $(\sqrt{3} \le u \le 2\sqrt{2},\ 0 \le v \le 3)$의 넓이를 구하시오.

292. 곡면 S의 매개변수표현이 $x = r\cos\theta,\ y = r\sin\theta,\ z = \theta$ $(0 \le \theta \le 2\pi,\ 0 \le r \le 1)$ 일 때, S의 넓이를 구하시오.

Areum Math Tip

$r(\theta,\ \phi)=\langle(a+b\cos\phi)\cos\theta,\ (a+b\cos\phi)\sin\theta,\ b\sin\phi\rangle$에서 a는 회전축과 폐곡선의 중심의 거리이고 b는 폐곡선(원)의 반지름, θ는 xy평면에서의 각도를 뜻한다. (단, $a>b>0$일 때)

$\theta=0$이면 $\begin{cases} x=a+b\cos\phi \\ y=0 \\ z=b\sin\phi \end{cases} \Rightarrow (x-a)^2+z^2=b^2$

$\theta=\dfrac{\pi}{2}$이면 $\begin{cases} x=0 \\ y=a+b\cos\phi \\ z=b\sin\phi \end{cases} \Rightarrow (y-a)^2+z^2=b^2$

$$\Rightarrow r_\theta\times r_\phi=\begin{vmatrix} i & j & k \\ -(a+b\cos\phi)\sin\theta & (a+b\cos\phi)\cos\theta & 0 \\ -b\sin\phi\cos\theta & -b\sin\phi\sin\theta & b\cos\phi \end{vmatrix}$$

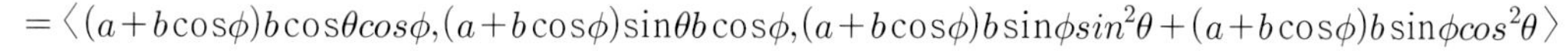

$$=\langle(a+b\cos\phi)b\cos\theta\cos\phi, (a+b\cos\phi)\sin\theta b\cos\phi, (a+b\cos\phi)b\sin\phi\sin^2\theta+(a+b\cos\phi)b\sin\phi\cos^2\theta\rangle$$

$$=\langle(a+b\cos\phi)b\cos\theta\cos\phi, (a+b\cos\phi)\sin\theta b\cos\phi, (a+b\cos\phi)b\sin\phi\rangle$$

$$=(a+b\cos\phi)\langle b\cos\theta\cos\phi, b\sin\theta\cos\phi, b\sin\phi\rangle$$

$$\Rightarrow ||r_\theta\times r_\phi||=|a+b\cos\phi|\left(b^2\cos^2\theta\cos^2\phi+b^2\sin^2\theta\cos^2\phi+b^2\sin^2\phi\right)^{\frac{1}{2}}$$

$$=|a+b\cos\phi|\cdot|b|\left(\cos^2\phi+\sin^2\phi\right)^{\frac{1}{2}}$$

$$=|b|\,|a+b\cos\phi|=b(a+b\cos\phi)$$

$$\therefore S=\iint_D||r_\theta\times r_\phi||\,d\theta\,d\phi=\int_0^{2\pi}\int_0^{2\pi}|b|(a+b\cos\phi)\,d\theta\,d\phi=b\cdot 2\pi\left[a\theta+b\sin\theta\right]_0^{2\pi}=ab\cdot(2\pi)^2=4ab\pi^2$$

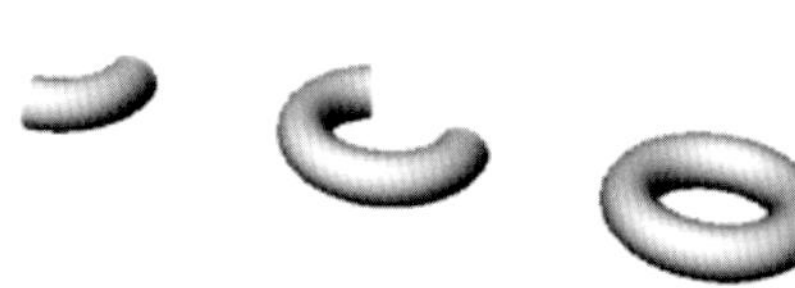

필수 예제 93

단면적의 크기가 같은 두 원기둥 $x^2+y^2=a^2$과 $x^2+z^2=a^2$이 있다. $(a>0)$

(1) 두 원기둥으로 둘러싸인 영역의 부피를 구하시오.

(2) 두 원기둥으로 둘러싸인 영역의 곡면적을 구하시오.

풀이 (1) xy평면의 위쪽에 있는 입체의 부피와 아래쪽에 놓인 입체의 부피는 같다.

$D: x^2+y^2=a^2$에서 xy평면과 곡면 $z=\sqrt{a^2-x^2}$으로 둘러싸인 입체의 부피를 구해서 2배하자.

$D_1=\{(x,y)\mid -a\le x\le a,\ -\sqrt{a^2-x^2}\le y\le \sqrt{a^2-x^2}\}$이라 두자.

$$V=2\iint_{D_1}\sqrt{a^2-x^2}\,dx\,dy=2\int_{-a}^{a}\int_{-\sqrt{a^2-x^2}}^{\sqrt{a^2-x^2}}\sqrt{a^2-x^2}\,dy\,dx$$

$$=2\int_{-a}^{a}\sqrt{a^2-x^2}\cdot[y]_{-\sqrt{a^2-x^2}}^{\sqrt{a^2-x^2}}dx$$

$$=4\int_{-a}^{a}(a^2-x^2)\,dx=8\int_{0}^{a}(a^2-x^2)\,dx$$

$$=8\left[a^2x-\frac{1}{3}x^3\right]_0^a=8\left(a^3-\frac{1}{3}a^3\right)=\frac{16}{3}a^3$$

(2) 두 원기둥으로 둘러싸인 영역은 xy평면의 윗부분과 아랫부분이 대칭 관계에 놓여 있고 xz평면의 좌우가 서로 대칭 관계에 놓여있다.

영역 $D_1=\{(x,y)\mid -a\le x\le a,\ -\sqrt{a^2-x^2}\le y\le \sqrt{a^2-x^2}\}$위에 존재하는 곡면 $x^2+z^2=a^2$의 면적 $\iint_{S_1}dS$

영역 $D_2=\{(x,y)\mid -a\le x\le a,\ -\sqrt{a^2-x^2}\le z\le \sqrt{a^2-x^2}\}$위에 존재하는 곡면 $x^2+y^2=a^2$의 면적 $\iint_{S_2}dS$

이라고 할 때, $\iint_{S_1}dS=\iint_{S_2}dS$이고, 둘러싸인 곡면의 면적은 $2\iint_{S_1}dS$이다.

$\iint_{S_1}dS$를 구할 때, xy평면의 윗부분의 면적을 구해서 2배하자.

곡면 $S: F(x,y,z)=x^2+z^2-a^2=0\ (z=\sqrt{a^2-x^2})$의 $\nabla F=\langle 2x,0,2z\rangle$이고,

$\nabla S=\left\langle \frac{x}{z},0,1\right\rangle,\ |\nabla S|=\sqrt{\frac{x^2+z^2}{z^2}}=\frac{a}{|z|}=\frac{a}{\sqrt{a^2-x^2}}$ 이다.

$$\iint_{S_1}dS=2\iint_{D_1}|\nabla S|\,dA=2\iint_{D_1}\sqrt{1+(z_x)^2+(z_y)^2}\,dA$$

$$=2\iint_{D_1}\frac{a}{\sqrt{a^2-x^2}}dA=2\int_{-a}^{a}\int_{-\sqrt{a^2-x^2}}^{\sqrt{a^2-x^2}}\frac{a}{\sqrt{a^2-x^2}}dydx$$

$$=2\int_{-a}^{a}2a\,dx=8a^2$$

따라서 두 원기둥으로 둘러싸인 영역의 면적은 $2\iint_{S_1}dS=16a^2$이다.

선배들의 이야기 ++

편입 스펙

학점은행제 학사편입

합격 대학

성균관대학교(컴퓨터교육과), 한양대학교(데이터사이언스전공), 이화여자대학교(컴퓨터공학), 중앙대학교(소프트웨어학부), 서울시립대학교(전자전기컴퓨터공학부), 경희대학교(컴퓨터공학과), 건국대학교(컴퓨터공학)

공부한 게 아까워서라도 끝까지!

저는 7월에 편입 공부를 시작하였습니다. 대략 한 과목당 한 달을 잡고 강의를 들었는데, 첫 한 달은 괜찮았지만 과목이 추가되면서 이전에 공부했던 내용들을 잊어버렸습니다. 선생님께서 수업 때마다 매번 누적 학습을 강조해 주시는데 이게 정말 중요한 것 같습니다. 저는 시간이 없어서 누적 학습보다 진도 나가는 것에 중점을 두어 공부했는데 거의 12월 초까지 잊어버린 개념을 잡느라 고생했었습니다.

10월까지는 기본서 진도를 나가고 회독을 하며 기본적인 개념을 잊지 않기 위해 노력했습니다. 11월에는 1200제 문제풀이를 하며 실전 감각을 길렀고 12월 중순부터 기출풀이를 시작하였습니다. 많은 사람이 빠르면 10월 늦어도 11월에는 기출을 풀었기 때문에 늦게 푸는 것에 대한 걱정도 있었지만, 개념이 올바로 잡히지 않은 상태에서 문제 푸는 것은 의미가 없다고 생각했기 때문에 첫 시험 일주일 전부터 풀기 시작했습니다.
또, 선생님께서 올려주신 필기노트가 있는데, 각 과목마다 필기노트를 인쇄해서 강의를 들으면서 추가적으로 필요한 부분은 따로 적어 두었습니다. 마지막 편입 시험을 볼 때 까지 해당 노트를 가지고 다니면서 공부했습니다.

7월 모의고사는 범위가 미적분만 해당되어서 점수가 잘 나왔지만, 7월부터 10월 배치고사까지는 수학 점수가 점점 떨어졌습니다. 마지막 배치고사를 보고서는 편입을 내년으로 미룰까라는 고민도 많이 되었지만 그동안 공부한게 아까워서 경험이라도 해보자라는 심정으로 마음 편하게 공부했습니다. 하지만 시간이 지나고 기출을 계속 풀면서 개념도 잡혀갔고 12월 말이 되었을 때는 수학에 자신감을 가질 수 있었습니다.

모의고사 수학성적	7월	8월	9월	10월
원점수	80	60	72	68
백분위	91.7	59.5	83.7	84.1

지치는 순간에는 쉬기도 하면서 시험보는 날까지 가세요

편입 공부를 하다 보면 지치는 순간이 분명 올 것이라고 생각합니다. 그때는 하루정도 편하게 놀아도 된다고 생각합니다. 저도 매일매일 공부한 것이 아니라, 주중에는 8시-20시, 토요일에는 10시-17시에만 공부하고 나머지 시간에는 쉬기도 하고 친구도 만나러 다녔습니다. 적절한 휴식이 있어야 공부에 집중도 잘되고 마지막까지 갈 수 있습니다! 마지막 시험을 보는 날까지 단어와 수학 개념만 놓지 않는다면 분명 좋은 결과를 얻을 수 있을 것입니다.

- 김○서 (한양대학교 데이터사이언스학과)

편입 스펙

순천향대학교(환경보건학과) 학점 3.62 토익 405

합격 대학

중앙대학교(바이오메디컬공학과), 경희대학교(식물·환경신소재공학과), 건국대학교(환경보건과학과), 단국대학교(과학교육과), 아주대학교(화학과)

편입 동기 & 목적

제가 군대에 있는 동안 같은 학과 동기가 편입으로 다른 학교를 가는 모습을 보고 편입이라는 제도를 처음 알았고 관심을 가지게 됐습니다. 또한 평소 학벌에 대한 콤플렉스가 있었고, 군대 동기들의 높은 학벌을 보고 "편입해서 나도 학벌을 올려보자"라는 생각을 꾸준히 하곤 하여 편입을 결심하게 되었습니다.

영어 – 노베이스로 시작해 포기하지 않고!

노베이스로 시작해 꾸준히 인강&현강 들었고, 단어를 하루에 1시간 이상은 무조건 하고 많으면 3~5시간까지 한 적도 많았습니다. 하지만 문제는 단어는 알지만, 독해를 잘 못하는 특징을 가지고 있어서 이건 짧은 시간 내에 해결할 수 없는 문제였습니다. 그래서 단어, 문법, 논리 위주로 공부하였습니다. 그래도 커리에 뒤처지지 않게 7월부터 기출 수업을 들었고 이때부터는 기출 수업 듣고 복습하고 단어만 공부하였습니다.

토익은 준비 안 하고 점수만 있으면 된다고 생각해 뒤늦게 10월에 봐서 낮은 점수였지만 딱히 상관없다고 생각합니다. 그래도 다시 돌아간다면 저는 토익 점수를 미리 좀 준비해서 더 나은 점수를 딸 것 같습니다.

수학 – 아름쌤이 하라는 대로 의심 없이!

저는 이과였지만 수능 수학 나형 4등급 베이스였고, 편입수학을 처음 시작할 때 미분, 적분, 코사인, 사인을 처음 접했습니다. 1~3월까지 타선생님 강의로 군대 안에서 시간을 내어 미분, 적분을 무작정 외웠습니다. 하지만 외우는 방식으로 수업하는 것이 이해가 되지않아 편입한 친구의 추천으로 한아름 선생님으로 수업으로 옮겼습니다. 이때 다변수를 시작하는 단계였고, 다변수 진도를 나가면서 미적분 개념서를 인강 없이 회독하며 모르고 헷갈리는 부분만 인강으로 복습하고 총정리 강의로 부족했던 미적분 개념을 채웠습니다. 그리고 7월 시작되는 기출 수업부터 현강을 듣기 시작하였고, 이때 선형대수도 같이 병행하였습니다. 이후 공학수학부터는 현강과 같은 커리를 타기 시작했습니다.

수학을 공부하는 데 있어 첫 번째로 중요한 것은 기본서 누적 복습이라 생각합니다. 기본서를 미적분 10번, 선형대수 8번, 다변수 미적분 3번, 공학수학 5번 정도 회독하며 모르는 부분을 채우고 또 채웠습니다. 두 번째로 중요한 것은 기출입니다. 학교마다 기출도 다르고 선호하는 문제도 다릅니다. 그래서 전 가고싶은 학교는 6개년 이상의 기출을 풀었고, 그 외 학교는 3개년 정도 풀며 기출 수업 때 풀고 수업들은 건 당일에 복습하고 바로 버렸습니다. 아름쌤 말대로 나중 되면 단지 짐일 뿐이라고 생각했습니다. 이러한 방식으로 하반기에 있는 기출 수업, 시크릿 모의고사 수업에서 항상 상위권 등수를 유지했습니다.

기출 수업을 들으면서 공수 2를 인강으로 들으며 아름쌤이 "일주일에 한 번씩만 보자"라는 약속을 진도를 나가는 동안 지키지 않고 복습을 하지 않아 중앙대를 쓰지 않으려고 하였습니다. 하지만, 11월쯤에 있는 중앙대학교 기출 수업 전에 상담을 했을 때 중앙대학교를 쓰라고 추천하셨습니다. 그때부터 기본서에 있는 공수 2를 복습하면서 중앙대학교를 최종목표로 다시 공부하기 시작하였고 중앙대에 합격하였습니다.

수업을 들으면서 '잘하고 있는 건가?'라는 걱정이 많을 것 같은데 아름쌤이 하라는 대로만 하면 다 합격할 수 있습니다! 자기 전에 아름매스 밴드 보는 것도 좋습니다. 저는 다른 분들이 모르는 문제를 보고 속으로 풀이를 생각하고 또 다른 분이 댓글 남겨주신 걸로 풀이가 맞나 확인하는 방법을 자주 사용 했습니다.

점수에 연연하지 않으면 학교 병행도 부담 없이 가능합니다

저는 3월부터 6월까지 편입 조건을 채우기 위해 학교를 병행하였습니다. 그래서 이때 저의 전공수업을 듣지 않고 다른 학과 전공인 일반수학을 담당 교수님께 메일로 부탁하여 수업을 같이 들으면서 학원에서 배운 것을 기반하여 복습용으로 썼습니다. 또한 교양들도 영어, 수학과 관련한 수업만 채움으로써 기본적인 지식을 늘려나갔습니다. 그래서 딱히 시험기간에도 부담 없이 편입 공부를 했습니다.

· 모의고사 영/수 점수

모의고사 영어성적	4월	5월	6ㅇ월	7월	8월	9월	10월	11월
원점수	40	72.5	55	62.5	45	42.5	50	55
백분위	35.4	72.1	59	61.6	35.3	37.3	47.8	58.5

모의고사 수학성적	4월	5월	6ㅇ월	7월	8월	9월	10월	11월
원점수	72	72	56	80	48	60	68	76
백분위	55.6	57.6	68.6	78.4	44.2	67.1	78.4	93.3

모의고사 수학을 보시면 8회 때 점수와 백분위가 엄청 떨어지는데 이때 7회에 점수가 잘 나와 영어만 하는 바람에 수학을 다 까먹어 점수가 낮아졌습니다. 그래서 그 이후로 다시 수학에 투자하였고 9회부터 백분위가 우상향하는 점수가 나타납니다. 그런데 모의고사 점수에 너무 연연하지 마세요. 자기 공부할 거 하면 다 올라갑니다.

10월부터 시험보기 전날까지 해서 슬럼프가 왔습니다. 쉬는 날 없이 했다가 몸이 지친 것이었습니다. 특히 가장 가고 싶었던 건국대 시험을 망침으로써 그 이후에 있던 시험에 집중할 수 없었지만, 곧 끝난다는 정신력과 휴식을 동반하며 버티면서 공부했습니다. 고작 며칠 안 남았는데 그동안 공부했던 것을 날린다고 생각하는 게 정말 싫었습니다.

저는 원서를 총 9개를 썼습니다. 근데 마지막에 체력이 받쳐주지 않아 선택과 집중으로 시험은 7개만 보았습니다. 원서비는 아쉽지만 하나에 집중한다는 생각으로 좋은 결과를 받아낸 것 같습니다.

암기 아닌 이해로 하는 수업이 좋았습니다, 여러분 힘내세요!

아름쌤 수업은 무작정 외우는 수업이 아닌 것이 이해하는 수업입니다. 저는 이해하는 공부법을 추구하기에 아름쌤을 들었습니다. 기출 수업을 하면서도 전에 배웠던 개념들을 복기시켜주시고 까먹었을 만한 개념들을 다시 설명해주셔서 잊지 않게 해주십니다. 이런 수업으로 이해가 완료되면 이젠 암기를 시작하는 방향으로 가는 점이 정말 좋았습니다.

- 시작점은 다 똑같습니다. 열심히 한다면 그에 대한 보상은 따라옵니다.
- 쉬는 날을 만들면서 공부하세요. 몸이 지치면 공부할 수가 없습니다.
- 아이패드로 공부하시는 분들은 기출만큼은 종이에다 푸는 연습을 하세요. 푸는 느낌이 다릅니다.
- 토익 점수에 너무 목매지 마세요. 어차피 과기대를 제외하고 수학 점수에서 판결납니다.
- 누적복습, 백지연습 등 아름쌤의 시스템에 잘 따라가세요.
- 잘하고 있나 못하고 있나 생각이 들 때 상담하세요. 항상 친절히 상담해주십니다.
- 건국대 준비하시는 분이 많을 텐데 꼭 타임어택 연습해서 본인에 맞는 풀이법을 찾아서 들어가셔야 합니다!
- 월드컵 같은 행사는 그냥 보세요. 어차피 90분밖에 안 합니다. 그 외 시간에 공부에만 집중한다는 생각으로 하세요.

- 이○명 (중앙대 바이오메디컬공학과)

CHAPTER 05

삼중적분

1. 삼중적분의 계산 & 성질
2. 원주좌표계
3. 구면좌표계
4. 적분변수변환
5. 부피
6. 무게중심

05 삼중적분

1 삼중적분의 계산 & 성질

1 삼중적분의 계산

이중적분에서 사용했던 것과 같은 절차에 의해 3차원 공간에 있는 일반적인 유계 영역 E 위에서의 삼중적분을 의미한다.

TIP 삼중적분의 영역을 설정할 때, 입체 영역 E 와 xy 평면에 대한 정사영 D 로 두 개의 그림을 그리는 것이 현명하다.

(1) $E=\{(x,y,z)|(x,y)\in D, u_1(x,y)\le z\le u_2(x,y)\}$ 일 때,

$$\iiint_E f(x,y,z)dV=\iint_D\left[\int_{u_1(x,y)}^{u_2(x,y)}f(x,y,z)dz\right]dA$$

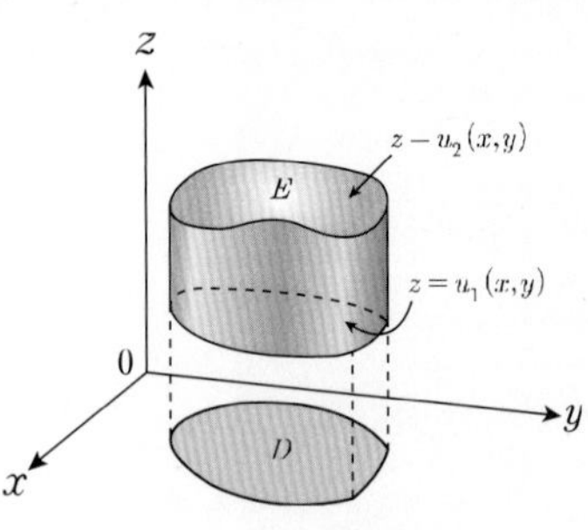

(2) $E=\{(x,y,z)|a\le x\le b,\ g_1(x)\le y\le g_2(x),$
$u_1(x,y)\le z\le u_2(x,y)\}$

$$\iiint_E f(x,y,z)dV=\int_a^b\int_{g_1(x)}^{g_2(x)}\int_{u_1(x,y)}^{u_2(x,y)}f(x,y,z)dzdydx$$

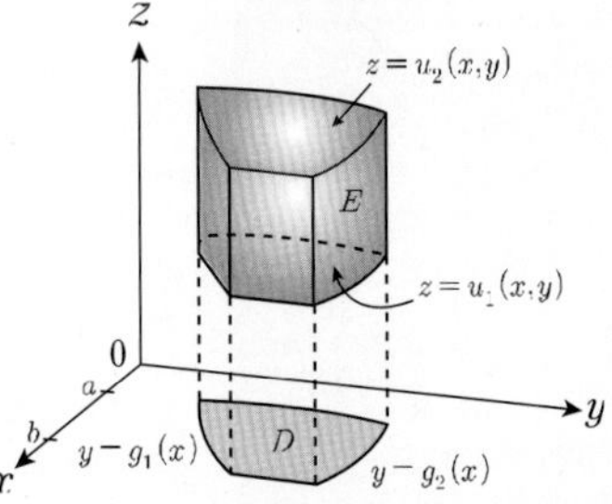

(3) $E=\{(x,y,z)|c\le y\le d,\ h_1(y)\le x\le h_2(y),$
$u_1(x,\ y)\le z\le u_2(x,\ y)\}$

$$\iiint_E f(x,y,z)dV=\int_c^d\int_{h_1(y)}^{h_2(y)}\int_{u_1(x,y)}^{u_2(x,y)}f(x,y,z)dzdxdy$$

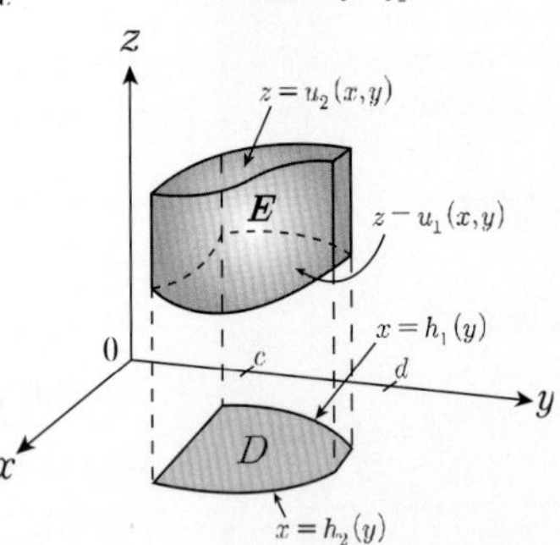

2 삼중적분의 성질

$f(x,\ y,\ z)$, $g(x,\ y,\ z)$ 가 정의역 E 에서 연속이면

(1) $\iiint_E\{f(x,y,z)+g(x,y,z)\}dV=\iiint_E f(x,y,z)dV+\iiint_E g(x,y,z)dV$

(2) $\iiint_E cf(x,y,z)dV=c\iiint_E f(x,y,z)dV$(단, c는 상수)

(3) 영역 E 가 E_1 과 E_2 로 분할되는 경우 : $\iiint_E f(x,y,z)dV=\iiint_{E_1}f(x,y,z)dV+\iiint_{E_2}f(x,y,z)dV$

(4) $\iiint_E 1dV=V(E)$: E의 부피

3 푸비니 정리

f가 직육면체 영역 $B=\{(x,\ y,\ z)\mid a\le x\le b,\ c\le y\le d,\ r\le z\le s\}$에서 연속이면

(1) $$\iiint_B f(x,\ y,\ z)\,dV=\int_a^b\int_c^d\int_r^s f(x,\ y,\ z)\,dz\,dy\,dx$$
$$=\int_r^s\int_c^d\int_a^b f(x,\ y,\ z)\,dx\,dy\,dz=\cdots$$

(2) $$\iiint_B f(x)g(y)h(z)\,dV=\int_a^b f(x)\,dx\int_c^d g(y)\,dy\int_r^s h(z)\,dz$$

필수 예제 94

다음을 계산하여라.

(1) 네 평면 $x=0,\ y=0,\ z=0,\ x+y+z=1$로 둘러싸인 사면체를 E라고 할 때, $\iiint_E z\,dV$

(2) 포물면 $y=x^2+z^2$과 평면 $y=4$에 의해 둘러싸인 영역을 E라 할 때, $\iiint_E \sqrt{x^2+z^2}\,dV$

풀이 (1) $$\iiint_E z\,dV=\int_0^1\int_0^{1-x}\int_0^{1-x-y} z\,dz\,dy\,dx=\int_0^1\int_0^{1-x}\left[\frac{1}{2}z^2\right]_0^{1-x-y}dy\,dx$$
$$=\int_0^1\int_0^{1-x}\frac{1}{2}(1-x-y)^2\,dy\,dx=\frac{1}{2}\int_0^1\left[-\frac{1}{3}(1-x-y)^3\right]_0^{1-x}dx$$
$$=-\frac{1}{6}\int_0^1\{0-(1-x)^3\}\,dx=\frac{1}{6}\left[-\frac{1}{4}(1-x)^4\right]_0^1=-\frac{1}{24}(0-1)=\frac{1}{24}$$

(2) $$\iiint_E\sqrt{x^2+z^2}\,dV=\iint_D\int_{x^2+z^2}^4\sqrt{x^2+z^2}\,dy\,dx\,dz=\iint_D\sqrt{x^2+z^2}\cdot[y]_{x^2+z^2}^4\,dx\,dz$$
$$=\iint_D\sqrt{x^2+z^2}\,(4-x^2-z^2)\,dx\,dz=\int_0^{2\pi}\int_0^2 r(4-r^2)r\,dr\,d\theta$$
$$=2\pi\int_0^2(4r^2-r^4)\,dr=2\pi\left[\frac{4}{3}r^3-\frac{1}{5}r^5\right]_0^2=2\pi\left(\frac{32}{3}-\frac{32}{5}\right)=64\pi\cdot\frac{2}{15}=\frac{128}{15}\pi$$

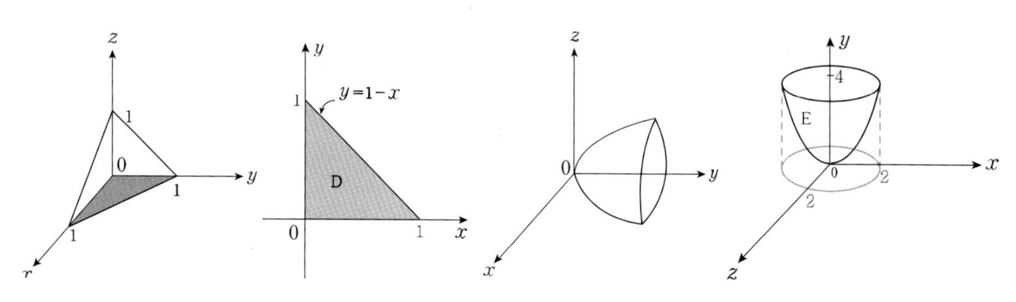

293. 다음 삼중적분을 계산하여라.

(1) $\int_0^1 \int_{\sqrt{x}}^1 \int_0^{1+y^3} \frac{1}{\sqrt{z}}\, dz\, dy\, dx$

(2) $\int_{-1}^1 \int_0^{\sqrt{1-x^2}} \int_{\sqrt{x^2+y^2}}^1 z^3\, dz\, dy\, dx$

(3) $\int_0^2 \int_0^{z^2} \int_0^{y-z} (2x-y)\, dx dy dz$

(4) $\int_0^1 \int_{-1}^2 \int_0^3 xyz^2 dz dx dy$

(5) $\int_0^2 \int_0^{4-2x} \int_0^{4-2x-y} dz dy dx$

(6) $\int_0^1 \int_y^1 \int_0^y \frac{e^x}{2x} dz dx dy$

(7) $\int_0^1 \int_x^{2x} \int_0^y 2xyz\, dz dy dx$

(8) $\int_1^2 \int_0^{2z} \int_0^{\ln x} xe^{-y}\, dy dx dz$

(9) $\int_0^1 \int_0^1 \int_0^{\sqrt{1-z^2}} \frac{z}{y+1} dx dz dy$

(10) $\int_0^{\sqrt{\pi}} \int_0^x \int_0^{xz} x^2 \sin y\, dy dz dx$

294. 다음 삼중적분을 계산하여라.

(1) $B=\{(x,\ y,\ z)\,|\,0\le x\le 1,\ -1\le y\le 2,\ 0\le z\le 3\}$일 때, $\iiint_B xyz^2\,dV$

(2) $E=\left\{(x,\ y,\ z)\,|\,0\le y\le 2,\ 0\le x\le \sqrt{4-y^2},\ 0\le z\le y\right\}$일 때, $\iiint_E 2x\,dV$

(3) $E=\{(x,\ y,\ z)\,|\,0\le y\le 1,\ y\le x\le 1,\ 0\le z\le xy\}$일 때, $\iiint_E e^{z/y}\,dV$

(4) $E=\{(x,\ y,\ z)\,|\,1\le y\le 4,\ y\le z\le 4,\ 0\le x\le z\}$일 때, $\iiint_E \frac{z}{x^2+z^2}\,dV$

(5) E가 꼭짓점 $(0,0,0),\ (\pi,0,0),\ (0,\pi,0)$인 삼각형 영역 위와 평면 $z=x$아래에 놓인 영역일 때, $\iiint_E \sin y\,dV$

(6) T는 꼭짓점 $(0,\ 0,\ 0),\ (1,\ 0,\ 0),\ (0,\ 1,\ 0),\ (0,\ 0,\ 1)$을 갖는 사면체일 때, $\iiint_T x^2\,dV$

(7) E는 포물면 $x=4y^2+4z^2$과 평면 $x=4$에 의해 유계된 영역일 때, $\iiint_E x\,dV$

필수 예제 95

다음 삼중적분 $\int_0^1 \int_0^{x^2} \int_0^y f(x, y, z)\, dzdydx$ 의 적분순서를 변경하여 나타내시오.

풀이 $y = x^2 \Leftrightarrow x = \pm\sqrt{y}$ 이지만, 주어진 영역은 $x \geq 0$이므로 $x = \sqrt{y}$와 같다.

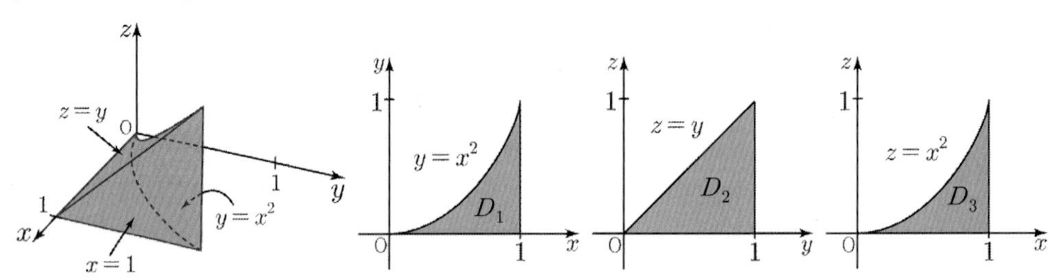

$$\int_0^1 \int_0^{x^2} \int_0^y f(x, y, z)\, dz\, dy\, dx = \int_0^1 \int_{\sqrt{y}}^1 \int_0^y f(x, y, z)\, dz\, dx\, dy$$; 입체를 xy평면에 정사영 시킨 부분은 D_1

$$= \int_0^1 \int_0^y \int_{\sqrt{y}}^1 f(x, y, z)\, dx\, dz\, dy$$; 입체를 yz평면에 정사영 시킨 부분은 D_2

$$= \int_0^1 \int_z^1 \int_{\sqrt{y}}^1 f(x, y, z)\, dx\, dy\, dz$$; 입체를 yz평면에 정사영 시킨 부분은 D_2

$$= \int_0^1 \int_0^{x^2} \int_z^{x^2} f(x, y, z)\, dy\, dz\, dx$$; 입체를 xz평면에 정사영 시킨 부분은 D_3

$$= \int_0^1 \int_{\sqrt{z}}^1 \int_z^{x^2} f(x, y, z)\, dy\, dx\, dz$$; 입체를 xz평면에 정사영 시킨 부분은 D_3

[다른 풀이]

삼중적분의 적분 구간이 $0 \leq z \leq y \leq x^2 \leq 1$를 만족하는 영역이고 이처럼 한줄 세팅이 가능하다면 조금 더 편하게 구할 수 있다.

(i) z범위를 먼저 결정하고 한 줄 세팅에서 z를 지우면 $0 \leq y \leq x^2 \leq 1$은 xy평면의 정사영 시킨 부분 D_1

$$\iiint_E f(x,y,z)\, dV = \iint_{0 \leq y \leq x^2 \leq 1} \int_0^y f(x,y,z) dz\, dx dy$$

(ii) x범위를 먼저 결정하고 한 줄 세팅에서 x를 지우면 $0 \leq z \leq y \leq 1$은 yz평면의 정사영 시킨 부분 D_2

$$\iiint_E f(x,y,z)\, dV = \iint_{0 \leq z \leq y \leq 1} \int_{\sqrt{y}}^1 f(x,y,z) dx\, dy dz$$

(iii) y범위를 먼저 결정하고 한 줄 세팅에서 y를 지우면 $0 \leq z \leq x^2 \leq 1$은 xz평면의 정사영 시킨 부분 D_3

$$\iiint_E f(x,y,z)\, dV = \iint_{0 \leq z \leq x^2 \leq 1} \int_z^{x^2} f(x,y,z) dy\, dx dz$$

295. 다음 삼중적분의 적분순서변경을 나타내시오.

(1) $\int_0^1 \int_{\sqrt{x}}^1 \int_0^{1-y} 1dz\,dydx$

(2) $\int_0^1 \int_y^1 \int_0^y f(x, y, z)\ dzdxdy$

(3) $\int_0^1 \int_{x^2}^1 \int_0^{1-y} f(x, y, z)dzdydx$

296. 적분 $\int_0^1 \int_{3x}^3 \int_{\frac{z}{3}}^1 \sin(y^3)\, dydzdx$ 의 값은?

① $\frac{1-\cos 1}{2}$　② $\frac{\cos 1 - 1}{2}$　③ $\cos 1 - 1$　④ $1 - \cos 1$

2 원주좌표계

원주좌표계에서는 3차원 공간의 점 P 를 (r, θ, z)로 나타낸 것이다. 이때, r, θ는 xy 평면 위에 P 의 사영의 극좌표이고, z는 xy 평면에서 P 까지의 방향이 주어진 거리이다.

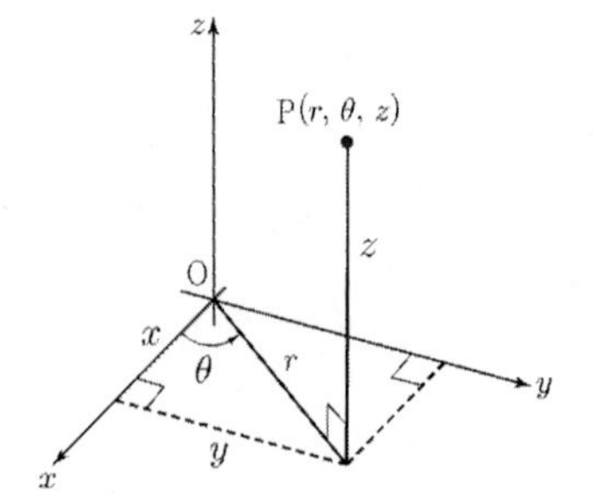

(1) 원주좌표를 직교좌표로 변환시키려면

$$x = r\cos\theta,\ y = r\sin\theta,\ z = z$$

(2) 직교좌표를 원주좌표로 변환시키려면

$$r^2 = x^2 + y^2,\ \tan\theta = \frac{y}{x},\ z = z$$

(3) $\iiint_V f(x, y, z)dzdydx = \iiint f(r\cos\theta, r\sin\theta, z)rdzdrd\theta \quad \left(J = \frac{\partial(x, y, z)}{\partial(r, \theta, z)} = r\right)$

(4) 원주좌표에서 방정식 $z = r$인 곡면

방정식을 살펴보면 곡면의 모든 점의 z값 또는 그 높이는 그 점에서 z축까지의 거리 r과 같다. (θ값에 상관없음)

$z^2 = r^2 = x^2 + y^2$을 얻기 때문에 축이 z축인 원추면임을 알 수 있다,

필수 예제 96

삼중적분 $\iiint_E zdV$의 값은?

(단, E는 3차원 공간에서 원기둥 $x^2 + (y-1)^2 = 1$과 같은 평면 $z = 0$, $z = 2$로 둘러싸인 영역이다.)

풀이 xy평면 영역을 D라 하면 D는 반지름이 1인 원이다.

$$\iiint_E zdV = \iint_D \int_0^2 zdzdxdy = \iint_D \frac{1}{2}[z^2]_0^2 dxdy = 2\iint_D 1dxdy = 2\times(D\text{의 넓이}) = 2\times\pi = 2\pi$$

[다른 풀이]

원주좌표계로 변환하면 $E = \{(r, \theta, z) \mid 0 \le r \le 2\sin\theta,\ 0 \le \theta \le \pi,\ 0 \le z \le 2\}$이므로

$$\iiint_E zdV = \int_0^\pi \int_0^{2\sin\theta} \int_0^2 z\cdot rdzdrd\theta = \int_0^\pi \int_0^{2\sin\theta} r\left[\frac{1}{2}z^2\right]_0^2 drd\theta$$

$$= \int_0^\pi 2\left[\frac{1}{2}r^2\right]_0^{2\sin\theta} d\theta = \int_0^\pi 4\sin^2\theta d\theta = 8\int_0^{\frac{\pi}{2}} \sin^2\theta d\theta = 8\cdot\frac{1}{2}\cdot\frac{\pi}{2} = 2\pi \ (\because \text{왈리스(Wallis) 공식})$$

297. 다음 삼중적분을 계산하시오.

(1) $\int_{-2}^{2}\int_{-\sqrt{4-x^2}}^{\sqrt{4-x^2}}\int_{\sqrt{x^2+y^2}}^{2} x^2+y^2 \, dz\,dy\,dx$

(2) $\int_{-1}^{1}\int_{-\sqrt{1-x^2}}^{\sqrt{1-x^2}}\int_{x^2+y^2}^{3-x^2-y^2} (x^2+y^2)^{\frac{3}{2}} \, dz\,dy\,dx$

(3) E가 두 평면 $z=0$, $z=4$, 원기둥면 $x^2+y^2=1$로 둘러싸인 영역일 때, $\iiint_E \sqrt{x^2+y^2}\, dx\,dy\,dz$

(4) E가 xy평면 위에 있고, 곡면 $z=4-\sqrt{x^2+y^2}$ 아래에 있는 영역일 때, $\iiint_E \sqrt{x^2+y^2}\, dx\,dy\,dz$

(5) 영역 $\Omega=\{(x, y, z) \mid x^2+y^2 \le 1,\ 0 \le z \le \sqrt{1-x^2-y^2}\}$에 대하여 $\iiint_\Omega z\, dx\,dy\,dz$

(6) $T=\{(x, y, z) \mid x^2+y^2+z^2 \le 1,\ z \ge \sqrt{x^2+y^2}\}$ 일 때, $\iiint_T z\, dx\,dy\,dz$

(7) $T=\{(x, y, z) \mid x^2+y^2 \ge 1,\ x^2+y^2+z^2 \le 2\}$일 때, $\iiint_T 2z\, dx\,dy\,dz$

필수 예제 97

영역 $x^2+y^2 \le 1$, $z \ge 0$, $z \le x$를 만족하는 입체 E에 대하여 삼중적분 $\iiint_E y\, dV$ 값을 구하시오.

풀이 원주좌표계로 변환하면 영역은

$E=\left\{(r,\theta,z)\ \middle|\ 0 \le r \le 1,\ -\frac{\pi}{2} \le \theta \le \frac{\pi}{2},\ 0 \le z \le r\cos\theta\right\}$이므로

$$\iiint_E y\, dV=\int_{-\frac{\pi}{2}}^{\frac{\pi}{2}}\int_0^1\int_0^{r\cos\theta} r\sin\theta \cdot r dz dr d\theta$$

$$=\int_{-\frac{\pi}{2}}^{\frac{\pi}{2}}\int_0^1 r^3\sin\theta\cos\theta dr d\theta=\int_{-\frac{\pi}{2}}^{\frac{\pi}{2}}\sin\theta\cos\theta\left[\frac{1}{4}r^4\right]_0^1 d\theta$$

$$=\frac{1}{4}\int_{-\frac{\pi}{2}}^{\frac{\pi}{2}}\sin\theta\cos\theta d\theta=0 \quad (\because \sin\theta\cos\theta\text{는 기함수})$$

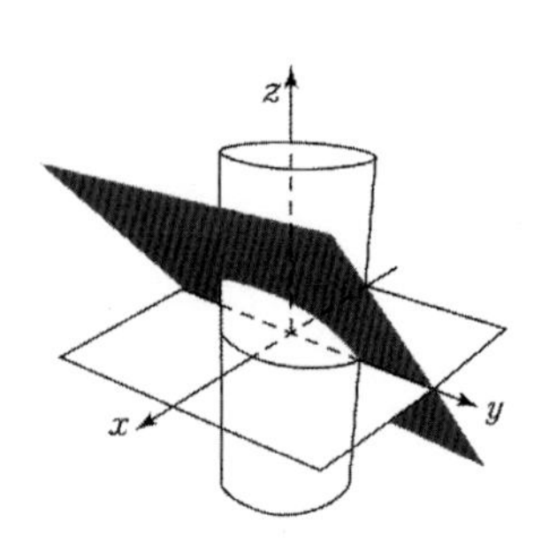

298. 3차원 공간에서 원기둥면 $x^2+y^2=4$, 포물면 $z=x^2+y^2$, 그리고 $xy-$평면으로 둘러싸인 영역을 S라 할 때, $\iiint_S z\, dxdydz$ 를 구하면?

299. 영역 D는 $xy-$평면 위에 있고 곡면 $z=1-\sqrt{x^2+y^2}$ 아래에 있는 영역이다. 삼중적분 $\iiint_D \frac{1}{\sqrt{x^2+y^2}}\, dx\, dy\, dz$의 값을 계산하시오.

300. 공간의 영역 $W=\{(x,\ y,\ z)\,|\,x^2+y^2\ \geq\ 1,\ x^2+y^2+z^2\ \leq\ 2\}$ 위에서 함수 $f(x,\ y,\ z)=2z$의 삼중적분을 구하면?

301. $\Omega=\{(x,\ y,\ z)\in R^3\,|\,0\leq z\leq 1\}$일 때, $\iiint_{\Omega} e^{-x^2-y^2+z}dxdydz$의 값을 계산하면?

302. 양의 실수 a에 대하여, E를 곡면 $z=\sqrt{x^2+y^2}$과 평면 $z=a$로 둘러싸인 입체라 하자. 삼중적분 $\iiint_{E}(x^2+y^2)dV$의 값이 $\dfrac{16}{5}\pi$일 때, a의 값은?

3 구면좌표계

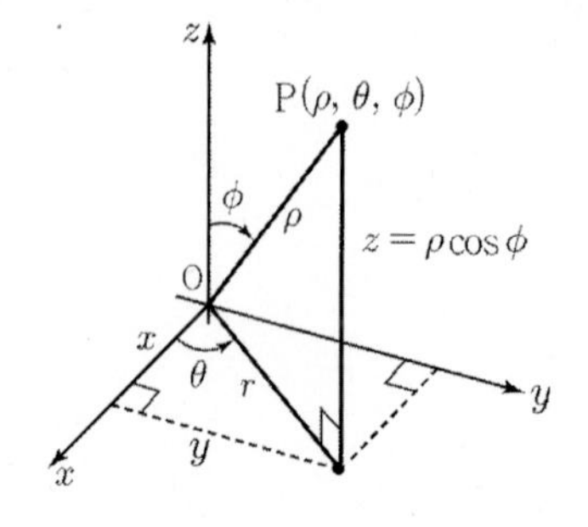

공간상의 점 P 에서 xy 평면에 정사영한 점을 P′ 라고 하자.
직교좌표 (x, y, z) 를 구면좌표 (ρ, θ, ϕ) 로 변환하고자 한다.

(1) ρ : 선분 $\overline{\mathrm{OP}}$ 의 길이 _ 원점에서 점 P 까지의 거리

(2) θ : x 축의 양의 방향과 선분 $\overline{\mathrm{OP'}}$ 가 이루는 각도

(3) ϕ : z 축의 양의 방향과 선분 $\overline{\mathrm{OP}}$ 가 이루는 각도

$\rho \geq 0,\ 0 \leq \phi \leq \pi$ 임을 주목하라.

TIP 주어진 영역 V 가 구의 일부 또는 전체 영역을 나타내고, 피적분함수에 $x^2+y^2+z^2$ 을 포함할 때, 구면좌표를 이용!!

$\begin{cases} x=\rho\sin\phi\cos\theta \\ y=\rho\sin\phi\sin\theta \\ z=\rho\cos\phi \end{cases}$ 로 치환하면

$$x^2+y^2+z^2=\rho^2,\ J=\begin{vmatrix} x_\rho & x_\theta & x_\phi \\ y_\rho & y_\theta & y_\phi \\ z_\rho & z_\theta & z_\phi \end{vmatrix}=-\rho^2\sin\phi,\ \ |J|=\rho^2\sin\phi$$

$$\iiint_V f(x,\ y,\ z)\,dz\,dy\,dx = \iiint f(\rho\sin\phi\cos\theta,\ \rho\sin\phi\sin\theta,\ \rho\cos\phi)\,\rho^2\sin\phi\,d\rho\,d\phi\,d\theta$$

필수 예제 98

구면좌표 $(\rho,\ \theta,\ \phi)$에 대하여 주어진 곡면 $\rho = \sin\theta sin\phi$ 위에 있지 않는 직교좌표의 점 $(x,\ y,\ z)$을 구하면?

① $\left(\frac{1}{2},\ 0,\ 0\right)$ ② $(0,\ 1,\ 0)$ ③ $(0,\ 0,\ 0)$ ④ $\left(0,\ \frac{1}{2},\ \frac{1}{2}\right)$

풀이 $\rho = \sin\theta\sin\phi \Rightarrow \rho^2 = \rho\sin\phi\sin\theta$을 직교좌표로 바꾸면

$\Rightarrow x^2+y^2+z^2=y$

$\Rightarrow x^2+(y^2-y)+z^2=0$

$\Rightarrow x^2+\left(y^2-y+\frac{1}{4}\right)+z^2=\frac{1}{4}$

$\Rightarrow x^2+\left(y-\frac{1}{2}\right)^2+z^2=\left(\frac{1}{2}\right)^2$

따라서 주어진 곡선 위에 있지 않은 직교좌표는 $\left(\frac{1}{2},\ 0,\ 0\right)$이다.

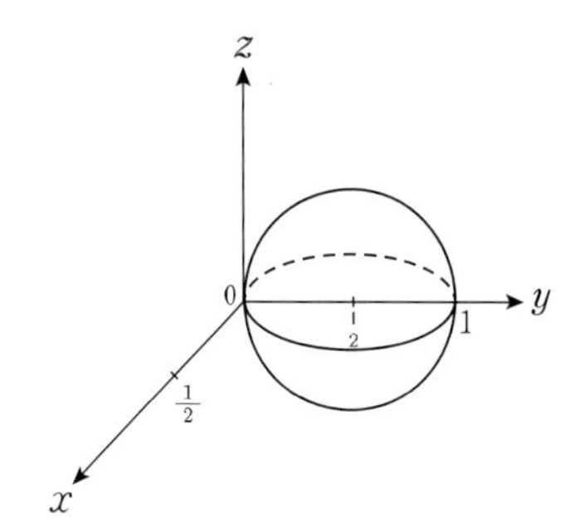

303. 다음을 구하시오.

(1) 구면좌표 $\left(2,\ \frac{\pi}{4},\ \frac{\pi}{3}\right)$를 직교좌표로 나타내시오.

(2) 직교좌표 $(0,\ 2\sqrt{3},\ -2)$를 구면좌표로 나타내시오.

304. 다음을 좌표공간에 나타내시오.

(1) $\rho=3$ (2) $\theta=\frac{\pi}{3}$ (3) $\phi=\frac{\pi}{4}$

필수 예제 99

영역 $\Omega=\{(x,\ y,\ z)\in R^3 \mid x\geq 0,\ y\geq 0,\ z\geq 0,\ x^2+y^2+z^2\leq 1\}$ 위의 삼중적분 $\iiint_{\Omega} e^{(x^2+y^2+z^2)^{\frac{3}{2}}}dV$의 값을 구하시오.

풀이 $x=\rho\sin\phi\cos\theta,\ y=\rho\sin\phi\sin\theta,\ z=\rho\cos\phi$라 하면 $x, y, z\geq 0$ 이므로 $0\leq\phi\leq\frac{\pi}{2},\ 0\leq\theta\leq\frac{\pi}{2},\ 0\leq\rho\leq 1$이다.

$$\iiint_{\Omega} e^{(x^2+y^2+z^2)^{\frac{3}{2}}}dV=\int_0^{\frac{\pi}{2}}\int_0^{\frac{\pi}{2}}\int_0^1 e^{\rho^3}\cdot\rho^2\sin\phi\, d\rho d\phi d\theta$$
$$=\int_0^{\frac{\pi}{2}}d\theta\int_0^{\frac{\pi}{2}}\sin\phi\, d\phi\int_0^1\rho^2e^{\rho^3}d\rho$$
$$=\frac{\pi}{2}\cdot[-\cos\phi]_0^{\frac{\pi}{2}}\cdot\left[\frac{1}{3}e^{\rho^3}\right]_0^1$$
$$=\frac{\pi}{2}\cdot 1\cdot\left\{\frac{1}{3}(e-1)\right\}=\frac{\pi}{6}(e-1)$$

305. 주어진 영역 $S=\{(x,\ y,\ z)\mid x^2+y^2+z^2\leq 1\}$ 일 때, 다음을 계산하시오.

(1) $\iiint_S (x^2+y^2+z^2)\, dx\, dy\, dz$

(2) $\iiint_S z\, dx\, dy\, dz$

(3) $\iiint_S e^{(x^2+y^2+z^2)^{\frac{3}{2}}}\, dx\, dy\, dz$

(4) $\iiint_S \cos(x^2+y^2+z^2)^{\frac{3}{2}}dV$

(5) $\iiint_S \frac{dxdydz}{1+x^2+y^2+z^2}$

306. 다음을 계산하시오.

(1) 영역 $E=\{(x,\ y,\ z)\mid x^2+y^2+z^2\le 1,\ z\ge 0\}$일 때, $\iiint_E \sqrt{x^2+y^2+z^2}\,dV$의 값은?

(2) 좌표공간에서 $x^2+y^2+z^2\le 1,\ z\ge 0$을 만족시키는 영역을 R라 할 때, $\iiint_R z\,dV$의 값은?

(3) $E=\left\{(x,\ y,\ z)\mid 0\le z\le \sqrt{4-x^2-y^2}\right\}$ 일 때, $\iiint_E z\,dx\,dy\,dz$

(4) $T=\left\{(x,\ y,\ z)\mid x^2+y^2+z^2\le 1,\ z\ge \sqrt{x^2+y^2}\right\}$일 때, $\iiint_T z\,dx\,dy\,dz$

(5) 평면 $z=2$와 곡면 $z=\sqrt{x^2+y^2}$ 으로 둘러싸인 입체를 E라 할 때, $\iiint_E \sqrt{x^2+y^2}\,dV$의 값은?

(6) $\int_{-2}^{2}\int_{0}^{\sqrt{4-y^2}}\int_{-\sqrt{4-x^2-y^2}}^{\sqrt{4-x^2-y^2}} y^2\sqrt{x^2+y^2+z^2}\,dz\,dx\,dy$

(7) $\int_{-\infty}^{\infty}\int_{-\infty}^{\infty}\int_{-\infty}^{\infty} \sqrt{x^2+y^2+z^2}\,e^{-(x^2+y^2+z^2)}dx\,dy\,dz$

307. 곡면 $z=3\sqrt{x^2+y^2}$ 과 반구면 $z=\sqrt{10-x^2-y^2}$ 에 의해 둘러싸인 영역을 E라 할 때, 삼중적분 $\iiint_E \sqrt{x^2+y^2+z^2}\,dV$의 값은?

308. 삼중적분 $\int_0^2 \int_0^{\sqrt{4-x^2}} \int_0^{\sqrt{4-x^2-y^2}} \frac{1}{\sqrt{x^2+y^2+z^2}}\,dz\,dy\,dx$ 의 값을 구하시오.

4 적분변수변환

영역 E에서 $f(x, y, z)$를 $\begin{cases} x = g(u, v, w) \\ y = h(u, v, w) \\ z = i(u, v, w) \end{cases}$ 로 치환하면

야코비안(Jacobian) 행렬식 $J = \dfrac{\partial(x,y,z)}{\partial(u,v,w)} = \begin{vmatrix} x_u & x_v & x_w \\ y_u & y_v & y_w \\ z_u & z_v & z_w \end{vmatrix} = \dfrac{1}{\begin{vmatrix} u_x & u_y & u_z \\ v_x & v_y & v_z \\ w_x & w_y & w_z \end{vmatrix}}$ 이다.

$$\iiint_E f(x,y,z)\,dz\,dy\,dx = \iiint_S f(g(u,v,w), h(u,v,w), i(u,v,w))\,|J|\,du\,dv\,dw$$

필수예제 100

$\iiint_{R^3} e^{-[(x+2y+z)^2+(x+3y-z)^2+(2x-y+z)^2]}dxdydz$을 계산하면? (필요시 $\int_0^\infty e^{-t^2}dt = \dfrac{\sqrt{\pi}}{2}$ 활용)

풀이 (i) 주어진 적분식에서 $u = x+2y+z,\ v = x+3y-z,\ w = 2x-y+z$로 치환하자.

(ii) 야코비안 행렬식을 구하자. $J = \dfrac{1}{\begin{vmatrix} u_x & u_y & u_z \\ v_x & v_y & v_z \\ w_x & w_y & w_z \end{vmatrix}} = \dfrac{1}{\begin{vmatrix} 1 & 2 & 1 \\ 1 & 3 & -1 \\ 2 & -1 & 1 \end{vmatrix}} = -\dfrac{1}{11}$

(iii) xyz좌표계에서 R^3는 uvw좌표계에서도 R^3 영역으로 변환된다. $E = \{(u, v, w) \mid -\infty < u, v, w < \infty\}$이다. 따라서

$$\iiint_{R^3} e^{-[(x+2y+z)^2+(x+3y-z)^2+(2x-y+z)^2]}dxdydz$$

$$= \iiint_E e^{-(u^2+v^2+z^2)}|J|\,dudvdw = \iiint_E e^{-(u^2+v^2+w^2)}\frac{1}{11}dudvdw$$

$$= \frac{1}{11}\int_0^{2\pi}\int_0^{\pi}\int_0^{\infty} e^{-\rho^2}\rho^2\sin\phi\,d\rho d\phi d\theta = \frac{1}{11}\cdot 2\pi\cdot 2\cdot\int_0^\infty \rho^2 e^{-\rho^2}d\rho$$

$$= \frac{4\pi}{11}\cdot\frac{\sqrt{\pi}}{4} = \frac{\pi\sqrt{\pi}}{11}\left(\because \int_0^\infty t^2e^{-t^2}dt = \frac{\sqrt{\pi}}{4}\right)$$

[다른 풀이]

$$(\text{준식}) = \frac{1}{11}\iiint_E e^{-(u^2+v^2+w^2)}dudvdw = \frac{1}{11}\left(\int_{-\infty}^{\infty}e^{-u^2}du\right)\left(\int_{-\infty}^{\infty}e^{-v^2}dv\right)\left(\int_{-\infty}^{\infty}e^{-w^2}dw\right)$$

$$= \frac{8}{11}\left(\int_0^\infty e^{-u^2}du\right)\left(\int_0^\infty e^{-v^2}dv\right)\left(\int_0^\infty e^{-w^2}dw\right) = \frac{\pi\sqrt{\pi}}{11}\left(\because \int_0^\infty e^{-t^2}dt = \frac{\sqrt{\pi}}{2}\right)$$

309. $E=\left\{(x,\ y,\ z)\ \middle|\ \dfrac{x^2}{3}+\dfrac{y^2}{3}+z^2\le 1\right\}$일 때, $\displaystyle\iiint_E\left(\frac{x^2}{3}+\frac{y^2}{3}+z^2\right)^3 dx\,dy\,dz$의 값을 구하시오.

310. 삼중적분에 대한 변수변환을 $u=\dfrac{2x-y}{2},\ v=\dfrac{y}{2},\ w=\dfrac{z}{3}$로 수행할 때, $A+B$의 값을 구하시오.

$$\int_0^3\int_0^4\int_{\frac{y}{2}}^{\frac{y}{2}+1}\left(\frac{2x-y}{2}+\frac{z}{3}\right)dx\,dy\,dz=\int_0^1\int_0^A\int_0^1(u+w)B\ du\,dv\,dw$$

311. 삼중적분 $\displaystyle\iiint_{R^3}e^{-\left(x^2+y^2+z^2+xy+yz+xz\right)}dx\,dy\,dz$의 값을 구하시오.

5 부피

삼중적분을 이용한 부피

영역 D 위에서 $f(x,y) \geq g(x,y)$를 만족하는 두 곡면

$S_1 : z = f(x,y)$와 $S_2 : z = g(x,y)$로 둘러싸인 입체 E의 부피는 다음과 같다.

$$V = \iiint_E 1dV = \iint_D \int_{g(x,y)}^{f(x,y)} 1dzdydx = \iint_D f(x,y) - g(x,y)dA$$

필수 예제 101

타원체 $\frac{x^2}{a^2} + \frac{y^2}{b^2} + \frac{z^2}{c^2} = 1$의 부피를 구하시오.

풀이 삼중적분을 이용해서 계산하자. $E : \frac{x^2}{a^2} + \frac{y^2}{b^2} + \frac{z^2}{c^2} \leq 1$의 영역의 부피를 구하자.

$x = aX,\ y = bY,\ z = cZ$로 치환하면 $E' : X^2 + Y^2 + Z^2 \leq 1$이고, $dxdydz = abc\,dXdYdZ$가 된다.

$\iiint_E 1dxdydz = \iiint_{E'} abc\,dXdYdZ = abc\int_0^{2\pi}\int_0^{\pi}\int_0^1 \rho^2 \sin\phi\, d\rho d\phi d\theta$(∵구면좌표계)$= abc \cdot 2\pi \cdot 2 \cdot \frac{1}{3} = \frac{4\pi}{3}abc$

312. **반지름이 a인 구의 부피를 구하시오.**

313. **$4x^2 + 4y^2 + z^2 = 16$을 경계로 갖는 입체의 부피를 구하시오.**

필수 예제 102

다음 삼중적분의 값을 각각 A, B라고 하자. 이때 $A-B$의 값은?

$$A=\int_{-1}^{\frac{1}{\sqrt{2}}}\int_{-\sqrt{1-z^2}}^{\sqrt{1-z^2}}\int_{-\sqrt{1-y^2-z^2}}^{\sqrt{1-y^2-z^2}}1\,dxdydz,\quad B=\int_{-\frac{1}{\sqrt{2}}}^{\frac{1}{\sqrt{2}}}\int_{-\sqrt{\frac{1}{2}-x^2}}^{\sqrt{\frac{1}{2}-x^2}}\int_{\sqrt{x^2+y^2}}^{\frac{1}{\sqrt{2}}}1\,dz\,dy\,dx$$

풀이 $\iiint_E dV$의 기하학적 의미는 입체 E의 부피이다.

A는 평면 $z=\frac{1}{\sqrt{2}}$ 아래에 놓인 반지름이 1인 구의 내부 부피를 의미한다.

B는 평면 $z=\frac{1}{\sqrt{2}}$ 아래에 놓이고, 원뿔면 $z=\sqrt{x^2+y^2}$ 위에 놓인 원뿔의 부피이다.

따라서 $A-B$는 구의 내부에서 원뿔면 $z=\sqrt{x^2+y^2}$ 의 윗부분을 제외한 영역의 부피와 같다.

$$A-B=\iiint_T dxdydz=\int_0^{2\pi}\int_{\frac{\pi}{4}}^{\pi}\int_0^1 \rho^2\sin\phi\, d\rho d\phi d\theta$$

$$=2\pi\cdot\int_{\frac{\pi}{4}}^{\pi}\sin\phi d\phi\cdot\int_0^1\rho^2\,d\rho=2\pi\cdot\left(1+\frac{\sqrt{2}}{2}\right)\cdot\frac{1}{3}=\frac{2\pi}{3}\left(1+\frac{\sqrt{2}}{2}\right)$$

314. 중심이 원점이고 반지름이 2인 속이 꽉 찬 구를 평면 $z=1$로 잘랐을 때, 큰 영역의 부피는?

315. 원뿔면 $z=\sqrt{x^2+y^2}$ 위와 구면 $x^2+y^2+z^2=2$의 내부에 놓이는 입체의 부피는?

316. 중심이 원점이고 반지름의 길이가 2인 구의 내부와 원뿔 $z=\sqrt{\frac{x^2+y^2}{3}}$ 의 윗부분으로 이루어진 영역의 부피는?

필수 예제 103

원추면 $z=\sqrt{x^2+y^2}$ 위에 놓여 있으면서 구면 $x^2+y^2+z^2=z$ 내부에 놓인 입체 도형의 부피를 구하시오.

풀이 곡면 $x^2+y^2+z^2=z \Rightarrow x^2+y^2+z^2-z=0 \Rightarrow x^2+y^2+\left(z-\frac{1}{2}\right)^2=\frac{1}{4}$을 구면좌표계로 나타내면

$\rho^2=\rho\cos\phi \Rightarrow \rho=\cos\phi$이다.

원추면 $z=\sqrt{x^2+y^2}$과 구 $x^2+y^2+z^2=z$로 둘러싸인 입체 E의 영역을 나타내면

$E=\left\{(x,y,z)\mid \sqrt{x^2+y^2}\le z\le \frac{1}{2}+\sqrt{\frac{1}{4}-(x^2+y^2)}\right\}=\left\{(\rho,\theta,\phi)\mid 0\le\theta\le 2\pi,\ 0\le\phi\le\frac{\pi}{4},\ 0\le\rho\le\cos\phi\right\}$이다.

$$\therefore (E\text{의 부피})=\iiint_E 1\,dV=\int_0^{2\pi}\int_0^{\frac{\pi}{4}}\int_0^{\cos\phi}\rho^2\sin\phi\,d\rho\,d\phi\,d\theta$$

$$=2\pi\int_0^{\frac{\pi}{4}}\sin\phi\left[\frac{1}{3}\rho^3\right]_0^{\cos\phi}d\phi$$

$$=2\pi\int_0^{\frac{\pi}{4}}\frac{1}{3}\sin\phi\cos^3\phi\,d\phi$$

$$=\frac{2}{3}\pi\cdot\left(-\frac{1}{4}\right)\cdot\left[\cos^4\phi\right]_0^{\frac{\pi}{4}}$$

$$=-\frac{\pi}{6}\left(\frac{1}{4}-1\right)=\frac{\pi}{6}\cdot\frac{3}{4}=\frac{\pi}{8}$$

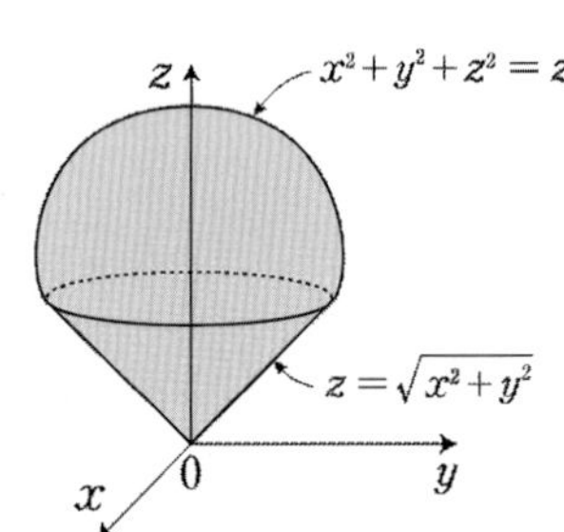

[다른 풀이]

$x^2+y^2+z^2=z$과 $z=\sqrt{x^2+y^2}$의 교점을 구하면 $x^2+y^2+(x^2+y^2)=\sqrt{x^2+y^2}$

$\Rightarrow 2t=\sqrt{t}$ ($\because x^2+y^2=t$라 두면 $t\ge 0$) $4t^2=t \Rightarrow 4t^2-t=0 \Rightarrow t(4t-1)=0 \Rightarrow t=0$ 또는 $t=\frac{1}{4}$

$\Rightarrow x^2+y^2=0$ 또는 $x^2+y^2=\frac{1}{4}$이 두 곡면의 교선이다.

구의 상반구를 나타내자.

$x^2+y^2+z^2=z \Rightarrow x^2+y^2+\left(z-\frac{1}{2}\right)^2=\frac{1}{4} \Rightarrow z-\frac{1}{2}=\sqrt{\frac{1}{4}-(x^2+y^2)} \Rightarrow z=\frac{1}{2}+\sqrt{\frac{1}{4}-(x^2+y^2)}$ 이므로

$$V=\iint_D\left[\left\{\frac{1}{2}+\sqrt{\frac{1}{4}-(x^2+y^2)}\right\}-\sqrt{x^2+y^2}\right]dxdy$$

$$=\int_0^{2\pi}\int_0^{\frac{1}{2}}\left(\frac{1}{2}+\sqrt{\frac{1}{4}-r^2}-r\right)r\,dr\,d\theta$$

$$=2\pi\int_0^{\frac{1}{2}}\left(\frac{1}{2}r+r\sqrt{\frac{1}{4}-r^2}-r^2\right)dr$$

$$=2\pi\left[\frac{1}{4}r^2+\frac{2}{3}\left(\frac{1}{4}-r^2\right)^{\frac{3}{2}}\cdot\left(-\frac{1}{2}\right)-\frac{1}{3}r^3\right]_0^{\frac{1}{2}}$$

$$=2\pi\left\{\frac{1}{16}-\frac{1}{3}\left(0-\frac{1}{4\sqrt{4}}\right)-\frac{1}{24}\right\}=\pi\left(\frac{1}{8}+\frac{1}{12}-\frac{1}{12}\right)=\frac{\pi}{8}$$

317. 공간상의 두 영역 $x^2+y^2+(z-2)^2 \le 4$와 $z \ge \sqrt{x^2+y^2}$ 의 공통 영역의 부피는?

318. 원뿔 $z=\sqrt{3(x^2+y^2)}$ 의 윗부분과 구 $x^2+y^2+z^2=2z$로 둘러싸인 영역의 부피는?

319. 영역 $S=\{(x,y,z)\in R^3 | \sqrt{3(x^2+y^2)} \le z, x^2+y^2+(z-2)^2 \le 4\}$를 만족시키는 입체의 부피는?

320. 영역 $S=\left\{(x,y,z)\in R^3 | \sqrt{\frac{1}{3}(x^2+y^2)} \le z, x^2+y^2+(z-2)^2 \le 4\right\}$를 만족시키는 입체의 부피는?

321. 중심이 $(0,0,2)$이고 반지름이 2인 구의 내부와 부등식 $\sqrt{\frac{x^2+y^2}{3}} \le z \le \sqrt{3(x^2+y^2)}$ 을 만족시키는 영역의 부피는?

필수 예제 104

xy 평면상의 영역 D 에 대하여 $\iint_D (4-x^2-y^2)\,dy\,dx$ 의 값이 최대가 되는 영역 D 의 넓이를 구하시오.

풀이 $z=4-x^2-y^2$에 대하여 $z=f(x,\ y)\ge 0$이므로

$\iint_D z\,dx\,dy$는 영역 D에서 $z=f(x,\ y)$와 xy 평면에 의해 둘러싸인 부피를 의미한다.

따라서 $z=4-x^2-y^2\ge 0$일 때, $\iint_D z\,dA$는 최댓값을 갖는다.

즉, $D=\{(x,\ y)\mid x^2+y^2\le 4\}$이므로 D의 면적은 4π이다.

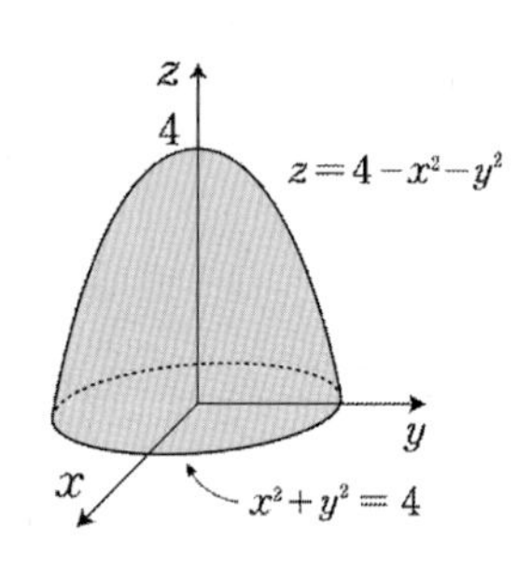

322. $\int_a^b (x^4-2x^2)\,dx$의 값을 최소가 되게 하는 a와 b에 대하여 a^2+b^2의 값은?

323. 적분 $\int_a^b (3+2x-x^2)\,dx$의 값이 최대가 되도록 하는 상수 $a,\ b$에 대하여 $a+b$의 값은? (단, $a<b$이다.)

324. 삼중적분 $\iiint_E (1-x^2-y^2-z^2)\,dV$가 최대가 되기 위한 영역 E 의 부피를 구하시오.

6 무게중심

1 밀도 $\rho(x, y, z)$ 와 질량 m 과의 관계

밀도를 ρ, 질량을 m, 부피를 v라 하면 $\rho = \dfrac{m}{v} \Leftrightarrow m = v \cdot \rho$ 이와 같은 관계가 성립한다.

2 밀도함수 $\rho(x, y, z)$ 가 주어질 경우의 무게중심

입체 영역 T 에서 무게중심의 좌표 $(\overline{x}, \overline{y}, \overline{z})$ 라고 할 때

질량 $m = \iiint_T \rho(x, y)\, dV$이고, 질량중심의 좌표는 무게중심의 좌표와 같다.

$$\overline{x} = \frac{\iiint_T x\,\rho(x, y, z)\, dV}{\iiint_T \rho(x, y, z)\, dV},\quad \overline{y} = \frac{\iiint_T y\,\rho(x, y, z)dV}{\iiint_T \rho(x, y, z)\, dV},\quad \overline{z} = \frac{\iiint_T z\,\rho(x, y, z)dV}{\iiint_T \rho(x, y, z)\, dV}$$

3 밀도가 일정($\rho(x, y, z) = k$) 할 경우의 무게중심

입체 영역의 무게중심의 좌표 : $\overline{x} = \dfrac{\iiint_T x\, dV}{\iiint_T 1\, dV},\ \overline{y} = \dfrac{\iiint_T y\, dV}{\iiint_T 1\, dV},\ \overline{z} = \dfrac{\iiint_T z\, dV}{\iiint_T 1\, dV}$

필수 예제 105

E는 포물기둥 $z=1-y^2$과 평면 $x+z=1$, $x=0$, $z=0$에 유계된 입체 영역일 때, 밀도함수 $\rho(x, y, z)=4$에 대한 입체 E의 질량과 질량중심을 구하시오.

풀이 영역 $E=\{(x, y, z) | 0 \le x \le 1-z, \ -1 \le y \le 1, \ 0 \le z \le 1-y^2\}$이다.

$$질량=\iiint_E \rho(x, y, z)\,dV=4\int_{-1}^{1}\int_0^{1-y^2}\int_0^{1-z} 1\,dxdzdy=4\int_{-1}^{1}\int_0^{1-y^2} 1-z\,dzdy$$

$$=4\int_{-1}^{1}\left[z-\frac{1}{2}z^2\right]_0^{1-y^2}dy=4\int_{-1}^{1}1-y^2-\frac{1}{2}(1-y^2)^2\,dy=4\int_{-1}^{1}1-y^2-\frac{1}{2}+y^2-\frac{1}{2}y^4\,dy$$

$$=4\int_{-1}^{1}\frac{1}{2}-\frac{1}{2}y^4\,dy=4\int_0^1 1-y^4\,dy=4\left[y-\frac{1}{5}y^5\right]_0^1=\frac{16}{5}$$

$$\iiint_E x\rho(x, y, z)\,dV=4\int_{-1}^{1}\int_0^{1-y^2}\int_0^{1-z} x\,dxdzdy=4\int_{-1}^{1}\int_0^{1-y^2}\left[\frac{1}{2}x^2\right]_0^{1-z}dzdy$$

$$=4\int_{-1}^{1}\int_0^{1-y^2}\frac{1}{2}(1-z)^2\,dzdy=2\int_{-1}^{1}\int_0^{1-y^2}(1-z)^2\,dzdy=2\int_{-1}^{1}\left[-\frac{1}{3}(1-z)^3\right]_0^{1-y^2}dy$$

$$=-\frac{2}{3}\int_{-1}^{1}y^6-1\,dy=-\frac{4}{3}\int_0^1 y^6-1\,dy=-\frac{4}{3}\left[\frac{1}{7}y^7-y\right]_0^1=-\frac{4}{3}\left(\frac{1}{7}-1\right)=\frac{8}{7}$$

$$\iiint_E y\rho(x, y, z)\,dV=4\int_{-1}^{1}\int_0^{1-y^2}\int_0^{1-z} y\,dxdzdy=4\int_{-1}^{1}\int_0^{1-y^2} y-yz\,dzdy$$

$$=4\int_{-1}^{1}\left[yz-\frac{1}{2}yz^2\right]_0^{1-y^2}dy=4\int_{-1}^{1}y(1-y^2)-\frac{1}{2}y(1-y^2)^2\,dy(\text{기함수})=0$$

$$\iiint_E z\rho(x, y, z)\,dV=4\int_{-1}^{1}\int_0^{1-y^2}\int_0^{1-z} z\,dxdzdy=4\int_{-1}^{1}\int_0^{1-y^2} z-z^2\,dzdy$$

$$=4\int_{-1}^{1}\left[\frac{1}{2}z^2-\frac{1}{3}z^3\right]_0^{1-y^2}dy=4\int_{-1}^{1}\frac{1}{2}(1-y^2)^2-\frac{1}{3}(1-y^2)^3\,dy$$

$$=4\int_{-1}^{1}(1-y^2)^2\left(\frac{1}{2}-\frac{1}{3}(1-y^2)\right)dy=4\int_{-1}^{1}(y^4-2y^2+1)\left(\frac{1}{6}+\frac{1}{3}y^2\right)dy$$

$$=4\int_{-1}^{1}\frac{1}{3}y^6-\frac{1}{2}y^4+\frac{1}{6}\,dy=8\int_0^1\frac{1}{3}y^6-\frac{1}{2}y^4+\frac{1}{6}\,dy=8\left[\frac{1}{21}y^7-\frac{1}{10}y^5+\frac{1}{6}y\right]_0^1=\frac{32}{35}$$

$$\bar{x}=\frac{\iiint_E x\rho(x, y, z)\,dV}{\iiint_E \rho(x, y, z)\,dV}=\frac{\frac{8}{7}}{\frac{16}{5}}=\frac{5}{14},\quad \bar{y}=\frac{\iiint_E y\rho(x, y, z)\,dV}{\iiint_E \rho(x, y, z)\,dV}=0,\quad \bar{z}=\frac{\iiint_E z\rho(x, y, z)\,dV}{\iiint_E \rho(x, y, z)\,dV}=\frac{\frac{32}{35}}{\frac{16}{5}}=\frac{2}{7}$$

따라서 질량$=\frac{16}{5}$이고 질량중심 $(\bar{x}, \bar{y}, \bar{z})=\left(\frac{5}{14}, 0, \frac{2}{7}\right)$

필수 예제 106

원추면 $z=\sqrt{x^2+y^2}$ 의 윗부분, 구면 $x^2+y^2+z^2=1$ 아래에 있는 입체 E 의 중심을 구하시오.

풀이

$$\iiint_E 1dV=\int_0^{2\pi}\int_0^{\frac{\pi}{4}}\int_0^1 \rho^2\sin\phi d\rho d\phi d\theta=2\pi[-\cos\phi]_0^{\frac{\pi}{4}}\cdot\frac{1}{3}=2\pi\left(-\frac{\sqrt{2}}{2}+1\right)\cdot\frac{1}{3}=\frac{2\pi(2-\sqrt{2})}{3\cdot 2}=\frac{(2-\sqrt{2})\pi}{3}$$

$$\iiint_E zdV=\int_0^{2\pi}\int_0^{\frac{\pi}{4}}\int_0^1 \rho\cos\phi\cdot\rho^2\sin\phi d\rho d\phi d\theta=2\pi\cdot\frac{1}{4}\cdot\int_0^{\frac{\pi}{4}}\cos\phi sin\phi d\phi$$

$$=2\pi\cdot\frac{1}{4}\cdot\left[\frac{1}{2}\sin^2\phi\right]_0^{\frac{\pi}{4}}=2\pi\cdot\frac{1}{4}\cdot\frac{1}{2}\cdot\frac{1}{2}=\frac{\pi}{8}$$

$$\bar{z}=\frac{\iiint_E zdV}{\iiint_E 1dV}=\frac{\frac{\pi}{8}}{\frac{2-\sqrt{2}}{3}\pi}=\frac{3\pi}{8(2-\sqrt{2})\pi}=\frac{3\pi(2+\sqrt{2})}{8\pi(2-\sqrt{2})(2+\sqrt{2})}=\frac{3}{16}(2+\sqrt{2})$$

입체 E의 중심은 $(\bar{x},\bar{y},\bar{z})=(0,0,\bar{z})=\left(0,0,\frac{3}{16}(2+\sqrt{2})\right)$

325. 영역 $E=\{(x,y)\,|\,(x-a)^2+(y-b)^2+(z-c)^2\le r^2\}$에 대하여
삼중적분 $\iiint_E x\,dx\,dy\,dz$, $\iiint_E y\,dx\,dy\,dz$, $\iiint_E z\,dx\,dy\,dz$를 구하시오.

326. 다음 주어진 영역에 대하여 삼중적분 $\iiint_E x\,dx\,dy\,dz$, $\iiint_E y\,dx\,dy\,dz$, $\iiint_E z\,dx\,dy\,dz$를 구하시오.

(1) $E=\left\{(x,\ y,\ z)\,|\,0\le z\le\sqrt{4-x^2-y^2}\right\}$

(2) $E=\left\{(x,\ y,\ z)\,|\,x^2+y^2+z^2\le 1,\ z\ge\sqrt{x^2+y^2}\right\}$

(3) $E=\left\{(x,\ y,\ z)\,|\,x^2+y^2\le 1,\ 0\le z\le\sqrt{1-x^2-y^2}\right\}$

327. 질량 밀도 함수가 $\delta(x,\ y,\ z)=z$인 입체 도형 $x^2+y^2+z^2\ \le\ 1,\ z\ \ge\ 0$의 질량 중심은?

328. 각 점에서 밀도함수가 $\mu(x,y,z)=\dfrac{3}{x^2+y^2+z^2}$ 으로 주어질 때,

입체 $E=\{(x,y,z)\in\mathbb{R}^3 | z\ge 0,\ x^2+y^2+z^2\le 4,\ x^2+y^2\ge 1\}$의 질량은?

329. 포물면 $x=y^2$과 평면 $x=z,\ z=0,\ x=1$로 유계된 상수밀도를 갖는 입체의 질량중심을 구하시오.

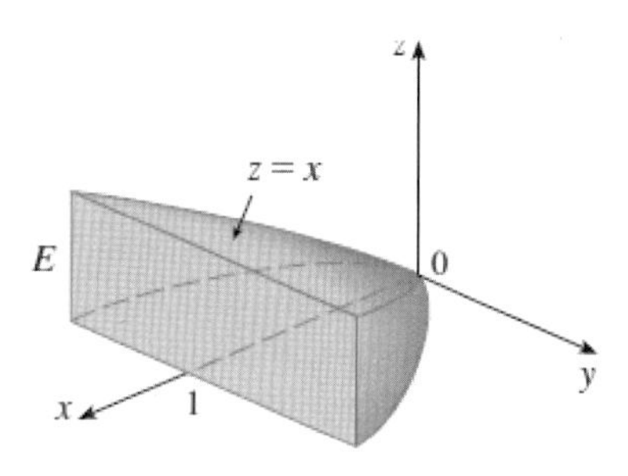

필수 예제 107

원주면 $x^2+y^2=1$의 내부와 평면 $z=4$ 아래, 포물면 $z=1-x^2-y^2$ 위로 이루어진 입체 E가 있다. 입체의 한 점에서 밀도가 z축으로부터의 거리에 비례할 때 E의 질량을 구하시오.

풀이 $(x, y, z)\in E$이고, $E=\{(x,y,z)|x^2+y^2\le 1, 1-x^2-y^2\le z\le 4\}$이다.

밀도함수는 $\rho=k\sqrt{x^2+y^2}$ (단, k는 비례상수)이므로

$$m=\iiint_E k\sqrt{x^2+y^2}\,dV$$

$$=\int_0^{2\pi}\int_0^1\int_{1-r^2}^4 k\cdot r\cdot r\,dz\,dr\,d\theta$$

$$=2\pi\cdot k\int_0^1 r^2\{4-(1-r^2)\}\,dr$$

$$=2\pi\cdot k\int_0^1(3r^2+r^4)\,dr=2\pi\cdot k\left[r^3+\frac{1}{5}r^5\right]_0^1$$

$$=2\pi\cdot k\left(1+\frac{1}{5}\right)=2\pi\cdot k\cdot\frac{6}{5}=\frac{12}{5}k\pi$$

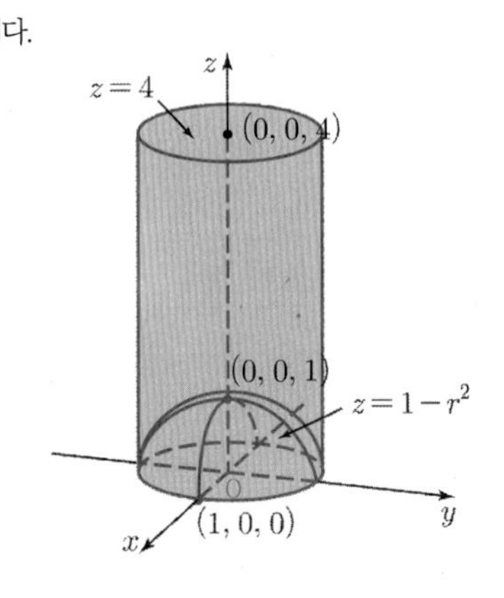

330. 영역 E는 평면 $z=1+x+y$아래에 놓여 있고 곡선 $y=\sqrt{x}$, $y=0$, $x=1$로 둘러싸인 xy평면 영역의 윗부분이다. 밀도함수 $\rho(x, y, z)=2$일 때, 입체 E의 질량과 질량중심을 구하여라.

331. 영역 E는 $0\le x\le a$, $0\le y\le a$, $0\le z\le a$에 의해 주어진 정육면체일 때, 밀도함수 $\rho(x, y, z)=x^2+y^2+z^2$에 대한 입체 E의 질량과 질량중심을 구하시오.

선배들의 이야기 ++

편입 스펙

한국외국어대학(글로벌캠퍼스) 전자공학과 학점 4.21 토익 965

합격 대학

성균관대학교(전기전자공학부), 한양대학교(원자력공학과), 중앙대학교(전자전기공학부), 건국대학교(전자공학과), 아주대학교(전자공학과), 홍익대학교(전자공학과), 단국대학교(전자공학과)

편입동기 & 목적

대한민국에서 학교 타이틀의 중요성을 너무 잘 알고 있었기에, 더 좋은 학교를 가고자 편입을 시작했습니다. 이전에 수능을 여러 번 봤고, 항상 제 기대보다 못한 점수를 받아와서 새로운 방법을 찾아 보았고 편입이 저에겐 매력적인 선택지로 보였습니다.

스스로 업그레이드 되는 시기가 옵니다

공부를 6월에 시작하고, 학기를 병행해서 시간이 그리 많지 않았습니다. 그렇기에 최대한 빠르게 방학기간에 미적분, 선대, 다변수를 모두 다 듣는 걸 목표로 개념강의를 하루에 4~5개씩 듣고 모두 이해하려 노력했습니다. 6, 7, 8월에 모두 계획대로 끝내고 9월부터는 학기가 시작되어 공업수학을 들으며 앞에 부분을 복습했습니다. 그리고 10월 중반부터는 기출문제를 하루에 2개씩 잡고 학교마다 최소 5개년치를 풀었습니다.

제가 스스로 업그레이드가 됐다고 생각했던 시기는 개념을 마치고 기출을 풀기 시작했던 10월입니다. 기출을 풀면서 전체적으로 문제가 어떻게 나오는지 익힐 수 있었고 틀린문 제의 개념이 나오는 단원을 싹 다 모아 정리한 후, 저의 개념에 어떤 부분에 구멍이 나있는지를 파악하여 그 부분만 인강을 다시 들었습니다.

파이널 정리 때 암기를 엄청 했던 것도 도움이 많이 됐습니다. 저는 선생님이 말하신 것 + a 로 자주 나오는 부분들은 그냥 다 외워 갔습니다. 암기에 대해 거부감이 드시는 분들도 있을 수 있지만, 저는 시간도 줄이면서 제가 약한 계산 실수까지 막을 수 있었던 저에게 최적화 된 방법이었던 것 같습니다. 실제로 자주는 안 나오는 a 부분 암기가 (특이 도형의 넓이) 성균관대 시험에 나와서 10초 컷하고 넘어갔고 그 부분 또한 합격에 큰 도움이 된 것 같습니다.

아름쌤의 개념 정리는 최고입니다

우선 설명을 너무 잘하십니다! 제가 수학을 잘하는 편은 아니었는데, 선생님 수업을 따라가다 보니 너무 이해가 잘 되고 구조적으로 잘 설명을 해주셔서 내용정리도 편했던 것 같습니다. 아름쌤이 아니었다면 개념정리를 짧은 시간 안에 완성도 있게 마무리 못했을 것 같습니다.

그리고 저는 개념이 끝나고 기출을 풀 때, 처음에 점수가 많이 안 나올 때 힘들었습니다. 선생님이 수업 중간중간 끝까지 하면 어디든 간다 하시는 말씀이 힘이 됐습니다.

같이하면 자극이 되어 지치지 않고 갈 수 있습니다

제가 인강생들께 드릴수 있는 조언 한 가지는 바로 어떻게든 같이 할 사람을 구하라는 점입니다. 저는 어쩌다 보니 제 대학 동기와, 아는 형과 같이 편입 준비를 시작했고 서로에게 너무 큰 도움이 됐습니다. 서로를 보면서 진도가 너무 늦거나 빠르지 않게 조절을 하고, 모르는 것을 물어보고, 같이 고민하고, 일정을 같이 챙기고, 중간에 지치더라도 서로를 보며 또 자극이 되고, 이런 선순환들이 이루어져서 결국 모두 좋은결과를 낼 수 있었습니다. 홀로 편입을 준비하기는 정말 힘듭니다. 이렇게 주변에 수준이 비슷하고, 서로 도와줄 수 있는 사람이 있는 게 아주 큰 도움이 된다고 생각합니다.

성균관대 전자전기공학부 면접후기

저는 동일계라서 면접준비가 상대적으로는 수월했지만, 보통 생각하시는 것보다 완전 전공면접이라서... 쉽지는 않았습니다. 그래도 발표 후 1주일 동안 할 수 있는 건 다했습니다. 보통 전공기초에서 물어보시는데 회로이론, 전자기학, 논리회로 그리고 다른 전공기초 과목들도 모두 기본적인 핵심 내용들 위주로 공부했습니다.

가장 큰 도움이 됐던 건 성대 편입 선배님들이 진행하시는 모의면접이었습니다. 1차 합격 후에 편입 카페 같은 곳에 글이 올라오는데, 그거 무조건 하시는 게 좋습니다. 학생들이 한다고 해서 미심쩍을 수 있지만, 웬만한 면접 준비 강의보다 훨씬 디테일하고 유익합니다. 저는 그 선배님들께 개념 요약본을 받아서 짧은 시간 안에 최대한 많이 공부해 면접에서 대답을 많이 할 수 있었고, 모의 면접을 아주 자세히 해주시고 학교정보도 엄청 많이 알려주셔서 모두 면접에서 사용했습니다. 기회가 된다면 꼭 해보세요!

- 백○현 (성균관대학교 전기전자공학부)

편입 스펙

동국대(경주캠퍼스) 통계학과 학점 3.92

합격 대학

동국대학교(멀티미디어공학과)

편입 동기 & 목적

저는 고등학교 때 4등급, 애매한 성적으로 수도권 대학교밖에 갈 수 없었습니다. 당시에 좋은 학교는 아니더라도 서울에 있는 학교에 꼭 들어가고 싶어서 재수를 선택했었는데, 높은 성적도 안 나왔을 뿐더러, 또 긴장을 많이 하는 성격이라 시험을 크게 망쳐서 수도권도 아닌 더 멀리 있는 지방에 있는 학교에 가게 되었습니다. 시험을 다시 준비하자니, 몸도 많이 지치고 마음도 많이 지쳤던 터라 부모님과 상의 끝에, 일단 1년만 학교에 다녀보자는 생각으로 삼수까진 하지 않고 학교에 갔습니다. 그렇게 학교에 다녔었는데, 다닐 땐 몰랐지만 오랜만에 친구들을 만나거나 새로운 곳에 가게 되면, 어쩔 수 없이 서로 학교를 물어보게 되고, 뭐 하고 지내냐 물어보게 되는데, 저는 그럴 때마다 혼자 위축되고 자신감을 잃어가고 있었습니다. 이런 제 모습이 너무 답답하고 한심해서 서울에 있는 대학교에 들어가기 위해 방법을 알아보고 있었는데, 편입이라는 제도를 알게 돼 2학년 마치고 군 휴학을 한 후, 사회복무요원을 병행하면서 편입을 시작하게 되었습니다.

꾸준히 하면 후반부에 반드시 자신감이 생깁니다

저는 훈련소와 사회복무요원 교육 및 일에 적응하느라 5월 정도에 공부를 시작했습니다. 영어는 수능 성적으로 67점에서 72점 사이로, 듣기나 주제는 어느 정도 풀었지만, 빈칸, 순서 같은 논리력을 요구로 하는 문제는 많이 부족했던 터라, 편입영어에서 어려움이 많이 있었습니다. 그렇다고 영어에 전념하기엔 편입 수학 양이 방대하고, 사회복무를 병행하고 있어서, 5월부터 11월까지 문법과 단어만 공부했습니다. 11월부터는 김신근 선생님 기출강의를 보면서, 영어 감을 많이 익혔던 것 같습니다.

수학 공부는 5~6월 미적분, 7~8월 다변수 미적분, 9~10월 선형대수, 11월 공학수학 1을 공부를 했습니다. 처음엔 늦게 시작했기 때문에, 아름쌤이 강조하시는 당일 복습 누적 복습을 진행하지 않고 진도만 나갔었는데, 남는 게 거의 없고 필수 예제 풀기도 어려웠었습니다. 그래서 다시 돌아가서 당일 복습과 누적 복습을 꼭 진행하면서 진도를 나갔는데, 필수 예제는 당연히 풀렸고 기억에 오래 남아서 다른 파트가 끝나고 다시 봐도 기억에 항상 남았던 것 같습니다. 11월엔 기출 공부를 시작하려고 했지만, 아름쌤이 올인원 교재를 아직 안 풀어본 학생은 꼭 풀고 기출에 들어가라고 하셔서, 11월에 올인원교재를 마무리하고, 12월 기출을 시작했습니다. 올인원 교재를 풀면서, 기출을 내가 너무 늦게 시작하는 게 아닌가, 남들 기출 풀고 있을 텐데, 이거 푸는 게 맞는가 싶은 생각이 컸었는데, 한아름 선생님 교재는 이미 기출을 바탕으로 제작한 문제들이라 12월에 기출문제를 풀었을 때 접해본 문제들이 많아서, 준비하는 기간 5~11월보다 12월에 더 자신감을 가질 수 있었습니다.

모든 순간이 힘들겠지만, 포기하지 말아요

시험 준비하는 순간부터 시험 끝나는 순간까지 모든 순간이 힘들었습니다. 이렇게 공부하는 게 맞는가, 친구들은 3~4학년으로 학교에 다니거나 취업을 준비하고 있는데 난 아직까지 입시를 하고 있네, 등 많은 생각이 들어서 정말 많이 힘들었던 것 같습니다. 거기에 모의고사 성적까지 백분위 50 정도로 너무 낮은 점수로 힘들었던 것 같습니다. 그렇지만 아름쌤이 끝까지 포기하지 않으면, 1월~2월에 합격증이 손에 있을 거라 하셔서 절대 포기하지 않고 끝까지 한 결과 동국대 합격증 및 여러 학교 합격증을 얻을 수 있던 것 같습니다.

아름쌤 교재만 10회독 하면 됩니다

우선 아름쌤의 교재가 너무 좋습니다. 공책에 따로 필기할 필요 없이, 깔끔하게, 핵심들만 정리되어 있어서 편했습니다! 타 강사들은 여러 책을 구매하게끔 유도하는 걸로 알고 있는데, 아름쌤은 그냥 기본서 회독 + 올인원만 하라고 하셔서 저는 기본서만 10회독 정도 하고, 올인원 2회독, 책 5권으로 합격했습니다. 또한 아름쌤은 밴드를 운영하시는데, 밴드를 통해 인강에서 다루지 않은 문제나, 혼자서 못 푼 문제를, 30분 안에 학생들이나, 조교님, 아름쌤이 문제를 해결해 주셔서, 정말 도움이 많이 됐습니다!

다급해서 진도만 나가기는 금물!

1~2월에 공부를 시작한 친구들은 진도에 걱정이 없을 것이지만, 5~7월 늦게 시작한 학생들은 진도에 걱정이 많을 것 같은데, 너무 다급해하면서 진도만 나가지 말고 당일 복습, 누적 복습을 꼭 진행하면서 진도 나가는 것을 추천드려요! 그리고 또 일찍 한 학생들에 비해 모의고사 성적이 낮을 건데, 너무 자신감 잃지 말고 끝까지 하면 분명 좋은 결과 있을 겁니다! 저도 모의고사 백분위 50 또는 50보다 아래로 정말 하위권이었었는데, 아름쌤 커리 (미적분 - 다변수 - 선대 - 공수 1) - 올인원 - 기출 커리 진행하면서 동국대 합격할 수 있었습니다! 한아름 교수님 정말 감사하고 또 사랑합니다!

- 서○선 (동국대학교 멀티미디어공학과)

CHAPTER 06

선적분과 면적분

06 선적분과 면적분

1 선적분

1 스칼라 함수의 선적분

함수 f가 매끄러운 곡선 C 위에서 정의될 때, C 위에서 f의 선적분은 다음과 같다.

(1) 평면상의 곡선 C 위에서 스칼라 함수 $f(x,y)$ 의 선적분

곡선 $C: r(t)=x(t)i+y(t)j\,(a \le t \le b)$ 일 때,

$$\int_C f(x,y)ds = \int_a^b f(x(t),y(t))\,|r'(t)|\,dt = \int_a^b f(x(t),y(t))\sqrt{\left(\frac{dx}{dt}\right)^2+\left(\frac{dy}{dt}\right)^2}\,dt$$

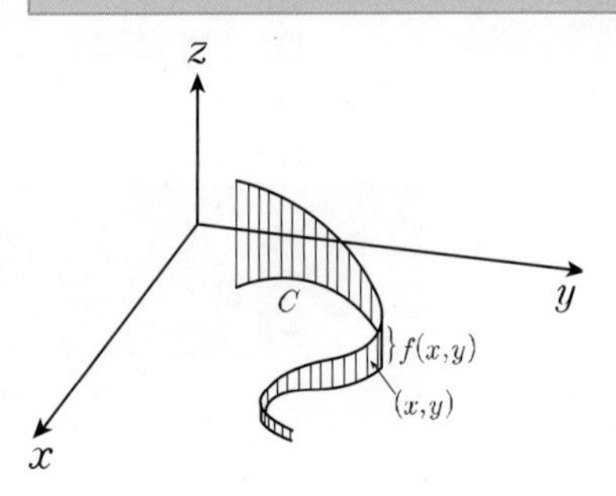

(2) 공간상의 곡선 C 위에서 스칼라 함수 $f(x,y,z)$ 의 선적분

곡선 $C: r(t)=x(t)i+y(t)j+z(t)k\ (a \le t \le b)$ 일 때

$$\int_C f(x,y,z)ds = \int_a^b f(x(t),y(t),z(t))\,|r'(t)|\,dt$$
$$= \int_a^b f(x(t),y(t),z(t))\sqrt{\left(\frac{dx}{dt}\right)^2+\left(\frac{dy}{dt}\right)^2+\left(\frac{dz}{dt}\right)^2}\,dt$$

(3) 조각적으로 매끄러운 곡선에서의 선적분

C가 조각적으로 매끄러운 곡선이라 가정하자. 즉, C가 매끄러운 곡선 $C_1,\ C_2,\ \cdots,\ C_k$의 합집합으로 이루어진다.

이때 C의 각각의 매끄러운 조각 위에서 f의 선적분의 합으로 정의한다.

$C=C_1 \cup \cdots \cup C_k$ 일 때, $\int_C f(x,y)ds = \int_{C_1} f(x,y)ds + \cdots + \int_{C_k} f(x,y)ds$

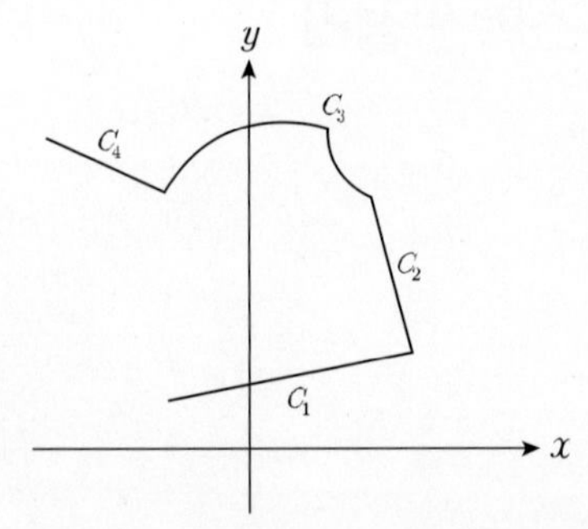

❖ 선적분 풀이의 핵심은 곡선 C의 매개화이다.

2 벡터함수의 선적분

매끄러운 곡선 $C : r(t) = x(t)i + y(t)j + z(t)k \ (a \le t \le b)$ 위에서 정의된 연속인 벡터장 (벡터함수) $F(x, y, z) = \langle P(x, y, z), Q(x, y, z), R(x, y, z) \rangle$이다.

벡터함수의 선적분 값의 의미는 힘(벡터장)이 하는 일의 총량을 말한다. 선적분은 다음과 같이 정의된다.

$$\int_c F \cdot d\boldsymbol{s} = \int_c F \cdot T\, ds = \int_a^b F \cdot r'(t)dt = \int_c F \cdot dr$$

〈계산 과정〉

$$\int_C F \cdot T ds = \int_a^b F \cdot \frac{r'(t)}{|r'(t)|} |r'(t)| dt = \int_a^b F \cdot r'(t)\, dt = \int_a^b F \cdot \frac{dr}{dt} dt$$

$$= \int_C F \cdot dr = \int_C (P, Q, R) \cdot (dx, dy, dz) = \int_C Pdx + Qdy + Rdz$$

Areum Math Tip

1. R^2의 벡터장

   D를 R^2(평면 영역)의 부분집합이라 하자.

   R^2상의 벡터장(vector field)은 D에 속하는 각각의 점(x, y)에 대하여, 이차원 벡터 $F(x, y)$를 대응시키는 함수 F이다.

   ex $F(x, y) = -yi + xj$

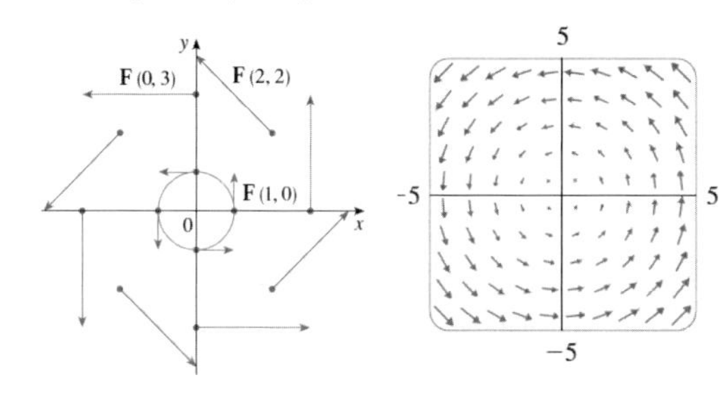

2. R^3의 벡터장

   E를 R^3의 부분집합이라 하자.

   R^3상의 벡터장은 E에 속하는 각각의 점(x, y, z)에 대하여, 삼차원 벡터 $F(x, y, z)$를 대응시키는 함수 F이다.

   ex $F(x, y, z) = zk$

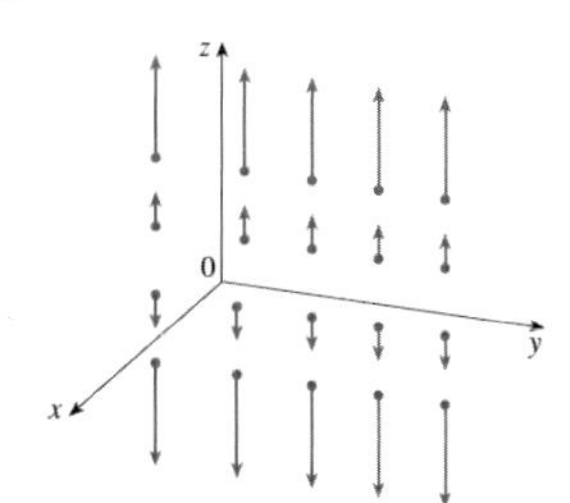

   ex $F(x, y, z) = yi - 2j + xk$

필수 예제 108

C가 $(0,\ 0)$에서 $(1,\ 1)$까지 포물선 $y=x^2$의 호 C_1과 $(1,\ 1)$에서 $(1,\ 2)$까지의 수직선분 C_2의 합일 때, $\int_C 2x\, ds$를 구하시오.

풀이 $\int_C 2x\, ds = \int_{C_1} 2x\, ds + \int_{C_2} 2x\, ds$이다.

(i) $C_1 : r(t) = \langle t,\ t^2 \rangle,\ 0 \le t \le 1$이므로

$$\int_{C_1} 2x\, ds = \int_0^1 2t\sqrt{1+4t^2}\, dt = 2\cdot\left[\frac{2}{3}(1+4t^2)^{\frac{3}{2}}\cdot\frac{1}{8}\right]_0^1 = \frac{1}{6}(5\sqrt{5}-1)$$

(ii) $C_2 : r(t) = \langle 1,\ t \rangle,\ 1 \le t \le 2$이므로

$$\int_{C_2} 2x\, ds = \int_1^2 2\sqrt{0+1}\, dt = \int_1^2 2\, dt = 2[t]_1^2 = 2$$

$$\therefore \int_C 2x\, ds = \int_{C_1} 2x\, ds + \int_{C_2} 2x\, ds = \frac{1}{6}(5\sqrt{5}-1)+2 = \frac{5\sqrt{5}+11}{6}$$

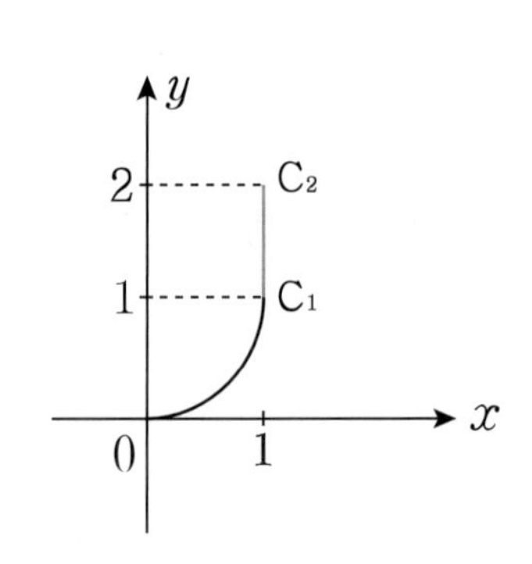

332. 곡선 C가 $x^2+y^2=1$의 상반부일 때, $\int_C (2+x^2y)ds$ 를 구하시오.

333. 곡선 C가 $x^2+y^2=4$의 상반부일 때, $\int_C y\,ds$를 구하면?

334. 곡선 C가 $x=\cos t,\ y=2t,\ z=\sin t\ (0 \le t \le \pi)$로 주어졌을 때, $\int_C (x+2)e^{y+z}ds$를 구하여라.

335. 곡선 C가 $r(t)=\left(t,\ \frac{4}{3}t^{\frac{3}{2}},\ \frac{1}{2}t^2\right)\ (0 \le t \le 2)$에 의해 매개화될 때, $\int_C (x+2)ds$를 구하여라.

필수 예제 109

철사줄이 반원 $x^2+y^2=1, y \ge 0$의 형태를 갖고 꼭대기 가까이보다 바닥이 더 두껍다.
임의의 점에서 선형밀도가 그 점에서 직선 $y=1$에 이르는 거리에 비례할 때, 철사줄의 질량중심을 구하시오.

풀이 철사를 곡선 C라고 생각하고 매개방정식 $x=\cos t, y=\sin t(0 \le t \le \pi)$으로 나타낼 수 있다.
밀도함수는 철사 위의 점 (x, y)와 직선 $y=1$위의 점 $(x, 1)$의 거리 $\sqrt{(x-x)^2+(1-y)^2}=1-y$에 비례하므로
밀도함수 $\rho(x, y)=k(1-y)$이다. 여기서 k는 비례상수이다.
철사줄의 질량 m은 밀도 · 크기(길이)이므로 선적분을 이용하여 구하자.
$r(t)=\langle \cos t, \sin t\rangle$, $r'(t)=\langle -\sin t, \cos t\rangle$이고 $|r'(t)|=\sqrt{\sin^2 t+\cos^2 t}=1$이다.

(i) $m=\int_C k(1-y)\,ds=\int_0^{\pi} k(1-\sin t)\,|r'(t)|\,dt=\int_0^{\pi} k(1-\sin t)\,dt=k[t+\cos t]_0^{\pi}=k(\pi-2)$

(ii) $\int_C x\rho(x,y)\,ds=k\int_C x(1-y)\,ds=k\int_0^{\pi}\cos t\,(1-\sin t)\,|r'(t)|\,dt=k\int_0^{\pi}\cos t-\cos t\,\sin t\,dt=-\frac{k}{2}\sin^2 t]_0^{\pi}=0$

(iii) $\int_C y\rho(x,y)\,ds=k\int_C y(1-y)\,ds=k\int_0^{\pi}\sin t\,(1-\sin t)\,|r'(t)|\,dt=k\int_0^{\pi}\sin t-\sin^2 t\,dt=k\left(2-\frac{\pi}{2}\right)$

(iv) $\bar{x}=\dfrac{\int_C x\rho(x,y)\,ds}{\int_C \rho(x,y)\,ds}=0$, $\bar{y}=\dfrac{\int_C y\rho(x,y)\,ds}{\int_C \rho(x,y)\,ds}=\dfrac{k\left(2-\frac{\pi}{2}\right)}{k(\pi-2)}=\dfrac{4-\pi}{2\pi-4}$

336. 가느다란 철사줄이 반원 $x^2+y^2=4,\ x \ge 0$의 모양으로 구부러져 있다. 선형밀도가 상수 k일 때 철사줄의 질량과 질량중심을 구하여라.

337. 가느다란 철사는 중심이 원점이고 반지름이 a인 원의 1사분면에 있는 부분의 형태를 가진다.
밀도함수 $\rho(x, y)=kxy$일 때 철사줄의 질량과 질량중심을 구하여라.

필수 예제 110

좌표평면에서 곡선 $\sqrt{x}+y=1$위의 점 $(1, 0)$부터 점 $(0, 1)$ 까지의 경로를 C라 할 때, 선적분 $\int_C (\sinh x+\cosh y)dx$의 값은?

풀이 벡터함수 $F=<\sinh x+\cosh y, 0>$ 와 곡선 $C: r(t)=<t, -\sqrt{t}+1>$ $(0\le t\le 1)$에 대하여 주어진 문제는 다음의 선적분과 같다.

$$\int_{-C} F\cdot dr = -\int_C F\cdot dr = -\int_0^1 F\cdot r'(t)\,dt = -\int_0^1 (\sinh t+\cosh(-\sqrt{t}+1),\ 0)\cdot\left(1, -\frac{1}{2\sqrt{t}}\right)dt$$

$$= \int_1^0 \{\sinh t+\cosh(-\sqrt{t}+1)\}\,dt = \int_1^0 \sinh t\,dt + \int_1^0 \cosh(-\sqrt{t}+1)dt$$

$$= [\cosh t]_1^0 + \int_1^0 \cosh(-\sqrt{t}+1)\,dt = (1-\cosh 1)+(2-2\cosh 1) = 3(1-\cosh 1)$$

[참고] $1-\sqrt{t}=u$로 치환하자. $\int_1^0 \cosh(-\sqrt{t}+1)\,dt = \int_0^1 (2u-2)\cosh u\,du = 2-2\cosh 1$

338. $C: x=t, y=t^2, z=t^3, 0\le t\le 1$ **일 때, 선적분** $\int_C xye^{yz}\,dy$**의 값은?**

339. C**가 방정식** $x=\cos t,\ y=\sin t,\ z=t\ (0\le t\le 2\pi)$**에 의하여 주어진 원주나선이라 할 때, 다음을 구하시오.**

(1) $\int_C y\sin z\,ds$

(2) $\int_C y\sin z\,dz$

340. **질점이 사분원** $r(t)=\cos t\,i+\sin t\,j\ \left(0\le t\le \frac{\pi}{2}\right)$**를 따라 움직이는데 힘** $F(x,y)=x^2 i - xy j$**가 한 일을 구하시오.**

필수 예제 111

C_1은 $(-5,\ -3)$에서 $(0,\ 2)$까지의 선분이고, C_2는 $(-5,\ -3)$에서 $(0,\ 2)$까지의 포물선 $x=4-y^2$의 호일 때, $C=C_1+C_2$이라 하자. 이때, 선적분 $\int_C y^2\,dx+x\,dy$를 구하시오.

풀이 $\int_C y^2\,dx+x\,dy=\int_{C_1+C_2} y^2\,dx+x\,dy=\int_{C_1} y^2\,dx+xdy+\int_{C_2} y^2\,dx+x\,dy$

(i) $C_1: r(t)=\langle t, t+2\rangle,\ -5\le t\le 0$이므로 $r'(t)=\langle 1,\ 1\rangle$이고

$F(x,\ y)=\langle y^2,\ x\rangle=\langle (t+2)^2,\ t\rangle$이다.

$\int_{C_1} y^2\,dx+xdy=\int_{C_1} F\cdot r'(t)\,dt=\int_{-5}^{0}\langle (t+2)^2,\ t\rangle\cdot\langle 1,\ 1\rangle\,dt$

$=\int_{-5}^{0}(t^2+4t+4+t)\,dt=\left[\frac{1}{3}t^3+\frac{5}{2}t^2+4t\right]_{-5}^{0}$

$=0-\left(-\frac{125}{3}+\frac{125}{2}-20\right)=20+\frac{125}{3}-\frac{125}{2}=-\frac{5}{6}$

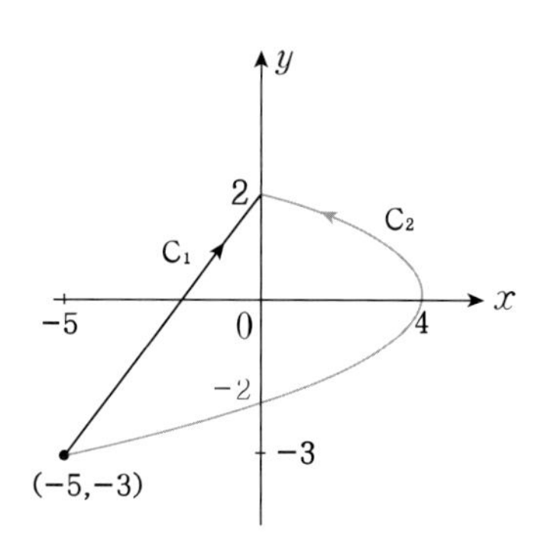

(ii) $C_2: r(t)=\langle 4-t^2, t\rangle,\ -3\le t\le 2$이므로 $r'(t)=\langle -2t,\ 1\rangle$이고 $F(x,\ y)=\langle y^2,\ x\rangle=\langle t^2,\ 4-t^2\rangle$이다.

$\int_{C_2} y^2\,dx+xdy=\int_{C_2} F\cdot r'(t)\,dt=\int_{-3}^{2}\langle t^2,\ 4-t^2\rangle\cdot\langle -2t,\ 1\rangle\,dt$

$=\int_{-3}^{2}(-2t^3+4-t^2)\,dt=\left[-\frac{1}{2}t^4-\frac{1}{3}t^3+4t\right]_{-3}^{2}$

$=-\frac{1}{2}(16-81)-\frac{1}{3}(8+27)+4(2+3)=-8+\frac{81}{2}-\frac{8}{3}-9+20=3+\frac{243-16}{6}=\frac{245}{6}$

$\therefore \int_C y^2\,dx+x\,dy=\int_{C_1} y^2\,dx+xdy+\int_{C_2} y^2\,dx+x\,dy=-\frac{5}{6}+\frac{245}{6}=40$

341. $F(x,\ y,\ z)=xy\,i+yz\,j+zx\,k$이고 C가 비틀린 3차 곡선 $x=t,\ y=t^2,\ z=t^3\ (0\le t\le 1)$에 의해서 주어진 곡선일 때, $\int_C F\cdot dr$을 구하시오.

342. C가 $(2,\ 0,\ 0)$에서 $(3,\ 4,\ 5)$까지의 선분 C_1과 $(3,\ 4,\ 5)$에서 $(3,\ 4,\ 0)$까지의 수직선분 C_2로 구성될 때, $\int_C y\,dx+z\,dy+x\,dz$를 구하시오.

3 보존적 벡터장

(1) 보존적 벡터장(conservative vector field)의 정의

단순연결 영역 D에서 정의된 연속인 벡터장 F가 어떤 스칼라 함수의 기울기일 때, 즉, $F=\nabla f$되는 함수 f가 존재할 때, F를 보존적 벡터장이라 부른다. 이 경우 스칼라 함수 f를 잠재적 함수(potential function)라 부른다.

(2) 보존적 벡터장이 되기 위한 필요충분조건

$F=\langle P(x,y), Q(x,y)\rangle$ 또는 $F=\langle P(x,y,z), Q(x,y,z), R(x,y,z)\rangle$의

각 성분들이 연속인 1계 편도함수를 가지는 벡터장이라고 하자.

① $F=\langle P(x,y), Q(x,y)\rangle$이 $\dfrac{\partial P}{\partial y}=\dfrac{\partial Q}{\partial x}$를 만족한다면 F는 보존적 벡터장이다.

② $F=\langle P(x,y,z), Q(x,y,z), R(x,y,z)\rangle$이

$\dfrac{\partial P}{\partial y}=\dfrac{\partial Q}{\partial x}, \dfrac{\partial P}{\partial z}=\dfrac{\partial R}{\partial x}, \dfrac{\partial Q}{\partial z}=\dfrac{\partial R}{\partial y}$을 만족하면 F는 보존적 벡터장이다.

4 벡터함수 발산(divergence)과 회전(curl)

벡터함수 $F(x,y,z)=\langle P(x,y,z), Q(x,y,z), R(x,y,z)\rangle$가 편미분가능하다고 하면

미분연산자 ∇(델) $=\left\langle \dfrac{\partial}{\partial x}, \dfrac{\partial}{\partial y}, \dfrac{\partial}{\partial z}\right\rangle$에 대하여 다음과 같은 연산이 성립한다.

(1) 벡터의 발산

① $divF=\nabla\cdot F=\left\langle \dfrac{\partial}{\partial x}, \dfrac{\partial}{\partial y}, \dfrac{\partial}{\partial z}\right\rangle\cdot\langle P, Q, R\rangle=P_x+Q_y+R_z$

② $divF=0$이면 F를 비압축장이라고 한다.

(2) 벡터의 회전

① $curlF=\nabla\times F=\left\langle \dfrac{\partial}{\partial x}, \dfrac{\partial}{\partial y}, \dfrac{\partial}{\partial z}\right\rangle\times\langle P, Q, R\rangle=\begin{vmatrix} i & j & k \\ \dfrac{\partial}{\partial x} & \dfrac{\partial}{\partial y} & \dfrac{\partial}{\partial z} \\ P & Q & R \end{vmatrix}$

② 벡터함수 연산의 정리

(i) f가 연속인 2계 편도함수를 갖는 3변수 함수일 때, $curl(\nabla f)=0$이다.

즉, 보존적 벡터장 $F=\nabla f$가 성립할 때, $curlF=O$이다.

(ii) 각 성분함수들이 연속인 편도함수를 갖는 R^3상에서 정의된 벡터장 F에 대하여 $curlF=O$이면, F는 보존적 벡터장이다.

(iii) $curl\ F=O$이면 F를 비회전장이라고 한다. 즉, 보존적 벡터장은 비회전장이다.

(iv) 각 성분함수들이 연속인 2계 편도함수를 갖는

R^3상에서 정의된 벡터장 F의 $div(curlF)=\nabla\cdot(\nabla\times F)=0$

Areum Math Tip

❖ 클레로 정리(Clairaut's theorem)

함수 $f(x,\ y)$가 점 $(a,\ b)$를 포함하는 원판 D 위에서 정의된 함수라고 하자.

만약 이계 편도함수 $f_{xy}(x,y)$, $f_{yx}(x,y)$가 점 (a,b)에서 연속이면 $f_{xy}(a,b)=f_{yx}(a,b)$가 성립한다.

(1) 벡터함수 $F(x,y,z)=\nabla f(x,y,z)$라고 할 때, $F=\langle f_x, f_y, f_z\rangle$이다.

$$curl F=\nabla\times F=curl(\nabla f)=\nabla\times\nabla f=\left\langle \frac{\partial}{\partial x}, \frac{\partial}{\partial y}, \frac{\partial}{\partial z}\right\rangle\times\langle f_x, f_y, f_z\rangle$$

$$=\begin{vmatrix} i & j & k \\ \frac{\partial}{\partial x} & \frac{\partial}{\partial y} & \frac{\partial}{\partial z} \\ f_x & f_y & f_z \end{vmatrix}=\langle f_{zy}-f_{yz},\ f_{xz}-f_{zx},\ f_{yx}-f_{xy}\rangle$$

클레로 정리에 의해서 $f_{xy}=f_{yx}$, $f_{xz}=f_{zx}$, $f_{yz}=f_{zy}$가 성립하므로 $curl(\nabla f)=\nabla\times\nabla f=O$이다.

따라서 보존적 벡터장 $F=\nabla f$가 성립할 때, $curl F=O$이다.

(2) 임의의 벡터함수 $F(x,y,z)=\langle P(x,y,z), Q(x,y,z), R(x,y,z)\rangle$에 대하여

$$curl F=\nabla\times F=\begin{vmatrix} i & j & k \\ \frac{\partial}{\partial x} & \frac{\partial}{\partial y} & \frac{\partial}{\partial z} \\ P & Q & R \end{vmatrix}=\langle R_y-Q_z, P_z-R_x, Q_x-P_y\rangle \text{이다.}$$

$div\,curl F=\nabla\cdot(\nabla\times F)=R_{yx}-Q_{zx}+P_{zy}-R_{xy}+Q_{xz}-P_{yz}$이고

클레로 정리에 의해서 $R_{yx}=R_{xy}$, $Q_{zx}=Q_{xz}$, $P_{zy}=P_{yz}$이 성립하므로 $div\,curl F=\nabla\cdot(\nabla\times F)=0$이 성립한다.

343. 주어진 벡터함수 F에 대하여 $F=\nabla f$를 만족하는 함수 f를 구하시오.

(1) $F(x,y)=(3+2xy)i+(x^2-3y^2)j$

(2) $F(x,y,z)=y^2 i+(2xy+e^{3z})j+3ye^{3z}k$

5 선적분의 기본정리

(1) 매끄러운 곡선 $C : r(t)$, $(a \le t \le b)$에 대하여,

f는 기울기 벡터장 ∇f가 C 위에서 연속인 이변수 혹은 삼변수의 미분가능한 함수라고 하자. 그러면 다음이 성립한다.

$$\int_C \nabla f \cdot dr = [f]_{r(a)}^{r(b)} = f(r(b)) - f(r(a))$$

(2) 경로의 독립성

C_1과 C_2가 똑같이 시작점 P_0와 끝점 P_1을 가지는 두 개의 구분적으로 매끄러운 곡선(경로)에서 연속인 벡터함수 F의 선적분이 다음 식을 만족하면 벡터함수 F는 경로에 대해 독립적이라고 한다.

$$\int_{C_1} F \cdot dr = \int_{C_2} F \cdot dr$$

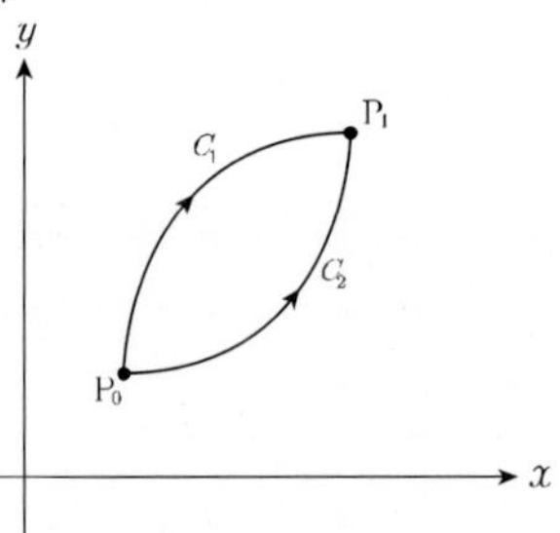

즉, 미분가능한 f의 기울기 벡터장 ∇f의 선적분은

곡선 C의 경로에 상관없이 곡선의 시작점과 끝점에만 의존해서

$\int_{C_1} \nabla f \cdot dr = \int_{C_2} \nabla f \cdot dr$이 성립하므로 경로에 독립적이라고 한다.

(3) 단순 폐곡선 C는 C_2와 $-C_1$의 합으로 구성된 곡선이라고 하자. 즉, $C = C_2 + (-C_1) = C_2 - C_1$이다.

함수 ∇f가 C_1, C_2 위에서 연속이면 경로에 독립적이므로 $\int_{C_1} \nabla f \cdot dr = \int_{C_2} \nabla f \cdot dr$이 성립한다.

$$\Rightarrow -\int_{C_1} \nabla f \cdot dr + \int_{C_2} \nabla f \cdot dr = 0 \Rightarrow \int_{-C_1} \nabla f \cdot dr + \int_{C_2} \nabla f \cdot dr = 0$$

각 적분에서 함수가 ∇f로 동일하므로 구간을 합치면 $\int_{-C_1+C_2} \nabla f \cdot dr = \oint_C \nabla f \cdot dr = 0$이다.

따라서 단순 폐곡선 C에 대해서 $\int_C \nabla f \cdot dr = 0$이다.

Areum Math Tip

매끄러운 곡선 $C : r(t) = \langle x(t), y(t), z(t) \rangle$, $(a \le t \le b)$일 때, 연속이고 미분가능한 $f(x, y, z)$를 t에 대하여 미분하면 다음과 같다.

$$\frac{df}{dt} = \frac{\partial f}{\partial x} \cdot \frac{dx}{dt} + \frac{\partial f}{\partial y} \cdot \frac{dy}{dt} + \frac{\partial f}{\partial z} \cdot \frac{dz}{dt} = \left(\frac{\partial f}{\partial x}, \frac{\partial f}{\partial y}, \frac{\partial f}{\partial z}\right) \cdot \left(\frac{dx}{dt}, \frac{dy}{dt}, \frac{dz}{dt}\right) = \nabla f(x, y, z) \cdot r'(t)$$

$$\int_C \nabla f \cdot dr = \int_a^b \left(\frac{\partial f}{\partial x}, \frac{\partial f}{\partial y}, \frac{\partial f}{\partial z}\right) \cdot \left(\frac{dx}{dt}, \frac{dy}{dt}, \frac{dz}{dt}\right) dt$$

$$= \int_a^b \left(\frac{\partial f}{\partial x} \cdot \frac{dx}{dt} + \frac{\partial f}{\partial y} \cdot \frac{dy}{dt} + \frac{\partial f}{\partial z} \cdot \frac{dz}{dt}\right) dt$$ ← 다변수 함수의 합성함수 미분

$$= \int_a^b \frac{d}{dt}\{f(r(t))\} dt = [f(r(t))]_a^b = f(r(b)) - f(r(a))$$ ← 미적분학의 기본정리

필수 예제 112

벡터함수 $\vec{F}=(3x^2y, x^3+z\cos yz, y\cos yz)$ 이고, $C(t)=\left(\cos\pi t, \sin\frac{\pi}{2}t, t\right)$(단, $-1\le t\le 1$)일 때,

선적분 $\int_C \vec{F}\cdot\vec{r}$ 의 값은?

풀이 $curlF=\nabla\times F=O$이므로 $F=\nabla f$는 보존장이다.

$f_x=3x^2y, f_y=x^3+z\cos yz, f_z=y\cos yz$이므로 포텐셜 함수 f를 구하면 다음과 같다.

$f(x, y, z)=\int 3x^2ydx=\int x^3+z\cos yzdy=\int y\cos yzdz$

$=x^3y+A(y, z)=x^3y+\sin yz+B(x, z)=\sin yz+C(x, y)$이므로

포텐셜 함수는 $f(x, y, z)=x^3y+\sin yz+C$이다.

주어진 곡선의 시점은 $(-1, -1, -1)$이고 종점은 $(-1, 1, 1)$이므로

선적분은 $\int_C \vec{F}\cdot d\vec{r}=\left[x^3y+\sin yz+C\right]_{(-1,-1,-1)}^{(-1,1,1)}=(-1+\sin 1)-(1+\sin 1)=-2$

344. 좌표공간 위의 곡선 $X(t)=(2\sin t, \cos t, \sin 2t)\left(0\le t\le\frac{\pi}{2}\right)$에 대하여

선적분 $\int_X 2xe^z dx+\sin z\,dy+(x^2e^z+y\cos z)dz$의 값은?

345. 곡선 $C:\vec{r}(t)=\left(\sqrt{\frac{3}{7}t^3+\frac{4}{7}}\right)\vec{i}+t^2\vec{j}+t^3\vec{k},\ 1\le t\le 2$ 에 대하여 선적분 $\int_C yz\,dx+xz\,dy+xy\,dz$ 를 구하시오.

필수 예제 113

곡선 C가 극곡선 $r=1+\cos\theta\left(0 \le \theta \le \frac{2}{3}\pi\right)$일 때 $\int_C (y\cos x - xy\sin x)dx + (x\cos x)dy$를 구하시오.

풀이 $F(x,y)=\langle y\cos x - xy\sin x, x\cos x\rangle$에서 $\frac{\partial}{\partial y}(y\cos x - xy\sin x) = \cos x - x\sin x = \frac{\partial}{\partial x}(x\cos x)$이므로

$F=\langle f_x, f_y\rangle$는 보존적 벡터장이다.

$f(x,y)=\int y\cos x - xy\sin x dx = \int x\cos x dy \Rightarrow f(x,y)=xy\cos x + c$ (단, c는 상수)

곡선 C의 $\theta=0$일 때 $r=2$이므로 $\begin{cases} x=r\cos\theta=2 \\ y=r\sin\theta=0 \end{cases} \Rightarrow$ 시작점 $(2,0)$이고,

$\theta=\frac{2\pi}{3}$일 때 $r=\frac{1}{2}$이므로 $\begin{cases} x=r\cos\theta=-\frac{1}{4} \\ y=r\sin\theta=\frac{\sqrt{3}}{4} \end{cases} \Rightarrow$ 끝점 $\left(-\frac{1}{4}, \frac{\sqrt{3}}{4}\right)$이다.

$$\int_C (y\cos x - xy\sin x)dx + (x\cos x)dy = \int_C \nabla f \cdot dr = [xy\cos x]_{(2,0)}^{\left(-\frac{1}{4}, \frac{\sqrt{3}}{4}\right)} = -\frac{\sqrt{3}}{16}\cos\left(\frac{1}{4}\right)$$

346. C가 $r(t)=e^t\sin t i + e^t \cos t j\ (0 \le t \le \pi)$에 의해 주어질 때, $F(x,y)=(3+2xy)i+(x^2-3y^2)j$에 대한 선적분 $\int_C F \cdot dr$을 구하시오.

347. $\vec{F}(x,y) = <2xy-3, x^2+4y^3+5>$이고 곡선 C가 시작점이 $(-1,2)$, 끝점이 $(2,3)$인 매끄러운 곡선일 때, 선적분 $\int_C \vec{F}(x,y) \cdot d\vec{r}$의 값은?

필수 예제 114

곡선 C가 점 $(0,0)$에서 출발하여 $(2\pi,0)$에 이르는 사이클로이드 $x=\theta-\sin\theta, y=1-\cos\theta$일 때, 다음 선적분 $\int_C (e^x \sin y+x)dx+(e^x\cos y+\tan^{-1}y)dy$을 계산하면?

풀이 $F(x,y)=\langle P(x,y), Q(x,y)\rangle=\langle e^x\sin y+x, e^x\cos y+\tan^{-1}y\rangle$일 때,

$P_y=e^x\cos y, Q_x=e^x\cos y \Leftrightarrow P_y=Q_x$를 만족하므로 $F(x,y)$는 보존적 벡터장이다.

$$f(x,y)=\int P(x,y)\,dx=\int e^x\sin y+x\,dx=e^x\sin y+\frac{1}{2}x^2+A(y)$$

$$=\int Q(x,y)\,dy=\int e^x\cos y+\tan^{-1}y\,dy=e^x\sin y+y\tan^{-1}y-\int\frac{y}{1+y^2}dy$$

$$=e^x\sin y+y\tan^{-1}y-\frac{1}{2}\ln(1+y^2)+B(x)$$

$$f(x,y)=e^x\sin y+\frac{1}{2}x^2+y\tan^{-1}y-\frac{1}{2}\ln(1+y^2)+C$$

$$\int_C (e^x\sin y+x)\,dx+(e^x\cos y+\tan^{-1}y)\,dy=\int_C\nabla f\cdot dr=[f(x,y)]_{(0,0)}^{(2\pi,0)}=f(2\pi,0)-f(0,0)=2\pi^2$$

348. 좌표평면 위의 점 $(1,1)$, $(-1,0)$, $(1,-1)$에 대해 점 $(1,1)$부터 $(1,-1)$ 까지 순서대로 선분으로 연결한 곡선을 C라 하자. 이때 $\int_C 2x\tan^{-1}y\,dx+\frac{x^2}{1+y^2}dy$ 를 계산하면?

349. 좌표공간에서 점 $\left(0,1,\frac{\pi}{2}\right)$에서 시작하여 점 $(2,\pi,1)$에서 끝나는 임의의 곡선을 C 라고 하자. 이때, 선적분 $\int_C 3x^2dx+z\cos(yz)dy+y\cos(yz)dz$의 값은?

2 그린 정리

1 그린 정리 (Green's theorem)

C는 평면에 놓인 반시계 방향을 갖는 부분적으로 매끄러운 미분가능한 단순 폐곡선이고 D는 C를 경계로 하는 평면 상의 닫힌 영역(곡선 C의 왼쪽에 놓인 영역)이라고 하자. $F(x,y)=\langle P(x,y), Q(x,y)\rangle$가 D를 포함하는 열린 영역에서 각 성분 P, Q가 연속인 편도함수를 갖는다면 (즉, P, Q가 미분가능) 다음 식이 성립한다.

$$\oint_C F\cdot dr=\oint_C P(x,y)dx+Q(x,y)dy=\iint_D\left(\frac{\partial Q}{\partial x}-\frac{\partial P}{\partial y}\right)dA$$

필수 예제 115

좌표평면 위에 벡터장 $F(x,y)=(x^{1004}-y, x-y^{1004})$이 작용한다고 하자.
중심이 원점인 단위원 둘레를 입자가 반시계 방향으로 두 바퀴 돌 때 하는 일의 총량은?

풀이 $P=x^{1004}-y$, $Q=x-y^{1004}$ 이라 하자. $D=\{(x,y)|x^2+y^2\le 1\}$이고,
그린의 정리에 의해 $Q_x-P_y=2$ 일 때,
즉 두 바퀴 돌 때 하는 일의 총 양은 $\oint F\cdot dr=2\iint_D Q_x-P_y dA=2\iint_D 2dydx=4\pi$이다.

350. C가 $x^2+y^2=9$일 때, $\oint_C(3y-e^{\sin x})dx+(7x+\sqrt{y^4+1})dy$를 구하시오.

351. C가 $x^2+y^2=9$일 때, $\oint_C(x^2-y^3)dx+(x^3-y^2)dy$를 구하시오.

필수 예제 116

곡선 C는 $(x-5)^2+(y-1)^2=4$이다.

반시계 방향의 원 C에 대한 선적분 $\oint_C (x^3+3y^2)dx+\left(2x^2-e^{y^5}\right)dy$를 구하시오.

풀이 $D=\{(x,y)|(x-5)^2+(y-1)^2 \le 4\}$이고, $\bar{x}=5$, $\bar{y}=1$이다.

$F(x,y)=\langle P(x,y),\ Q(x,y)\rangle=\langle x^3+3y^2,\ 2x^2-e^{y^5}\rangle$라 두면

$$\oint_C (x^3+3y^2)dx+\left(2x^2-e^{y^5}\right)dy=\iint_D (Q_x-P_y)dA=\iint_D 4x-6y\,dA=4\iint_D x\,dA-6\iint_D y\,dA$$

$=4\bar{x}\cdot D$의 면적$-6\bar{y}\cdot D$의 면적 $=D$의 면적 $\cdot\left(4\bar{x}-6\bar{y}\right)=4\pi\cdot(4\cdot 5-6\cdot 1)=56\pi$

352. C가 $(0,\ 0)$에서 $(1,\ 0)$까지, $(1,\ 0)$에서 $(0,\ 1)$까지, $(0,\ 1)$에서 $(0,\ 0)$까지의 선분들로 구성된 삼각형의 곡선일 때, $\int_C x^4 dx + xy\,dy$를 구하시오.

353. 두 포물선 $y=x^2$과 $x=y^2$으로 둘러싸인 영역의 경계를 반시계 방향으로 한 바퀴 도는 경로를 C라 할 때, $\int_C \left(y+e^{\sqrt{x}}\right)dx+\left(2x+\cos y^2\right)dy$를 구하시오.

354. C가 원 $x^2+y^2=1$, $x^2+y^2=4$ 사이의 상반부 평면에 있는 반고리 모양의 영역 D의 경계일 때, $\oint_C y^2 dx+3xy\,dy$를 구하시오.

355. 곡선 C는 $(x-1)^2+(y-5)^2=4$를 만족하는 반시계 방향의 원일 때, 다음 선적분 $\oint_C (x^3+3y)dx+\left(2x-e^{y^5}\right)dy$를 구하시오.

필수 예제 117

곡선 C는 점 $(0, 0)$을 출발하여 점 $(0, 4)$와 점 $(2, 4)$를 차례로 거쳐서 점 $(0, 0)$으로 돌아오도록 향(orientation)이 주어진 삼각형의 둘레이다. 선적분 $\int_C (y\cos x - xy\sin x)\,dx + (xy + x\cos x)\,dy$의 값은?

풀이 주어진 폐곡선이 시계방향임을 유의해야 한다.

또한 C의 내부를 $D = \{(x, y)\,|\,2x \le y \le 4,\ 0 \le x \le 2\}$라고 할 때, 그린 정리를 이용한 선적분은 다음과 같다.

$$\int_C (y\cos x - xy\sin x)dx + (xy + x\cos x)dy = -\iint_D \{(y + \cos x - x\sin x) - (\cos x - x\sin x)\}dxdy$$

$$= -\iint_D y\,dxdy = -\int_0^2 \int_{2x}^4 y\,dydx = -\int_0^2 \frac{1}{2}(16 - 4x^2)\,dx = -\left[8x - \frac{2}{3}x^3\right]_0^2 = -\frac{32}{3}$$

[다른 풀이]

$$-\iint_D y\,dA = -(\text{중심 } y \text{ 좌표}) \times (D\text{의 넓이}) = -\left(\frac{0+4+4}{3}\right) \times \frac{1}{2} \cdot 2 \cdot 4 = -\frac{32}{3}$$

356. C가 점 $(0,0)$에서 점 $(\pi, 0)$까지 $y = \sin x$의 곡선을 따라가서 점 $(\pi, 0)$에서 x축을 따라 다시 $(0,0)$으로 돌아오는 경로일 때, $\oint_C (\sqrt{x} + y^3)dx + (x^2 + \sqrt{y})dy$를 구하시오.

357. $C : \frac{x^2}{4} + \frac{y^2}{9} = 1$일 때, 벡터장 $F = -2y\,i + x\,j$에 대하여 $\oint_C F \cdot dr$를 구하시오.

358. 경로 C가 반시계 방향을 갖는 원 $x^2 + y^2 = 4$일 때, $\oint_C \left(2y + \sqrt{9 + x^3}\right)dx + \left(5x + e^{\tan^{-1}y}\right)dy$의 값은?

359. 좌표평면에서 영역 D는 세 직선 x축, y축 $x+y=1$로 둘러싸인 삼각형이고, C는 영역 D의 경계를 따라 움직이는 반시계방향의 경로일 때, 선적분 $\int_C (y^2+\sin^3 x)dx + (x^3+\sqrt{y^2+1})dy$의 값은?

360. C가 네 점 $O(0,0), A(1,0), B(1,1), D(0,1)$을 꼭짓점으로 하는 정사각형의 둘레일 때, $\int_C (x-y^2)dx + (x^2+y)dy$의 값은?

361. 중심이 원점이고 반지름이 1 인 원을 따라 시계 반대 방향으로 한 바퀴 회전하는 경로를 C 라 할 때, 다음 선적분 $\int_C \left(2x^2y+\frac{2}{3}y^3\right)dx + (2x^3+6xy^2)\,dy$의 값을 구하면?

362. 좌표평면에서 $x^2+2y^2 \le 2$, $y \ge 0$ 로 주어진 영역의 경계를 C 라고 하자. 선적분 $\int_C (x^2+y)dx+(e^y-y+2x)dy$ 의 값을 구하시오.

363. 곡선C는 반시계방향으로 매개화된 원 $(x-3)^2+(y-4)^2=1$ 일 때, 벡터함수 $F(x,y)=\langle y\sin x+xy\cos x,\ xy^2+x\sin x\rangle$에 대하여 선적분 $\oint_C F\cdot dr$ 의 값을 구하시오.

필수 예제 118

C가 중심을 원점으로 하고, 반지름이 1인 상반원일 때, 그림과 같이 C를 따라 시계 반대 방향으로 계산한 선적분 $\int_C -2y\cos^2 x\,dx + (x - \sin x \cos x)dy$의 값은?

풀이 곡선 C_1는 $(-1, 0)$에서 $(1, 0)$까지 연결한 직선이라고 하면 $C + C_1$은 반시계방향의 단순 폐곡선이 된다.

$$\int_{C+C_1} F \cdot dr = \int_C F \cdot dr + \int_{C_1} F \cdot dr = \iint_D (Q_x - P_y)\,dA$$

$F(x,\ y) = \langle -2y\cos^2 x,\ x - \sin x \cos x \rangle$

$= \langle P(x,\ y),\ Q(x,\ y) \rangle$이므로

$Q_x - P_y = 1 - (\cos^2 x - \sin^2 x) - (-2\cos^2 x)$

$= 1 - \cos^2 x + \sin^2 x + 2\cos^2 x = 1 + \cos^2 x + \sin^2 x = 2$

$C_1 : r(t) = \langle t,\ 0 \rangle,\ -1 \le t \le 1$에서 $r'(t) = \langle 1,\ 0 \rangle$이고

이 때 벡터함수는 $F(x,\ y) = \langle 0,\ t - \sin t \cos t \rangle$이므로 $F \cdot r'(t) = 0$이다.

$$\therefore \int_C -2y\cos^2 x\,dx + (x - \sin x \cos x)\,dy = \int_C F \cdot dr = \iint_D (Q_x - P_y)\,dA - \int_{C_1} F \cdot dr$$

$$= \iint_D 2\,dA - \int_{C_1} F \cdot r'(t)\,dt = 2 \times (D\text{의 면적}) - 0 = \pi$$

364. 곡선 C는 점 $(5,\ 0)$에서 출발하여 중심이 원점이고 반지름이 5인 원을 따라서 반시계 방향으로 반 바퀴 돌아서 $(-5,\ 0)$에 이르는 경로이다. 다음 선적분을 계산하면?

$$\int_C x^2 dx + (x + \tan^{-1} y)\,dy$$

① $\frac{25}{2}\pi$ ② $-\frac{25}{2}\pi$ ③ $\frac{25}{2}\pi - \frac{250}{3}$ ④ $\frac{25}{2}\pi + \frac{250}{3}$

365. 경로 C 는 점 $(1, 0)$ 에서 $(0, 1)$ 까지 선분과 $(0, 1)$ 에서 $(-1, 0)$ 까지 선분이다. 다음 선적분을 구하시오.

$$\int_C (3x^2 + 2xy^5)dx + (5x^2y^4 + \sin y + 6x)dy$$

366. 곡선 $C(t) = (t - \sin t,\ 1 - \cos t)$, $0 \le t \le 2\pi$ 에 대하여 선적분 $\int_C y\,dx - x\,dy$ 의 값을 구하시오.

367. 아래 그림과 같이 곡선 C 는 C_1, C_2, C_3 로 이루어진 곡선이다.

- 점 $(0, 0)$ 에서 점 $(1, e)$ 까지 선분 C_1
- 곡선 $y = e^x$ 위의 점 $(1, e)$ 에서 점 $(2, e^2)$ 까지 호 C_2
- 곡선 $y = \frac{e^2}{4}(x-4)^2$ 위의 점 $(2, e^2)$ 에서 점 $(4, 0)$ 까지 호 C_3

벡터장 $\vec{F}(x,y) = < 3 + 2xy,\ x^2 + \cos y^2 >$ 에 대하여 선적분 $\int_C \vec{F} \cdot d\vec{r}$ 의 값은?

2 그린 정리의 확장

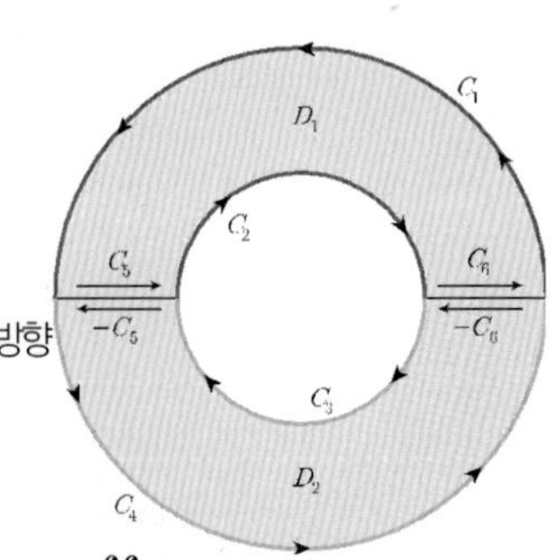

$F(x, y) = \langle P(x, y), Q(x, y) \rangle$가 영역 $D = D_1 \cup D_2$ 에서

각 성분 P, Q 가 연속인 편도함수를 갖는다면 다음 식이 성립한다.

$C' = C_1 \cup C_4$ 는 반시계 방향, $C'' = C_2 \cup C_3$는 시계 방향, $-C''$ 는 반시계 방향

$C = C' + C''$는 이중 연결 곡선이다.

(1) 이중연결 영역에서 F가 미분가능한 함수라면 그린 정리가 성립한다. $\oint_C F \cdot dr = \iint_D Q_x - P_y dA$

(2) 이중연결 영역에서 F가 미분가능하고, $Py = Qx$를 만족하면 아래 식이 성립한다.

$$\oint_{C'} F \cdot dr = \oint_{-C''} F \cdot dr$$

Areum Math Tip

영역 D_1, D_2에서 $F(x, y) = \langle P(x, y), Q(x, y) \rangle$가 각 성분 P, Q 가 연속인 편도함수를 갖는다면

$$\oint_{\partial D_1} F \cdot dr = \int_{C_1 \cup C_5 \cup C_2 \cup C_6} F \cdot dr = \iint_{D_1} \left(\frac{\partial Q}{\partial x} - \frac{\partial P}{\partial y} \right) dA, \quad \oint_{\partial D_2} F \cdot dr = \int_{C_3 \cup (-C_5) \cup C_4 \cup (-C_6)} F \cdot dr = \iint_{D_2} \left(\frac{\partial Q}{\partial x} - \frac{\partial P}{\partial y} \right) dA$$

두 개의 방정식을 합하면 C_5와 $-C_5$, C_6과 $-C_6$ 위에서 선적분이 상쇄되어 다음의 식을 얻는다.

좌변 : $\int_{C_1 \cup C_5 \cup C_2 \cup C_6} F \cdot dr + \int_{C_3 \cup (-C_5) \cup C_4 \cup (-C_6)} F \cdot dr = \int_{C_1 \cup C_2 \cup C_3 \cup C_4} F \cdot dr = \int_{C_1 \cup C_4} F \cdot dr + \int_{C_2 \cup C_3} F \cdot dr$

우변 : $\iint_{D_1} \left(\frac{\partial Q}{\partial x} - \frac{\partial P}{\partial y} \right) dA + \iint_{D_2} \left(\frac{\partial Q}{\partial x} - \frac{\partial P}{\partial y} \right) dA = \iint_{D} \left(\frac{\partial Q}{\partial x} - \frac{\partial P}{\partial y} \right) dA$

그러므로 $\int_{C_1 \cup C_4} F \cdot dr + \int_{C_2 \cup C_3} F \cdot dr = \iint_{D_1 \cup D_2} \left(\frac{\partial Q}{\partial x} - \frac{\partial P}{\partial y} \right) dA$ 이다.

⇒ 이중연결 영역에서 F가 미분가능한 함수라면 그린 정리가 성립한다.

Areum Math Tip

여기서 $P_y = Q_x$를 만족한다면 $\iint_{D_1 \cup D_2} \left(\frac{\partial Q}{\partial x} - \frac{\partial P}{\partial y} \right) dA = 0$ 이 성립한다.

$$\oint_{C' = C_1 \cup C_4} F \cdot dr + \oint_{C'' = C_2 \cup C_3} F \cdot dr = 0 \Rightarrow \oint_{C'} F \cdot dr = -\oint_{C''} F \cdot dr$$

$\oint_{C'} F \cdot dr = \oint_{-C''} F \cdot dr$($C'$: 반시계 방향, C'' : 시계 방향, $-C''$: 반시계 방향)

Areum Math Tip

$F(x,y) = (P(x,y), Q(x,y))$라고 할 때 $P_y = Q_x$임을 보이시오.

$$F(x,y) = \left(\frac{-y}{x^2+y^2}, \frac{x}{x^2+y^2}\right)$$

$$F(x,y) = \left(\frac{x}{x^2+y^2}, \frac{y}{x^2+y^2}\right)$$

$$F(x,y) = \left(\frac{-y^3}{(x^2+y^2)^2}, \frac{xy^2}{x^2+y^2}\right)$$

$$F(x,y) = \left(\frac{2xy}{(x^2+y^2)^2}, \frac{y^2-x^2}{x^2+y^2}\right)$$

$$F(x,y) = \left(\frac{-y}{(x+1)^2+4y^2}, \frac{x+1}{(x+1)^2+4y^2}\right)$$

필수 예제 119

C 가 원 $x^2+y^2=1$, $x^2+y^2=4$ 사이의 고리 모양의 영역 D 의 경계일 때, $\int_C y^2\,dx+3xy\,dy$값을 구하시오.

풀이 $F=\langle y^2, 3xy\rangle$각 R^2 전체에서 연속이고 미분가능한 함수이므로 그린 정리의 확장을 적용할 수 있다.

$D=\{(x,y)\,|\,1\le x^2+y^2\le 4\}$이고,

$F(x,\ y)=\langle P(x,\ y),\ Q(x,\ y)\rangle=\langle y^2,\ 3xy\rangle$라 두면

$$\int_C y^2\,dx+3xy\,dy=\iint_D (Q_x-P_y)\,dA=\iint_D (3y-2y)\,dA$$

$$=\iint_D y\,dA=\int_0^{2\pi}\int_1^2 r\sin\theta\cdot r\,dr\,d\theta$$

$$=\int_0^{2\pi}\sin\theta\,d\theta\cdot\int_1^2 r^2\,dr=0$$

368. 평면 위의 곡선 C 가 두 개의 원 $x^2+y^2=1$과 $x^2+y^2=4$ 사이의 영역 D 의 경계일 때, $\oint_C xe^{-2x}\,dx+(x^4+2x^2y^2)\,dy$ 의 값은?

369. 곡선 C는 $C_1 : x^2+y^2=1$(시계 방향)과 $C_2 : x^2+y^2=9$ (반시계 방향) 사이에 있는 영역의 경계이다. 곡선 C에 대하여 선적분 $\int_C \frac{-y\,dx+x\,dy}{x^2+y^2}$ 을 구하시오.

370. 곡선 C는 $C_1 : x^2+y^2=1$(시계 방향)과 $C_2 : x^2+y^2=9$ (반시계 방향) 사이에 있는 영역의 경계이다. 다음 벡터함수 $F=\left\langle \frac{2xy}{(x^2+y^2)^2},\ \frac{y^2-x^2}{(x^2+y^2)^2}\right\rangle$에 대한 선적분$\int_C F\cdot dr$의 값을 구하시오.

필수 예제 120

반시계 방향의 곡선 C 를 타원 $\frac{x^2}{4}+\frac{y^2}{9}=1$ 이라 할 때, 선적분 $\int_C \frac{-y\,dx+x\,dy}{x^2+y^2}$ 를 구하시오.

풀이 $C_1 : x^2+y^2=a^2\ (0<a\le 2)$이라 두면

$C_1 : r(t)=\langle a\cos t,\ a\sin t\rangle,\ 0\le t\le 2\pi$이고

$r'(t)=\langle -a\sin t,\ a\cos t\rangle$이다.

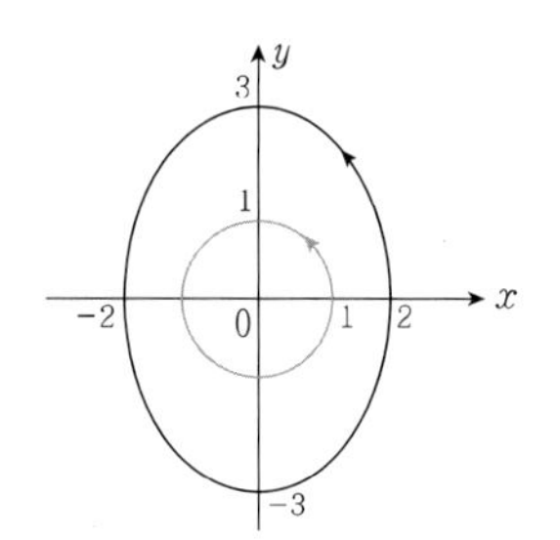

$$F(x,\ y)=\langle P(x,\ y),\ Q(x,\ y)\rangle=\left\langle \frac{-y}{x^2+y^2},\ \frac{x}{x^2+y^2}\right\rangle$$

$$=\left\langle \frac{-a\sin t}{a^2\cos^2 t+a^2\sin^2 t},\ \frac{a\cos t}{a^2\cos^2 t+a^2\sin^2 t}\right\rangle=\frac{1}{a}\langle -\sin t,\ \cos t\rangle$$

그린 정리의 확장 정리에 의하여

$$\int_C \frac{-y\,dx+x\,dy}{x^2+y^2}=\oint_C F\cdot dr=\oint_{C_1} F\cdot dr$$

$$=\int_0^{2\pi}\frac{1}{a}\langle -\sin t,\ \cos t\rangle\cdot a\langle -\sin t,\ \cos t\rangle\,dt$$

$$=\int_0^{2\pi}(\sin^2 t+\cos^2 t)\,dt=2\pi$$

371. 곡선 C 가 중심이 $(1,\ 1)$ 이고 반지름이 1 인 원일 때, $\oint_C \frac{-y}{x^2+y^2}dx+\frac{x}{x^2+y^2}dy$를 구하시오.

372. 곡선 C 는 원점을 둘러싼 양의 방향으로의 단순 닫힌 곡선일 때, 다음 벡터함수 $F=\left\langle \frac{2xy}{(x^2+y^2)^2},\ \frac{y^2-x^2}{(x^2+y^2)^2}\right\rangle$에 대한 선적분 $\int_C F\cdot dr$의 값을 구하시오.

필수 예제 121

극곡선 $C : r=2+\cos\theta(0 \le \theta \le 2\pi)$와 $F(x, y)=\left(\dfrac{-2y}{(2x-1)^2+y^2}, \dfrac{2x-1}{(2x-1)^2+y^2}\right)$에 대하여 선적분 $\int_C F \cdot dr$을 구하면?

풀이 벡터함수 F의 성분함수를 각각 $P=\dfrac{-2y}{(2x-1)^2+y^2}$, $Q=\dfrac{2x-1}{(2x-1)^2+y^2}$라 하면

$$P_y=\frac{-2\cdot\{(2x-1)^2+y^2\}-(-2y)\cdot 2y}{\{(2x-1)^2+y^2\}^2}=\frac{-2(2x-1)^2+2y^2}{\{(2x-1)^2+y^2\}^2}$$

$$Q_x=\frac{2\cdot\{(2x-1)^2+y^2\}-(2x-1)\cdot 4(2x-1)}{\{(2x-1)^2+y^2\}^2}=\frac{-2(2x-1)^2+2y^2}{\{(2x-1)^2+y^2\}^2}$$ 이다. 즉, $P_y=Q_x$ 이다.

$C^* : (2x-1)^2+y^2=1$이라고 할 때, 그린정리의 확장에 의해서 $\int_C F\cdot dr=\int_{C^*} F\cdot dr$가 성립된다.

C^*의 매개화는 $2x-1=\cos t$, $y=\sin t\ (0 \le t \le 2\pi)$이고,

$$\int_{C^*} F\cdot dr=\int_0^{2\pi}(-2\sin t, \cos t)\cdot\left(\frac{-\sin t}{2}, \cos t\right)dt=\int_0^{2\pi}\sin^2 t+\cos^2 t\,dt=2\pi$$

373. 곡선 C를 원 $x^2+y^2=16$이라 할 때, 다음 선적분 $\oint \dfrac{-y}{(x+1)^2+4y^2}dx+\dfrac{x+1}{(x+1)^2+4y^2}dy$의 값은?

374. 곡선 $C : r(t)=(3\cos t, 3\sin t)\ (0 \le t \le 2\pi)$ 에 대하여 선적분 $\int_C \dfrac{y-1}{x^2+(y-1)^2}dx+\dfrac{-x}{x^2+(y-1)^2}dy$ 의 값은?

필수 예제 122

점$(1,\ 0)$에서 점$(-1,\ 0)$까지 $x^2+y^2=1$의 상반부와 하반부가 각각 C_1, C_2일 때,
벡터함수 $F=\dfrac{-yi+xj}{x^2+y^2}=\left\langle \dfrac{-y}{x^2+y^2},\ \dfrac{x}{x^2+y^2}\right\rangle$에 대하여 $\displaystyle\int_{C_1} F\cdot dr$과 $\displaystyle\int_{C_2} F\cdot dr$을 계산하시오.

풀이

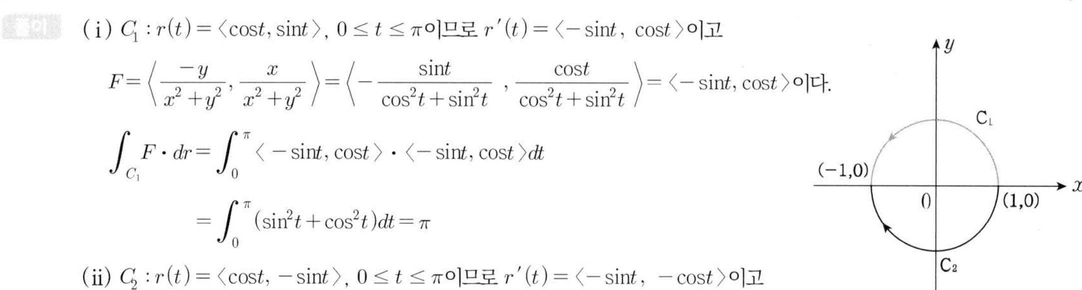

(i) $C_1 : r(t)=\langle \cos t, \sin t\rangle,\ 0\le t\le \pi$이므로 $r'(t)=\langle -\sin t,\ \cos t\rangle$이고

$F=\left\langle \dfrac{-y}{x^2+y^2}, \dfrac{x}{x^2+y^2}\right\rangle=\left\langle -\dfrac{\sin t}{\cos^2 t+\sin^2 t}, \dfrac{\cos t}{\cos^2 t+\sin^2 t}\right\rangle=\langle -\sin t, \cos t\rangle$이다.

$$\int_{C_1} F\cdot dr=\int_0^{\pi}\langle -\sin t, \cos t\rangle\cdot\langle -\sin t, \cos t\rangle dt$$
$$=\int_0^{\pi}(\sin^2 t+\cos^2 t)dt=\pi$$

(ii) $C_2 : r(t)=\langle \cos t, -\sin t\rangle,\ 0\le t\le \pi$이므로 $r'(t)=\langle -\sin t,\ -\cos t\rangle$이고

$F=\left\langle \dfrac{-y}{x^2+y^2}, \dfrac{x}{x^2+y^2}\right\rangle=\left\langle \dfrac{\sin t}{\cos^2 t+\sin^2 t}, \dfrac{\cos t}{\cos^2 t+\sin^2 t}\right\rangle=\langle \sin t, \cos t\rangle$이다.

$$\int_{C_2} F\cdot dr=\int_0^{\pi}\langle \sin t, \cos t\rangle\cdot\langle -\sin t, -\cos t\rangle dt=\int_0^{\pi}-(\sin^2 t+\cos^2 t)dt=-\pi$$

TIP (1) $F=\left\langle \dfrac{-y}{x^2+y^2}, \dfrac{x}{x^2+y^2}\right\rangle=\langle P(x,\ y),\ Q(x,\ y)\rangle$라 두면

$$\frac{\partial P}{\partial y}=\frac{-(x^2+y^2)-(-y)\cdot 2y}{(x^2+y^2)^2}=\frac{-x^2-y^2+2y^2}{(x^2+y^2)^2}=\frac{-x^2+y^2}{(x^2+y^2)^2},$$

$\dfrac{\partial Q}{\partial x}=\dfrac{1\cdot(x^2+y^2)-x\cdot 2x}{(x^2+y^2)^2}=\dfrac{x^2+y^2-2x^2}{(x^2+y^2)^2}=\dfrac{-x^2+y^2}{(x^2+y^2)^2}$이므로 $\dfrac{\partial P}{\partial y}=\dfrac{\partial Q}{\partial x}$이지만

$(0,\ 0)$에서 연속함수가 아니다. 따라서 $F=\left\langle \dfrac{-y}{x^2+y^2},\ \dfrac{x}{x^2+y^2}\right\rangle$는 R^2에서 보존적 벡터장이 아니다.

(2) $\displaystyle\int_{C_1} F\cdot dr\neq\int_{C_2} F\cdot dr$이므로 경로에 독립적이지 않다. 즉, F는 보존적 벡터장이 아니다.

06 | 선적분과 면적분

필수 예제 123

곡선 C는 직교좌표평면에서 점 $(1, -1)$에서 $(1, 1)$까지 잇는 곡선으로, 극방정식으로는 $r = 2\cos\theta, -\frac{\pi}{4} \le \theta \le \frac{\pi}{4}$ 와 같이 주어진다. 주어진 벡터함수의 선적분의 값을 구하시오.

$$\int_C \frac{((x^2-y^2)-y(x^2+y^2)+y(x^2+y^2)^2)\,dx + (2xy+x(x^2+y^2))\,dy}{(x^2+y^2)^2}$$

풀이 주어진 선적분의 벡터함수 F는 세 벡터 $F_1 = \left(\frac{x^2-y^2}{(x^2+y^2)^2}, \frac{2xy}{(x^2+y^2)^2}\right)$, $F_2 = \left(\frac{-y}{x^2+y^2}, \frac{x}{x^2+y^2}\right)$, $F_3 = (y, 0)$의 합으로 나타낼 수 있다. $\Rightarrow \int_C (F_1+F_2+F_3)\cdot dr = \int_C F_1 \cdot dr + \int_C F_2 \cdot dr + \int_C F_3 \cdot dr$

또한 F_1, F_2는 원점을 제외한 영역에서 보존적 벡터장이다.

(i) $C^* : x^2+y^2=2$를 매개화하면 $r(t) = (\sqrt{2}\cos t, \sqrt{2}\sin t)\left(-\frac{\pi}{4} \le t \le \frac{\pi}{4}\right)$이고, $r'(t) = (-\sqrt{2}\sin t, \sqrt{2}\cos t)$이다.

이때 $F_1 = \left(\frac{2(\cos^2 t-\sin^2 t)}{4}, \frac{4\cos t\sin t}{4}\right)$, $F_2 = \left(\frac{-\sqrt{2}\sin t}{2}, \frac{\sqrt{2}\cos t}{2}\right)$에 대한

$F_1 \cdot r'(t) = -\frac{\sqrt{2}}{2}\sin t\cos^2 t + \frac{\sqrt{2}}{2}\sin^2 t + \sin t\cos^2 t$, $F_2 \cdot r'(t) = \sin t^2 + \cos^2 t = 1$이다.

① $\int_C F_1 \cdot dr = \int_{C^*} F_1 \cdot dr = \int_{-\frac{\pi}{4}}^{\frac{\pi}{4}} F_1 \cdot r'(t)dt = 0$

② $\int_C F_2 \cdot dr = \int_{C^*} F_2 \cdot dr = \int_{-\frac{\pi}{4}}^{\frac{\pi}{4}} F_2 \cdot r'(t)dt = \frac{\pi}{2}$

(ii) 문제에서 주어진 극곡선을 매개화하면 $C : r(t) = (2\cos^2 t, 2\cos t\sin t)\left(-\frac{\pi}{4} \le t \le \frac{\pi}{4}\right)$일 때

$F_3 = (2\cos t\sin t, 0)$, $r'(t) = (-4\cos t\sin t, 2\cos^2 t - 2\sin^2 t)$이고, $F_3 \cdot r'(t) = -8\cos^2 t\sin^2 t = -2\sin^2 2t$이다.

$$\int_C F_3 \cdot dr = \int_{-\frac{\pi}{4}}^{\frac{\pi}{4}} F_3 \cdot r'(t)dt = \int_{-\frac{\pi}{4}}^{\frac{\pi}{4}} -2\sin^2 2t\,dt = \int_{-\frac{\pi}{2}}^{\frac{\pi}{2}} -\sin^2 u\,du = -\frac{\pi}{2}$$

(i), (ii)에 의하여 $\int_C \frac{(x^2-y^2)dx+2xydy}{(x^2+y^2)^2} + \int_C \frac{-ydx+xdy}{x^2+y^2} + \int_C ydx = 0 + \frac{\pi}{2} - \frac{\pi}{2} = 0$이다.

MEMO

375. 좌표평면 위의 점 $(1,\ 0)$을 출발하여 곡선 $x^3+y^3=1$을 따라 움직여 점 $(0,\ 1)$에서 끝나는 경로 C에 대하여 적분 $\int_C -\frac{y}{x^2+y^2}dx+\frac{x}{x^2+y^2}dy$ 의 값을 구하시오.

376. 그림에서 점 $\mathrm{P}(2,2)$에서 점 $\mathrm{Q}(0,1)$에 이르는 선분을 C_1, 점 $\mathrm{Q}(0,1)$에서 점 $(-1,0)$을 거쳐 점 $\mathrm{R}(0,-1)$에 이르는 반원을 C_2, 점 $\mathrm{R}(0,-1)$에서 점 $\mathrm{S}(2,-2)$에 이르는 선분을 C_3이라 하자. 이들 곡선 C_1, C_2, C_3를 순차적으로 연결한 곡선을 C 라고 하자. 그리고 점 $\mathrm{P}(2,2)$에서 점 $\mathrm{S}(2,-2)$에 이르는 선분을 C_4라고 하자. 다음을 구하시오.

$$\int_{C+\ C_4}\frac{-\ ydx}{x^2+y^2}+\frac{xdy}{x^2+y^2}$$

3 면적분

1 스칼라 함수의 면적분

D 위에 존재하는 곡면 S에서 연속인 스칼라 함수(밀도함수) $G(x, y, z)$가 주어져 있다고 하자.

$G(x, y, z)$가 D를 포함하는 어떤 개구간에서 연속이고 미분가능하면 곡면 S에 대한 함수 G의 면적분(총질량)은 다음과 같이 정의한다.

$$\iint_S G(x, y, z)\, dS$$

(1) 곡면 S가 $z = f(x,\ y)$로 주어질 때, $|\nabla S| = \sqrt{1+(z_x)^2+(z_y)^2}$ 이고,

스칼라 함수 $G(x, y, z)$의 면적분은 다음과 같다.

$$\iint_S G(x, y, z) dS = \iint_D G(x, y, z)\, |\nabla S|\, dxdy = \iint_D G(x, y, f(x, y))\, \sqrt{1+(z_x)^2+(z_y)^2}\, dxdy$$

(2) 곡면 S가 $F(x, y, z) = 0$로 주어질 때, $|\nabla S| = \sqrt{1+\left(\frac{F_x}{F_z}\right)^2+\left(\frac{F_y}{F_z}\right)^2}$ 이고,

스칼라 함수 $G(x, y, z)$의 면적분은 다음과 같다.

$$\iint_S G(x, y, z)\, dS = \iint_D G(x, y, z)\, |\nabla S|\, dxdy$$

(3) 매개화 곡면 S가 $r(u,\ v)$가 주어질 때, $|\nabla S| = |r_u \times r_v|$ 이고, 스칼라 함수 $G(x, y, z)$의 면적분은 다음과 같다.

$$\iint_S G(x,\ y,\ z)\, dS = \iint_D G(r(u,\ v))\, |r_u \times r_v|\, dudv$$

필수 예제 124

곡면 S가 구면 $x^2+y^2+z^2=a^2$일 때, 면적분 $\iint_S x^2\, dS$를 구하시오.

풀이 곡면을 매개화하자. $r(\phi,\theta)=\langle a\sin\phi\cos\theta, a\sin\phi\sin\theta, a\cos\phi\rangle$, $0\le\theta\le 2\pi$, $0\le\phi\le\pi$일 때, $|r_\phi\times r_\theta|=a^2\sin\phi$이다.

$$\iint_S x^2\, dS=\iint_D a^2\sin^2\phi\cos^2\theta\,|r_\phi\times r_\theta|\,d\phi d\theta=\int_0^{2\pi}\int_0^{\pi}a^2\sin^2\phi\cos^2\theta\cdot a^2\sin\phi\,d\phi d\theta$$

$$=a^4\int_0^{2\pi}\cos^2\theta\, d\theta\cdot\int_0^{\pi}\sin^3\phi\, d\phi=a^4\cdot\left(\frac{1}{2}\cdot\frac{\pi}{2}\cdot 4\right)\cdot\frac{2}{3}\cdot 1\cdot 2=\frac{4}{3}\pi a^4$$

[다른 풀이]

곡면 S는 상반구 $S_1: z=\sqrt{a^2-x^2-y^2}$과 하반구 $S_2: z=-\sqrt{a^2-x^2-y^2}$로 분할할 수 있다.

(i) $$\iint_{S_1}x^2\, dS=\iint_D x^2\frac{a}{|z|}\,dxdy=\iint_D x^2\frac{a}{\sqrt{a^2-x^2-y^2}}\,dxdy=\int_0^{2\pi}\int_0^a\frac{ar^3\cos^2\theta}{\sqrt{a^2-r^2}}\,drd\theta$$

$$=a\cdot\frac{1}{2}\cdot\frac{\pi}{2}\cdot 4\int_0^a\frac{r^3}{\sqrt{a^2-r^2}}\,dr=\pi a\cdot\frac{2}{3}a^3=\frac{2}{3}\pi a^4$$

$\because r=a\sin t$로 치환, 왈리스(Wallis) 공식에 의해서 $\int_0^a\frac{r^3}{\sqrt{a^2-r^2}}\,dr=\int_0^{\frac{\pi}{2}}a^3\sin^3 t\, dt=\frac{2}{3}a^3$이다.

(ii) $\iint_{S_2}x^2\, dS=\iint_D x^2\frac{a}{|z|}\,dxdy=\iint_D x^2\frac{a}{\sqrt{a^2-x^2-y^2}}\,dxdy$이므로 $\iint_{S_1}x^2\, dS=\iint_{S_2}x^2\, dS$이다.

(iii) $\iint_S x^2\, dS=\iint_{S_1}x^2\, dS+\iint_{S_2}x^2\, dS=\frac{4}{3}\pi a^4$

377. 밀도가 $G(x,y,z)=z$이고, 곡면 S는 $\{(x,y,z)\mid x^2+y^2+z^2=1,\ z\ge 0\}$일 때, S의 질량 $\iint_S G(x,y,z)\, dS$를 구하시오.

378. S가 구면 $x^2+y^2+z^2=2$일 때, 면적분 $\iint_S x^2+y^2+z^2\, dS$를 계산하여라.

06 | 선적분과 면적분

필수 예제 125

곡면 $S=\{(x, y, z) | z=x^2+y^2,\ 0 \le z \le 1\}$에 대해 $\iint_S z\,dS$의 값은?

풀이 $S=\{(x, y, z) | z=x^2+y^2, 0 \le z \le 1\}$일 때

$\nabla S=\langle -2x, -2y, 1\rangle$, $|\nabla S|=\sqrt{1+4(x^2+y^2)}$, $D=\{(x, y) | x^2+y^2 \le 1\}$이다.

$$\iint_S z\,dS=\iint_D (x^2+y^2)\,|\nabla S|\,dxdy$$

$$=\iint_D (x^2+y^2)\sqrt{1+4(x^2+y^2)}\,dxdy$$

$$=\int_0^{2\pi}\int_0^1 r^3\sqrt{1+4r^2}\,drd\theta$$

$$=2\pi\int_0^1 r^3\sqrt{1+4r^2}\,drd\theta$$; $r=\frac{1}{2}\tan t$로 치환하자. $\tan\alpha=2$라고 할 때 $\sec\alpha=\sqrt{5}$이다.

$$=2\pi\int_0^{\alpha}\frac{\tan^3 t}{8}\frac{1}{2}\sec^3 t\,dt$$

$$=\frac{\pi}{8}\int_0^{\alpha}\tan^3 t\sec^3 t\,dt$$; $\tan^2 t=\sec^2-1$을 이용하여 식정리하자.

$$=\frac{\pi}{8}\int_0^{\alpha}\tan t\sec t(\sec^4 t-\sec^2 t)\,dt$$

$$=\frac{\pi}{8}\left(\frac{1}{5}\sec^5 t-\frac{1}{3}\sec^3 t\right)\Big|_0^{\alpha}=\frac{\pi}{8}\left(\frac{1}{5}\sec^5 t-\frac{1}{3}\sec^3 t\right)\Big|_0^{\alpha}$$

$$=\frac{\pi}{8}\left(\frac{25\sqrt{5}-1}{5}-\frac{5\sqrt{5}-1}{3}\right)=\frac{\pi}{60}(25\sqrt{5}+1)$$

[참고사항] $$\int_0^{2\pi}\int_0^1 r^3\sqrt{4r^2+1}\,dr\,d\theta=2\pi\int_1^5\frac{1}{8}\cdot\frac{1}{4}(u-1)\sqrt{u}\,du\ (\because 4r^2+1=u,\ 4r^2=u-1,\ 8r\,dr=du)$$

$$=\frac{\pi}{16}\int_1^5\sqrt{u}(u-1)\,du=\frac{\pi}{16}\left[\frac{2}{5}u^{\frac{5}{2}}-\frac{2}{3}u^{\frac{3}{2}}\right]_1^5=\frac{\pi}{60}(25\sqrt{5}+1)$$

379. S가 곡면 $z=x+y^2$ $(0 \le x \le 1,\ 0 \le y \le 2)$일 때, $\iint_S y\,dS$를 구하시오.

380. S가 $xy-$평면상의 꼭짓점 $(0,0)$, $(2,0)$, $(2,-4)$를 가지는 삼각형 영역 위에 있는 곡면 $z=2-3y+x^2$의 부분일 때, $\iint_S (z+3y-x^2)dS$를 구하여라.

381. 곡면 S가 $r(u,v)=(u\cos v, u\sin v, v)$, $0 \le u \le 1$, $0 \le v \le \pi$로 주어졌을 때, $\iint_S \sqrt{1+x^2+y^2}\,dS$를 구하여라.

382. 곡면 $S=\left\{(x,\ y,\ z)|x^2+y^2 \le 1,\ z=\frac{1}{2}(x^2+y^2)\right\}$에 대하여 면적분 $\iint_S z\,dS$ 의 값은?

383. 곡면 S는 평면 $z=1$과 $z=3$ 사이에 있는 원뿔면 $z^2=x^2+y^2$이다. $\iint_S x^2z^2\,dS$를 구하시오.

필수 예제 126

곡면 S는 원기둥 S_1과 두 개의 평면 S_2, S_3으로 둘러싸인 영역의 표면적이다. 면적분 $\iint_S z\,dS$를 구하시오. 여기서 S_1은 원기둥 $x^2+y^2=1$이고, S_2는 xy평면, S_3는 평면 $z=1+x$이다.

풀이 $\iint_S z\,dS = \iint_{S_1+S_2+S_3} z\,dS = \iint_{S_1} z\,dS + \iint_{S_2} z\,dS + \iint_{S_3} z\,dS$로 구하자.

(i) S_1은 입체의 옆면이자 원기둥의 일부이다. 이 곡면의 매개화를 하자.

곡면의 좌표는 $x=\cos\theta,\ y=\sin\theta,\ z=z$이고 매개변수의 범위는 $0 \le \theta \le 2\pi$이고 z좌표는 $z=0$인 평면에서 $z=1+x$인 평면까지이므로 $0 \le z \le 1+\cos\theta$이다. 따라서 곡면은 $r(\theta, z)=(\cos\theta, \sin\theta, z)$이다.

$$r_\theta \times r_z = \begin{vmatrix} i & j & k \\ -\sin\theta & \cos\theta & 0 \\ 0 & 0 & 1 \end{vmatrix} = (\cos\theta, \sin\theta, 0),\ |r_\theta \times r_z| = 1\text{이다.}$$

$$\iint_{S_1} z\,dS = \int_0^{2\pi}\int_0^{1+\cos\theta} z\,|r_\theta \times r_z|\,dz\,d\theta = \int_0^{2\pi} \frac{1}{2}(1+\cos\theta)^2\,d\theta = \frac{1}{2}\int_0^{2\pi} 1+2\cos\theta+\cos^2\theta\,d\theta$$

$$= \frac{1}{2}\left(2\pi + \frac{1}{2}\cdot\frac{\pi}{2}\cdot 4\right) = \frac{3\pi}{2}$$

(ii) 평면 $S_2 : z=0\,(x^2+y^2 \le 1)$이고 $\iint_{S_2} z\,dS = \iint_{S_2} 0\,dS = 0$이다.

(iii) 평면 $S_3 : -x+z=1\,(D : x^2+y^2 \le 1)$이고 $|\nabla S_3| = \sqrt{2}$이다.

$$\iint_{S_3} z\,dS = \iint_{S_3} 1+x\,dS = \iint_D (1+x)|\nabla S_3|\,dxdy = \sqrt{2}\iint_D (1+x)\,dxdy = \sqrt{2}\,\pi$$

따라서 $\iint_S z\,dS = \iint_{S_1} z\,dS + \iint_{S_2} z\,dS + \iint_{S_3} z\,dS = \frac{3\pi}{2} + \sqrt{2}\,\pi = \left(\frac{3}{2}+\sqrt{2}\right)\pi$

384. 곡면 S는 제1팔분공간 안의 평면 $x=0$과 $x=3$사이에 놓여 있는 원기둥 $y^2+z^2=1$의 부분이다. 곡면 S에 대한 면적분 $\iint_S z+x^2y\,dS$의 값을 구하시오.

2 벡터함수의 면적분

D 위에 존재하는 곡면 S의 상향 법선벡터를 ∇S, 상향 단위법선벡터를 $\vec{n}=\dfrac{\nabla S}{|\nabla S|}$, 곡면의 면적에서

$dS=|\nabla S|dA$으로 나타낼 수 있다. 따라서 $\vec{n}dS=\dfrac{\nabla S}{|\nabla S|}|\nabla S|dA=\nabla SdA$로 정리된다. S 위에서 정의된

벡터함수 $F(x,y,z)=\langle P(x,y,z), Q(x,y,z), R(x,y,z)\rangle$에 대한 면적분(유량, flux)은 다음과 같이 정의한다.

$$\iint_S F\cdot d\boldsymbol{S}=\iint_S F\cdot\vec{n}\,dS=\iint_D F\cdot\nabla S dA$$

(1) 곡면 $S: z=f(x,y)$에 대하여 $\nabla S=\langle -f_x, -f_y, 1\rangle$이고, 벡터함수 F에 대한 면적분

$$\iint_S F\cdot d\boldsymbol{S}=\iint_S F\cdot\vec{n}\,dS=\iint_D (P,Q,R)\cdot(-f_x,-f_y,1)\,dxdy$$

(2) 곡면 $S: G(x,y,z)=c$로 제시될 때, 벡터함수 F에 대한 면적분

$$\iint_S F\cdot d\boldsymbol{S}=\iint_S F\cdot\vec{n}\,dS=\iint_D (P,Q,R)\cdot\left(\frac{G_x}{G_z},\frac{G_y}{G_z},1\right)dxdy$$

(3) 곡면 S가 $r(u,v)$로 제시될 때, 벡터함수 F에 대한 면적분

$$\iint_S F\cdot d\boldsymbol{S}=\iint_S F\cdot\vec{n}\,dS=\iint_D (P,Q,R)\cdot(r_u\times r_v)\,dudv$$

필수 예제 127

곡면 S 는 $A(1, 0, 0)$, $B(0, 2, 0)$, $C(0, 0, 3)$을 꼭짓점으로 갖는 삼각형으로 곡면의 방향은 위쪽으로 향하고 있는 면이라고 하자. 곡면 S 에서 벡터장 $F(x, y, z) = (x-y)i + zj + yk$ 의 면적분의 값을 구하시오.

풀이 세 점 A(1, 0, 0), B(0, 2, 0), C(0, 0, 3)을 지나는 평면 S 의 방정식은 $\frac{x}{1}+\frac{y}{2}+\frac{z}{3}=1 \Leftrightarrow 6x+3y+2z=6$

$\Leftrightarrow 3x+\frac{3}{2}y+z=3$이다.

$$\iint_S F \cdot n dS = \iint_D (x-y, z, y) \cdot \nabla S\, dxdy = \int_0^1 \int_0^{2-2x} \left(x-y, -3x-\frac{3}{2}y+3, y\right) \cdot \left(3, \frac{3}{2}, 1\right) dydx$$

$$= \frac{1}{2}\int_0^1 \int_0^{2-2x} \left(-3x-\frac{17}{2}y+9\right) dydx = \frac{1}{2}\int_0^1 \left[-2xy-\frac{17}{4}y^2+9y\right]_0^{2-2x} dx$$

$$= \frac{1}{2}\int_0^1 (-11x^2+10x+1)\, dx = \frac{7}{6}$$

385. 유향곡면 S 가 제1팔분공간 내의 평면 $x+y+z=1$의 부분이고, 아래쪽 방향을 가진다고 할 때, 벡터장 $F(x, y, z) = xze^y i - xze^y j + zk$ 의 면적분 $\iint_S F \cdot dS$를 구하시오.

386. 면적 S는 제1팔분공간에 있는 평면 $x+y+\frac{z}{2} = 1$이다. 면적 S에 대한 벡터장 $\overrightarrow{V} = (x^2, 0, 2y)$의 면적분 $\iint_S \overrightarrow{V} \cdot \hat{n} dS$을 계산하면?(단, $\hat{n}$은 상향 단위법선벡터)

387. 벡터장 F 는 $F(x, y, z) = (xy + xe^{z^2}, -2y^2 - ye^{z^2}, z + x^2)$이고, S 는 향이 $(0, 0, -1)$로 주어진 원판 $S = \{(x, y, z) \in \mathbb{R}^3 \mid x^2 + y^2 \le 1, z = 0\}$ 일 때, 유량(flux) $\iint_S F \cdot dS$의 값은?

필수 예제 128

곡면 S가 제1팔분공간 내의 반구면 $x^2+y^2+z^2=4$의 부분이고 원점 방향을 향한다고 할 때, 벡터함수 $F=\ <x,-z,y>$의 면적분을 구하시오.

풀이 $F(x,y,z)=\langle x,-z,y\rangle$이고, 곡면 S는 $G(x,y,z)=x^2+y^2+z^2=4(z\geq 0)$이고, 원점을 향하는 방향이므로

$$\iint_S F\cdot d\boldsymbol{S}=-\iint_S F\cdot\vec{n}dS=-\iint_D (F_1,\ F_2,\ F_3)\cdot\left(\frac{G_x}{G_z},\ \frac{G_y}{G_z},\ 1\right)dx\,dy$$

$$=-\iint_D (x,\ -z,\ y)\cdot\left(\frac{x}{z},\ \frac{y}{z},\ 1\right)dx\,dy$$

$$=-\iint_D \frac{x^2}{z}dx\,dy \quad ;\ z=\sqrt{4-x^2-y^2}\ \text{대입하자.}$$

$$=-\iint_D \frac{x^2}{\sqrt{4-x^2-y^2}}dx\,dy=-\int_0^{\frac{\pi}{2}}\int_0^2 \frac{r^2\cos^2\theta}{\sqrt{4-r^2}}r\,dr\,d\theta$$

$$=-\frac{1}{2}\cdot\frac{\pi}{2}\int_0^2 \frac{r^3}{\sqrt{4-r^2}}dr=-\frac{\pi}{4}\int_0^{\frac{\pi}{2}}\frac{8\sin^3 t}{2\cos t}\cdot 2\cos t\,dt$$

$$=-\frac{\pi}{4}\cdot 8\cdot\frac{2}{3}=-\frac{4}{3}\pi$$

MEMO

388. S는 반구면 $z=\sqrt{1-x^2-y^2}$ 에 대한 벡터함수 $F(x,y,z)=\sqrt{x^2+y^2+z^2}(xi+yj+zk)$의 유량적분 $\iint_S F\cdot n dS$를 계산하면? (단, n은 곡면을 빠져나가는 방향)

389. 좌표공간에서 곡면 S가 $0\le x\le 1$이고 $0\le y\le 1$이며, $z=xy(1-x)(1-y)$를 만족하는 점들의 집합으로 주어져 있다. 이때 $\iint_S x\vec{k}\cdot d\vec{S}$의 값은?

(단, $\vec{k}$는 $(0,0,1)$이고, 곡면 S의 법선벡터의 방향은 위를 향한다.)

390. 주면 $y^2+z^2=a^2$ $(z\ge 0)$이 $x=0$, $x=a$로 잘라졌을 때, 이 잘라진 곡면 S를 지나 외향으로 $F=yzj+z^2k$의 유량을 구하시오.

391. 곡면 S가 $r(u,v)=(u\cos v, u\sin v, v)$, $0\le u\le 1$, $0\le v\le \pi$로 주어졌을 때, 벡터함수 $F=\langle z,y,x\rangle$에 대한 $\iint_S F\cdot n dS$를 구하여라.

4 발산 정리

1 발산 정리(Divergence Theorem) : 폐곡면에 대한 벡터함수의 면적분

곡면 S가 폐곡면일 경우 T는 S를 경계로 갖는 입체라고 하자.

벡터장 $F(x, y, z) = \langle P(x, y, z), Q(x, y, z), R(x, y, z)\rangle$가

T를 포함하는 정의역에서 연속인 1계 편도함수를 갖는다면 벡터함수의 면적분은 다음과 같이 정의된다.

$$\iint_S F \cdot d\boldsymbol{S} = \iint_S F \cdot \vec{n} dS = \iiint_T divF dxdydz = \iiint_T P_x + Q_y + R_z dV$$

여기서 n은 곡면 S의 외향 단위법선벡터이고,

$div F = \nabla \cdot F = \left\langle \frac{\partial}{\partial x}, \frac{\partial}{\partial y}, \frac{\partial}{\partial z} \right\rangle \cdot \langle P, Q, R\rangle = P_x + Q_y + R_z$이다.

필수예제 129

좌표공간에서 $x^2+y^2 \le 1$, $x^2+y^2+z^2 \le 4$ 로 주어진 영역의 경계를 S 라고 하고, $\vec{n}$ 을 외향 단위법선벡터라고 하자. 벡터장 $F(x, y, z) = (x^2, y, z^2)$ 에 대하여 벡터장 F의 S 에서의 유속 $\iint_S F \cdot \vec{n} dS$ 의 값은?

풀이 발산정리에 의해서 면적분을 계산하다.

$$\iint_S F \cdot \vec{n} dS = \iiint_E div F\, dV = \iiint_E (2x+1+2z) dV$$

$$= 2\iiint_E x dV + \iiint_E 1 dV + 2\iiint_E z dV$$

$$= 2 \cdot E\text{의 부피} \cdot \bar{x} + \iiint_E 1 dV + 2 \cdot E\text{의 부피} \cdot \bar{z}$$

$$= \int_0^{2\pi}\int_0^1\int_{-\sqrt{4-r^2}}^{\sqrt{4-r^2}} r\ dz dr d\theta \ (\because \bar{x}=0, \bar{z}=0)$$

$$= 2 \cdot 2\pi\int_0^1\int_0^{\sqrt{4-r^2}} r dz dr = 2 \cdot 2\pi \int_0^1 r\sqrt{4-r^2}\, dr$$

$$= \frac{4\pi}{3}\left[(4-r^2)^{\frac{3}{2}}\right]_1^0 = \frac{4\pi}{3}(8-3\sqrt{3}) = \left(\frac{32}{3}-4\sqrt{3}\right)\pi$$

392. 단위입방체 $T=\{(x,\ y,\ z)\,|\,0\le x\le 1,\ 0\le y\le 1,\ 0\le z\le 1\}$ 위에서 벡터장 $F(x,\ y,\ z)=2xyi+y^2j+3yzk$ 의 총 유량을 구하시오.

393. 벡터함수 $V(x,\ y,\ z)=yi+xj+zk$에 대해 곡면 S가 포물면 $z=1-x^2-y^2$과 평면 $z=0$에 의하여 둘러싸인 입체 E의 경계일 때, $\iint_S V\cdot dS$를 구하시오.

394. 포물면 $z=x^2+y^2$ 과 평면 $z=1$ 로 둘러싸인 입체의 경계 곡면 D 에 대하여 벡터장 $\vec{F}(x,\ y,\ z)=y^2\vec{i}+x^2\vec{j}+5z\vec{k}$ 가 곡면 D 를 빠져나가는 유량(flux) $\iint_D \vec{F}\cdot d\vec{S}$ 의 값을 구하시오. (단, 곡면 D 의 방향은 곡면의 바깥쪽(outward)이다.)

395. 곡면 S가 $x^2+y^2+z^2=1$인 구면일 때, $F(x,\ y,\ z)=(x+2yz)i+(\sin x+y)j+(xy+z)k$의 유량을 구하시오.

396. 곡면 $S:\ x^2+\dfrac{y^2}{4}+\dfrac{z^2}{9}=1$과 벡터장 $F(x,\ y,\ z)=(x+y)i+(3z^2+y)j+(x+z)k$에 대하여 $\iint_S F\cdot ndS$의 값은? (단, n은 S의 외향단위법선벡터장(outward unit normal vector field)이다.)

필수 예제 130

벡터함수 $F(x, y, z)=(x^3+y)i-xz^2j+(3y^2z+z^3)k$ 에 대하여

$x^2+y^2+z^2=1$로 둘러싸인 구의 표면으로부터 바깥쪽으로 향한 플럭스(flux) $\iint_S F \cdot ndS$를 구하시오.

풀이 폐곡면 $x^2+y^2+z^2=1$에 대한 벡터함수의 면적분은 발산정리로 풀 수 있다.

$F(x, y, z)=\langle x^3+y, -xz^2, 3y^2z+z^3\rangle$이므로 $divF=3x^2+0+3y^2+3z^2=3x^2+3y^2+3z^2$이다.

$\iint_S F \cdot ndS=\iiint_E divF dV=\iiint_E 3(x^2+y^2+z^2)dV$; 구면좌표계를 이용하자.

$$=3\int_0^{2\pi}\int_0^{\pi}\int_0^1 \rho^2 \cdot \rho^2 \sin\phi \, d\rho d\phi d\theta$$

$$=3\int_0^{2\pi}\int_0^{\pi}\int_0^1 \rho^4 \sin\phi \, d\rho d\phi d\theta=3 \cdot 2\pi \cdot 2 \cdot \frac{1}{5}=\frac{12}{5}\pi$$

397. **원주면 $x^2+y^2=9$와 평면 $z=0$, $z=2$로 둘러싸인 입체의 표면으로부터 바깥쪽으로 향한 벡터장 $F(x, y, z)=x^3i+y^3j+z^2k$의 유량을 구하시오.**

398. **벡터함수 $F(x, y, z)=x^3i+y^3j+z^3k$에 대하여 곡면 $z=\sqrt{a^2-x^2-y^2}$ 과 $z=0$으로 둘러싸인 입체의 표면으로부터 바깥쪽으로 향한 플럭스(flux) $\iint_S F \cdot dS$를 구하시오.**

필수 예제 131

$F=3xy^2i+xe^zj+z^3k$이고 S가 세 곡면 $y^2+z^2=1$, $x=-1$, $x=2$에 의해 둘러싸인 영역이라고 할 때, $\iint_S F\cdot ndS$를 구하시오.

풀이 S가 닫힌 폐곡면이므로 가우스-발산 정리를 활용하자.

$divF=3y^2+3z^2$이고 주어진 곡면으로 둘러싸인 영역을 T라고 할 때 계산의 편리성을 위해 원주좌표계를 활용하자.

$$\iint_S F\cdot ndS=\iiint_T 3y^2+3z^2dV=\int_0^{2\pi}\int_0^1\int_{-1}^2 3r^2\cdot r\,dxdrd\theta=\int_0^{2\pi}d\theta\times\int_0^1 3r^3dr\times\int_{-1}^2 dx=\frac{9}{2}\pi$$

399. 곡면 S는 구면 $x^2+y^2+z^2=1\,(z\geq 0)$과 xy 평면으로 둘러싸인 입체의 영역이라고 할 때, S위에서 벡터장 $F=<x^3+e^{y^2},\ 3yz+\sin z,\ 3y^2z>$의 유속 $\iint_S F\cdot\hat{n}\,dS$의 값은?

($\hat{n}$은 S에서 외부로 향하는 단위법선벡터이다.)

400. V는 포물면 $z=4-x^2-y^2$과 xy평면으로 둘러싸인 영역이고, $F(x,y,z)=x^3i+y^3j+z^3k$ 일 때, 면적분 $\iint_S F\cdot n\,dS$의 값은? (단, S는 V의 표면이고 n은 단위법선벡터이다.)

401. S는 포물면 $z=x^2+y^2$과 평면 $z=1$로 둘러싸인 곡면이고 $\vec{F}=<3y,x^2,2z^2>$일 때, $\iint_S \vec{F}\cdot d\vec{S}$는?

(단, 곡면 S의 법선벡터는 곡면의 외부를 향하는 방향이다.)

필수 예제 132

곡면 S는 반구면 $\{(x,y,z)\in R^3 | x^2+y^2+z^2=1, z\geq 0\}$이고 벡터장 $\vec{F}(x,y,z)=(x,-2y,z+1)$에 대하여 면적분 $\iint_S \vec{F}\cdot\vec{n}dS$의 값을 구하시오. (단, $\vec{n}$은 곡면 S 위의 단위법선벡터이다.)

풀이 주어진 반구면 S를 xy 평면 위로의 정사영 시킨 평면을 S_1라 하자. S와 S_1을 더한 폐곡면을 S'이라고 하자.
즉, $S'=S+S_1$ 이고 S'을 외향의 방향을 갖는 폐곡면으로 만들면 발산정리를 사용할 수 있다.

(i) $\iint_{S'}\vec{F}\cdot d\boldsymbol{S}=\iiint_E div\vec{F}\,dV$이고 이때 $div\vec{F}=\nabla\cdot\vec{F}=1-2+1=0$이므로 면적분 값은 0이다.

(ii) 원판 $S_1: z=0\ (x^2+y^2\leq 1)$는 아래쪽 방향을 가지고, $\nabla S=\langle 0,0,1\rangle$이다.

$$\iint_{S_1}\vec{F}\cdot d\boldsymbol{S}=-\iint_{S_1}\vec{F}\cdot\vec{n}dS=-\iint_D\vec{F}\cdot\langle 0,0,1\rangle dxdy$$

$$=-\iint_D z+1dxdy\ (\text{곡면 } S_2: z=0\text{대입})$$

$$=-D\text{의 면적}=-\pi$$

(iii) $\iint_{S'}\vec{F}\cdot d\boldsymbol{S}=\iint_S\vec{F}\cdot d\boldsymbol{S}+\iint_{S_1}\vec{F}\cdot d\boldsymbol{S}=\iint_S\vec{F}\cdot ndS-\iint_{S_1}\vec{F}\cdot ndS$

$\iint_S\vec{F}\cdot d\boldsymbol{S}=\iiint_E div\vec{F}dV+\iint_{S_1}\vec{F}\cdot ndS=0+\pi=\pi$이다.

402. 벡터장 $F(x,y,z)=(x^2+ye^z,\ y^2+ze^x,\ x^2+y^2+z^2)$과 곡면 $S=\{(x,y,z)\in\mathbb{R}^3 | x^2+y^2+z^2=1,\ z\geq 0\}$에 대하여 면적분 $\iint_S \mathrm{F}\cdot d\boldsymbol{S}$ 의 값은? (단, 곡면 S의 방향은 위쪽 방향이다.)

403. 곡면 S가 $x^2+y^2+z^2=1$의 상반구면일 때, 벡터함수 $F=\left\langle xz^2,\ \frac{1}{3}y^3+\tan z,\ x^2z+y^2\right\rangle$에 대한 면적분 $\iint_S \mathrm{F}\cdot d\boldsymbol{S}$ 의 값은? (단, 곡면 S의 방향은 위쪽 방향이다.)

404. 벡터함수 $F(x,y,z)=\sqrt{x^2+y^2+z^2}\,(xi+yj+zk)$일 때, 유량적분 $\iint_S F\cdot ndS$의 값을 구하시오. 여기서 곡면 S는 반구면 $z=\sqrt{1-x^2-y^2}$이고 n은 곡면을 빠져나가는 상향단위법선벡터이다.

405. 좌표공간에서 원점을 중심으로 하고 반지름이 1인 구면에서 z좌표가 음수가 아닌 부분을 S라고 하자. S의 유향이 위를 향할 때, S를 통과하는 벡터장 $F=(y^2,\ -z^2,\ x^2)$의 유량은?

406. 곡면 S는 평면 $z=1$ 위쪽에 놓여있는 원추면 $z=2-\sqrt{x^2+y^2}$ 의 부분이고, S 의 방향(orientation)은 위쪽을 향한다. 곡면 S 를 통과하는 벡터장
$F(x,\,y,\,z)=(xy^2+\tan^2 z)i+(e^{x^2}+x\sin^3 z)j+(x^2z+y^2)k$ 의 유량은?

407. 벡터함수 $F=\langle z\tan^{-1}(y^2),\ z^3\ln(x^2+1),\ z\rangle$가 평면 $z=1$위에 있고 위쪽 방향을 향하는 포물면 $x^2+y^2+z=2$를 가로지를 때 유량을 구하시오.

필수 예제 133

벡터장 $F = < z, y, x >$의 단위 구면의 바깥 방향 유량(flux)과 같지 않은 것을 고르시오.
여기서 B는 단위 구체, S는 단위 구면, D는 xy평면에서의 단위원 영역이다.
n은 단위구면의 바깥 방향 단위법벡터이다.

① $\iiint_B 1\, dV$

② $\iint_S (2xz + y^2)\, dS$

③ $\iint_D \left(2x + \frac{y^2}{\sqrt{1-x^2-y^2}}\right) dA$

④ $\iint_S F \cdot n\, dS$

풀이 Gauss발산정리에 의해 면적분을 계산하자.

$$\iint_S F \cdot d\boldsymbol{S} = \iint_S F \cdot ndS = \iiint_B divF\, dV = \iiint_B (0+1+0)dV = \iiint_B dV \text{이다.}$$

면적분의 정의에 의해서 식을 정리하자.

$$\iint_S F \cdot d\boldsymbol{S} = \iint_S F \cdot ndS = \iint_S (z,\, y, x) \cdot \frac{(x,\, y, z)}{\sqrt{x^2+y^2+z^2}} dS$$; 곡면 $S : x^2+y^2+z^2=1$를 식에 대입하자.

$$= \iint_S 2xz + y^2 dS$$

상반구 $S_1 : z = \sqrt{1-x^2-y^2}$, 하반구 $S_2 : z = -\sqrt{1-x^2-y^2}$ 라고하자.

$$\iint_{S_1} F \cdot ndS = \iint_D (z,\, y, x) \cdot \frac{(x,\, y, z)}{z} dA = \iint_D 2x + \frac{y^2}{z}\, dA = \iint_D 2xdA + \iint_D \frac{y^2}{\sqrt{1-x^2-y^2}}\, dA$$

$$= \int_0^{2\pi}\int_0^1 2r\cos\theta\, r\, dr\, d\theta + \int_0^{2\pi}\int_0^1 \frac{r^2\sin^2\theta}{\sqrt{1-r^2}}\, r\, dr\, d\theta = \frac{2\pi}{3}$$

$$-\iint_{S_2} F \cdot ndS = \iint_D (z,\, y, x) \cdot \frac{(x,\, y, z)}{|z|} dA = \iint_D \frac{2xz+y^2}{|z|}\, dA = \iint_D \frac{2xz+y^2}{-z}\, dA = \iint_D -2x - \frac{y^2}{z}\, dA$$

$$= \iint_D -2xdA - \iint_D \frac{y^2}{-\sqrt{1-x^2-y^2}}\, dA$$

$$= \int_0^{2\pi}\int_0^1 -2r\cos\theta\, r\, dr\, d\theta + \int_0^{2\pi}\int_0^1 \frac{r^2\sin^2\theta}{\sqrt{1-r^2}}\, r\, dr\, d\theta = \frac{2\pi}{3}$$

$$\iint_S F \cdot d\boldsymbol{S} = \iint_{S_1} F \cdot ndS - \iint_{S_2} F \cdot ndS = \frac{4\pi}{3}$$

∴ 보기 ③은 다른 값들과 같지 않다.

필수 예제 134

곡면 S가 구면 $x^2+y^2+z^2=a^2$일 때, 면적분 $\iint_S x^2\,dS$를 구하시오. (여기서 $a>0$)

풀이 벡터함수 $F(x,y,z)=(P,Q,R)$이라고 하자.

$\iint_S F\cdot d\mathbf{S}=\iint_S F\cdot n dS=\iint_S F\cdot\dfrac{(x,y,z)}{\sqrt{x^2+y^2+z^2}}dS=\iint_S (P,Q,R)\cdot\dfrac{(x,y,z)}{a}dS=\iint_S x^2\,dS$이 성립한다고

한다면 $F=(ax,0,0)$이라고 할 수 있다. B는 구 $x^2+y^2+z^2=a^2$의 내부라고 하자.

따라서 벡터함수 $F=(ax,0,0)$를 Gauss발산정리에 의해 면적분을 계산하자.

$\iint_S F\cdot d\mathbf{S}=\iiint_B divF\,dV=\iiint_B a\,dV=a\cdot\dfrac{4\pi}{3}a^3=\dfrac{4\pi}{3}a^4$

408. 구면 $S: x^2+y^2+z^2=9$ 에서 적분 $\iint_S (x+y+z^2)\,dS$ 의 값은?

409. S가 구면 $x^2+y^2+z^2=2$일 때, 면적분 $\iint_S x^2+y^2+z^2\,dS$를 계산하여라.

410. 반지름 1 인 공 $B=\{(x,y,z): x^2+y^2+z^2\le 1\}$ 의 경계를 이루는 구면을 S 라 할 때, 함수의 면적분 $\iint_S (x^2+y+z)dS$ 의 값은? (단, 공의 바깥쪽을 향하도록 구면 S 의 방향을 정한다.)

2 발산정리의 확장

단순곡면 S_1과 S_2사이에 놓여있는 영역E를 생각하자.

n_1과 n_2는 S_1과 S_2의 외부로 향하는 법선벡터라 하자.

그러면 E의 경계곡면은 $S = S_1 \cup S_2$이고,

이것의 법선벡터는 S_1상에서는 $-n_1$이고, S_2사에서는 n_2이다.

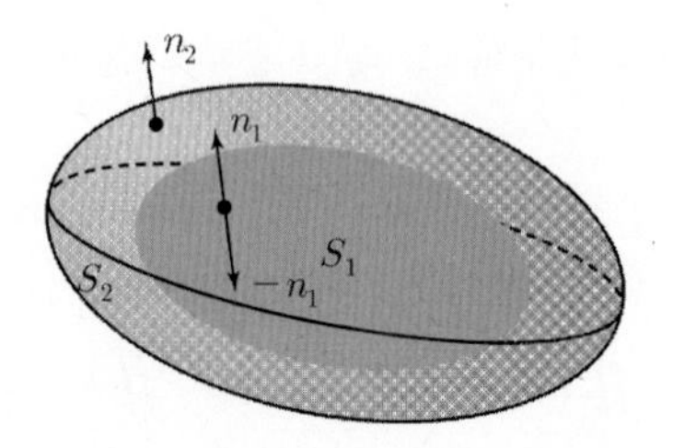

S에 발산정리를 적용하면

$$\iint_S F \cdot d\boldsymbol{S} = \iint_{S_1 \cup S_2} F \cdot \vec{n}\, dS = \iiint_E div\, F\, dV$$

$$= \iint_{S_1} F \cdot (-n_1)\, dS + \iint_{S_2} F \cdot n_2\, dS$$

$$= -\iint_{S_1} F \cdot n_1\, dS + \iint_{S_2} F \cdot n_2\, dS$$

(1) 벡터함수 F가 입체의 영역에서 연속이고 미분가능하다면 발산정리를 사용할 수 있다.

(2) 벡터함수 F가 $div\, F = 0$ 을 만족하는 비압축장이면

$\iint_S F \cdot dS = \iiint_E div\, F\, dV = 0$이므로 $-\iint_{S_1} F \cdot n_1\, dS + \iint_{S_2} F \cdot n_2\, dS = 0$이 된다.

따라서 $\iint_{S_1} F \cdot n_1\, dS = \iint_{S_2} F \cdot n_2\, dS$ 이 성립한다.

필수 예제 135

벡터장 $\vec{F}(x,y,z)=\frac{1}{(x^2+y^2+z^2)^{3/2}}<x,y,z>$에 대하여, 곡면 S가 포물면 $z=x^2+y^2-9$와 평면 $z=16$으로 둘러싸인 영역의 경계면일 때, $\iint_S \vec{F}\cdot\vec{N}dS$를 계산하면? (단, $\vec{N}$의 방향은 곡면 밖으로 나가는 방향이다.)

풀이 주어진 곡면 S의 영역 안에 존재하는 반지름이 a인 구 $x^2+y^2+z^2=a^2$를 S_1이라고 하자.
또한 벡터함수 F는 $div F=0$인 비압축장이다. 발산정리의 확장에 의해서
$\iint_S \vec{F}\cdot\vec{N}dS=\iint_{S_1} F\cdot n_1 dS$성립한다.

구를 매개화하면 $r(\phi,\ \theta)=\langle a\sin\phi\cos\theta,\ a\sin\phi\sin\theta,\ a\cos\phi\rangle$ $(0\le\theta\le 2\pi, 0\le\phi\le\pi)$이다.

$$\Rightarrow\ r_\phi\times r_\theta=\begin{vmatrix} i & j & k \\ a\cos\phi\cos\theta & a\cos\phi\sin\theta & -a\sin\phi \\ -a\sin\phi\sin\theta & a\sin\phi\cos\theta & 0\end{vmatrix}=a\cdot a\sin\phi\begin{vmatrix} i & j & k \\ \cos\phi\cos\theta & \cos\phi\sin\theta & -\sin\phi \\ -\sin\theta & \cos\theta & 0\end{vmatrix}$$

$$=a^2\sin\phi\langle\sin\phi\cos\theta,\ \sin\phi\sin\theta,\ \cos\phi\rangle$$

$$=a\sin\phi\langle a\sin\phi\cos\theta,\ a\sin\phi\sin\theta,\ a\cos\phi\rangle$$

$$\iint_{S_1} F\cdot dS=\iint_{S_1} F\cdot\vec{n}dS=\iint_D \frac{1}{a^3}(x,y,z)\cdot\frac{r_\phi\times r_\theta}{|r_\phi\times r_\theta|}\,|r_\phi\times r_\theta|\,dA=\int_0^{2\pi}\int_0^{\pi}\sin\phi\, d\phi d\theta=4\pi$$

411. 유체의 속도가 $V=\frac{xi+yj+zk}{x^2+y^2+z^2}$이다. 두 개의 동심구 $x^2+y^2+z^2=1,\ x^2+y^2+z^2=4$로 둘러싸인 입체의 체적을 D, 표면을 S라 할 때, 단위시간당 S를 통과하는 유체의 유량 $\iint_S V\cdot ndS$를 구하시오.
발산정리는 $\iint_S F\cdot ndS=\iiint_D \nabla\cdot FdV$이고 구면좌표계 (ρ,θ,ϕ)에서 $dV=\rho^2\sin\phi d\rho d\theta d\phi$이다.

412. 곡면 S가 꼭짓점이 $(0,0,1),\ (1,1,-1),\ (1,-1,-1),\ (-1,0,-1)$인 사면체일 때, 벡터장 $\vec{F}=\frac{1}{(x^2+y^2+z^2)^{3/2}}\langle x,y,z\rangle$ 에 대해서 $\iint_S \vec{F}\cdot d\vec{S}$는?
(단, 곡면 S의 법선벡터는 곡면의 외부를 향하는 방향이다.)

5 스톡스 정리

1 스톡스 정리 (Stokes' theorem)

곡면 S는 구분적으로 매끄러운 유향곡면이고, 이 곡면을 양의 방향으로 가지는 구분적으로 미분가능한 매끄러운 경계 곡선을 C라고 하자. D는 곡면 S를 정사영시킨 영역이다. 벡터장 $F(x, y, z)$와 그의 모든 편도함수가 S, C의 모든 점에서 연속인 편도함수를 가진다면 다음과 같이 선적분을 계산할 수 있다.

$$\int_C F \cdot dr = \iint_S curl\, F \cdot d\boldsymbol{S} = \iint_S curl\, F \cdot \vec{n}\, dS = \iint_D curl\, F \cdot \nabla S\, dA$$

(1) 곡면 $S : z = f(x, y)\ ((x, y) \in D)$로 정의된 곡면의 경계 C에 대한 선적분

$$\int_C F \cdot dr = \iint_S curl\, F \cdot \vec{n}\, dS = \iint_D curl\, F \cdot (-f_x, -f_y, 1)\, dxdy$$

(2) 곡면 S가 $G(x,y,z) = c$로 정의된 곡면의 경계 C에 대한 선적분

$$\int_C F \cdot dr = \iint_S curl\, F \cdot \vec{n}\, dS = \iint_D curl\, F \cdot \left\langle \frac{G_x}{G_z}, \frac{G_y}{G_z}, 1 \right\rangle dx\, dy$$

(3) 매개화 곡면 $S : r(u, v)$로 정의된 곡면의 경계 C에 대한 선적분

$$\int_C F \cdot dr = \iint_S curl\, F \cdot \vec{n}\, dS = \iint_D curl\, F \cdot (r_u \times r_v)\, dudv$$

2 스톡스 정리의 활용

곡면 S와 S_1으로 구성된 폐곡면(외향)의 면적분에 대하여 (곡면 S가 상향이라면 S_1은 하향)

$\iint_{S+S_1} curl\, F \cdot dS = \iint_S curl\, F \cdot dS + \iint_{S_1} curl\, F \cdot dS$으로 나타낼 수 있다.

좌변은 발산정리에 의해서 $\iint_{S+S_1} curl\, F \cdot dS = \iiint_E div(curl\, F)\, dV = 0$이다.

$\iint_S curl\, F \cdot dS + \iint_{S_1} curl\, F \cdot dS = 0$이 되었으므로

$\iint_S curl\, F \cdot dS = -\iint_{S_1} curl\, F \cdot dS$이다. 따라서 방향성을 고려하면 다음 식이 성립한다.

$\iint_S curl\, F \cdot \vec{n}\, dS = \iint_{S_1} curl\, F \cdot \vec{n}\, dS$ (여기서 $\vec{n}$상향 단위법선벡터이다.)

⇒ 이 사실을 이용하면 공통의 경계곡선을 갖는 여러 곡면 위에서 $curl\, F$의 면적분 값은 같다.
따라서 쉽고 편한 곡면을 자유롭게 정해서 계산할 수 있다.

Areum Math Tip

곡선 C를 포함한 곡면 S가 평면 $z=k$의 일부일 때, $\nabla S = \langle 0,0,1 \rangle$이고, D는 곡면을 정사영 시킨 영역일 때

벡터함수 $F(x,y,z)=\langle P(x,y,z), Q(x,y,z), R(x,y,z) \rangle$의 $curlF = \begin{vmatrix} i & j & k \\ \frac{\partial}{\partial x} & \frac{\partial}{\partial y} & \frac{\partial}{\partial z} \\ P & Q & R \end{vmatrix} = \langle ■, ▲, ★ \rangle$이고,

$★ = Q_x - P_y$이다. 이때 선적분을 빠르게 계산할 수 있다.

$\Rightarrow \int_C F \cdot dr = \iint_S curlF \cdot \vec{n} dS = \iint_D curlF \cdot \nabla S dA = \iint_D Q_x - P_y dA$

Areum Math Tip

아래 그림은 반구면 $H: x^2+y^2+z^2=4$과 포물면 $P: z=4-x^2-y^2$를 나타내고 있다.

벡터함수 F는 R^3상에서 각 성분이 연속인 편도함수를 갖는 벡터장이라고 가정하자.

$\iint_H curl\, F \cdot \, d\mathbf{S} = \iint_P curl\, F \cdot \, d\mathbf{S}$이 성립한다.

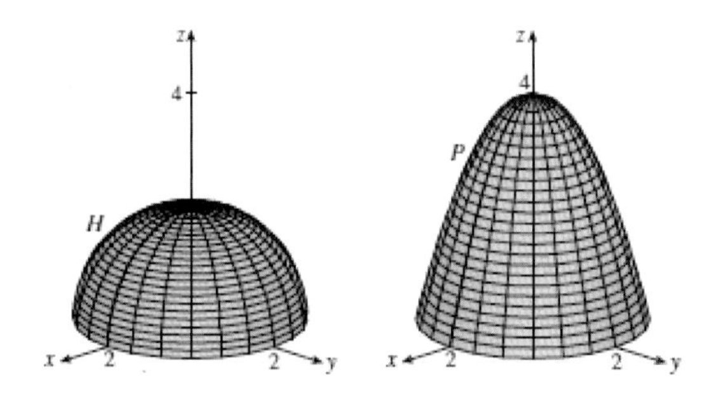

필수 예제 136

벡터함수 $F(x,y,z)=-y^2i+xj+z^2k$에 대한 $\int_C F\cdot dr$의 값을 구하시오.

곡선 C는 평면 $y+3z=2$와 원기둥 $x^2+y^2=1$이 만나서 생기는 교차곡선이고, 위에서 볼 때 반시계 방향이다.

풀이 공간상의 폐곡선 C에 대한 선적분은 스톡스 정리를 이용한다.

곡면 S는 $y+3z=2$이므로 $\nabla S=\left\langle 0,\ \frac{1}{3},\ 1\right\rangle$이다. $F(x,y,z)=\langle -y^2, x, z^2\rangle$이고

$$curlF=\begin{vmatrix} i & j & k \\ \frac{\partial}{\partial x} & \frac{\partial}{\partial y} & \frac{\partial}{\partial z} \\ -y^2 & x & z^2 \end{vmatrix}=\langle 0,0,1+2y\rangle$$

$$\therefore \int_C F\cdot dr=\iint_S curlF\cdot ndS=\iint_D curlF\cdot \nabla Sdxdy$$

$$=\iint_D \langle 0,0,1+2y\rangle\cdot\left\langle 0,\frac{1}{3},1\right\rangle dxdy=\iint_D(1+2y)dxdy=\iint_D 1dxdy+2\iint_D ydxdy=\pi(\because \text{무게중심})$$

413. 곡선 $C=\{(x,y,z)\in R^3|x^2+y^2=1, y=z\}$를 따라서 벡터함수 $\vec{F}(x,y,z)=(2z,3x,1)$를 양의 z축에서 볼 때 반시계 방향으로 선적분한 값을 구하시오.

414. 곡선 C는 원기둥면 $x^2+y^2=3$과 평면 $x+y+z=1$의 교선이다.
선적분 $\int_C -y^3dx+x^3dy-z^3dz$ 의 값은?
(단, 곡선 C의 방향은 $xy-$평면으로 정사영한 곡선의 방향이 시계 반대방향이 되도록 정한다.)

415. 곡선 C는 평면 $x+y+z=2$와 원기둥 $x^2+y^2=4$의 교선이다. 벡터장 $\vec{F}(x,y,z)=<-y^3, x^3, -z^3>$에 대하여, 선적분 $\int_C\vec{F}\cdot d\vec{r}$의 값은? (단, C의 방향은 위에서 내려다봤을 때 시계 반대 방향이다.)

필수 예제 137

3차원 XYZ-직교좌표에서 $-1 \le x \le 1,\ 0 \le y \le 2,\ z=0$으로 정의된 평면 S를 생각하자.
어떤 물체가 힘 $F=y(x+y)i+yj+z(x+y)k$에 의해 평면 S의 가장자리를 따라 반시계 방향으로 한 바퀴 돌았을 때, 이 힘이 한 일을 구하시오.

풀이 $F(x,y,z)=\langle P,Q,R\rangle=\langle y(x+y),y,z(x+y)\rangle=\langle xy+y^2,y,xz+yz\rangle$ 이고, 곡면 S는 $z=0$이므로 $\nabla S=\langle 0,0,1\rangle$이다.

$$curlF=\begin{vmatrix} i & j & k \\ \frac{\partial}{\partial x} & \frac{\partial}{\partial y} & \frac{\partial}{\partial z} \\ P & Q & R \end{vmatrix}=\langle \blacksquare, \blacktriangle, Q_x-P_y\rangle$$

$$\therefore \int_C F\cdot dr=\iint_S curlF\cdot ndS=\iint_D curlF\cdot\nabla Sdxdy=\iint_D Q_x-P_y\,dxdy$$

$$=\iint_D(-x-2y)dxdy=\iint_D(-x)dxdy-2\iint_D ydxdy=-2\int_{-1}^{1}\int_0^2 ydydx=(-2)\cdot 2\cdot\frac{1}{2}[y^2]_0^2=-8$$

416. 벡터장 $F=(x+2z)i+(3x+y)j+(2y-z)k$가 있다. 세 점 $(4,0,0)$, $(0,2,0)$, $(0,0,4)$를 꼭짓점으로 하는 삼각형을 C라 할 때, 선적분 $\oint_C F\cdot dr$의 값은? (단, C의 방향은 원점에서 C를 볼 때 시계 방향이다.)

417. 그림과 같이 S가 $A(1,0,0)$, $B(0,2,0)$, $C(0,0,3)$을 꼭짓점으로 갖는 삼각형으로 위로의 방향을 가지고 있는 면이라고 하자. S 위에서 벡터장 $F(x,y,z)=(x-y)i+zj+yk$의 선적분의 값을 구하시오.

418. 곡선 C는 원기둥 $x^2+y^2=16$과 평면 $z=5$의 교선일 때, 벡터함수 $F(x,y,z)=yzi+2xzj+e^{xy}k$에 대한 선적분을 구하시오.

필수 예제 138

스톡스 정리를 이용하여 $F(x, y, z) = xzi + yzj + xyk$이고, S는 원기둥 $x^2+y^2=1$의 내부에 있고, xy 평면 위에 놓여 있는 구면 $x^2+y^2+z^2=4$의 부분일 때, 적분 $\iint_S curlF \cdot dS$를 구하시오.

풀이 $C: \begin{cases} x^2+y^2=1 \\ x^2+y^2+z^2=4 \end{cases}$의 교선이므로 $z^2=3 \Rightarrow z=\pm\sqrt{3}$ $\therefore C: r(t) = \langle \cos t, \sin t, \sqrt{3} \rangle,\ 0 \le t \le 2\pi$

$r'(t) = \langle -\sin t, \cos t, 0 \rangle$이고 $F(x, y, z) = \langle xz, yz, xy \rangle = \langle \sqrt{3}\cos t, \sqrt{3}\sin t, \cos t \sin t \rangle$

$\therefore \iint_S curlF \cdot ndS = \int_C F \cdot dr = \int_0^{2\pi} (-\sqrt{3}\cos t \sin t + \sqrt{3}\cos t \sin t)dt = 0$

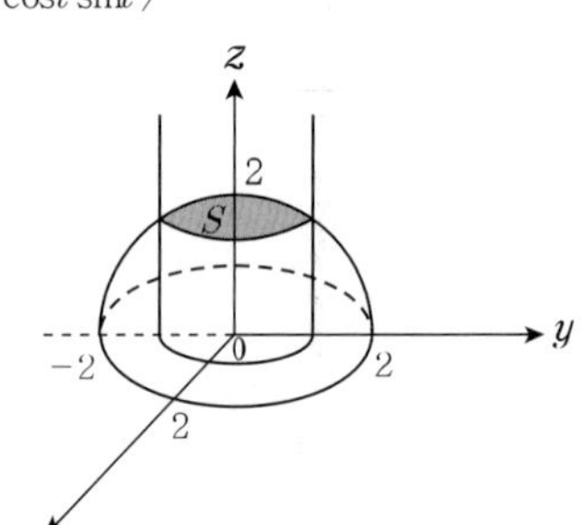

[다른 풀이]

스톡스 정리 활용

S는 구의 일부, S_1는 평면 $z=\sqrt{3}$의 일부라고 할 때,

스톡스 정리에 의해서 $\iint_S curlF \cdot ndS = \iint_{S_1} curlF \cdot ndS$이 성립한다.

$\iint_{S_1} curlF \cdot ndS = \iint_D curlF \cdot \langle 0, 0, 1 \rangle dA = \iint_D \langle ■, ▲, 0 \rangle \langle 0, 0, 1 \rangle dA = 0$

419. $F = yi + (y-x)j + z^2k$ 이고, S는 $z \ge 4$인 구 $x^2+y^2+(z-4)^2=25$이다. $\iint_S curlF \cdot ndS$를 구하면?

420. $F = yi + (y-x)j + z^2k$이고, S는 $z \ge 0$인 구 $x^2+y^2+(z-4)^2=25$이다. $\iint_S curlF \cdot ndS$를 구하면?

421. 곡면 S는 반구면 $x^2+y^2+z^2=9,\ z \ge 0$이고 위쪽 방향을 가진다.
벡터함수 $F(x, y, z) = 2y\cos z\, i + e^x \sin z\, j + xe^y k$에 대하여 $\iint_S curlF \cdot dS$를 구하시오.

422. 곡면 S는 포물면 $z=4-x^2-y^2$의 xy평면 위쪽이고 $\vec{F}(x,\ y,\ z)=< e^{z^2},\ 4z-y,\ 8x\sin y >$일 때, $\iint_S (\nabla \times \vec{F}) \cdot \vec{n}dS$ 의 값은? (단, $\vec{n}$은 S에서의 외향 단위법선벡터이다.)

423. 반구 $S: \mathbf{r}(\phi,\theta)=(\sin\phi\cos\theta, \sin\phi\sin\theta, \cos\phi),\ 0 \le \phi \le \pi/2,\ 0 \le \theta \le 2\pi$에 대하여 R^3위의 벡터장 $\mathrm{F}(x,y,z)=(xz, xe^{x^2z}, \cos(xy))$에 대한 면적분 $\iint_S \mathrm{curl}\,\mathrm{F} \cdot d\boldsymbol{S}$의 값은?

424. 곡면 S는 원기둥 $x^2+y^2=4$안에 놓여 있는 포물면 $z=x^2+y^2$의 부분이고 위쪽 방향을 가진다. 벡터함수 $F(x,\ y,\ z)=x^2z^2 i+y^2z^2 j+xyz\,k$에 대하여 $\iint_S curlF \cdot d\boldsymbol{S}$를 구하시오.

425. S는 $(\pm1,\ \pm1,\ \pm1)$을 꼭짓점으로 갖는 입방체의 윗면과 네 개의 옆면(그러나 바닥은 아님)으로 구성되고 외부 쪽으로의 방향을 가진다. 벡터함수 $F(x,\ y,\ z)=xyz\,i+xy\,j+x^2yz\,k$에 대하여 $\iint_S curlF \cdot d\boldsymbol{S}$를 구하시오.

426. 곡면 S는 타원면의 윗부분 $z=\sqrt{4-4x^2-y^2}$ 이고 S의 단위법선 벡터 n은 z성분이 항상 0이상이다. 벡터장 $F(x,\ y,\ z)=yi+xzj+xyzk$에 대해 면적분 $\iint_S (\nabla \times F) \cdot ndS$의 값은?

427. 벡터장 $F(x, y, z)=(y,\ z,\ e^{xy})$ 을 반구 $S: x^2+y^2+z^2=1,\ z \ge 0$ 위에서 적분한 면적분 $\iint_S curlF \cdot d\boldsymbol{S}$ 의 값을 구하시오.

필수 예제 139

곡면 S는 원뿔면 $x=\sqrt{y^2+z^2}$, $0 \le x \le 2$이고 양의 x축 방향을 가진다.
벡터함수 $F(x,\ y,\ z)=\tan^{-1}(x^2yz^2)\,i+x^2y\,j+x^2z^2k$에 대하여 $\iint_S curlF \cdot dS$를 구하시오.

풀이 곡선 $C: r(t)=<2, 2\cos t, 2\sin t>$, $0 \le t \le 2\pi$이므로 스톡스 정리에 의해서 식을 정리하자.

$$\iint_S curlF \cdot d\boldsymbol{S} = \int_C F \cdot dr$$

$$= \int_0^{2\pi} <\tan^{-1}(32\cos t\sin^2 t), 8\cos t, 16\sin^2 t> \cdot <0, -2\sin t, 2\cos t> dt$$

$$= \int_0^{2\pi} -16\sin t\cos t + 32\cos t\sin^2 t\, dt \;=\; -8\sin^2 t + \frac{32}{3}\sin^3 t\Big]_0^{2\pi} = 0$$

[다른 풀이]
스톡스 정리 활용을 이용하자.
곡면 $S_1 = \{(x,\ y,\ z)\,|\,x=2,\ y^2+z^2 \le 4\}$로 잡으면 $\nabla S_1 = \langle 1,0,0\rangle$이다.
$F(x,y,z) = \langle P,Q,R\rangle = \langle \tan^{-1}(x^2yz^2),\ x^2y,\ x^2z^2\rangle$이고,

$$curlF = \begin{vmatrix} i & j & k \\ \frac{\partial}{\partial x} & \frac{\partial}{\partial y} & \frac{\partial}{\partial z} \\ P & Q & R \end{vmatrix} = \langle R_y - Q_z,\ ■,\ ▲\rangle = \langle 0,\ ■,\ ▲\rangle$$

$$\iint_S curlF \cdot d\boldsymbol{S} = \iint_{S_1} curlF \cdot d\boldsymbol{S} = \iint_{y^2+z^2 \le 4} curlF \cdot \nabla S_1\, d\boldsymbol{A} = \int_D \langle 0, ▲, ★\rangle \cdot \langle 1,0,0\rangle dA = 0$$

428. 곡면 S는 xz평면의 오른쪽에 놓여 있는 타원체 $4x^2+y^2+4z^2=4$의 반이고 양의 y축 방향을 가진다.
벡터함수 $F(x,\ y,\ z)=e^{xy}i+e^{xz}j+x^2zk$에 대하여 $\iint_S curlF \cdot dS$를 구하시오.

필수 예제 140

좌표공간에서 $z=x^2+y^2$, $x+y+z\le 1$ 로 주어진 곡면 S 에 대하여 $\vec{n}$ 은 $\vec{n}\cdot(0,0,1)>0$ 을 만족하는 단위법선벡터이다. 벡터장 $F(x,y,z)=(-y,x,y)$ 에 대하여 유속 $\iint_S(\nabla\times F)\cdot\vec{n}\,dS$ 의 값은?

풀이 스톡스 정리에 의하여 식을 정리하자.

곡면 $S: z=x^2+y^2$이고, $S_1: x+y+z=1$이다. 두 곡면의 교선의 정의역은 $\left(x+\frac{1}{2}\right)^2+\left(y+\frac{1}{2}\right)^2=\frac{3}{2}$이고

$D:\left(x+\frac{1}{2}\right)^2+\left(y+\frac{1}{2}\right)^2\le\frac{3}{2}$이다. 또한 $\nabla\times F=\begin{vmatrix} i & j & k \\ \frac{\partial}{\partial x} & \frac{\partial}{\partial y} & \frac{\partial}{\partial z} \\ -y & x & y\end{vmatrix}=i(1)-j(0)+k(2)$이다.

$$\int_C F\cdot dr=\iint_S(\nabla\times F)\cdot\vec{n}\,dS=\iint_{S_1}(\nabla\times F)\cdot\vec{n}\,dS=\iint_D(\nabla\times F)\cdot\nabla S_1\,dA$$

$$=\iint_D(1,0,2)\cdot(1,1,1)dxdy=\iint_D 3\,dxdy=3\times D\text{의 면적}=3\cdot\frac{3\pi}{2}=\frac{9}{2}\pi$$

429. 곡면 $S_1: z=x^2+y^2$과 평면 $S_2: z=2x+4y+4$의 교선을 C라고 하자. 반시계 방향의 곡선 C에 대하여 벡터함수 $F(x,y,z)=xzi+yzj+xyk$의 한 일을 구하시오.

430. 곡선 C는 $r(t)=\cos t\,i+\sin t\,j+(6-\cos^2 t-\sin t)k$ $(0\le t\le 2\pi)$이고, 벡터함수 $F=(z^2-y^2)i-2xy^2j+e^{\sqrt{z}}k$ 일 때, 선적분 $\int_C F\cdot dr$ 을 구하시오.

선배들의 이야기 ++

공부량이 적은 것 같더라도 기본서부터!

수학은 웬만하면 한아름 선생님 풀 커리를 안정적으로 타기를 바랍니다. 저는 학교 병행이어서 수학은 인강으로 시작하였습니다. 그런데 2학년 1학기에는 미적분학 앞부분과 선형대수 앞부분밖에 공부하지 못했습니다. 그리고 6월 말에 김영 모의고사를 보게 되었습니다. 하나도 모르겠더라고요. 당연히 좋지 못한 점수를 받게 되었습니다. 그 시험이 자극이 되어 여름 방학 동안에 미적분학과 선형대수를 처음부터 끝까지, 다변수 미적분을 절반 정도 볼 수 있게 되었습니다. 정말 힘들었습니다. 2학기가 되면서 다변수와 공업수학1을 인강으로 마치고 공업수학2부터 현강에서 수강하였습니다.

그리고 이때부터 기본서 복습에 주력하였습니다. 마지막 시험보기 전까지 기본서 복습만 8번 이상 했습니다. 아마 틀린 문제 회독은 10번 정도 했을 겁니다. 저는 다른 학생들과 달리 아름쌤 수업 시간 때 하는 내용(빈출유형과 파이널)과 기본서 회독만 했습니다. 이는 다른 학생들이 공부한 양의 절반밖에 안 될지도 모릅니다. 하지만 저는 기본서 복습으로 기본서 내에서 나오는 문제 중에 모르는 것이 없도록 마지막 시험이 있는 날까지 공부했습니다.

1, 2회독 때는 기본서에 나온 문제들을 거의 다 틀렸습니다. 3~5회독 때는 원래 맞던 문제의 경우 계산 미스가 나지 않는 이상 거의 다 맞았고, 틀린 문제는 이상하게 거의 다 다시 틀렸습니다. 6, 7회독 때 점점 틀리던 문제도 맞히기 시작했습니다. 원래 맞히던 문제는 그냥 답이 기억이 날 정도였는데 그래도 풀었습니다. 8회독 때는 한 권에서 몰라서 틀리는 문제가 거의 손에 꼽을 정도로 적어졌습니다. 이후에는 틀린 문제 중에서도 제가 어려워 하는 부분만 다시 풀었습니다. 파이널 기간에 실수가 많다는 것을 알고 '실수 노트(간단한 오답노트)'를 만들어서 각 학교 시험 보기 전에 그 노트를 읽었습니다.

웃으며 문제를 푸는 미래의 나 자신을 위하여

사실 기출 풀 때에는 '내가 기본서 회독하는 것이 잘하고 있는 것인가?' 라는 의구심이 들었지만 실제 시험을 보는데 아름쌤 수업 시간에 나왔던 문제나 기본서의 내용과 거의 유사한 문제들이 나와서 웃으면서 풀었습니다.
학교를 병행하는 학생들의 경우 꼭 계획표를 작성하여 실천하도록 하세요. 그렇지 않으면 '아, 나는 학교 병행이어서 남들보다 공부를 못하는 것은 당연한 일이야.' 라는 합리화를 하게 되는 자신을 볼지도 모릅니다.

- 홍○영 (한양대학교 도시공학과)

군 전역 후 막연하게 무엇을 해야 할지 모르는 상황에서 학벌이라도 높이고 보자는 마음으로 편입을 결심했습니다. 학점은행제를 병행하여 시간을 최대한 확보할 수 있었습니다. 하지만 학점은행제 과제와 시험 일정이 있는 시기에는 영어, 수학을 복습만 하며 학점 관리에 집중하였습니다.

습관을 버리자!

저의 학습 방법은 '내 습관을 버리자' 였습니다. 영어, 수학 모두 저의 공부 방법, 습관을 고집하면 고등학교 때의 점수 그대로 가져갈 수밖에 없다고 판단하여 뭐든지 선생님께서 시키는 대로만 하기로 결심했습니다. 수학 공부에 있어서는 선생님께서 시키는 것만 했으며 가끔씩 수업 중 선생님께서 "누구는 이런 방법으로 공부를 해봤다, 누구는 문제를 풀 때 이렇게 풀었다."라고 하실 때마다 시도해보며 저에게 맞는 방법을 찾기도 하였습니다.

또한 항상 질문을 달고 공부를 했습니다. 특히 아름쌤뿐만 아니라 조교쌤들에게 질문을 하며 큰 도움을 받았습니다. 조금이라도 모르는 것은 물론이고, 나의 방법이 맞는지, 내가 이해한 것이 맞는지 확인을 할 때도 질문을 하며 조금의 찝찝함도 남기지 않았습니다. 질문이 가장 중요하다고 생각합니다.

복습 + 질문 = 합격입니다

편입수학의 양은 결코 만만치 않습니다. 하지만 꾸준히 누적 복습을 반복하다 보면 기억에 오래 남고 자신감은 덤으로 따라옵니다. 또한 질문하는 것을 창피하거나 무섭다고 생각하지 않으셨으면 좋겠습니다. 질문을 함으로써 자신의 현 문제를 선생님, 조교님께 알리며 그에 따른 해결책을 얻어 반드시 성적 향상으로 이어질 것이라고 생각합니다.

가장 힘들었던 시기는 8월 장염으로 2주 동안 고생했던 시기였습니다. 3월부터 오로지 공부만 생각하여 건강, 식단 관리 없이 쭉 지내오다가 결국 여름에 크게 아팠던 것 같습니다. 그 뒤로는 건강에도 신경을 쓰며 10월까지는 일주일에 하루, 쉬는 날을 가졌습니다. 편입은 1월까지 가는 장기전이기 때문에 조급한 마음을 갖지 않고 여유를 가지며 건강에도 신경 쓰는 것이 중요하다고 생각합니다.

- 조○원 (서강대학교 생명과학과)

학점은행제라면 미리미리!

학점은행제로 할 때, 상반기에 최대한 미리미리 자격증을 많이 따 놓는 것이 하반기에 편입시험에 집중하는 데 좋습니다. 저는 상반기에 많은 일을 한꺼번에 하다 보니 더 중요한 하반기에 지쳐서 한동안 방황을 했습니다. 그렇게 나태해지고 모든 게 싫어질 때에 공부를 벗어나서 정말 제가 좋아하는 활동을 해보자는 생각이 들었습니다. 그래서 수영을 선택했는데요. 물속에 잠겨 수영을 할 때는 모든 걱정, 근심들이 싹 씻겨 내려갔습니다. 이렇게 자기만의 스트레스 해소법을 찾아서 힘들 때 활용하는 것이 매우 중요하다고 생각합니다.

공부 방법보다는 정말 꾸준히 하는 것이 가장 중요한 것 같습니다. 제가 생각하기에는 자기만의 공식암기 노트를 만드는 것이 최고라고 생각합니다. 미적분, 선형대수, 다변수, 공업수학 각 네 단원으로 나누어 정리하고 각 단원 맨 앞페이지에는 나만의 스타일로 목차를 달아서 그 단원에 있는 내용이 순서대로 뭐가 있는지 쉽게 파악할 수 있게 만듭니다. 자기만의 편입수학 공식책을 만들면 공식 하나하나가 어디 파트에 들었는지 정확하게 다 외워집니다. 편입수학의 틀을 머릿속에 다 집어 넣는 것이죠.

그러고 나서 아름쌤 수업에서 중간중간 나오는 스킬들을 자기만의 스타일로 해당하는 단원의 페이지에 맞춰서 잘 끼워넣는 것입니다. 이렇게 만들어진 틀에 꽉꽉 채워넣다 보면 단순한 암기 수준이 아니라 완전히 체화가 되어 응용력, 사고력 또한 올라가는 것을 느낄 수 있습니다.

편입은 삶의 태도도 바꿀 것입니다

저는 정말 수학을 열심히 했고 정말 자신도 있었지만 이번 편입 시험에서 너무 실력 발휘를 많이 못하여 조금 아쉬운 마음이 남았습니다. 그러나 제가 정말 희망하던 과에 합격하게 되어서 충분히 만족하고 있으며 그동안 살면서 이렇게까지 최선을 다해 본 적은 처음이기에 후회도 없고, 제 자신이 대견스럽기도 합니다.

정말 후회가 안 남을 정도로 이번 한 해 동안 편입 준비에 전념해본다면 대학만 바뀌는 것이 아니라 앞으로 살아가는 태도와 모든 것에 도움이 될 것 같습니다. 정말 후회 없는 공부를 하여 모두 좋은 결과를 가졌으면 좋겠습니다.

- 주○영 (세종대학교 정보보호학과)

넓은 시험범위에 좌절하지 마시고 개념에 충실하세요

남들이 어느 학교 다니냐고 물어보면 대답을 못 하는 게 스트레스였습니다. 그래서 이름을 들어본 학교를 진학하는 게 목표였습니다. 저는 학교를 병행했습니다. 학교를 병행하면서 편입수학에 편입영어까지 건드리자니 수학에 집중을 전혀 못할 것 같았습니다. 저는 3월에 잠깐 편입영어를 했다가 이대로 가다가는 수학도 영어도 망가져서 이도저도 아닌 상태가 될 것 같아서, 편입영어를 시작한 지 1주일 만에 때려치웠습니다.

제가 실질적인 공부를 한 시기는 12월 한 달인 것 같습니다. 12월 한 달 동안, 미적, 선대, 다변수, 공수1 4과목 기본서를 5회독을 했습니다. 익힘책은 전혀 풀지 않았습니다. 문제풀이 교재는 정말 헷갈리는 개념만 골라서 풀었습니다. 기본서 복습과 기출문제 풀이만 해도 최소 인서울은 할 수 있는 것 같습니다. 그리고 빈출유형 특강을 들으면서 선, 면적분 문제만 4, 5번 복습한 것 같습니다. 공부할 시간이 많지 않다고 느껴지신다면 이렇게라도 공부해야 한다고 생각합니다.

인강을 들을 때는 모르거나 이해가 가지 않는 부분이 나오면 같은 부분을 여러 번 돌려봤습니다. 저는 선형대수의 '벡터공간'을 맨 처음에 들었을 때, 개념이 너무 추상적이라서 뇌정지가 왔습니다. 그래서 벡터공간을 여러 번 돌려봤고, 일부러 이해하려고 노력하지는 않았습니다. 그냥 자연스레 이해하려고 편한 마음으로 여러 번 돌려보기도 했고, 나중에 선생님이 기출문제 풀이를 해주실 때, 계속 반복적으로 들으니까 서서히 이해가 갔습니다.

편입수학은 시험범위가 굉장히 넓습니다. 음, 좀 과장해서 태평양을 헤엄쳐서 건넌다고 비유하면 될까요? 포기하고 싶은 순간이 오더라도, 끝까지 공부한다면 어딘가 합격하는 것 같습니다. 그냥 편입수학이라는 길고 긴 레이스를 완주한다는 생각으로 공부했습니다. 그냥 '기본개념이라도 알고가자!' 이런 생각으로요!

합격증과 기뻐하는 부모님을 생각하며 긍정적으로!

공부하기 힘들 때, 2월에 합격증을 받고 기뻐하는 모습을 상상하세요. 생각만 해도 정말 기쁠 거예요. 저는 가족들이 편입을 굉장히 반대했었습니다. '학교 다니면서 편입을 준비하면 어정쩡해서 어디 합격할 수는 있겠느냐?' 이런 눈치였고 대학원에 가는 것을 추천했습니다. 하지만 2월에 편입을 합격하고 나니 저보다 부모님이 더 기뻐하셨습니다. 부모님이 편입을 부정적으로 바라보는 학생들도 은근히 있을 텐데, 기죽지 마세요. 합격하고 나면 부모님이 제일 기뻐하시고, 가장 자랑스럽게 여기십니다!!

그리고 공부할 때는 남과 비교하지 않는 것이 중요한 것 같습니다. 저보다 훨씬 잘하는 학생의 점수랑 비교하면 주눅들어서 공부할 의욕이 확 사라졌습니다. 그렇다고 저보다 성적이 낮은 학생과 비교하면 자만하는 느낌이 들었습니다. 다 필요없고, 자신이 부족한 부분을 잘 파악하고, 자신의 성적에 맞춰 대학을 가는 것이 중요하다고 생각합니다.

- 최○은 (서울과학기술대학교 건설시스템공학과)

수학과 병행해서 영어 공부는 최대한 줄였습니다

수학과 병행할 때에는 영어 공부는 최소화했습니다. 문과 출신인 제가 생소한 수학을 공부하려니 영어를 공부할 시간이 많이 나지 않았습니다. 이공계 편입에서 영어도 중요하지만, 수학의 중요성은 압도적입니다. 그렇기 때문에 효율적인 영어 학습이 필요했습니다. 영어 실력을 올리는 것도 중요하지만, 영어 '시험'을 잘 보는 법을 터득해야 합니다. 그렇기 위해서 우선 '단어'를 잡아야 합니다. 단어는 사실 어느 시점에 많이 보고, 어느 시점부터 덜 보고 하는 것이 아닙니다. 그냥 편입 시작부터 내가 보는 마지막 시험까지 끝까지 붙들고 있어야 하는 가장 중요한 '기본서'입니다. 가장 중요한 것은 단어라는 것을 잊으면 안 되고, 그런 단어 실력을 바탕으로 독해 실력을 쌓는 데 노력하시면 좋을 것 같습니다.

기본이 가장 중요하고, 그 위에 기술을 쌓으세요

수학은 처음에 공부하기 어려웠습니다. 문과 출신이고, 제가 아는 것은 다항함수 미분, 간단한 적분 정도…? 삼각함수도 몰라서 3월에 미적분과 급수 진도를 나갈 때는 매 수업시간이 멘붕이었습니다. 그러다 보니, 어떻게 수학 공부를 해야 할지 나 스스로 정해야 했습니다. 이대로는 경주에서 나만 처지게 생겼다는 생각이 들어, 차근차근 내가 뭘 모르는지와 어느 부분에서 막히는지, 왜 막히는 것 같은지를 스스로 되물었습니다. 이 방법을 미적분이 끝날 때까지 반복하다 보니 수학에 대해 감이 생기고, 앞으로 남은 선형대수, 다변수미적분, 공학 수학에서 어떻게 공부를 해야 하는지 느낌이 어느 정도 생기게 되었습니다.

교수님께 상담도 많이 요청해서 같이 깊은 고민도 나눠보았고, 미리 인강을 듣고 현강에 참여하라는 교수님의 말씀을 듣고 그렇게 했습니다. 이러한 방법이 비교적 느릴 수는 있지만, 결국에 실력을 탄탄하게 만드는 데에 중요하게 작용했습니다. 교수님께서 항상 기본서에 대해 강조를 많이 하십니다. 처음에는 '기본만 다져서 될까?'라는 의문도 품었지만, 결국에는 기본이 가장 중요하다는 것을 깨달았습니다. 지루할 수 있지만 당일 복습, 누적 복습을 철저히 하고, 오늘 무슨 일이 있어도 무조건 당일 복습과 누적 복습은 한다는 생각으로 공부하셔야 합니다. 복습이 쌓이다 보면, 내가 많이 봤던 내용과 문제들에는 내성을 가지게 되어 시험에서 그 능력을 발휘하는 것입니다. 기본이 가장 중요하고, 그 위에 기술들을 쌓아서 합격으로 만들어야 합니다!

- 한○희 (홍익대학교 실내건축학과)

시간 조절 능력은 미리 장착하세요

2019년에 편입 공부를 할 생각이었는데 미리 하자는 생각에 2018년 9월 중반부터 수학만 공부 시작했습니다. 2018년도에 인강으로 한아름 교수님의 개념강의를 공수까지 전부 한 바퀴 돌리고, 그곳에 수록된 문제들도 한 바퀴 돌렸습니다. 문제풀이 강의까지 듣기에 시간 부족해서 기출로 갔습니다. 중간중간에 틀리거나 바로 풀지 못해 체크해둔 것들을 다시 풀었습니다. 시험 보려 했던 두 곳 중에 먼저 보는 한 곳만 시험을 봤고 떨어졌습니다.

2019년 3월 휴학하고 4~5월 초까지 토플 공부를 하다가 중단했습니다. 편입만 생각하면 토플은 추천하지 않습니다. 10월부터 다시 공부를 시작했는데 시간이 얼마 안 남아서 수학만 했습니다. 1년이 지났기에 다시 개념 인강을 처음부터 1.7배 속도로 한 바퀴 돌렸습니다. 이후 수록된 문제들을 한 바퀴 돌리면서 틀리거나 바로 못 푼 문제들을 체크했습니다. 시크릿 모의고사 현강으로 시험 연습을 했습니다. 중간에 체크해뒀던 것들만 다시 풀면서 새로 체크했고 작년보다 기출을 더 풀었습니다. 확실히 후반부로 갈수록 시간 조절하는 능력이 좀 향상됐습니다. 어려운 문제도 좋지만 시간 조절 능력을 모의고사(기출 포함. 같이 보는 시험! 아름쌤 파이널 추천)를 보면서 미리 장착하는 게 효율적이라고 생각합니다.

자신에게 맞는 장소와 전략을 빨리 정하세요

학습전략으로는, 빨리 자신에게 맞는 공부 장소를 찾으면 좋겠습니다. 집은 당연히 방음이 안 되고, 칸막이 열람실은 갑갑하지만 가까우니까 다니면서 체질을 바꿔보려다가 실패했습니다. 적당히라도 맞는 장소 빨리 정해서 루틴과 규칙을 잡는 걸 추천합니다. 때문에 편입 이외에 다른 일들은 최대한 빨리 해결하시면 좋겠습니다. 영어 실력이 얼마나 되는지 모의고사든 온라인 테스트든 보시고, 시험볼 때 모르는 문제를 넘길 것인지 풀 것인지 결정하고, 풀 거라면 시간 배분도 어떻게 할지 고려해야 합니다. 원하는 만큼 혹은 예전만큼 공부를 하지 못했어도 끝까지 편입 공부를 계속 하는 게 중요한 것 같습니다.

- 양○연 (인하대학교 전자공학과)

아무리 힘들고 불안해도 마지막까지 결과는 아무도 모릅니다

항상 고등학교 때 목적 없이 놀기만 한 것을 후회했고, 미래를 그려볼 때 막막하고 암담해 보이기만 해서 전역한 후 편입을 시작으로 내 인생을 한 단계씩 더 나아지는 방향으로 개선하고자 공부를 시작했습니다.

1학년만 마치고 군대를 간 터라 일단 2학년을 마쳐야 했습니다. 개인적인 사정 때문에 2학년 마치고 휴학을 할 수가 없어서 전역하자마자 병행을 하기로 결정했습니다. 특별한 방식은 없었고 쌤이 시키는 대로 하려고 했습니다.
학교공부는 수업만 열심히 듣고 시험 전날만 밤새서 벼락치기 하고 시험을 봤습니다. 학교가 지방에 있어서 서울에서 통학하느라 시간 배분에 신경을 많이 써야 했습니다. 평일 저녁에 영어 수업이 있는 날이면 영어 수업 듣고 집에 와서 당일 복습을 하고 잠들었습니다. 부족한 잠은 학교에 가는 고속버스에서 보충하고 다시 서울로 올라오는 버스에서는 단어를 외우면서 올라왔습니다. 영어 수업이 없는 평일과 주말은 온전히 수학 공부만 했습니다.

공부하는 중간중간 힘든 시기는 많이 찾아왔었습니다. 그중에서 가장 힘들었던 시기를 꼽자면 11월, 12월이었던 것 같습니다. 모의고사를 많이 보는 시기에 항상 성적이 나오지 않아 심리적으로 부담감이 많았던 것 같습니다.

'절대적인 공부시간이 모자란 건가?'
'2학년 마치고 휴학하고 편입을 할 걸 그랬나?'
'지금 다니는 학교에 돌아가고 싶지는 않은데, 다 떨어지면 어떡하지?'

그때는 잡생각이 너무 많아서 집중이 되질 않았고 밤중에는 잠도 잘 이루지 못해 몸까지 많이 피로해졌습니다. 저는 그때 생각을 좀 돌리고자 밤중에 친구들에게 전화를 했습니다. 친구들과 통화를 하다 보면 잠깐 사이에 심란한 마음이 편안해지는 걸 느꼈고, 전화를 끊고 나서는 다시 온전히 집중할 수 있었습니다.

공부하는 동안 심지어는 마지막 순간까지 성적이 나오지 않아서 많이 힘들었습니다. 하지만 아름쌤 말씀대로 끝까지 포기하지 않고 했기 때문에 합격할 수 있었다고 생각합니다.
마지막 날까지 아무도 모릅니다. 포기하지 말고 최선을 다하세요!

- 장○수 (광운대학교 전기공학과)

MEMO

MEMO

MEMO

"편입수학의 **ONE PICK**, 결과로 증명된 ***Areum Math***"

개념 시리즈

❶ 베이직
❷ 미적분과 급수
❸ 다변수 미적분
❹ 선형대수
❺ 공학수학

문제풀이 시리즈

❶ 편입수학 익힘책
❷ 한아름 1200제
❸ 한아름 파이널

편입수학은 한아름 ❸ 다변수 미적분

From. 한아름 선생님

그동안 강의 생활에서 매 순간 최선을 다했고 두려움을 피하지 않았으며 기회가 왔을 때 물러서지 않고 도전했습니다. 이 책은 그와 같은 마음을 바탕으로 그동안의 연구들을 정리하여 담은 것입니다. 자신의 인생을 개척하고자 결정한 여러분께 틀림없이 도움이 될 수 있을 것이라고 생각합니다. 믿고 함께한다면 합격이라는 목표뿐만 아니라 인생의 새로운 목표들도 이룰 수 있을 것입니다. 여러분의 도전을 응원합니다!

HOT LINE

유튜브 | 편입수학은 한아름 

학원 | 브라운 편입학원 

카카오톡 ID | areummath

네이버 | 편입수학은 한아름

"두려움을 자신감으로 바꾸는 아름매스!"

편입수학은 한아름으로 합격의 길을 찾아라!

Areum Math new series

편입수학은 한아름 ③

다변수 미적분

한아름 편저

140개 유형 430개 문제로 기초를 다지는 **필수 기본서**

고득점 합격을 위한 **핵심 전략** 공개

편입 성공 선배들의 **최신 합격 수기**

1타 강사의 **15년 노하우** 결정체 수록

정답 및 해설

미다스북스

정답 및 해설

다변수미적분

CHAPTER 01 편도함수

1. 다변수 함수

1. 그림 참조

풀이 (1)

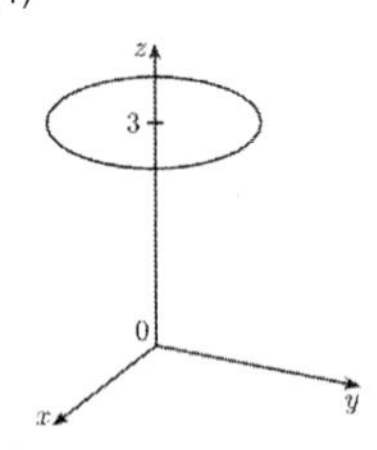

The circle $x^2+y^2=1,\ z=3$

(2)

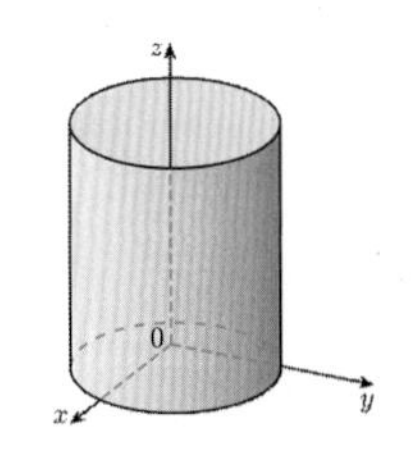

The cylinder $x^2+y^2=1$

(3) (4)

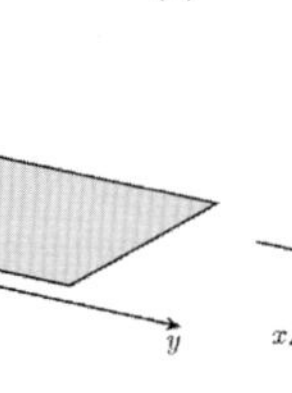

$z=3$, a plane in $\mathbb{R}^3$

$y=5$, a plane in $\mathbb{R}^3$

(5)

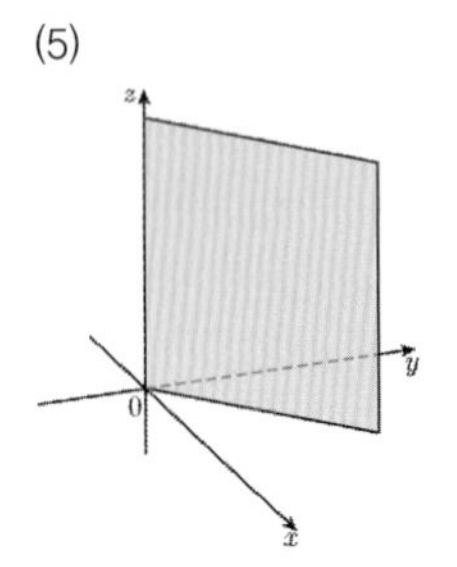

2. 3

풀이 $\overline{PQ}=\sqrt{(1-2)^2+(-3+1)^2+(5-7)^2}=3$

3. 그림 참조

풀이

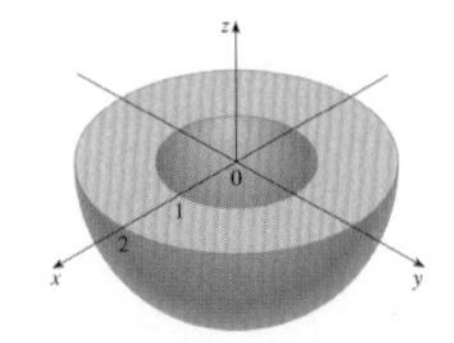

2. 이변수 함수의 극한 & 연속

4. (1) 존재하지 않는다. (2) 0 (3) 0 (4) 0
(5) 존재하지 않는다. (6) 0 (7) 0 (8) 존재하지 않는다.
(9) 존재하지 않는다. (10) 0
(11) 존재하지 않는다. (12) 2
(13) 존재하지 않는다. (14) 존재하지 않는다.

풀이 (1) 분모와 분자는 모두 2차 동차함수이다. 분모의 차수와 분자의 차수가 같으므로 극한값이 존재하지 않는다.

(2) 분모는 2차 동차함수, 분자는 3차 동차함수이다.
분모의 차수가 분자의 차수보다 작으므로 극한값은 0이다.

(3) 분모는 1차 동차함수, 분자는 2차 동차함수이다.
분모의 차수가 분자의 차수보다 작으므로 극한값은 0이다.

(4) 분모는 2차 동차함수, 분자는 4차 동차함수이다.
분모의 차수가 분자의 차수보다 작으므로 극한값은 0이다.

(5) 분모와 분자는 모두 2차 동차함수이다. 분모의 차수와 분자의 차수가 같으므로 극한값이 존재하지 않는다.

(6) 분모는 2차 동차함수, 분자는 3차 동차함수이다.
분모의 차수가 분자의 차수보다 작으므로 극한값은 0이다.

(7) 분모는 2차 동차함수, 분자는 5/2차 동차함수이다.
분모의 차수가 분자의 차수보다 작으므로 극한값은 0이다.

(8) x축$(y=0)$을 따라 $(0,0)$으로 접근할 때
$\lim_{x\to0^-}\frac{4x^2}{x^3}=-\infty,\ \lim_{x\to0^+}\frac{4x^2}{x^3}=\infty$ 이므로
원점에서 극한값은 존재하지 않는다.

(9) $y=mx^2$(단, m은 임의의 상수)을 따라서 원점에 접근할 때,
(주어진 식)$=\lim_{x\to0}\frac{2x^2\cdot mx^2}{x^4+m^2x^4}=\frac{2m}{1+m^2}$ 이므로
극한값이 존재하지 않는다.

(10) 곡선 $x=my^2$ (단, m은 임의의 실수)을 따라 접근할 때,
$\lim_{y\to0}\frac{m^3y^7}{m^2y^4+y^4}=\lim_{y\to0}\frac{m^3y^3}{m^2+1}=0$이다.

(11) (주어진 식)$=\lim_{\substack{x\to1\\y\to0}}\dfrac{y^2(x-1)}{(x-1)^2+y^4}=\lim_{\substack{X\to0\\Y\to0}}\dfrac{XY^2}{X^2+Y^4}$

($\because x-1=X,\ y=Y$로 치환)

$X=mY^2$(단, m은 임의의 상수)을 따라서 원점에 접근할 때,

$\lim_{\substack{X\to0\\Y\to0}}\dfrac{XY^2}{X^2+Y^4}=\lim_{Y\to0}\dfrac{mY^4}{m^2Y^4+Y^4}=\dfrac{m}{1+m^2}$ 이므로

극한값이 존재하지 않는다.

(12) $\lim_{(s,t)\to(0,0)}\dfrac{s^2+t^2}{\sqrt{s^2+t^2+1}-1}$

$=\lim_{(s,t)\to(0,0)}\dfrac{(s^2+t^2)(\sqrt{s^2+t^2+1}+1)}{s^2+t^2}$

$=\lim_{(s,t)\to(0,0)}\sqrt{s^2+t^2+1}+1=2$

(13) 분모와 분자는 모두 2차 동차함수이다. 분모의 차수와 분자의 차수가 같으므로 극한값이 존재하지 않는다.

(14) 경로를 따라가면서 극한값을 구하자.

(ⅰ) x축을 따라 $(0,0,0)$으로 가면 $y=0,z=0$이고,

(주어진 식)$=\lim_{x\to0}\dfrac{0}{x^2}=0$이다.

(ⅱ) $x=az^2,y=bz^2$를 따라 $(0,0,0)$으로 가면

(주어진 식)$=\lim_{x\to0}\dfrac{abz^4+bz^4+az^4}{a^2z^4+b^2z^4+z^4}=\dfrac{ab+b+a}{a^2+b^2+1}$

5.

(1) 1 (2) 존재하지 않는다. (3) -1 (4) 0
(5) 1 (6) 0 (7) 존재하지 않는다. (8) 0
(9) 0 (10) 0 (11) 존재하지 않는다. (12) 0
(13) 존재하지 않는다.. (14) 존재하지 않는다.

풀이 (1) $(x,\ y)=(1,\ 1)$을 대입하면

$\lim_{(x,y)\to(1,1)}|x|^{\ln y}=1^0=1$이다.

(2) $t=ms^2$(단, m은 임의의 실수)을 따라 $(0,0)$으로 접근할 때, $\lim_{s\to0}\dfrac{ms^4e^{ms^2}}{s^4+4m^2s^4}=\lim_{s\to0}\dfrac{me^{ms^2}}{1+4m^2}=\dfrac{m}{1+4m^2}$ 이다.

$\therefore$ 극한값은 존재하지 않는다.

(3) $x^2+y^2=t$로 치환하면 $(x,\ y)\to(0,\ 0)$일 때 $t\to0$이므로

(주어진 식)$=\lim_{t\to0}\dfrac{e^{-t}-1}{t}=\lim_{t\to0}\dfrac{-e^{-t}}{1}=-1$

(4) $x^2+y^2=t$로 치환하면 $(x,\ y)\to(0,\ 0)$일 때,

$t\to0$이므로 (주어진 식)$=\lim_{t\to0}t\ln t=0$

(5) $x^2+y^2=t$로 치환하면 $(x,\ y)\to(0,\ 0)$일 때,

$t\to0$이므로 (주어진 식)$=\lim_{t\to0}\dfrac{\sin t}{t}=1$

(6) 극한값이 각각 존재하면 각각의 극한값을 곱할 수 있다는 성질을 이용하자. $\lim_{(x,y)\to(0,0)}\dfrac{\sin(x^2+y^2)}{x^2+y^2}=1$이므로

(주어진 식)$=\lim_{x\to0}x\times\lim_{(x,y)\to(0,0)}\dfrac{\sin(x^2+y^2)}{x^2+y^2}=0$이다.

(7) $y=mx$를 따라 $(0,0)$으로 접근할 때,

$\lim_{(x,y)\to(0,0)}\dfrac{xy}{\sin^2y}=\lim_{x\to0}\dfrac{mx^2}{\sin^2(mx)}=\lim_{x\to0}\dfrac{mx^2}{m^2x^2}=\dfrac{1}{m}$

$\therefore$ 극한값이 다르므로 존재하지 않는다.

(8) $y=mx$를 따라 $(0,0)$으로 접근할 때,

$\lim_{(x,y)\to(0,0)}\dfrac{x\sin^2y}{x^2+y^2}=\lim_{x\to0}\dfrac{x\sin^2mx}{x^2+m^2x^2}=\lim_{x\to0}\dfrac{m^2x}{1+m^2}=0$

[다른 풀이]

$\lim_{(x,y)\to(0,0)}\dfrac{x\sin^2y}{x^2+y^2}=\lim_{y\to0}\left(\dfrac{x\sin y^2}{x^2+y^2}\cdot\dfrac{y^2}{y^2}\right)$

$=\lim_{(x,y)\to(0,0)}\dfrac{xy^2}{x^2+y^2}\cdot\dfrac{\sin y^2}{y^2}$

$=\lim_{(x,y)\to(0,0)}\dfrac{xy^2}{x^2+y^2}=0$

(9) 스퀴즈정리를 이용해서 극한값을 구하자.

$x^2\le x^2+y^2$이므로 $\dfrac{x^2}{x^2+y^2}\le1$이다.

$0\le\sin^2y\le1\Rightarrow0\le\dfrac{x^2\sin^2y}{x^2+y^2}\le\sin^2y$

$\Rightarrow0\le\lim_{(x,y)\to(0,0)}\dfrac{x^2\sin^2y}{x^2+y^2}\le\lim_{(x,y)\to(0,0)}\sin^2y$

$\lim_{(x,y)\to(0,0)}\dfrac{x^2\sin^2y}{x^2+y^2}=0$이다.

(10) $0\le\sin^2y\le1$이고, 양변에 $\dfrac{x^3}{x^2+y^2}$를 곱하면

$0\le\dfrac{x^3\sin^2y}{x^2+y^2}\le\dfrac{x^3}{x^2+y^2}$이고 $(x,y)\to(0,0)$이면

$$\lim_{(x,y)\to(0,0)} \frac{x^3}{x^2+y^2}=0$$으로 존재하므로

스퀴즈정리에 의해서 $\lim_{(x,y)\to(0,0)} \frac{x^3\sin^2 y}{x^2+y^2}=0$이다.

(11) x축을 따라 $(0,0)$으로 접근할 때 극한값은 0이고 y축을 따라 $(0,0)$으로 접근할 때 극한값은 0이다. $y=x$를 따라 $(0,0)$으로 접근할 때 극한값은 $\frac{1}{4}$이다. 따라서 경로에 따라 극한값이 다르므로 극한값은 존재하지 않는다.

(12) 극한값이 각각 존재하면 각각의 극한값을 곱할 수 있다.

(주어진 식)$=\lim_{(x,y)\to(0,0)} \frac{xy^2}{3x^2+y^2}\times \lim_{(x,y)\to(0,0)} \cos y=0$

(13) $(x,y)\to(0,0)$으로 접근할 때,

$\frac{x^2}{2x^2+y^2}$와 $\frac{\sin^2 y}{2x^2+y^2}$의 극한값은 각각 존재하지 않는다.

따라서 $\lim_{(x,y)\to(0,0)} \frac{x^2+\sin^2 y}{2x^2+y^2}$은 존재하지 않는다.

(14) x축을 따라 $(0,0)$으로 접근할 때 극한값은 1이고 y축을 따라 $(0,0)$으로 접근할 때 극한값은 -1이므로 극한값은 경로에 따라 다른 값을 가지므로 존재하지 않는다.

6. 0

풀이 함수 $f(x,\ y)$가 점 $(0,\ 0)$에서 연속이려면

$\lim_{(x,y)\to(0,0)} f(x,\ y)=f(0,\ 0)$이어야 한다.

$$\lim_{(x,y)\to(0,0)} f(x,\ y)=\lim_{(x,y)\to(0,0)} \frac{\cos(x^2+y^2)-1}{x^2+y^2}$$

$$=\lim_{t\to 0}\frac{\cos t-1}{t}\quad (\because x^2+y^2=t\text{로 치환})$$

$$=\lim_{t\to 0}\frac{-\sin t}{1}=0=f(0,\ 0)$$

따라서 $f(0,\ 0)=0$이어야 한다.

7. 풀이 참조

풀이 (가) 주어진 함수는 특이점에서 연속이면 모든 실수에서 연속

$xy=t$로 치환하면 $xy\to 0$일 때, $t\to 0$이다.

$\lim_{xy\to 0}\frac{\sin xy}{xy}=\lim_{t\to 0}\frac{\sin t}{t}=1 \Rightarrow$ 특이점에서 극한값과 함숫값이 같아서 연속이다. 함수 $f(x,y)$는 연속함수이다.

(나) 주어진 함수는 특이점에서 연속이면 모든 실수에서 연속

$\lim_{(x,y)\to(0,0)} \frac{x^2y-xy^2}{x^2+y^2}=0$ (동차함수 판정)

$\lim_{(x,y)\to(0,0)} g(x,y)=g(0,0)$이므로 특이점에서 극한값과 함숫값이 같아서 연속이다. 함수 $g(x,y)$는 연속함수이다.

(다) 주어진 함수는 특이점에서 연속이면 모든 실수에서 연속

$$\lim_{(x,y)\to(0,0)} \frac{e^{-\frac{1}{x^2+y^2}}}{x^2+y^2}=\lim_{t\to\infty} te^{-t}=\lim_{t\to\infty}\frac{t}{e^t}=0$$

$(\because \frac{1}{x^2+y^2}=t$로 치환)

$\lim_{(x,y)\to(0,0)} h(x,y)=h(0,0)$이므로

함수 $h(x,y)$는 $(x,y)=(0,0)$에서 연속이다.

따라서 함수 $h(x,y)$는 연속함수이다.

(라) 주어진 함수는 특이점에서 연속이면 모든 실수에서 연속

$$\lim_{(x,y)\to(0,0)} \frac{1-\cos(x^2+y^2)}{(x^2+y^2)^2}=\lim_{t\to 0}\frac{1-\cos t}{t^2}=\frac{1}{2}$$

$(\because x^2+y^2=t$로 치환)

$\lim_{(x,y)\to(0,0)} j(x,y)=j(0,0)$이므로

함수 $j(x,y)$는 $(x,y)=(0,0)$에서 연속이다.

따라서 함수 $j(x,y)$는 연속함수이다.

3. 편도함수

8. 풀이 참조

풀이 (1) $f_x(x,y)=\cos\left(\frac{x}{1+y}\right)\times\left(\frac{1}{1+y}\right)$,

$f_y(x,y)=\cos\left(\frac{x}{1+y}\right)\times\left\{\frac{-x}{(1+y)^2}\right\}$

(2) $f_x(x,y)=-y\sin(xy)\cdot y=-y^2\sin(xy)$

$f_y(x,y)=\cos(xy)-y\sin(xy)\cdot x$

$=\cos(xy)-xy\sin(xy)$

(3) $f_x(x,y)=\frac{1}{1+\frac{y^2}{x^2}}\times\frac{-y}{x^2}+\frac{1}{1+\frac{x^2}{y^2}}\times\frac{1}{y}\times\frac{y}{y}$

$=\frac{-y}{x^2+y^2}+\frac{y}{x^2+y^2}=0$,

$f_y(x,y)=\frac{1}{1+\frac{y^2}{x^2}}\times\frac{1}{x}\times\frac{x}{x}+\frac{1}{1+\frac{x^2}{y^2}}\times\frac{-x}{y^2}$

$=\frac{x}{x^2+y^2}+\frac{-x}{x^2+y^2}=0$

(4) $f_x(x,y,z)=e^{xy}\cdot y\cdot lnz$,

$f_y(x,y,z)=e^{xy}\cdot x\cdot lnz$,

$f_z(x,y,z)=e^{xy}\cdot\frac{1}{z}$

(5) $f_x(x,\ y)=4x^3+5y^3$, $f_y(x,\ y)=15xy^2$

(6) $f_x(x,\ y)=2xy$, $f_y(x,\ y)=x^2-12y^3$

(7) $f_x(x,\ t)=-t^2e^{-x}$, $f_t(x,\ t)=2te^{-x}$

(8) $f_x(x,\ t)=\frac{3}{2\sqrt{3x+4t}}$, $f_t(x,\ t)=\frac{2}{\sqrt{3x+4t}}$

(9) $z_x=\frac{1}{x+t^2}$, $z_t=\frac{2t}{x+t^2}$

(10) $z_x=\sin(xy)+xy\cos(xy)$, $z_y=x^2\cos(xy)$

(11) $f_x(x,\ y)=\frac{1}{y}$, $f_y(x,\ y)=-\frac{x}{y^2}$

(12) $f_x(x,\ y)=\frac{y-x}{(x+y)^3}$, $f_y(x,\ y)=-\frac{2x}{(x+y)^3}$

(13) $f_x(x,\ y)=\frac{(ad-bc)y}{(cx+dy)^2}$, $f_y(x,\ y)=\frac{(bc-ad)x}{(cx+dy)^2}$

(14) $w_u=-\frac{e^v}{(u+v^2)^2}$, $w_v=\frac{(u+v^2-2v)e^v}{(u+v^2)^2}$

(15) $g_u(u,v)=10uv(u^2v-v^3)^4$,

$g_v(u,v)=5(u^2-3v^2)(u^2v-v^3)^4$

(16) $u_r=\cos\theta\cos(r\cos\theta)$, $u_\theta=-r\sin\theta\cos(r\cos\theta)$

(17) $R_p=\frac{q^2}{1+p^2q^4}$, $R_q=\frac{2pq}{1+p^2q^4}$

(18) $f_x(x,\ y)=yx^{y-1}$, $f_y(x,\ y)=x^y\ln x$

(19) $F_x(x,\ y)=\cos(e^x)$, $F_y(x,\ y)=-\cos(e^y)$

(20) $F_\alpha(\alpha,\ \beta)=-\sqrt{\alpha^3+1}$, $F_\beta(\alpha,\ \beta)=\sqrt{\beta^3+1}$

(21) $f_x(x,y,z)=3x^2yz^2$,

$f_y(x,y,z)=x^3z^2+2z$,

$f_z(x,y,z)=2x^3yz+2y$

(22) $f_x(x,y,z)=y^2e^{-xz}-xy^2ze^{-xz}$,

$f_y(x,y,z)=2xye^{-xz}$,

$f_z(x,y,z)=-x^2y^2e^{-xz}$

(23) $w_x=\frac{1}{x+2y+3z}$,

$w_y=\frac{2}{x+2y+3z}$,

$w_z=\frac{3}{x+2y+3z}$

(24) $w_x=y\sec^2(x+2z)$,

$w_y=\tan(x+2z)$,

$w_z=2y\sec^2(x+2z)$

(25) $p_t = \dfrac{2t^3}{\sqrt{t^4+u^2\cos v}}$, $p_u = \dfrac{u\cos v}{\sqrt{t^4+u^2\cos v}}$,

$p_v = -\dfrac{u^2\sin v}{2\sqrt{t^4+u^2\cos v}}$

(26) $u_x = \dfrac{y}{z}x^{\frac{y}{z}-1}$, $u_y = \dfrac{x^{\frac{y}{z}}\ln x}{z}$, $u_z = -\dfrac{yx^{\frac{y}{z}}\ln x}{z^2}$

(27) $h_x(x, y, z, t) = 2xy\cos(z/t)$,

$h_y(x, y, z, t) = x^2\cos(z/t)$,

$h_z(x, y, z, t) = -\dfrac{x^2y\sin(z/t)}{t}$,

$h_t(x, y, z, t)\dfrac{x^2yz\sin(z/t)}{t^2}$

(28) $\phi_x(x, y, z, t) = \dfrac{\alpha}{\gamma z+\delta t^2}$,

$\phi_y(x, y, z, t) = \dfrac{2\beta y}{\gamma z+\delta t^2}$,

$\phi_z(x, y, z, t) = -\dfrac{\gamma(\alpha x+\beta y^2)}{(\gamma z+\delta t^2)^2}$,

$\phi_t(x, y, z, t) = -\dfrac{2\delta t(\alpha x+\beta y^2)}{(\gamma z+\delta t^2)^2}$

9.

(1) $f_x(2, 3)= \dfrac{-3}{13}$, $f_y(2, 3)= \dfrac{2}{13}$

(2) $f_x(2, 1, -1)= -\dfrac{1}{4}$, $f_y(2, 1, -1)= \dfrac{1}{4}$,

$f_z(2, 1, -1)= -\dfrac{1}{4}$

풀이 (1) (i) $y=3$으로 고정하면 $f(x, 3)= g(x)= \tan^{-1}\left(\dfrac{3}{x}\right)$이고

$f_x(x, 3)= g'(x)= \dfrac{1}{1+\dfrac{9}{x^2}}\cdot\dfrac{-3}{x^2}= \dfrac{-3}{x^2+9}$

$f_x(2, 3)= g'(2)= \dfrac{-3}{13}$이다.

(ii) $x=2$으로 고정하면 $f(2, y)= h(y)= \tan^{-1}\left(\dfrac{y}{2}\right)$이고

$f_y(2, y)= h'(y)= \dfrac{1}{1+\dfrac{y^2}{4}}\cdot\dfrac{1}{2}= \dfrac{2}{4+y^2}$

$f_y(2, 3)= h'(3)= \dfrac{2}{13}$이다.

(2) (i) $y=1, z=-1$로 고정하면

$f(x, 1, -1)= g(x)= \dfrac{1}{x}$이고

$f_x(x, 1, -1)= g'(x)= -\dfrac{1}{x^2}$

$f_x(2, 1, -1)= g'(2)= -\dfrac{1}{4}$이다.

(ii) $x=2, z=-1$로 고정하면

$f(2, y, -1)= h(y)= \dfrac{y}{1+y}=1-\dfrac{1}{1+y}$이고

$f_y(2, y, -1)= h'(y)= \dfrac{1}{(1+y)^2}$

$f_y(2, 1, -1)= h'(1)= \dfrac{1}{4}$이다.

(iii) $x=2, y=1$으로 고정하면

$f(2, 1, z)= j(z)= \dfrac{1}{z+3}$이고

$f_z(2, 1, z)= j'(z)= -\dfrac{1}{(z+3)^2}$

$f_z(2, 1, -1)= j'(-1)= -\dfrac{1}{4}$이다.

10.

$\dfrac{3}{2}\pi-1$

풀이 $f_x(x, y, z) = -\sin(x+y)$,

$f_y(x, y, z) = z^3-\sin(x+y)$,

$f_z(x, y, z) = 3yz^2$이므로

$f_x\left(0, \dfrac{\pi}{2}, 1\right)= -\sin\dfrac{\pi}{2}=-1$,

$f_y\left(0, \dfrac{\pi}{2}, 1\right)= 1-\sin\dfrac{\pi}{2}=0$,

$f_z\left(0, \dfrac{\pi}{2}, 1\right)= 3\cdot\dfrac{\pi}{2}\cdot 1 = \dfrac{3}{2}\pi$

$\therefore \left(\dfrac{\partial f}{\partial x}+\dfrac{\partial f}{\partial y}+\dfrac{\partial f}{\partial z}\right)\left(0, \dfrac{\pi}{2}, 1\right)= \dfrac{3}{2}\pi-1$

11.

$\dfrac{2}{\sqrt{10}}-\dfrac{2}{\sqrt{5}}$

풀이 $f_x(x, y) = \dfrac{1}{\sqrt{1+(x^2-y^2)^2}}\cdot 2x - \dfrac{1}{\sqrt{1+(xy)^2}}\cdot y$

이므로 $f_x(1, 2) = \dfrac{1}{\sqrt{1+(-3)^2}}\cdot 2 - \dfrac{1}{\sqrt{1+2^2}}\cdot 2$

$= \dfrac{2}{\sqrt{10}}-\dfrac{2}{\sqrt{5}}$

12. 3

풀이 $f_{yx}=(f_y)_x=(x^2-e^{xy}\cdot x)_x$

$=2x-e^{xy}-xye^{xy}$ ($\because$ 곱미분)

$f_{yx}(2,0)=2\cdot 2-e^0-2\cdot 0\cdot e^0=4-1=3$

13. ②, ⑤, ⑥

풀이 ① $u_x=2x$, $u_{xx}=2$이고, $u_y=-2y$, $y_{yy}=-2$이므로 $u_{xx}+u_{yy}=0$이다.

② $u_x=3x^2+3y^2$, $u_{xx}=6x$, $u_y=6xy$, $u_{yy}=6x$이므로 $u_{xx}+u_{yy}\neq 0$이다.

③ $u_x=-e^{-x}\cos y$, $u_{xx}=e^{-x}\cos y$, $u_y=-e^{-x}\sin y$, $u_{yy}=-e^{-x}\cos y$이므로 $u_{xx}+u_{yy}=0$이다.

④ $u=\frac{1}{2}\ln(x^2+y^2)$이므로

$u_x=\frac{x}{x^2+y^2}$, $u_{xx}=\frac{-x^2+y^2}{(x^2+y^2)^2}$이고,

$u_y=\frac{y}{x^2+y^2}$, $u_{yy}=\frac{x^2-y^2}{(x^2+y^2)^2}$이므로

$u_{xx}+u_{yy}=0$이다.

⑤ $u_x=2x$, $u_{xx}=2$, $u_y=2y$, $u_{yy}=2$이므로 $u_{xx}+u_{yy}=4\neq 0$이다.

⑥ $u_x=-\frac{y}{x^2}-\frac{1}{y}$, $u_{xx}=\frac{2y}{x^3}$, $u_y=\frac{1}{x}+\frac{x}{y^2}$, $u_{yy}=-\frac{2x}{y^3}$이므로 $u_{xx}+u_{yy}\neq 0$이다.

⑦ $u_x=3x^2-3y^2$, $u_{xx}=6x$, $u_y=-6xy$, $u_{yy}=-6x$ 따라서 $u_{xx}+u_{yy}=0$이다.

14. $k=16$

풀이 $z_t=-4\sin(x+4t)+4\cos(x-4t)$이므로

$z_{tt}=-16\cos(x+4t)+16\sin(x-4t)$이다.

$z_x=-\sin(x+4t)-\cos(x-4t)$이므로

$z_{xx}=-\cos(x+4t)+\sin(x-4t)$이다.

따라서 $\frac{\partial^2 z}{\partial t^2}=16\frac{\partial^2 z}{\partial x^2}$이다. $\therefore k=16$

15. ③

풀이 ① $z=\sin(x+3t)+\cos(x-3t)$이면

$\frac{\partial^2 z}{\partial t^2}=-9\sin(x+3t)-9\cos(x-3t)$,

$\frac{\partial^2 z}{\partial x^2}=-\sin(x+3t)-\cos(x-3t)$이므로

$\frac{\partial^2 z}{\partial t^2}=9\frac{\partial^2 z}{\partial x^2}$가 성립한다.

② $z=\cos^2(x+3t)-e^{(x-3t)}$이면

$\frac{\partial^2 z}{\partial t^2}=-18\cos(2x+6t)-9e^{(x-3t)}$,

$\frac{\partial^2 z}{\partial x^2}=-2\cos(2x+6t)-e^{(x-3t)}$이므로

$\frac{\partial^2 z}{\partial t^2}=9\frac{\partial^2 z}{\partial x^2}$가 성립한다.

③ $z=\sin^2(x+3t)+(x-t)^5$이면

$\frac{\partial^2 z}{\partial t^2}=18\cos(2x+6t)+20(x-t)^3$,

$\frac{\partial^2 z}{\partial x^2}=2\cos(2x+6t)+20(x-t)^3$이므로

$\frac{\partial^2 z}{\partial t^2}=9\frac{\partial^2 z}{\partial x^2}$가 성립하지 않는다.

④ $z=\sin^2(x+3t)+\sin(x+3t)$

$\frac{\partial^2 z}{\partial t^2}=18\cos(2x+6t)-9\sin(x+3t)$,

$\frac{\partial^2 z}{\partial x^2}=2\cos(2x+6t)-\sin(x+3t)$이므로

$\frac{\partial^2 z}{\partial t^2}=9\frac{\partial^2 z}{\partial x^2}$가 성립한다.

16. ③

풀이 (가) $\frac{\partial f}{\partial x}(0,0)=\lim_{h\to 0}\frac{f(0+h,0)-f(0,0)}{h}=\lim_{h\to 0}\frac{f(h,0)}{h}$

$=\lim_{h\to 0}\frac{0}{h}=0$

(나) $\dfrac{\partial f}{\partial y}(0,0)=\lim_{h\to 0}\dfrac{f(0,0+h)-f(0,0)}{h}=\lim_{h\to 0}\dfrac{f(0,h)}{h}=0$

(다) $y=mx$ (단, m은 임의의 실수)를 따라 접근할 때,

$\lim_{x\to 0}\dfrac{2mx^2}{(1+m^2)x^2}=\dfrac{2m}{1+m^2}$ 이므로 극한값은 존재하지 않는다. 극한이 존재하지 않으므로 불연속이다.

원점에서 불연속이므로 미분가능성을 논할 수 없으므로 미분불가능하다. 또한 원점에서 편미분계수가 존재함만으로는 미분가능성을 판단할 수 없다.

17. (가), (나)

풀이 (가) $f_x=\dfrac{y^2(x^2+y^2)-xy^2(2x)}{(x^2+y^2)^2}$ 이므로

$f_x(0,1)=\dfrac{1-0}{1}=1$

(나) $\lim_{(x,y)\to(0,0)}\dfrac{xy^2}{x^2+y^2}=0=f(0,0)$

$\therefore f(x,y)$는 점 $(0,0)$에서 연속이다.

(라) $f_x(0,0)=\lim_{h\to 0}\dfrac{f(0+h,0)-f(0,0)}{h}=\lim_{h\to 0}\dfrac{\frac{0}{h^2}-0}{h}=0$

또한, $(x,\ y)\neq(0,\ 0)$일 때,

$f_x(x,\ y)=\dfrac{y^2(x^2+y^2)-xy^2(2x)}{(x^2+y^2)^2}=\dfrac{y^4-x^2y^2}{(x^2+y^2)^2}$ 이고

$\lim_{(x,y)\to(0,0)}f_x(x,y)=\lim_{(x,y)\to(0,0)}\dfrac{y^4-x^2y^2}{(x^2+y^2)^2}$ 는 존재하지 않는다. 즉, $f_x(x,y)$는 점 $(0,0)$에서 불연속함수이므로 $f(x,\ y)$는 원점에서 미분가능성은 정의를 통해서 확인해야한다.

$\Delta x=h\cos\theta,\ \ \Delta y=h\sin\theta$라고 한다면

$f(h\cos\theta,h\sin\theta)-f(0,0)$

$=f_x(0,0)\,h\cos\theta+f_y(0,0)\,h\sin\theta+\epsilon_1 h\cos\theta+\epsilon_2 h\sin\theta$

$\Leftrightarrow\ \dfrac{h^3\cos\theta\sin^2\theta}{h^2}=\epsilon_1 h\cos\theta+\epsilon_2 h\sin\theta$

$\Leftrightarrow\ h\cos\theta\sin^2\theta=\epsilon_1 h\cos\theta+\epsilon_2 h\sin\theta$이 성립한다면

$\epsilon_2=\cos\theta\sin\theta$로 존재하지만,

$h\to 0$이면 $(\Delta x,\Delta y)\to(0,0)$일 때, $\epsilon_2 \not\to 0$이므로 $(0,0)$에서 $f(x,y)$는 미분 불가능하다.

18. $\frac{1}{2}$

풀이 $g(y)=f(1,y)=\begin{cases}\dfrac{e^y-1}{\sin y} & (y\neq 0)\\ 1 & (y=0)\end{cases}$ 이라 해도 특이점이 존재하므로 미분의 정의로 풀이한다.

$g'(0)=f_y(1,0)=\lim_{h\to 0}\dfrac{g(0+h)-g(0)}{h}=\lim_{h\to 0}\dfrac{\frac{e^h-1}{\sin h}-1}{h}$

$=\lim_{h\to 0}\dfrac{e^h-1-\sin h}{h\sin h}\ (\because \frac{0}{0}$꼴$)$

$=\lim_{h\to 0}\dfrac{e^h-\cos h}{\sin h+h\cos h}\ (\because \frac{0}{0}$꼴$)$

$=\lim_{h\to 0}\dfrac{e^h+\sin h}{\cos h+\cos h-h\sin h}=\dfrac{1}{2}$

$\therefore f_y(1,0)=\dfrac{1}{2}$

[다른 풀이]

$f_y(1,0)=\lim_{h\to 0}\dfrac{f(1,0+h)-f(1,0)}{h}=\lim_{h\to 0}\dfrac{\frac{e^h-1}{\sin h}-1}{h}$

19. ③

풀이 $f_x(0,0)=\lim_{h\to 0}\dfrac{f(h,0)-f(0,0)}{h}=\lim_{h\to 0}\dfrac{0}{h}=0$

$f_y(0,0)=\lim_{h\to 0}\dfrac{f(0,h)-f(0,0)}{h}=\lim_{h\to 0}\dfrac{0}{h}=0$

$f(x,\ y)=\dfrac{2xy^3-4x^3y}{x^2+3y^2}$

$f_x(x,y)=\dfrac{(2y^3-12x^2y)(x^2+3y^2)-(2xy^3-4x^3y)(2x)}{(x^2+3y^2)^2}$

$f_y(x,y)=\dfrac{(6xy^2-4x^3)(x^2+3y^2)-(2xy^3-4x^3y)(6y)}{(x^2+3y^2)^2}$

$\alpha=\dfrac{\partial^2 f}{\partial y\partial x}(0,0)=\lim_{h\to 0}\dfrac{f_x(0,h)-f_x(0,0)}{h}$

$=\lim_{h\to 0}\dfrac{\frac{2h^5}{3h^4}}{h}=\dfrac{2}{3}$

$\beta=\dfrac{\partial^2 f}{\partial x\partial y}(0,0)=\lim_{h\to 0}\dfrac{f_y(h,0)-f_y(0,0)}{h}$

$=\lim_{h\to 0}\dfrac{\frac{-4h^5}{h^4}}{h}=-4$

$\therefore\ \alpha+\beta=-\dfrac{10}{3}$

20. $\cos1+3\sin1-1$

풀이 라이프니츠 규칙에 의해서

$$f'(x)=\sin(x^3)\cdot 2x+\int_0^{x^2} t\cos(xt)dt$$

$$\int_0^1 t\cos t\,dt = t\sin t+\cos t\,]_0^1=\sin1+\cos1-1$$

$$f'(1)=2\sin1+\int_0^1 t\cos t\,dt=3\sin1+\cos1-1$$

[다른 풀이]

$xt=u$로 치환하면 $dt=\frac{1}{x}du$이고 구간도 변경된다.

$$f(x)=\int_0^{x^2}\sin(xt)dt=\frac{1}{x}\int_0^{x^3}\sin(u)du$$

$$f'(x)=-\frac{1}{x^2}\int_0^{x^3}\sin u\,du+\frac{1}{x}\sin(x^3)\cdot 3x^2$$

$$f'(1)=-\int_0^1\sin u\,du+3\sin1$$

$$=\cos u]_0^1+3\sin1=\cos1+3\sin1-1$$

21. $2\sin1$

풀이

$$f'(x)=\sin\sqrt{x^4}\cdot 3x^2-\sin\sqrt{x^2}+\int_x^{x^3}\cos(\sqrt{xt})\cdot\frac{t}{2\sqrt{xt}}dt$$

$$f'(1)=3\sin1-\sin1+\int_1^1\cos(\sqrt{t})\cdot\frac{t}{2\sqrt{t}}dt=2\sin1$$

[다른 풀이]

$\sqrt{xt}=u$라고 치환하면

$_x^{x^3}\rangle\sqrt{xt}=u\langle_x^{x^2},\ t=\frac{1}{x}u^2, dt=\frac{2}{x}udu$이므로

$$f(x)=\int_x^{x^3}\sin(\sqrt{xt})dt=\int_x^{x^2}\frac{2}{x}u\sin u du$$

$=\frac{2}{x}\int_x^{x^2}u\sin u du$이다. 따라서

$$f'(x)=-\frac{2}{x^2}\int_x^{x^2}u\sin u du+\frac{2}{x}(2x^3\sin x^2-x\sin x)$$

이므로 $f'(1)=2\sin1$

22. $f'\left(\frac{1}{2}\right)=1$

풀이 $t\in[0,x]$에서 $f(x,t)=\ln(x^2-t^2)$이 불연속이므로 라이프니츠 미분공식을 사용할 수 없다.

치환적분법에 의하여

$$\int_0^x\ln(x-t)dt=\int_0^x\ln u du\ \left(_0^x\rangle x-t=u\langle_x^0,\ dt=-du\right)$$

$$\int_0^x\ln(x+t)dt=\int_x^{2x}\ln u du\ \left(_0^x\rangle x+t=u\langle_x^{2x},\ dt=du\right)$$

이므로 $f(x)=x-\int_0^x\ln u du-\int_x^{2x}\ln u du$이다.

$f'(x)=1-\ln x-2\ln2x+\ln x=1-2\ln2x$이므로 $f'\left(\frac{1}{2}\right)=1$

23. ④

풀이 라이프니츠 규칙에 의해서

$$\frac{d}{dy}\left(\int_0^1\frac{e^{-x}-e^{-xy}}{x}dx\right)$$

$$=\int_0^1\frac{d}{dy}\left(\frac{e^{-x}-e^{-xy}}{x}\right)dx$$

$$=\int_0^1-\frac{1}{x}\cdot e^{-xy}\cdot(-x)dx$$

$$=\int_0^1 e^{-xy}dx$$

$$=\frac{-1}{y}\cdot e^{-xy}\Big]_{x=0}^{x=1}$$

$$=-\frac{e^{-y}-1}{y}=\frac{1-e^{-y}}{y}$$

4. 합성함수 미분

24. (1) 6 (2) $\frac{16}{9}e^{\frac{1}{3}}$ (3) $1-2\pi$ (4) 0

풀이 (1) 수형도 그리기! $z\left\langle \begin{matrix} x-t \\ y-t \end{matrix}\right.$ 로 구성된 식

$t=0$일 때, $x=0$, $y=1$이므로

$$\left.\frac{dz}{dt}\right]_{t=0}=\left.\frac{dz}{dx}\cdot\frac{dx}{dt}+\frac{dz}{dy}\cdot\frac{dy}{dt}\right]_{t=0}$$
$$=(2xy+3y^4)(2\cos 2t)$$
$$+\left.(x^2+12xy^3)(-\sin t)\right]_{t=0,\,x=0,\,y=1}$$
$$=(3\cdot 2)+0=6$$

(2) 수형도 그리기! $w\left\langle \begin{matrix} x-t \\ y-t \\ z-t \end{matrix}\right.$ 로 구성된 식

$t=1$일 때, $(x,\ y,\ z)=(1,\ 1,\ 3)$이므로

$$\left.\frac{dw}{dt}\right]_{t=1}=\left.\frac{dw}{dx}\cdot\frac{dx}{dt}+\frac{dw}{dy}\cdot\frac{dy}{dt}+\frac{dw}{dz}\cdot\frac{dz}{dt}\right]_{t=1}$$
$$=e^{\frac{y}{z}}\cdot 2t+\frac{x}{z}e^{\frac{y}{z}}\cdot 0$$
$$+\left.\left(-\frac{y}{z^2}\right)xe^{\frac{y}{z}}\cdot 2\right]_{t=1,\,(x,y,z)=(1,1,3)}$$
$$=2e^{\frac{1}{3}}-\frac{2}{9}e^{\frac{1}{3}}=\frac{16}{9}e^{\frac{1}{3}}$$

(3) 수형도 그리기! $u\left\langle \begin{matrix} r-s \\ \theta-s \end{matrix}\right.$ 로 구성된 식

$s=\frac{1}{4}$일 때 $r=\frac{1}{2}$, $\theta=\frac{\pi}{4}$이므로

$$\left.\frac{du}{ds}\right]_{s=\frac{1}{4}}=\left.\frac{du}{dr}\cdot\frac{dr}{ds}+\frac{du}{d\theta}\cdot\frac{d\theta}{ds}\right]_{s=\frac{1}{4}}$$
$$=2r\cdot\frac{1}{2\sqrt{s}}+\left.(-\sec^2\theta)\cdot\pi\right]_{s=\frac{1}{4},(r,\theta)=\left(\frac{1}{2},\frac{\pi}{4}\right)}$$
$$=2\cdot\frac{1}{2}\cdot\frac{1}{2\cdot\frac{1}{2}}+(-2\pi)$$
$$=1+(-2\pi)=1-2\pi$$

(4) $$\frac{df}{dt}=\frac{\partial f}{\partial x}\frac{dx}{dt}+\frac{\partial f}{\partial y}\frac{dy}{dt}+\frac{\partial f}{\partial z}\frac{dz}{dt}$$
$$=e^{\frac{y}{z}}\cdot 2t+xe^{\frac{y}{z}}\cdot\left(\frac{1}{z}\right)\cdot(-1)+xe^{\frac{y}{z}}\left(-\frac{y}{z^2}\right)\cdot 2$$

$t=0$일 때, $x=0$, $y=1$, $z=1$이므로 $\frac{df}{dt}=0$

25. ③

풀이 $\frac{df(x(t),\ y(t))}{dt}=\frac{\partial f}{\partial x}\cdot\frac{\partial x}{\partial t}+\frac{\partial f}{\partial y}\cdot\frac{\partial y}{\partial t}$이 성립하므로

$$\frac{df}{dt}=(2xe^y)(2t)+x^2e^y(\cos t)$$
$$=2(t^2-1)e^{\sin t}2t+(t^2-1)^2e^{\sin t}\cos t$$
$$=4t(t^2-1)e^{\sin t}+(t^2-1)^2e^{\sin t}\cos t$$

26. ③

풀이 $$\frac{du}{dt}=\frac{\partial u}{\partial x}\frac{dx}{dt}+\frac{\partial u}{\partial y}\frac{dy}{dt}$$
$$=\frac{\partial f}{\partial x}(-e^8\sin t)+\frac{\partial f}{\partial y}(e^8\cos t)$$
$$=-\frac{\partial f}{\partial x}e^8\sin t+\frac{\partial f}{\partial y}e^8\cos t$$

27. 62

풀이 $t=3$, $x=g(3)=2$, $y=h(3)=7$일 때 연쇄법칙에 의해

$$\frac{dz}{dt}=\frac{\partial f}{\partial x}\frac{dx}{dt}+\frac{\partial f}{\partial y}\frac{dy}{dt}$$
$$=f_x(2,7)g'(3)+f_y(2,7)h'(3)$$
$$=6\cdot 5+(-8)(-4)=62$$

28. 42

풀이 $t=2$일 때 $(x,\ y)=(4,\ 5)$이고 합성함수 미분법에 의해서

$$p'(2)=f_x(4,\ 5)g'(2)+f_y(4,\ 5)h'(2)$$
$$=2\cdot(-3)+8\cdot 6=42$$

29. 11

풀이 $y=4x-x^2$이라 하면 $g(x)=f(x,y)$이므로 연쇄법칙에 의해

$$\frac{dg}{dx}=\frac{\partial f}{\partial x}\frac{dx}{dx}+\frac{\partial f}{\partial y}\frac{dy}{dx}=f_x(x,y)+f_y(x,y)\times(4-2x)$$

$x=1$일 때, $y=3$이므로 주어진 값을 위의 식에 대입하면

$\left.\frac{dg}{dx}\right|_{x=1,\,y=3}=f_x(1,3)+f_y(1,3)\times 2=5+3\times 2=11$이다.

30. (1) 2, -1 (2) 4, 4 (3) 192

풀이 (1) 수형도 그리기! z (x (s, t), y (s, t)) 로 구성된 식

$(s,\ t)=(1,\ -1)$일 때, $(x,\ y)=(-1,\ 0)$이므로

$$\left.\frac{\partial z}{\partial t}\right]_{(s,t)=(1,-1)}=\left.\frac{\partial z}{\partial x}\cdot\frac{\partial x}{\partial t}+\frac{\partial z}{\partial y}\cdot\frac{\partial y}{\partial t}\right]_{(s,t)=(1,-1)}$$

$$=2xy\cdot 2+x^2\cdot(-2st)\Big]_{(s,t)=(1,-1)}^{(x,y)=(-1,0)}=2$$

$$\left.\frac{\partial z}{\partial s}\right]_{(s,t)=(1,-1)}=\left.\frac{\partial z}{\partial x}\cdot\frac{\partial x}{\partial s}+\frac{\partial z}{\partial y}\cdot\frac{\partial y}{\partial s}\right]_{(s,t)=(1,-1)}$$

$$=2xy\cdot 1+x^2\cdot(-t^2)\Big]_{(s,t)=(1,-1)}^{(x,y)=(-1,0)}=-1$$

(2) 수형도 그리기! $f(u,\ v)=f$ (u (x, y), v (x, y)) 로 구성된 식

$(x,\ y)=(1,\ 1)$일 때, $(u,\ v)=(2,\ 0)$이므로

$$\frac{\partial f}{\partial x}(1,\ 1)=\left.\frac{\partial f}{\partial u}\cdot\frac{\partial u}{\partial x}+\frac{\partial f}{\partial v}\cdot\frac{\partial v}{\partial x}\right]_{(x,y)=(1,1)}$$

$$=2u+\left(2v\cos v-v^2\sin v\right)\cdot 1\Big]_{(x,y)=(1,1)}^{(u,v)=(2,0)}=4$$

$$\frac{\partial f}{\partial y}(1,\ 1)=\left.\frac{\partial f}{\partial u}\cdot\frac{\partial u}{\partial y}+\frac{\partial f}{\partial v}\cdot\frac{\partial v}{\partial y}\right]_{(x,y)=(1,1)}$$

$$=2u+\left(2v\cos v-v^2\sin v\right)(-1)\Big]_{(x,y)=(1,1)}^{(u,v)=(2,0)}=4$$

(3) 수형도 그리기! u (x (r, s, t), y (r, s, t), z (r, s, t)) 로 구성된 식

$r=2,\ s=1,\ t=0$일 때, $(x,\ y,\ z)=(2,\ 2,\ 0)$이므로

$$\left.\frac{\partial u}{\partial s}\right]_{r=2,s=1,t=0}$$

$$=\left.\frac{\partial u}{\partial x}\cdot\frac{\partial x}{\partial s}+\frac{\partial u}{\partial y}\cdot\frac{\partial y}{\partial s}+\frac{\partial u}{\partial z}\cdot\frac{\partial z}{\partial s}\right]_{r=2,s=1,t=0}$$

$$=\left(4x^3y\right)\left(re^t\right)+\left(x^4+2yz^3\right)\left(2rse^{-t}\right)$$
$$+\left(3y^2z^2\right)\left(r^2\sin t\right)\Big]_{\substack{r=2,s=1,t=0\\(x,y,z)=(2,2,0)}}$$

$$=4\cdot 2^3\cdot 2\left(2e^0\right)+\left(2^4+2\cdot 2\cdot 0^3\right)\left(2\cdot 2\cdot 1\cdot e^{-0}\right)$$
$$+3\cdot 2^2\cdot 0^2\cdot 2^2\sin 0$$

$$=128+64=192$$

31. ①

풀이

$$\frac{\partial g}{\partial s}=\frac{\partial g}{\partial x}\frac{\partial x}{\partial s}+\frac{\partial g}{\partial y}\frac{\partial y}{\partial s}+\frac{\partial g}{\partial z}\frac{\partial z}{\partial s}$$

$=z(1)+\dfrac{1}{y}(-\sin s)+x\left(\dfrac{2s}{t}\right)$ 이고

$(s,\ t)=(-1,\ 2)$와 $(x,\ y,\ z)=\left(1,\ \cos 1,\ \dfrac{1}{2}\right)$이므로

$$\frac{\partial g}{\partial s}(-1,\ 2)=\frac{1}{2}+\frac{1}{\cos 1}\times\sin 1+1\times(-1)=-\frac{1}{2}+\tan 1$$

32. 108

풀이 연쇄법칙에 의하여

$\dfrac{\partial z}{\partial t}=\dfrac{\partial f}{\partial x}(x,\ y)\dfrac{\partial x}{\partial t}(s,\ t)+\dfrac{\partial f}{\partial y}(x,\ y)\dfrac{\partial y}{\partial t}(s,\ t)$이고,

$(s,\ t)=(1,\ 2)$일 때, $(x,\ y)=(3,\ 6)$이므로

$$\frac{\partial z}{\partial t}(1,\ 2)=\frac{\partial f}{\partial x}(3,\ 6)\frac{\partial x}{\partial t}(1,\ 2)+\frac{\partial f}{\partial y}(3,\ 6)\frac{\partial y}{\partial t}(1,\ 2)$$

$$=7\times 4+8\times 10=108$$

33. 10

풀이 $g(x,\ y)=f(x+y,\ 5x-y)$에서 $u=x+y,\ v=5x-y$라 하면 $g=f(u,\ v),\ u=x+y,\ v=5x-y$에서 $x=1,\ y=2$일 때 $u=3,\ v=3$이다. 연쇄법칙에 의하여

$$\frac{\partial g}{\partial x}=\frac{\partial f}{\partial u}\frac{\partial u}{\partial x}+\frac{\partial f}{\partial v}\frac{\partial v}{\partial x}=\frac{\partial f}{\partial u}\cdot 1+\frac{\partial f}{\partial v}\cdot 5$$

$$\therefore\ \frac{\partial g}{\partial x}(1,\ 2)=\frac{\partial f}{\partial u}(3,\ 3)+5\cdot\frac{\partial f}{\partial v}(3,\ 3)=10$$

34. $\left(\dfrac{\partial z}{\partial s},\ \dfrac{\partial z}{\partial t}\right)=(2,\ 3)$

풀이 $x=2s+3t,\ y=3s-2t$라 하면 $z=\tan\left(\dfrac{x}{y}\right)$이고

$s=\dfrac{3}{13},\ t=-\dfrac{2}{13}$에서 $x=0,\ y=1$이다.

(i) $\dfrac{\partial z}{\partial s}=\dfrac{\partial z}{\partial x}\dfrac{\partial x}{\partial s}+\dfrac{\partial z}{\partial y}\dfrac{\partial y}{\partial s}$

$=\sec^2\left(\dfrac{x}{y}\right)\cdot\dfrac{1}{y}\cdot 2+\sec^2\left(\dfrac{x}{y}\right)\cdot\left(-\dfrac{x}{y^2}\right)\cdot 3$ 이므로

$s=\dfrac{3}{13},\ t=-\dfrac{2}{13},\ x=0,\ y=1$을 대입하면 $\dfrac{\partial z}{\partial s}=2$ 이다.

(ii) $\frac{\partial z}{\partial t}=\frac{\partial z}{\partial x}\frac{\partial x}{\partial t}+\frac{\partial z}{\partial y}\frac{\partial y}{\partial t}$

$=\sec^2\left(\frac{x}{y}\right)\cdot\frac{1}{y}\cdot 3+\sec^2\left(\frac{x}{y}\right)\cdot\left(-\frac{x}{y^2}\right)\cdot(-2)$

이므로 $s=\frac{3}{13}$, $t=-\frac{2}{13}$

$x=0,\ y=1$를 대입하면 $\frac{\partial z}{\partial t}=3$이다.

$\therefore\left(\frac{\partial z}{\partial s},\ \frac{\partial z}{\partial t}\right)=(2,\ 3)$

[다른 풀이]

직접 편미분 계산

$\frac{\partial z}{\partial s}=\sec^2\left(\frac{2s+3t}{3s-2t}\right)\times\frac{2(3s-2t)-(2s+3t)3}{(3s-2t)^2}$ 이므로

$$\left.\frac{\partial z}{\partial s}\right|_{\left(\frac{3}{13},\ -\frac{2}{13}\right)}=\sec^2\left(\frac{\frac{6}{13}-\frac{6}{13}}{\frac{9}{13}+\frac{4}{13}}\right)\times\frac{2\cdot\frac{13}{13}}{\left(\frac{9}{13}+\frac{4}{13}\right)^2}$$

$=\sec^2(0)\times 2=2$이다.

$\frac{\partial z}{\partial t}=\sec^2\left(\frac{2s+3t}{3s-2t}\right)\times\frac{3(3s-2t)-(2s+3t)(-2)}{(3s-2t)^2}$

이므로

$$\left.\frac{\partial z}{\partial t}\right|_{\left(\frac{3}{13},\ -\frac{2}{13}\right)}=\sec^2\left(\frac{\frac{6}{13}-\frac{6}{13}}{\frac{9}{13}+\frac{4}{13}}\right)\times\frac{3\cdot\frac{13}{13}}{\left(\frac{9}{13}+\frac{4}{13}\right)^2}$$

$=\sec^2(0)\times 3=3$이다.

그러므로 $\left(\frac{\partial z}{\partial s},\ \frac{\partial z}{\partial t}\right)=(2,3)$이다.

35. 2

풀이 $f\ :\ R^2\rightarrow R^2,\ g\ :\ R^2\rightarrow R$

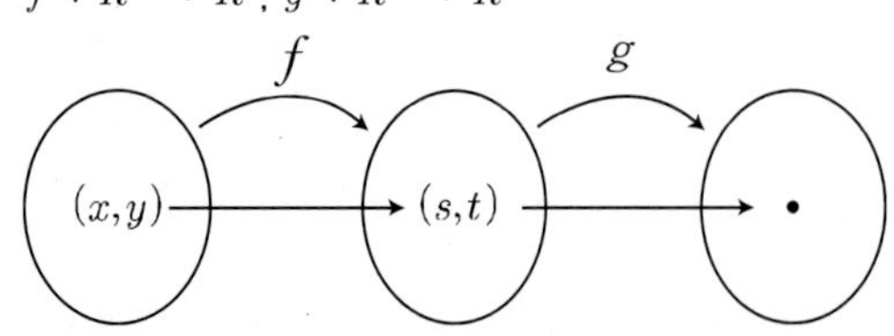

$e^{x(x-1)}\cos\pi y=s$, $\frac{x}{x^2+y^2}=t$라 하면

$f(x,\ y)=(s,\ t)$이고 $x=1,\ y=0$이면 $s=1,\ t=1$이다.

$(g\circ f)(x,\ y)=g(f(x,\ y))=g(s,\ t)$

$g\left\langle\begin{matrix} s\left\langle\begin{matrix}x\\y\end{matrix}\right. \\ t\left\langle\begin{matrix}x\\y\end{matrix}\right.\end{matrix}\right.$

$g(s,\ t)=s^2(t^3+5)=s^2t^3+s^3$

$\frac{\partial}{\partial x}(g\circ f)(1,\ 0)=g_s\cdot s_x+g_t\cdot t_x\,\Big|_{\substack{x=1,y=0\\ s=1,t=1}}$

$=(2st^3+3s^2)\cdot e^{x^2-x}\cos\pi y\cdot(2x-1)$

$\left.+3s^2t^2\cdot\frac{x^2+y^2-x\cdot 2x}{(x^2+y^2)^2}\right|_{\substack{x=1,y=0\\ s=1,t=1}}$

$=5\cdot 1+3\cdot(-1)=2$

36. 풀이 참조

풀이 수형도를 그려보자. $z=f\left\langle\begin{matrix} x\left\langle\begin{matrix}u\\v\end{matrix}\right. \\ y\left\langle\begin{matrix}u\\v\end{matrix}\right.\end{matrix}\right.$

$\frac{\partial z}{\partial u}=f_x\cdot x_u+f_y\cdot y_u$, $\frac{\partial z}{\partial v}=f_x\cdot x_v+f_y\cdot y_v$

2계 편도함수를 구하기 위해 1계편도함수의 수형도를 그리자.

$z=f_x\left\langle\begin{matrix} x\left\langle\begin{matrix}u\\v\end{matrix}\right. \\ y\left\langle\begin{matrix}u\\v\end{matrix}\right.\end{matrix}\right.\quad f_y\left\langle\begin{matrix} x\left\langle\begin{matrix}u\\v\end{matrix}\right. \\ y\left\langle\begin{matrix}u\\v\end{matrix}\right.\end{matrix}\right.$

(i) $\frac{\partial^2 z}{\partial u^2}$

$=(f_{xx}x_u+f_{xy}y_u)x_u+f_xx_{uu}+(f_{yx}x_u+f_{yy}y_u)y_u+f_yy_{uu}$

$=f_{xx}(x_u)^2+2f_{xy}x_uy_u+f_{yy}(y_u)^2+f_xx_{uu}+f_yy_{uu}$

(ii) 위에서 구한 공식을 활용하여 식을 정리하자.

$\frac{\partial^2 z}{\partial v^2}=f_{xx}(x_v)^2+2f_{xy}x_vy_v+f_{yy}(y_v)^2+f_xx_{vv}+f_yy_{vv}$

(iii) $\frac{\partial^2 z}{\partial v\partial u}=\frac{\partial}{\partial v}\left(\frac{\partial z}{\partial u}\right)$

$=(f_{xx}x_v+f_{xy}y_v)x_u+f_xx_{uv}+(f_{yx}x_v+f_{yy}y_v)y_u+f_yy_{uv}$

$=f_{xx}(x_u)(x_v)+f_{xy}x_uy_v+f_{xy}x_vy_u$
$+f_{yy}(y_u)(y_v)+f_xx_{uv}+f_yy_{uv}$

37.

(1) $z_x\cdot 2r+z_y\cdot 2s$

(2) $2z_x+4r^2z_{xx}+4s^2z_{yy}+8rsz_{xy}$

풀이 $z=f(x,\ y)\left\langle\begin{matrix} x\left\langle\begin{matrix}r\\s\end{matrix}\right. \\ y\left\langle\begin{matrix}r\\s\end{matrix}\right.\end{matrix}\right.$

(1) $\frac{\partial z}{\partial r}=\frac{\partial z}{\partial x}\cdot\frac{\partial x}{\partial r}+\frac{\partial z}{\partial y}\cdot\frac{\partial y}{\partial r}=z_x\cdot 2r+z_y\cdot 2s$

(2) $\frac{\partial z}{\partial r}$의 수형도에서 z_x, z_y도 원래의 z에서 나온 값이므로 동일 원소, 동일 수형도를 가진다.

$$z_x \left\langle \begin{matrix} x \left\langle \begin{matrix} r \\ s \end{matrix} \right. \\ y \left\langle \begin{matrix} r \\ s \end{matrix} \right. \end{matrix} \right., \ z_y \left\langle \begin{matrix} x \left\langle \begin{matrix} r \\ s \end{matrix} \right. \\ y \left\langle \begin{matrix} r \\ s \end{matrix} \right. \end{matrix} \right.$$

$$\begin{aligned}\frac{\partial^2 z}{\partial r^2} &= \frac{\partial}{\partial r}\left(\frac{\partial z}{\partial r}\right) = \frac{\partial}{\partial r}(2rz_x + 2sz_y) \\ &= 2z_x + 2r\left(\frac{\partial z_x}{\partial x} \cdot \frac{\partial x}{\partial r} + \frac{\partial z_x}{\partial y} \cdot \frac{\partial y}{\partial r}\right) \\ &\quad + 2s\left(\frac{\partial z_y}{\partial x} \cdot \frac{\partial x}{\partial r} + \frac{\partial z_y}{\partial y} \cdot \frac{\partial y}{\partial r}\right) \\ &= 2z_x + 2r(z_{xx} \cdot 2r + z_{xy} \cdot 2s) \\ &\quad + 2s(z_{yx} \cdot 2r + z_{yy} \cdot 2s) \\ &= 2z_x + 4r^2 z_{xx} + 4rsz_{xy} + 4rsz_{yx} + 4s^2 z_{yy} \\ &= 2z_x + 4r^2 z_{xx} + 4s^2 z_{yy} + 8rsz_{xy}\end{aligned}$$

38. ④

풀이

$$z \left\langle \begin{matrix} x \left\langle \begin{matrix} u \\ v \end{matrix} \right. \\ y \left\langle \begin{matrix} u \\ v \end{matrix} \right. \end{matrix} \right., \ z_x \left\langle \begin{matrix} x \left\langle \begin{matrix} u \\ v \end{matrix} \right. \\ y \left\langle \begin{matrix} u \\ v \end{matrix} \right. \end{matrix} \right., \ z_y \left\langle \begin{matrix} x \left\langle \begin{matrix} u \\ v \end{matrix} \right. \\ y \left\langle \begin{matrix} u \\ v \end{matrix} \right. \end{matrix} \right.$$

$$\begin{aligned}z_u &= z_x \cdot x_u + z_y \cdot y_u \\ z_{uu} &= (z_{xx} \cdot x_u + z_{xy} \cdot y_u)x_u + z_x \cdot x_{uu} \\ &\quad + (z_{yx} \cdot x_u + z_{yy} \cdot y_u)y_u + z_y \cdot y_{uu} \\ &= z_{xx}(x_u)^2 + 2z_{xy}x_u y_u + z_x x_{uu} + z_{yy}(y_u)^2 + z_y y_{uu}\end{aligned}$$

클레로 정리에 의하여 영역 D에서 z_{xy}와 z_{yx}가 연속이면

$z_{xy} = z_{yx}$이다. $x = -u^2 + v$, $y = uv$, $z = f(x, y)$일 때,

$$\begin{aligned}z_u &= z_x \cdot x_u + z_y \cdot y_u = z_x(x, y) \cdot (-2u) + z_y(x, y) \cdot v \\ z_{uu} &= z_{xx}(x_u)^2 + 2z_{xy}x_u y_u + z_x x_{uu} + z_{yy}(y_u)^2 + z_y y_{uu} \\ &= \{z_{xx} \cdot (-2u) + z_{xy} \cdot v\} \cdot (-2u) \\ &\quad + z_x \cdot (-2) + \{z_{yx} \cdot (-2u) + z_{yy} \cdot v\} \cdot v \\ &= 4u^2 z_{xx} - 2uvz_{xy} - 2z_x - 2uvz_{yx} + v^2 z_{yy} \\ &= 4u^2 \frac{\partial^2 z}{\partial x^2} + v^2 \frac{\partial^2 z}{\partial y^2} - 4uv\frac{\partial^2 z}{\partial y \partial x} - 2\frac{\partial z}{\partial x}\end{aligned}$$

39. ②

풀이 $f(tx, ty) = t^2 f(x, y)$는 2차 동차형 함수이다.

$x\dfrac{\partial f}{\partial x} + y\dfrac{\partial f}{\partial y} = nf(x, y)$에서 $x\dfrac{\partial f}{\partial x} + y\dfrac{\partial f}{\partial y} = 2f(x, y)$이다.

5. 전미분

40. 풀이 참조

풀이 (1) $z = \dfrac{1}{2}\ln(x^2 + y^2)$이므로

$$\begin{aligned}dz &= f_x dx + f_y dy \\ &= \frac{1}{2} \times \frac{2x}{x^2 + y^2}dx + \frac{1}{2} \times \frac{2y}{x^2 + y^2}dy \\ &= \frac{x}{x^2 + y^2}dx + \frac{y}{x^2 + y^2}dy\end{aligned}$$

(2) $dz = f_x dx + f_y dy = (2x\tan^{-1}y)dx + \left(\dfrac{x^2}{1 + y^2}\right)dy$

(3) $du = f_x dx + f_y dy + f_z dz$

$\quad = (y - yz)dx + (x + z^2 - xz)dy + (2yz - xy)dz$

(4) $z = 2y\ln(x^2 y) = 2y[2\ln x + \ln y] = 4y\ln x + 2y\ln y$

따라서 $z_x = \dfrac{4y}{x}$, $z_y = 4\ln x + 2\ln y + 2$이므로 전미분은

$$\begin{aligned}dz &= z_x dx + z_y dy = \frac{4y}{x}dx + [4\ln x + 2\ln y + 2]dy \\ &= \frac{4y}{x}dx + 2[\ln x^2 y + 1]dy\end{aligned}$$

41. 1

풀이 $df = (2xy^3 - 2y^2)dx + (3x^2y^2 - 4xy)dy$일 때,

$2xy^3 - 2y^2 = f_x$, $3x^2y^2 - 4xy = f_y$이므로 각각을 x, y로 편적분하면

$f = \int f_x dx = \int f_y dy$

$\int f_x dx = \int (2xy^3 - 2y^2)dx = x^2y^3 - 2xy^2 + A(y)$

(단, $A(y)$는 x로만 구성된 식)

$\int f_y dy = \int (3x^2y^2 - 4xy)dy = x^2y^3 - 2xy^2 + B(x)$

(단, $B(x)$는 y로만 구성된 식)

적분 결과를 비교하여 같은 건 한 번씩, 나머지는 모두 적어내면

$f = f(x, y) = x^2y^3 - 2xy^2 + c$

$f(1, 1) = 0$이므로 $c = 1$이고 $f = f(x, y) = x^2y^3 - 2xy^2 + 1$

$\therefore f(1, 0) = 1$

42. (1) 20π (2) $\frac{3}{125}$ (3) 2.4%

풀이 $r=10$, $h=25$일 때, $dr=0.1$, $dh=0.1$이다.

직원뿔의 부피 $V=\frac{1}{3}\pi r^2 h$이므로,

(1) (최대 오차)$=dV=\frac{\pi}{3}(2rhdr+r^2dh)$

$$=\frac{\pi}{3}\left(2\cdot 10\cdot 25\cdot\frac{1}{10}+100\cdot\frac{1}{10}\right)=\frac{\pi}{3}(50+10)=20\pi$$

(2) $\ln V=\ln\left(\frac{\pi}{3}r^2h\right)=\ln\frac{\pi}{3}+2\ln r+\ln h$에서

$\frac{1}{V}dV=\frac{2}{r}dr+\frac{1}{h}dh$이므로

(최대 상대 오차)$=\frac{dV}{V}=\frac{2}{10}\times\frac{1}{10}+\frac{1}{25}\times\frac{1}{10}$

$$=\frac{1}{10}\left(\frac{5}{25}+\frac{1}{25}\right)=\frac{6}{10\cdot 25}=\frac{3}{125}$$

(3) (최대 백분율 오차)$=\frac{dV}{V}\times 100=\frac{3}{125}\times 100=\frac{12}{5}$

$=2.4\%$

43. ②

풀이 $S=\frac{1}{2}\cdot 3\cdot 4\sin\theta=6\sin\theta$ 라 하자.

넓이의 변화량은 전미분 $dS=6\cos\theta d\theta$

그러므로 $\theta=30^\circ$, $d\theta=1^\circ$ 일 때,

$$dS=6\cdot\frac{\sqrt{3}}{2}1^\circ=6\cdot\frac{\sqrt{3}}{2}\cdot\frac{\pi}{180}=\frac{\sqrt{3}\pi}{60}(\text{cm}^2)$$

6. 음함수 미분

44. $\frac{8}{3}$

풀이 점 P의 좌표를 (a, b)라 두면 2사분면 위의 점이므로

$a<0$, $b>0$이다. 또한 $\frac{dy}{dx}=-\frac{f_x}{f_y}=-\frac{4x^3-8xy}{-4x^2+3y^2}$

이므로 점 P에서의 접선의 기울기는 $\left.\frac{dy}{dx}\right|_{(a,b)}=\frac{4a^3-8ab}{4a^2-3b^2}$

이는 점 P의 x좌표 a와 같으므로

$$\frac{4a^3-8ab}{4a^2-3b^2}=a \Rightarrow 4a^3-8ab=4a^3-3ab^2 \Rightarrow 8ab=3ab^2$$

$$\Rightarrow 3b=8 \Rightarrow b=\frac{8}{3}$$

45. ③

풀이 $f(x, y)=x^2y^2-2x^3y-\tan x$라 두고 편미분을 이용하면

$$y'=\frac{dy}{dx}=-\frac{f_x}{f_y}=-\frac{2xy^2-6x^2y-\sec^2x}{2x^2y-2x^3}$$

$$=\frac{6x^2y-2xy^2+\sec^2x}{2x^2y-2x^3}$$

46. ①

풀이 $f(x, y)=e^{\frac{x}{y}}-x-y$라 하면 $\frac{dy}{dx}=-\frac{f_x}{f_y}$

$$=-\frac{e^{\frac{x}{y}}\left(\frac{1}{y}\right)-1}{e^{\frac{x}{y}}\left(-\frac{x}{y^2}\right)-1}=-\frac{\frac{e^{\frac{x}{y}}-y}{y}}{\frac{-xe^{\frac{x}{y}}-y^2}{y^2}}$$

$$=\frac{y\left(e^{\frac{x}{y}}-y\right)}{xe^{\frac{x}{y}}+y^2}=\frac{ye^{\frac{x}{y}}-y^2}{xe^{\frac{x}{y}}+y^2}$$

47. ④

풀이 $y^x=x^y$에서 $x=1$을 대입하면 $y^1=1^y=1$이므로 $y(1)=1$

$y^x=x^y$의 양변에 로그를 취하여 정리하면 $x\ln y-y\ln x=0$

$f(x, y) = x\ln y - y\ln x$라 하면 $\dfrac{dy}{dx} = -\dfrac{f_x}{f_y} = -\dfrac{\ln y - y\dfrac{1}{x}}{x\dfrac{1}{y} - \ln x}$

$x=1$일 때, $y=1$이므로 이를 위의 식에 대입하면 $y'(1)=1$

$\therefore y(1)+y'(1)=1+1=2$

48.

(1) 1 (2) $-\dfrac{3}{2}$

풀이

$f(x, y) = y^2 + 2e^{-xy} = 6$

$f_x = 2e^{-xy}\cdot(-y) = -2ye^{-xy} \Rightarrow f_x(0, 2) = -4$

$f_y = 2y + 2e^{-xy}\cdot(-x) = 2y - 2xe^{-xy} \Rightarrow f_y(0, 2) = 4$

$f_{xx} = -2y\cdot e^{-xy}\cdot(-y) = 2y^2e^{-xy} \Rightarrow f_{xx}(0, 2) = 8$

$f_{yy} = 2 - 2xe^{-xy}\cdot(-x) = 2 + 2x^2e^{-xy} \Rightarrow f_{yy}(0, 2) = 2$

$f_{xy} = -2e^{-xy} - 2ye^{-xy}\cdot(-x) = 2(xy-1)e^{-xy}$

$\Rightarrow f_{xy}(0, 2) = -2$

(1) $\dfrac{dy}{dx} = -\dfrac{f_x}{f_y} = -\dfrac{-4}{4} = 1$

(2) $\dfrac{d^2y}{dx^2} = -\dfrac{f_{xx}(f_y)^2 + f_{yy}(f_x)^2 - 2f_{xy}f_xf_y}{(f_y)^3}$

$= -\dfrac{8\cdot 4^2 + 2\cdot(-4)^2 - 2\cdot(-2)\cdot(-4)\cdot 4}{4^3}$

$= -\dfrac{8+2-4}{4} = -\dfrac{6}{4} = -\dfrac{3}{2}$

49.

풀이 참조

풀이

(1) $F(x, y, z) = x^2 + 2y^2 + 3z^2$라 하자.

$\dfrac{\partial z}{\partial x} = -\dfrac{F_x}{F_z} = -\dfrac{2x}{6z} = -\dfrac{x}{3z}$

$\dfrac{\partial z}{\partial y} = -\dfrac{F_y}{F_z} = -\dfrac{4y}{6z} = -\dfrac{2y}{3z}$

(2) $F(x, y, z) = x^2 - y^2 + z^2 - 2z$라 하자.

$\dfrac{\partial z}{\partial x} = -\dfrac{F_x}{F_z} = -\dfrac{2x}{2z-2} = -\dfrac{x}{z-1}$

$\dfrac{\partial z}{\partial y} = -\dfrac{F_y}{F_z} = -\dfrac{-2y}{2z-2} = \dfrac{y}{z-1}$

(3) $F(x, y, z) = e^z - xyz$라 하자.

$\dfrac{\partial z}{\partial x} = -\dfrac{F_x}{F_z} = -\dfrac{-yz}{e^z - xy} = \dfrac{yz}{e^z - xy}$

$\dfrac{\partial z}{\partial y} = -\dfrac{F_y}{F_z} = -\dfrac{-xz}{e^z - xy} = \dfrac{xz}{e^z - xy}$

(4) $F(x, y, z) = yz + x\ln y - z^2$라 하자.

$\dfrac{\partial z}{\partial x} = -\dfrac{F_x}{F_z} = -\dfrac{\ln y}{y-2z}$

$\dfrac{\partial z}{\partial y} = -\dfrac{F_y}{F_z} = -\dfrac{z + \dfrac{x}{y}}{y-2z} = -\dfrac{yz+x}{y^2-2yz}$

50.

③

풀이

$f(x, y, z) = x^3 + y^3 + z^3 + 6xyz - k$라 하면

$\dfrac{\partial z}{\partial x} = -\dfrac{f_x}{f_z} = -\dfrac{3x^2+6yz}{3z^2+6xy} = -\dfrac{x^2+2yz}{z^2+2xy}$

51.

①

풀이

$f(x, y, z) = x^2yz^2 - y - 2z$라 하면

$\dfrac{\partial x}{\partial z} = -\dfrac{f_z}{f_x} = -\dfrac{2x^2yz-2}{2xyz^2} = \dfrac{1-x^2yz}{xyz^2}$이고,

$\dfrac{\partial x}{\partial z}\dfrac{\partial z}{\partial y}\dfrac{\partial y}{\partial x} = \left(-\dfrac{f_z}{f_x}\right)\left(-\dfrac{f_y}{f_z}\right)\left(-\dfrac{f_x}{f_y}\right) = -1$

CHAPTER 02 방향도함수와 공간도형

1. 경도벡터 & 방향도함수

52. $<0, 2>$

풀이 $f_x(x, y)=2x-2 \Rightarrow f_x(1, 4)=0$
$f_y(x, y)=2y-6 \Rightarrow f_y(1, 4)=2$
$\therefore \nabla f(1, 4)=\langle f_x(1, 4), f_y(1, 4)\rangle=\langle 0, 2\rangle$

53. ①

풀이 ① $F=\langle P, Q\rangle=\langle x-y, x-2\rangle=\langle f_x, f_y\rangle$라 두면
$f_{xy}=-1$, $f_{yx}=1$에서 $f_{xy}\neq f_{yx}$이므로 $F\neq\nabla f$

② $F=\nabla f$이면 $F=\langle f_x, f_y\rangle=\langle 3+2xy, x^2-2y^2\rangle$
$f_{xy}=2x$, $f_{yx}=2x$에서 $f_{xy}=f_{yx}$이므로 $F=\nabla f$

③ $F=\langle xy^2, x^2y\rangle=\langle f_x, f_y\rangle$이면 $F=\nabla f$
$f_{xy}=2xy=f_{yx}$이므로 $F=\nabla f$

④ $F=\langle x^2, y^2\rangle=\langle f_x, f_y\rangle$이면 $F=\nabla f$
$f_{xy}=0=f_{yx}$이므로 $F=\nabla f$

54. x^2y+y^3+c

풀이 $F=\nabla f=\langle f_x, f_y\rangle$이므로
$\begin{cases} f_x=2xy \\ f_y=x^2+3y^2 \end{cases}$에서 $\begin{cases} f_{xy}=2x \\ f_{yx}=2x \end{cases} \Rightarrow f_{xy}=f_{yx}$
$f(x, y)=\int f_x\,dx=\int 2xy\,dx=x^2y+A(y)$
$=\int f_y\,dy=\int (x^2+3y^2)dy=x^2y+y^3+B(x)$
$\therefore f(x, y)=x^2y+y^3+c$

55. $(0,4)$

풀이 $(x, y)=(0, 0)$일 때, $(u, v)=(1, -1)$이다.
$\frac{\partial f}{\partial x}=\frac{\partial f}{\partial u}\frac{\partial u}{\partial x}+\frac{\partial f}{\partial v}\frac{\partial v}{\partial x}$
$=(2u+3v)(-\sin x)+(3u-2v)(\sin x)$
$\frac{\partial f}{\partial x}(0, 0)=0$이다. 또한,
$\frac{\partial f}{\partial y}=\frac{\partial f}{\partial u}\frac{\partial u}{\partial y}+\frac{\partial f}{\partial v}\frac{\partial v}{\partial y}=(2u+3v)(\cos y)+(3u-2v)(\cos y)$
$\frac{\partial f}{\partial y}(0, 0)=-1+5=4$이다.
그러므로 $\nabla(f\circ\vec{G})(0, 0)=(0, 4)$이다.

56. $\frac{32}{\sqrt{29}}$

풀이 (i) $v=\langle 2, 5\rangle \Rightarrow \|v\|=\sqrt{4+25}=\sqrt{29}$
$\therefore u=\frac{1}{\sqrt{29}}\langle 2, 5\rangle$
(ii) $\nabla f=\langle f_x, f_y\rangle=\langle 2xy^3, 3x^2y^2-4\rangle$
$\Rightarrow \nabla f(2, -1)=\langle -4, 8\rangle=4\langle -1, 2\rangle$
(iii) $D_uf(2, -1)=\nabla f(2, -1)\cdot u$
$=4\langle -1, 2\rangle\cdot\frac{1}{\sqrt{29}}\langle 2, 5\rangle$
$=\frac{4}{\sqrt{29}}(-2+10)=\frac{32}{\sqrt{29}}$

57. $-\frac{\sqrt{3}}{\sqrt{2}}$

풀이 (i) $v=\langle 1, 2, -1\rangle \Rightarrow \|v\|=\sqrt{1+4+1}=\sqrt{6}$
$\therefore u=\frac{1}{\sqrt{6}}\langle 1, 2, -1\rangle$
(ii) $\nabla f=\langle f_x, f_y, f_z\rangle=\langle \sin yz, xz\cos yz, xy\cos yz\rangle$
$\Rightarrow \nabla f(1, 3, 0)=\langle 0, 0, 3\rangle$
(iii) $D_uf(1, 3, 0)=\nabla f(1, 3, 0)\cdot u$
$=3\langle 0, 0, 1\rangle\cdot\frac{1}{\sqrt{6}}\langle 1, 2, -1\rangle$
$=\frac{3}{\sqrt{6}}\cdot(-1)=-\frac{\sqrt{3}}{\sqrt{2}}$

58. $\frac{13-3\sqrt{3}}{2}$

풀이 (i) $\theta=\frac{\pi}{6} \Rightarrow u=\left\langle \cos\frac{\pi}{6}, \sin\frac{\pi}{6}\right\rangle=\left\langle \frac{\sqrt{3}}{2}, \frac{1}{2}\right\rangle$

(ii) $\nabla f = \langle f_x, f_y \rangle = \langle 3x^2 - 3y, -3x + 8y \rangle$

$\Rightarrow \nabla f(1, 2) = \langle -3, 13 \rangle$

(iii) $D_u f(1, 2) = \nabla f(1, 2) \cdot u$

$= \langle -3, 13 \rangle \cdot \frac{1}{2} \langle \sqrt{3}, 1 \rangle = \frac{1}{2}(-3\sqrt{3} + 13)$

$= \frac{13 - 3\sqrt{3}}{2}$

59. $\sqrt{2}$

풀이 (i) 평면을 제시 $\Leftrightarrow$ x축과의 각도 θ 제시

$-x + y - 1 = 0 \Leftrightarrow y = x + 1 \quad \therefore \theta = \frac{\pi}{4}$

$\Rightarrow u = \left\langle \cos\frac{\pi}{4}, \sin\frac{\pi}{4} \right\rangle = \left\langle \frac{1}{\sqrt{2}}, \frac{1}{\sqrt{2}} \right\rangle$

(ii) $\nabla f = \langle f_x, f_y \rangle = \langle y\cos xy, x\cos xy + 1 \rangle$

$\Rightarrow \nabla f(0, 1) = \langle 1, 1 \rangle$

(iii) $D_u f(0, 1) = \nabla f(0, 1) \cdot u$

$= \langle 1, 1 \rangle \cdot \frac{1}{\sqrt{2}} \langle 1, 1 \rangle = \frac{1}{\sqrt{2}} \cdot 2 = \sqrt{2}$

60. ③

풀이 $\nabla f(2,1) = (2x - 2y, -2x + 3y^2)_{(2,1)} = (2, -1)$이고,

단위벡터 $\vec{u} = \left(\cos\frac{\pi}{3}, \sin\frac{\pi}{3}\right) = \left(\frac{1}{2}, \frac{\sqrt{3}}{2}\right)$이다.

따라서 방향도함수는

$D_{\vec{u}} f(2,1) = (2, -1) \cdot \left(\frac{1}{2}, \frac{\sqrt{3}}{2}\right) = \frac{2 - \sqrt{3}}{2}$

61. ①

풀이 $\nabla f(x, y, z) = \left(\frac{yz}{2\sqrt{xyz}}, \frac{xz}{2\sqrt{xyz}}, \frac{xy}{2\sqrt{xyz}}\right)\Big|_{(3,2,6)}$

$= \left(\frac{12}{12}, \frac{18}{12}, \frac{6}{12}\right) = \left(1, \frac{3}{2}, \frac{1}{2}\right)$

$\vec{u} = \left(\frac{1}{3}, \frac{2}{3}, -\frac{2}{3}\right)$이므로

$D_{\vec{u}} f(3, 2, 6) = \nabla f(3, 2, 6) \cdot \vec{u}$

$= \left(1, \frac{3}{2}, \frac{1}{2}\right) \cdot \left(\frac{1}{3}, \frac{2}{3}, -\frac{2}{3}\right)$

$= \frac{1}{3} + 1 - \frac{1}{3} = 1$

62. ④

풀이 $\nabla F(1, -1, 1) = (2xy^2(2z+1)^2, 2x^2y(2z+1)^2,$
$4x^2y^2(2z+1))|_{(1,-1,1)} = (18, -18, 12)$이므로

단위벡터 $\vec{u} = \frac{1}{\sqrt{2}}(0, 1, 1)$방향으로의

점 $(1, -1, 1)$에서의 방향도함수는 다음과 같다.

$D_{\vec{u}} F(1, -1, 1) = \nabla F(1, -1, 1) \cdot \vec{u}$

$= (18, -18, 12) \cdot \frac{1}{\sqrt{2}}(0, 1, 1) = -3\sqrt{2}$

63. ①

풀이 $\nabla f(-1, 1, 0) = (6x^2 - y^2, -2xy - z, -y)_{(-1,1,0)}$

$= (5, 2, -1)$이고, 벡터 $\overrightarrow{PQ} = (3, -1, -1)$의 단위벡터 $\vec{u}$는

$\vec{u} = \left(\frac{3}{\sqrt{11}}, -\frac{1}{\sqrt{11}}, -\frac{1}{\sqrt{11}}\right)$이므로

$D_{\vec{u}} f(-1, 1, 0) = \nabla f(-1, 1, 0) \cdot \vec{u}$

$= (5, 2, -1) \cdot \left(\frac{3}{\sqrt{11}}, -\frac{1}{\sqrt{11}}, -\frac{1}{\sqrt{11}}\right)$

$= \frac{14}{\sqrt{11}}$

64. ①

풀이 $\nabla f(x, y) = (3x^2 - 6xy, -3x^2 - y)$

$\Rightarrow \nabla f(1, 1) = (-3, -4)$이고 방향벡터를

$\vec{u} = (a, b)$(단, $a^2 + b^2 = 1$)라 하면

$D_{\vec{v}} f(1, 1) = \nabla f(1, 1) \cdot \vec{u} = (-3, -4) \cdot (a, b)$

$= -3a - 4b = 0$ 즉, $b = -\frac{3}{4}a$이다.

이때, $a^2 + b^2 = 1$이므로 $a^2 = \pm\frac{4}{5}$, $b^2 = \mp\frac{3}{5}$이다.

이를 만족하는 벡터는 보기 중에서 $\left(-\frac{4}{5}, \frac{3}{5}\right)$이다.

65. ①

풀이 $2i + j$ 방향으로의 단위벡터 $\vec{u}$는

$\vec{u} = \frac{1}{\sqrt{2^2 + 1^2}}(2, 1) = \left(\frac{2}{\sqrt{5}}, \frac{1}{\sqrt{5}}\right)$.

$-i+j$ 방향으로의 단위벡터 $\vec{v}$는

$\vec{v}=\frac{1}{\sqrt{1^2+1^2}}(-1,1)=\left(-\frac{1}{\sqrt{2}}, \frac{1}{\sqrt{2}}\right)$

(i) P_0 에서 $2i+j$ 방향의 방향도함수는

$$\nabla f(x,y)\cdot\vec{u}=(f_x, f_y)\cdot\left(\frac{2}{\sqrt{5}}, \frac{1}{\sqrt{5}}\right)$$

$$=\frac{2}{\sqrt{5}}f_x+\frac{1}{\sqrt{5}}f_y=\sqrt{5}$$

$\Rightarrow 2f_x+f_y=5$

(ii) P_0 에서 $-i+j$ 방향의 방향도함수는

$$\nabla f(x,y)\cdot\vec{v}=(f_x, f_y)\cdot\left(\frac{-1}{\sqrt{2}}, \frac{1}{\sqrt{2}}\right)$$

$$=-\frac{1}{\sqrt{2}}f_x+\frac{1}{\sqrt{2}}f_y=\sqrt{2}$$

$\Rightarrow -f_x+f_y=2$

(i), (ii)에서 연립방정식 $\begin{cases}2f_x+f_y=5\\ -f_x+f_y=2\end{cases}$ 를 풀면

$f_x(x,y)=1,\ f_y(x,y)=3$ 이다.

$\therefore \nabla f(x,y)=i+3j$

66. ②

풀이 $\nabla f(2,1)=(a,b)$라고 하면

$(2,1)$에서 점 $(1,3)$ 방향으로의 벡터가 $(-1,2)$이므로

단위방향벡터가 $\left(-\frac{1}{\sqrt{5}}, \frac{2}{\sqrt{5}}\right)$이다. 따라서 방향도함수는

$$D_{\vec{u}}f(2,1)=(a,b)\cdot\left(-\frac{1}{\sqrt{5}}, \frac{2}{\sqrt{5}}\right)$$

$$=-\frac{1}{\sqrt{5}}a+\frac{2}{\sqrt{5}}b=-\frac{2}{\sqrt{5}}$$ 를 만족하며

$(2,1)$에서 점 $(5,5)$ 방향으로의 벡터가 $(3,4)$이므로

단위방향벡터는 $\left(\frac{3}{5}, \frac{4}{5}\right)$이다. 따라서 방향도함수는

$$D_{\vec{v}}f(2,1)=(a,b)\cdot\left(\frac{3}{5}, \frac{4}{5}\right)$$

$$=\frac{3}{5}a+\frac{4}{5}b=\frac{1}{5}$$ 를 만족해야 한다.

$a=1, b=-\frac{1}{2}$이므로 $\nabla f(2,1)=\left(1, -\frac{1}{2}\right)$이다.

따라서 $(2,1)$에서 점 $(2,3)$방향으로의 함수

$D_{\vec{w}}(2,1)=\left(1, -\frac{1}{2}\right)\cdot(0,1)=-\frac{1}{2}$이다.

67. ③

풀이 단위벡터를 $\vec{u}=(a,b)$라 하면 방향도함수의 정의에 의하여

$$D_{\vec{u}}f(x_0,y_0)=\lim_{h\to 0}\frac{f(x_0+ha, y_0+hb)-f(x_0,y_0)}{h}$$ 이므로

$$D_{\vec{u}}f(0,0)=\lim_{h\to 0}\frac{f(ha,hb)-f(0,0)}{h}=\lim_{h\to 0}\frac{f(ha,hb)}{h}$$

$$=\lim_{h\to 0}\frac{\frac{(ha)^2-(hb)^2}{(ha)^2+(hb)^2}}{h}=\lim_{h\to 0}\frac{\frac{a^2-b^2}{a^2+b^2}}{h}$$ 이므로

$D_{\vec{u}}f(0,0)$의 값이 존재하기 위해서는 $a=b$이어야 한다.

따라서 보기 중 방향도함수가 존재할 수 있는 벡터는

$\frac{\sqrt{2}}{2}i+\frac{\sqrt{2}}{2}j$이다.

68. $\frac{774}{25}$

풀이 $u=\langle a,b\rangle$인 단위벡터라고 하자.

$$D_u f(x,y)=\langle f_x(x,y), f_y(x,y)\rangle\cdot\langle a,b\rangle$$
$$=af_x(x,y)+bf_y(x,y)$$

$$D_u^2 f(x,y)=D_u[D_u f(x,y)]$$
$$=\langle af_{xx}+bf_{yx},\ af_{xy}+bf_{yy}\rangle\cdot\langle a,b\rangle$$
$$=a^2f_{xx}+2abf_{xy}+b^2f_{yy}$$

$f_{xx}(x,y)=6x+10y,\ f_{xy}(x,y)=10x,\ f_{yy}(x,y)=6y$

$u=\langle a,b\rangle=\left\langle\frac{3}{5}, \frac{4}{5}\right\rangle$이므로 공식에 대입하면

$$D_u^2 f(2,1)=a^2f_{xx}(2,1)+2abf_{xy}(2,1)+b^2f_{yy}(2,1)$$
$$=\frac{9}{25}\cdot 22+\frac{24}{25}\cdot 20+\frac{16}{25}\cdot 6$$
$$=\frac{198+480+96}{25}=\frac{774}{25}$$

69. ①

풀이 $\nabla f(0,1)=\left(\frac{e^x}{\sqrt{2}}, \frac{1}{\sqrt{2}}\right)_{(0,1)}=\left(\frac{1}{\sqrt{2}}, \frac{1}{\sqrt{2}}\right)$이므로

변화가 최대가 되는 방향에 대한 방향미분은

방향도함수의 최댓값이므로 $|\nabla f(0,1)|=1$이다.

70. ②

풀이 $\nabla f(2,0)=(e^y,\ xe^y)_{(2,0)}=(1,\ 2)$이므로

f가 최대변화율을 갖는 방향은 벡터 $\nabla f(2,0)=(1,2)$이고

단위벡터는 $\left(\frac{1}{\sqrt{5}},\ \frac{2}{\sqrt{5}}\right)$, 즉 $\frac{i+2j}{\sqrt{5}}$이다.

71. $\sqrt{5}$

풀이 (온도가 가장 빠르게 증가하는 방향)

=(함수 $f(x,y,z)$가 가장 빨리 증가하는 방향)

$=\nabla f(0,0,0) \Rightarrow$ (증가율)= $\|\nabla f\|$

$\nabla f=\langle f_x, f_y, f_z\rangle$

$=\left\langle e^{x^2+2y+z}\cdot 2x,\ e^{x^2+2y+z}\cdot 2,\ e^{x^2+2y+z}\right\rangle$

$\Rightarrow \nabla f(0,0,0)=\langle 0,2,1\rangle \Rightarrow \|\nabla f\|=\sqrt{5}$

72. ①

풀이 높은 온도의 지점으로 가장 빨리 이동하기 위하여 택해야 하는 방향은 $\nabla T(3,\ 4)$이다.

$T_x=-\frac{2}{3}\cdot\frac{2x}{2\sqrt{x^2+y^2}}=-\frac{2}{3}\cdot\frac{x}{\sqrt{x^2+y^2}}$

$\Rightarrow T_x(3,4)=-\frac{2}{3}\cdot\frac{3}{5}=-\frac{6}{15}$

$T_y=-\frac{2}{3}\cdot\frac{2y}{2\sqrt{x^2+y^2}}=-\frac{2}{3}\cdot\frac{y}{\sqrt{x^2+y^2}}$

$\Rightarrow T_y(3,4)=-\frac{2}{3}\cdot\frac{4}{5}=-\frac{8}{15}$

$\therefore \nabla T(3,4)=\langle T_x, T_y\rangle|_{(3,4)}$

$=\left\langle -\frac{6}{15}, -\frac{8}{15}\right\rangle=\frac{2}{15}\langle -3,\ -4\rangle$

73. $4\sqrt{2}$

풀이 부표의 위치를 xy평면에 표현하면 부표에서 동쪽으로 $2\,\text{m}$, 남쪽으로 $1\,\text{m}$ 떨어진 지점의 좌표는 점 $(2,\ -1)$이다.

가장 빠르게 증가하는 방향은 경도방향이고 $(2,\ -1)$에서의 경도는 $\nabla h=(-2x,\ -4y)|_{(2,-1)}=(-4,\ 4)$이므로

가장 빠르게 증가하는 방향으로의 변화율은

$|\nabla h|=\sqrt{16+16}=4\sqrt{2}$이다.

2. 공간곡선

74. 풀이 참조

풀이 (1) $r'(t)=(\sin t+t\cos t,\ 2t,\ \cos 2t-2t\sin 2t)$

(2) $r'(t)=\left(\sec^2 t,\ \sec t\tan t,\ -\frac{2}{t^3}\right)$

(3) $r'(t)=\left(2te^{t^2}, 0, \frac{3}{1+3t}\right)$

(4) $r'(t)=(a\cos 3t-3at\sin 3t)i$

$+(3b\sin^2 t\cos t)j+(-3c\cos^2 t\sin t)k$

75. 풀이 참조

풀이 (1) $\int_0^1\left(\frac{4}{1+t^2}j+\frac{2t}{1+t^2}k\right)dt$

$=(C, 4\tan^{-1}t+\ln(1+t^2))|_0^1=(0,\pi,\ln 2)$

(2) $\int_0^{\frac{\pi}{2}}(3\sin^2 t\cos t i+3\sin t\cos^2 t j+2\sin t\cos t k)dt$

$=(\sin^3 t,\ -\cos^3 t,\ \sin^2 t)|_0^{\frac{\pi}{2}}=(1,1,1)$

(3) $\int_1^2 t^2 dt=\frac{1}{3}t^3\Big|_1^2=\frac{7}{3}$

$\int_1^2 t\sqrt{t-1}\,dt$ ($\sqrt{t-1}=y$로 치환)

$=\int_0^1(y^2+1)y\cdot 2y\,dy=\int_0^1 2y^4+2y^2\,dy$

$=\frac{2}{5}+\frac{2}{3}=\frac{16}{15}$

$\int_1^2 t\sin\pi t\,dt=-\frac{1}{\pi}t\cos\pi t+\frac{1}{\pi^2}\sin\pi t\Big|_1^2=-\frac{3}{\pi}$

$\int_1^2(t^2 i+t\sqrt{t-1}j+t\sin\pi t k)dt=\left(\frac{7}{3},\frac{16}{15},-\frac{3}{\pi}\right)$

(4) $\int(e^t i+2tj+\ln t k)dt=(e^t+c_1,\ t^2+c_2,\ t\ln t-t+c_3)$

76. 풀이 참조

풀이 $r'(t)=\langle 1,2t,3t^2\rangle$, $r''(t)=\langle 0,2,6t\rangle$이고,

$r'(t)\cdot r''(t)=4t+18t^3$

$r'(t)\times r''(t)=\begin{vmatrix} i & j & k\\ 1 & 2t & 3t^2\\ 0 & 2 & 6t\end{vmatrix}=\langle 6t^2,-6t,2\rangle$

77. 풀이 참조

풀이 (ⅰ) 접선의 방정식

접선의 방향벡터는 $r'\left(\frac{\pi}{2}\right)$이고 지나는 한 점은 $r\left(\frac{\pi}{2}\right)$이다.

$r(t)=\langle \cos t, \sin t, t\rangle$에서 $r'(t)=\langle -\sin t, \cos t, 1\rangle$

이므로 $r\left(\frac{\pi}{2}\right)=\left\langle 0, 1, \frac{\pi}{2}\right\rangle$, $r'\left(\frac{\pi}{2}\right)=\langle -1, 0, 1\rangle$이다.

$\therefore$ 접선의 방정식 : $\begin{cases} x=-t \\ y=1 \\ z=t+\frac{\pi}{2} \end{cases}$

$\Rightarrow \langle x, y, z\rangle=\left\langle -t, 1, t+\frac{\pi}{2}\right\rangle$

(ⅱ) 법평면의 방정식

법평면의 법선벡터는 $r'\left(\frac{\pi}{2}\right)=\langle -1, 0, 1\rangle$이고 지나는

한 점은 $r\left(\frac{\pi}{2}\right)=\left\langle 0, 1, \frac{\pi}{2}\right\rangle$이므로 법평면의 방정식은

$-x+0y+z=\frac{\pi}{2} \Rightarrow x-z=-\frac{\pi}{2}$이다.

78. $\left(\sqrt{3}, 1, e^{\frac{\pi}{6}}\right)$

풀이 평면의 법선벡터 $n=\langle\sqrt{3}, 1, 0\rangle$과 곡선의 접선벡터 $r'(t)=\langle -2\sin t, 2\cos t, e^t\rangle$는 서로 수직관계이므로 $n\cdot r'(t)=0$이 성립한다.

$\Rightarrow -2\sqrt{3}\sin t+2\cos t=0 \Rightarrow \sqrt{3}\sin t=\cos t$

$\Rightarrow t=\frac{\pi}{6}\quad (\because 0\le t\le \pi)$

따라서 그 위의 점은 $r\left(\frac{\pi}{6}\right)=\left(\sqrt{3}, 1, e^{\frac{\pi}{6}}\right)$이다.

79. $\frac{\pi}{2}$

풀이 (ⅰ) $r_1(0)=\langle \cos 0, \sin 0, 0\rangle=\langle 1, 0, 0\rangle$

$r_1'(t)=\langle -\sin t, \cos t, 1\rangle$이므로 $r_1'(0)=\langle 0, 1, 1\rangle$

(ⅱ) $r_2(0)=\langle 1, 0, 0\rangle=\langle 1, 0, 0\rangle$

$r_2'(t)=\langle 1, 2t, 3t^2\rangle$이므로 $r_2'(0)=\langle 1, 0, 0\rangle$

(ⅲ) $r_1'\cdot r_2'=|r_1'||r_2'|\cos\theta$

$0=\sqrt{2}\cdot 1\cdot\cos\theta \Rightarrow \cos\theta=0$

$\therefore \theta=\frac{\pi}{2}$

80. $\begin{cases} x=-4t+3 \\ y=\ \ 3t+4 \\ z=-6t+2 \end{cases}$

풀이 두 원기둥의 교선을 매개화하자. $x=5\cos t, y=5\sin t$, $z^2=20-25\sin^2 t$이면 곡선의 매개화가 가능하다.

따라서 교선 $C: r(t)=\left(5\cos t, 5\sin t, \sqrt{20-25\sin^2 t}\right)$이다.

점 $(3, 4, 2)$는 $\cos t=\frac{3}{5}$, $\sin t=\frac{4}{5}$일 때이다.

$r'(t)=\left(-5\sin t, 5\cos t, \frac{-25\sin t\cos t}{\sqrt{20-25\sin^2 t}}\right)$이고

해당 점의 t값을 대입하면 접선벡터는 $(-4, 3, -6)$이다.

$\therefore$ 접선의 방정식은 $\begin{cases} x=-4t+3 \\ y=\ \ 3t+4 \\ z=-6t+2 \end{cases}$이다.

81. 35

풀이 $v(t)=(t, t^2, t^3)$, $v'(t)=(1, 2t, 3t^2)$이고,

$v(2)=(2,4,8)$, $v'(2)=(1, 4, 12)$이다.

$f'(t)=u'(t)\cdot v(t)+u(t)\cdot v'(t)$

$f'(2)=u'(2)\cdot v(2)+u(2)\cdot v'(2)$

$=(3, 0, 4)\cdot(2, 4, 8)+(1, 2, -1)\cdot(1, 4, 12)=35$

82. 풀이 참조

풀이 (1) $\frac{d}{dt}[r(t)\times r'(t)]=r'\times r'+r\times r''=r\times r''$

$(\because r'\times r'=O)$

(2) $|r(t)|^2=r(t)\cdot r(t)$이고 양변을 미분하면

$2|r(t)||r(t)|'=2r'(t)\cdot r(t)$

$\Rightarrow |r(t)|'=\frac{r'(t)\cdot r(t)}{|r(t)|}$

(3) $\frac{d}{dt}[u\cdot(v\times w)]=u'\cdot(v\times w)+u\cdot(v'\times w+v\times w')$

$=u'\cdot(v\times w)+u\cdot(v'\times w)+u\cdot(v\times w')$

(4) (3)번의 풀이 결과를 활용하자.

$\frac{d}{dt}[r\cdot(r'\times r'')]$

$=r'\cdot(r'\times r'')+r\cdot(r''\times r'')+r\cdot(r'\times r''')$

스칼라 삼중적과 행렬식의 성질을 이용하면

$r'\cdot(r'\times r'')=0$, $r\cdot(r''\times r'')=0$이므로

$\frac{d}{dt}[r\cdot(r'\times r'')]=r\cdot(r'\times r''')$

83. $\frac{1}{2}$

풀이 벡터 $r(t)$가 항상 일정한 크기를 가지고 있다는 것은 $|r(t)|=k$라는 것이고 위의 문제를 통해서

접선벡터 $r'(t)$와 곡선 $r(t)$가 직교하므로 $\theta=\frac{\pi}{2}$이다.

따라서 $\sin\left(\frac{\theta}{2}\right)\cos\left(\frac{\theta}{2}\right)=\sin\left(\frac{\pi}{4}\right)\cos\left(\frac{\pi}{4}\right)=\frac{1}{2}$이다.

84. ③

풀이
$$L=\int_0^\pi \sqrt{\{x'(t)\}^2+\{y'(t)\}^2+\{z'(t)\}^2}\,dt$$
$$=\int_0^\pi \sqrt{(e^t\cos t-e^t\sin t)^2+(e^t\sin t+e^t\cos t)^2+(e^t)^2}\,dt$$
$$=\int_0^\pi \sqrt{2(e^{2t}\cos^2 t+e^{2t}\sin^2 t)+e^{2t}}\,dt$$
$$=\int_0^\pi \sqrt{3e^{2t}}\,dt=\int_0^\pi \sqrt{3}e^t dt=\sqrt{3}(e^\pi-1)$$

85. ④

풀이 곡선의 길이를 L이라 하면
$$L=\int_0^{\frac{\pi}{3}} \sqrt{\left(\frac{dx}{dt}\right)^2+\left(\frac{dy}{dt}\right)^2+\left(\frac{dz}{dt}\right)^2}\,dt$$
$$=\int_0^{\frac{\pi}{3}} \sqrt{(a\cos t)^2+(-a\sin t)^2+\left(a\frac{-\sin t}{\cos t}\right)^2}\,d\theta$$
$$=\int_0^{\frac{\pi}{3}} \sqrt{a^2(\cos^2 t+\sin^2 t+\tan^2 t)}\,dt$$
$$=\int_0^{\frac{\pi}{3}} a\sqrt{1+\tan^2 t}\,dt=\int_0^{\frac{\pi}{3}} a\sqrt{\sec^2 t}\,dt$$
$$=\int_0^{\frac{\pi}{3}} a\sec t\,dt=a[\ln(\sec t+\tan t)]_0^{\frac{\pi}{3}}$$
$$=a\{\ln(2+\sqrt{3})-\ln 1\}=a\ln(2+\sqrt{3})$$

86. ①

풀이 $r(t)=(-2t^2\sin t, 2t^2\cos t, 0)$ 이므로

공간곡선 Γ 의 길이는 $\int_0^1 |r'(t)|\,dt$
$$=\int_0^1 \sqrt{(-4t\sin t-2t^2\cos t)^2+(4t\cos t-2t^2\sin t)^2}\,dt$$
$$=\int_0^1 \sqrt{16t^2+4t^4}\,dt=\int_0^1 2t\sqrt{4+t^2}\,dt$$

87. ④

풀이 원주면 $\frac{x^2}{2}+y^2=1$과 평면 $z=y$가 만나는 교선을 매개화하면

$x=\sqrt{2}\cos t,\ y=\sin t,\ z=\sin t(0\le t\le 2\pi)$이므로

길이 $L=\int_0^{2\pi} \sqrt{\{x'(t)\}^2+\{y'(t)\}^2+\{z'(t)\}^2}\,dt$
$$=\int_0^{2\pi} \sqrt{(\sqrt{2}\sin t)^2+(\cos t)^2+(\cos t)^2}\,dt$$
$$=\int_0^{2\pi} \sqrt{2\sin^2 t+2\cos^2 t}\,dt=\int_0^{2\pi} \sqrt{2}\,dt=2\sqrt{2}\pi$$

88. 풀이 참조

풀이 $t=e^u$이므로 $r(t)=\langle t,\ t^2,\ t^3\rangle$는

$r(e^u)=\langle e^u,\ e^{2u},\ e^{3u}\rangle$로 치환된다. 여기서

$1\le t=e^u\le 2$이므로

$0\le u\le \ln 2$의 범위를 갖는다.

TIP 곡선 C의 매개화를 통해서 곡선이 다시 표현해도 곡선의 길이는 매개변수에 영향을 받지 않는다.

89. 풀이 참조

풀이 $r'(t)=(2,-3,4)$이고, $r'(t)=\sqrt{29}$이다.

$s(t)=\int_0^t |r'(u)|\,du=\int_0^t \sqrt{29}\,du=\sqrt{29}t$이다.

$s=\sqrt{29}t \Leftrightarrow t=\frac{s}{\sqrt{29}}$

$r(s)=\left(\frac{2s}{\sqrt{29}}, 1-\frac{3s}{\sqrt{29}}, 5+\frac{4s}{\sqrt{29}}\right)$로 재매개화할 수 있다.

90. 풀이 참조

풀이 $f(t)=(\cos t,\ \sin t,\ \ln\sin t)$이므로 t에 대하여 미분하면

$f'(t)=(-\sin t,\ \cos t,\ \cot t)$이고

$|f'(t)|=\sqrt{\sin^2 t+\cos^2 t+\cot^2 t}=\sqrt{1+\cot^2 t}$

$=\sqrt{\csc^2 t}=|\csc t|$이고,

$\frac{\pi}{2}\le t<\pi$이므로 $|f'(t)|=\csc t$이다.

$s(t)=\int_{\frac{\pi}{2}}^t |f'(u)|\,du=\int_{\frac{\pi}{2}}^t \csc u\,du$

$$= -\ln|\csc u + \cot u|\Big|_{\frac{\pi}{2}}^{t} = -\ln|\csc t + \cot t|$$

여기서 $\csc t = \dfrac{1}{\sin t} = u\,(1 \le u < \infty)$ 라고 치환하면

$\cot t = -\sqrt{u^2-1}$ 이다.

(왜냐하면 t가 2사분면의 각도이므로 $\cot t < 0$이다.) 따라서

$$s = -\ln\left|u - \sqrt{u^2-1}\right| = \ln\left|\frac{1}{u-\sqrt{u^2-1}}\right|$$

$$= \ln\left|u + \sqrt{u^2-1}\right| = \cosh^{-1}u$$

$$\Leftrightarrow s = \cosh^{-1}u$$

$$\Leftrightarrow u = \frac{1}{\sin t} = \cosh s \quad (1 \le u < \infty \text{이므로 } 0 \le s < \infty))$$

$$\Leftrightarrow \begin{cases} \sin t = \dfrac{1}{\cosh s} \\ \cos t = -\dfrac{\sinh s}{\cosh s} \end{cases} \text{ 이다.}$$

따라서 곡선 $f(t) = (\cos t,\ \sin t,\ \ln\sin t)$를 길이함수 $s(t)$로 재매개화하는 함수는 다음과 같다.

$$f(t(s)) = \left(-\frac{\sinh s}{\cosh s},\ \frac{1}{\cosh s},\ \ln\left(\frac{1}{\cosh s}\right)\right)$$

$$= (-\tanh s,\ \operatorname{sech} s,\ \ln(\operatorname{sech} s))$$

$$= \left(-\frac{e^{2s}-1}{e^{2s}+1},\ \frac{2}{e^s+e^{-s}},\ \ln\left(\frac{2}{e^s+e^{-s}}\right)\right)$$

$$= \left(\frac{1-e^{2s}}{1+e^{2s}},\ \frac{2e^s}{e^{2s}+1},\ \ln\left(\frac{2e^s}{e^{2s}+1}\right)\right)(0 \le s < \infty)$$

91. 풀이 참조

풀이 (1) 주어진 점 $\left(1,\ \dfrac{2}{3},\ 1\right)$은 $t=1$일 때

$r'(t) = <2t,\ 2t^2,\ 1>$

$|r'(t)| = \sqrt{4t^2+4t^4+1} = \sqrt{(2t^2+1)^2} = 2t^2+1$이므로

$T(t) = \dfrac{r'(t)}{|r'(t)|} = \left\langle \dfrac{2t}{2t^2+1},\ \dfrac{2t^2}{2t^2+1},\ \dfrac{1}{2t^2+1} \right\rangle$이다.

따라서 $T(1) = \left\langle \dfrac{2}{3},\ \dfrac{2}{3},\ \dfrac{1}{3} \right\rangle$이다.

$T'(t) = \left\langle \dfrac{2-4t^2}{(2t^2+1)^2},\ \dfrac{4t}{(2t^2+1)^2},\ \dfrac{-4t}{(2t^2+1)^2} \right\rangle$

$T'(1) = \left\langle -\dfrac{2}{9},\ \dfrac{4}{9},\ -\dfrac{4}{9} \right\rangle \Rightarrow |T'(1)| = \dfrac{2}{3}$이므로

$N(1) = \dfrac{T'(1)}{|T'(1)|} = \left\langle -\dfrac{1}{3},\ \dfrac{2}{3},\ -\dfrac{2}{3} \right\rangle$이다.

$B(1) = T(1) \times N(1) = \left\langle -\dfrac{2}{3},\ \dfrac{1}{3},\ \dfrac{2}{3} \right\rangle$

(2) 주어진 점 $(1,\ 0,\ 0)$은 $t=0$일 때

$r'(t) = <-\sin t,\ \cos t,\ -\tan t>$

$\Rightarrow |r'(t)| = \sqrt{\sin^2 t + \cos^2 t + \tan^2 t} = \sqrt{1+\tan^2 t}$

$= |\sec t| = \sec t \left(\because -\dfrac{\pi}{2} \le t \le \dfrac{\pi}{2}\right)$

$T(t) = \dfrac{r'(t)}{|r'(t)|} = \dfrac{1}{\sec t} <-\sin t,\ \cos t,\ -\tan t>$

$= \cos t <-\sin t,\ \cos t,\ -\tan t>$

$= <-\sin t\cos t,\ \cos^2 t,\ -\sin t>$

$= <-\dfrac{1}{2}\sin 2t,\ \cos^2 t,\ -\sin t>$

$T(0) = <0,\ 1,\ 0>$

$T'(t) = <-\cos 2t,\ -2\cos t\sin t,\ -\cos t>$

$T'(0) = <-1,\ 0,\ -1> \Rightarrow |T'(0)| = \sqrt{2}$이므로

$N(0) = \dfrac{T'(0)}{|T'(0)|} = \left\langle -\dfrac{1}{\sqrt{2}},\ 0,\ -\dfrac{1}{\sqrt{2}} \right\rangle$이다.

$B(0) = T(0) \times N(0) = \left\langle -\dfrac{1}{\sqrt{2}},\ 0,\ \dfrac{1}{\sqrt{2}} \right\rangle$

92.

(1) 법평면: $-x+2z=4\pi$, 접촉평면: $2x+z=2\pi$

(2) 법평면: $x+2y+2z=6$, 접촉평면: $2x-2y+z=-3$

풀이 (1) $r(t) = <\sin 2t,\ -\cos 2t,\ 4t>$라 하자.

주어진 점 $(0,\ 1,\ 2\pi)$는 $t = \dfrac{\pi}{2}$일 때

법평면의 법선벡터는 $r'\left(\dfrac{\pi}{2}\right)$와 비례하므로

$r'(t) = <2\cos 2t,\ 2\sin 2t,\ 4>$

$r'\left(\dfrac{\pi}{2}\right) = <-2,\ 0,\ 4> // <-1,\ 0,\ 2>$이다

법평면의 방정식은 $-x+2z=4\pi$이다.

접촉평면의 법선벡터는 $r'\left(\dfrac{\pi}{2}\right) \times r''\left(\dfrac{\pi}{2}\right)$와 비례하므로

$r''(t) = <-4\sin 2t,\ 4\cos 2t,\ 0>$

$r''\left(\dfrac{\pi}{2}\right) = <0,\ -4,\ 0>$

$r'\left(\dfrac{\pi}{2}\right) \times r''\left(\dfrac{\pi}{2}\right) = <16,\ 0,\ 8> // <2,\ 0,\ 1>$이다.

접촉평면의 방정식은 $2x+z=2\pi$이다.

(2) $r(t) = <\ln t,\ 2t,\ t^2>$이라 하자.

주어진 점 $(0,\ 2,\ 1)$은 $t=1$일 때

법평면의 법선벡터는 $r'(1)$에 비례하므로

$r'(t) = \left\langle \dfrac{1}{t},\ 2,\ 2t \right\rangle \Rightarrow r'(t) = <1,\ 2,\ 2>$

따라서 법평면의 방정식은 $x+2y+2z=6$이다.

접촉평면의 법선벡터는 $r'(1)\times r''(1)$에 비례하므로

$r''(t)=\left\langle -\frac{1}{t^2},\ 0,\ 2\right\rangle \Rightarrow r''(1)=<-1,\ 0,\ 2>$

$r'(1)\times r''(1)=<4,\ -4,\ 2>//<2,\ -2,\ 1>$

따라서 접촉평면의 방정식은 $2x-2y+z=-3$이다.

93. 법평면 $2x+y+4z=7$, 접촉평면 $6x-8y-z=-3$

풀이 두 곡면의 교선을 매개화하면 $r(t)=\langle t^2, t, t^4\rangle$이고, 점$(1,1,1)$은 $t=1$일 때

법평면의 법선벡터는 접벡터 $T=\frac{r'(t)}{|r'(t)|}$와 평행하고,

접촉평면의 법선벡터는 $B=T\times N$과 평행하다.

결론적으로 B는 $r'\times r''$과 평행하다고 할 수 있다.

$r'(t)=\langle 2t, 1, 4t^3\rangle$, $r'(1)=\langle 2,1,4\rangle$이므로

법평면의 방정식은 $2x+y+4z=7$이다.

$r''(t)=\langle 2,0,12t^2\rangle$이고, $r''(1)=2\langle 1,0,6\rangle$이므로

$r'\times r''=2\begin{vmatrix} i & j & k \\ 2 & 1 & 4 \\ 1 & 0 & 6\end{vmatrix}=2\langle 6,-8,-1\rangle$이다.

따라서 접촉평면의 방정식은 $6x-8y-z=-3$이다.

94. (1) $\kappa(t)=\frac{\sqrt{t^4+4t^2+1}}{(t^4+t^2+1)^{\frac{3}{2}}}$, $\tau(t)=\frac{2}{t^4+4t^2+1}$

(2) $\kappa(t)=\frac{\operatorname{sech}^2 t}{2}$, $\tau(t)=-\frac{\operatorname{sech}^2 t}{2}$

풀이 (1) $r'(t)=<1,\ t,\ t^2>$

$r''(t)=<0,\ 1,\ 2t>$

$r'(t)\times r''(t)=<t^2,\ -2t,\ 1>$이고

$|r'(t)|=\sqrt{t^4+t^2+1}$

$|r'(t)\times r''(t)|=\sqrt{t^4+2t^2+1}$

$\kappa(t)=\frac{|r'(t)\times r''(t)|}{|r'(t)|^3}=\frac{\sqrt{t^4+4t^2+1}}{(t^4+t^2+1)^{\frac{3}{2}}}$

$r'''(t)=<0,\ 0,\ 2>$이고 $\begin{vmatrix} r'(t) \\ r''(t) \\ r'''(t)\end{vmatrix}=\begin{vmatrix} 1 & t & t^2 \\ 0 & 1 & 2t \\ 0 & 0 & 2\end{vmatrix}=2$

이므로 $\tau(t)=\frac{\begin{vmatrix} r'(t) \\ r''(t) \\ r'''(t)\end{vmatrix}}{|r'(t)\times r''(t)|^2}=\frac{2}{t^4+4t^2+1}$

(2) $r(t)=<\sinh t, \cosh t, t>$라 하자

$r'(t)=<\cosh t, \sinh t, 1>$, $r''(t)=<\sinh t, \cosh t, 0>$

$r'(t)\times r''(t)=<-\cosh t, \sinh t, 1>$이므로

$|r'(t)|=\sqrt{\cosh^2 t+\sinh^2 t+1}$

$|r'(t)\times r''(t)|=\sqrt{\cosh^2 t+\sinh^2 t+1}$

$\kappa(t)=\frac{|r'(t)\times r''(t)|}{|r'(t)|^3}$

$=\frac{\sqrt{\cosh^2 t+\sinh^2 t+1}}{(\cosh^2 t+\sinh^2 t+1)^{\frac{3}{2}}}=\frac{1}{\cosh^2 t+\sinh^2 t+1}$

$=\frac{1}{\cosh 2t+1}=\frac{1}{2\cosh^2 t}=\frac{\operatorname{sech}^2 t}{2}$

$r'''(t)=<\cosh t, \sinh t, 0>$이고

$\begin{vmatrix} r'(t) \\ r''(t) \\ r'''(t)\end{vmatrix}=\begin{vmatrix} \cosh t & \sinh t & 1 \\ \sinh t & \cosh t & 0 \\ \cosh t & \sinh t & 0\end{vmatrix}=-1$이므로

$\tau(t)=\frac{\begin{vmatrix} r'(t) \\ r''(t) \\ r'''(t)\end{vmatrix}}{|r'(t)\times r''(t)|^2}$

$=\frac{-1}{\cosh^2 t+\sinh^2 t+1}=-\frac{\operatorname{sech}^2 t}{2}$

95. ①

풀이 주어진 곡선은 $z=1$인 평면 위에 존재하는 직선 $x+y=1$이다. 따라서 직선의 곡률은 0이고, 평면 위에 존재하는 곡선의 곡률도 0이므로 곡률과 열률의 합은 0이다.

96. (1) $\frac{4}{13}$　(2) 2　(3) $\frac{\sqrt{19}}{7\sqrt{14}}$

(4) $T(t)=\frac{1}{\sqrt{10}}<1,\ -3\sin t,\ 3\cos t>$

$N(t)=<0,\ -\cos t,\ -\sin t>$, $\kappa=\frac{3}{10}$

(5) $T(t)=\frac{1}{e^{2t}+1}<\sqrt{2}e^t,\ e^{2t},\ -1>$

$N(t)=\frac{1}{e^{2t}+1}<1-e^{2t},\ \sqrt{2}e^t,\ \sqrt{2}e^t>$

$\kappa=\frac{\sqrt{2}e^{2t}}{(e^{2t}+1)^2}$

(6) $\kappa=\frac{6}{t(9t^2+4)^{\frac{3}{2}}}$　(7) $\kappa=\frac{\sqrt{6}}{2(3t^2+1)^2}$

풀이 (1) $r'(t)=\langle 2\cos 2t, 3, -2\sin 2t\rangle$, $r'\left(\frac{\pi}{2}\right)=\langle -2, 3, 0\rangle$

$r''(t)=\langle -4\sin 2t, 0, -4\cos 2t\rangle$, $r''\left(\frac{\pi}{2}\right)=\langle 0, 0, 4\rangle$

$$\Rightarrow r'\left(\frac{\pi}{2}\right)\times r''\left(\frac{\pi}{2}\right)=\begin{vmatrix} i & j & k \\ -2 & 3 & 0 \\ 0 & 0 & 4\end{vmatrix}=\langle 12, 8, 0\rangle=4\langle 3, 2, 0\rangle$$

$$\Rightarrow \left|r'\left(\frac{\pi}{2}\right)\times r''\left(\frac{\pi}{2}\right)\right|=4\sqrt{13},\ \left|r'\left(\frac{\pi}{2}\right)\right|=\sqrt{13}$$

$$\therefore \kappa=\frac{\left|r'\left(\frac{\pi}{2}\right)\times r''\left(\frac{\pi}{2}\right)\right|}{\left|r'\left(\frac{\pi}{2}\right)\right|^3}=\frac{4\sqrt{13}}{13\sqrt{13}}=\frac{4}{13}$$

(2) $r'(t)=\langle 1, 2t, 3t^2\rangle$, $r'(0)=\langle 1, 0, 0\rangle$

$r''(t)=\langle 0, 2, 6t\rangle$, $r''(0)=\langle 0, 2, 0\rangle$

$$\Rightarrow r'(0)\times r''(0)=\begin{vmatrix} i & j & k \\ 1 & 0 & 0 \\ 0 & 2 & 0\end{vmatrix}=2\langle 0, 0, 1\rangle$$

$$\Rightarrow ||r'(0)\times r''(0)||=2,\ ||r'(0)||=1$$

$$\therefore \kappa=\frac{|r'(0)\times r''(0)|}{|r'(0)|^3}=\frac{2}{1}=2$$

(3) 점 $(1, 1, 1)$은 $t=1$일 때이다.

$r'(t)=<1, 2t, 3t^2> \Rightarrow r'(1)=<1, 2, 3>$

$r''(t)=<0, 2, 6t> \Rightarrow r''(1)=<0, 2, 6>$

$r'(1)\times r''(1)=<6, -6, 2>$이므로 $|r'(1)|=\sqrt{14}$

$|r'(1)\times ''(1)|=\sqrt{76}=2\sqrt{19}$ 이므로

$$\kappa(1)=\frac{|r'(1)\times r''(1)|}{|r'(1)|^3}=\frac{2\sqrt{19}}{14\sqrt{14}}=\frac{\sqrt{19}}{7\sqrt{14}}$$

(4) $r'(t)=<1, -3\sin t, 3\cos t>$

$|r'(t)|=\sqrt{1+9\sin^2 t+9\cos^2 t}=\sqrt{10}$

$$T(t)=\frac{r'(t)}{|r'(t)|}=\frac{1}{\sqrt{10}}<1, -3\sin t, 3\cos t>$$

$$T'(t)=\frac{1}{\sqrt{10}}<0, -3\cos t, -3\sin t>,$$

$$|T'(t)|=\frac{3}{\sqrt{10}}$$

$$N(t)=\frac{T'(t)}{|T'(t)|}=\frac{1}{3}<0, -3\cos t, -3\sin t>$$

$$=<0, -\cos t, -\sin t>$$

$r''(t)=<0, -3\cos t, -3\sin t>$이므로

$r'(t)\times r''(t)=<9, 3\sin t, -3\cos t>$

$|r'(t)\times r''(t)|=3\sqrt{10}$

따라서 $\kappa=\dfrac{|r'(t)\times r''(t)|}{|r'(t)|^3}=\dfrac{3\sqrt{10}}{10\sqrt{10}}=\dfrac{3}{10}$

(5) $r'(t)=<\sqrt{2}, e^t, -e^{-t}>$,

$|r'(t)|=\sqrt{2+e^{2t}+e^{-2t}}=\sqrt{(e^t+e^{-t})^2}=e^t+e^{-t}$

이므로

$$T(t)=\frac{r'(t)}{|r'(t)|}=\frac{1}{e^t+e^{-t}}<\sqrt{2}, e^t, -e^{-t}>$$

$$=\frac{e^t}{e^{2t}+1}<\sqrt{2}, e^t, -e^{-t}>$$

$$=\frac{1}{e^{2t}+1}<\sqrt{2}e^t, e^{2t}, -1>$$

$$T(t)=\left\langle \frac{\sqrt{2}e^t}{e^{2t}+1}, \frac{e^{2t}}{e^{2t}+1}, \frac{-1}{e^{2t}+1}\right\rangle$$

$$T'(t)=\left\langle \frac{\sqrt{2}e^t(1-e^{2t})}{(e^{2t}+1)^2}, \frac{2e^{2t}}{(e^{2t}+1)^2}, \frac{2e^{2t}}{(e^{2t}+1)^2}\right\rangle$$

$$|T'(t)|=\sqrt{\frac{2e^{2t}(1-e^{2t})^2}{(e^{2t}+1)^4}+\frac{4e^{4t}}{(e^{2t}+1)^4}+\frac{4e^{4t}}{(e^{2t}+1)^4}}$$

$$=\sqrt{\frac{2e^{2t}+4e^{4t}+2e^{6t}}{(e^{2t}+1)^4}}=\sqrt{\frac{2e^{2t}(1+2e^{2t}+e^{4t})}{(e^{2t}+1)^4}}$$

$$=\sqrt{\frac{2e^{2t}(e^{2t}+1)^2}{(e^{2t}+1)^4}}=\frac{\sqrt{2}e^t}{e^{2t}+1}$$ 이므로

$$N(t)=\frac{T'(t)}{|T'(t)|}$$

$$=\frac{e^{2t}+1}{\sqrt{2}e^t}\left\langle \frac{\sqrt{2}e^t(1-e^{2t})}{(e^{2t}+1)^2}, \frac{2e^{2t}}{(e^{2t}+1)^2}, \frac{2e^{2t}}{(e^{2t}+1)^2}\right\rangle$$

$$=\left\langle \frac{1-e^{2t}}{e^{2t}+1}, \frac{\sqrt{2}e^t}{e^{2t}+1}, \frac{\sqrt{2}e^t}{e^{2t}+1}\right\rangle$$

$$=\frac{1}{e^{2t}+1}<1-e^{2t}, \sqrt{2}e^t, \sqrt{2}e^t>$$이다.

$r'(t)=<\sqrt{2}, e^t, -e^{-t}>$, $r''(t)=<0, e^t, e^{-t}>$

$|r'(t)|=\sqrt{2+e^{2t}+e^{-2t}}=\sqrt{(e^t+e^{-t})^2}=e^t+e^{-t}$

$r'(t)\times r''(t)=<2, -\sqrt{2}e^{-t}, \sqrt{2}e^t>$

$|r'(t)\times r''(t)|=\sqrt{4+2e^{-2t}+2e^{2t}}$

$=\sqrt{2(e^t+e^{-t})^2}=\sqrt{2}(e^t+e^{-t})$이므로

$$\kappa=\frac{|r'(t)\times r''(t)|}{|r'(t)|^3}$$

$$=\frac{\sqrt{2}(e^t+e^{-t})}{(e^t+e^{-t})^3}=\frac{\sqrt{2}}{(e^t+e^{-t})^2}=\frac{\sqrt{2}e^{2t}}{(e^{2t}+1)^2}$$

(6) $r'(t)=<0, 3t^2, 2t>$, $r''(t)=<0, 6t, 2>$이고

$|r'(t)|=\sqrt{9t^4+4t^2}=t\sqrt{9t^2+4}$,

$|r'(t)\times r''(t)|=\sqrt{36t^4}=6t^2$이므로

$$\kappa=\frac{|r'(t)\times r''(t)|}{|r'(t)|^3}=\frac{6t^2}{t^3(9t^2+4)^{\frac{3}{2}}}=\frac{6}{t(9t^2+4)^{\frac{3}{2}}}$$

(7) $r'(t) = < 2\sqrt{6}t, 2, 6t^2 >$, $r''(t) = < 2\sqrt{6}, 0, 12t >$이고

$|r'(t)| = \sqrt{24t^2 + 4 + 36t^4} = \sqrt{(6t^2+2)^2}$

$= 6t^2 + 2 = 2(3t^2+1)$

$r'(t) \times r''(t) = 4 < 6t, -3\sqrt{6}t^2, -\sqrt{6} >$

$|r'(t) \times r''(t)| = 4\sqrt{36t^2 + 54t^4 + 6} = 4\sqrt{6(3t^2+1)^2}$

$= 4\sqrt{6}(3t^2+1)$ 이므로

$$\kappa = \frac{|r'(t) \times r''(t)|}{|r'(t)|^3} = \frac{4\sqrt{6}(3t^2+1)}{(2(3t^2+1))^3} = \frac{\sqrt{6}}{2(3t^2+1)^2}$$

97. ①

풀이 곡률 $\kappa = \dfrac{|y''|}{\{1+(y')^2\}^{\frac{3}{2}}} = \dfrac{e^x}{(1+e^{2x})^{\frac{3}{2}}}$이므로

$$f(a) = \frac{e^a}{(1+e^{2a})^{\frac{3}{2}}}$$

$$\therefore \lim_{a\to\infty} f(a) = \lim_{a\to\infty}\frac{e^a}{(1+e^{2a})^{\frac{3}{2}}} = \lim_{t\to\infty}\frac{t}{(1+t^2)^{\frac{3}{2}}}\ (\because e^a = t)$$

$$= \lim_{t\to\infty}\frac{1}{\frac{3}{2}(1+t^2)^{\frac{1}{2}}2t}\ (\because \text{로피탈 정리}) = 0$$

98. ②

풀이 $y' = \dfrac{1}{\sqrt{x^2-1}}$, $y'' = \dfrac{-\dfrac{2x}{2\sqrt{x^2-1}}}{x^2-1} = -\dfrac{x}{(x^2-1)^{\frac{3}{2}}}$이므로

$$\text{곡률}(\kappa) = \frac{|y''|}{\{1+(y')^2\}^{\frac{3}{2}}} = \frac{\left|-\dfrac{x}{(x^2-1)^{\frac{3}{2}}}\right|}{\left\{1+\dfrac{1}{x^2-1}\right\}^{\frac{3}{2}}} = \frac{\dfrac{x}{(x^2-1)^{\frac{3}{2}}}}{\left(\dfrac{x^2}{x^2-1}\right)^{\frac{3}{2}}}$$

$= \dfrac{x}{x^3} = \dfrac{1}{x^2}$이다.

(곡률반경)$= \dfrac{1}{(\text{곡률})}$ 임을 이용하면

곡률반경은 x^2이다.

99. 2

풀이 점 $P(0, -1, 0)$은 $t = \pi$일 때

(ⅰ) $r(t) = \langle \sin t, \cos t, \ln(-\cos t) \rangle$

$r'(t) = \left\langle \cos t, -\sin t, \dfrac{\sin t}{-\cos t} \right\rangle$

$= \langle \cos t, -\sin t, -\tan t \rangle$

$r'(\pi) = \langle -1, 0, 0 \rangle$

$r''(t) = \langle -\sin t, -\cos t, -\sec^2 t \rangle$

$r''(\pi) = \langle 0, 1, -1 \rangle$이

곡률 $k(\pi) = \dfrac{|r'(\pi) \times r''(\pi)|}{|r'(\pi)|^3} = \dfrac{|(0, -1, -1)|}{1^3} = \sqrt{2}$

(ⅱ) $r'(t) = \langle \cos t, -\sin t, -\tan t \rangle$에서

$|r'(t)| = \sqrt{1+\tan^2 t} = |\sec t| = -\sec t$

($\because t = \pi$일 때, $\sec t < 0$)

단위접선벡터 $T(t) = \dfrac{r'(t)}{|r'(t)|}$

$= \dfrac{\langle \cos t, -\sin t, -\tan t \rangle}{-\sec t}$

$= \langle -\cos^2 t, \sin t \cos t, \sin t \rangle$

$T'(t) = \langle 2\cos t \sin t, \cos^2 t - \sin^2 t, \cos t \rangle$

$= \langle \sin 2t, \cos 2t, \cos t \rangle$

$|T'(t)| = \sqrt{1+\cos^2 t}$ 이므로

단위노말벡터(단위법선벡터)

$N(t) = \dfrac{T'(t)}{|T'(t)|} = \dfrac{\langle \sin 2t, \cos 2t, \cos t \rangle}{\sqrt{1+\cos^2 t}}$

따라서 $t = \pi$일 때,

단위노말벡터 $N(\pi) = \left\langle 0, \dfrac{1}{\sqrt{2}}, -\dfrac{1}{\sqrt{2}} \right\rangle$이다.

그러므로 $a^2 + b^2 - c^2 + \kappa^2 = 0 + \dfrac{1}{2} - \dfrac{1}{2} + 2 = 2$이다.

100.

(1) $\left(\dfrac{1}{\sqrt{2}}, -\dfrac{1}{2}\ln 2\right)$, $\displaystyle\lim_{x\to\infty}\kappa(x) = 0$

(2) $\left(-\dfrac{1}{2}\ln 2, \dfrac{1}{\sqrt{2}}\right)$, $\displaystyle\lim_{x\to\infty}\kappa(x) = 0$

풀이 (1) 우선 $y = \ln x$이므로 정의역 $x > 0$이다.

$y' = \dfrac{1}{x}$, $y'' = -\dfrac{1}{x^2}$이고

$$\kappa(x) = \frac{|y''|}{(1+(y')^2)^{\frac{3}{2}}} = \frac{\dfrac{1}{x^2}}{\left(1+\dfrac{1}{x^2}\right)^{\frac{3}{2}}} = \frac{x}{(1+x^2)^{\frac{3}{2}}}\text{이다.}$$

최대가 되는 점을 구하기 위하여

$$\kappa'(x)=\frac{(1+x^2)^{\frac{3}{2}}-3x^2(1+x^2)^{\frac{1}{2}}}{(1+x^2)^3}$$

$$=\frac{(1+x^2)^{\frac{1}{2}}(1-2x^2)}{(1+x^2)^3}=0$$

$1-2x^2=0 \Rightarrow x=\frac{1}{\sqrt{2}}\ (x>0)$

즉 곡률이 최대가 되는 점은 $\left(\frac{1}{\sqrt{2}},\ \ln\frac{1}{\sqrt{2}}\right)$이고

$\lim_{x\to\infty}\kappa(x)=\lim_{x\to\infty}\frac{x}{(1+x^2)^{\frac{3}{2}}}=0$이다.

(2) $y'=e^x,\ y''=e^x$이고

$\kappa(x)=\frac{|y''|}{(1+(y')^2)^{\frac{3}{2}}}=\frac{e^x}{(1+e^{2x})^{\frac{3}{2}}}$이다.

곡률의 최대가 되는 x좌표를 구하기 위해

$$\kappa'(x)=\frac{e^x(1+e^{2x})^{\frac{3}{2}}-3e^{3x}(1+e^{2x})^{\frac{1}{2}}}{(1+e^{2x})^3}$$

$=\frac{e^x(1+e^{2x})^{\frac{1}{2}}(1-2e^{2x})}{(1+e^{2x})^3}=0$이므로

$1-2e^{2x}=0 \Rightarrow e^{2x}=\frac{1}{2} \Rightarrow 2x=\ln\frac{1}{2} \Rightarrow x=\frac{1}{2}\ln\frac{1}{2}$

이다. 즉 $\left(\frac{1}{2}\ln\frac{1}{2},\ \frac{1}{\sqrt{2}}\right)$에서 $\kappa(x)$는 최댓값을 가지고

$\lim_{x\to\infty}\kappa(x)=\lim_{x\to\infty}\frac{e^x}{(1+e^{2x})^{\frac{3}{2}}}=0$이다.

101. $\frac{1}{2}$

풀이 타원을 매개화하면 $x=\cos t,\ y=2\sin t$이다.

$x'=-\sin t,\ x''=-\cos t,\ y'=2\cos t,\ y''=-2\sin t$이므로

곡률 k는 $k=\frac{|x'y''-x''y'|}{\{(x')^2+(y')^2\}^{\frac{3}{2}}}$

$=\frac{2}{\{\sin^2 t+4\cos^2 t\}^{\frac{3}{2}}}=\frac{2}{\{1+3\cos^2 t\}^{\frac{3}{2}}}$에서

$t=0$일 때 최솟값 $\frac{1}{4}$, $t=\frac{\pi}{2}$일 때 최댓값 2를 갖는다.

$\therefore \frac{1}{4}\times 2=\frac{1}{2}$

102. $3x-z=0$

풀이 $(0,\ 1,\ 0)$은 $t=0$일 때 이다. 접촉평면의 법선벡터는 B이고 $B//r'\times r''$이므로

$r'(t)=<\cos t,\ -\sin t,\ 3> \Rightarrow r'(0)=<1,\ 0,\ 3>$

$r''(t)=<-\sin t,\ -\cos t,\ 0> \Rightarrow r''(0)=<0,\ -1,\ 0>$

$r'(0)\times r''(0)=\begin{vmatrix} i & j & k \\ 1 & 0 & 3 \\ 0 & -1 & 0\end{vmatrix}=<3,\ 0,\ -1>$은 접촉평면의 법선벡터이므로 접촉평면은 $3x-z=0$이다.

103. 10

풀이 $(0,\ 1,\ 0)$은 $t=0$에서 이므로 접촉원의 반지름은 $t=0$에서 곡률의 역수를 구하면 된다.

$\kappa(0)=\frac{|r'(0)\times r''(0)|}{|r'(0)|^3}=\frac{\sqrt{10}}{10\sqrt{10}}=\frac{1}{10}$이므로 곡률원의 반지름은 10이다.

104. $(0, -9, 0)$

풀이 원점을 O, 접촉원의 중심을 C라고 하면 $\overrightarrow{OC}=\overrightarrow{OP}+\overrightarrow{PC}$가 되고 $\overrightarrow{PC}$벡터는 $t=0$(P점에서)의 N벡터와 평행이고 크기는 곡률원의 반지름인 10이 된다.

$r'(t)=<\cos t,\ -\sin t,\ 3> \Rightarrow |r'(t)|=\sqrt{10}$

$T(t)=\frac{r'(t)}{|r'(t)|}=\frac{1}{\sqrt{10}}<\cos t,\ -\sin t,\ 3>$

$T'(t)=\frac{1}{\sqrt{10}}<-\sin t,\ -\cos t,\ 0>$

$|T'(t)|=\frac{1}{\sqrt{10}}$

$N(t)=\frac{T'(t)}{|T'(t)|}=<-\sin t,\ -\cos t,\ 0>$

$N(0)=<0,\ -1,\ 0>$이므로

$\overrightarrow{PC}=10N(0)=<0,\ -10,\ 0>$

따라서

$\overrightarrow{OC}=<0,\ 1,\ 0>+<0,\ -10,\ 0>=<0,\ -9,\ 0>$이 곡률원의 중심이다.

105. $\langle \sqrt{10}\cos t,\ -9+10\sin t,\ 3\sqrt{10}\cos t \rangle$

풀이 접촉원의 중심은 $(0,\ -9,\ 0)$이고 반지름이 10이므로 $x^2+(y+9)^2+z^2=100$의 일부가 접촉원이 되고 접촉원은 접촉평면 $3x-z=0$위에 존재하므로 $x^2+(y+9)^2+z^2=100,\ 3x-z=0$의 교선이 접촉원이 된다. 두 식을 연립하면 $z=3x$를 대입하면 $10x^2+(y+9)^2=100$이 되고, 매개화를 통해 $x=\sqrt{10}\cos t,\ y=10\sin t-9,\ z=3\sqrt{10}\cos t$으로 구할 수 있다.

■ 3. 곡면의 접평면 & 법선

106. 풀이 참조

풀이 $F(x,\ y,\ z)=x+y^2-z=0$이라 두면
$\nabla F=\langle F_x,\ F_y,\ F_z\rangle=\langle 1,\ 2y,\ -1\rangle$이므로
$\nabla F(-1,\ -1,\ 0)=\langle 1,\ -2,\ -1\rangle$

(i) 접평면의 방정식
접평면의 법선벡터 : $\nabla F(-1,\ -1,\ 0)=\langle 1,\ -2,\ -1\rangle$
지나는 한 점 : $(-1,\ -1,\ 0)$
$\therefore x-2y-z=1$

(ii) 법선의 방정식
법선의 방향벡터 : $\nabla F(-1,\ -1,\ 0)=\langle 1,\ -2,\ -1\rangle$
지나는 한 점 $(-1,\ -1,\ 0)$

$$\therefore \begin{cases} x=t-1 \\ y=-2t-1 \\ z=-t \end{cases}$$

107. ④

풀이 $g(x,y,z)=e^x\cos(xy)-z$이라 할 때,
점 $(0,0,1)$에서 접평면의 법선벡터는
$\nabla g(0,0,1)$
$=\left(e^x\cos(xy)-e^x y\sin(xy),\ -xe^x\sin(xy),\ -1\right)_{(0,0,1)}$
$=(1,0,-1)$이고,
점 $(0,0,1)$을 지나므로 접평면의 방정식은
$1(x-0)+0(y-0)-(z-1)=0 \Leftrightarrow x-z=-1$이다.

108. ②

풀이 (i) $F(x,y,z)=x^2+y^2+z^2$이라 두면
$\nabla F=\langle F_x, F_y, F_z\rangle=\langle 2x, 2y, 2z\rangle$이므로
$\nabla F(1,1,2)=\langle 2,2,4\rangle$
따라서 접평면 L은 법선벡터가
$\nabla F(1,1,2)=2\langle 1,1,2\rangle$이고 한 점 $(1,1,2)$를 지나므로
접평면의 방정식은 $x+y+2z=6$이다.

(ii) 보기의 점을 접평면의 방정식 $x+y+2z=6$에 대입하면
① $1+2+6\neq 6$ ② $-1+1+6=6$
③ $2+2+0\neq 6$ ④ $2+3-2\neq 6$

109. 1

풀이 (i) $F(x, y, z)=\frac{x^2}{4}+y^2+\frac{z^2}{9}$이라 두면

곡면 위의 점 P$(-2, 1, -3)$에서의 법선의 방향벡터 :

$\nabla F(-2,1,-3)//(3,b,d)$

$\nabla F=\langle F_x, F_y, F_z\rangle=\left\langle\frac{x}{2}, 2y, \frac{2}{9}z\right\rangle$이므로

$\nabla F(-2,1,-3)=\left\langle-1,2,-\frac{2}{3}\right\rangle//(3,-6,2)$

$=(3,b,d)$

$\therefore b=-6, d=2$

(ii) 법선의 방정식이 지나는 한 점의 좌표는

$(-a, 1, -c)=(-2, 1, -3)$

$\therefore a=2, c=3$

$\therefore a+b+c+d=2-6+3+2=1$

110. -5

풀이 곡면 $f(x,y,z)=\ln(z-x+1)+yz$일 때,

$\nabla f(x,y,z)=\left(\frac{-1}{z-x+1}, z, \frac{1}{z-x+1}+y\right)$이므로

점 $(1, -\ln\sqrt{2}, 2)$에서 접평면의 법선벡터는

$\nabla f(1,-\ln\sqrt{2},2)$

$=\left(-\frac{1}{2}, 2, \frac{1}{2}-\ln\sqrt{2}\right)//(1,-4,-1+2\ln\sqrt{2})$

(i) 접평면의 방정식

$(x-1)-4(y+\ln\sqrt{2})+(-1+2\ln\sqrt{2})(z-2)=0$

$x-4y+(-1+2\ln\sqrt{2})z+1-8\ln\sqrt{2}=0$

(ii) 노말직선(법선)의 방정식

$\frac{x-1}{1}=\frac{y+\ln\sqrt{2}}{-4}=\frac{z-2}{-1+2\ln\sqrt{2}}$

$\frac{x-1}{-1}=\frac{y+\ln\sqrt{2}}{4}=\frac{z-2}{1-2\ln\sqrt{2}}$

따라서 $a=-4$, $b=-1+2\ln\sqrt{2}$, $c=-1$, $d=1-2\ln\sqrt{2}$

$\therefore a+b+c+d=-5$

111. $(0, 0, -3)$

풀이 $F(x, y, z)=2x^2+y^2-z=0$이라 두면

$\nabla F=\langle F_x, F_y, F_z\rangle=\langle 4x, 2y, -1\rangle$이므로

$\nabla F(1, 1, 3)=\langle 4, 2, -1\rangle$

(i) 접평면의 방정식

접평면의 법선벡터 : $\nabla F(1, 1, 3)=\langle 4, 2, -1\rangle$

지나는 한 점 : $(1, 1, 3)$

$\therefore 4x+2y-z=3$

(ii) 접평면 $4x+2y-z=3$이 z축($x=0$, $y=0$)과 만나는 점

$\Rightarrow (0, 0, -3)$

112. $\frac{1}{\sqrt{21}}$

풀이 $f(x, y, z)=z-2x^2-y^2$이라 하면

$\nabla f(x, y, z)=(-4x, -2y, 1)$이므로

타원 포물면 $z=2x^2+y^2$ 위의 점 $(1, 1, 3)$에서의

접평면의 법선벡터는 $\nabla f(1, 1, 3)=(-4, -2, 1)$이다.

xy평면의 법선벡터는 $(0, 0, 1)$이므로

두 평면이 이루는 각도 θ에 대하여

$\cos\theta=\frac{(-4,-2,1)\cdot(0,0,1)}{|(-4,2,1)|\cdot|(0,0,1)|}$

$=\frac{1}{\sqrt{16+4+1}\cdot\sqrt{1}}=\frac{1}{\sqrt{21}}$

113. $\frac{2}{3}$

풀이 $f(x,y,z)=2x+y^2-z-2$라 하면 점 $(1,1,1)$에서

법선벡터는 $\nabla f(1,1,1)=(2,2y,-1)_{(1,1,1)}=(2,2,-1)$,

y축 위의 벡터를 $j=(0,1,0)$라 하면

$\cos\theta=\frac{\nabla f\cdot j}{|\nabla f||j|}=\frac{2}{\sqrt{4+4+1}\sqrt{1}}=\frac{2}{3}$이다.

114. ③

풀이 $f(x, y, z)=2x^2+y^2+3z^2-6$이라 하면

$\nabla f=(4x, 2y, 6z)$이므로

$\nabla f(1,-1,1)=(4,-2,6)//(2,-1,3)$이다.

따라서 점 $(1, -1, 1)$에서의 접평면의 법선벡터 n_1은

$n_1=(2,-1,3)$이고 평면 $3x+2y+z=4$의 법선벡터 n_2는

$n_2=(3,2,1)$이다. 두 법선벡터 사이의 각을 θ라 하면

$\cos\theta=\frac{n_1\cdot n_2}{|n_1||n_2|}=\frac{6-2+3}{\sqrt{14}\sqrt{14}}=\frac{7}{14}=\frac{1}{2}$

$\therefore \theta=\frac{\pi}{3}$

115. $\sqrt{3}$

풀이 원점을 중심으로 갖는 구에 대하여 구 위의 임의의 점과 그 점에서의 법선벡터는 평행하다.

$F(x, y, z)=x^2+y^2+z^2=3$이라 두면

$\nabla F(x, y, z)=\langle 2x, 2y, 2z\rangle=2\langle x, y, z\rangle$

점 $(1, 1, 1)$에서의 접평면의 법선벡터는 $\langle 1, 1, 1\rangle$이므로

점 $(1, 1, 1)$에서의 접평면은 $x+y+z=3$이다.

따라서 점 $(1, 2, 3)$에서 평면 $x+y+z=3$까지의 거리는

$$\frac{|1+2+3-3|}{\sqrt{1+1+1}}=\frac{3}{\sqrt{3}}=\sqrt{3}$$

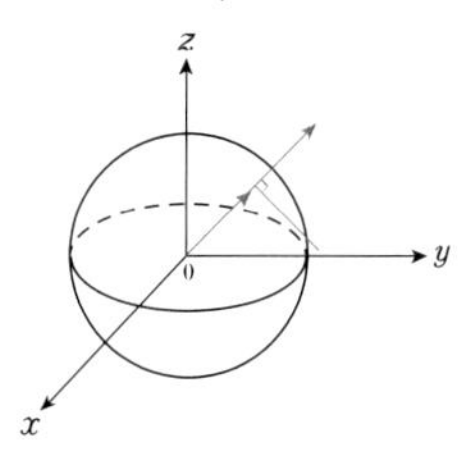

116. ④

풀이 구하고자 하는 평면은 구면 $x^2+y^2+z^2=1$의 접평면 중에서 평면 $x-2y-2z=9$와 평행한 평면이다.

$x-2y-2z-9=0$과 구면의 중심 $(0, 0, 0)$ 사이의 거리는

$\frac{9}{\sqrt{1+4+4}}=3$이고 구의 반지름은 1이다.

$\therefore$(두 평면 사이의 거리)$=3-1=2$ 또는 $3+1=4$

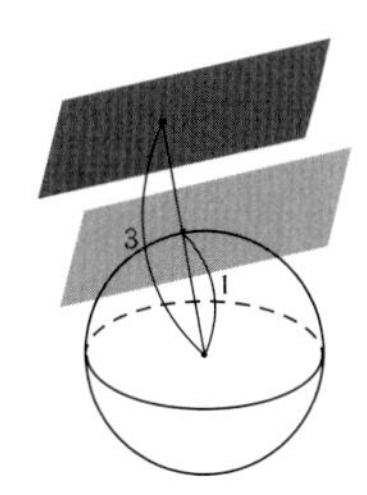

117. ①

풀이

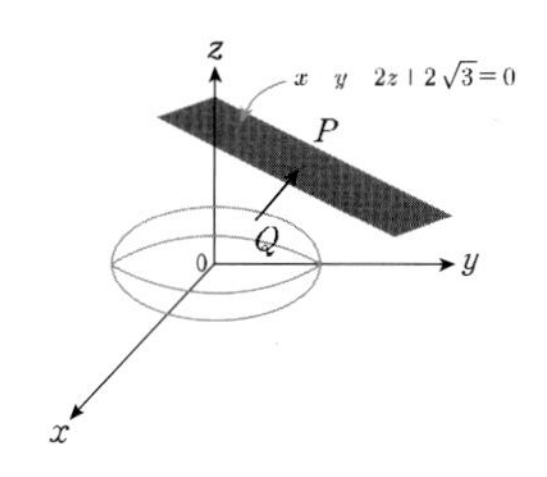

타원면 $\frac{x^2}{2^2}+\frac{y^2}{2^2}+z^2=1$에서

$F(x, y, z)=x^2+y^2+4z^2-4=0$이라 두면

$\nabla F(x, y, z)=\langle 2x, 2y, 8z\rangle//\langle x, y, 4z\rangle$

평면 $x+y+2z+2\sqrt{3}=0$의 법선벡터는 $\langle 1, 1, 2\rangle$이다.

$\langle x, y, 4z\rangle=t\langle 1, 1, 2\rangle \Rightarrow x=t,\ y=t,\ z=\frac{1}{2}t$는

타원면 위의 점이므로 $\frac{x^2}{2^2}+\frac{y^2}{2^2}+z^2=1$에 대입하면

$x^2+y^2+4z^2=4$

$\Rightarrow t^2+t^2+t^2=4 \Rightarrow t^2=\frac{4}{3} \Rightarrow t=\pm\frac{2}{\sqrt{3}}$

(i) $t=\frac{2}{\sqrt{3}}$이면 $(x, y, z)=\left(\frac{2}{\sqrt{3}}, \frac{2}{\sqrt{3}}, \frac{1}{\sqrt{3}}\right)$이고

접평면은 $x+y+2z-2\sqrt{3}=0$이다.

주어진 평면 $x+y+2z+2\sqrt{3}=0$과

타원체 위의 점 $\left(\frac{2}{\sqrt{3}}, \frac{2}{\sqrt{3}}, \frac{1}{\sqrt{3}}\right)$ 사이의 거리는

두 평면의 거리와 같다.

$$\therefore \frac{\frac{6}{\sqrt{3}}+2\sqrt{3}}{\sqrt{1+1+4}}=\frac{4\sqrt{3}}{\sqrt{6}}=2\sqrt{2}$$

(ii) $t=-\frac{2}{\sqrt{3}}$이면

$(x, y, z)=\left(-\frac{2}{\sqrt{3}}, -\frac{2}{\sqrt{3}}, -\frac{1}{\sqrt{3}}\right)$이고

접평면은 $x+y+2z+2\sqrt{3}=0$이다. 즉, 주어진 평면 $x+y+2z+2\sqrt{3}=0$은 타원면의 접평면이다.

따라서 평면 $x+y+2z+2\sqrt{3}=0$과

점 $\left(-\frac{2}{\sqrt{3}}, -\frac{2}{\sqrt{3}}, -\frac{1}{\sqrt{3}}\right)$ 사이의 거리는 0이다.

(i), (ii)에 의하여 두 점 사이의 거리의 최솟값은 0이다.

118. $x+2y-2z=-3$

풀이 곡면 $S : r(u, v)=\langle u^2, v^2, u+2v\rangle$에서

점 $(1, 1, 3)$은 $u=1,\ v=1$일 때의 점이다.

이때, $r_u(u, v)=\langle 2u, 0, 1\rangle$, $r_v(u, v)=\langle 0, 2v, 2\rangle$이다.

접평면의 법선벡터는

$$r_u\times r_v=\begin{vmatrix} i & j & k \\ 2u & 0 & 1 \\ 0 & 2v & 2\end{vmatrix}_{\substack{u=1\\v=1}}=\begin{vmatrix} i & j & k \\ 2 & 0 & 1 \\ 0 & 2 & 2\end{vmatrix}$$

$=\langle -2, -4, 4\rangle=-2\langle 1, 2, -2\rangle$이고

지나는 한 점은 $(1, 1, 3)$이므로

접평면의 방정식은 $x+2y-2z=-3$이다.

119. $3x+4y-12z+13=0$

풀이 $(u, v)=(2, 1)$일 때 곡면 위의 점은 $(5, 2, 3)$이고,
$r_u=\langle 2u, 0, 1\rangle$이고, $r_v=\langle 0, 3v^2, 1\rangle$이므로
매개화된 곡면 위의 $(u, v)=(2, 1)$에서의 법선벡터는
$r_u(2, 1)\times r_v(2, 1)=(4, 0, 1)\times(0, 3, 1)=(-3, -4, 12)$
따라서 점 $(5, 2, 3)$을 지나고, 법선벡터가 $(-3, -4, 12)$인 평면의 방정식은 $-3(x-5)-4(y-2)+12(z-3)=0$이다.
$\therefore 3x+4y-12z+13=0$

120. ①

풀이 $(\theta, z)=\left(\frac{\pi}{3}, 0\right)$일 때, 곡면 위의 점은 $\left(\frac{3\sqrt{3}}{2}, \frac{9}{2}, 0\right)$이고,
$r_\theta=(6\cos 2\theta)i+(12\sin\theta\cos\theta)j,\ r_z=k$이다.
즉 $\theta=\frac{\pi}{3},\ z=0$일 때 $r_\theta=\langle -3, 3\sqrt{3}, 0\rangle,\ r_z=\langle 0, 0, 1\rangle$
이므로 접평면의 법선벡터는
$r_\theta\times r_z=(-3, 3\sqrt{3}, 0)\times(0, 0, 1)=(3\sqrt{3}, 3, 0)$이다.
따라서 접평면의 방정식은
$3\sqrt{3}\left(x-\frac{3\sqrt{3}}{2}\right)+3\left(y-\frac{9}{2}\right)=0$ 즉, $\sqrt{3}x+y=9$이다.
보기 중 이 평면 위에 존재하는 것은 $(\sqrt{3}, 6, 2)$이다.

121. $\begin{cases} x=-t+1 \\ y=t+1 \\ z=t+3 \end{cases}$

풀이 $f(x, y, z)=x^2+y^2-2,\ g(x, y, z)=x+z-4$라 하자.
$\nabla f(x, y, z)=\langle 2x, 2y, 0\rangle,\ \nabla g(x, y, z)=\langle 1, 0, 1\rangle$이므로
$\nabla f(1, 1, 3)=\langle 2, 2, 0\rangle,\ \nabla g(1, 1, 3)=\langle 1, 0, 1\rangle$ 이고
$\nabla f\times\nabla g=\begin{vmatrix} i & j & k \\ 2 & 2 & 0 \\ 1 & 0 & 1 \end{vmatrix}=\langle 2, -2, -2\rangle=2\langle 1, -1, -1\rangle$
$=-2\langle -1, 1, 1\rangle$이다.
따라서 접선의 방향벡터는
$\nabla f\times\nabla g=2\langle 1, -1, -1\rangle=-2\langle -1, 1, 1\rangle$이고
지나는 한 점은 $(1, 1, 3)$이므로 접선의 방정식은
$\begin{cases} x=t+1 \\ y=-t+1 \\ z=-t+3 \end{cases}$ 또는 $\begin{cases} x=-t+1 \\ y=t+1 \\ z=t+3 \end{cases}$ 이다. 이때, $\begin{cases} x=t+1 \\ y=-t+1 \\ z=-t+3 \end{cases}$은
$r(t)=\langle t+1, -t+1, -t+3\rangle$으로도 표현할 수 있다.

[다른 풀이]
교선 찾기
$\begin{cases} x^2+y^2=2 \\ x+z=4 \end{cases} \Leftrightarrow \begin{cases} x=\sqrt{2}\cos t \\ y=\sqrt{2}\sin t \\ z=4-\sqrt{2}\cos t \end{cases}$ 따라서 교선은
$C: r(t)=\langle\sqrt{2}\cos t, \sqrt{2}\sin t, 4-\sqrt{2}\cos t\rangle$이고
점 $(1, 1, 3)$은 $t=\frac{\pi}{4}$일 때 지나는 점이다.
$r'(t)=\langle -\sqrt{2}\sin t, \sqrt{2}\cos t, \sqrt{2}\sin t\rangle$에서
$r'\left(\frac{\pi}{4}\right)=\langle -1, 1, 1\rangle$이다.
따라서 접선의 방정식은 $\begin{cases} x=-t+1 \\ y=t+1 \\ z=t+3 \end{cases}$ 이다.

122. $2x-y=0$

풀이 $F(x, y, z)=x^2+y^2+z^2-14$,
$G(x, y, z)=x^2+y^2-5$라 두면
$\nabla F(x, y, z)=\langle 2x, 2y, 2z\rangle$,
$\nabla G(x, y, z)=\langle 2x, 2y, 0\rangle$이므로
$\nabla F\times\nabla G=\begin{vmatrix} i & j & k \\ 2x & 2y & 2z \\ 2x & 2y & 0 \end{vmatrix}_{(1,2,3)}=\begin{vmatrix} i & j & k \\ 2 & 4 & 6 \\ 2 & 4 & 0 \end{vmatrix}=2\cdot 2\cdot\begin{vmatrix} i & j & k \\ 1 & 2 & 3 \\ 1 & 2 & 0 \end{vmatrix}$
$=4\langle -6, 3, 0\rangle=-12\langle 2, -1, 0\rangle$
따라서 법평면의 법선벡터는 $\nabla F\times\nabla G=-12\langle 2, -1, 0\rangle$,
지나는 한 점은 $(1, 2, 3)$이므로
법평면의 방정식은 $2x-y=0$이다.

[다른 풀이]
교선 찾기
$\begin{cases} x^2+y^2+z^2=14 \\ x^2+y^2=5 \end{cases}$
$\Rightarrow z^2=9 \Rightarrow z=3$ 또는 $z=-3$이므로 $\begin{cases} x=\sqrt{5}\cos t \\ y=\sqrt{5}\sin t \\ z=3 \end{cases}$ 이고
교선은 $C: r(t)=\langle\sqrt{5}\cos t, \sqrt{5}\sin t, 3\rangle$이다.
$r(\alpha)=(1, 2, 3)$이라 하면 $\sqrt{5}\cos\alpha=1,\ \sqrt{5}\sin\alpha=2$이다.
$r'(t)=\langle -\sqrt{5}\sin t, \sqrt{5}\cos t, 0\rangle$이므로
$r'(\alpha)=\langle -\sqrt{5}\sin\alpha, \sqrt{5}\cos\alpha, 0\rangle=\langle -2, 1, 0\rangle$이다.
따라서 법평면의 방정식은 $-2x+y=0 \Rightarrow 2x-y=0$이다.

123. ④

풀이 $F(x,y,z)=x^2+y^2-z=0$,
$G(x,y,z)=3x+y+z-6=0$이라 하면
$\nabla F(1,-2,5)=(2x,2y,-1)_{(1,-2,5)}=(2,-4,-1)$,
$\nabla G(1,-2,5)=(3,1,1)$이므로
교선 C의 접선벡터는 $\nabla F\times\nabla G=(-3,-5,14)$이다.
따라서 보기 중에서 벡터 $(-3,-5,14)$와 평행인 벡터는
$v=(3,5,-14)$이다.

124. ①

풀이 $f(x,y,z)=2x^2+2y^2-z$,
$g(x,y,z)=2x^2+y^2+z^2-19$라고 할 때,
$\nabla f(-1,1,4)=(4x,4y,-1)_{(-1,1,4)}=(-4,4,-1)$,
$\nabla g(-1,1,4)=(4x,2y,2z)_{(-1,1,4)}=(-4,2,8)$이므로
점 $(-1,1,4)$에서 접선의 방향벡터는
$\nabla f(-1,1,4)\times\nabla g(-1,1,4)=(34,36,8)$이다.
구하는 접선의 방향벡터 (a,b,c)는 벡터 $(34,36,8)$과 평행인 벡터이다. 보기 중에서 가능한 벡터는 $(34,36,8)$이다.

125. ④

풀이 $F(x,y,z)=x^2-y+z^2=0$,
$G(x,y,z)=4x^2+y^2+z^2-9=0$이라 두면
$\nabla F=\langle 2x,-1,2z\rangle$, $\nabla G=\langle 8x,2y,2z\rangle$이므로
$\nabla F(-1,2,1)=\langle -2,-1,2\rangle$,
$\nabla G(-1,2,1)=\langle -8,4,2\rangle$이다.
따라서 접선의 방향벡터는

$$\nabla F\times\nabla G=\begin{vmatrix} i & j & k \\ -2 & -1 & 2 \\ -8 & 4 & 2\end{vmatrix}=\langle -10,-12,-16\rangle//\langle 5,6,8\rangle,$$

접선의 방정식은 $\dfrac{x+1}{5}=\dfrac{y-2}{6}=\dfrac{z-1}{8}$이다.

126. ③

풀이 $F(x,y,z)=x^2+y^2-z^2-1$,
$G(x,y,z)=x+y+z-5$라 하면
$\nabla F(x,y,z)=(2x,2y,-2z)$, $\nabla G(x,y,z)=(1,1,1)$
이므로 $\nabla F(1,2,2)=(2,4,-4)$, $\nabla G(1,2,2)=(1,1,1)$
따라서 교선 위의 점 $(1,2,2)$에서의 접선벡터는

$$\nabla F\times\nabla G=\begin{vmatrix} i & j & k \\ 2 & 4 & -4 \\ 1 & 1 & 1\end{vmatrix}=(8,-6,-2)//(4,-3,-1)$$

이므로 점 $(1,2,2)$에서의 접선의 대칭방정식은
$\dfrac{x-1}{4}=\dfrac{y-2}{-3}=\dfrac{z-2}{-1}$

127. ③

풀이 $f(x,y,z)=2x^2+2y^2-z$, $g(x,y,z)=2x^2+y^2+z^2-19$
라고 할 때, 점 $(-1,1,4)$에서 접선의 방향벡터는
$\nabla f(-1,1,4)\times\nabla g(-1,1,4)$

$$=\begin{vmatrix} i & j & k \\ 4x & 4y & -1 \\ 4x & 2y & 2z\end{vmatrix}_{(-1,1,4)}$$

$$=\begin{vmatrix} i & j & k \\ -4 & 4 & -1 \\ -4 & 2 & 8\end{vmatrix}=i(34)-j(-36)+k(8)$$

$=(34,36,8)//(17,18,4)$이므로
따라서 구하는 방정식은 $\dfrac{x+1}{17}=\dfrac{y-1}{18}=\dfrac{z-4}{4}$이고
$a+b=17+18=35$

128. ①

풀이 $F(x,y,z)=x^2-y^2-z$,
$G(x,y,z)=x^2+y^2-z^2-2$라 하면
$\nabla F(1,-1,0)=(2x,-2y,-1)_{(1,-1,0)}=(2,2,-1)$
$\nabla G(1,-1,0)=(2x,2y,-2z)_{(1,-1,0)}=(2,-2,0)$
따라서 두 곡면의 교선 위에서의 접선의 방향벡터는
$\nabla F(1,-1,0)\times\nabla G(1,-1,0)=(-2,-2,-8)$이다.
따라서 접선의 방정식은 $\dfrac{x-1}{-2}=\dfrac{y+1}{-2}=\dfrac{z}{-8}$이다.
또한 $\dfrac{x-1}{-2}=\dfrac{y+1}{-2}=\dfrac{z}{-8}$는
$\dfrac{x-1}{-2}=\dfrac{z}{-8}$, $\dfrac{y+1}{-2}=\dfrac{z}{-8}$으로 볼 수 있으므로
이를 정리하면 $4x-z=4$, $4y-z=-4$이다.

1. 이변수 함수의 테일러 전개

129. $\frac{1}{2}$

풀이 $f_x = \dfrac{1}{1+x+2y}$이므로 $f_x(0,0)=1$

$f_y = \dfrac{2}{1+x+2y}$이므로 $f_y(0,0)=2$

$f_{xx} = \dfrac{-1}{(1+x+2y)^2}$이므로 $f_{xx}(0,0)=-1$

$f_{yy} = -\dfrac{2\cdot 2}{(1+x+2y)^2}$이므로 $f_{yy}(0,0)=-4$

$f_{xy} = \dfrac{-2}{(1+x+2y)^2}$이므로 $f_{xy}(0,0)=-2$

$$f(x,y) \approx f(0,0)+f_x(0,0)x+f_y(0,0)y + \frac{1}{2!}\{f_{xx}(0,0)x^2+f_{yy}(0,0)y^2+2f_{xy}(0,0)xy\}$$

$$=0+x+2y+\frac{1}{2!}(-x^2-4y^2-4xy)$$

$f(x,y)\approx x+2y-\frac{1}{2}x^2-2y^2-2xy$이므로 $f(1,0)\approx\frac{1}{2}$

130. 3.3

풀이 점 $(1,\ 1)$에서의 $f(x,\ y)$의 선형근사식은

$f(1,\ 1)+f_x(1,\ 1)(x-1)+f_y(1,\ 1)(y-1)$이고

$f(1,\ 1)=3$, $f_x(x,\ y)=4x$에서 $f_x(1,\ 1)=4$,

$f_y(x,\ y)=2y$에서 $f_y(1,\ 1)=2$이므로

$f(x,\ y)\approx 3+4(x-1)+2(y-1)$이다.

$\therefore f(1.1,\ 0.95)\approx 3+0.4-2(0.05)=3.3$

[다른 풀이]

곡면 $z=2x^2+y^2$ 위의 점 $(1,1,3)$에서의

접평면의 방정식 구하기

$F(x,\ y,\ z)=2x^2+y^2-z$라 두면

$\nabla F(x,\ y,\ z)=\langle 4x,\ 2y,\ -1\rangle$이므로

$\nabla F(1,\ 1,\ 3)=\langle 4,\ 2,\ -1\rangle$이다.

즉, 접평면의 법선벡터는 $\nabla F(1,\ 1,\ 3)=\langle 4,\ 2,\ -1\rangle$이고

지나는 한 점은 $(1,\ 1,\ 3)$ 이므로 접평면의 방정식은

$4(x-1)+2(y-1)-(z-3)=0$

$\Rightarrow z-3=4(x-1)+2(y-1)$

$\Rightarrow z=3+4(x-1)+2(y-1)$이다.

131. 1

풀이 점 $(1,\ 0)$에서의 $f(x,\ y)$의 선형근사식은

$f(1,\ 0)+f_x(1,\ 0)(x-1)+f_y(1,\ 0)(y-0)$이고

$f(1,\ 0)=1$,

$f_x(x,\ y)=e^{xy}+xye^{xy}$에서 $f_x(1,\ 0)=1$,

$f_y(x,\ y)=x^2e^{xy}$에서 $f_y(1,\ 0)=1$이므로

$f(x,\ y)\approx 1+1(x-1)+1\cdot y$이다.

$\therefore f(1.1,\ -0.1)\approx 1+0.1-0.1=1$

132. $-\frac{2}{49}$

풀이 f의 점 $(2,3)$에서 테일러 급수의 $(y-3)^2$ 계수는

$\dfrac{f_{yy}(2,3)}{2!}$이다.

$f_y=\dfrac{x}{1+xy}$, $f_{yy}=-\dfrac{x^2}{(1+xy)^2}$

$f_{yy}(2,3)=-\dfrac{4}{49}$이므로 $\dfrac{f_{yy}(2,3)}{2!}=-\dfrac{2}{49}$이다.

133. $y+xy-\frac{1}{2}y^2$

풀이 일변수 함수의 매클로린 급수를 이용할 수 있다.

$e^x\approx 1+x+\frac{1}{2}x^2$, $\ln(1+y)\approx y-\frac{1}{2}y^2$이다.

$f(x,y)=e^x\ln(1+y)\approx y+xy-\frac{1}{2}y^2$의 2차 근사식을 갖는다.

2. 이변수 함수의 극대 & 극소

134. 풀이 참조

풀이 (1) $f(x, y) = x^2 + y^2 - 2x - 6y + 14$
$= (x-1)^2 + (y-3)^2 + 4$

(i) 임계점 구하기

$f_x(x, y) = 2x - 2 = 0 \Rightarrow x = 1$

$f_y(x, y) = 2y - 6 = 0 \Rightarrow y = 3$

따라서 $(1,\ 3)$에서 임계점을 갖는다.

(ii) $f_{xx} = 2,\ f_{yy} = 2,\ f_{xy} = 0$이므로

$\Delta(x, y) = f_{xx} \cdot f_{yy} - (f_{xy})^2 = 4 > 0$

$f_x(1, 3) = 0,\ f_y(1, 3) = 0,$

$\Delta(1, 3) = 4 > 0,\ f_{xx}(1, 3) = 2 > 0$

따라서 점 $(1,\ 3)$에서 극솟점을 갖는다.

따라서 극솟점은 $(1, 3, f(1, 3)) = (1, 3, 4)$이다.

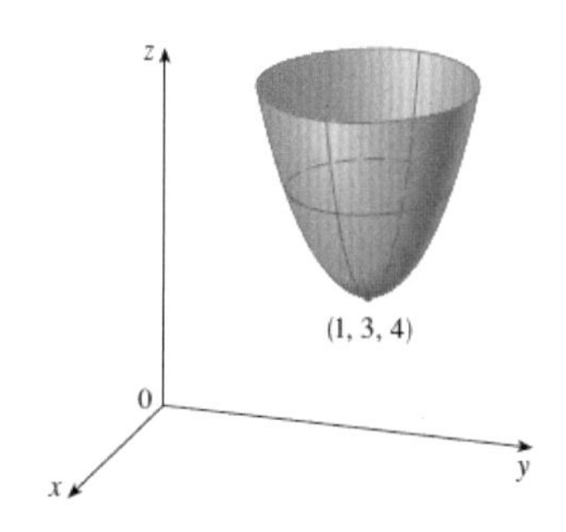

(2) (i) 임계점 구하기

$f_x(x, y) = -2x = 0 \Rightarrow x = 0$

$f_y(x, y) = 2y = 0 \Rightarrow y = 0$

따라서 $(0, 0)$에서 임계점을 갖는다.

(ii) $f_{xx} = -2,\ f_{yy} = 2,\ f_{xy} = 0$이므로

$\Delta(x, y) = f_{xx} \cdot f_{yy} - (f_{xy})^2 = -4 < 0$

$\Delta(0, 0) = -4 < 0,$

$\therefore$ 점 $(0, 0, f(0, 0)) = (0, 0, 0)$은 안장점이다.

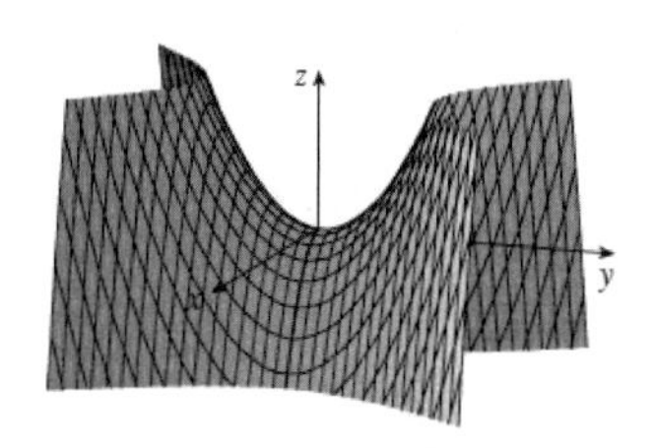

(3) (i) 임계점 구하기

$f_x(x, y) = 3y - 3x^2 = 0 \Rightarrow y = x^2$

$f_y(x, y) = 3x - 3y^2 = 0 \Rightarrow x = y^2$에서 $x = x^4$

이므로 $x^4 - x = 0 \Rightarrow x(x^3 - 1) = 0$

$\Rightarrow x(x-1)(x^2 + x + 1) = 0$

$\Rightarrow x = 0$ 또는 $x = 1$

따라서 $(0, 0)$, $(1, 1)$에서 임계점을 갖는다.

(ii) $f_{xx} = -6x,\ f_{yy} = -6y,\ f_{xy} = 3$이므로

$\Delta(x, y) = f_{xx} \cdot f_{yy} - (f_{xy})^2 = 36xy - 9$

$\Delta(0, 0) = -9 < 0,\ \Delta(1, 1) = 27 > 0,$

$f_{xx}(1, 1) = -6 < 0$

$\therefore$ 점 $(0, 0, 0)$은 안장점이고 점 $(1, 1, 1)$은 극댓점이다.

(4) (i) 임계점 구하기

$f_x = 1 - \dfrac{1}{x},\ f_y = 1 - \dfrac{1}{y}$이므로

$(1, 1)$에서 임계점을 갖는다.

(ii) 판별식 $\Delta(x, y) = f_{xx} \cdot f_{yy} - (f_{xy})^2 = \dfrac{1}{x^2}\dfrac{1}{y^2}$이므로

$\Delta(1, 1) > 0, f_{xx}(1, 1) > 0$

그러므로 $(1, 1)$에서 극솟값 $f(1, 1) = 2$를 갖는다.

(5) 임계점 구하기

$f_x = 3x^2 - 3 = 0,\ f_y = 3y^2 - 3 = 0$을 만족하는 점

$(1, 1), (1, -1), (-1, 1), (-1, -1)$에서 임계점을 갖는다.

$f_{xx} = 6x,\ f_{xy} = 0,\ f_{yy} = 6y$이므로

$\Delta(x, y) = f_{xx} \cdot f_{yy} - (f_{xy})^2 = 36xy$이다.

(i) $x = 1,\ y = 1$일 때,

$\Delta(1, 1) = 36 > 0, f_{xx}(1,\ 1) = 6 > 0$이므로

극솟값 $f(1,\ 1) = 1 + 1 - 3 - 3 + 4 = 0$을 갖는다.

(ii) $x = 1,\ y = -1$일 때, $\Delta(1, -1) = -36 < 0$이므로

점 $(1,\ -1)$에서 안장점을 갖는다.

(iii) $x = -1,\ y = 1$일 때, $\Delta(-1, 1) = -36 < 0$이므로

점 $(-1, 1)$에서 안장점을 갖는다.

(iv) $x = -1,\ y = -1$일 때, $\Delta(-1, -1) = 36 > 0,$

$f_{xx}(-1, -1) = -6 < 0$이므로 극댓값

$f(-1, -1) = -1 - 1 + 3 + 3 + 4 = 8$을 갖는다.

(6) (i) $f(x, y) = xy(x + y + 2)$
$= x^2y + xy^2 + 2xy$의 임계점을 구하자.

$f_x = 2xy + y^2 + 2y = y(2x + y + 2) = 0$

$f_y = x^2 + 2xy + 2x = x(x + 2y + 2) = 0$

연립방정식을 풀자.

① $y = 0$일 때, $x = 0$ 또는 $x = -2$이면

$f_x=0$과 $f_y=0$을 동시에 만족한다.

따라서 $(0,0)$과 $(-2,0)$에서 임계점을 갖는다.

② $y=-2x-2$일 때,

$x(x+2y+2)=x\{x+2(-2x-2)+2\}$
$=x(-3x-2)$이므로

$x=0,\ x=-\dfrac{2}{3}$이면 $f_x=0$과 $f_y=0$을

동시에 만족한다. 따라서

$(0,-2)$와 $\left(-\dfrac{2}{3},\ -\dfrac{2}{3}\right)$에서 임계점을 갖는다.

(ii) $f_{xx}=2y,\ f_{yy}=2x,\ f_{xy}=2x+2y+2$이므로

$\triangle(x,y)=f_{xx}f_{yy}-(f_{xy})^2=4xy-(2x+2y+2)^2$

이다. $\triangle(0,0)<0,\ \triangle(-2,0)<0,\ \triangle(0,-2)<0$

이므로 점 $(0,0),\ (-2,0),\ (0,-2)$에서는

안장점을 갖는다.

$\triangle\left(-\dfrac{2}{3},-\dfrac{2}{3}\right)=4\left(-\dfrac{2}{3}\right)\left(-\dfrac{2}{3}\right)-\left(-\dfrac{4}{3}-\dfrac{4}{3}+2\right)^2$

$=\dfrac{16}{9}-\dfrac{4}{9}>0$이고

$f_{xx}\left(-\dfrac{2}{3},-\dfrac{2}{3}\right)<0$이므로 점 $\left(-\dfrac{2}{3},-\dfrac{2}{3}\right)$에서는

극댓값 $f\left(-\dfrac{2}{3},-\dfrac{2}{3}\right)=\dfrac{4}{9}\left(-\dfrac{2}{3}-\dfrac{2}{3}+2\right)=\dfrac{8}{27}$을

갖는다.

135. ④

풀이 (i) 임계점 구하기

$f_x(x,\ y)=4x^3-4y=0 \Rightarrow y=x^3$

$f_y(x,\ y)=4y^3-4x=0 \Rightarrow x=y^3$에서 $x=x^9$이므로

$x^9-x=0 \Rightarrow x(x^8-1)=0 \Rightarrow x(x^4+1)(x^4-1)=0$

$\Rightarrow x(x^4+1)(x^2+1)(x+1)(x-1)=0$

$\Rightarrow x=0$ 또는 $x=1$ 또는 $x=-1$

따라서 $(0,\ 0),\ (1,\ 1),\ (-1,\ -1)$에서 임계점을 갖는다.

(ii) $f_{xx}=12x^2,\ f_{yy}=12y^2,\ f_{xy}=-4$이므로

$\Delta(x,y)=f_{xx}\cdot f_{yy}-(f_{xy})^2=144x^2y^2-16$

$\Delta(0,0)=-16<0,\ \Delta(1,1)=128>0,$

$f_{xx}(1,1)=12>0$

$\Delta(-1,-1)=128>0,\ f_{xx}(-1,-1)=12>0$

∴ 점 $(0,0,1)$은 안장점이고

점 $(1,1,-1),\ (-1,-1,-1)$은 극솟점이다.

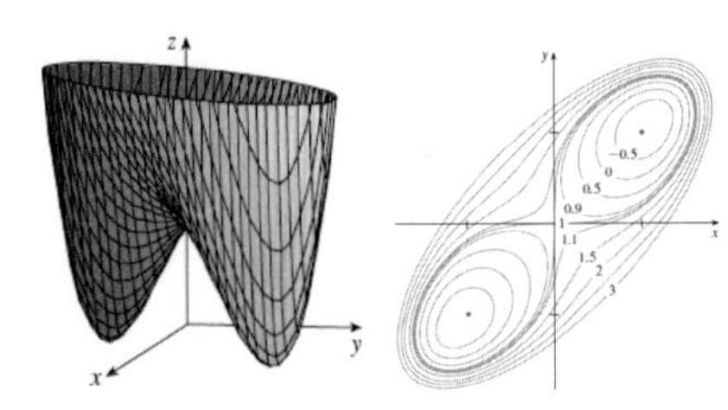

따라서 극댓값을 갖는 x는 존재하지 않는다.

136. ⑤

풀이 $f_x(x,y)=4y-4x^3=0, f_y(x,y)=4x-4y^3=0$이면

$y=x^3, x=y^3$이므로 $(0,0),\ (1,1),\ (-1,\ -1)$에서 임계점을

갖는다.

$\triangle(x,\ y)=f_{xx}\times f_{yy}-{f_{xy}}^2=(-12x^2)(-12y^2)-16$

$\triangle(0,0)=-16<0$이므로 $(0,\ 0)$에서 안장점을 갖는다.

$\triangle(1,\ 1)=144-16>0,\ \triangle(-1,\ -1)=144-16>0$이고

$f_{xx}(x,y)=-12x^2<0$이므로 $(1,\ 1),\ (-1,\ -1)$에서

극댓점을 갖는다.

극댓값은 $f(1,\ 1)=f(-1,\ -1)=2$이므로 정답은 ⑤이다.

137. ⑤

풀이 $f_x(x,\ y)=-2x-B,\ f_y(x,\ y)=-2y-C$이고

$(2,\ 1,15)$는 극댓점이자 임계점이다.

따라서 $f_x(2,\ 1)=-4-B=0,\ f_y(2,\ 1)=-2-C=0$

이므로 $B=-4,\ C=-2$이다.

$f(x,\ y)=A-(x^2-4x+y^2-2y)$이며

$f(2,\ 1)=15$를 만족해야 하므로

$f(2,\ 1)=A-(4-8+1-2)=15 \Leftrightarrow A=10$이다.

따라서 $A+B+C=4$이다.

138. ④, ⑤

풀이 ① $f_x(x,\ y)=e^x\cos y,\ f_y(x,\ y)=-e^x\sin y$이고,

$f_x(0,0)\neq0$이므로 $(0,\ 0)$은 임계점을 가질 수 없다.

따라서 원점에서 극값을 가질 수 없다.

② $f_x(x,\ y)=\sin y,\ f_y(x,\ y)=x\cos y$이고,

$f_x(0,0)=0,\ f_y(0,0)=0$이므로 $(0,\ 0)$에서 임계점을

갖는다.

$f_{xx}(x, y)=0$, $f_{yy}(x, y)=-x\sin y$, $f_{xy}(x, y)=\cos y$

이므로 $\triangle(0, 0)<0$이다.

즉 원점에서 안장점을 가지므로 극값을 갖지 않는다.

③ $f_x(x, y)=-2x$, $f_y(x, y)=2y$이고,

$f_x(0, 0)=0$, $f_y(0, 0)=0$이므로 $(0, 0)$에서 임계점을 갖는다.

$f_{xx}(x, y)=-2$, $f_{yy}(x, y)=2$, $f_{xy}(x, y)=0$이므로

$\triangle(0, 0)<0$이다. 즉 원점에서 안장점을 갖는다.

따라서 원점에서 극값을 갖지 않는다.

④ $f_x(x, y)=2x+2xy$, $f_y(x, y)=2y+x^2$이고, $f_x(0, 0)=0$,

$f_y(0, 0)=0$이므로 $(0, 0)$에서 임계점을 갖는다.

$f_{xx}(x, y)=2+2y$, $f_{yy}(x, y)=2$, $f_{xy}(x, y)=2x$이므로

$\triangle(0, 0)>0$이고, $f_{xx}(0, 0)=2>0$이므로 원점에서 극솟값을 갖는다.

⑤ (i) $f_x(x, y)=-2x\sin(x^2+y^2)$,

$f_y(x, y)=-2y\sin(x^2+y^2)$

$(0, 0)$을 대입하면 $f_x(0, 0)=0$, $f_y(0, 0)=0$이므로

점 $(0, 0)$에서 임계점을 갖는다.

(ii) $f_{xx}(x, y)$

$=-2\sin(x^2+y^2)+(-2x)\cos(x^2+y^2)(2x)$

$\Rightarrow f_{xx}(0, 0)=0$

$f_{yy}(x, y)=-2\sin(x^2+y^2)-4y^2\cos(x^2+y^2)$

$\Rightarrow f_{yy}(0, 0)=0$

$f_{xy}(x, y)=-2x\cos(x^2+y^2)(2y) \Rightarrow f_{xy}(0, 0)=0$

이므로 $\triangle(0, 0)=(f_{xx})(f_{yy})-(f_{xy})^2=0$이다.

따라서 점 $(0, 0)$에서 식으로 판정할 수 없다.

직관적으로 판단하면 $f(x, y)=\cos(x^2+y^2)$은

$f(x, y)\leq 1$이며 $f(0, 0)=1$ 이므로

점 $(0, 0)$ 근방에서 최댓값 $f(0, 0)=1$을 갖는다.

$\therefore$ 점 $(0, 0)$에서 극대를 갖는다.

139. $k\geq 4$

풀이 원점이 임계점이므로

임계점 조건과 극솟점의 조건을 모두 만족해야 한다.

(i) 임계점 조건

$f_x=2x-4y$이므로 $f_x(0, 0)=0$을 만족한다.

$f_y=2ky-4x$이므로 $f_y(0, 0)=0$을 만족한다.

(ii) 극솟점 조건

$f_{xx}=2$, $f_{yy}=2k$, $f_{xy}=-4$이므로

① $\triangle(x, y)=4k-16>0$, $f_{xx}=2>0$을 만족해야 한다.

따라서 $k>4$일 때 $(0, 0)$에서 극솟값을 갖는다.

② $\triangle(x, y)=4k-16=0$, $k=4$이면 $\triangle(0, 0)=0$이 되어

판별 불가하므로 그래프 또는 함숫값을 생각하자.

$f(x, y)=x^2+4y^2-4xy+16=(x-2y)^2+16\geq 16$

이 되어 $(0, 0)$에서 극솟값(최솟값)을 갖는다.

$\therefore k\geq 4$일 때, $f(x, y)$는 원점에서 극솟값을 갖는다.

140. ②

풀이 $f(x, y)=ax^2-xy+y^2+9x-6y$라 하면

$f_x=2ax-y+9$, $f_y=-x+2y-6$의

연립방정식을 풀자.

$$\begin{cases} f_x=0 \\ f_y=0 \end{cases} \Leftrightarrow \begin{cases} 4ax-2y=-18 \\ -x+2y=6 \end{cases} \Leftrightarrow (4a-1)x=-12$$

$a\neq\frac{1}{4}$이면 유일한 해 (x_0, y_0)가 존재한다.

$D=(f_{xx})(f_{yy})-(f_{xy})^2=2a\cdot 2-1=4a-1$이므로

$a>\frac{1}{4}$이면 $D(x_0, y_0)>0$이고 $f_{xx}(x_0, y_0)>0$이므로

함수 $f(x, y)$는 극솟값 $f(x_0, y_0)$을 갖는다.

$a<\frac{1}{4}$이면 $D(x_0, y_0)<0$이므로

점 (x_0, y_0)에서 안장점을 갖는다.

3. 이변수 함수의 최대 & 최소

141. 최솟값 $-\frac{1}{2}$, 최댓값 2

풀이 관계식을 통해서 변수를 줄이자.

$2y^2=1-x^2$이므로 이를 $f(x,y)$에 대입하면

$f(x)=2x^2-\frac{1}{2}(1-x^2)=\frac{5}{2}x^2-\frac{1}{2}$, $-1\le x\le 1$이다.

$f'(x)=0$인 x의 값은 $x=0$이므로

$f(-1)=2$, $f(0)=-\frac{1}{2}$, $f(1)=2$

따라서 최댓값은 2이고, 최솟값은 $-\frac{1}{2}$이다.

[다른 풀이]

라그랑주 승수법

$g(x,y)=x^2+2y^2-1$이라 하고, 라그랑주 승수법에 의하여 $\nabla f=\lambda\nabla g$, $g(x,y)=0$을 만족하는 λ가 존재한다.

따라서 $\begin{cases}(4x,-2y)=\lambda(2x,4y)\\ x^2+2y^2=1\end{cases}$에서

$2x=\lambda x$, $-y=2\lambda y$이므로 $2x=\lambda x$에서 $x(\lambda-2)=0$,

즉 $x=0$ 또는 $\lambda=2$이다.

(i) $x=0$ 일 때, $y^2=\frac{1}{2}$이므로 $f\left(0,\pm\frac{1}{\sqrt{2}}\right)=-\frac{1}{2}$

(ii) $\lambda=2$ 일 때, $y=0$이므로 $x^2=1$이고

따라서 $f(\pm1,0)=2$이다.

따라서 최솟값은 $-\frac{1}{2}$이고, 최댓값은 2이다.

142. 0

풀이 $y^2=1-x^2$을 $f(x,y)$에 대입하면 (단, $1-x^2\ge0$에서 $-1\le x\le1$) $f(x)=x^3-x^2+1$ $(-1\le x\le1)$의 최대와 최소를 구하면 된다. $f'(x)=3x^2-2x$이므로 $f'(x)=0$에서 $x=0$, $\frac{2}{3}$이고, $f(-1)=-1$, $f(0)=1$, $f\left(\frac{2}{3}\right)=\frac{23}{27}$, $f(1)=1$이므로 최댓값은 1이고 최솟값은 -1이다.

따라서 최댓값과 최솟값의 합은 0이다.

143. $\frac{500}{3}$

풀이 $f(x,y)=12x+3y$, $g(x,y)=x^{\frac{1}{3}}+y^{\frac{1}{3}}-5=0$이라 하면 $\nabla f=\langle 12,3\rangle$, $\nabla g=\left\langle \frac{1}{3}x^{-\frac{2}{3}},\frac{1}{3}y^{-\frac{2}{3}}\right\rangle$이므로

라그랑주 승수법을 이용하자. $\nabla g=\lambda\nabla f$, $g(x,y)=0$

(i)

$$\begin{vmatrix}\frac{1}{3}x^{-\frac{2}{3}} & \frac{1}{3}y^{-\frac{2}{3}}\\ 12 & 3\end{vmatrix}=\begin{vmatrix}x^{-\frac{2}{3}} & y^{-\frac{2}{3}}\\ 4 & 1\end{vmatrix}=0$$

$\Leftrightarrow x^{-\frac{2}{3}}=4y^{-\frac{2}{3}}$ $\Rightarrow$ 양변에 $-\frac{1}{2}$승을 하면

$x^{\frac{1}{3}}=\frac{1}{2}y^{\frac{1}{3}}$가 성립한다.

(ii) 위에서 구한 x,y의 관계식을 조건식 $x^{\frac{1}{3}}+y^{\frac{1}{3}}=5$에 대입하자. $\Rightarrow\frac{3}{2}y^{\frac{1}{3}}=5\Rightarrow y^{\frac{1}{3}}=\frac{10}{3}$, $x^{\frac{1}{3}}=\frac{5}{3}$

$\Rightarrow x=\frac{5^3}{3^3}$, $y=\frac{10^3}{3^3}\Rightarrow 12x+3y=\frac{500}{3}$

$\therefore$ $12x+3y$의 최솟값은 $\frac{500}{3}$이다.

144. 6

풀이 $f(x,y)=x+y$, $g(x,y)=x^3+y^3-6xy=0$이라 하면

$\nabla f=<1,1>$, $\nabla g=<3x^2-6y,3y^2-6x>$

라그랑주 승수법을 이용하면

$$\begin{cases}\nabla g=\lambda\nabla f\\ g(x,y)=0\end{cases}\Leftrightarrow\begin{cases}3x^2-6y=\lambda & \cdots ①\\ 3y^2-6x=\lambda & \cdots ②\\ x^3+y^3-6xy=0 & \cdots ③\end{cases}$$

식 ①에서 식 ②를 빼면

(i) $x+y=-2$, $y=-x-2$를 식 ③에 대입하면 등식이 성립하지 않는다.

(ii) $x-y=0$, $y=x$를 식 ③에 대입하면 $(x,y)=(0,0)$ 또는 $(3,3)$

따라서 $x+y$의 최댓값은 6이다.

145. $\frac{3\sqrt{3}}{2}$

풀이 조건식 $g(x,y):\frac{x^2}{4}+y^2=1$와 구해야하는 식 $f(x,y)=x^3y$에 대하여 라그랑주 미정계수법을 적용하자.

$\nabla g=\left(\frac{x}{2},2y\right)=\frac{1}{2}(x,4y)$, $\nabla f=(3x^2y,x^3)$에 대하여

$\begin{vmatrix}x & 4y\\ 3x^2y & x^3\end{vmatrix}=x^4-12x^2y^2=x^2(x^2-12y^2)=0$을 만족하고

조건식 또한 만족하는 (x,y)를 구해야 한다.

(i) $x=0$이면 $y^2=1$이고, $f=0$이다.

(ii) $x\neq0$이면서 $x^2=12y^2$이면 $4y^2=1$이다.

이때 $f=\pm12\sqrt{12}\,y^4$이고 f의 값은 $\pm\dfrac{3\sqrt{3}}{2}$이다.

$\therefore$ f의 최댓값은 $\dfrac{3\sqrt{3}}{2}$

❖ 더하기와 곱의 구조는 산술기하 평균을 이용하여 구할 수 있다.

146. e^4+e^{-4}

풀이 $f(x,y)=e^{xy}$과 $g(x,y)=x^2+y^2-8$이라 할 때,
라그랑주 승수법에 의하여 $\nabla f//\nabla g$일 때,
최댓값 또는 최솟값을 갖는다.

즉, $\nabla f//\nabla g \Rightarrow (ye^{xy},\ xe^{xy})//(2x,\ 2y)$

$\Leftrightarrow \begin{vmatrix} x & y \\ ye^{xy} & xe^{xy}\end{vmatrix}=x^2e^{xy}-y^2e^{xy}=e^{xy}(x^2-y^2)=0$은

$x^2=y^2$의 관계를 만족할 때, 최댓값 또는 최솟값을 갖는다.

(i) $y=x$일 때, $x^2+y^2=8\Rightarrow 2x^2=8$이므로
$f(2,2)=e^4$, $f(-2,-2)=e^4$이다.

(ii) $y=-x$일 때, $x^2+y^2=8\Rightarrow 2x^2=8$이므로
$f(2,-2)=e^{-4}$, $f(-2,2)=e^{-4}$이다.

(i)과 (ii)에 의하여 최댓값은 e^4, 최솟값은 e^{-4}이다.
따라서 최댓값은 $M=e^4$이고 최솟값은 $m=e^{-4}$이므로
$M+m=e^4+e^{-4}$이다.

❖ $m\le f(x,y)\le M$이면 $e^m\le e^{f(x,y)}\le e^M$이다.

❖ 더하기와 곱의 구조는 산술기하 평균을 이용하여 구할 수 있다.

147. 최댓값 $f(2,2,1)=9$, 최솟값 $f(-2,-2,-1)=-9$

풀이 $g(x,y,z)=x^2+y^2+z^2$이라 하자. 라그랑주 승수법에 의해서 $t\nabla f=\nabla g \Leftrightarrow \langle x,y,z\rangle=t\langle 2,2,1\rangle \Leftrightarrow$
$x=y=2t,\ z=t \Leftrightarrow x=y=2z$를 만족한다. 조건식에 대입하면 $x^2+y^2+z^2=9z^2=9\Rightarrow z=-1,\ z=1$이다.
$z=-1$이면 $x=y=-2$이고 $f(-2,-2,-1)=-9$
$z=1$이면 $x=y=2$ $f(2,2,1)=9$이다.
f의 최댓값은 9, 최솟값은 -9이다.

[다른 풀이] 코시-슈바르츠 부등식에 의해서

$$(a^2+b^2+c^2)(x^2+y^2+z^2)\ge(ax+by+cz)^2$$
$$=(2x+2y+z)^2$$을

만족하기 위해서 $a=2,b=2,c=1$이 되어야 한다.

$(x^2+y^2+z^2)(2^2+2^2+1^2)\ge(2x+2y+z)^2$이므로
$81\ge(2x+2y+z)^2\Rightarrow -9\le 2x+2y+z\le 9$이다.
따라서 f의 최댓값은 9, 최솟값은 -9이다.

148. 10

풀이 조건식을 $g(x,y,z)=xyz-32$, 구하고자 하는 식을
$f(x,y,z)=xy+2yz+2zx$라고 하자.
라그랑주 승수법을 이용하여 $\nabla f=\lambda\nabla g$, $g(x,y,z)=0$을 만족하는 x,y,z를 구하자.

(i) $\langle y+2z,x+2z,2x+2y\rangle=\lambda\langle yz,xz,xy\rangle$에서 다음과 같은 관계식이 성립한다.

$y+2z=\lambda yz\ \cdots(a)$ $\qquad x+2z=\lambda xz\ \cdots(b)$

$2x+2y=\lambda xy\ \cdots(c)$

$$\Rightarrow \begin{cases}\lambda yz=y+2z\\ \lambda xz=x+2z\\ \lambda xy=2x+2y\end{cases} \Rightarrow \begin{cases}\lambda xyz=xy+2xz\\ \lambda xyz=xy+2yz\\ \lambda xyz=2xz+2yz\end{cases}$$

$\therefore \lambda xyz=xy+2xz=xy+2yz=2xz+2yz$

$xy+2xz=xy+2yz$에서 $y=x$이고,

$xy+2yz=2xz+2yz$에서 $y=2z$이다.

(ii) 위에서 정리된 식을 $g(x,y,z)=0 \Leftrightarrow xyz=32$에 대입하면 $\Rightarrow y^3=64$이고, $y=x=4, z=2$이다.
따라서 f의 최솟값을 갖는 점의 좌표는 $x=4,y=4,z=2$이다.

그러므로 f의 최소가 되는 x,y,z의 합은 10이다.

$\therefore x+y+z=10$

❖ 더하기와 곱의 구조는 산술기하 평균을 이용하여 구할 수 있다.

149. $(2,1,\sqrt{5}),(2,1,-\sqrt{5})$

풀이 원뿔 위의 임의의 점을 (x,y,z)라 하고 $(4,2,0)$까지의 거리를 d라 하면 $d=\sqrt{(x-4)^2+(y-2)^2+z^2}$이고
$z^2=x^2+y^2$을 대입하면
$d=\sqrt{(x-4)^2+(y-2)^2+x^2+y^2}$이다. 여기서
$f(x,y)=(x-4)^2+(y-2)^2+x^2+y^2$이라 하자.
$f_x=2(x-4)+2x=0\Rightarrow x=2$
$f_y=2(y-2)+2y=0\Rightarrow y=1$이므로
$z^2=4+1=5\Rightarrow z=\pm\sqrt{5}$이다.
따라서 가장 가까운 원뿔 위의 점은 $(2,1,\pm\sqrt{5})$이다.

[다른 풀이]

위 방법에서 구한 거리 식 $d=\sqrt{(x-4)^2+(y-2)^2+z^2}$에서

$f(x,\ y,\ z)=(x-4)^2+(y-2)^2+z^2$,

$g(x,\ y,\ z)=x^2+y^2-z^2$이라 하자. 라그랑주 승수법을 이용하여 최대, 최소를 구할 수 있다.

$\nabla f=\lambda\nabla g$

$<2(x-4),\ 2(y-2),\ 2z>=\lambda<2x,\ 2y,\ -2z>$

$\lambda=\dfrac{x-4}{x}=\dfrac{y-2}{y}=\dfrac{-z}{z}$

(i) $z=0$이면 조건식에 대입한 결과 $x=y=0$이다.
이때, $(4,\ 2,\ 0)$까지의 거리는 $\sqrt{20}$이다.

(ii) $z\neq0$이면 $\lambda=-1$이고 $x=2,\ y=1$이므로 $z^2=5$
$\Rightarrow z=\pm\sqrt{5}$이다. 이때, $(4,\ 2,\ 0)$까지의 거리는 $\sqrt{10}$이다.

따라서 거리가 더 짧은 $(2,\ 1,\ \pm\sqrt{5})$가 가장 가까이 있는 원뿔 위의 점이다.

150. 10

풀이 $\overline{PQ}^2=(a-4)^2+(b-2)^2+c^2=2a^2+2b^2-8a-4b+20$
$=2\{(a-2)^2+(b-1)^2+5\}$이므로 $a=2,\ b=1$일 때 최솟값 5를 갖는다. $\therefore a^2+b^2+c^2=2^2+1^2+(2^2+1^2)=10$

151. 풀이 참조

풀이

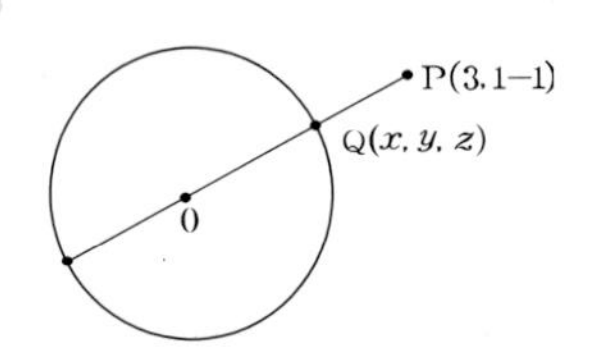

곡면 위의 점 $Q(x,\ y,\ z)$과 점 $P(3,\ 1,\ -1)$ 사이의 거리 d는
$d=\sqrt{(x-3)^2+(y-1)^2+(z+1)^2}$ 이므로

$$\begin{cases}g(x,y,z)=x^2+y^2+z^2-4=0\\ f(x,y,z)=(x-3)^2+(y-1)^2+(z+1)^2\end{cases}$$

이라 두고 라그랑주 승수법을 이용하자.

$\lambda\nabla g=\nabla f\Rightarrow\lambda\langle 2x,2y,2z\rangle$
$=\langle 2(x-3),2(y-1),2(z+1)\rangle$

$$\Rightarrow\begin{cases}\lambda x=x-3\\ \lambda y=y-1\\ \lambda z=z+1\end{cases}\Rightarrow\begin{cases}x=\dfrac{-3}{\lambda-1}\\ y=\dfrac{-1}{\lambda-1}\\ z=\dfrac{1}{\lambda-1}\end{cases}$$

이를 $x^2+y^2+z^2=4$에 대입하면

$\dfrac{9+1+1}{(\lambda-1)^2}=4\Rightarrow(\lambda-1)^2=\dfrac{11}{4}\Rightarrow\lambda-1=\pm\dfrac{\sqrt{11}}{2}$

$\therefore\lambda=1+\dfrac{\sqrt{11}}{2}$ 또는 $\lambda=1-\dfrac{\sqrt{11}}{2}$

(i) $\lambda=1+\dfrac{\sqrt{11}}{2}$일 때, $\lambda-1=\dfrac{\sqrt{11}}{2}$이므로

$$\begin{cases}x=\dfrac{-3}{\lambda-1}=\dfrac{-6}{\sqrt{11}}\\ y=\dfrac{-1}{\lambda-1}=\dfrac{-2}{\sqrt{11}}\\ z=\dfrac{1}{\lambda-1}=\dfrac{2}{\sqrt{11}}\end{cases}$$

$$d=\sqrt{\left(\dfrac{-6}{\sqrt{11}}-3\right)^2+\left(\dfrac{-2}{\sqrt{11}}-1\right)^2+\left(\dfrac{2}{\sqrt{11}}+1\right)^2}=\sqrt{11}+2$$

(ii) $\lambda=1-\dfrac{\sqrt{11}}{2}$일 때, $\lambda-1=-\dfrac{\sqrt{11}}{2}$이므로

$$\begin{cases}x=\dfrac{-3}{\lambda-1}=\dfrac{6}{\sqrt{11}}\\ y=\dfrac{-1}{\lambda-1}=\dfrac{2}{\sqrt{11}}\\ z=\dfrac{1}{\lambda-1}=\dfrac{-2}{\sqrt{11}}\end{cases}$$

$$d=\sqrt{\left(\dfrac{6}{\sqrt{11}}-3\right)^2+\left(\dfrac{2}{\sqrt{11}}-1\right)^2+\left(\dfrac{-2}{\sqrt{11}}+1\right)^2}=\sqrt{11}-2$$

따라서 점 $P(3,\ 1,\ -1)$와

가장 가까운 점은 $\left(\dfrac{6}{\sqrt{11}},\ \dfrac{2}{\sqrt{11}},\ \dfrac{-2}{\sqrt{11}}\right)$이고

가장 먼 점은 $\left(\dfrac{-6}{\sqrt{11}},\ \dfrac{-2}{\sqrt{11}},\ \dfrac{2}{\sqrt{11}}\right)$이다.

[다른 풀이]

곡면 $g:\ x^2+y^2+z^2=4$에 대하여

$\nabla g=\langle 2x,\ 2y,\ 2z\rangle /\!/ \langle x,\ y,\ z\rangle=t\langle 3,\ 1,\ -1\rangle$라 두면

$x=3t,\ y=t,\ z=-t$이다. 이를 $x^2+y^2+z^2=4$에 대입하면

$9t^2+t^2+t^2=4\Rightarrow t^2=\dfrac{4}{11}\Rightarrow t=\pm\dfrac{2}{\sqrt{11}}$

(i) $t=\dfrac{2}{\sqrt{11}}$이면 $(x,\ y,\ z)=\left(\dfrac{6}{\sqrt{11}},\ \dfrac{2}{\sqrt{11}},\ \dfrac{-2}{\sqrt{11}}\right)$

(ii) $t=\dfrac{-2}{\sqrt{11}}$이면 $(x,\ y,\ z)=\left(\dfrac{-6}{\sqrt{11}},\ \dfrac{-2}{\sqrt{11}},\ \dfrac{2}{\sqrt{11}}\right)$

152. 1

풀이 산술기하 평균의 등호 성립 조건을 활용하자.

$\dfrac{x^2}{4}+y^2\geq2\sqrt{\dfrac{x^2y^2}{4}}=|xy|$에서 $|xy|$의 최댓값은 등호가

성립할 때이고 $\frac{x^2}{4}=y^2=\frac{1}{2}$이다.

따라서 $x=\pm\sqrt{2},\ y=\pm\frac{1}{\sqrt{2}}$일 때이고,

$-1\le xy\le 1$이다. 따라서 f의 최댓값은 1이다.

153.

최댓값 e^8, 최솟값 e^{-8}

풀이 $x^2\ge 0,\ y^2\ge 0$이므로 산술기하 평균을 이용할 수 있다.

$\frac{x^2+y^2}{2}\ge\sqrt{x^2y^2}=|xy|\Leftrightarrow x^2+y^2=16$이므로

$|xy|\le 8\Leftrightarrow -8\le xy\le 8\Leftrightarrow e^{-8}\le e^{xy}\le e^8$이 성립한다.

따라서 $f(x,y)=e^{xy}$의 최댓값은 e^8, 최솟값은 e^{-8}이다.

154.

최댓값 e^4

풀이 x^3,y^3이 양수라는 조건이 없으므로 산술기하 평균을 통해서 최대 최소를 구할 수 없다. $g(x,y)=x^3+y^3$이라 하자.

라그랑주 승수법에 의해서

$\nabla f=\lambda\nabla g,\ <ye^{xy},xe^{xy}>=\lambda<3x^2,3y^2>,$

$ye^{xy}=3\lambda x^2,xe^{xy}=3\lambda y^2$이다. 순서대로 각 식에 y^2,x^2을 곱하면 $3\lambda x^2y^2=y^3e^{xy}=x^3e^{xy}$이므로 $x^3=y^3$이다.

조건식 g와 연립하면 $2x^3=16\Rightarrow x^3=8\Rightarrow x=2$이므로 $y=2$이다. 따라서 $(x,y)=(2,2)$일 때 최댓값 e^4가 나온다.

155.

$\frac{8r^3}{3\sqrt{3}}$

풀이 $x^2+y^2+z^2=r^2$에 내접하는 직육면체에서 1팔분공간에 위치한 꼭짓점을 $(x,\ y,\ z)$라 하자. 부피 $V=8xyz$의 최댓값을 구하고 싶다. 산술기하 평균에 의해서

$\frac{x^2+y^2+z^2}{3}=\frac{r^2}{3}\ge\sqrt[3]{(xyz)^2}$

$\Rightarrow xyz\le\frac{r^3}{3\sqrt{3}}\Rightarrow 8xyz\le\frac{8r^3}{3\sqrt{3}}$이다.

따라서 구에 내접하는 직육면체의 최대부피는 $\frac{8r^3}{3\sqrt{3}}$이다.

[다른 풀이]

$f(x,\ y,\ z)=8xyz,\ g(x,\ y,\ z)=x^2+y^2+z^2$이라 하자.

라그랑주 승수법에 의해서 $\nabla f=\lambda\nabla g$,

$<8yz,\ 8xz,\ 8xy>=\lambda<2x,\ 2y,\ 2z>$,

$4yz=\lambda x,\ 4xz=\lambda y,\ 4xy=\lambda z$이고 순서대로 각 식에 $yz,\ xz,\ xy$를 곱하면 $\lambda xyz=4y^2z^2=4x^2z^2=4x^2y^2$

$\Rightarrow y^2z^2=x^2z^2=x^2y^2$이다.

1팔분공간의 (x,y,z)는 모두 양수이므로 식을 연립하면 $x=y=z$가 된다. 이때,

$x^2+y^2+z^2=3x^2=r^2\Rightarrow x^2=\frac{r^2}{3}\Rightarrow x=\frac{r}{\sqrt{3}}$

$x=y=z=\frac{r}{\sqrt{3}}$이므로 $V=8xyz=\frac{8r^3}{3\sqrt{3}}$이다.

156.

$\frac{2\sqrt{3}}{3}$

풀이 산술기하 평균을 이용하면 $x^2+2y^2+3y^2\ge 3\sqrt[3]{6x^2y^2z^2}$

즉, $6\ge 3\sqrt[3]{6x^2y^2z^2}$이므로

$\Leftrightarrow |xyz|$의 최댓값은 등호가 성립할 때이다.

$x^2=2y^2=3z^2=2$일 때 최댓값을 갖는다.

$x=\sqrt{2},\ y=1,\ z=\sqrt{\frac{2}{3}}$ 일 때 xyz최댓값은 $\frac{2\sqrt{3}}{3}$이다.

157.

$\frac{3+2\sqrt{2}}{\sqrt{3}}$

풀이 타원면 $8x^2+2y^2+z^2=8$에 내접하는 제 1팔분 공간위의 점을 $(a,\ b,\ c)$내접하는 직육면체의 부피를 V라고 하면 $V=8abc$이고, $8a^2+2b^2+c^2=8$을 만족한다. 산술기하 평균에서 곱의 최댓값을 갖는 경우는 $8x^2=2y^2=z^2=\frac{8}{3}$일 때이다.

$\Rightarrow x=\frac{1}{\sqrt{3}},\ y=\frac{2}{\sqrt{3}},\ z=\frac{2\sqrt{2}}{\sqrt{3}}$

$\Rightarrow\ 8xyz\le\frac{32\sqrt{2}}{3\sqrt{3}}=\frac{32\sqrt{6}}{9}$이다.

$a+b+c=\frac{3+2\sqrt{2}}{\sqrt{3}}$

158.

$\left(\frac{4\sqrt{6}}{3},\ \frac{4\sqrt{6}}{3},\ \frac{4\sqrt{6}}{3}\right)$

풀이 상자의 길이, 폭, 높이를 각각 x,y,z라 하자. $(x,y,z>0)$

겉넓이 $2xy+2yz+2xz=64\Rightarrow xy+yz+xz=32$를 만족하면서 부피 xyz가 가장 크게 되는 x,y,z를 구하자.

산술기하 평균의 등호 성립조건에 의해서 $xy=yz=xz$

이를 연립하면 $x=y=z$이므로 $xy+yz+xz=3x^2=32$

$\Rightarrow x^2=\frac{32}{3} \Rightarrow x=\sqrt{\frac{32}{3}}=\frac{4\sqrt{6}}{3},\ x=y=z=\frac{4\sqrt{6}}{3}$

이다. 따라서 $(x, y, z)=\left(\frac{4\sqrt{6}}{3}, \frac{4\sqrt{6}}{3}, \frac{4\sqrt{6}}{3}\right)$일 때 부피가 최대가 된다.

[다른 풀이] 라그랑주 미정계법

$f(x, y, z)=xyz,\ g(x, y, z)=xy+yz+xz$라 하자. 라그랑주 승수법에 의해서 $\nabla f=\lambda \nabla g$를 만족하는 식을 정리하자.

$< yz,\ xz,\ xy >=\lambda < y+z,\ x+z,\ y+x >$

$yz=\lambda(y+z),\ xz=\lambda(x+z),\ xy=\lambda(y+x)$이므로

순서대로 각 식에 x, y, z를 곱하면

$xyz=\lambda x(y+z)=\lambda y(x+z)=\lambda z(y+z)$이다.

(i) $\lambda=0$이면 x, y, z중 0이 되는 값이 있으므로 부피가 나올 수 없다.

(ii) $\lambda\neq 0$이고 위 식을 연립하면 $x=y=z$가 되어서

$$xy+yz+xz=3x^2=32 \Rightarrow x^2=\frac{32}{3}$$

$$\Rightarrow x=\sqrt{\frac{32}{3}}=\frac{4\sqrt{6}}{3}\text{이므로 } x=y=z=\frac{4\sqrt{6}}{3}\text{이다.}$$

$(x, y, z)=\left(\frac{4\sqrt{6}}{3}, \frac{4\sqrt{6}}{3}, \frac{4\sqrt{6}}{3}\right)$일 때 부피가 최대가 된다.

159. 4

풀이

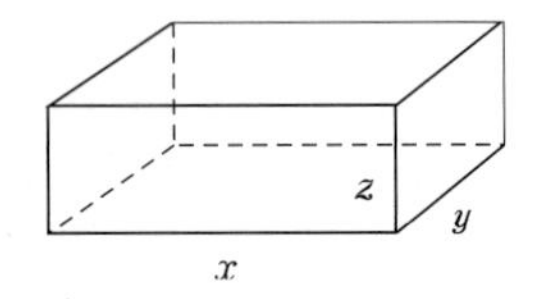

직육면체의 가로를 x, 세로를 y, 높이를 z라 하면 $x>0,\ y>0,\ z>0$이고

(상자의 넓이)$=xy+2xz+2yz=12$,

(상자의 부피)$=xyz$이므로

$g(x,\ y,\ z)=xy+2xz+2yz-12=0$,

$f(x,\ y,\ z)=xyz$라 두고 라그랑주 승수법을 이용하자.

$\lambda\nabla f=\nabla g$

$\Rightarrow \lambda\langle yz,\ xz,\ xy\rangle=\langle y+2z,\ x+2z,\ 2x+2y\rangle$

$$\Rightarrow \begin{cases}\lambda yz=y+2z\\ \lambda xz=x+2z\\ \lambda xy=2x+2y\end{cases} \Rightarrow \begin{cases}\lambda xyz=xy+2xz\\ \lambda xyz=xy+2yz\\ \lambda xyz=2xz+2yz\end{cases}$$

$\therefore \lambda xyz=xy+2xz=xy+2yz=2xz+2yz$

(i) $xy+2xz=xy+2yz \Rightarrow x=y$

(ii) $xy+2yz=2xz+2yz \Rightarrow y=2z$

$\therefore g(x,\ y,\ z)=xy+2xz+2yz$

$=y\cdot y+y\cdot y+y\cdot y$

$=3y^2=12 \Rightarrow y^2=4$

$\Rightarrow y=2,\ x=2,\ z=1$

$\therefore$ 상자의 부피 xyz의 최댓값은 $2\cdot 2\cdot 1=4$

[다른 풀이]

산술기하 평균의 부등식을 이용하면

$\frac{12}{3}=\frac{xy+2xz+2yz}{3} \geq \sqrt[3]{(2xyz)^2}$ 이므로 양변에 식 정리를 하면 $|2xyz|\leq 8\ \ |xyz|\leq 4$이므로 최댓값은 4이다.

160. 길이=폭=높이$=\frac{c}{12}$

풀이 길이, 폭, 높이를 각각 $x,\ y,\ z$라 하자.$(x,\ y,\ z>0)$

모든 변의 길이의 합은 $4x+4y+4z=c$이다.

산술기하 평균에 의해서 $\frac{4x+4y+4z}{3}\geq\sqrt[3]{64xyz}$ 이다.

등호 성립조건에 의해서 $4x=4y=4z \Rightarrow x=y=z$를 만족하므로 $4x+4y+4z=12x=c \Rightarrow x=\frac{c}{12}$이다.

따라서 부피가 최소가 되는 각 치수는 $x=y=z=\frac{c}{12}$이다.

161. $\frac{100}{3}, \frac{100}{3}, \frac{100}{3}$

풀이 세 양수를 $a,\ b,\ c$라 하면 $a+b+c=100$ 일 때 abc의 최대가 되어야 한다. 산술기하 평균의 등호 성립조건에 의해서 $a=b=c$일 때 abc가 최댓값을 가진다.

$a+b+c=3a=100 \Rightarrow a=\frac{100}{3}$이므로

$(a,\ b,\ c)=\left(\frac{100}{3},\ \frac{100}{3},\ \frac{100}{3}\right)$일 때 곱이 최대가 되는 세 양수이다.

[다른 풀이]

$f(a,\ b,\ c)=abc,\ g(a,\ b,\ c)=a+b+c$라 하자.

라그랑주 승수법에 의해서

$\nabla f=\lambda\nabla g \Rightarrow < bc,\ ac,\ ab \geq \lambda < 1,\ 1,\ 1 >$

$bc=ac,\ ac=ab,\ bc=ab$이므로 이를 연립하면 $a=b=c$이다.

이때 $a+b+c=3a=100 \Rightarrow a=\frac{100}{3}$이므로

$(a, b, c)=\left(\frac{100}{3}, \frac{100}{3}, \frac{100}{3}\right)$일 때 곱이 최대가 되는 세 양수이다.

162. (10, 10, 10)

풀이 상자의 길이, 폭, 높이를 각각 x, y, z라 하면
(길이는 양수이므로 $x, y, z>0$) 부피 $xyz=1000$일 때
겉넓이 $2xy+2yz+2xz$가 최소가 되는 x, y, z를 찾자.
산술기하 평균의 등호 성립조건에 의해서 $2xy=2yz=2zx$
일 때 겉넓이가 최소가 된다. 연립하면 $x=y=z$이므로
$xyz=x^3=10 \Rightarrow x=10$ 따라서
$(x, y, z)=(10, 10, 10)$일 때 겉넓이가 최소를 가진다.

[다른 풀이]
$f(x, y, z)=2xy+2yz+2xz$, $g(x, y, z)=xyz$라 하자.
라그랑주 승수법에 의해서 $\nabla f=\lambda\nabla g$
$<2y+2z, 2x+2z, 2y+2x>=\lambda<yz, xz, xy>$
$2y+2z=\lambda yz$, $2x+2z=\lambda xz$, $2y+2z=\lambda xy$
각 식에 순서대로 x, y, z를 곱하면
$\lambda xyz=2xy+2xz=2xy+2yz=2yz+2xz$이므로 이를 연립하면 $x=y=z$이므로 $xyz=x^3=1000 \Rightarrow x=10$이다.
따라서 $(x, y, z)=(10, 10, 10)$일 때 겉넓이가 최소가 된다.

163. 12

풀이 곡면 위의 점을 $P(x,y,z)$라 할 때, $xyz=8$이고, 원점과 P 사이의 거리 $d=\sqrt{x^2+y^2+z^2}$이며,
$f=x^2+y^2+z^2$ 가 최소일 때, d가 최소이다.
산술 · 기하 평균에 의하여
$x^2+y^2+z^2=\geq 3\sqrt[3]{|xyz|^2}=3\sqrt[3]{8^2}=12$
따라서 $x^2+y^2+z^2 \geq 12$ 이므로 f의 최솟값은 12이다.
또한 등호 성립조건을 이용하면
등호는 $x^2=y^2=z^2$이 같을 때 성립하므로
$xyz=x^3=8$이므로 $x=2$일 때이다.
$f=x^2+y^2+z^2 \leq 12$

164. 12

풀이 산술기하 평균을 이용하자.
양수 x, y, z에 대하여 조건식은 $xyz=64$이고
구하고자하는 식 $f=2x+y+\frac{z}{2}$이다. 산술기하 평균에
의해서 $f=2x+y+\frac{z}{2} \geq 3\sqrt[3]{xyz}=12$이므로
$f(x,y,z)$의 최솟값은 12이다.

165. $\frac{8}{3\sqrt{3}}$

풀이 산술기하 평균의 등호 성립 조건을 활용하자.
$\frac{x^2}{4}+y^2=\frac{x^2}{8}+\frac{x^2}{8}+y^2 \geq 3\sqrt[3]{\frac{(xxy)^2}{64}}=\frac{3}{4}|x^2y|^{\frac{2}{3}}$에서
$|x^2y|$의 최댓값은 등호가 성립할 때이고 $\frac{x^2}{8}=y^2=\frac{1}{3}$이다.
따라서 $x^2=\frac{8}{3}$, $y=\pm\frac{1}{\sqrt{3}}$일 때이고,
$-\frac{8}{3\sqrt{3}} \leq x^2y \leq \frac{8}{3\sqrt{3}}$이다.
따라서 f의 최댓값은 $\frac{8}{3\sqrt{3}}$이다.

166. $\frac{4}{3\sqrt{3}}$

풀이 매개변수 방정식 $x=\cos\theta$, $y=2\sin\theta$, $0\leq\theta\leq 2\pi$ 은
$x^2+\frac{y^2}{4}=1$ 즉, 타원이다.
$x^2+\frac{y^2}{4}=\frac{x^2}{2}+\frac{x^2}{2}+\frac{y^2}{4} \geq 3\sqrt[3]{\frac{|x^2y|^2}{16}}$
$|x^2y|$의 최댓값은 등호 성립 조건 $\frac{x^2}{2}=\frac{y^2}{4}=\frac{1}{3}$ 일 때이다.
따라서 $x^2=\frac{2}{3}$, $y=\pm\frac{2}{\sqrt{3}}$일 때이고,
$-\frac{4}{3\sqrt{3}} \leq x^2y \leq \frac{4}{3\sqrt{3}}$이므로 f의 최댓값은 $\frac{4}{3\sqrt{3}}$이다.

167. $\frac{16}{3\sqrt{3}}$

풀이 주어진 극곡선은 $(x-2)^2+y^2=4$인 원의 방정식이고
산술기하 평균의 정리에 의해서
$(x-2)^2+y^2=(x-2)^2+\frac{y^2}{2}+\frac{y^2}{2} \geq 3\sqrt[3]{\frac{|(x-2)y^2|^2}{4}}$가
성립한다.
$|(x-2)y^2|$의 최댓값은 등호 성립 조건 $(x-2)^2=\frac{y^2}{2}=\frac{4}{3}$
일 때이다. 따라서 $x-2=\pm\frac{2}{\sqrt{3}}$, $y^2=\frac{8}{3}$일 때이고,
$-\frac{16}{3\sqrt{3}} \leq (x-2)y^2 \leq \frac{16}{3\sqrt{3}}$이므로 f의 최댓값은 $\frac{16}{3\sqrt{3}}$
이다.

168. $2\sqrt{2}$

풀이 산술기하 평균을 이용하면

$$x^2+\frac{y^2}{2}+\frac{z^2}{4}\geq 3\sqrt[3]{x^2\frac{y^2}{2}\frac{z^2}{4}}$$

$$\Leftrightarrow\ x^2+\frac{y^2}{2}+\frac{z^2}{4}\geq 3\sqrt[3]{\frac{(xyz)^2}{8}}\ \Leftrightarrow\ 3\geq 3\sqrt[3]{\frac{(xyz)^2}{8}}$$

$$\Leftrightarrow\ 1\geq\sqrt[3]{\frac{(xyz)^2}{8}}\ \Leftrightarrow\ -2^{\frac{3}{2}}\leq xyz\leq 2^{\frac{3}{2}}$$

$\therefore xyz$의 최댓값은 $2\sqrt{2}$ 이다.

169. $\frac{1}{2}$

풀이 산술기하 평균을 이용하면

$$x^2+\frac{y^2}{2}+\frac{z^2}{4}=x^2+\frac{y^2}{4}+\frac{y^2}{4}+\frac{z^2}{4}\geq 4\sqrt[4]{\frac{(xy^2z)^2}{64}}$$

$\Leftrightarrow |xy^2z|$의 최댓값은 등호가 성립할 때이다.

따라서 $x^2=\frac{y^2}{4}=\frac{z^2}{4}=\frac{1}{4}$일 때이다.

즉, $x=\frac{1}{2}$, $y=1, z=1$일 때이다.

$\therefore\ xy^2z$의 최댓값은 $\frac{1}{2}$이다.

170. $\frac{\sqrt{2}}{3}$

풀이 산술기하 평균을 이용하면

$$x^2+\frac{y^2}{4}+\frac{y^2}{4}+\frac{z^2}{12}+\frac{z^2}{12}+\frac{z^2}{12}\geq 6\sqrt[6]{\frac{(xy^2z^3)^2}{4^2\cdot 12^3}}$$

$\Leftrightarrow |xy^2z^3|$의 최댓값은 등호가 성립할 때이다.

따라서 $x^2=\frac{y^2}{4}=\frac{z^2}{12}=\frac{1}{6}$일 때이다.

즉, $x=\frac{1}{\sqrt{6}}$, $y=\frac{2}{\sqrt{6}}$, $z=\sqrt{2}$ 일 때이다.

$\therefore\ xy^2z^3$의 최댓값은 $\frac{\sqrt{2}}{3}$이다.

171. 16

풀이 곡면 위의 점을 $P(x,y,z)$라 할 때, $x^2yz=32$이고, 원점과 P 사이의 거리 $d=\sqrt{x^2+y^2+z^2}$ 이며, $f=x^2+y^2+z^2$ 가 최소일 때, d가 최소이다.

따라서 $x^2yz=32$에서 $x^2+y^2+z^2$의 최솟값을 구할 때, 산술 · 기하 평균에 의하여

$$\frac{x^2}{2}+\frac{x^2}{2}+y^2+z^2\ \geq\ 4\sqrt[4]{\left(\frac{x^2yz}{2}\right)^2}=4\sqrt[4]{16^2}=16$$

따라서 $x^2+y^2+z^2\ \geq\ 16$ 이므로 f의 최솟값은 16이다.

또한 등호 성립조건을 이용하면

등호는 $\frac{x^2}{2}=y^2=z^2$이 같을 때 성립하므로

$x^2yz=x^2\cdot\frac{1}{\sqrt{2}}x\cdot\frac{1}{\sqrt{2}}x=\frac{1}{2}x^4=32$이므로

$x^4=64\ \Leftrightarrow\ x^2=8$일 때이다.

$$f=x^2+y^2+z^2=x^2+\frac{1}{2}x^2+\frac{1}{2}x^2=2x^2\ \leq\ 16$$

172. 14

풀이 산술기하 평균을 이용하자.

$\sqrt{x}=X$로 치환하면 조건식은 $X^2yz=128=2^7$이고

구하고자하는 식 $f=2X+y+\frac{z^2}{2}$이다.

$$f=\frac{X}{2}+\frac{X}{2}+\frac{X}{2}+\frac{X}{2}+\frac{y}{2}+\frac{y}{2}+\frac{z^2}{2}$$

$$\geq 7\sqrt[7]{\frac{(X^2yz)^2}{2^7}}=7\sqrt[7]{\frac{2^7\cdot 2^7}{2^7}}=14$$

[다른 풀이] 라그랑주 미정계법

$f(x,\ y,\ z)=2\sqrt{x}+y+\frac{z^2}{2}$, $g(x,\ y,\ z)=xyz-128$ 이라 하고 라그랑주 승수법을 이용하자.

$$\left(\frac{1}{\sqrt{x}},\ 1,\ z\right)=\lambda(yz,\ zx,\ xy)\ \Rightarrow\ \frac{1}{\lambda}=\sqrt{x}\,yz=zx=\frac{xy}{z}$$

$\sqrt{x}\,yz=zx$에서 $y=\sqrt{x}$, $zx=\frac{xy}{z}$에서 $z^2=y$이므로

$xyz=128$에서 $z=2$ 이므로 $x=16,\ y=4$ 이다.

따라서 최솟값은 $f(16,\ 4,\ 2)=14$ 이다.

173. 8

풀이 산술기하 평균을 이용하자.

$p^{\frac{1}{6}}=x,\ q^{\frac{1}{3}}=y,\ r^{\frac{1}{2}}=z$로 치환하면

$p+2q+3r=x^6+2y^3+3z^2=10$을 만족하고

$A=xyz$의 최댓값을 구하는 문제로 바꿔서 풀이할 수 있다.

$$x^6+2y^3+3z^2=x^6+y^3+y^3+z^2+z^2+z^2\geq 6\sqrt[6]{(xyz)^6}$$

이므로 $10 \ge 6\sqrt[6]{(xyz)^6} \Leftrightarrow |xyz| \le \frac{5}{3}$이다.

따라서 A의 최댓값은 $\frac{5}{3}$이므로 $a+b=8$이다.

[다른 풀이] 라그랑주 미정계법

(i) p, q, r 중 어느 하나라도 0 인 경우, $A=0$ 이다.

(ii) $p, q, r>0$ 인 경우,

$f(x, y, z)=pq^2r^3$, $g(x, y, z)=p+2q+3r-1$ 이라 하자.

$\nabla f=\lambda\nabla g \Leftrightarrow (q^2r^3, 2pqr^3, 3pq^2r^2)=\lambda(1, 2, 3)$

$\Leftrightarrow qr=pr=pq \Leftrightarrow p=q=r$

$g(p, p, p)=6p=1 \Rightarrow p=q=r=\frac{1}{6}$

따라서 $\left(\frac{1}{6}, \frac{1}{6}, \frac{1}{6}\right)$ 에서 f 는 극값을 갖는다.

$f\left(\frac{1}{6}, \frac{1}{6}, \frac{1}{6}\right)=\left(\frac{1}{6}\right)^6=A^6$ 이므로 A 의 최댓값은 $\frac{1}{6}$ 이다.

174. 16

풀이 코시-슈바르츠 부등식을 이용하면

$(a^2+b^2+c^2)(x^2+y^2+(\sqrt{2}z)^2)\ge(ax+by+\sqrt{2}cz)^2$

$=(x-y+2z)^2$

이 성립하기 위해서 $a=1$, $b=-1$, $c=\sqrt{2}$가 되어야 한다.

$4\cdot16\ge(x-y+2z)^2 \Rightarrow \alpha=-8\le x-y+2z\le8=\beta$

$\therefore \beta-\alpha=16$

175. 최댓값 $f(2,2,1)=9$, 최솟값 $f(-2,-2,-1)=-9$

풀이 $g(x, y, z)=x^2+y^2+z^2$이라 하자. 라그랑주 승수법에 의해서 $t\nabla f=\nabla g \Leftrightarrow \langle x, y, z\rangle=t\langle 2,2,1\rangle \Leftrightarrow$ $x=y=2t,\ z=t \Leftrightarrow x=y=2z$를 만족한다. 조건식에 대입하면 $x^2+y^2+z^2=9z^2=9 \Rightarrow z=-1,\ z=1$이다.

$z=-1$이면 $x=y=-2$이고 $f(-2, -2, -1)=-9$

$z=1$이면 $x=y=2$ $f(2, 2, 1)=9$이다.

f의 최댓값은 9, 최솟값은 -9이다.

[다른 풀이]

코시-슈바르츠 부등식에 의해서

$(a^2+b^2+c^2)(x^2+y^2+z^2)\ge(ax+by+cz)^2$

$=(2x+2y+z)^2$을

만족하기 위해서 $a=2, b=2, c=1$이 되어야 한다.

$(x^2+y^2+z^2)(2^2+2^2+1^2)\ge(2x+2y+z)^2$이므로

$81\ge(2x+2y+z)^2 \Rightarrow -9\le 2x+2y+z\le 9$이다.

따라서 f의 최댓값은 9, 최솟값은 -9이다.

176. 최댓값 $2\sqrt{14}$, $x=\frac{2\sqrt{2}}{\sqrt{7}}$

풀이 제약조건 $g(x,y,z): x^2+y^2+z^2=4$를 만족하는 $f(x,y,z)=2x+y+3z$의 최댓값을 라그랑주 미정계수법을 이용하여 구하자.

$(a^2+b^2+c^2)(x^2+y^2+z^2)\ge(ax+by+cz)^2=(2x+y+3z)^2$

이 성립하기 위한 조건으로 $a=2, b=1, c=3$이 가능하다.

$14\cdot4\ge(2x+y+3z)^2$이고 $|2x+y+3z|\le2\sqrt{14}$이다.

$\nabla g//\nabla f \Leftrightarrow \nabla g=\lambda\nabla f$ 인 상수 λ 가 존재할 때이다.

즉, $(x,y,z)=\lambda(2,1,3) \Leftrightarrow \begin{cases}x=2\lambda\\ y=\lambda\\ z=3\lambda\end{cases}$ 인 (x,y,z)가 $g(x,y,z)$: $x^2+y^2+z^2=4$를 만족하므로

$(2\lambda)^2+(\lambda)^2+(3\lambda)^2=4 \Leftrightarrow \lambda^2=\frac{2}{7}$, $\lambda=\pm\sqrt{\frac{2}{7}}$ 이다.

$\lambda=\sqrt{\frac{2}{7}}$ 일 때, 최댓값을 갖고 그 때

$(x,y,z)=\left(\frac{2\sqrt{2}}{\sqrt{7}}, \frac{\sqrt{2}}{\sqrt{7}}, \frac{3\sqrt{2}}{\sqrt{7}}\right)$이다.

$\therefore$ 최댓값을 갖을 때 $x=\frac{2\sqrt{2}}{\sqrt{7}}$이다.

177. 8

풀이 $x^2+y^2+z^2+6y=5 \Leftrightarrow x^2+(y+3)^2+z^2=14$이므로

$y+3=k$라 두면 $x^2+k^2+z^2=14$이고

$x+2y+3z=x+2k+3z-6$이다.

코시-슈바르츠 부등식에 의하여

$(1^2+2^2+3^2)(x^2+k^2+z^2)\ge(x+2k+3z)^2$

$\Rightarrow (1^2+2^2+3^2)\cdot14\ge(x+2k+3z)^2$

$\Rightarrow (x+2k+3z)^2\le14^2$

$\Rightarrow -14\le x+2k+3z\le14$

$\Rightarrow -14-6\le x+2y+3z\le14-6$

$\therefore -20\le x+2y+3z\le8$

따라서 $x+2y+3z$의 최댓값은 8이다.

178. $4,\ 4,\ 4$

풀이 세 양수를 $a,\ b,\ c$라 하면 $a+b+c=12$일 때 $a^2+b^2+c^2$의 최솟값이 되는 $a,\ b,\ c$를 구하자. 코시-슈바르츠 부등식에 의해서 $(1^2+1^2+1^2)(a^2+b^2+c^2) \ge (a+b+c)^2$을 만족한다.

이때 등호 성립조건에 의해서 $\frac{a}{1}=\frac{b}{1}=\frac{c}{1} \Rightarrow a=b=c$이고

$a+b+c=12$랑 연립하면 $(a,\ b,\ c)=(4,\ 4,\ 4)$가 제곱의 합이 최소가 되는 세 양수이다.

[다른 풀이]

$f(a,\ b,\ c)=a^2+b^2+c^2,\ g(a,\ b,\ c)=a+b+c$라 하면

라그랑주 승수법에 의해서 $\nabla f=\lambda\nabla g$

$<2a,\ 2b,\ 2c>=\lambda<1,\ 1,\ 1>$이므로 $a=b=c$이다.

$a+b+c=12$와 연립하면 $(a,\ b,\ c)=(4,\ 4,\ 4)$가 제곱의 합이 최소가 되는 세 양수이다.

179. 57

풀이 $f(x,\ y,\ z)=x^2+2y^2+3z^2-4x+4y+6z$,

$g(x,\ y,\ z)=x+y+z-11=0$이라 하면

$\nabla f=\langle 2x-4,\ 4y+4,\ 6z+6\rangle$, $\nabla g=\langle 1,\ 1,\ 1\rangle$이다.

라그랑주 승수법을 이용하면

$\nabla f=\lambda\nabla g,\ g(x,\ y)=0$

$\Leftrightarrow 2x-4=\lambda,\ 4y+4=\lambda,\ 6z+6=\lambda,\ x+y+z=11$

위 식을 연립하면 $\lambda=12,\ (x,\ y,\ z)=(8,\ 2,\ 1)$이므로

최솟값은 $f(8,\ 2,\ 1)=57$이다.

[다른 풀이]

$$x^2+2y^2+3z^2-4x+4y+6z$$
$$=(x-2)^2+2(y+1)^2+3(z+1)^2-9$$

$x+y+z=11 \Leftrightarrow (x-2)+(y+1)+(z+1)=11$이므로

$x-2=X,\ y+1=Y,\ z+1=Z$로 두면

$X+Y+Z=11$ 일 때, $X^2+2Y^2+3Z^2-9$의 최솟값을 구하는 것과 같다. 코시-슈바르츠 부등식을 이용하면

$$\{a^2+b^2+c^2\}\{(X^2+(\sqrt{2}Y)^2+(\sqrt{3}Z)^2\}$$
$$\ge (aX+\sqrt{2}bY+\sqrt{3}cZ)^2=(X+Y+Z)^2$$ 이

성립하기 위하여 $a=1, b=\frac{1}{\sqrt{2}}, c=\frac{1}{\sqrt{3}}$ 이 되어야 한다.

$$\{a^2+b^2+c^2\}\{(X^2+(\sqrt{2}Y)^2+(\sqrt{3}Z)^2\}$$
$$=\frac{11}{6}\{X^2+2Y^2+3Z^2\}\ge 11^2$$
$$\Rightarrow X^2+2Y^2+3Z^2 \ge 66$$
$$\therefore f(x,y)=x^2+2y^2+3z^2-4x+4y+6z$$
$$=X^2+2Y^2+3Z^2-9 \ge 57$$이므로

$f(x,y)$의 최솟값은 57이다.

180. 26

풀이 제약조건 $g(x,\ y,\ z): x^2+y^2=26$,

$h(x,\ y,\ z): x+y-z=0$를 만족하는 함수

$f(x,\ y,\ z)=2x-2y+3z$의 최댓값은

라그랑주 승수법에 의해서

$$\begin{vmatrix} \nabla f \\ \nabla g \\ \nabla h \end{vmatrix} = \begin{vmatrix} 2 & -2 & 3 \\ x & y & 0 \\ 1 & 1 & -1 \end{vmatrix}=0 \Rightarrow x=5y$$을 만족하고 조건식도

만족하는 해를 찾자.

(i) 조건식 g에 연립하면 $26y^2=26 \Leftrightarrow y^2=1$

(ii) 조건식 h에 연립하면 $z=6y$

이를 만족하는 점은 $(5,1,6)$과 $(-5,\ -1,\ -6)$일 때이다.

따라서 최댓값은 $f(5,\ 1,\ 6)=26$이다.

181. 최댓값 $1+2\sqrt{2}$, 최솟값 $1-2\sqrt{2}$

풀이 $g(x,\ y,\ z): x+y+z=1,\ h(x,\ y,\ z); y^2+z^2=4$라 두고 라그랑주 승수법을 이용하자.

$$\begin{vmatrix} \nabla f \\ \nabla g \\ \nabla h \end{vmatrix} = \begin{vmatrix} 1 & 2 & 0 \\ 1 & 1 & 1 \\ 0 & y & z \end{vmatrix}=0 \Rightarrow y+z=0 \Leftrightarrow z=-y$$을

만족하고 조건식도 만족하는 해를 찾자.

(i) 조건식 g에 연립하면 $x=1$

(ii) 조건식 h에 연립하면 $y^2=2$

이를 만족하는 점은 $(1,\ \sqrt{2},\ -\sqrt{2}),\ (1,\ -\sqrt{2},\ \sqrt{2})$이다.

따라서 $f(x,\ y,\ z)=x+2y$의 최댓값과 최솟값은

$f(1,\ \sqrt{2},\ -\sqrt{2})=1+2\sqrt{2}$,

$f(1,\ -\sqrt{2},\ \sqrt{2})=1-2\sqrt{2}$이다.

182. 최댓값 $2\sqrt{6}$, 최솟값 $-2\sqrt{6}$

풀이 $g(x,\ y,\ z): x+y-z=0,\ h(x,\ y,\ z): x^2+2z^2=1$이라 하자. 라그랑주 승수법에 의해서

$$\begin{vmatrix} \nabla f \\ \nabla g \\ \nabla h \end{vmatrix} = \begin{vmatrix} 3 & -1 & -3 \\ 1 & 1 & -1 \\ x & 0 & 2z \end{vmatrix}=0 \Rightarrow x+2z=0 \Leftrightarrow x=-2z$$

을 만족하고 조건식도 만족하는 해를 찾자.

(i) 조건식 g에 연립하면 $y=3z$

(ii) 조건식 h에 연립하면 $6z^2=1$

$z=\frac{1}{\sqrt{6}}$일 때, $x=\frac{-2}{\sqrt{6}}, y=\frac{3}{\sqrt{6}}$이고,

$z=\frac{-1}{\sqrt{6}}$일 때, $x=\frac{2}{\sqrt{6}}, y=\frac{-3}{\sqrt{6}}$이다. 따라서

$\left(-\frac{2}{\sqrt{6}},\ \frac{3}{\sqrt{6}},\ \frac{1}{\sqrt{6}}\right)$일 때 $f=-2\sqrt{6}$이고

$\left(\frac{2}{\sqrt{6}},\ -\frac{3}{\sqrt{6}},\ -\frac{1}{\sqrt{6}}\right)$일 때 $f=2\sqrt{6}$이다.

따라서 f의 최대는 $2\sqrt{6}$이고 최소는 $-2\sqrt{6}$이다.

183. 최댓값 $\frac{3}{2}$, 최솟값 $\frac{1}{2}$

풀이 $g(x,y,z) : xy=1,\ h(x,y,z) : y^2+z^2=1$이라 하자.

라그랑주 승수법에 의해서

$$\begin{vmatrix} \nabla f \\ \nabla g \\ \nabla h \end{vmatrix} = \begin{vmatrix} y & x+z & y \\ y & x & 0 \\ 0 & y & z \end{vmatrix} = 0 \Rightarrow y(z^2-y^2)=0\text{이므로}$$

$y=0$이거나 $y^2=z^2$을 만족하고 조건식도 만족하는 해를 찾자.

① $y=0$일 때 조건식 g에 연립하면 모순이 발생한다.

② $y^2=z^2$일 때,

(i) 조건식 h에 연립하면 $y^2=z^2=\frac{1}{2}$

(ii) 조건식 g에 연립하면 $y=\frac{\pm 1}{\sqrt{2}}$일 때 $x=\mp\sqrt{2}$

$f(x,y,z)=xy+yz=1+yz$와 같고

$\left(\pm\sqrt{2},\ \pm\frac{1}{\sqrt{2}},\ \pm\frac{1}{\sqrt{2}}\right)$일 때 $f=\frac{3}{2}$이고

$\left(\pm\sqrt{2},\ \pm\frac{1}{\sqrt{2}},\ \mp\frac{1}{\sqrt{2}}\right)$일 때 $f=\frac{1}{2}$이다.

따라서 f의 최댓값은 $\frac{3}{2}$이고 최솟값은 $\frac{1}{2}$이다.

184. $M=2,\ m=0$

풀이 (1) 임계점 구하기

$\begin{cases} f_x(x,\ y)=2x=0 \\ f_y(x,\ y)=4y=0 \end{cases}$이므로 임계점은 $(0,\ 0)$이다.

(2) 경계 $x^2+y^2=1$에서 구하고자 하는 함수는

$f(x,\ y)=x^2+2y^2=1+y^2$와 같다.

조건식 $x^2+y^2=1$에서 $-1\le y\le 1$이므로

$0\le y^2\le 1$이고 $1\le f(x,\ y)=1+y^2\le 2$이다.

(3) 위 과정에서 구한 함숫값들의 대소 비교를 하면 $x^2+y^2\le 1$에서 $f(x,\ y)$의 최댓값은 2이고 최솟값은 0이다.

185. $mM=-2e^3$

풀이 $D=\{(x,\ y)\mid x^2+y^2\le 4\}$

(i) D의 내부에서 임계점을 구하자.

$f_x=2xe^{-x}+(x^2+y^2-3)e^{-x}(-1)$

$=e^{-x}(2x-x^2-y^2+3)=0$

$f_y=2ye^{-x}=0\Rightarrow y=0$

$y=0$을 f_x에 대입하면

$e^{-x}(2x-x^2+3)=0\Rightarrow x^2-2x-3=0$

$\Rightarrow (x-3)(x+1)=0\Rightarrow x=-1$ 또는 $x=3$

따라서 $(-1,\ 0)$, $(3,\ 0)$에서 임계점을 갖지만

$(3,\ 0)$은 D에 포함되지 않는다.

$\therefore f(-1,\ 0)=-2e$

(ii) D의 경계 $x^2+y^2=4$에서 함수의 최대, 최소 구하기

관계식을 항상 만족하는 x,y에 대하여

$f(x,\ y)=(x^2+y^2-3)e^{-x}=e^{-x}$로 식을 정리할 수 있다.

조건식 $x^2+y^2=4$에서 $-2\le x\le 2$ 이므로

최댓값은 $f(-2)=e^2$이고 최솟값은 $f(2)=e^{-2}$이다.

(iii) 위 과정에서 구한 값들의 대소관계에 의해서

영역 $x^2+y^2\le 4$에서 최댓값 $M=e^2$, 최솟값 $m=-2e$ 이므로 $mM=-2e^3$이다.

186. $\frac{3}{16}\sqrt{3}$

풀이 $f(x,\ y)=x^3y$라 하자.

(i) $x^2+y^2<1$일 때, $f_x=3x^2y$, $f_y=x^3$이므로 $x=0$일 때 임계점을 갖는다. $\therefore f(0,\ y)=0$

(ii) $x^2+y^2=1$일 때, 산술기하 평균에 의해서 $f=x^3y$의 최댓값과 최솟값을 구하자.

$x^2+y^2=\frac{x^2}{3}+\frac{x^2}{3}+\frac{x^2}{3}+y^2\ge 4\sqrt[4]{\frac{|x^3y|^2}{27}}$ 이고

$|x^3y|$의 최댓값은 등호 성립 조건 $\frac{x^2}{3}=y^2=\frac{1}{4}$일 때

$-\frac{3\sqrt{3}}{16}\le x^3y\le\frac{3\sqrt{3}}{16}$일 때이다.

(i), (ii)에 의하여 x^3y의 최댓값은 $\frac{3}{16}\sqrt{3}$이다.

187. 17

풀이 (i) $1 < x^2+y^2 < 9$ 일 때,

$f_x = 2x,\ f_y = 2y-4$ 이므로 $(0, 2)$ 에서 임계점을 갖으며

$f(0, 2) = -4$ 이다.

(ii) $x^2+y^2 = 9$ 일 때, $f(x, y) = x^2+y^2-4y = 9-4y$이다.

$-3 \le y \le 3$이므로 $-3 \le f \le 21$이다.

(iii) $x^2+y^2 = 1$일 때, $f(x, y) = x^2+y^2-4y = 1-4y$이다.

$-1 \le y \le 1$이므로 $-3 \le f \le 5$이다.

위 과정에 의하여 f 의 최댓값은 21 이고 최솟값은 -4 이므로 최댓값과 최솟값의 합은 17 이다.

188. -8

풀이 영역 R의 내부와 경계에서 각각의 최대최소를 구하자.

(i) R의 내부 : f의 임계점에서 함숫값 찾기

$f_x(x,\ y) = y-2 = 0$에서 $y=2$, $f_y(x,\ y) = x-3 = 0$에서 $x=3$이므로 $(3, 2)$에서 임계점을 갖고 함숫값은 $f(3,\ 2) = -6$이다.

(ii) R의 경계에서 f의 최댓값과 최솟값을 구하자.

㉠ $y=0,\ 0 \le x \le 4$일 때,

$f(x,\ y) = f(x,\ 0) = -2x$ 이고, 구간 $0 \le x \le 4$에서 f는 감소함수이므로 $x=0$일 때 최댓값 0, $x=4$일 때 최솟값 -8을 갖는다.

㉡ $x=4,\ 0 \le y \le 8$일 때,

$f(x,\ y) = f(4,\ y) = 4y-8-3y = y-8$

구간 $0 \le y \le 8$에서 f는 증가함수이므로 $y=0$일 때 최솟값 -8, $y=8$일 때 최댓값 0을 갖는다.

㉢ $y=2x,\ 0 \le x \le 4$일 때,

$f(x,\ y) = f(x,\ 2x) = 2x^2-2x-6x = 2x^2-8x$

$= 2(x-2)^2-8$

f는 이차함수이므로 구간 $0 \le x \le 4$에서 $x=2$일 때 최솟값 -8, $x=0$ 또는 $x=4$일 때 최댓값 0을 갖는다.

(i), (ii)에 의하여 최댓값은 0, 최솟값은 -8이다.

따라서 최댓값과 최솟값의 합은 -8이다.

189. 최댓값 4, 최솟값 -1

풀이 (1) 영역 내부에서 임계점을 구하자.

$f_x = 2x-2 = 0 \Rightarrow x=1,\ f_y = 2y = 0 \Rightarrow y=0$

$f(1,\ 0) = -1$

(2) 각 경계에서 함수의 최댓값과 최솟값을 구하시오.

(i) $x=0,\ -2 \le y \le 2$ 일 때 $f(0,\ y) = y^2$이므로

$f(0,\ -2) = f(0,\ 2) = 4,\ f(0, 0) = 0$

(ii) $y = -x+2,\ 0 \le x \le 2$ 일 때

$f(x,\ -x+2) = g(x) = x^2+(-x+2)^2-2x$

$= 2x^2-6x+4$

$g'(x) = 4x-6 = 0 \Rightarrow x = \dfrac{3}{2}$

$g(0) = 4,\ g(2) = 0,\ g\left(\dfrac{3}{2}\right) = -\dfrac{1}{2}$

(iii) $y = x-2,\ 0 \le x \le 2$일 때,

$f(x,\ x-2) = h(x) = x^2+(x-2)^2-2x$

$= 2x^2-6x+4$

$h'(x) = 4x-6 = 0 \Rightarrow x = \dfrac{3}{2}$

$h(0) = 4,\ h(2) = 0,\ h\left(\dfrac{3}{2}\right) = -\dfrac{1}{2}$이므로

f의 최댓값은 4이고, 최솟값은 -1이다.

190. 11

풀이 (i) 내부의 임계점

$f(x, y) = x^2+y^2+x^2y+4$ 에 대하여 $f_x = 2x+2xy$, $f_y = 2y+x^2$ 이다.

이때, $f_x = f_y = 0$ 을 만족하는 임계점 중 영역 D 내부의 임계점은 $(x, y) = (0, 0)$ 이다.

따라서 $f(0, 0) = 4$ 는 영역 D 에서 $f(x, y)$ 의 최댓값 또는 최솟값이 될 수 있는 후보이다.

(ii) 경계에서의 임계점

① $y = 1\ (-1 \le x \le 1)$

$f(x) = 2x^2+5,\ f'(x) = 4x$ 에 대하여 $f(0) = 5$, $f(\pm 1) = 7$ 이다.

② $x = 1\ (-1 \le y \le 1)$

$f(y) = y^2+y+5,\ f'(y) = 2y+1$ 에 대하여

$f\left(-\dfrac{1}{2}\right) = \dfrac{19}{4},\ f(1) = 7,\ f(-1) = 5$ 이다.

③ $y = -1\ (-1 \le x \le 1)$

$f(x) = 5$ 이다.

④ $x = -1\ (-1 \le y \le 1)$

$f(y) = y^2+y+5,\ f'(y) = 2y+1$ 에 대하여

$f\left(-\dfrac{1}{2}\right) = \dfrac{19}{4},\ f(1) = 7,\ f(-1) = 5$ 이다.

따라서 $M = 7,\ m = 4$ 이므로 $M+m = 11$ 이다.

191. 29

풀이 (i) 도형 내부인 경우,

$$\begin{cases} f_x = 4-2x = 0 \\ f_y = 2-2y = 0 \end{cases} \Rightarrow (2,\ 1) \text{ 에서 임계점을 갖는다.}$$

$f(2,\ 1) = 8$

(ii) $x = 0$ 인 경우,

$f(0,\ y) = 3+2y-y^2 = -(y-1)^2+4\ (0 \le y \le 6)$

$f(0,\ 1) = 4,\ f(0,\ 6) = -21$

(iii) $y = 0$ 인 경우,

$f(x,\ 0) = 3+4x-x^2 = -(x-2)^2+7\ (0 \le x \le 6)$

$f(2,\ 0) = 7,\ f(6,\ 0) = -9$

(iv) $y = -x+6$ 인 경우,

$g(x,\ y) = x+y-6 = 0$ 이라 하고 라그랑주 승수법을 이용하자.

$\nabla f = \lambda \nabla g \Leftrightarrow (-2x+4,\ -2y+2) = \lambda(1,\ 1)$

$\Rightarrow x-y = 1$

$g(x,\ y) = 0$ 과 $x-y = 1$ 을 연립하면 $\left(\frac{7}{2},\ \frac{5}{2}\right)$ 에서 극값을 갖는다. $f\left(\frac{7}{2},\ \frac{5}{2}\right) = \frac{7}{2}$ 이다.

주어진 평면도형에서 $f(x,\ y)$ 의 최댓값은 8, 최솟값은 -21 이다. 따라서 최댓값과 최솟값의 차는 29 이다.

192. 4

풀이 (i) 주어진 함수는 $f(x,y) = (x-2)^2+(y-1)^2+1$인 $(2,1)$에서 최솟값을 갖는 포물면이다. 그러나 점$(2,1)$은 T내부의 점이 아니기 때문에 조건을 만족하는 최솟값은 아니다.

(ii) T의 경계를 따라서 최솟값을 구하자.

① $y=0(0 \le x \le 1)$일 때

$f(x,0) = x^2-4x+6 = (x-2)^2+2$이고 최솟값은 3, 최댓값은 6이다.

② $x=1(0 \le y \le 1)$일 때

$f(1,y) = y^2-2y+3 = (y-1)^2+2$이고 최솟값은 2, 최댓값은 3이다.

③ $y=x(0 \le x \le 1)$일 때,

$f(x,x) = 2x^2-6x+6 = 2\left(x-\frac{3}{2}\right)^2+\frac{3}{2}$이고, 최솟값은 2, 최댓값은 6이다.

(iii) 따라서 최솟값은 $m=2$이고 최댓값은 $M=6$이다.

$\therefore\ M-m=4$

1. 이중적분의 계산 & 성질

193. 풀이참조

풀이 (1) $\int_0^3\int_1^2 x^2ydydx = \int_0^3 x^2\left[\frac{1}{2}y^2\right]_1^2 dx = \int_0^3 x^2 \cdot \frac{3}{2}dx$

$= \left[\frac{3}{2}\cdot\frac{1}{3}x^3\right]_0^3 = \frac{1}{2}\cdot 27 = \frac{27}{2}$

[다른 풀이] 푸비니 정리를 이용하면

$\int_0^3\int_1^2 x^2ydydx = \int_0^3 x^2dx \cdot \int_1^2 ydy$

$= \frac{1}{3}[x^3]_0^3 \cdot \frac{1}{2}[y^2]_1^2 = 9\cdot\frac{3}{2} = \frac{27}{2}$

(2) $\int_0^\pi\int_0^{\frac{\pi}{2}} \cos x\cos y dydx = \int_0^\pi \cos x[\sin y]_0^{\frac{\pi}{2}}dx$

$= \int_0^\pi \cos x(1-0)dx = [\sin x]_0^\pi = 0$

[다른 풀이] 푸비니 정리를 이용하면

$\int_0^\pi\int_0^{\frac{\pi}{2}} \cos x\cos y\, dydx$

$= \int_0^\pi \cos x\, dx \cdot \int_0^{\frac{\pi}{2}} \cos y dy$

$= [\sin x]_0^\pi \cdot [\sin y]_0^{\frac{\pi}{2}} = 0$

(3) $\int_1^4\int_0^2 6x^2y - 2x\, dydx = \int_1^4 3x^2y^2 - 2xy]_{y=0}^{y=2}dx$

$= \int_1^4 12x^2 - 4x\, dx = 4x^3 - 2x^2]_1^4 = 222$

(4) $\int_1^4\int_1^2\left(\frac{x}{y}+\frac{y}{x}\right)dydx$

$= \int_1^4\int_1^2 \frac{x}{y}\, dydx + \int_1^4\int_1^2 \frac{y}{x}\, dydx$

$= \left[\frac{x^2}{2}\right]_1^4 [\ln y]_1^2 + [\ln x]_1^4\left[\frac{y^2}{2}\right]_1^2$

$= \frac{15}{2}\ln 2 + \frac{3}{2}\ln 4 = \frac{21}{2}\ln 2$

(5) $\int_0^1\int_{-3}^3 \frac{xy^2}{x^2+1}dydx = \int_0^1 \frac{x}{x^2+1}dx\int_{-3}^3 y^2dy$

$= \ln\sqrt{x^2+1}\,]_0^1 \cdot 2\cdot\frac{1}{3}y^3]_0^3 = \ln\sqrt{2}\cdot 18 = 9\ln 2$

(6) $\int_0^{\frac{\pi}{3}}\int_0^{\frac{\pi}{6}} x\sin(x+y)\,dx\,dy$

$= \int_0^{\frac{\pi}{6}}\int_0^{\frac{\pi}{3}} x\sin(x+y)\,dydx$

$= \int_0^{\frac{\pi}{6}} x\cos(x+y)]_{y=\frac{\pi}{3}}^{y=0}\,dx$

$= \int_0^{\frac{\pi}{6}} x\left(\cos x - \cos\left(x+\frac{\pi}{3}\right)\right)dx$

$= x\sin x - x\sin\left(x+\frac{\pi}{3}\right) + \cos x - \cos\left(x+\frac{\pi}{3}\right)\Big]_0^{\frac{\pi}{6}}$

$= \frac{\pi}{12} - \frac{\pi}{6} + \frac{\sqrt{3}}{2} - 1 + \frac{1}{2}$

$= \frac{\sqrt{3}-1}{2} - \frac{\pi}{12}$

194. $\frac{28}{5}$

풀이

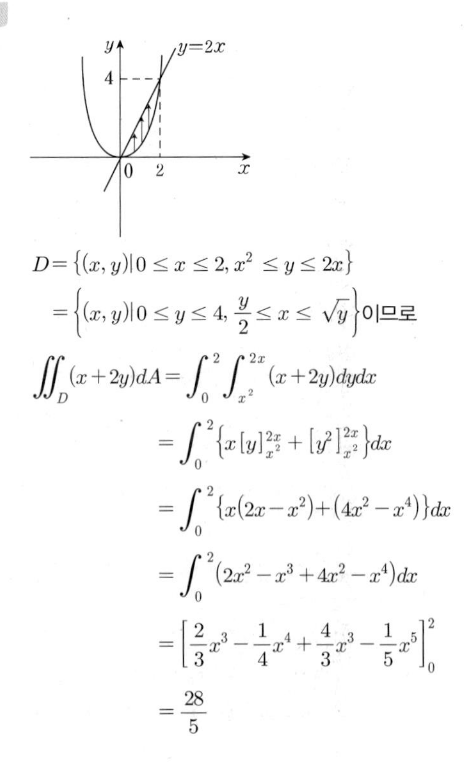

$D = \{(x,y)|0\le x\le 2, x^2\le y\le 2x\}$

$= \left\{(x,y)|0\le y\le 4, \frac{y}{2}\le x\le\sqrt{y}\right\}$이므로

$\iint_D (x+2y)dA = \int_0^2\int_{x^2}^{2x}(x+2y)dydx$

$= \int_0^2\left\{x[y]_{x^2}^{2x} + [y^2]_{x^2}^{2x}\right\}dx$

$= \int_0^2\left\{x(2x-x^2)+(4x^2-x^4)\right\}dx$

$= \int_0^2(2x^2-x^3+4x^2-x^4)dx$

$= \left[\frac{2}{3}x^3 - \frac{1}{4}x^4 + \frac{4}{3}x^3 - \frac{1}{5}x^5\right]_0^2$

$= \frac{28}{5}$

[다른 풀이]

$$\iint_D (x+2y)dA$$

$$=\int_0^4 \int_{\frac{1}{2}y}^{\sqrt{y}} (x+2y)dxdy$$

$$=\int_0^4 \left\{\frac{1}{2}[x^2]_{\frac{1}{2}y}^{\sqrt{y}}+2[x]_{\frac{1}{2}y}^{\sqrt{y}}y\right\}dy$$

$$=\int_0^4 \left(\frac{1}{2}y-\frac{1}{8}y^2+2y^{\frac{3}{2}}-y^2\right)dy$$

$$=\int_0^4 \left(\frac{1}{2}y-\frac{9}{8}y^2+2y^{\frac{3}{2}}\right)dy$$

$$=\left[\frac{1}{4}y^2-\frac{3}{8}y^3+2\cdot\frac{2}{5}y^{\frac{5}{2}}\right]_0^4$$

$$=4-\frac{3}{2}\cdot 16+\frac{4}{5}\cdot 2^5=\frac{28}{5}$$

195. 42

풀이

$$\int_1^2 \int_0^{2y} x^3 y dxdy$$

$$=\int_1^2 \left[\frac{1}{4}x^4 y\right]_0^{2y} dy=\int_1^2 4y^5 dy=\left[\frac{2}{3}y^6\right]_1^2=42$$

196. $\frac{1}{8}$

풀이 그림을 그려 영역을 찾으면

영역 $D=\{(x,y)|0\le x\le 1, 0\le y\le x\}$이다.

$$\int_0^1 \int_0^x xydydx$$

$$=\int_0^1 \left[\frac{1}{2}xy^2\right]_0^x dx=\int_0^1 \frac{1}{2}x^3 dx=\left[\frac{1}{8}x^4\right]_0^1=\frac{1}{8}$$

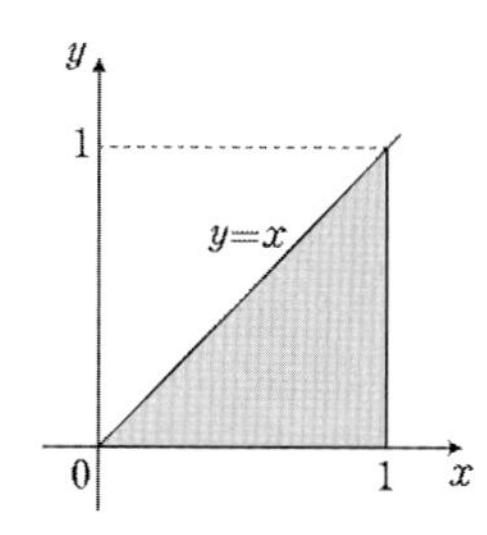

197. $\frac{e-1}{2}$

풀이

$$\int_0^1 \int_{\sqrt{x}}^1 \frac{2xe^{y^2}}{y^3}dydx$$

$$=\int_0^1 \int_0^{y^2} \frac{2xe^{y^2}}{y^3}dxdy$$

$$=\int_0^1 [x^2]_0^{y^2}\frac{e^{y^2}}{y^3}dy=\int_0^1 ye^{y^2}dy$$

$$=\left[\frac{1}{2}e^{y^2}\right]_0^1=\frac{1}{2}(e-1)$$

198. $\frac{\sqrt{3}}{8}$

풀이 $0\le y\le\frac{\pi}{3},\ \sqrt{y}\le x\le\sqrt{\frac{\pi}{3}}$

$\Leftrightarrow 0\le y\le x^2\le\frac{\pi}{3}$이므로 다음과 같다.

$$\int_0^{\frac{\pi}{3}} \int_{\sqrt{y}}^{\sqrt{\frac{\pi}{3}}} \frac{y\cos(x^2)}{x^3}dxdy$$

$$=\int_0^{\sqrt{\frac{\pi}{3}}} \int_0^{x^2} \frac{y\cos(x^2)}{x^3}dydx$$

$$=\int_0^{\sqrt{\frac{\pi}{3}}} \frac{1}{2}x^4\cdot\frac{\cos(x^2)}{x^3}dx$$

$$=\frac{1}{2}\int_0^{\sqrt{\frac{\pi}{3}}} x\cos(x^2)dx$$

$$=\frac{1}{4}[\sin(x^2)]_0^{\sqrt{\frac{\pi}{3}}}$$

$$=\frac{1}{4}\sin\left(\frac{\pi}{3}\right)=\frac{\sqrt{3}}{8}$$

199. $\frac{17\sqrt{17}-1}{6}$

풀이

$$\int_0^8 \int_{\sqrt[3]{x}}^2 \sqrt{1+y^4}\,dydx=\int_0^2 \int_0^{y^3} \sqrt{1+y^4}\,dxdy$$

$$=\int_0^2 y^3\sqrt{1+y^4}\,dy=\frac{17\sqrt{17}-1}{6}$$

200. (1) $\frac{1}{7}(8\sqrt{2}-1)$ (2) $\frac{2}{9}(2\sqrt{2}-1)$

(3) $\frac{1}{4}\{1-\cos(81)\}$ (4) $\tan 1$

(5) $\sin^2\left(\frac{1}{2}\right)$ (6) $\frac{1}{3}(e-1)$

(7) $1-\frac{1}{e}$ (8) $\frac{1}{3}\ln 2$

(9) e^9-1 (10) 1

(11) $\frac{1}{4}(e^{16}-1)$ (12) $\frac{e-1}{2}$

풀이 (1) 주어진 영역을 바꾸어 적분순서를 변경하자.

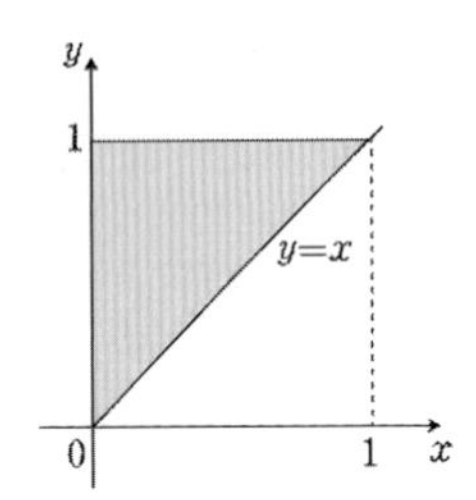

$D=\{(x,y)\,|\,0\le x\le y\le 1\}$

$$\int_0^1\int_x^1 (1+y^2)^{\frac{5}{2}}\,dydx=\int_0^1\int_0^y (1+y^2)^{\frac{5}{2}}\,dxdy$$

$$=\int_0^1 y(1+y^2)^{\frac{5}{2}}\,dy$$

$$=\int_1^{\sqrt{2}} t^6 dt\left(\because (1+y^2)^{\frac{1}{2}}=t\text{로 치환}\right)$$

$$=\frac{1}{7}\left[t^7\right]_1^{\sqrt{2}}=\frac{1}{7}(8\sqrt{2}-1)$$

(2) 주어진 영역을 바꾸어 적분순서를 변경하자.

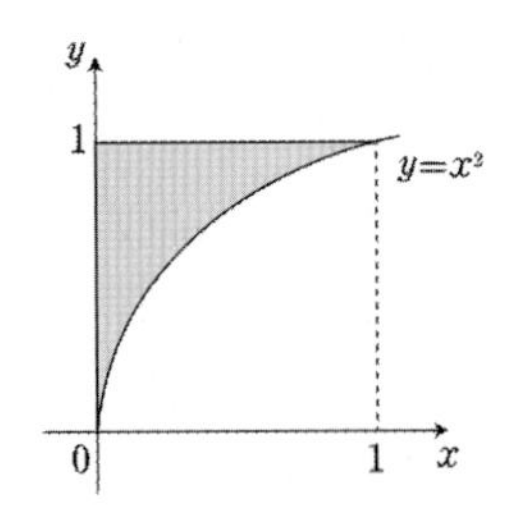

$D=\{(x,y)|0\le\sqrt{x}\le y\le 1\}$

$=\{(x,y)|0\le x\le y^2\le 1\}$

$$\int_0^1\int_{\sqrt{x}}^1 \sqrt{1+y^3}\,dydx$$

$$=\int_0^1\int_0^{y^2}\sqrt{1+y^3}\,dxdy=\int_0^1 y^2\sqrt{1+y^3}\,dy$$

$$=\int_1^2\frac{1}{3}\sqrt{t}\,dt(\because 1+y^3=t\text{로 치환})=\frac{2}{9}(2\sqrt{2}-1)$$

(3) 주어진 영역을 바꾸어 적분순서를 변경하자.

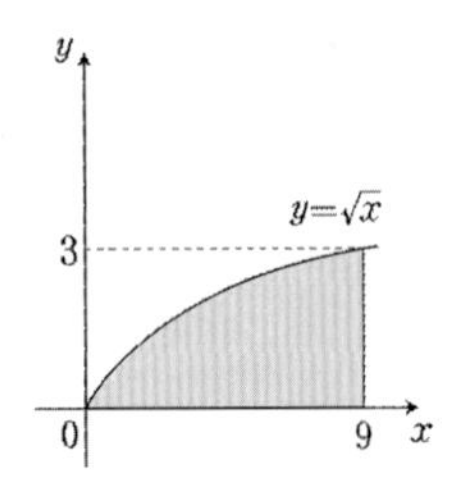

$D=\{(x,y)|0\le y^2\le x\le 9\}$

$=\{(x,y)|0\le y\le\sqrt{x}\le 3\}$

$$\int_0^3\int_{y^2}^9 y\sin(x^2)\,dxdy=\int_0^9\int_0^{\sqrt{x}} y\sin(x^2)\,dydx$$

$$=\int_0^9\frac{1}{2}\left[y^2\right]_0^{\sqrt{x}}\sin(x^2)\,dx=\frac{1}{2}\int_0^9 x\sin(x^2)\,dx$$

$$=\frac{1}{4}\left[-\cos(x^2)\right]_0^9=\frac{1}{4}\{1-\cos(81)\}$$

(4) $D=\{(x,y)\,|\,0\le\sqrt{y}\le x\le 1\}$

$=\{(x,y)\,|\,0\le y\le x^2\le 1\}$

$$\int_0^1\int_{\sqrt{y}}^1\frac{\sec^2 x}{x^2}\,dxdy=\int_0^1\int_0^{x^2}\frac{\sec^2 x}{x^2}\,dydx$$

$$=\int_0^1\frac{\sec^2 x}{x^2}\cdot[y]_0^{x^2}dx=\int_0^1\sec^2 x\,dx$$

$$=[\tan x]_0^1=\tan 1$$

(5) $$\int_0^1\int_x^1\sin(y^2)\,dydx=\int_0^1\int_0^y\sin(y^2)\,dxdy$$

$$=\int_0^1 y\sin(y^2)\,dy=-\frac{1}{2}\cos(y^2)\Big]_0^1$$

$$=\frac{1}{2}(1-\cos 1)=\sin^2\left(\frac{1}{2}\right)$$

(6) $D=\{(x,y)\,|\,0\le\sqrt{y}\le x\le 1\}$

$=\{(x,y)\,|\,0\le y\le x^2\le 1\}$

$$\int_0^1\int_{\sqrt{y}}^1 e^{x^3}\,dxdy=\int_0^1\int_0^{x^2} e^{x^3}\,dydx$$

$$=\int_0^1 x^2e^{x^3}\,dx=\left[\frac{1}{3}e^{x^3}\right]_0^1=\frac{1}{3}(e-1)$$

(7) $D=\{(x,y)|0\le y\le x\le 1\}$

$$\int_0^1\int_y^1 2e^{-x^2}\,dxdy=\int_0^1\int_0^x 2e^{-x^2}\,dydx$$

$$=\int_0^1 2xe^{-x^2}\,dx=-e^{-x^2}]_0^1=1-\frac{1}{e}$$

(8) $0 \le \sqrt{x} \le y \le 1 \Rightarrow 0 \le xLEQy^2 \le 1$

$$\int_0^1 \int_0^{y^2} \frac{1}{y^3+1} dxdy = \int_0^1 \frac{y^2}{y^3+1} dy$$

$$= \frac{1}{3}\left[\ln|y^3+1|\right]_0^1 = \frac{1}{3}\ln 2$$

(9) $D = \{(x, y) \mid 0 \le \sqrt{y} \le x \le 3\}$

$= \{(x, y) \mid 0 \le y \le x^2 \le 9\}$

$$\int_0^9 \int_{\sqrt{y}}^3 e^{\frac{x^3}{3}} dxdy = \int_0^3 \int_0^{x^2} e^{\frac{x^3}{3}} dydx$$

$$= \int_0^3 x^2 e^{\frac{x^3}{3}} dx = \left[e^{\frac{x^3}{3}}\right]_0^3 = e^9 - 1$$

(10) $D = \left\{(x, y) \mid 0 \le x \le y \le \frac{\pi}{2}\right\}$

$$\int_0^{\frac{\pi}{2}} \int_x^{\frac{\pi}{2}} \frac{\sin y}{y} dydx = \int_0^{\frac{\pi}{2}} \int_0^y \frac{\sin y}{y} dxdy$$

$$= \int_0^{\frac{\pi}{2}} \sin y dy = [-\cos y]_0^{\frac{\pi}{2}} = 1$$

(11) $0 \le x \le \sqrt{y-1}$, $1 \le y \le 5$이므로

$$\int_0^2 \int_{x^2+1}^5 x e^{(y-1)^2} dydx$$

$$= \int_1^5 \int_0^{\sqrt{y-1}} x e^{(y-1)^2} dxdy$$

$$= \int_1^5 \left[\frac{1}{2}x^2 e^{(y-1)^2}\right]_0^{\sqrt{y-1}} dy$$

$$= \frac{1}{2}\int_1^5 (y-1)e^{(y-1)^2} dy$$

$$= \frac{1}{2}\left[\frac{1}{2}e^{(y-1)^2}\right]_1^5 = \frac{1}{4}(e^{16}-1)$$

(12) $D = \{(x, y) \mid 0 \le x \le y \le 1\}$

$$\int_0^1 \int_x^1 \left\{e^{\frac{x}{y}} + \cos(\pi y^2)\right\} dydx$$

$$= \int_0^1 \int_0^y \left\{e^{\frac{x}{y}} + \cos(\pi y^2)\right\} dxdy$$

$$= \int_0^1 \left[y e^{\frac{x}{y}} + x\cos(\pi y^2)\right]_0^y dy$$

$$= \int_0^1 \{ye + y\cos(\pi y^2) - y\} dy$$

$$= \left[\frac{1}{2}y^2 e + \frac{1}{2\pi}\sin(\pi y^2) - \frac{1}{2}y^2\right]_0^1$$

$$= \frac{e}{2} - \frac{1}{2} = \frac{e-1}{2}$$

201. $\frac{1}{2}\ln 2$

풀이

$$\int_0^1 \int_{\sin^{-1}y}^{\pi/2} \frac{\cos x}{1+\cos^2 x} dx\, dy$$

$$= \int_0^{\pi/2} \int_0^{\sin x} \frac{\cos x}{1+\cos^2 x} dy\, dx$$

$$= \int_0^{\pi/2} \frac{\cos x \sin x}{1+\cos^2 x} dx$$

$$= -\frac{1}{2}\ln(1+\cos^2 x)\Big]_0^{\pi/2} = \frac{1}{2}\ln 2$$

202. $\ln\frac{4}{3}$

풀이 적분 순서의 변경에 의해 다음과 같다.

$$\int_0^1 \int_{\frac{1}{2}\sin^{-1}y}^{\frac{\pi}{4}} \frac{1}{\cos^2 x+1} dxdy$$

$$= \int_0^{\frac{\pi}{4}} \int_0^{\sin 2x} \frac{1}{\cos^2 x+1} dydx$$

$$= \int_0^{\frac{\pi}{4}} \frac{2\sin x \cos x}{\cos^2 x+1} dx$$

$$= \ln(\cos^2 x+1)\Big]_{\frac{\pi}{4}}^0 = \ln 2 - \ln\left(\frac{3}{2}\right) = \ln\frac{4}{3}$$

203. $\sqrt{2}-1$

풀이

$$\int_0^1 \int_{\tan^{-1}x}^{\frac{\pi}{4}} \sec y\, dydx = \int_0^{\frac{\pi}{4}} \int_0^{\tan y} \sec y\, dx\, dy$$

$$= \int_0^{\frac{\pi}{4}} \sec y \tan y\, dy = \sec y\Big]_0^{\frac{\pi}{4}} = \sqrt{2}-1$$

204. $\frac{32}{15}$

풀이

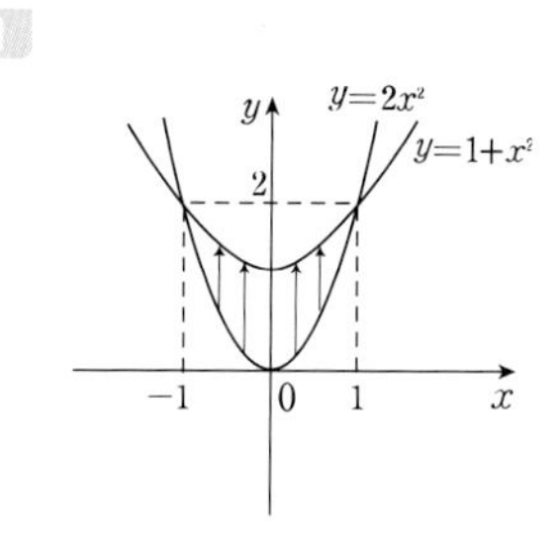

두 포물선 $y=2x^2$과 $y=1+x^2$의 교점의 x좌표는

$2x^2=1+x^2 \Rightarrow x^2=1 \Rightarrow x=\pm1$이므로

$$\iint_D (x+2y)\,dA=\int_{-1}^{1}\int_{2x^2}^{1+x^2}(x+2y)\,dydx$$
$$=\int_{-1}^{1}\left[xy+y^2\right]_{2x^2}^{1+x^2}dx$$
$$=\int_{-1}^{1}\left[x(1+x^2-2x^2)+\left\{(1+x^2)^2-4x^4\right\}\right]dx$$
$$=\int_{-1}^{1}(x-x^3+1+2x^2+x^4-4x^4)\,dx$$
$$=2\int_{0}^{1}(1+2x^2-3x^4)\,dx=2\left[x+\frac{2}{3}x^3-\frac{3}{5}x^5\right]_0^1$$
$$=2\left(1+\frac{2}{3}-\frac{3}{5}\right)=2\cdot\frac{15+10-9}{15}=\frac{32}{15}$$

[참고]

$\int_{-a}^{a}(\text{기함수})\,dx=0$, $\int_{-a}^{a}(\text{우함수})\,dx=2\int_{0}^{a}(\text{우함수})\,dx$

205. $\frac{1}{3}$

풀이 $D=\left\{(x,\ y)\mid 0\le x\le 1,\ x^2\le y\le\sqrt{x}\right\}$이므로

$$\iint_D 4xy\,dA=\int_0^1\int_{x^2}^{\sqrt{x}}4xy\,dydx=\int_0^1\left[2xy^2\right]_{x^2}^{\sqrt{x}}dx$$
$$=\int_0^1 2x(x-x^4)dx=\left[\frac{2}{3}x^3-\frac{1}{3}x^6\right]_0^1=\frac{1}{3}$$

206. $\frac{9}{4}$

풀이 두 곡선 $y^2=x-1 \Leftrightarrow x=y^2+1$과

$y=x-3 \Leftrightarrow x=y+3$의 교점을 구하면

$y^2+1=y+3$에서 $y^2-y-2=0$, $(y+1)(y-2)=0$

즉, $y=-1$ 또는 $y=2$이다. 따라서 교점의 좌표는

$(2,-1)$ 또는 $(5,2)$이고 영역 R은

$R=\left\{(x,y)|y^2+1\le x\le y+3,\ -1\le y\le 2\right\}$이므로,

$$\iint_R y\,dA=\int_{-1}^{2}\int_{y^2+1}^{y+3}y\,dxdy=\int_{-1}^{2}y(y+3-y^2-1)dy$$
$$=\int_{-1}^{2}(-y^3+y^2+2y)dy=\left[-\frac{1}{4}y^4+\frac{1}{3}y^3+y^2\right]_{-1}^{2}$$
$$=-\frac{1}{4}\cdot15+\frac{1}{3}\cdot9+3=6-\frac{15}{4}=\frac{9}{4}$$

207. $\frac{1}{3}$

풀이

$$\iint_R e^{-x-y}dxdy=\int_0^\infty\int_0^{\frac{y}{2}}e^{-x}e^{-y}\,dxdy$$
$$=\int_0^\infty e^{-y}\left[e^{-x}\right]_{\frac{y}{2}}^{0}dy$$
$$=\int_0^\infty e^{-y}\left[1-e^{-\frac{y}{2}}\right]dy$$
$$=\int_0^\infty e^{-y}-e^{-\frac{3}{2}y}dy$$
$$=e^{-y}\Big]_\infty^0+\frac{2}{3}e^{-\frac{3}{2}y}\Big]_0^\infty$$
$$=1-\frac{2}{3}=\frac{1}{3}$$

208. 11

풀이

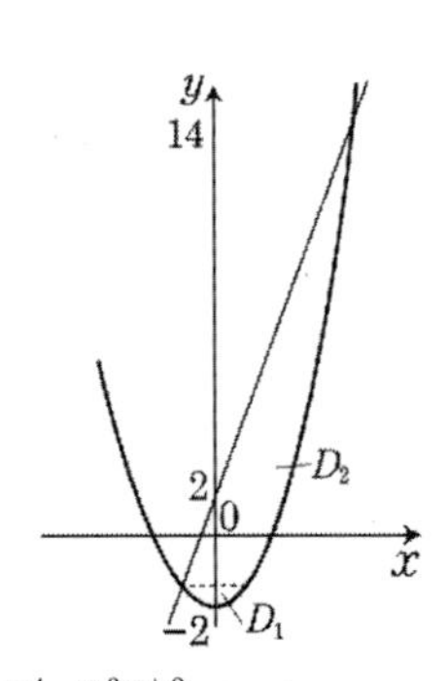

$\int_{-1}^{4}\int_{x^2-2}^{3x+2}e^{x^2+y^3}dydx$의 영역

$D=\left\{(x,y)|-1\le x\le 4,\ x^2-2\le y\le 3x+2\right\}$를 두 영역으로 분리할 때, D_1영역의 $-\sqrt{y+2}\le x\le\sqrt{y+2}$의 범위에서 $-2\le y\le-1$이고, D_2영역의 $\frac{y-2}{3}\le x\le\sqrt{y+2}$의 범위에서 $-1\le y\le 14$이다. 따라서

$$\int_{-1}^{4}\int_{x^2-2}^{3x+2}e^{x^2+y^3}dydx$$
$$=\int_{-2}^{-1}\int_{-\sqrt{y+2}}^{\sqrt{y+2}}e^{x^2+y^3}dxdy+\int_{-1}^{14}\int_{\frac{y-2}{3}}^{\sqrt{y+2}}e^{x^2+y^3}dxdy$$

$\therefore a+b+c=(-2)+(-1)+14=11$

209. 3

풀이 $\int_0^1 \int_0^{2y} f(x, y)dxdy$의 적분영역을 D_1,

$\int_0^2 \int_1^{3-x} f(x, y)dydx$의 적분영역을 D_2라 하고

이를 그래프로 나타내면 다음과 같다.

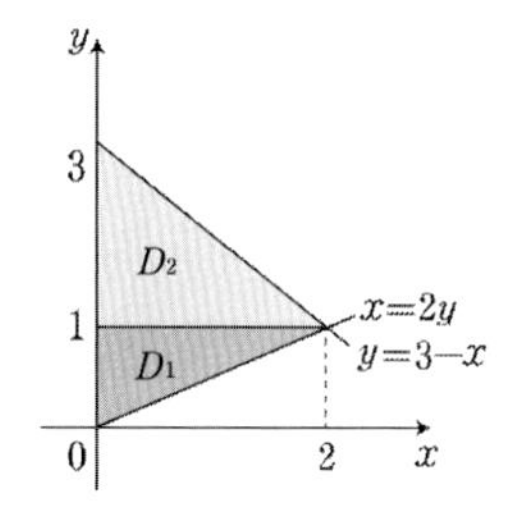

$D_1 \cup D_2 = D$이므로 D의 넓이는 $3 \times 2 \times \frac{1}{2} = 3$이다.

210. $\frac{1}{3}$

풀이

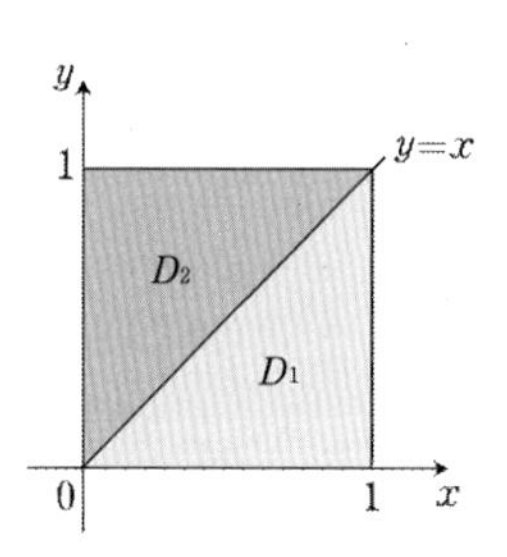

그림과 같이 영역 D를 두 개의 영역으로 분리하면

$D_1 = \{(x, y) | 0 \le x \le 1, 0 \le y \le x\}$,

$D_2 = \{(x, y) | 0 \le y \le 1, 0 \le x \le y\}$

$$\int_0^1 \int_0^1 |x-y| dxdy$$

$$= \iint_{D_1} (x-y)dxdy + \iint_{D_2} (y-x)dxdy$$

$$= \int_0^1 \int_0^x (x-y)dydx + \int_0^1 \int_0^y (y-x)dxdy$$

$$= \int_0^1 \left[xy - \frac{1}{2}y^2\right]_0^x dx + \int_0^1 \left[yx - \frac{1}{2}x^2\right]_0^y dy$$

$$= \int_0^1 \left(x^2 - \frac{1}{2}x^2\right)dx + \int_0^1 \left(y^2 - \frac{1}{2}y^2\right)dy$$

$$= \int_0^1 \frac{1}{2}x^2 dx + \int_0^1 \frac{1}{2}y^2 dy = \frac{1}{6} + \frac{1}{6} = \frac{1}{3}$$

211. 4

풀이 (ⅰ) $0 \le x < 1$, $0 \le y < 1$ 에서 $[x] + [y] = 0 + 0 = 0$

(ⅱ) $0 \le x < 1$, $1 \le y < 2$ 에서 $[x] + [y] = 0 + 1 = 1$

(ⅲ) $1 \le x < 2$, $0 \le y < 1$ 에서 $[x] + [y] = 1 + 0 = 1$

(ⅳ) $1 \le x < 2$, $1 \le y < 2$ 에서 $[x] + [y] = 1 + 1 = 2$

$$\therefore \iint_R ([x] + [y])\, dydx$$

$$= \int_0^1 \int_0^1 0\, dydx + \int_0^1 \int_1^2 1\, dydx$$

$$+ \int_1^2 \int_0^1 1\, dydx + \int_1^2 \int_1^2 2\, dydx = 4$$

212. ④

풀이 $f(y) = \int_0^1 \frac{e^{-x} - e^{-xy}}{x} dx = \int_0^1 \int_1^y e^{-xt} dt\, dx$

$$= \int_1^y \int_0^1 e^{-xt} dx\, dt = \int_1^y \left[\frac{e^{-xt}}{t}\right]_{x=1}^{x=0} dt$$

$$= \int_1^y \frac{1 - e^{-t}}{t} dt$$

$$\therefore f'(y) = \frac{1 - e^{-y}}{y}$$

[다른 풀이] 라이프니츠 규칙에 의해서

$$\frac{d}{dy}\left(\int_0^1 \frac{e^{-x} - e^{-xy}}{x} dx\right) = \int_0^1 \frac{d}{dy}\left(\frac{e^{-x} - e^{-xy}}{x}\right) dx$$

$$= \int_0^1 -\frac{1}{x} \cdot e^{-xy} \cdot (-x)\, dx$$

$$= \int_0^1 e^{-xy} dx = \frac{-1}{y} \cdot e^{-xy}\Big|_{x=0}^{x=1}$$

$$= -\frac{e^{-y} - 1}{y} = \frac{1 - e^{-y}}{y}$$

213. ④

풀이 적분변수 t와 y에 대하여 x는 상수이므로

$f(x) = \int_0^{x^2} \int_1^x e^{t^2} dt dy = \int_1^x \int_0^{x^2} e^{t^2} dy dt$가 성립한다.

즉 $f(x) = \int_1^x x^2 e^{t^2} dt = x^2 \int_1^x e^{t^2} dt$이다.

따라서 $f'(x) = 2x \int_1^x e^{t^2} dt + x^2 e^{x^2}$이므로

$f'(1) = 2\int_1^1 e^{t^2} dt + e = e$이다.

214. ④

풀이

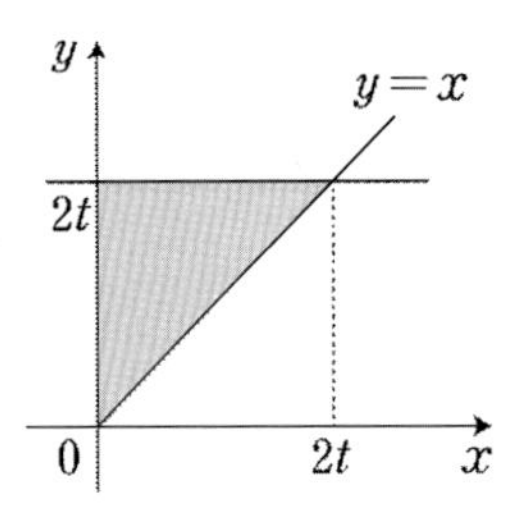

주어진 영역을 적분순서를 변경하면

$D=\{(x,y)\,|\,0\le x\le 2t,\ x\le y\le 2t\}$

$=\{(x,y)\,|\,0\le y\le 2t,\ 0\le x\le y\}$

$f(t)=\int_0^{2t}\int_x^{2t}\frac{\sin y}{y}dydx$

$=\int_0^{2t}\int_0^{y}\frac{\sin y}{y}dxdy=\int_0^{2t}\sin y\,dy$이므로

$f'(t)=\sin(2t)\times 2$이다. $\therefore f'\left(\frac{\pi}{4}\right)=2\sin\left(\frac{\pi}{2}\right)=2$

■ 2. 극좌표에서 이중적분

215. $\frac{\pi^2}{12}$

풀이 극좌표를 이용하면 다음과 같다.

$$\iint_D \tan^{-1}\left(\frac{y}{x}\right)dA=\int_0^{\frac{\pi}{3}}\int_1^2\theta r\,dr\,d\theta$$

$$=\int_0^{\frac{\pi}{3}}\theta\,d\theta\int_1^2 r\,dr$$

$$=\left[\frac{1}{2}\theta^2\right]_0^{\frac{\pi}{3}}\left[\frac{1}{2}r^2\right]_1^2=\frac{\pi^2}{12}$$

216. π

풀이 $x=r\cos\theta,\ y=r\sin\theta$ 라고 치환하면 $|J|=r$ 이므로 다음과 같다.

$$\int\int_R\frac{2}{x^2+y^2}dxdy=\int_0^{\frac{\pi}{2}}\int_1^e\frac{2}{r^2}r\,dr\,d\theta$$

$$=2\,[\ln r]_1^e\times\frac{\pi}{2}=\pi$$

217.

(1) $\pi\ln5$ (2) $\frac{\pi}{2}(1-\ln2)$ (3) $\frac{4}{3}$

(4) $\frac{32}{5}\pi$ (5) $\frac{\pi}{4}\ln\frac{4}{3}$ (6) $\frac{\pi}{8}\ln\frac{13}{5}$

(7) $\frac{\pi}{8}(1-e^{-2})$ (8) $\frac{3}{16}$

풀이 (1)

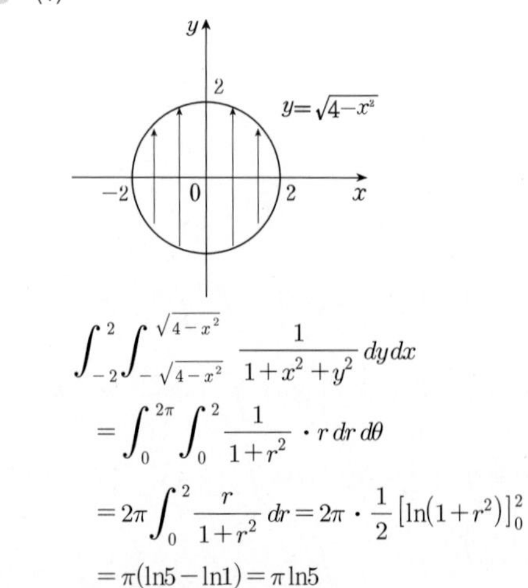

$$\int_{-2}^{2}\int_{-\sqrt{4-x^2}}^{\sqrt{4-x^2}}\frac{1}{1+x^2+y^2}dydx$$

$$=\int_0^{2\pi}\int_0^2\frac{1}{1+r^2}\cdot r\,dr\,d\theta$$

$$=2\pi\int_0^2\frac{r}{1+r^2}dr=2\pi\cdot\frac{1}{2}\left[\ln(1+r^2)\right]_0^2$$

$$=\pi(\ln5-\ln1)=\pi\ln5$$

(2) 주어진 적분 구간은 중심이 원점이고 반지름이 1인 원의 1사분면이므로 극좌표로 바꾸면 $0 \le \theta \le \frac{\pi}{2}, 0 \le r \le 1$

$$\int_0^1 \int_0^{\sqrt{1-y^2}} \frac{1}{1+\sqrt{x^2+y^2}}\, dx\, dy$$

$$= \int_0^{\frac{\pi}{2}} \int_0^1 \frac{r}{1+r}\, dr d\theta = \frac{\pi}{2}\int_0^1 \left(1-\frac{1}{1+r}\right) dr$$

$$= \frac{\pi}{2}\left[r - \ln|1+r|\right]_0^1 = \frac{\pi}{2}(1-\ln 2)$$

(3)

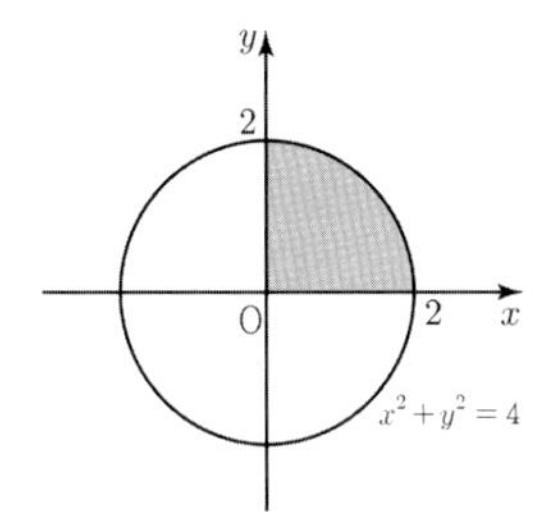

극좌표 변환을 이용하면

$$\int_0^2 \int_0^{\sqrt{4-y^2}} \frac{xy}{\sqrt{x^2+y^2}}\, dx\, dy$$

$$= \int_0^{\frac{\pi}{2}} \int_0^2 r^2 \sin\theta \cos\theta\, dr\, d\theta$$

$$= \left(\int_0^2 r^2\, dr\right)\left(\int_0^{\frac{\pi}{2}} \sin\theta\cos\theta\, d\theta\right) = \left(\frac{8}{3}\right)\left(\frac{1}{2}\right) = \frac{4}{3}$$

(4) 직교좌표계 영역을 극좌표계로 고치면

$D = \left\{(x, y) \mid -2 \le x \le 2,\ 0 \le y \le \sqrt{4-x^2}\right\}$

$= \{(r, \theta) \mid 0 \le r \le 2,\ 0 \le \theta \le \pi\}$이므로

$$\int_{-2}^2 \int_0^{\sqrt{4-x^2}} (x^2+y^2)^{\frac{3}{2}}\, dy dx = \int_0^{\pi} \int_0^2 r^3 r\, dr\, d\theta$$

$$= \int_0^{\pi} \left[\frac{1}{5}r^5\right]_0^2 d\theta = \int_0^{\pi} \frac{32}{5} d\theta = \frac{32}{5}\pi$$

(5)

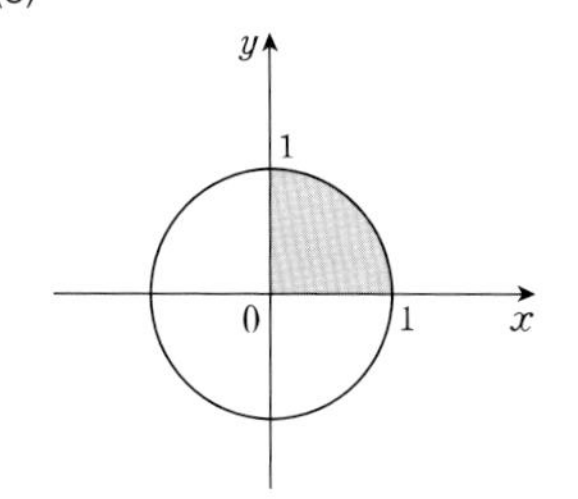

$$\int_0^1 \int_0^{\sqrt{1-x^2}} \frac{1}{(1+x^2+y^2)(2+x^2+y^2)}\, dy\, dx$$

$$= \int_0^{\frac{\pi}{2}} \int_0^1 \frac{r}{(1+r^2)(2+r^2)}\, dr\, d\theta$$

$$= \frac{\pi}{2}\int_0^1 \frac{r}{(1+r^2)(2+r^2)}\, dr\, d\theta \quad \Rightarrow r^2 = t\text{로 치환}$$

$$= \frac{\pi}{2} \cdot \frac{1}{2}\int_0^1 \frac{1}{(t+1)(t+2)} dt$$

$$= \frac{\pi}{4}\int_0^1 \frac{1}{t+1} - \frac{1}{t+2}\, dt$$

$$= \frac{\pi}{4}\left[\ln(t+1) - \ln(t+2)\right]_0^1 = \frac{\pi}{4}\ln\frac{4}{3}$$

(6)

$$\int_0^2 \int_x^{\sqrt{8-x^2}} \frac{1}{5+x^2+y^2} dy dx$$

$$= \int_{\frac{\pi}{4}}^{\frac{\pi}{2}} \int_0^{2\sqrt{2}} \frac{1}{5+r^2} \cdot r dr d\theta$$

$$= \frac{\pi}{4} \cdot \frac{1}{2}\left[\ln(5+r^2)\right]_0^{2\sqrt{2}} = \frac{\pi}{8}(\ln 13 - \ln 5) = \frac{\pi}{8}\ln\frac{13}{5}$$

(7)

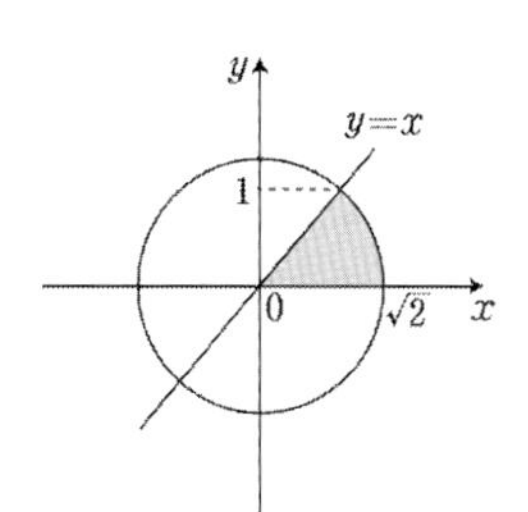

직교좌표계 영역을 극좌표변환을 이용하여 구하자.

$$\int_0^1 \int_y^{\sqrt{2-y^2}} e^{-x^2-y^2} dx dy$$

$$= \int_0^{\frac{\pi}{4}} \int_0^{\sqrt{2}} e^{-r^2} r\, dr d\theta = \int_0^{\frac{\pi}{4}} \left[-\frac{1}{2}e^{-r^2}\right]_0^{\sqrt{2}} d\theta$$

$$= -\frac{1}{2}\int_0^{\frac{\pi}{4}} (e^{-2}-1) d\theta = \frac{\pi}{8}(1-e^{-2})$$

(8)

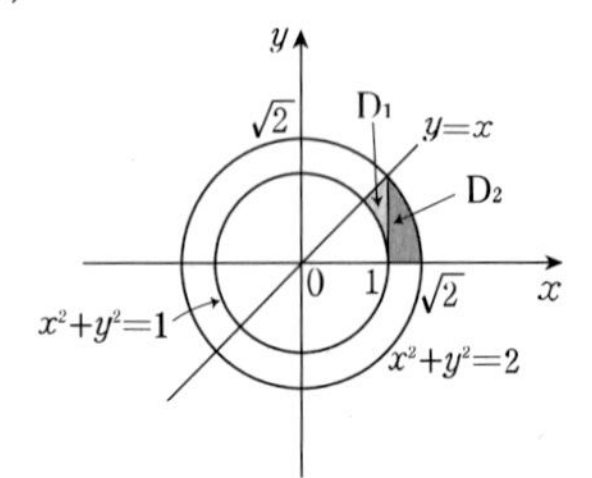

$$\int_{\frac{1}{\sqrt{2}}}^{1}\int_{\sqrt{1-x^2}}^{x} xydydx + \int_{1}^{\sqrt{2}}\int_{0}^{\sqrt{2-x^2}} xy\,dydx$$

$$= \iint_D xydA = \int_0^{\frac{\pi}{4}} \cos\theta sin\theta\,d\theta \cdot \int_1^{\sqrt{2}} r^3\,dr$$

$$= \frac{1}{2}\left[\sin^2\theta\right]_0^{\frac{\pi}{4}} \cdot \frac{1}{4}\left[r^4\right]_1^{\sqrt{2}}$$

$$= \frac{1}{2}\cdot\frac{1}{2}\cdot\frac{1}{4}(4-1) = \frac{3}{16}$$

218. (1) $\pi(8\ln2-3)$ (2) $\frac{91\pi^2}{432}$ (3) $\pi(e^4-e)$ (4) $\frac{\sqrt{2}\pi}{6}$

(5) π (6) $\frac{31}{15}\pi$ (7) $4\sqrt{2}$ (8) $\frac{16}{3}\pi$

풀이 (1)

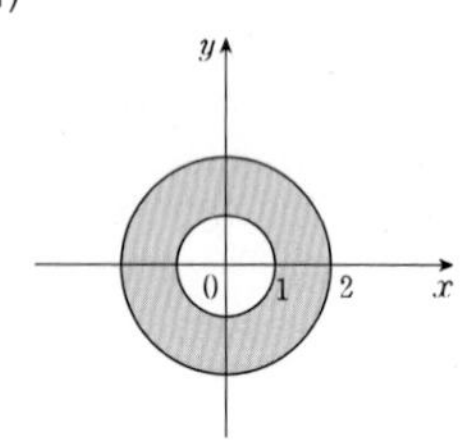

$$\iint_D \ln(x^2+y^2)dxdy = \int_0^{2\pi}\int_1^2 rln(r^2)drd\theta$$

$$= \int_0^{2\pi} 1d\theta \cdot \int_1^2 2r\ln r dr = 2\pi\cdot 2\left[\frac{1}{2}r^2\ln r - \frac{1}{4}r^2\right]_1^2$$

$$= 4\pi\left(2\ln2 - \frac{3}{4}\right) = \pi(8\ln2-3)$$

(2)

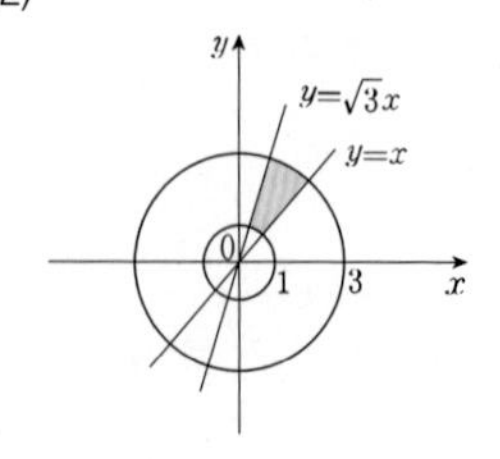

$$\iint_R \sqrt{x^2+y^2}\tan^{-1}\frac{y}{x}dxdy$$

$$= \int_{\frac{\pi}{4}}^{\frac{\pi}{3}}\int_1^3 \sqrt{r^2}\cdot\theta\cdot rdrd\theta = \int_{\frac{\pi}{4}}^{\frac{\pi}{3}}\int_1^3 r^2\theta drd\theta$$

$$= \int_{\frac{\pi}{4}}^{\frac{\pi}{3}}\theta d\theta\cdot\int_1^3 r^2dr = \left[\frac{1}{2}\theta^2\right]_{\frac{\pi}{4}}^{\frac{\pi}{3}}\cdot\left[\frac{1}{3}r^3\right]_1^3$$

$$= \frac{1}{2}\left(\frac{\pi^2}{9}-\frac{\pi^2}{16}\right)\cdot\frac{1}{3}\cdot 26 = \frac{13\pi^2}{3}\left(\frac{1}{9}-\frac{1}{16}\right)$$

$$= \frac{13\pi^2}{3}\cdot\frac{7}{144} = \frac{91\pi^2}{432}$$

(3)

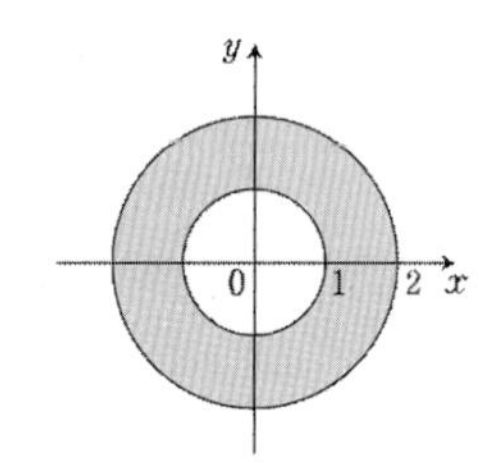

영역 Ω를 극좌표계로 고치면

$\{(r,\theta)| 1\le r\le 2, 0\le\theta\le 2\pi\}$이므로

$$\iint_\Omega e^{x^2+y^2}dxdy = \int_0^{2\pi}\int_1^2 e^{r^2}rdrd\theta$$

$$= \int_0^{2\pi}\int_1^4 e^t\cdot\frac{1}{2}dtd\theta \quad (\because r^2=t, 2rdr=dt)$$

$$= \frac{1}{2}\int_0^{2\pi}\left[e^t\right]_1^4 d\theta = \frac{1}{2}(e^4-e)\int_0^{2\pi}d\theta = \pi(e^4-e)$$

(4)

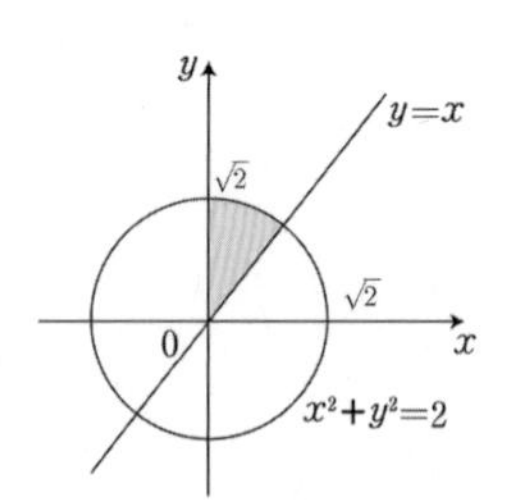

영역 D를 극좌표계로 고치면

$\left\{(r,\theta)| 0\le r\le\sqrt{2}, \frac{\pi}{4}\le\theta\le\frac{\pi}{2}\right\}$이므로

$$\iint_D \sqrt{x^2+y^2}\,dA = \int_{\frac{\pi}{4}}^{\frac{\pi}{2}}\int_0^{\sqrt{2}} r^2drd\theta$$

$$= \int_{\frac{\pi}{4}}^{\frac{\pi}{2}}\frac{1}{3}\left[r^3\right]_0^{\sqrt{2}}d\theta = \frac{2\sqrt{2}}{3}\left(\frac{\pi}{2}-\frac{\pi}{4}\right) = \frac{\sqrt{2}\pi}{6}$$

(5) 영역 R이 원의 일부이므로 극좌표를 이용하면

$$\iint_R e^{\sqrt{x^2+y^2}}dydx = \int_0^{\pi}\int_0^1 e^r r dr d\theta$$
$$= \int_0^{\pi}\left[re^r - e^r\right]_0^1 d\theta = \int_0^{\pi} 1 d\theta = \pi$$

(6) 주어진 영역을 극좌표로 바꾸면

$\left\{(x,y) | 1 \le r \le 2, 0 \le \theta \le \dfrac{\pi}{3}\right\}$이므로

$$\iint_R (x^2+y^2)^{\frac{3}{2}} dxdy$$
$$= \int_0^{\frac{\pi}{3}}\int_1^2 (r^2)^{\frac{3}{2}} r dr d\theta = \int_0^{\frac{\pi}{3}}\int_1^2 r^4 dr d\theta$$
$$= \int_0^{\frac{\pi}{3}} \frac{1}{5}\left[r^5\right]_1^2 d\theta = \frac{31}{5}\times\frac{\pi}{3} = \frac{31}{15}\pi$$

(7)

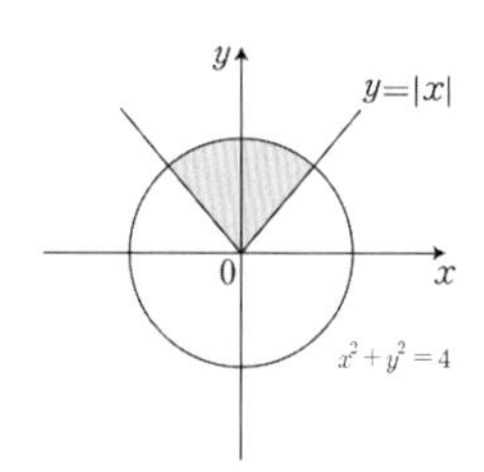

주어진 영역 D를 극좌표 영역으로 변환하면

$$D=\left\{(r,\theta) \mid 0 \le r \le 2,\ \frac{\pi}{4} \le \theta \le \frac{3\pi}{4}\right\}$$

$$\int_{\frac{\pi}{4}}^{\frac{3\pi}{4}}\int_0^2 r\sin\theta \cdot r \cdot r dr d\theta$$
$$= \int_{\frac{\pi}{4}}^{\frac{3\pi}{4}}\int_0^2 r^3 \sin\theta dr d\theta = \int_{\frac{\pi}{4}}^{\frac{3\pi}{4}}\left[\frac{1}{4}r^4\sin\theta\right]_0^2 d\theta$$
$$= 4\int_{\frac{\pi}{4}}^{\frac{3\pi}{4}} \sin\theta d\theta = 4\sqrt{2}$$

(8) 이중적분의 기하학적 의미를 생각하자.

$D = \{(x,y) | x^2+y^2 \le 4\}$이고

xy평면 위의 곡면은 $z=\sqrt{x^2+y^2}$ 이다. 따라서 부피는

$$\iint_D \sqrt{x^2+y^2}\, dA = \int_0^{2\pi}\int_0^2 r^2 dr d\theta = 2\pi \cdot \frac{1}{3}r^3\Big]_0^2$$
$$= \frac{16}{3}\pi$$

219. ④

풀이 정의역은 아래 그림과 같다.

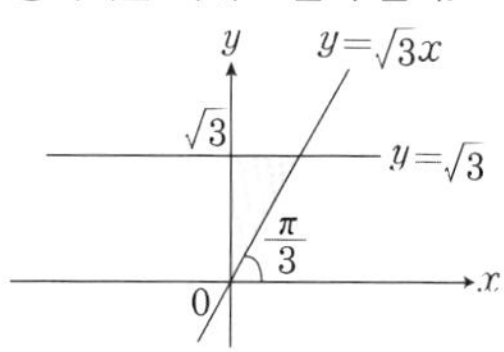

$y=\sqrt{3}$을 극좌표로 변형하면 $r\sin\theta = \sqrt{3} \Rightarrow r = \sqrt{3}\csc\theta$

$$\int_{\frac{\pi}{3}}^{\frac{\pi}{2}}\int_0^{\sqrt{3}\csc\theta} r\cos\theta r\sin\theta r dr d\theta$$
$$= \int_{\frac{\pi}{3}}^{\frac{\pi}{2}}\int_0^{\sqrt{3}\csc\theta} r^3 \cos\theta sin\theta dr d\theta$$
$$= \int_{\frac{\pi}{3}}^{\frac{\pi}{2}}\int_0^{\sqrt{3}\csc\theta} \frac{1}{2}r^3 \sin 2\theta dr d\theta$$

220. $\dfrac{\pi}{16}$

풀이

$$\int_1^2\int_0^{\sqrt{2x-x^2}} \frac{1}{(x^2+y^2)^2} dydx$$
$$= \int_0^{\frac{\pi}{4}}\int_{\sec\theta}^{2\cos\theta} \frac{r}{r^4} dr d\theta$$
$$= -\frac{1}{2}\int_0^{\frac{\pi}{4}}\left[r^{-2}\right]_{\sec\theta}^{2\cos\theta} d\theta$$
$$= -\frac{1}{2}\int_0^{\frac{\pi}{4}}\left(\frac{1}{4}\sec^2\theta - \cos^2\theta\right) d\theta$$
$$= -\frac{1}{8}\left[\tan\theta\right]_0^{\frac{\pi}{4}} + \frac{1}{4}\int_0^{\frac{\pi}{4}}(1+\cos 2\theta) d\theta$$
$$= -\frac{1}{8} + \frac{1}{4}\left[\theta + \frac{1}{2}\sin 2\theta\right]_0^{\frac{\pi}{4}} = \frac{\pi}{16}$$

221. $\dfrac{256}{75}$

풀이 주어진 적분영역은 중심이 $(1,0)$ 이고 반지름이 1 인 하반원이다. 극좌표 변수변환을 이용하면 다음과 같다.

$$\int_0^2\int_{-\sqrt{2x-x^2}}^0 (x^2+y^2)^{\frac{3}{2}} dydx$$
$$= \int_{-\frac{\pi}{2}}^0\int_0^{2\cos\theta} (r^2)^{\frac{3}{2}} \cdot r dr d\theta$$

$$= \int_{-\frac{\pi}{2}}^{0} \int_{0}^{2\cos\theta} r^4 \, dr \, d\theta = \int_{-\frac{\pi}{2}}^{0} \frac{1}{5} \left[r^5 \right]_0^{2\cos\theta} d\theta$$

$$= \frac{32}{5} \int_{-\frac{\pi}{2}}^{0} \cos^5\theta \, d\theta = \frac{32}{5} \int_{0}^{\frac{\pi}{2}} \cos^5\theta \, d\theta \ (\because \text{ 우함수})$$

$$= \frac{32}{5} \times \left(\frac{4}{5} \cdot \frac{2}{3} \right) \ (\because \text{ wallis 공식})$$

$$= \frac{256}{75}$$

222. 풀이 참조

풀이 (1) $\int_{-\infty}^{\infty} e^{-x^2} dx = 2\int_{0}^{\infty} e^{-x^2} dx = 2 \cdot \frac{\sqrt{\pi}}{2} = \sqrt{\pi}$

(2) $\iint_{R^2} e^{-(x^2+y^2)} dydx$

$$= \int_{-\infty}^{\infty} \int_{-\infty}^{\infty} e^{-(x^2+y^2)} dydx$$

$$= \int_{-\infty}^{\infty} e^{-x^2} dx \cdot \int_{-\infty}^{\infty} e^{-y^2} dy = \sqrt{\pi} \cdot \sqrt{\pi} = \pi$$

[다른 풀이]

$$\int_{-\infty}^{\infty} \int_{-\infty}^{\infty} e^{-(x^2+y^2)} dydx = \int_{0}^{2\pi} \int_{0}^{\infty} e^{-r^2} \cdot r dr d\theta$$

$$= 2\pi \left[-\frac{1}{2} e^{-r^2} \right]_0^{\infty} = -\pi(e^{-\infty} - 1) = \pi$$

(3) $\sqrt{a}x = t$라 두면

$-\infty < x < \infty \Leftrightarrow -\infty < t = \sqrt{a}x < \infty$이고

$\sqrt{a}dx = dt$, $dx = \frac{1}{\sqrt{a}} dt$이므로

$$\int_{-\infty}^{\infty} e^{-ax^2} dx = \int_{-\infty}^{\infty} e^{-t^2} \cdot \frac{1}{\sqrt{a}} dt$$

$$= \frac{1}{\sqrt{a}} \int_{-\infty}^{\infty} e^{-t^2} dt = \frac{1}{\sqrt{a}} \cdot \sqrt{\pi}$$

(4) $\sqrt{x} = t$라 두면

$0 < x < \infty \Leftrightarrow 0 < t = \sqrt{x} < \infty$이고

$x = t^2$, $dx = 2tdt$이므로

$$\int_{0}^{\infty} \frac{e^{-x}}{\sqrt{x}} dx = \int_{0}^{\infty} \frac{e^{-t^2}}{t} \cdot 2tdt$$

$$= 2\int_{0}^{\infty} e^{-t^2} dt = 2 \cdot \frac{\sqrt{\pi}}{2} = \sqrt{\pi}$$

(5) $\sqrt{2x} = t$라 두면

$0 < x < \infty \Leftrightarrow 0 < t = \sqrt{2x} < \infty$이고

$2x = t^2$, $dx = tdt$이므로

$$\int_{0}^{\infty} \frac{e^{-2x}}{\sqrt{2x}} dx = \int_{0}^{\infty} \frac{e^{-t^2}}{t} \cdot tdt = \int_{0}^{\infty} e^{-t^2} dt = \frac{\sqrt{\pi}}{2}$$

(6) $I = \int_{0}^{\infty} x^2 e^{-x^2} dx = \int_{0}^{\infty} y^2 e^{-y^2} dy \ (I > 0)$

$$I^2 = \int_{0}^{\infty} x^2 e^{-x^2} dx \cdot \int_{0}^{\infty} y^2 e^{-y^2} dy$$

$$= \int_{0}^{\infty} \int_{0}^{\infty} x^2 y^2 e^{-x^2-y^2} dydx$$

$$= \int_{0}^{\frac{\pi}{2}} \int_{0}^{\infty} r^5 \sin^2\theta \cos^2\theta e^{-r^2} dr \, d\theta$$

$$= \int_{0}^{\frac{\pi}{2}} \sin^2\theta \cos^2\theta \, d\theta \cdot \int_{0}^{\infty} r^5 e^{-r^2} dr$$

$$= \int_{0}^{\frac{\pi}{2}} \sin^2\theta (1 - \sin^2\theta) \, d\theta \cdot \frac{1}{2} \int_{0}^{\infty} t^2 e^{-t} dt$$

$$= \frac{1}{2} \cdot \frac{\pi}{2} \cdot \frac{1}{4} \cdot \frac{1}{2} \cdot 2! = \frac{\pi}{16}$$

$$\therefore I = \frac{\sqrt{\pi}}{4}$$

223. $\frac{5\pi}{2} + 4$

풀이 $\int_{0}^{\infty} \int_{0}^{\infty} (x+2y)^2 e^{-\frac{x^2}{2}} e^{-\frac{y^2}{2}} dxdy$

$$= \int_{0}^{\infty} \int_{0}^{\infty} (x+2y)^2 e^{-\frac{x^2+y^2}{2}} dx \, dy$$

$$= \int_{0}^{\frac{\pi}{2}} \int_{0}^{\infty} (r\cos\theta + 2r\sin\theta)^2 \cdot e^{-\frac{r^2}{2}} \cdot r \, dr d\theta$$

$$= \int_{0}^{\frac{\pi}{2}} (\cos^2\theta + 4\cos\theta\sin\theta + 4\sin^2\theta) d\theta \cdot \int_{0}^{\infty} r^3 e^{-\frac{r^2}{2}} dr$$

$$= \left(\frac{1}{2} \cdot \frac{\pi}{2} + \left[-\cos 2\theta \right]_0^{\frac{\pi}{2}} + 4 \cdot \frac{1}{2} \cdot \frac{\pi}{2} \right) \times$$

$$\int_{0}^{\infty} \frac{1}{2} t e^{-\frac{1}{2}t} dt \ (\because r^2 = t, \ 2r \, dr = dt)$$

$$= \left(\frac{\pi}{4} + 2 + \pi \right) \times \left[-te^{-\frac{t}{2}} - 2e^{-\frac{t}{2}} \right]_0^{\infty}$$

$$= \left(\frac{5}{4}\pi + 2 \right) \times 2$$

$$= \frac{5\pi}{2} + 4$$

3. 적분변수변환

224. $\frac{39}{2}\pi$

풀이 R의 영역을 $x=2X,\ y=3Y$로 치환하면
R'의 영역은 $X^2+Y^2=1$의 내부가 된다.
$dxdy=6dXdY$이다.

$$\iint_R (x^2+y^2)dxdy = \iint_{R'}(4X^2+9Y^2)6dXdY$$
$$=6\iint_{R'} 4X^2+4Y^2+5Y^2 dXdY$$
$$=6\int_0^{2\pi}\int_0^1 4r^3+5r^3\sin^2\theta drd\theta$$
$$=6\int_0^{2\pi}\int_0^1 4r^3 drd\theta+6\int_0^{2\pi}\int_0^1 5r^3\sin^2\theta drd\theta$$
$$=6\cdot 2\pi\cdot 1+6\cdot\frac{1}{2}\frac{\pi}{2}\cdot 4\cdot\frac{5}{4}=12\pi+\frac{15}{2}\pi=\frac{39}{2}\pi$$

225. $\frac{2}{3}\pi$

풀이 $x=3X,\ y=2Y$로 치환하면 주어진 영역 R은
$X^2+Y^2=1$로 둘러싸인 영역 R'이 된다.
$dx=3dX,\ dy=2dY$이 되어 $dxdy=6dXdY$이다.
극좌표로 바꿔서 적분하면 다음과 같다.

$$\iint_R \frac{1}{\sqrt{36x^2+81y^2}}dxdy$$
$$=\iint_{R'}\frac{6}{\sqrt{36\times 9X^2+81\times 4Y^2}}dXdY$$
$$=\int_0^{2\pi}\int_0^1\frac{6}{\sqrt{324}}\times\frac{r}{r}drd\theta=\frac{2}{3}\pi$$

226. $\frac{\pi}{24}(1-\cos 1)$

풀이 $x=\frac{1}{3}u,\ y=\frac{1}{2}v$로 치환하면 새로운 영역

$T'=\{(u,v)\,|\,u^2+v^2\le 1,\ u\ge 0,\ v\ge 0\}$이고 $|J|=\frac{1}{6}$

이므로

$$\iint_T \sin(9x^2+4y^2)dA=\iint_{T'}\sin(u^2+v^2)|J|dudv$$
$$=\frac{1}{6}\int_0^{\frac{\pi}{2}}\int_0^1 r\sin(r^2)drd\theta=\frac{1}{6}\frac{\pi}{2}\left[-\frac{1}{2}\cos(r^2)\right]_0^1$$
$$=-\frac{\pi}{24}(\cos 1-1)=\frac{\pi}{24}(1-\cos 1)$$

227. $\frac{3\sin 1}{2}$

풀이

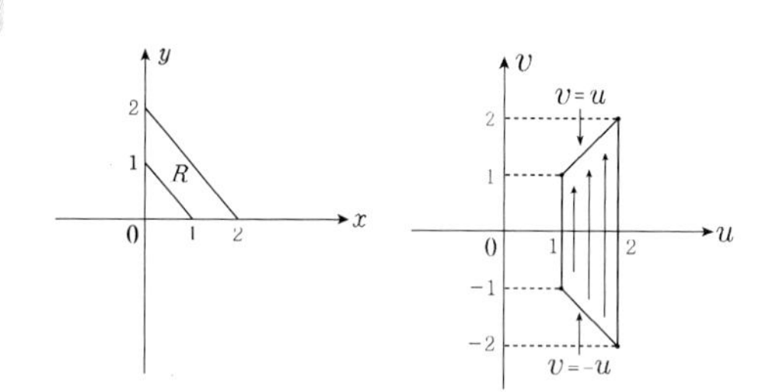

$u=x+y,\ v=-x+y$
$(x,y)\to(u,v):(1,0)\to(1,-1),\ (2,0)\to(2,-2),$
$(0,2)\to(2,2),\ (0,1)\to(1,1)$이고
$R'=\{(u,v)\,|\,1\le u\le 2,\ -u\le v\le u\}$

$$\iint_R\cos\left(\frac{y-x}{y+x}\right)dA=\iint_{R'}\cos\left(\frac{v}{u}\right)\cdot|J|dudv$$
$$=\int_1^2\int_{-u}^u\cos\left(\frac{v}{u}\right)\cdot\frac{1}{2}dvdu=\frac{1}{2}\int_1^2 u\left[\sin\left(\frac{v}{u}\right)\right]_{-u}^u du$$
$$=\frac{1}{2}\int_1^2 u\{\sin 1-\sin(-1)\}du=\frac{1}{2}\cdot 2\sin 1\int_1^2 udu$$
$$=\sin 1\cdot\frac{1}{2}\left[u^2\right]_1^2=\frac{3\sin 1}{2}$$

228. $\frac{3}{10}(e-e^{-1})$

풀이 $R=\left\{(x,y)\,|\,1\le 2x+y\le 2,\ -\frac{1}{3}x\le y\le 3x\right\}$이므로
$2x+y=u,\ x-2y=v$라 두고 변수변환하면
$R=\{(u,v)\,|\,1\le u\le 2,\ -u\le v\le u\}$이다.

또한 $|J|=\frac{1}{\left|\begin{vmatrix}2 & 1\\ 1 & -2\end{vmatrix}\right|}=\frac{1}{5}$이므로

$$\iint_R e^{\frac{x-2y}{2x+y}}dA=\iint_{R'}e^{\frac{v}{u}}|J|dudv$$
$$=\frac{1}{5}\int_1^2\int_{-u}^u e^{\frac{v}{u}}dvdu=\frac{1}{5}\int_1^2\left[ue^{\frac{v}{u}}\right]_{-u}^u du$$
$$=\frac{1}{5}\int_1^2 u(e-e^{-1})du$$
$$=\frac{1}{10}(e-e^{-1})\left[u^2\right]_1^2=\frac{3}{10}(e-e^{-1})$$

229. $\frac{625}{24}$

풀이 $u=2x-y,\ v=x+2y$라 하면 $J(u,v)=\frac{1}{\begin{vmatrix}2 & -1\\ 1 & 2\end{vmatrix}}=\frac{1}{5}$

$$\iint_P \frac{(x+2y)^3}{(2x-y+1)^2}dxdy=\frac{1}{5}\int_0^5\int_0^5\frac{v^3}{(u+1)^2}dudv$$

$$=\frac{1}{5}\int_0^5(u+1)^{-2}du\int_0^5 v^3dv$$

$$=-\frac{1}{20}\left[\frac{1}{u+1}\right]_0^5[v^4]_0^5=\frac{625}{24}$$

230. $\frac{512}{3}\sqrt{2}$

풀이 영역 $R=\{(x,y)|0\le 3x+2y\le 16,0\le 2y-x\le 8\}$이다.

$3x+2y=u,\ \ 2y-x=v$로 치환하면 u,v의 영역 D에 대하여

$D=\{(x,y)|0\le u\le 16,0\le v\le 8\}$ 적분을 하자.

$J^{-1}\begin{vmatrix}u_x & u_y\\ v_x & v_y\end{vmatrix}=\begin{vmatrix}3 & 2\\ -1 & 2\end{vmatrix}=8,\ \ |J|=\frac{1}{8}$

$$\iint_R(3x+2y)\sqrt{2y-x}\,dA=\iint_D u\sqrt{v}\,|J|\,dA$$

$$=\frac{1}{8}\int_0^8\int_0^{16}u\sqrt{v}\,dudv=\frac{1}{8}\int_0^8\sqrt{v}\,dv\int_0^{16}u\,du$$

$$=\frac{1}{8}\cdot\frac{2}{3}\left[v\sqrt{v}\right]_0^8\cdot\frac{1}{2}\left[u^2\right]_0^{16}=\frac{512\sqrt{2}}{3}$$

231. $\frac{e^3-1}{6}(\cos1-1)$

풀이 $u=2x+3y,\ \ v=x-3y$ 라고 하자. 그러면

$x=\frac{u+v}{3},\ \ y=\frac{u-2v}{9}$ 이고

$$\frac{\partial(x,y)}{\partial(u,v)}=\begin{vmatrix}\frac{1}{3} & \frac{1}{3}\\ \frac{1}{9} & -\frac{2}{9}\end{vmatrix}=-\frac{1}{9}$$

또한 $D^*=\{(u,v)|0\le u\le 3,\ 0\le v\le 1\}$ 이므로

이중적분은 다음과 같다.

$$\iint_D(x-3y-1)e^{2x+3y}\cos(x-3y)dA$$

$$=\frac{1}{9}\iint_{D^*}(v-1)e^u\cos v\,dA$$

$$=\frac{1}{9}\int_0^1\int_0^3(v-1)e^u\cos v\,dudv=\frac{e^3-1}{9}(\cos1-1)$$

232. $\frac{1}{e}$

풀이 $\begin{cases}u=x+y\\ v=x-y\end{cases}$라 하면 $x=\frac{1}{2}(u+v),\ y=\frac{1}{2}(u-v)$이고

$-1\le v\le u,\ -1\le u\le 1$이다. 또한,

$|J|=\left|\frac{\partial(x,y)}{\partial(u,v)}\right|=\left|\frac{1}{\frac{\partial(u,v)}{\partial(x,y)}}\right|=\left|\frac{1}{\begin{vmatrix}1 & 1\\ 1 & -1\end{vmatrix}}\right|=\frac{1}{2}$이므로

$$\iint_D(x+y)e^{x-y}dxdy=\frac{1}{2}\int_{-1}^1\int_{-1}^u ue^v dvdu$$

$$=\frac{1}{2}\int_{-1}^1 u(e^u-e^{-1})du$$

$$=\frac{1}{2}\int_{-1}^1 ue^u du\quad(\because e^{-1}u\text{는 기함수})$$

$$=\frac{1}{2}\left[(u-1)e^u\right]_{-1}^1=\frac{1}{e}$$

233. $e-e^{-1}$

풀이 $x+y=u,\ x-y=v$로 치환하면

새로운 영역 $S'=\{(u,v)|-1\le u\le 1,\ -1\le v\le 1\}$이고

$J^{-1}=\begin{vmatrix}u_x & u_v\\ v_x & v_y\end{vmatrix}=\begin{vmatrix}1 & 1\\ 1 & -1\end{vmatrix}=-2$이므로 $|J|=\frac{1}{2}$이다.

$$\iint_S e^{x+y}dA=\iint_{S'}e^u|J|dudv$$

$$=\frac{1}{2}\int_{-1}^1\int_{-1}^1 e^u dudv=\int_{-1}^1 e^u du=e-e^{-1}$$

234. $\frac{(e+e^{-1})(e-e^{-1})^2}{4}$

풀이 주어진 집합 R을 $x+y=u,x-y=v$로 변수변환하면

$R'=\{(u,v)|-1\le u\le 1,\ -1\le v\le 1\}$가 된다.

$|J|=\left|\frac{\partial(x,y)}{\partial(u,v)}\right|=\frac{1}{\left|\begin{vmatrix}u_x & u_y\\ v_x & v_y\end{vmatrix}\right|}=\frac{1}{\left|\begin{vmatrix}1 & 1\\ 1 & -1\end{vmatrix}\right|}=\frac{1}{2}$이므로

$$\iint_R e^{3x+y}dA=\int_{-1}^1\int_{-1}^1\frac{1}{2}e^{2u+v}dudv$$

$$=\frac{1}{2}\int_{-1}^1 e^{2u}du\int_{-1}^1 e^v dv$$

$$=\frac{1}{4}(e^2-e^{-2})(e-e^{-1})$$

$$=\frac{(e+e^{-1})(e-e^{-1})^2}{4}$$

235. $\dfrac{\sqrt{3}-1}{4}$

풀이 $\begin{cases} u=x+y \\ v=x-y \end{cases}$로 치환하면

$$|J|=\left|\frac{\partial(x,y)}{\partial(u,v)}\right|=\left|\frac{1}{\dfrac{\partial(u,v)}{\partial(x,y)}}\right|=\frac{1}{\left|\begin{vmatrix}1 & 1\\ 1 & -1\end{vmatrix}\right|}=\frac{1}{2}\text{이므로}$$

$$\iint_R (x-y)\cos(x^2-y^2)\,dA=\frac{1}{2}\int_{\frac{\pi}{6}}^{\frac{\pi}{3}}\int_0^1 v\cos(uv)\,dudv$$

$$=\frac{1}{2}\int_{\frac{\pi}{6}}^{\frac{\pi}{3}}[\sin(uv)]_0^1 dv$$

$$=\frac{1}{2}\int_{\frac{\pi}{6}}^{\frac{\pi}{3}}\sin v\,dv=\frac{\sqrt{3}-1}{4}$$

236. $\dfrac{e^6-7}{4}$

풀이 $\begin{cases} u=x+y \\ v=x-y \end{cases}$로 치환하면

$$J=\frac{\partial(x,y)}{\partial(u,v)}=\frac{1}{\dfrac{\partial(u,v)}{\partial(x,y)}}=\frac{1}{\det\begin{pmatrix}1 & 1\\ 1 & -1\end{pmatrix}}=\frac{1}{-2}$$

$$\iint_R (x+y)e^{x^2-y^2}dA=\frac{1}{2}\int_0^3\int_0^2 ue^{uv}dvdu=\frac{e^6-7}{4}$$

237. $\dfrac{24}{5}\ln 2$

풀이 $x-2y=u$, $3x-y=v$라 하면

새로운 영역 $R'=\{(u,\ v)\,|\,0\le u\le 4,\ 1\le v\le 8\}$이고

$J^{-1}=\begin{vmatrix}u_x & u_y\\ v_x & v_y\end{vmatrix}=\begin{vmatrix}1 & -2\\ 3 & -1\end{vmatrix}=5$이므로 $|J|=\dfrac{1}{5}$이다.

적분변수변환에 의해서

$$\iint_R \frac{x-2y}{3x-y}dA=\iint_{R'}\frac{u}{v}|J|\,dA$$

$$=\frac{1}{5}\int_0^4\int_1^8\frac{u}{v}\,dvdu$$

$$=\frac{1}{5}\int_0^4 u\,du\int_1^8\frac{1}{v}\,dv$$

$$=\frac{1}{5}\left[\frac{1}{2}u^2\right]_0^4[\ln v]_1^8=\frac{8}{5}\ln 8=\frac{24}{5}\ln 2$$

238. $\dfrac{1}{6}e^6-\dfrac{7}{6}$

풀이 $x-y=u$, $x+y=v$라 하면

새로운 영역 $R'=\{(u,\ v)\,|\,0\le u\le 2,\ 0\le v\le 3\}$

$J^{-1}=\begin{vmatrix}u_x & u_v\\ v_x & v_y\end{vmatrix}=\begin{vmatrix}1 & -1\\ 1 & 1\end{vmatrix}=2$이므로 $|J|=\dfrac{1}{2}$이다.

적분변수변환에 의해서

$$\iint_R (x-y)e^{x^2-y^2}dA=\iint_{R'} ue^{uv}|J|\,dA$$

$$=\frac{1}{2}\int_0^2\int_0^3 ue^{uv}\,dvdu=\frac{1}{2}\int_0^2[e^{uv}]_0^3\,du$$

$$=\frac{1}{2}\int_0^2 e^{3u}-1\,du=\frac{1}{2}\left[\frac{1}{3}e^{3u}-u\right]_0^2$$

$$=\frac{1}{2}\left(\frac{1}{3}e^6-2-\frac{1}{3}\right)=\frac{1}{6}e^6-\frac{7}{6}$$

239. $e^2\ln 2-e\ln 2$

풀이 $xy=u$, $\dfrac{y}{x}=v$로 치환하면

$J^{-1}=\begin{vmatrix}y & x\\ -\dfrac{y}{x^2} & \dfrac{1}{x}\end{vmatrix}=\dfrac{2y}{x}=2v$, $J=\dfrac{1}{2v}$이다.

$R'=\{(u,v)\,|\,1\le u\le 2, 1\le v\le 2\}$이므로

$$\iint_R e^{xy}dxdy=2\int_1^2\int_1^2 e^u|J|dudv=2\int_1^2\int_1^2\frac{1}{2v}e^u dvdu$$

$$=\int_1^2\int_1^2\frac{1}{v}e^u dvdu=\int_1^2[\ln v]_1^2 e^u du$$

$$=\int_1^2 \ln 2e^u du=\ln 2\left[e^u\right]_1^2=(e^2\ln 2-e\ln 2)$$

240. $\dfrac{3}{4}$

풀이 주어진 영역 R은 $1\le xy\le 2$, $1\le xy^2\le 2$이므로

$u=xy$, $v=xy^2$으로 치환하면

$1\le u\le 2$, $1\le v\le 2$,

$J^{-1}=\begin{vmatrix}y & x\\ y^2 & 2xy\end{vmatrix}=xy^2=v$이므로 $J=\dfrac{1}{v}$이다.

또한 $\dfrac{v}{u}=y$이므로 $y^2=\dfrac{v^2}{u^2}$이다.

$$\iint_R y^2\,dxdy=\int_1^2\int_1^2\frac{v^2}{u^2}\cdot\frac{1}{v}dudv$$

$$=\int_1^2 v\,dv\cdot\int_1^2\frac{1}{u^2}du=\frac{3}{2}\cdot\frac{1}{2}=\frac{3}{4}$$

241. 3

풀이 XY평면에서 S의 면적이 1이므로 $\iint_S 1dxdy=1$이다.

S의 상을 D라고 하면 D의 면적은 $\iint_D 1dudv$이다.

여기서 $J=\begin{vmatrix} u_x & u_y \\ v_x & v_y \end{vmatrix}=\begin{vmatrix} 2 & 1 \\ 1 & 2 \end{vmatrix}=3$이므로

$\iint_D 1dudv=\iint_S |J|dxdy=\iint_S 3dxdy=3$이다.

따라서 S의 상의 면적은 3이다.

242. $\frac{16}{3}$

풀이

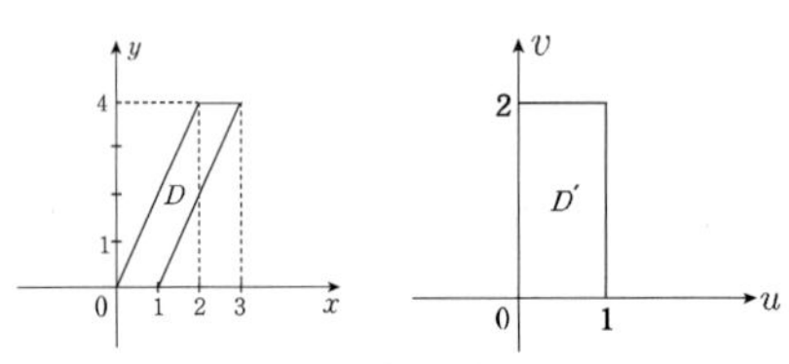

$x=u+v$, $y=2v$로 치환하면

$(x,y)\to(u,v):(0,0)\to(0,0)$, $(2,4)\to(0,2)$,

$(3,4)\to(1,2)$, $(1,0)\to(1,0)$이다.

이때, $\begin{pmatrix} x \\ y \end{pmatrix}=\begin{pmatrix} 1 & 1 \\ 0 & 2 \end{pmatrix}\begin{pmatrix} u \\ v \end{pmatrix} \Leftrightarrow \begin{pmatrix} u \\ v \end{pmatrix}=\frac{1}{2}\begin{pmatrix} 2 & -1 \\ 0 & 1 \end{pmatrix}\begin{pmatrix} x \\ y \end{pmatrix}$이므로

$u=x-\frac{1}{2}y$, $v=\frac{1}{2}y$이고 $J^{-1}=\begin{vmatrix} u_x & u_y \\ v_x & v_y \end{vmatrix}=\begin{vmatrix} 1 & -\frac{1}{2} \\ 0 & \frac{1}{2} \end{vmatrix}=\frac{1}{2}$

$$\iint_D (2x-y)^2 dxdy=\iint_{D'} (2u+2v-2v)^2 \cdot |J|dudv$$
$$=\iint_{D'} 4u^2 \cdot 2dudv=8\int_0^1\int_0^2 u^2 dvdu$$
$$=8\int_0^1 u^2 du \cdot \int_0^2 1dv=8\cdot\frac{1}{3}\cdot 2=\frac{16}{3}$$

[다른 풀이]

어떻게 치환해야 하는지 제시되지 않았다면 그림이나 식을 통해 유추한다.

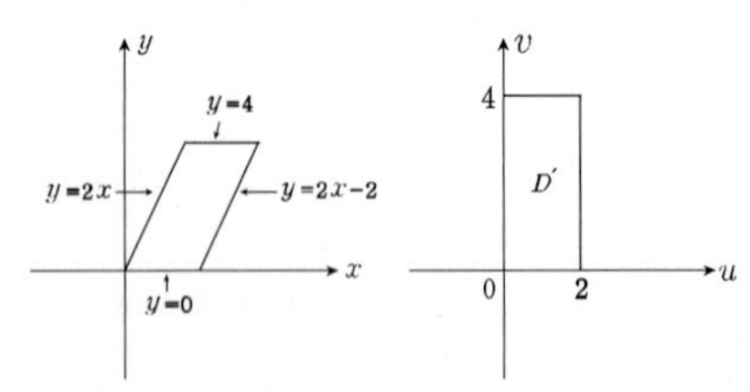

$u=2x-y$, $v=y$라 두면 $0\le u\le 2$, $0\le v\le 4$이므로

$J^{-1}=\begin{vmatrix} u_x & u_y \\ v_x & v_y \end{vmatrix}=\begin{vmatrix} 2 & -1 \\ 0 & 1 \end{vmatrix}=2 \Rightarrow |J|=\frac{1}{2}$

$$\iint_D (2x-y)^2 dxdy=\iint_{D'} u^2\cdot|J|dudv$$
$$=\frac{1}{2}\int_0^4\int_0^2 u^2 dudv=\frac{1}{2}\cdot 4\cdot\frac{1}{3}[u^3]_0^2=\frac{2}{3}\cdot 8=\frac{16}{3}$$

[참고]

$x=u+v$, $y=2v$로 치환하면 $|J|=\begin{vmatrix} 1 & 1 \\ 0 & 2 \end{vmatrix}=2$이므로

(D의 면적)$=|J|\cdot$(D'의 면적)$=2\cdot 2=4$

243. $\frac{4\sqrt{3}}{3}\pi$

풀이 영역 $D=\{(x,y)\mid x^2-xy+y^2\le 2\}$

$=\left\{(x,y)\mid\left(x-\frac{1}{2}y\right)^2+\left(\frac{\sqrt{3}}{2}y\right)^2\le 2\right\}$이고,

$u=x-\frac{1}{2}y$, $v=\frac{\sqrt{3}}{2}y$로 치환하면

$J^{-1}=\begin{vmatrix} 1 & -\frac{1}{2} \\ 0 & \frac{\sqrt{3}}{2} \end{vmatrix}=\frac{\sqrt{3}}{2}$, $J=\frac{2}{\sqrt{3}}$이고,

영역은 $R=\{(u,v)\mid u^2+v^2\le 2\}$에 대하여

$$\iint_D (x^2-xy+y^2)dA$$
$$=\iint_D\left(x-\frac{1}{2}y\right)^2+\left(\frac{\sqrt{3}}{2}y\right)^2 dx\,dy$$
$$=\iint_R (u^2+v^2)\frac{2}{\sqrt{3}}dudv$$
$$=\frac{2}{\sqrt{3}}\int_0^{2\pi}\int_0^{\sqrt{2}} r^3\,dr\,d\theta$$
$$=\frac{2}{\sqrt{3}}\cdot 2\pi\cdot\frac{1}{4}\cdot 4=\frac{4\sqrt{3}}{3}\pi$$

244. $\frac{4\sqrt{3}}{3}\pi$

풀이 주축정리를 사용하여 R을 표준형 타원으로 나타내고 변환의 고유벡터를 따라 변수를 변환해야 한다.

$[x\ \ y]\begin{bmatrix} 7 & 3\sqrt{3} \\ 3\sqrt{3} & 13 \end{bmatrix}\begin{bmatrix} x \\ y \end{bmatrix}$ 이고

$\begin{vmatrix} 7-\lambda & 3\sqrt{3} \\ 3\sqrt{3} & 13-\lambda \end{vmatrix}=(7-\lambda)(13-\lambda)-27$

$=(\lambda-16)(\lambda-4)=0$

이므로 고윳값은 $\lambda=16, 4$ 이다.

두 고윳값에 대한 고유공간의 정규직교기저는 각각

$\begin{bmatrix} \frac{1}{2} \\ \frac{\sqrt{3}}{2} \end{bmatrix}, \begin{bmatrix} -\frac{\sqrt{3}}{2} \\ \frac{1}{2} \end{bmatrix}$ 이므로 변수변환은

$\begin{bmatrix} x \\ y \end{bmatrix} = \begin{bmatrix} \frac{1}{2} & -\frac{\sqrt{3}}{2} \\ \frac{\sqrt{3}}{2} & \frac{1}{2} \end{bmatrix} \begin{bmatrix} u \\ v \end{bmatrix}$ 이다.

따라서 $[x \quad y]\begin{bmatrix} 7 & 3\sqrt{3} \\ 3\sqrt{3} & 13 \end{bmatrix}\begin{bmatrix} x \\ y \end{bmatrix}$, $[u \quad v]\begin{bmatrix} 16 & 0 \\ 0 & 4 \end{bmatrix}\begin{bmatrix} u \\ v \end{bmatrix}$ 이므로 $7x^2+6\sqrt{3}xy+13y^2=16 \Rightarrow \frac{u^2}{4}+v^2=1$ 이다.

$|J| = \begin{vmatrix} \frac{1}{2} & -\frac{\sqrt{3}}{2} \\ \frac{\sqrt{3}}{2} & \frac{1}{2} \end{vmatrix} = \frac{1}{4}+\frac{3}{4}=1$ 이므로 이중적분의 값은 다음과 같다.

$$\iint_R xy\,dA$$

$$= \iint_{R'} \left(\frac{1}{2}u-\frac{\sqrt{3}}{2}v\right)\left(\frac{\sqrt{3}}{2}u+\frac{1}{2}v\right)dudv$$

(단, $u^2+\frac{v^2}{4} \le 1$)

$$= \frac{1}{4}\iint_{R'} \sqrt{3}u^2-2uv-\sqrt{3}v^2 dudv (u=s,\ v=2t)$$

$$= \frac{1}{4}\iint_{R''} (\sqrt{3}s^2-4st-4\sqrt{3}t^2)\,2dsdt$$

(단, R''; $s^2+t^2 \le 1$)

$$= \frac{1}{2}\int_0^{2\pi}\int_0^1 (\sqrt{3}r^3\cos^2\theta-4r^3\cos\theta\sin\theta - 4\sqrt{3}r^3\sin^2\theta)drd\theta$$

$$= \frac{1}{2}\int_0^{2\pi}\left(\sqrt{3}\frac{1}{4}\cos^2\theta-\cos\theta\sin\theta-\sqrt{3}\sin^2\theta\right)d\theta$$

$$= \frac{1}{2}\left(\frac{\sqrt{3}}{4}\times\frac{1}{2}\times\frac{\pi}{2}-\sqrt{3}\times\frac{1}{2}\times\frac{\pi}{2}\right)\times 4$$

$$= \frac{\pi}{2}\left(-\frac{3\sqrt{3}}{4}\right) = -\frac{3\sqrt{3}}{8}\pi$$

4. 부피

245. 5000π

풀이

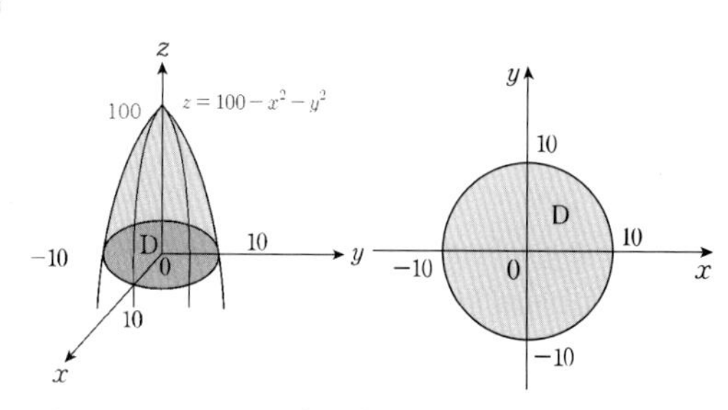

$f(x,\ y)=z=100-x^2-y^2$ 이라 두면

영역 D는 반지름이 10인 원이므로 입체의 부피 V는

$$V=\iint_D f(x,y)dA$$

$$= \iint_D (100-x^2-y^2)dxdy$$

$$= \int_0^{2\pi}\int_0^{10}(100-r^2)rdrd\theta$$

$$= \int_0^{2\pi}1d\theta \cdot \int_0^{10}(100-r^2)rdr$$

$$= 2\pi\int_0^{10}(100r-r^3)dr = 2\pi\left[50r^2-\frac{1}{4}r^4\right]_0^{10}$$

$$= 2\pi\left(50\cdot 100-\frac{1}{4}\cdot 10^4\right)$$

$$= 2\pi(5000-2500)=5000\pi$$

246. 81π

풀이 영역 $D=\{(x,\ y)|x^2+y^2 \le 9\}$라 하자.

이를 극좌표 영역으로 바꾸면

$\{(r,\ \theta)|0 \le r \le 3,\ 0 \le \theta \le 2\pi\}$이므로

$$V=\iint_D 18-2(x^2+y^2)\ dA$$

$$= \int_0^{2\pi}\int_0^3 (18-2r^2)r\ drd\theta$$

$$= \int_0^{2\pi}d\theta\int_0^3 18r-2r^3\,dr$$

$$= 2\pi\left[9r^2-\frac{1}{2}r^4\right]_0^3$$

$$= 2\pi\left(81-\frac{81}{2}\right)=81\pi$$

247. $\frac{16}{3}\pi$

풀이 $D=\{(x, y)|x^2+y^2 \le 4\}$라 하자. 이를 극좌표 영역으로 바꾸면 $\{(r, \theta)|0 \le r \le 2, 0 \le \theta \le 2\pi\}$이므로

$$V=\iint_D \sqrt{x^2+y^2}\,dA=\int_0^{2\pi}\int_0^2 \sqrt{r^2}\,r\,drd\theta$$

$$=\int_0^{2\pi}\int_0^2 r^2\,drd\theta=\int_0^{2\pi} d\theta\int_0^2 r^2\,dr$$

$$=2\pi\times\frac{8}{3}=\frac{16}{3}\pi$$

248. π

풀이 $V(a)=\iint_D e^{-(x^2+y^2)}dxdy$(단, $D=\{(x,y)|x^2+y^2 \le a^2\}$)

$$=\int_0^{2\pi}\int_0^a e^{-r^2}r\,drd\theta$$

$$=\int_0^{2\pi}d\theta\times\int_0^a e^{-r^2}r\,dr$$

$$=2\pi\times\left(-\frac{1}{2}\right)\int_0^a\left(-2re^{-r^2}\right)dr$$

$$=-\pi\left[e^{-r^2}\right]_0^a=-\pi\left[e^{-a^2}-1\right]$$

이므로 $\lim_{a\to\infty}V(a)=-\pi\times(-1)=\pi$

249. 8π

풀이 포물선과 평면의 교선은 $x^2+y^2=4$이므로 정의역은 $D: x^2+y^2 \le 4$이다. 입체의 부피 V는

$$V=\iint_D\{(6-x^2-y^2)-2\}dxdy$$

$$=\iint_D(4-x^2-y^2)dxdy$$

$$=\int_0^{2\pi}\int_0^2(4-r^2)r\,drd\theta$$

$$=\int_0^{2\pi}d\theta\int_0^2(4r-r^3)\,dr$$

$$=2\pi\left[2r^2-\frac{1}{4}r^4\right]_0^2$$

$$=2\pi(8-4)=8\pi$$

250. $\frac{9}{4}\pi$

풀이 영역을 잡기 위해서 두 곡선의 교선을 구하면

$1+2x^2+2y^2=7 \Rightarrow 2x^2+2y^2=6 \Rightarrow x^2+y^2=3$이므로

영역 $D=\{(x, y)\,|\,x^2+y^2 \le 3, x\ge 0, y\ge 0\}$라 하자.

$$V=\iint_D 7-(1+2x^2+2y^2)dA$$

$$=\iint_D 6-2(x^2+y^2)dA$$

$$=\int_0^{\frac{\pi}{2}}\int_0^{\sqrt{3}}(6-2r^2)r\,drd\theta$$

$$=\int_0^{\frac{\pi}{2}}d\theta\int_0^{\sqrt{3}}6r-2r^3\,dr$$

$$=\frac{\pi}{2}\left[3r^2-\frac{1}{2}r^4\right]_0^{\sqrt{3}}=\frac{\pi}{2}\left(9-\frac{9}{2}\right)=\frac{9}{4}\pi$$

251. 2π

풀이 영역을 잡기 위해서 두 곡선의 교선을 구하면

$3x^2+3y^2=4-x^2-y^2 \Rightarrow 4x^2+4y^2=4 \Rightarrow x^2+y^2=1$

영역 $D=\{(x,y)|x^2+y^2 \le 1\}$를 극좌표 영역으로 바꾸면 $\{(r,\theta)|0 \le r \le 1, 0 \le \theta \le 2\pi\}$이다.

$$V=\iint_D 4-x^2-y^2-(3x^2+3y^2)\,dA$$

$$=\iint_D 4-4(x^2+y^2)\,dA$$

$$=\int_0^{2\pi}\int_0^1(4-4r^2)r\,drd\theta$$

$$=\int_0^{2\pi}d\theta\int_0^1 4r-4r^3\,dr$$

$$=2\pi\left[2r^2-r^4\right]_0^1=2\pi$$

252. $2\pi\left(2\sqrt{6}-\frac{11}{3}\right)$

풀이

(ⅰ) 교선 구하기

$\sqrt{6-x^2-y^2}=x^2+y^2 \Rightarrow 6-x^2-y^2=(x^2+y^2)^2$

$x^2+y^2=t$라 두면 $t \ge 0$이므로

$\Rightarrow 6-t=t^2 \Rightarrow t^2+t-6=(t+3)(t-2)=0$

$\Rightarrow t=2(\because t>0)$

$\therefore x^2+y^2=2$

(ⅱ) $V=\iint_D \{\sqrt{6-x^2-y^2}-(x^2+y^2)\}dA$

$=\int_0^{2\pi}\int_0^{\sqrt{2}}\left(\sqrt{6-r^2}-r^2\right)rdrd\theta$

$=2\pi\int_0^{\sqrt{2}}\left(r\sqrt{6-r^2}-r^3\right)dr$

$=2\pi\left[-\frac{1}{2}\cdot\frac{2}{3}(6-r^2)^{\frac{3}{2}}-\frac{1}{4}r^4\right]_0^{\sqrt{2}}$

$=2\pi\left\{-\frac{1}{3}(4\sqrt{4}-6\sqrt{6})-\frac{4}{4}\right\}$

$=2\pi\left(2\sqrt{6}-\frac{8}{3}-1\right)=2\pi\left(2\sqrt{6}-\frac{11}{3}\right)$

253. $\frac{81}{2}\pi$

풀이 두 곡면을 각각 $z_1=x^2+y^2$, $z_2=2x+4y+4$이라 두자.

(ⅰ) 교선의 정의역 D 구하기

$z_1=z_2 \Rightarrow x^2-2x+y^2-4y=4 \Rightarrow$

$(x-1)^2+(y-2)^2=9$

(ⅱ) $V=\iint_D (z_2-z_1)\,dA$

$=\iint_D -(x^2+y^2-2x-4y-4)\,dxdy$

$=\iint_{(x-1)^2+(y-2)^2\le 9} 9-(x-1)^2-(y-2)^2\,dxdy$

($x-1=X, y-2=Y$로 치환하자)

$=\iint_{X^2+Y^2\le 9} 9-X^2-Y^2\,dXdY$

$=\iint_{X^2+Y^2\le 9} 9\,dXdY-\iint_{X^2+Y^2\le 9} X^2+Y^2\,dXdY$

$=81\pi-\int_0^{2\pi}\int_0^3 r^3\,dr\,d\theta$

$=81\pi-2\pi\cdot\frac{1}{4}\cdot 81=\frac{81}{2}\pi$

254. $\frac{\pi}{2}$

풀이 입체의 밑넓이를 xz평면에 놓고, y축 방향이 높이라고 하자.

$V=\int_0^1\int_{-1}^1\sqrt{1-z^2}\,dxdz$

$=\int_{-1}^1\int_0^1\sqrt{1-z^2}\,dzdx$

$=\int_{-1}^1 dx\int_0^1\sqrt{1-z^2}\,dz$; $\sin\theta$로 삼각치환적분

$=2\int_0^{\frac{\pi}{2}}\cos^2\theta d\theta=\frac{\pi}{2}$

255. $2\pi-\frac{8}{3}$

풀이

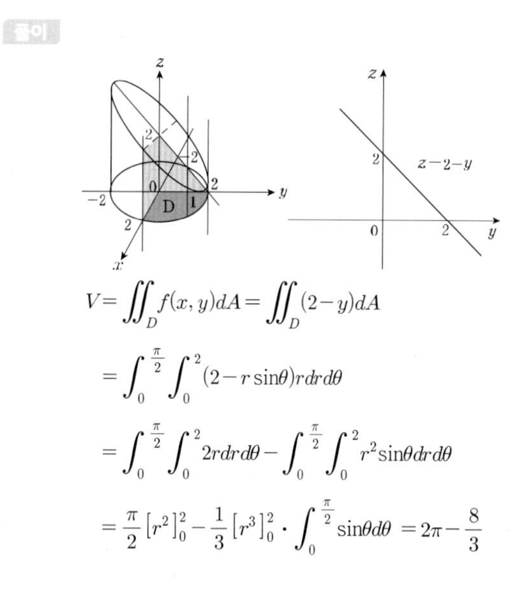

$V=\iint_D f(x,y)dA=\iint_D(2-y)dA$

$=\int_0^{\frac{\pi}{2}}\int_0^2(2-r\sin\theta)rdrd\theta$

$=\int_0^{\frac{\pi}{2}}\int_0^2 2rdrd\theta-\int_0^{\frac{\pi}{2}}\int_0^2 r^2\sin\theta drd\theta$

$=\frac{\pi}{2}[r^2]_0^2-\frac{1}{3}[r^3]_0^2\cdot\int_0^{\frac{\pi}{2}}\sin\theta d\theta=2\pi-\frac{8}{3}$

256. $\frac{8}{3}$

풀이

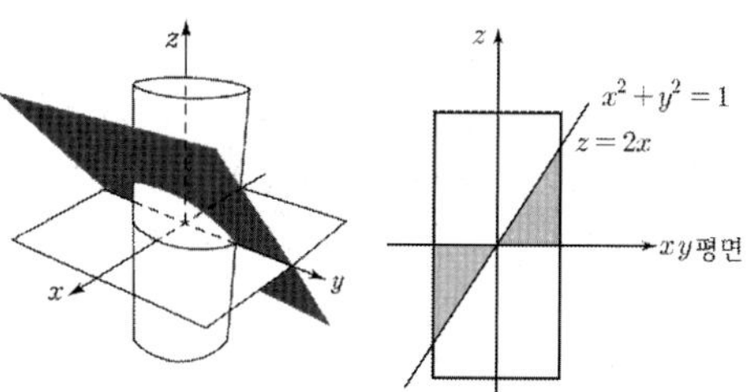

영역 $D=\{(x,y)|x^2+y^2\le 1, x\ge 0\}$ 위에서

$z\ge 0$인 영역과 $z\le 0$인 영역이 동일한 부피이므로

곡면 $z=2x$로 둘러싸인 입체의 부피는 $2\iint_D 2xdxdy$이고,

영역 D를 극좌표계로 변경하면

$D=\left\{(r,\theta)|0\le r\le 1, -\frac{\pi}{2}\le\theta\le\frac{\pi}{2}\right\}$ 이다.

$$2\iint_D 2xdxdy=2\int_{-\frac{\pi}{2}}^{\frac{\pi}{2}}\int_0^1 2r^2\cos\theta drd\theta$$

$$=2[\sin\theta]_{-\frac{\pi}{2}}^{\frac{\pi}{2}}\cdot\left[\frac{2}{3}r^3\right]_0^1=\frac{8}{3}$$

257. $\frac{5}{3}\pi$

풀이 영역 D를 심장형 곡선 $r=1+\cos\theta$의 내부라고 하자.

$$V=\iint_D\sqrt{x^2+y^2}\,dA=\int_0^{2\pi}\int_0^{1+\cos\theta}\sqrt{r^2}\,rdrd\theta$$

$$=\int_0^{2\pi}\int_0^{1+\cos\theta}r^2drd\theta$$

$$=\int_0^{2\pi}\left[\frac{1}{3}r^3\right]_0^{1+\cos\theta}d\theta$$

$$=\frac{1}{3}\int_0^{2\pi}(1+\cos\theta)^3d\theta$$

$$=\frac{1}{3}\int_0^{2\pi}\cos^3\theta+3\cos^2\theta+3\cos\theta+1d\theta$$

$$=\frac{1}{3}\left(3\cdot\frac{1}{2}\frac{\pi}{2}\cdot 4+2\pi\right)=\frac{5}{3}\pi$$

258. $\frac{3\pi-4}{27}$

풀이 영역 D를 1사분면에 존재하는 $r=\sin3\theta$의 내부영역이다.

$$V=\iint_D\sqrt{1-x^2-y^2}\,dA$$

$$=\int_0^{\frac{\pi}{3}}\int_0^{\sin3\theta}r\sqrt{1-r^2}\,drd\theta$$

$$=\int_0^{\frac{\pi}{3}}\left[-\frac{1}{3}(1-r^2)^{\frac{3}{2}}\right]_0^{\sin3\theta}d\theta$$

$$=-\frac{1}{3}\int_0^{\frac{\pi}{3}}\left[(\cos^2 3\theta)^{\frac{3}{2}}-1\right]d\theta$$

$$=-\frac{1}{3}\int_0^{\frac{\pi}{3}}|\cos3\theta|^3-1d\theta\ ;\quad 3\theta=t\text{로 치환하면}$$

$$=-\frac{1}{9}\int_0^{\pi}|\cos t|^3-1dt$$

$$=\frac{1}{9}\pi-\frac{1}{9}\cdot 2\int_0^{\frac{\pi}{2}}\cos^3tdt$$

$$=\frac{1}{9}\pi-\frac{2}{9}\cdot\frac{2}{3}=\frac{3\pi-4}{27}$$

[잘못된 식 전개]

$$(\text{준식})=\int_0^{\frac{\pi}{3}}\left[-\frac{1}{3}(1-r^2)^{\frac{3}{2}}\right]_0^{\sin3\theta}d\theta$$

$$=-\frac{1}{3}\int_0^{\frac{\pi}{3}}\cos^3 3\theta-1d\theta\ (3\theta=t\text{로 치환하면})$$

$$=-\frac{1}{9}\int_0^{\pi}\cos^3t-1dt=\frac{1}{9}\pi$$

259. $\frac{7\sqrt{3}}{16}+\frac{5\pi}{12}$

풀이 1사분면에 존재하는 $r=1$, $r=2\sin2\theta$의 교점을 구하면

$\sin2\theta=\frac{1}{2}$를 만족하는 $\theta=\frac{\pi}{12}, \frac{5\pi}{12}$이다. 따라서

$D=\left\{(r,\theta)|\frac{\pi}{12}\le\theta\le\frac{5}{12}\pi, 1\le r\le 2\sin2\theta\right\}$이다.

구하고자 하는 부피는 다음과 같다.

$$V=\iint_D x^2+y^2dxdy$$

$$=\int_{\frac{\pi}{12}}^{\frac{5\pi}{12}}\int_1^{2\sin2\theta}r^3drd\theta$$

$$=\int_{\frac{\pi}{12}}^{\frac{5\pi}{12}}\frac{1}{4}(16\sin^4 2\theta-1)\,d\theta$$

$$=4\int_{\frac{\pi}{12}}^{\frac{5\pi}{12}}\sin^4 2\theta d\theta-\frac{\pi}{12}$$

$$=\frac{1}{4}\left(2\pi+\frac{7\sqrt{3}}{4}\right)-\frac{\pi}{12}=\frac{7\sqrt{3}}{16}+\frac{5\pi}{12}$$

[참고]

$$\sin^4t=\left(\frac{1-\cos2t}{2}\right)^2=\frac{1-2\cos2t+\cos^2 2t}{4}$$

$$=\frac{1-2\cos2t}{4}+\frac{1+\cos4t}{8}\text{이므로}$$

$$4\int_{\frac{\pi}{12}}^{\frac{5\pi}{12}}\sin^4 2\theta\,d\theta=4\cdot\frac{1}{2}\int_{\frac{\pi}{6}}^{\frac{5\pi}{6}}\sin^4tdt$$

$$=2\int_{\frac{\pi}{6}}^{\frac{5\pi}{6}}\frac{1-2\cos2t}{4}+\frac{1+\cos4t}{8}dt$$

$$= \int_{\frac{\pi}{6}}^{\frac{5\pi}{6}} \frac{3-4\cos 2t+\cos 4t}{4} dt$$

$$= \frac{1}{4}\left(3t - 2\sin 2t + \frac{1}{4}\sin 4t\right)_{\frac{\pi}{6}}^{\frac{5\pi}{6}}$$

$$= \frac{1}{4}\left(2\pi + 2\sqrt{3} - \frac{\sqrt{3}}{4}\right) = \frac{1}{4}\left(2\pi + \frac{7\sqrt{3}}{4}\right)$$

260. $32\sqrt{3}\pi$

풀이 영역 $D=\{(x,y)|4 \le x^2+y^2 \le 16\}$를 극좌표 영역으로 바꾸면 $\{(r,\theta)|2 \le r \le 4,\ 0 \le \theta \le 2\pi\}$이다.

$$V = 2\times \iint_D \sqrt{16-x^2-y^2}\, dA$$

$$= 2\int_0^{2\pi}\int_2^4 r\sqrt{16-r^2}\, drd\theta$$

$$= 2\int_0^{2\pi} d\theta \int_2^4 r\sqrt{16-r^2}\, dr$$

$$= 2\times 2\pi\left[-\frac{1}{3}(16-r^2)^{\frac{3}{2}}\right]_2^4$$

$$= -\frac{4\pi}{3}(0-12\sqrt{12}) = 32\sqrt{3}\pi$$

261. $\frac{64}{3}(8-3\sqrt{3})\pi$

풀이 영역 $D=\{(x,y)|x^2+y^2 \le 4\}$를 극좌표 영역으로 바꾸면 $\{(r,\theta)|0 \le r \le 2, 0 \le \theta \le 2\pi\}$이다.

$$V = 2\iint_D \sqrt{64-4(x^2+y^2)}\, dA$$

$$= 2\int_0^{2\pi}\int_0^2 r\sqrt{64-4r^2}\, drd\theta$$

$$= 2\int_0^{2\pi} d\theta \int_0^2 r\sqrt{64-4r^2}\, dr$$

$$= 2\times 2\pi\left[-\frac{1}{12}(64-4r^2)^{\frac{3}{2}}\right]_0^2$$

$$= -\frac{1}{3}\pi(48\sqrt{48}-8^3)$$

$$= \frac{64}{3}(8-3\sqrt{3})\pi$$

262. $2\sqrt{6}\pi$

풀이 두 곡면의 교선을 구하면

$z^2 = 4-x^2-y^2 = x^2+y^2-1$

$\Rightarrow 2x^2+2y^2=5 \Rightarrow x^2+y^2=\frac{5}{2}$이므로

$D_1 = \left\{(x,y)|1 \le x^2+y^2 \le \frac{5}{2}\right\}$,

$D_2 = \left\{(x,y)|\frac{5}{2} \le x^2+y^2 \le 2\right\}$이라 하자.

xy평면 윗부분과 아랫부분의 부피가 같으므로 윗부분의 부피를 구해서 2배 하자.

$$V = 2\times\left(\iint_{D_1}\sqrt{x^2+y^2-1}\, dA + \iint_{D_2}\sqrt{4-x^2-y^2}\, dA\right)$$

$$= 2\left(\int_0^{2\pi}\int_1^{\sqrt{\frac{5}{2}}} r\sqrt{r^2-1}\, drd\theta + \int_0^{2\pi}\int_{\sqrt{\frac{5}{2}}}^2 r\sqrt{4-r^2}\, drd\theta\right)$$

$$= 2\left(2\pi\left[\frac{1}{3}(r^2-1)^{\frac{3}{2}}\right]_1^{\sqrt{\frac{5}{2}}} + 2\pi\left[-\frac{1}{3}(4-r^2)^{\frac{3}{2}}\right]_{\sqrt{\frac{5}{2}}}^2\right)$$

$$= 2\left(\frac{2\pi}{3}\cdot\frac{3}{2}\sqrt{\frac{3}{2}} + \frac{2\pi}{3}\cdot\frac{3}{2}\sqrt{\frac{3}{2}}\right) = 2\sqrt{6}\pi$$

263. $\frac{1}{4}$

풀이

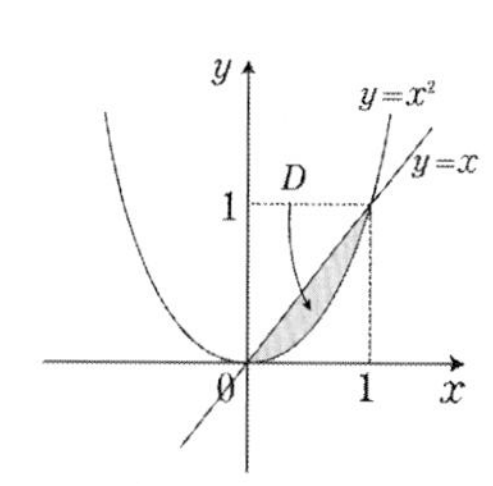

영역 $D=\{(x,y)|x^2 \le y \le x\}$위에서 곡면 $z=x+1$로 둘러싸인 영역의 부피는

$$\iint_D (x+1)dydx$$

$$= \int_0^1\int_{x^2}^x (x+1)dydx$$

$$= \int_0^1 (x+1)(x-x^2)dx$$

$$= \int_0^1 (-x^3+x)dx = \frac{1}{4}$$

264. $\frac{17}{60}$

풀이 $x+y=1$, $x^2+y=1$로 둘러싸인 영역을 D라 하면

$D=\{(x,y)|0\le x\le 1,\ -x+1\le y\le -x^2+1\}$이므로

$$V=\iint_D 1-x+2ydA$$
$$=\int_0^1\int_{-x+1}^{-x^2+1} 1-x+2ydydx$$
$$=\int_0^1 (1-x)y+y^2]_{-x+1}^{-x^2+1}dx$$
$$=\int_0^1 (1-x)(-x^2+x)+(-x^2+1)^2-(-x+1)^2dx$$
$$=\int_0^1 x^4+x^3-5x^2+3xdx$$
$$=\left[\frac{1}{5}x^5+\frac{1}{4}x^4-\frac{5}{3}x^3+\frac{3}{2}x^2\right]_0^1$$
$$=\frac{1}{5}+\frac{1}{4}-\frac{5}{3}+\frac{3}{2}=\frac{17}{60}$$

265. $\frac{5}{6}$

풀이 평면 영역 $D=\{(x,y)|0\le x\le 1, x\le y\le 1\}$라 하자.

$$V=\iint_D x^2+3y^2dA$$
$$=\int_0^1\int_x^1 x^2+3y^2dydx$$
$$=\int_0^1 x^2y+y^3]_x^1dx$$
$$=\int_0^1 -2x^3+x^2+1dx$$
$$=\left[-\frac{1}{2}x^4+\frac{1}{3}x^3+x\right]_0^1 = -\frac{1}{2}+\frac{1}{3}+1=\frac{5}{6}$$

266. $\frac{1}{3}$

풀이

$D=\left\{(x,y)|0\le x\le 1,\ \frac{x}{2}\le y\le -\frac{x}{2}+1\right\}$이므로

$$V=\iint_D (2-x-2y)dA$$
$$=\int_0^1\int_{\frac{x}{2}}^{-\frac{x}{2}+1}\{(2-x)-2y\}dydx$$
$$=\int_0^1\left\{(2-x)[y]_{\frac{x}{2}}^{-\frac{x}{2}+1}-[y^2]_{\frac{x}{2}}^{-\frac{x}{2}+1}\right\}dx$$
$$=\int_0^1\left[(2-x)(-x+1)-\left\{\left(-\frac{x}{2}+1\right)^2-\left(\frac{x}{2}\right)^2\right\}\right]dx$$
$$=\int_0^1\{(x^2-3x+2)-(1-x)\}dx$$
$$=\int_0^1(x^2-2x+1)dx=\int_0^1(x-1)^2dx$$
$$=\left[\frac{1}{3}(x-1)^3\right]_0^1=\frac{1}{3}(0+1)=\frac{1}{3}$$

[다른 풀이]

$V=$(밑넓이)$\times$(높이)$\times\frac{1}{3}=1\times1\times\frac{1}{2}\times2\times\frac{1}{3}=\frac{1}{3}$

5. 무게중심

267. $\left(\frac{\pi}{2}-1,\ \frac{\pi}{8}\right)$

풀이

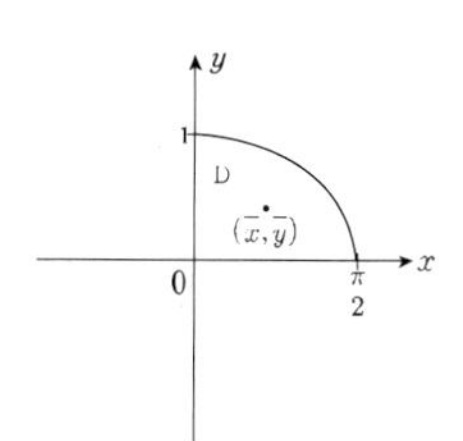

$$\bar{x}=\frac{\iint_D x\,dA}{\iint_D 1\,dA},\ \bar{y}=\frac{\iint_D y\,dA}{\iint_D 1\,dA}$$

(i) $\iint_D 1\,dA=\int_0^{\frac{\pi}{2}}\int_0^{\cos x}1\,dydx$

$=\int_0^{\frac{\pi}{2}}\cos x\,dx=[\sin x]_0^{\frac{\pi}{2}}=1$

(ii) $\iint_D x\,dA=\int_0^{\frac{\pi}{2}}\int_0^{\cos x}x\,dydx$

$=\int_0^{\frac{\pi}{2}}x\cos x\,dx=[x\sin x+\cos x]_0^{\frac{\pi}{2}}=\frac{\pi}{2}-1$

(iii) $\iint_D y\,dA=\int_0^{\frac{\pi}{2}}\int_0^{\cos x}y\,dydx$

$=\int_0^{\frac{\pi}{2}}\left[\frac{1}{2}y^2\right]_0^{\cos x}dx$

$=\frac{1}{2}\int_0^{\frac{\pi}{2}}\cos^2 x\,dx=\frac{1}{2}\cdot\frac{1}{2}\cdot\frac{\pi}{2}=\frac{\pi}{8}$

(i), (ii), (iii)에 의하여

$\bar{x}=\frac{\frac{\pi}{2}-1}{1}=\frac{\pi}{2}-1,\ \bar{y}=\frac{\frac{\pi}{8}}{1}=\frac{\pi}{8}$

$\therefore\ (\bar{x},\bar{y})=\left(\frac{\pi}{2}-1,\ \frac{\pi}{8}\right)$

268. $\bar{y}=\frac{3}{8}$

풀이 $\bar{y}=\frac{\iint_D ydxdy}{\iint_D dxdy}$

(단, $D=\{(0,0)|0\le x\le\pi, 0\le y\le sin^2x\}$)

$\iint_D y\,dydx=\int_0^{\pi}\int_0^{\sin^2 x}ydydx$

$=\frac{1}{2}\int_0^{\pi}\sin^4 xdx=\int_0^{\frac{\pi}{2}}\sin^4 xdx$

$=\frac{3}{4}\cdot\frac{1}{2}\cdot\frac{\pi}{2}=\frac{3}{16}\pi$

$\iint_D 1\,dydx=\int_0^{\pi}\int_0^{\sin^2 x}dydx$

$=\int_0^{\pi}\sin^2 xdx=2\int_0^{\frac{\pi}{2}}\sin^2 xdx=2\left(\frac{1}{2}\cdot\frac{\pi}{2}\right)=\frac{\pi}{2}$

따라서 $\bar{y}=\frac{3}{8}$이다.

269. $\bar{x}+\bar{y}=\frac{21}{10}$

풀이 곡선 $x=y^2-2y$와 직선 $y=x$에 의해 둘러싸인 영역 S의 질량은 $\int_0^3\int_{y^2-2y}^{y}dydx=\frac{9}{2}$이다. 무게중심은

$\bar{x}=\frac{2}{9}\int_0^3\int_{y^2-2y}^{y}xdydx=\frac{3}{2},\ \bar{y}=\frac{2}{9}\int_0^3\int_{y^2-2y}^{y}ydydx=\frac{3}{2}$

따라서 S의 무게중심은 $(\bar{x},\bar{y})=\left(\frac{3}{5},\frac{3}{2}\right)$

$\bar{x}+\bar{y}=\frac{3}{5}+\frac{3}{2}=\frac{21}{10}$이다.

270. $\left(\frac{3}{8},\frac{3\pi}{16}\right)$

풀이 얇은 막 위의 임의의 점을 (x,y)라고 할 때, x축과의 거리는 y이 된다. 따라서 밀도함수는 $\rho(x,y)=ky$이다.

$m=\iint_D ky\,dA=k\int_0^{\frac{\pi}{2}}\int_0^1 r^2\sin\theta\,dr\,d\theta=\frac{1}{3}k$

$\iint_D x\cdot ky dA=k\int_0^{\frac{\pi}{2}}\int_0^1 r^3\cos\theta\sin\theta\,dr\,d\theta=\frac{k}{8}$이므로

$\bar{x}=\frac{\iint_D x\cdot ky\,dA}{m}=\frac{k}{8}\cdot\frac{3}{k}=\frac{3}{8}$

$\iint_D y\cdot ky dA=k\int_0^{\frac{\pi}{2}}\int_0^1 r^3\sin^2\theta\,dr\,d\theta=\frac{k\pi}{16}$이므로

$\bar{y}=\frac{\iint_D y\cdot ky\,dA}{m}=\frac{k\pi}{16}\cdot\frac{3}{k}=\frac{3\pi}{16}$

따라서 질량중심은 $\left(\frac{3}{8},\frac{3\pi}{16}\right)$이다.

271. $\left(\frac{8}{5\pi}, \frac{8}{5\pi}\right)$

풀이 얇은 막 위의 임의의 점을 (x,y)라고 할 때, 원점과의 거리의 제곱은

x^2+y^2이 된다. 따라서 밀도함수는 $\rho(x,y)=k(x^2+y^2)$이다.

$$m=\iint_D k(x^2+y^2)\,dA=k\int_0^{\frac{\pi}{2}}\int_0^1 r^3\,dr\,d\theta=\frac{k\pi}{8}$$

$$\iint_D x\cdot k(x^2+y^2)\,dA=k\int_0^{\frac{\pi}{2}}\int_0^1 r^4\cos\theta\,dr\,d\theta=\frac{k}{5}$$

이므로 $\bar{x}=\dfrac{\iint_D x\cdot k(x^2+y^2)\,dA}{m}=\dfrac{k}{5}\cdot\dfrac{8}{k\pi}=\dfrac{8}{5\pi}$

$$\iint_D y\cdot k(x^2+y^2)\,dA=k\int_0^{\frac{\pi}{2}}\int_0^1 r^4\sin\theta\,dr\,d\theta=\frac{k}{5}$$

이므로 $\bar{y}=\dfrac{\iint_D y\cdot k(x^2+y^2)\,dA}{m}=\dfrac{k}{5}\cdot\dfrac{8}{k\pi}=\dfrac{8}{5\pi}$

따라서 질량중심은 $\left(\frac{8}{5\pi}, \frac{8}{5\pi}\right)$이다.

272. $\frac{3\pi}{64}$

풀이 $m=\iint_D x^2+y^2\,dA=\int_{-\frac{\pi}{4}}^{\frac{\pi}{4}}\int_0^{\cos 2\theta} r^3\,dr\,d\theta$

$$=\int_{-\frac{\pi}{4}}^{\frac{\pi}{4}}\frac{1}{4}\cos^4 2\theta\,d\theta=\frac{1}{8}\int_{-\frac{\pi}{2}}^{\frac{\pi}{2}}\cos^4 t\,dt=\frac{3\pi}{64}$$

273. 2π

풀이 상수밀도함수를 갖는다면 D의 무게중심은 $\bar{x}=2$, $\bar{y}=2$이다.

$\iint_D 1\,dA=(D$의 면적$)=\pi$이다.

$\bar{y}=\dfrac{\iint_D y\,dA}{\iint_D 1\,dA}\Leftrightarrow 2=\dfrac{\iint_D y\,dA}{\iint_D 1\,dA}$ 이므로

$\iint_D y\,dA=2\iint_D 1\,dA=2\pi$이다.

274. 5

풀이 주어진 영역은 삼각형이고 무게중심은 $(\bar{x},\bar{y})=\left(\frac{2}{3},1\right)$이다.

$\iint_D x+y\,dx\,dy=\iint_D x\,dA+\iint_D y\,dA$

$=\bar{x}\cdot D$의 면적 $+\ \bar{y}\cdot D$의 면적

$=(\bar{x}+\bar{y})\cdot D$의 면적

$=\left(\frac{2}{3}+1\right)\cdot 3=5$

275. $7\sqrt{6}\,\pi$

풀이 $2x^2+3y^2-4x+12y+9\le 1$의 식을 정리하면

$2(x-1)^2+3(y+2)^2\le 6$이므로 $(\bar{x},\bar{y})=(1,-2)$이고

D의 면적은 $2x^2+3y^2=6$의 면적과 동일하므로 면적은

$\sqrt{6}\,\pi$이다.

$\iint_D 3x-2y\,dx\,dy=3\iint_D x\,dA-2\iint_D y\,dA$

$=3\cdot\bar{x}\cdot D$의 면적 $-2\cdot\bar{y}\cdot D$의 면적

$=(3\bar{x}-2\bar{y})\cdot D$의 면적 $=7\sqrt{6}\,\pi$

6. 곡면적

276. $3\sqrt{14}$

풀이 영역 $D=\{(x,\ y)\mid 3x+2y\le 6,\ x\ge 0,\ y\ge 0\}$이라 하자.

$S : F=3x+2y+z-6=0$에 대하여

$\nabla S=\langle 3,2,1\rangle$이고, $|\nabla S|=\sqrt{14}$이다. 곡면의 넓이는

$$\iint_S dS=\iint_D \sqrt{1+(z_x)^2+(z_y)^2}\,dA$$

$$=\iint_D \sqrt{14}\,dA=\sqrt{14}\times D\text{의 넓이}=3\sqrt{14}$$

277. $\sqrt{14}\pi$

풀이 영역 $D=\{(x,\ y)\mid x^2+y^2\le 3\}$라 하자.

$S : F=x+2y+3z-1=0$에 대하여

$\nabla S=\left\langle \frac{1}{3},\frac{2}{3},1\right\rangle$이고, $|\nabla S|=\frac{\sqrt{14}}{3}$이다. 곡면의 넓이는

$$\iint_S dS=\iint_D \sqrt{1+(z_x)^2+(z_y)^2}\,dA$$

$$=\frac{\sqrt{14}}{3}\iint_D 1\,dA=\frac{\sqrt{14}}{3}\times D\text{의 넓이}=\sqrt{14}\pi$$

278. $\frac{\pi}{6}(5\sqrt{5}-1)$

풀이

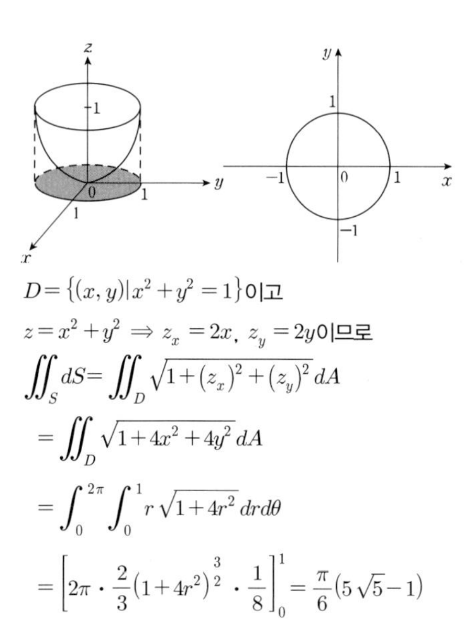

$D=\{(x,y)\mid x^2+y^2=1\}$이고

$z=x^2+y^2 \Rightarrow z_x=2x,\ z_y=2y$이므로

$$\iint_S dS=\iint_D \sqrt{1+(z_x)^2+(z_y)^2}\,dA$$

$$=\iint_D \sqrt{1+4x^2+4y^2}\,dA$$

$$=\int_0^{2\pi}\int_0^1 r\sqrt{1+4r^2}\,drd\theta$$

$$=\left[2\pi\cdot\frac{2}{3}(1+4r^2)^{\frac{3}{2}}\cdot\frac{1}{8}\right]_0^1=\frac{\pi}{6}(5\sqrt{5}-1)$$

279. $\frac{\pi}{6}(17\sqrt{17}-1)$

풀이 영역 $D=\{(x,\ y)\mid x^2+y^2\le 4\}$이고 이를 극좌표 영역으로 바꾸면 $\{(r,\ \theta)\mid 0\le r\le 2,\ 0\le\theta\le 2\pi\}$이다.

$z_x=-2x,\ z_y=-2y$이므로 곡면의 넓이는

$$\iint_S dS=\iint_D \sqrt{1+(z_x)^2+(z_y)^2}\,dA$$

$$=\iint_D \sqrt{1+4x^2+4y^2}\,dA$$

$$=\int_0^{2\pi}\int_0^2 r\sqrt{1+4r^2}\,drd\theta$$

$$=2\pi\left[\frac{1}{12}(1+4r^2)^{\frac{3}{2}}\right]_0^2=\frac{\pi}{6}(17\sqrt{17}-1)$$

280. $\frac{27-5\sqrt{5}}{12}$

풀이

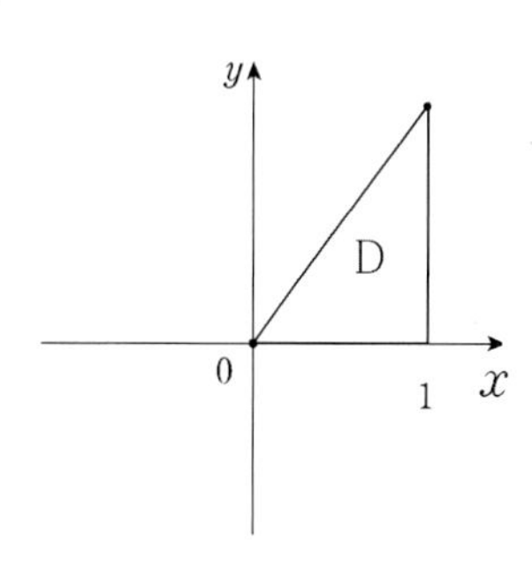

$$\iint_S dS=\iint_D \sqrt{1+(z_x)^2+(z_y)^2}\,dA$$

$$=\iint_D \sqrt{1+4x^2+4}\,dA$$

$$=\iint_D \sqrt{5+4x^2}\,dydx=\int_0^1\int_0^x \sqrt{5+4x^2}\,dydx$$

$$=\int_0^1 \sqrt{5+4x^2}\,[y]_0^x\,dx=\int_0^1 x\sqrt{5+4x^2}\,dx$$

$$=\left[\frac{1}{8}\cdot\frac{2}{3}(5+4x^2)^{\frac{3}{2}}\right]_0^1$$

$$=\frac{1}{12}(9\sqrt{9}-5\sqrt{5})=\frac{27-5\sqrt{5}}{12}$$

281. $\frac{2\pi}{3}(2\sqrt{2}-1)$

풀이 영역 $D=\{(x,\ y)\mid x^2+y^2\le 1\}$이라 하자. 이를 극좌표 영역으로 바꾸면 $\{(r,\ \theta)\mid 0\le r\le 1,\ 0\le\theta\le 2\pi\}$이다.

$z_x = y$, $z_y = x$이므로 곡면의 넓이는

$$\iint_S dS = \iint_D \sqrt{1+(z_x)^2+(z_y)^2}\, dA$$
$$= \iint_D \sqrt{1+x^2+y^2}\, dA$$
$$= \int_0^{2\pi} \int_0^1 r\sqrt{1+r^2}\, dr\, d\theta$$
$$= 2\pi\left[\frac{1}{3}(1+r^2)^{\frac{3}{2}}\right]_0^1 = \frac{2\pi}{3}(2\sqrt{2}-1)$$

282. $\frac{\pi}{6}(17\sqrt{17}-5\sqrt{5})$

풀이 영역 $D=\{(x,\ y)|1 \le x^2+y^2 \le 4\}$라 하자. 이를 극좌표 영역으로 바꾸면 $\{(r,\ \theta)|1 \le r \le 2,\ 0 \le \theta \le 2\pi\}$이다.
$z_x = -2x$, $z_y = 2y$이므로 곡면의 넓이는

$$\iint_S dS = \iint_D \sqrt{1+(z_x)^2+(z_y)^2}\, dA$$
$$= \iint_D \sqrt{1+4x^2+4y^2}\, dA$$
$$= \int_0^{2\pi} \int_1^2 r\sqrt{1+4r^2}\, dr d\theta$$
$$= 2\pi\left[\frac{1}{12}(1+4r^2)^{\frac{3}{2}}\right]_1^2 = \frac{\pi}{6}(17\sqrt{17}-5\sqrt{5})$$

283. $12\sin^{-1}\left(\frac{2}{3}\right)$

풀이 영역 $D=\{(x,\ y)|0 \le x \le 4,\ 0 \le y \le 2\}$라 하자.
$S: F(x,y,z)=y^2+z^2-9=0$에서 $\nabla S=\left\langle 0,\ \frac{y}{z},1\right\rangle$이고,
$|\nabla S|=\sqrt{\frac{y^2+z^2}{z^2}}=\frac{3}{|z|}=\frac{3}{\sqrt{9-y^2}}$이다. 곡면의 넓이는

$$\iint_S dS = \iint_D |\nabla S|\, dxdy = \int_0^4 \int_0^2 \frac{3}{\sqrt{9-y^2}}\, dydx$$
$$= 12\int_0^2 \frac{1}{\sqrt{9-y^2}}\, dy = 12\sin^{-1}\frac{y}{3}\Big]_0^2 = 12\sin^{-1}\left(\frac{2}{3}\right)$$

284. $\frac{\sqrt{2}}{6}$

풀이 원뿔면 $z=\sqrt{x^2+y^2}$은 $z^2=x^2+y^2 \Leftrightarrow x^2+y^2-z^2=0$이다. $\nabla F=\langle x, y, -z\rangle$이고, $\nabla S=\left\langle -\frac{x}{z}, -\frac{y}{z}, 1\right\rangle$
$|\nabla S|=\sqrt{\frac{x^2+y^2}{z^2}+1}=\sqrt{2}$이다. ($\because z^2=x^2+y^2$)
$D=\{(x, y)|0 \le x \le 1, x^2 \le y \le x\}$일 때,

$$\iint_S dS = \iint_D |\nabla S|\, dxdy = \int_0^1 \int_{x^2}^x \sqrt{2}\, dydx$$
$$= \sqrt{2}\int_0^1 x - x^2 dx = \frac{\sqrt{2}}{6}$$

285. $\frac{\pi}{6}(37\sqrt{37}-1)$

풀이 영역 $D=\{(y,\ z)\,|\,y^2+z^2 \le 9\}$를 극좌표 영역으로 바꾸면 $\{(r,\ \theta)\,|\,0 \le r \le 3,\ 0 \le \theta \le 2\pi\}$이다.
$x_y = 2y$, $x_z = 2z$이므로 곡면의 넓이는

$$\iint_S dS = \iint_D \sqrt{1+(x_y)^2+(x_z)^2}\, dA$$
$$= \iint_D \sqrt{1+4y^2+4z^2}\, dA = \int_0^{2\pi} \int_0^3 r\sqrt{1+4r^2}\, drd\theta$$
$$= 2\pi\left[\frac{1}{12}(1+4r^2)^{\frac{3}{2}}\right]_0^3 = \frac{\pi}{6}(37\sqrt{37}-1)$$

286. $\frac{\sqrt{21}}{2}+\frac{17}{4}\ln\left(\frac{\sqrt{21}+2}{\sqrt{17}}\right)$

풀이 영역 $D=\{(x,\ z)\,|\,0 \le x \le 1,\ 0 \le z \le 1\}$라 하자.
$y_x = 4$, $y_z = 2z$이므로 곡면의 넓이는

$$\iint_S dS = \iint_D \sqrt{1+(y_x)^2+(y_z)^2}\, dA = \iint_D \sqrt{17+4z^2}\, dA$$
$$= \int_0^1 \int_0^1 \sqrt{17+4z^2}\, dxdz = \int_0^1 \sqrt{17+4z^2}\, dz$$

($2z=\sqrt{17}\tan\theta$, $dz=\frac{\sqrt{17}}{2}\sec^2\theta\, d\theta$ 치환)

$$= \int_0^{\tan^{-1}\frac{2}{\sqrt{17}}} \sqrt{17+17\tan^2\theta}\ \frac{\sqrt{17}}{2}\sec^2\theta\, d\theta$$
$$= \frac{17}{2}\int_0^{\tan^{-1}\frac{2}{\sqrt{17}}} \sec^3\theta\, d\theta$$
$$= \frac{17}{2}\left[\frac{1}{2}(\sec\theta tan\theta+\ln(\sec\theta+\tan\theta))\right]_0^{\tan^{-1}\frac{2}{\sqrt{17}}}$$
$$= \frac{17}{4}\left(\frac{2}{\sqrt{17}}\frac{\sqrt{21}}{\sqrt{17}}+\ln\left(\frac{\sqrt{21}}{\sqrt{17}}+\frac{2}{\sqrt{17}}\right)\right)$$
$$= \frac{17}{4}\left(\frac{2\sqrt{21}}{17}+\ln\left(\frac{\sqrt{21}+2}{\sqrt{17}}\right)\right)$$
$$= \frac{\sqrt{21}}{2}+\frac{17}{4}\ln\left(\frac{\sqrt{21}+2}{\sqrt{17}}\right)$$

287. 16π

풀이 영역 D를 잡기 위해서 $S: x^2+y^2+z^2=16$에
$z=2$를 대입하면 $x^2+y^2=12$이므로
영역 $D=\{(x,y)|x^2+y^2 \le 12\}$라 하자.

$\nabla S=\left\langle \frac{x}{z}, \frac{y}{z}, 1\right\rangle$,

$|\nabla S|=\sqrt{\frac{x^2+y^2+z^2}{z^2}}=\frac{4}{|z|}=\frac{4}{\sqrt{16-x^2-y^2}}$

$$\iint_S dS=\iint_D |\nabla S| dxdy$$
$$=\iint_D \frac{4}{\sqrt{16-x^2-y^2}} dA$$
$$=\int_0^{2\pi}\int_0^{\sqrt{12}} \frac{4r}{\sqrt{16-r^2}} drd\theta$$
$$=2\pi\left[-4(16-r^2)^{\frac{1}{2}}\right]_0^{\sqrt{12}}$$
$$=-8\pi(2-4)=16\pi$$

[다른 풀이]
주어진 구 $x^2+y^2+z^2=16$을 매개화하면
$r(\phi,\theta)=<4\sin\phi\cos\theta, 4\sin\phi\sin\theta, 4\cos\phi>$

$|r_\phi \times r_\theta|=16\sin\phi$, $D=\left\{(\phi,\theta)|0\le\theta\le 2\pi, 0\le\phi\le\frac{\pi}{3}\right\}$

따라서 곡면의 넓이는

$$\iint_S dS=\iint_D |r_\phi \times r_\theta| dA=\int_0^{2\pi}\int_0^{\frac{\pi}{3}} 16\sin\phi\, d\phi d\theta$$
$$=16\times 2\pi[-\cos\phi]_0^{\frac{\pi}{3}}=-32\pi\left(\frac{1}{2}-1\right)=16\pi$$

[다른 풀이]
주어진 곡면의 넓이는 $x^2+y^2=16$에서
$y=2$의 윗부분의 부분을 y축으로 회전시킨 표면적과 같다.
$y=2$이면 $x=\sqrt{12}$이므로

$y=\sqrt{16-x^2} \Rightarrow y'=-\frac{x}{\sqrt{16-x^2}}$,

회전체의 표면적은

$$S=2\pi\int_0^{\sqrt{12}} x\sqrt{1+(y')^2}\,dx$$
$$=2\pi\int_0^{\sqrt{12}} \frac{4x}{\sqrt{16-x^2}} dx$$
$$=2\pi[-4(16-x^2)^{\frac{1}{2}}]_0^{\sqrt{12}}$$
$$=-8\pi(2-4)=16\pi$$

288. $\frac{2}{3}$

풀이 구 $x^2+y^2+z^2=1$의 겉넓이는 4π이고 $x^2+y^2+z^2=1$, $z \ge a$인 부분의 겉넓이를 S_a라고 할 때, S_a는 xy 평면에서 구간 $a \le x \le 1$에 속하는 $x^2+y^2=1$인 원을 회전시켜 만든 곡면의 넓이와 같으므로 다음과 같다.

$$S_a=2\pi\int_a^1 y\sqrt{1+(y')^2}\,dx$$
$$=2\pi\int_a^1 \sqrt{1-x^2}\sqrt{1+\left(\frac{-2x}{2\sqrt{1-x^2}}\right)^2}\,dx$$
$$=2\pi\int_a^1 \sqrt{1-x^2}\sqrt{1+\frac{x^2}{1-x^2}}\,dx$$
$$=2\pi\int_a^1 1dx=2\pi(1-a)$$

따라서 S의 전체 면적의 $\frac{1}{6}$이 되는 a의 값은

$\frac{1}{6}S=S_1 \Leftrightarrow \frac{4}{6}\pi=2\pi(1-a) \Leftrightarrow a=\frac{2}{3}$이다.

289. 4

풀이 $r(u,v)=\left\langle u^2, uv, \frac{1}{2}v^2\right\rangle$이라 두면

$r_u=\langle 2u, v, 0\rangle$, $r_v(u,v)=\langle 0, u, v\rangle$이므로

$$r_u \times r_v=\begin{vmatrix} i & j & k \\ 2u & v & 0 \\ 0 & u & v\end{vmatrix}=\langle v^2, -2uv, 2u^2\rangle$$

$$\Rightarrow \|r_u \times r_v\|=\sqrt{v^4+4u^2v^2+4u^4}=\sqrt{(v^2+2u^2)^2}=v^2+2u^2$$

$$\therefore S=\iint_D \|r_u\times r_v\|\,dudv=\int_0^1\int_0^2 (v^2+2u^2)\,dvdu$$
$$=\int_0^1\left[\frac{1}{3}v^3+2u^2v\right]_0^2 du=\int_0^1\left(\frac{8}{3}+4u^2\right)du$$
$$=\left[\frac{8}{3}u+\frac{4}{3}u^3\right]_0^1=\frac{12}{3}=4$$

290. $4\sqrt{22}$

풀이 영역 $D=\{(u,v)|0\le u\le 2, -1\le v\le 1\}$라 하자.
$r_u=<1,-3,1>$, $r_v=<1,0,-1>$

$r_u \times r_v=\begin{vmatrix} i & j & k \\ 1 & -3 & 1 \\ 1 & 0 & -1\end{vmatrix}=<3,2,3>$이므로 곡면의 넓이는

$$S=\iint_D |r_u\times r_v| dA=\sqrt{22}\iint_D 1dA=4\sqrt{22}$$

291. 76

풀이 곡면적은 다음과 같다.

$$\iint_D |F_u \times F_v|\, dudv = \int_0^3 \int_{\sqrt{3}}^{2\sqrt{2}} 4u\sqrt{u^2+1}\, du\, dv$$

$$= 3\times\left[\frac{4}{3}(u^2+1)\sqrt{u^2+1}\right]_{\sqrt{3}}^{2\sqrt{2}} = 76$$

292. $\pi(\sqrt{2}+\ln(1+\sqrt{2}))$

풀이 곡면을 벡터방정식으로 표현하자.

$T(r,\theta) = (r\cos\theta, r\sin\theta, \theta)$

$$T_r \times T_\theta = \begin{vmatrix} i & j & k \\ \cos\theta & \sin\theta & 0 \\ -r\sin\theta & r\cos\theta & 1 \end{vmatrix} = (\sin\theta,\ -\cos\theta,\ r)$$

$|T_r \times T_\theta| = \sqrt{1+r^2}$

곡면의 넓이는 다음과 같다.

$$Area(S) = \iint_D \|T_r \times T_\theta\| dA$$

$$= \int_0^{2\pi}\int_0^1 \sqrt{1+r^2}\, dr d\theta$$

$$= 2\pi\int_0^1 \sqrt{1+r^2}\, dr = \pi(\sqrt{2}+\ln(1+\sqrt{2}))$$

CHAPTER **05** 삼중적분

1. 삼중적분의 계산 & 성질

293. (1) $\frac{8\sqrt{2}-4}{9}$ (2) $\frac{\pi}{12}$ (3) $\frac{16}{15}$ (4) $\frac{27}{4}$

(5) $\frac{16}{3}$ (6) $\frac{1}{4}$ (7) $\frac{5}{8}$ (8) $\frac{5}{3}$

(9) $\frac{\ln 2}{3}$ (10) $\frac{\pi^2}{4}-1$

풀이 (1) 주어진 공간상의 영역을 xy평면으로 정사영 시킨 영역은 다음 그림과 같다.

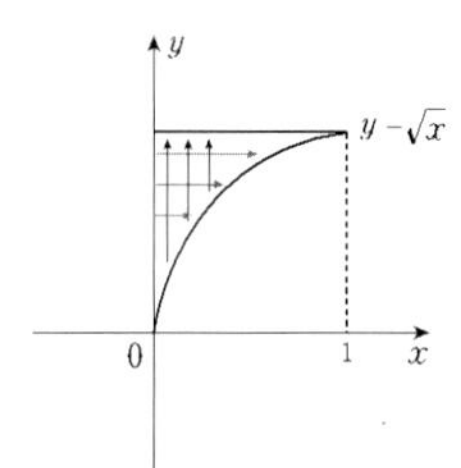

$$\int_0^1\int_{\sqrt{x}}^1\int_0^{1+y^3}\frac{1}{\sqrt{z}}dzdydx$$
$$=\int_0^1\int_{\sqrt{x}}^1\left[2z^{\frac{1}{2}}\right]_0^{1+y^3}dydx$$
$$=\int_0^1\int_{\sqrt{x}}^1 2(1+y^3)^{\frac{1}{2}}dydx$$
$$=\int_0^1\int_0^{y^2}2(1+y^3)^{\frac{1}{2}}dxdy$$
$$=\int_0^1 2(1+y^3)^{\frac{1}{2}}[x]_0^{y^2}dy$$
$$=\int_0^1 2y^2(1+y^3)^{\frac{1}{2}}dy$$
$$=\left[2\cdot\frac{2}{3}(1+y^3)^{\frac{3}{2}}\cdot\frac{1}{3}\right]_0^1$$
$$=\frac{4}{9}(2\sqrt{2}-1)=\frac{8\sqrt{2}-4}{9}$$

(2) 주어진 공간상의 영역을 xy평면으로 정사영 시킨 영역은 다음 그림과 같다.

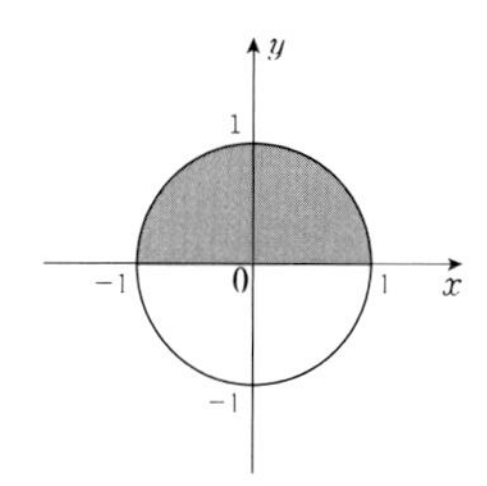

$$\int_{-1}^1\int_0^{\sqrt{1-x^2}}\int_{\sqrt{x^2+y^2}}^1 z^3\,dz\,dy\,dx$$
$$=\int_{-1}^1\int_0^{\sqrt{1-x^2}}\frac{1}{4}\left[z^4\right]_{\sqrt{x^2+y^2}}^1dydx$$
$$=\int_{-1}^1\int_0^{\sqrt{1-x^2}}\frac{1}{4}\left\{1-(x^2+y^2)^2\right\}dydx$$
$$=\frac{1}{4}\int_0^{\pi}\int_0^1\left\{1-(r^2)^2\right\}r\,dr\,d\theta$$
$$=\frac{\pi}{4}\int_0^1(r-r^5)\,dr$$
$$=\frac{\pi}{4}\left(\frac{1}{2}-\frac{1}{6}\right)=\frac{\pi}{4}\cdot\frac{2}{6}=\frac{\pi}{12}$$

(3) $$\int_0^2\int_0^{z^2}\int_0^{y-z}(2x-y)\,dxdydz$$
$$=\int_0^2\int_0^{z^2}\left[x^2-xy\right]_0^{y-z}dydz$$
$$=\int_0^2\int_0^{z^2}(y-z)^2-(y-z)y\,dydz$$
$$=\int_0^2\int_0^{z^2}(y-z)^2-y^2+yz\,dydz$$
$$=\int_0^2\left[\frac{1}{3}(y-z)^3-\frac{1}{3}y^3+\frac{1}{2}y^2z\right]_0^{z^2}dz$$
$$=\int_0^2-\frac{1}{2}z^5+z^4\,dz$$
$$=\left[-\frac{1}{12}z^6+\frac{1}{5}z^5\right]_0^2=\frac{16}{15}$$

(4) $$\int_0^1\int_{-1}^2\int_0^3 xyz^2dzdxdy$$
$$=\int_0^1\int_{-1}^2 xy\left[\frac{1}{3}z^3\right]_0^3dxdy$$
$$=\int_0^1\int_{-1}^2 9xy\,dxdy=\int_0^1\left[\frac{9}{2}x^2y\right]_{-1}^2dy$$
$$=\int_0^1\frac{27}{2}ydy=\left[\frac{27}{4}y^2\right]_0^1=\frac{27}{4}$$

(5) $\int_0^2\int_0^{4-2x}\int_0^{4-2x-y} dzdydx$

$=\int_0^2\int_0^{4-2x}(4-2x-y)dydx$

$=\int_0^2\left[4y-2xy-\frac{1}{2}y^2\right]_0^{4-2x}dx$

$=\int_0^2\left[4(4-2x)-2x(4-2x)-\frac{1}{2}(4-2x)^2\right]dx$

$=\int_0^2(2x^2-8x+8)dx$

$=\left[\frac{2}{3}x^3-4x^2+8x\right]_0^2=\frac{16}{3}$

(6) $\int_0^1\int_y^1\int_0^y\frac{e^x}{2x}dzdxdy$

$=\int_0^1\int_y^1 y\frac{e^x}{2x}dxdy$

$=\int_0^1\int_0^x y\frac{e^x}{2x}dydx$ (∵ 적분순서변경)

$=\int_0^1\frac{1}{2}x^2\frac{e^x}{2x}dx$

$=\frac{1}{4}\int_0^1 xe^x dx=\frac{1}{4}\left[xe^x-e^x\right]_0^1$

$=\frac{1}{4}\{e-e-(-1)\}=\frac{1}{4}$

(7) $\int_0^1\int_x^{2x}\int_0^y 2xyz\,dzdydx$

$=\int_0^1\int_x^{2x} xyz^2]_0^y\,dydx$

$=\int_0^1\int_x^{2x} xy^3\,dydx$

$=\int_0^1\left[\frac{1}{4}xy^4\right]_x^{2x}dx$

$=\int_0^1\frac{15}{4}x^5\,dx\quad=\left[\frac{5}{8}x^6\right]_0^1=\frac{5}{8}$

(8) $\int_1^2\int_0^{2z}\int_0^{\ln x} xe^{-y}\,dydxdz$

$=\int_1^2\int_0^{2z}[-xe^{-y}]_0^{\ln x}\,dxdz$

$=\int_1^2\int_0^{2z} x-1\,dxdz$

$=\int_1^2\left[\frac{1}{2}x^2-x\right]_0^{2z}dz\quad=\int_1^2 2z^2-2z\,dz$

$=\left[\frac{2}{3}z^3-z^2\right]_1^2=\frac{14}{3}-3=\frac{5}{3}$

(9) $\int_0^1\int_0^1\int_0^{\sqrt{1-z^2}}\frac{z}{y+1}\,dxdzdy$

$=\int_0^1\int_0^1\frac{z\sqrt{1-z^2}}{y+1}\,dzdy$

$=\int_0^1\frac{1}{y+1}\,dy\int_0^1 z\sqrt{1-z^2}\,dz$

$=[\ln(y+1)]_0^1\left[-\frac{1}{3}(1-z^2)^{\frac{3}{2}}\right]_0^1=\frac{\ln2}{3}$

(10) $\int_0^{\sqrt{\pi}}\int_0^x\int_0^{xz} x^2\sin y\,dydzdx$

$=\int_0^{\sqrt{\pi}}\int_0^x[-x^2\cos y]_0^{xz}\,dzdx$

$=\int_0^{\sqrt{\pi}}\int_0^x x^2-x^2\cos xz\,dzdx$

$=\int_0^{\sqrt{\pi}}[x^2z-x\sin xz]_0^x\,dx$

$=\int_0^{\sqrt{\pi}} x^3-x\sin x^2\,dx$

$=\left[\frac{1}{4}x^4+\frac{1}{2}\cos x^2\right]_0^{\sqrt{\pi}}=\frac{\pi^2}{4}-1$

294. (1) $\frac{27}{4}$ (2) 4 (3) $\frac{e}{2}-\frac{7}{6}$ (4) $\frac{9\pi}{8}$

(5) $\frac{\pi^2}{2}-2$ (6) $\frac{1}{60}$ (7) $\frac{16\pi}{3}$

풀이 (1)

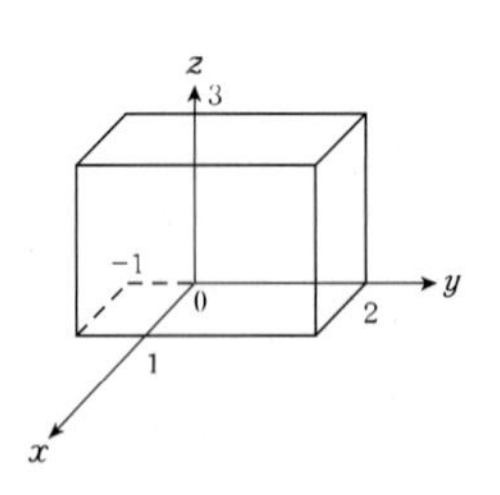

$\iiint_B xyz^2\,dV=\int_0^3\int_{-1}^2\int_0^1 xyz^2\,dx\,dy\,dz$

$=\int_0^3 z^2\,dz\cdot\int_{-1}^2 y\,dy\cdot\int_0^1 x\,dx$

$=\left[\frac{1}{3}z^3\right]_0^3\cdot\left[\frac{1}{2}y^2\right]_{-1}^2\cdot\left[\frac{1}{2}x^2\right]_0^1$

$=9\cdot\frac{3}{2}\cdot\frac{1}{2}=\frac{27}{4}$

(2) $\iiint_E 2x\,dV = \int_0^2 \int_0^{\sqrt{4-y^2}} \int_0^y 2x\,dz\,dx\,dy$

$= \int_0^2 \int_0^{\sqrt{4-y^2}} 2xy\,dx\,dy = \int_0^2 x^2 y \Big]_0^{\sqrt{4-y^2}} dy$

$= \int_0^2 y(4-y^2)\,dy = \int_0^2 4y - y^3\,dy$

$= \left[2y^2 - \frac{1}{4}y^4\right]_0^2 = 4$

(3) $\iiint_E e^{z/y}\,dV = \int_0^1 \int_y^1 \int_0^{xy} e^{z/y}\,dz\,dx\,dy$

$= \int_0^1 \int_y^1 ye^{z/y}\Big]_0^{xy} dx\,dy = \int_0^1 \int_y^1 ye^x - y\,dx\,dy$

$= \int_0^1 ye^x - yx\Big]_y^1 dy = \int_0^1 y(e - e^y) - y(1-y)\,dy$

$= \int_0^1 (e-1)y - ye^y + y^2\,dy$

$= \left[\frac{e-1}{2}y^2 - ye^y + e^y + \frac{1}{3}y^3\right]_0^1 = \frac{e}{2} - \frac{7}{6}$

(4) $\iiint_E \frac{z}{x^2+z^2}\,dV = \int_1^4 \int_y^4 \int_0^z \frac{z}{x^2+z^2}\,dx\,dz\,dy$

$= \int_1^4 \int_y^4 \tan^{-1}\left(\frac{x}{z}\right)\Big]_0^z dz\,dy = \int_1^4 \int_y^4 \frac{\pi}{4}\,dz\,dy$

$= \int_1^4 \pi - \frac{\pi}{4}y\,dy = \pi y - \frac{\pi}{8}y^2\Big]_1^4 = 3\pi - \frac{15\pi}{8} = \frac{9\pi}{8}$

(5) $\iiint_E \sin y\,dV = \int_0^\pi \int_0^{-x+\pi} \int_0^x \sin y\,dz\,dy\,dx$

$= \int_0^\pi \int_0^{-x+\pi} x\sin y\,dy\,dx = \int_0^\pi -x\cos y\Big]_0^{-x+\pi} dx$

$= \int_0^\pi x - x\cos(\pi - x)\,dx = \int_0^\pi x + x\cos x\,dx$

$= \left[\frac{1}{2}x^2 + x\sin x + \cos x\right]_0^\pi = \frac{\pi^2}{2} - 2$

(6) $\iiint_T x^2\,dV = \int_0^1 \int_0^{1-x} \int_0^{1-x-y} x^2\,dz\,dy\,dx$

$= \int_0^1 \int_0^{1-x} x^2(1-x-y)\,dy\,dx$

$= \int_0^1 \int_0^{1-x} x^2 - x^3 - x^2 y\,dy\,dx$

$= \int_0^1 \left[x^2 y - x^3 y - \frac{1}{2}x^2 y^2\right]_0^{1-x} dx$

$= \int_0^1 x^2(1-x) - x^3(1-x) - \frac{1}{2}x^2(1-x)^2\,dx$

$= \int_0^1 \frac{1}{2}x^4 - x^3 + \frac{1}{2}x^2\,dx$

$= \left[\frac{1}{10}x^5 - \frac{1}{4}x^4 + \frac{1}{6}x^3\right]_0^1 = \frac{1}{60}$

(7) 영역 $D = \{(y, z) | y^2 + z^2 \le 1\}$이라 하면

$\iiint_E x\,dV = \iint_D \int_{4y^2+4z^2}^4 x\,dx\,dA$

$= \iint_D \left[\frac{1}{2}x^2\right]_{4y^2+4z^2}^4 dA = \iint_D 8 - 8(y^2+z^2)^2\,dA$

$= \int_0^{2\pi} \int_0^1 (8 - 8r^4) r\,dr\,d\theta = 2\pi \int_0^1 8r - 8r^5\,dr$

$= 2\pi \left[4r^2 - \frac{4}{3}r^6\right]_0^1 = \frac{16\pi}{3}$

295. 풀이 참조

풀이 (1)

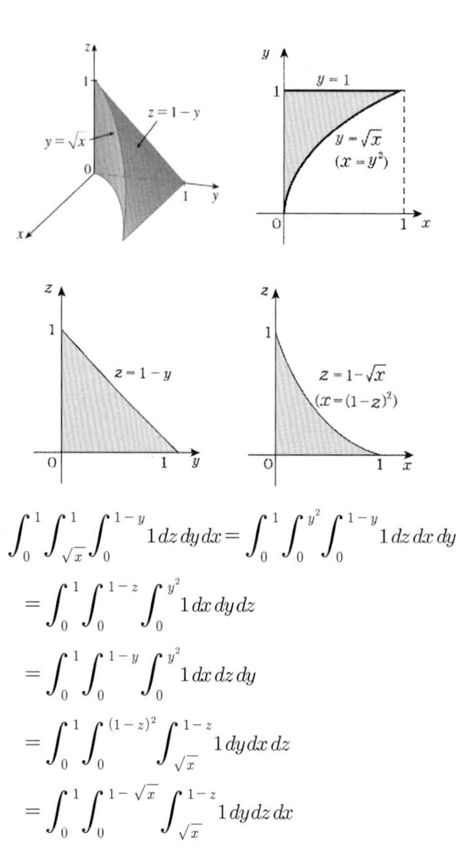

$\int_0^1 \int_{\sqrt{x}}^1 \int_0^{1-y} 1\,dz\,dy\,dx = \int_0^1 \int_0^{y^2} \int_0^{1-y} 1\,dz\,dx\,dy$

$= \int_0^1 \int_0^{1-z} \int_0^{y^2} 1\,dx\,dy\,dz$

$= \int_0^1 \int_0^{1-y} \int_0^{y^2} 1\,dx\,dz\,dy$

$= \int_0^1 \int_0^{(1-z)^2} \int_{\sqrt{x}}^{1-z} 1\,dy\,dx\,dz$

$= \int_0^1 \int_0^{1-\sqrt{x}} \int_{\sqrt{x}}^{1-z} 1\,dy\,dz\,dx$

(2) $\int_0^1\int_0^x\int_0^y f(x,\ y,\ z)\ dzdydx$

$=\int_0^1\int_z^1\int_y^1 f(x,\ y,\ z)\ dxdydz$

$=\int_0^1\int_0^y\int_y^1 f(x,\ y,\ z)\ dxdzdy$

$=\int_0^1\int_z^1\int_z^x f(x,\ y,\ z)\ dydxdz$

$=\int_0^1\int_0^x\int_z^x f(x,\ y,\ z)\ dydzdx$

(3) $\int_0^1\int_{x^2}^1\int_0^{1-y} f(x,\ y,\ z)dzdydx$

$=\int_0^1\int_0^{\sqrt{y}}\int_0^{1-y} f(x,\ y,\ z)dzdxdy$

$=\int_0^1\int_0^{1-x^2}\int_{x^2}^{1-z} f(x,\ y,\ z)dydzdx$

$=\int_0^1\int_0^{\sqrt{1-z}}\int_{x^2}^{1-z} f(x,\ y,\ z)dydxdz$

$=\int_0^1\int_0^{1-z}\int_0^{\sqrt{y}} f(x,\ y,\ z)dxdydz$

$=\int_0^1\int_0^{1-y}\int_0^{\sqrt{y}} f(x,\ y,\ z)dxdzdy$

296. ①

풀이 $\begin{cases}\frac{z}{3}\le y\le 1\\ 3x\le z\le 3\\ 0\le x\le 1\end{cases} \Leftrightarrow \begin{cases}0\le x\le \frac{z}{3}\\ 0\le z\le 3y\\ 0\le y\le 1\end{cases}$ 이므로

$\int_0^1\int_{3x}^3\int_{\frac{z}{3}}^1 \sin(y^3)dydzdx$

$=\int_0^1\int_0^{3y}\int_0^{\frac{z}{3}} \sin(y^3)dxdzdy$($\because$ 적분순서변경)

$=\int_0^1\int_0^{3y}\frac{z}{3}\sin(y^3)dzdy=\int_0^1 \sin(y^3)\left[\frac{z^2}{6}\right]_0^{3y}dy$

$=\int_0^1\frac{3}{2}y^2\sin(y^3)dy=\left[-\frac{1}{2}\cos(y^3)\right]_0^1=\frac{1-\cos 1}{2}$

2. 원주좌표계

297. (1) $\frac{16}{5}\pi$ (2) $\frac{22}{35}\pi$ (3) $\frac{8}{3}\pi$ (4) $\frac{128}{3}\pi$

(5) $\frac{\pi}{4}$ (6) $\frac{\pi}{8}$ (7) 0

풀이 (1)

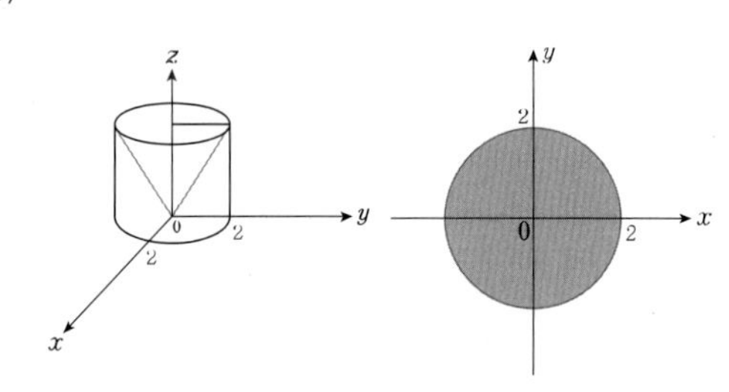

$z=\sqrt{x^2+y^2} \Leftrightarrow z^2=x^2+y^2$이므로

$x=r\cos\theta,\ y=r\sin\theta,\ z=z$이라 두면

$\int_{-2}^2\int_{-\sqrt{4-x^2}}^{\sqrt{4-x^2}}\int_{\sqrt{x^2+y^2}}^2 x^2+y^2\ dzdydx$

$=\int_0^{2\pi}\int_0^2\int_r^2 r^2\cdot r\,dz\,dr\,d\theta=2\pi\int_0^2 r^3[z]_r^2\,dr$

$=2\pi\int_0^2 r^3(2-r)\,dr=2\pi\left[\frac{1}{2}r^4-\frac{1}{5}r^5\right]_0^2$

$=2\pi\left(2^3-\frac{2^5}{5}\right)=2\pi\cdot 2^3\left(1-\frac{4}{5}\right)=\frac{16}{5}\pi$

(2)

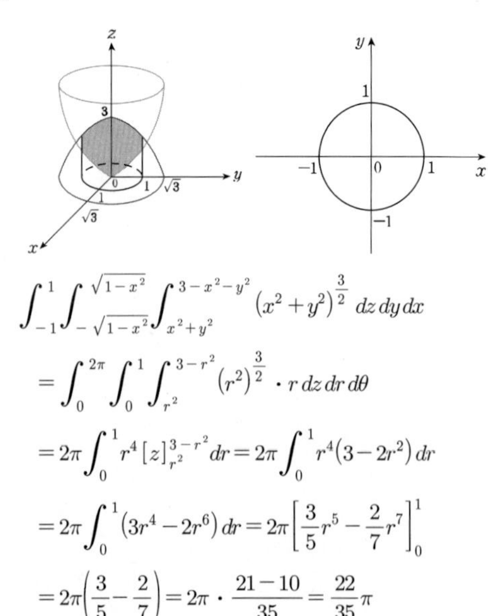

$\int_{-1}^1\int_{-\sqrt{1-x^2}}^{\sqrt{1-x^2}}\int_{x^2+y^2}^{3-x^2-y^2}(x^2+y^2)^{\frac{3}{2}}\ dzdydx$

$=\int_0^{2\pi}\int_0^1\int_{r^2}^{3-r^2}(r^2)^{\frac{3}{2}}\cdot r\,dz\,dr\,d\theta$

$=2\pi\int_0^1 r^4[z]_{r^2}^{3-r^2}dr=2\pi\int_0^1 r^4(3-2r^2)\,dr$

$=2\pi\int_0^1(3r^4-2r^6)\,dr=2\pi\left[\frac{3}{5}r^5-\frac{2}{7}r^7\right]_0^1$

$=2\pi\left(\frac{3}{5}-\frac{2}{7}\right)=2\pi\cdot\frac{21-10}{35}=\frac{22}{35}\pi$

(3)

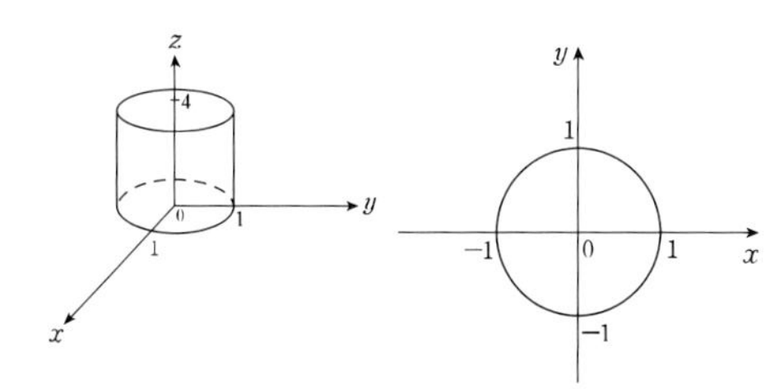

$$\iiint_E \sqrt{x^2+y^2}\,dxdydz = \int_0^{2\pi}\int_0^1\int_0^4 \sqrt{r^2}\,r\,dzdrd\theta$$

$$= \int_0^{2\pi} 1d\theta \cdot \int_0^1 r^2 dr \cdot \int_0^4 1dz = 2\pi \cdot \frac{1}{3} \cdot 4 = \frac{8}{3}\pi$$

(4)

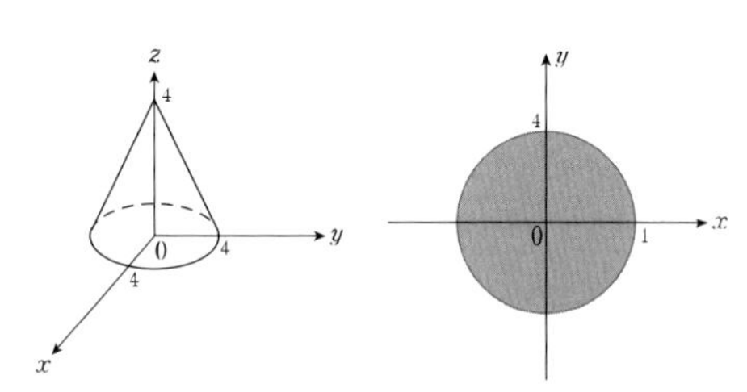

$$\iiint_E \sqrt{x^2+y^2}\,dxdydz = \iiint_E \sqrt{x^2+y^2}\,dzdydx$$

$$= \int_0^{2\pi}\int_0^4\int_0^{4-\sqrt{r^2}} \sqrt{r^2}\,r\,dzdrd\theta$$

$$= 2\pi\int_0^4 r^2\,[z]_0^{4-r}\,dr = 2\pi\int_0^4 r^2(4-r)dr$$

$$= 2\pi\int_0^4 (4r^2-r^3)dr = 2\pi\left[\frac{4}{3}r^3-\frac{1}{4}r^4\right]_0^4$$

$$= 2\pi\left(\frac{4^4}{3}-\frac{4^4}{4}\right) = 2\pi \cdot 4^4 \cdot \frac{4-3}{12}$$

$$= 2\pi \cdot 64 \cdot \frac{1}{3} = \frac{128}{3}\pi$$

(5)

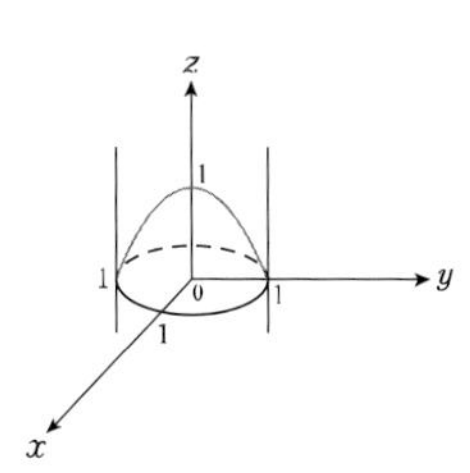

$$\iiint_\Omega z\,dxdydz = \int_0^{2\pi}\int_0^1\int_0^{\sqrt{1-r^2}} zr\,dzdrd\theta$$

$$= 2\pi\int_0^1 r \cdot \frac{1}{2}\,[z^2]_0^{\sqrt{1-r^2}}\,dr = \pi\int_0^1 r(1-r^2)dr$$

$$= \pi\int_0^1 (r-r^3)dr = \pi\left(\frac{1}{2}-\frac{1}{4}\right) = \frac{\pi}{4}$$

(6)

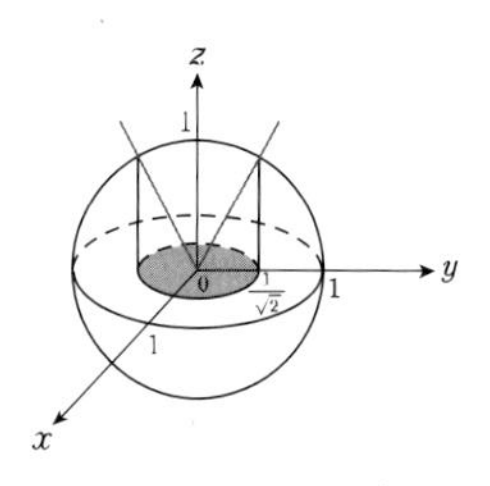

(ⅰ) $x^2+y^2+z^2=1$과 $z=\sqrt{x^2+y^2}$ 의 교선은

$x^2+y^2+(x^2+y^2)=1 \Rightarrow 2(x^2+y^2)=1$

$\Rightarrow x^2+y^2=\dfrac{1}{2}$

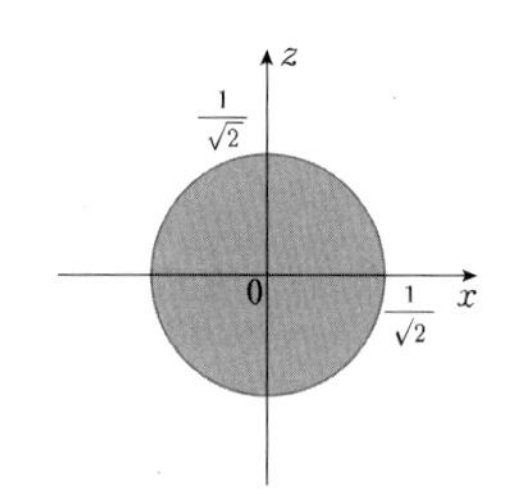

(ⅱ) $\displaystyle\iiint_T z\,dxdydz = \iiint_T z\,dzdydx$

$$= \int_0^{2\pi}\int_0^{\frac{1}{\sqrt{2}}}\int_{\sqrt{r^2}}^{\sqrt{1-r^2}} zr\,dzdrd\theta$$

$$= 2\pi\int_0^{\frac{1}{\sqrt{2}}} r \cdot \frac{1}{2}\,[z^2]_{\sqrt{r^2}=r}^{\sqrt{1-r^2}}\,dr$$

$$= \pi\int_0^{\frac{1}{\sqrt{2}}} r(1-r^2-r^2)dr = \pi\int_0^{\frac{1}{\sqrt{2}}} (r-2r^3)dr$$

$$= \pi\left[\frac{1}{2}r^2-\frac{1}{2}r^4\right]_0^{\frac{1}{\sqrt{2}}} = \frac{\pi}{2}\left(\frac{1}{2}-\frac{1}{4}\right) = \frac{\pi}{8}$$

(7)

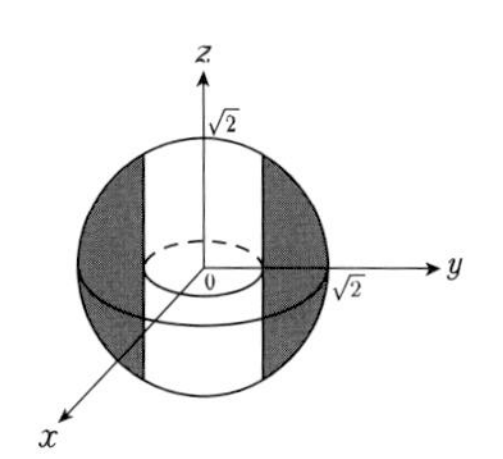

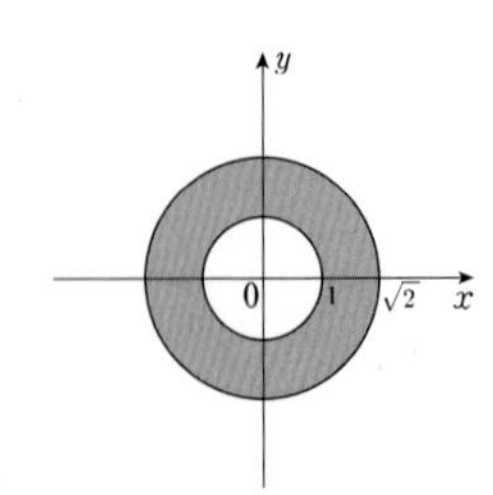

$$\iiint_T 2zdxdydz = \int_0^{2\pi}\int_1^{\sqrt{2}}\int_{-\sqrt{2-r^2}}^{\sqrt{2-r^2}} 2z \cdot rdzdrd\theta$$
$$= 2\pi\int_1^{\sqrt{2}} r \cdot \left[z^2\right]_{-\sqrt{2-r^2}}^{\sqrt{2-r^2}} dr$$
$$= 2\pi\int_1^{\sqrt{2}} r\{(2-r^2)-(2-r^2)\}dr = 0$$

298. $\frac{32\pi}{3}$

풀이

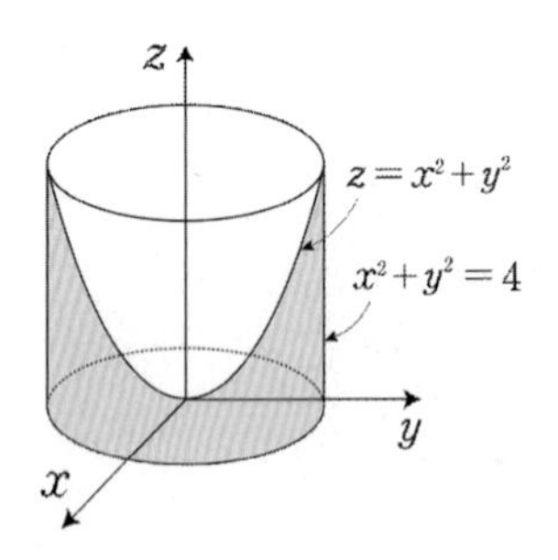

영역 $S=\{(x,y,z)|x^2+y^2 \le 4, 0 \le z \le x^2+y^2\}$이고
원주좌표계로 변환하면
$S=\{(r,\theta,z)|\,0 \le r \le 2, 0 \le \theta \le 2\pi, 0 \le z \le r^2\}$이므로

$$\iiint_S zdxdydz = \int_0^{2\pi}\int_0^2\int_0^{r^2} zrdzdrd\theta \ (\because \text{원주좌표계})$$
$$= \int_0^{2\pi}\int_0^2 \frac{1}{2}\left[z^2\right]_0^{r^2} rdrd\theta = \frac{1}{2}\int_0^{2\pi}\int_0^2 r^4 \cdot rdrd\theta$$
$$= \frac{1}{2}\int_0^{2\pi}\frac{1}{6}\left[r^6\right]_0^2 d\theta = \frac{2^6}{12}\int_0^{2\pi} d\theta = \frac{2^6}{12}\cdot 2\pi = \frac{32\pi}{3}$$

299. π

풀이 원주좌표계를 이용해 $\iiint_D \frac{1}{\sqrt{x^2+y^2}}dxdydz$의 값을 구하자.

$$\iiint_D \frac{1}{\sqrt{x^2+y^2}}\,dx\,dy\,dz$$
$$= \int_0^{2\pi}\int_0^1\int_0^{1-r}\frac{1}{\sqrt{r^2}}rdzdrd\theta$$
$$= \int_0^{2\pi}\int_0^1\int_0^{1-r} dzdrd\theta = \int_0^{2\pi}\int_0^1 (1-r)drd\theta$$
$$= \int_0^{2\pi}\left[r-\frac{1}{2}r^2\right]_0^1 d\theta = \int_0^{2\pi}\frac{1}{2}d\theta = \pi$$

300. 0

풀이 $$\int\int\int_W f(x,\,y,\,z)dxdydz = \int\int\int_W 2zdxdydz$$
$$= \int\int_D\int_{-\sqrt{2-x^2-y^2}}^{\sqrt{2-x^2-y^2}} 2zdzdxdy$$
(단, $D: 1 \le x^2+y^2 \le \sqrt{2}$)
$$= \int\int_D \left[z^2\right]_{-\sqrt{2-x^2-y^2}}^{\sqrt{2-x^2-y^2}} dxdy = 0$$

301. $\pi(e-1)$

풀이 $\int_{-\infty}^{\infty} e^{-ax^2}dx = \sqrt{\frac{\pi}{a}}$ 이므로

$$\iiint_\Omega e^{-x^2-y^2+z}dxdydz$$
$$= \left(\int_{-\infty}^{\infty} e^{-x^2}dx\right)\left(\int_{-\infty}^{\infty} e^{-y^2}dy\right)\left(\int_0^1 e^z dz\right)$$
$$= (\sqrt{\pi})(\sqrt{\pi})\left(\left[e^z\right]_0^1\right) = \pi(e-1)$$

302. 2

풀이 E 의 xy–평면으로의 정사영을 D 라고 하자. 그러면

$$\frac{16}{5}\pi = \iiint_E (x^2+y^2)dV$$
$$= \iint_D\left[\int_{\sqrt{x^2+y^2}}^a (x^2+y^2)dz\right]dA$$
$$= \int_0^{2\pi}\int_0^a\left[\int_r^a r^2 rdz\right]dr\,d\theta$$
$$= \int_0^{2\pi}\int_0^a r^3(a-r)drd\theta = \frac{a^5}{10}\pi$$

이다. 그러므로 $a^5 = 32$ 에서 $a = 2$ 이다.

■ 3. 구면좌표계

303. (1) $\left(\sqrt{\frac{3}{2}},\ \sqrt{\frac{3}{2}},\ 1\right)$ (2) $\left(4,\ \frac{\pi}{2},\ \frac{2}{3}\pi\right)$

풀이 (1) $\rho=2,\ \theta=\frac{\pi}{4},\ \phi=\frac{\pi}{3}$이므로

$$x=\rho\sin\phi\cos\theta=2\sin\frac{\pi}{3}\cos\frac{\pi}{4}$$
$$=2\cdot\frac{\sqrt{3}}{2}\cdot\frac{\sqrt{2}}{2}=\frac{\sqrt{6}}{2}=\sqrt{\frac{3}{2}}$$
$$y=\rho\sin\phi\sin\theta=2\sin\frac{\pi}{3}\sin\frac{\pi}{4}$$
$$=2\cdot\frac{\sqrt{3}}{2}\cdot\frac{\sqrt{2}}{2}=\frac{\sqrt{6}}{2}=\sqrt{\frac{3}{2}}$$
$$z=\rho\cos\phi=2\cos\frac{\pi}{3}=1$$

따라서 직교좌표는

$\left(\frac{\sqrt{6}}{2},\ \frac{\sqrt{6}}{2},\ 1\right)=\left(\sqrt{\frac{3}{2}},\ \sqrt{\frac{3}{2}},\ 1\right)$이다.

(2) $x=0,\ y=2\sqrt{3},\ z=-2$이므로

$$\rho^2=x^2+y^2+z^2=0+12+4=16$$
$$\therefore \rho=4$$
$$x^2+y^2=\rho^2\sin^2\phi$$
$\Rightarrow 12=16\sin^2\phi \Rightarrow \sin^2\phi=\frac{3}{4} \Rightarrow \sin\phi=\pm\frac{\sqrt{3}}{2}$이고

$z=\rho\cos\phi \Rightarrow -2=4\cos\phi \Rightarrow \cos\phi=-\frac{1}{2}$이므로

$$\phi=\frac{2}{3}\pi$$

$x=\rho\sin\phi\cos\theta \Rightarrow 0=4\sin\frac{2}{3}\pi\cos\theta \Rightarrow \theta=\frac{\pi}{2}$이므로

구면좌표는 $\left(4,\ \frac{\pi}{2},\ \frac{2}{3}\pi\right)$이다.

304. 풀이 참조

풀이 (1)

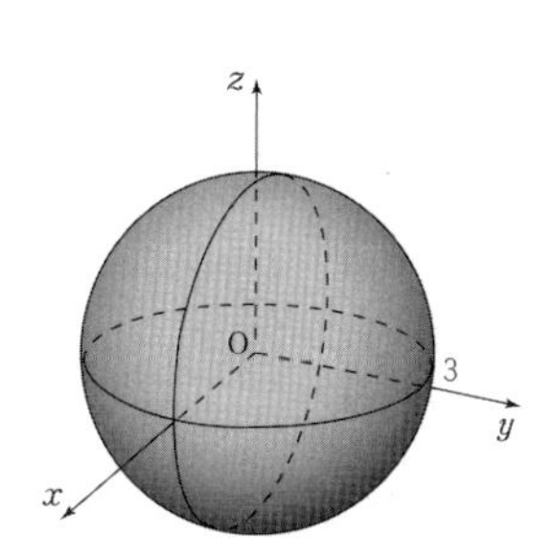

(2)

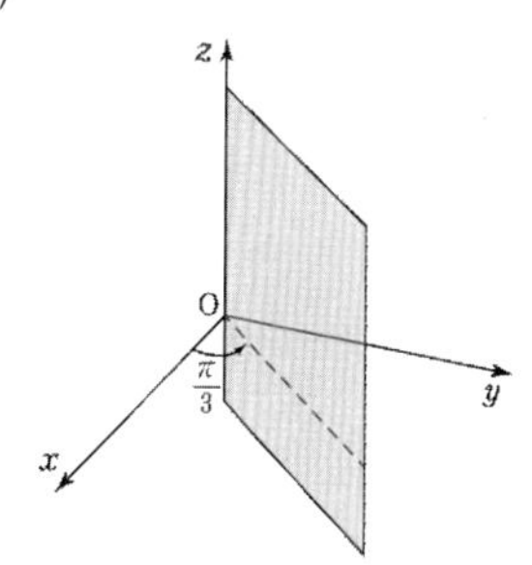

(3)

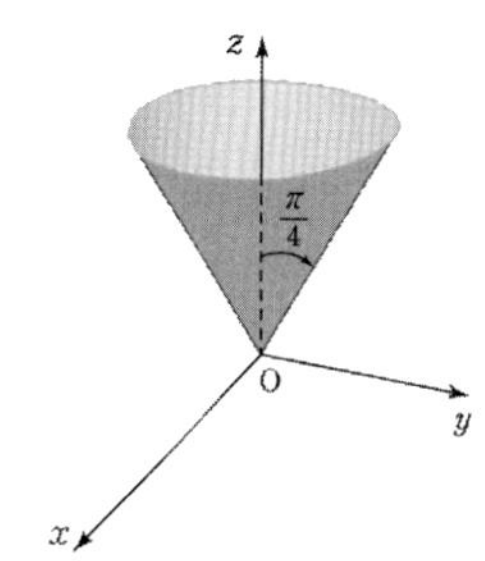

305. (1) $\frac{4}{5}\pi$ (2) 0 (3) $\frac{4}{3}\pi(e-1)$

(4) $\frac{4}{3}\pi\sin1$ (5) $4\pi-\pi^2$

풀이 (1) $\iiint_S (x^2+y^2+z^2)dxdydz$

$$=\int_0^{2\pi}\int_0^{\pi}\int_0^1 \rho^2\cdot\rho^2\sin\phi\, d\rho d\phi d\theta$$
$$=\int_0^{2\pi}1\,d\theta\cdot\int_0^{\pi}\sin\phi\, d\phi\cdot\int_0^1\rho^4\,d\rho$$
$$=2\pi\cdot[-\cos\phi]_0^{\pi}\cdot\frac{1}{5}=2\pi\cdot2\cdot\frac{1}{5}=\frac{4}{5}\pi$$

(2)

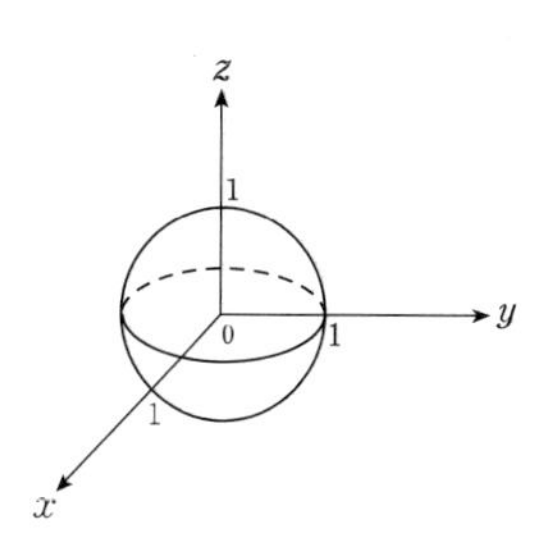

$$\iiint_S zdxdydz=\int_0^{2\pi}\int_0^{\pi}\int_0^1\rho\cos\phi\cdot\rho^2\sin\phi\, d\rho d\phi d\theta$$

$$=2\pi\int_0^{\pi}\cos\phi sin\phi d\phi\cdot\int_0^1\rho^3 d\rho$$

$$=2\pi\cdot\frac{1}{2}\left[\sin^2\phi\right]_0^{\pi}\cdot\frac{1}{4}\left[\rho^4\right]_0^1=2\pi\cdot\frac{1}{2}\cdot 0\cdot\frac{1}{4}=0$$

(3)

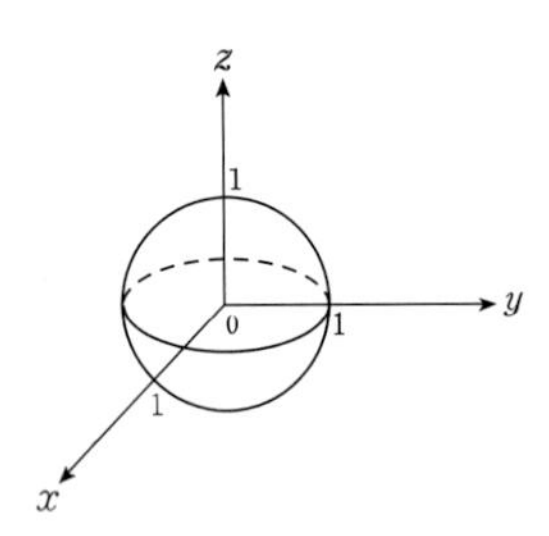

$$\iiint_S e^{\left(x^2+y^2+z^2\right)^{\frac{3}{2}}}dxdydz$$

$$=\int_0^{2\pi}\int_0^{\pi}\int_0^1 e^{\left(\rho^2\right)^{\frac{3}{2}}}\rho^2\sin\phi d\rho d\phi d\theta$$

$$=2\pi\int_0^{\pi}\sin\phi d\phi\cdot\int_0^1\rho^2 e^{\rho^3}d\rho$$

$$=2\pi\cdot 2\cdot\frac{1}{3}\left[e^{\rho^3}\right]_0^1=\frac{4}{3}\pi(e-1)$$

(4) 구면좌표계를 이용하여 삼중적분의 값을 구하여보자.

$$\iiint_T \cos\left(x^2+y^2+z^2\right)^{\frac{3}{2}}dV$$

$$=\int_0^{2\pi}\int_0^{\pi}\int_0^1\cos\left(\rho^3\right)\rho^2\sin\phi d\rho d\phi d\theta$$

$$=\int_0^{2\pi}\int_0^{\pi}\frac{1}{3}\left[\sin\left(\rho^3\right)\right]_0^1\sin\phi d\phi d\theta$$

$$=\frac{1}{3}\int_0^{2\pi}\int_0^{\pi}\sin 1\sin\phi d\phi d\theta$$

$$=\frac{\sin 1}{3}\int_0^{2\pi}\int_0^{\pi}\sin\phi d\phi d\theta$$

$$=\frac{\sin 1}{3}\int_0^{2\pi}2d\theta=\frac{4}{3}\pi\sin 1$$

(5) 구면좌표계로 변환하면

$B=\{(\rho,\phi,\theta)|0\le\rho\le 1, 0\le\phi\le\pi, 0\le\theta\le 2\pi\}$

$$\iiint_B\frac{dxdydz}{1+x^2+y^2+z^2}$$

$$=\int_0^{2\pi}\int_0^{\pi}\int_0^1\frac{\rho^2\sin\phi}{1+\rho^2}d\rho d\phi d\theta$$

$$=\int_0^{2\pi}\int_0^{\pi}\sin\phi\int_0^1\frac{\rho^2}{\rho^2+1}d\rho d\phi d\theta$$

$$=\int_0^{2\pi}\int_0^{\pi}\sin\phi\int_0^1\left(\frac{\rho^2+1}{\rho^2+1}-\frac{1}{\rho^2+1}\right)d\rho d\phi d\theta$$

$$=\int_0^{2\pi}\int_0^{\pi}\sin\phi\left(1-\frac{\pi}{4}\right)d\phi d\theta$$

$$=\left(1-\frac{\pi}{4}\right)\int_0^{2\pi}\int_0^{\pi}\sin\phi d\phi d\theta$$

$$=\left(1-\frac{\pi}{4}\right)\int_0^{2\pi}2d\theta=4\pi\left(1-\frac{\pi}{4}\right)$$

$$=4\pi-\pi^2$$

306. (1) $\frac{\pi}{2}$ (2) $\frac{\pi}{4}$ (3) 4π (4) $\frac{\pi}{8}$

(5) $\frac{8}{3}\pi$ (6) $\frac{64}{9}\pi$ (7) 2π

풀이 (1) 구면좌표계를 이용하면

$$\iiint_E\sqrt{x^2+y^2+z^2}\,dV$$

$$=\int_0^{2\pi}\int_0^{\frac{\pi}{2}}\int_0^1\rho^3\sin\phi d\rho d\phi d\theta$$

$$=2\pi\left(\int_0^{\frac{\pi}{2}}\sin\phi d\phi\right)\left(\int_0^1\rho^3 d\rho\right)=\frac{\pi}{2}$$

(2) 구면좌표계로 변환하면

$0\le\rho\le 1,\ 0\le\phi\le\frac{\pi}{2},\ 0\le\theta\le 2\pi$이므로

$$\iiint_R zdV=\int_0^{2\pi}\int_0^{\frac{\pi}{2}}\int_0^1\rho\cos\phi\cdot\rho^2\sin\phi d\rho d\phi d\theta$$

$$=2\pi\times\int_0^{\frac{\pi}{2}}\frac{1}{2}\sin 2\phi d\phi\times\int_0^1\rho^3 d\rho$$

$$=2\pi\times\left[-\frac{1}{4}\cos 2\phi\right]_0^{\frac{\pi}{2}}\times\left[\frac{1}{4}\rho^4\right]_0^1$$

$$=2\pi\times\left(-\frac{1}{4}\right)(-1-1)\times\frac{1}{4}=\frac{\pi}{4}$$

(3)

$$\iiint_E z\,dxdydz = \int_0^{2\pi}\int_0^{\frac{\pi}{2}}\int_0^2 \rho\cos\phi\cdot\rho^2\sin\phi\,d\rho\,d\phi\,d\theta$$

$$= 2\pi\int_0^{\frac{\pi}{2}}\cos\phi\sin\phi\,d\phi\cdot\int_0^2\rho^3\,d\rho$$

$$= 2\pi\cdot\frac{1}{2}\left[\sin^2\phi\right]_0^{\frac{\pi}{2}}\cdot\frac{1}{4}\left[\rho^4\right]_0^2$$

$$= 2\pi\cdot\frac{1}{2}\cdot 1\cdot\frac{1}{4}\cdot 16 = 4\pi$$

(4)

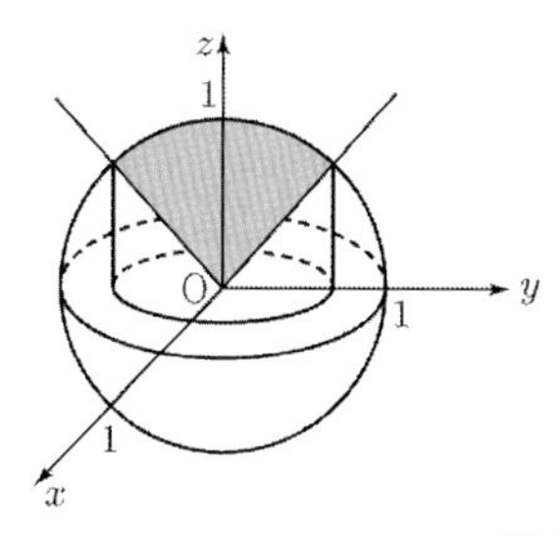

구면좌표계를 이용하자. $z=\sqrt{x^2+y^2}$ 에서 $x=0$이면

$z=\sqrt{y^2}=|y|$ 이므로 $0\le\phi\le\frac{\pi}{4}$

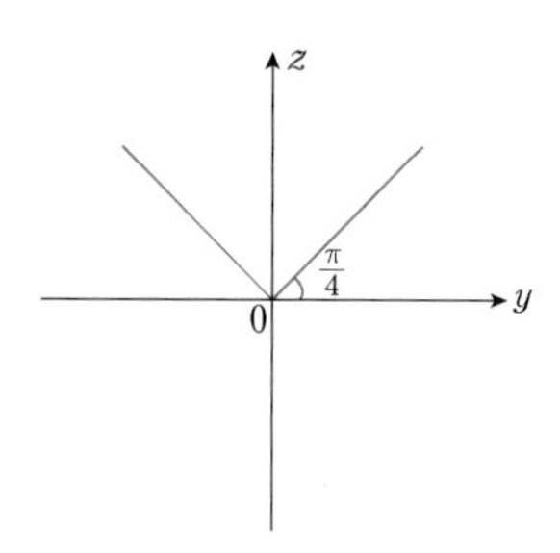

$$\iiint_T z\,dx\,dy\,dz$$

$$= \int_0^{2\pi}\int_0^{\frac{\pi}{4}}\int_0^1 \rho\cos\phi\cdot\rho^2\sin\phi\,d\rho\,d\phi\,d\theta$$

$$= 2\pi\int_0^{\frac{\pi}{4}}\cos\phi\sin\phi\,d\phi\cdot\int_0^1\rho^3\,d\rho$$

$$= 2\pi\cdot\frac{1}{2}\left[\sin^2\phi\right]_0^{\frac{\pi}{4}}\cdot\frac{1}{4}\left[\rho^4\right]_0^1$$

$$= \pi\cdot\frac{1}{2}\cdot\frac{1}{4} = \frac{\pi}{8}$$

[다른 풀이]

원주좌표계를 이용하자. $x^2+y^2+z^2=1$과

$z=\sqrt{x^2+y^2}$ 의 교선은 $x^2+y^2+(x^2+y^2)=1 \Rightarrow$

$x^2+y^2=\frac{1}{2}$ 이므로

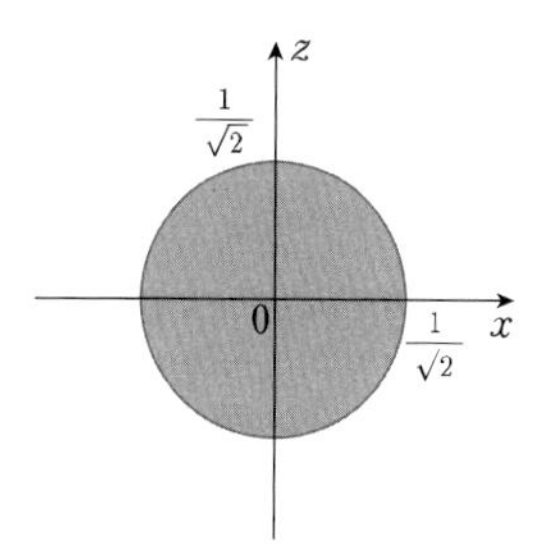

$$\iiint_T z\,dx\,dy\,dz = \int_0^{2\pi}\int_0^{\frac{1}{\sqrt{2}}}\int_{\sqrt{r^2}}^{\sqrt{1-r^2}} z\,r\,dz\,dr\,d\theta$$

$$= 2\pi\int_0^{\frac{1}{\sqrt{2}}} r\cdot\frac{1}{2}\left[z^2\right]_{\sqrt{r^2}}^{\sqrt{1-r^2}}dr$$

$$= \pi\int_0^{\frac{1}{\sqrt{2}}} r\left(1-r^2-r^2\right)dr = \pi\int_0^{\frac{1}{\sqrt{2}}}\left(r-2r^3\right)dr$$

$$= \pi\left[\frac{1}{2}r^2-\frac{1}{2}r^4\right]_0^{\frac{1}{\sqrt{2}}} = \frac{\pi}{2}\left(\frac{1}{2}-\frac{1}{4}\right) = \frac{\pi}{2}\cdot\frac{1}{4} = \frac{\pi}{8}$$

(5) $x=r\cos\theta,\ y=r\sin\theta$로 치환하면

$0\le r\le 2,\ r\le z\le 2,\ 0\le\theta\le 2\pi$이므로

$$\iiint_E \sqrt{x^2+y^2}\,dV = \int_0^{2\pi}\int_0^2\int_r^2 r\cdot r\,dz\,dr\,d\theta$$

$$= \int_0^{2\pi}\int_0^2 r^2(2-r)\,dr\,d\theta = 2\pi\left[\frac{2}{3}r^3-\frac{1}{4}r^4\right]_0^2$$

$$= 2\pi\left(\frac{2^4}{3}-\frac{2^4}{4}\right) = \frac{8}{3}\pi$$

(6)

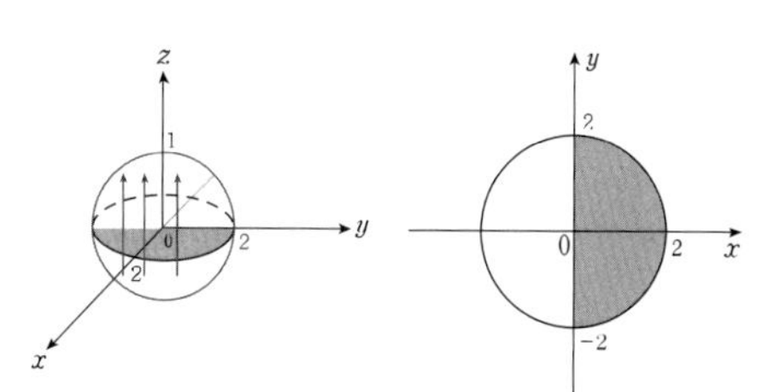

$$\int_{-2}^2\int_0^{\sqrt{4-y^2}}\int_{-\sqrt{4-x^2-y^2}}^{\sqrt{4-x^2-y^2}} y^2\sqrt{x^2+y^2+z^2}\,dz\,dx\,dy$$

$$= \int_{-\frac{\pi}{2}}^{\frac{\pi}{2}}\int_0^{\pi}\int_0^2 \rho^2\sin^2\phi\sin^2\theta\cdot\rho\cdot\rho^2\sin\phi\,d\rho\,d\phi\,d\theta$$

$$= \int_{-\frac{\pi}{2}}^{\frac{\pi}{2}}\sin^2\theta\,d\theta\cdot\int_0^{\pi}\sin^3\phi\,d\phi\cdot\int_0^2\rho^5\,d\rho$$

$$= \left(\frac{1}{2}\cdot\frac{\pi}{2}\cdot 2\right)\cdot\left(\frac{2}{3}\cdot 1\cdot 2\right)\cdot\frac{1}{6}\left[\rho^6\right]_0^2$$

$$= \frac{\pi}{2}\cdot\frac{4}{3}\cdot\frac{64}{6} = \frac{64}{9}\pi$$

(7) $\int_{-\infty}^{\infty}\int_{-\infty}^{\infty}\int_{-\infty}^{\infty} \sqrt{x^2+y^2+z^2}\, e^{-(x^2+y^2+z^2)}dx\,dy\,dz$

$= \int_0^{2\pi}\int_0^{\pi}\int_0^{\infty} \rho e^{-\rho^2}\cdot \rho^2 \sin\phi\, d\rho d\phi d\theta$

$= 2\pi \cdot 2 \cdot \int_0^{\infty} \rho^3 e^{-\rho^2} d\rho$

여기서 $\rho^2 = x$로 치환하면 $0<\rho<\infty$일 때 $0<x<\infty$

이고 $2\rho d\rho = dx$에서 $\rho d\rho = \frac{1}{2}dx$이므로

$\int_0^{\infty} \rho^3 e^{-\rho^2} d\rho = \frac{1}{2}\int_0^{\infty} te^{-t}dt = \frac{1}{2}\cdot 1! = \frac{1}{2}$이다.

$\therefore \int_{-\infty}^{\infty}\int_{-\infty}^{\infty}\int_{-\infty}^{\infty} \sqrt{x^2+y^2+z^2}\, e^{-(x^2+y^2+z^2)}dx\,dy\,dz$

$= 2\pi \cdot 2 \cdot \int_0^{\infty} \rho^3 e^{-\rho^2} d\rho$

$= 2\pi \cdot 2 \cdot \frac{1}{2} = 2\pi$

307. $5\pi(10-3\sqrt{10})$

풀이 $z = 3\sqrt{x^2+y^2} \Leftrightarrow \rho\cos\phi = 3\sqrt{\rho^2\sin^2\phi}$

$\Leftrightarrow \tan\phi = \frac{1}{3}$ 이므로 영역 E의 ϕ의 범위는 $0 \le \phi \le a$

$(\tan a = \frac{1}{3})$ 이다. 따라서 영역

$E = \{(\rho, \phi, \theta) | 0 \le \rho \le \sqrt{10},\ 0 \le \phi \le a,\ 0 \le \theta \le 2\pi\}$

에 대해 삼중적분을 구하면 다음과 같다.

$\iiint_E \sqrt{x^2+y^2+z^2}\, dV$

$= \int_0^{2\pi}\int_0^{a}\int_0^{\sqrt{10}} \sqrt{\rho^2}\cdot \rho^2 \sin\phi\, d\rho d\phi d\theta$

$= \int_0^{2\pi}\int_0^{a}\int_0^{\sqrt{10}} \rho^3 \sin\phi\, d\rho d\phi d\theta$

$= 2\pi \int_0^{a}\int_0^{\sqrt{10}} \rho^3 \sin\phi\, d\rho d\phi$

$= 2\pi\left(\int_0^{a} \sin\phi d\phi\right)\left(\int_0^{\sqrt{10}} \rho^3 d\rho\right)$

$= 2\pi[-\cos\phi]_0^a \left[\frac{1}{4}\rho^4\right]_0^{\sqrt{10}}$

$= 50\pi(1-\cos a)$

$= 50\pi\left(1-\frac{3}{\sqrt{10}}\right)$

$= 5\pi(10-3\sqrt{10})$

308. π

풀이 $\int_0^2\int_0^{\sqrt{4-x^2}}\int_0^{\sqrt{4-x^2-y^2}} \frac{1}{\sqrt{x^2+y^2+z^2}}\, dz\,dy\,dx$

$= \int_0^{\frac{\pi}{2}}\int_0^{\frac{\pi}{2}}\int_0^{2} \frac{1}{\rho}\cdot \rho^2 \sin\phi\, d\rho d\phi d\theta$

$= \frac{\pi}{2}\cdot \int_0^{\frac{\pi}{2}} \sin\phi d\phi \cdot \int_0^2 \rho d\rho$

$= \frac{\pi}{2}\cdot 1 \cdot 2 = \pi$

4. 적분변수변환

309. $\frac{4}{3}\pi$

풀이 영역 E에서 $x=\sqrt{3}X,\ y=\sqrt{3}Y,\ z=Z$로 치환하면
$dx=\sqrt{3}dX,\ dy=\sqrt{3}dY,\ dz=dZ$이고
$E'=\{(X,Y,Z)|X^2+Y^2+Z^2\le 1\}$

$$J=\begin{vmatrix} x_X & x_Y & x_Z \\ y_X & y_Y & y_Z \\ z_X & z_Y & z_Z \end{vmatrix}=\begin{vmatrix} \sqrt{3} & 0 & 0 \\ 0 & \sqrt{3} & 0 \\ 0 & 0 & 1 \end{vmatrix}=3$$

$$\therefore \iiint_E \left(\frac{x^2}{3}+\frac{y^2}{3}+z^2\right)^3 dxdydz$$
$$=\iiint_{E'}(X^2+Y^2+Z^2)^3\cdot 3dXdYdZ$$
$$=3\int_0^{2\pi}\int_0^{\pi}\int_0^1(\rho^2)^3\cdot\rho^2\sin\phi d\rho d\phi d\theta$$
$$=3\cdot 2\pi\int_0^{\pi}\sin\phi d\phi\cdot\int_0^1\rho^8 d\rho=3\cdot 2\pi\cdot 2\cdot\frac{1}{9}=\frac{4}{3}\pi$$

310. 8

풀이 (i) $u=\frac{2x-y}{2},\ v=\frac{y}{2},\ w=\frac{z}{3}$에서

(ii) $$J=\frac{1}{\begin{vmatrix} u_x & u_y & u_z \\ v_x & v_y & v_z \\ w_x & w_y & w_z \end{vmatrix}}=\frac{1}{\begin{vmatrix} 1 & -\frac{1}{2} & 0 \\ 0 & \frac{1}{2} & 0 \\ 0 & 0 & \frac{1}{3} \end{vmatrix}}=6$$

(iii) $\frac{y}{2}\le x\le\frac{y}{2}+1,\ 0\le y\le 4,\ 0\le z\le 3$에서
$v\le u+v\le v+1,\ 0\le 2v\le 4,\ 0\le 3w\le 3$ 즉,
$0\le u\le 1,\ 0\le v\le 2,\ 0\le w\le 1$로 영역변환이 된다.

$$\therefore \int_0^3\int_0^4\int_{\frac{y}{2}}^{\frac{y}{2}+1}\left(\frac{2x-y}{2}+\frac{z}{3}\right)dxdydz$$
$$=\int_0^1\int_0^2\int_0^1(u+w)|J|dudvdw$$
$$=\int_0^1\int_0^2\int_0^1(u+w)\cdot 6dudvdw$$

$A+B=2+6=8$이다.

311. $\pi\sqrt{2\pi}$

풀이 $$\iiint_{R^3} e^{-(x^2+y^2+z^2+xy+yz+xz)}dxdydz$$
$$=\iiint_{R^3} e^{-\frac{1}{2}(2x^2+2y^2+2z^2+2xy+2yz+2xz)}dxdydz$$
$$=\iiint_{R^3} e^{-\frac{1}{2}\{(x+y)^2+(y+z)^2+(z+x)^2\}}dxdydz$$
$$=\iiint_{R^3} e^{-\frac{1}{2}(u^2+v^2+w^2)}|J|dudvdw$$
($\because u=x+y,\ v=y+z,\ w=z+x$로 치환)
$$=\iiint_{R^3} e^{-\frac{1}{2}(u^2+v^2+w^2)}\frac{1}{2}dudvdw$$
$$\left(\because |J^{-1}|=\begin{vmatrix} 1 & 1 & 0 \\ 0 & 1 & 1 \\ 1 & 0 & 1 \end{vmatrix}=\begin{vmatrix} 1 & 1 & 0 \\ 0 & 1 & 1 \\ 0 & -1 & 1 \end{vmatrix}=2\Rightarrow |J|=\frac{1}{2}\right)$$
$$=\frac{1}{2}\iiint_{R^3} e^{-\frac{1}{2}\rho^2}\rho^2\sin\phi d\rho d\phi d\theta$$
($\because u=\rho\sin\phi\cos\theta,\ v=\rho\sin\phi\sin\theta,\ w=\rho\cos\phi$)
$$=\frac{1}{2}\int_0^{2\pi}\int_0^{\pi}\int_0^{\infty} e^{-\frac{1}{2}\rho^2}\rho^2\sin\phi d\rho d\phi d\theta$$
$$=\frac{1}{2}\int_0^{2\pi}\int_0^{\pi}\int_0^{\infty} e^{-t}\sqrt{2t}\sin\phi dtd\phi d\theta$$
($\because \frac{1}{2}\rho^2=t$로 치환)
$$=\frac{\sqrt{2}}{2}\int_0^{2\pi}\int_0^{\pi}\int_0^{\infty} e^{-t}\sqrt{t}\sin\phi dtd\phi d\theta$$
$$=\frac{\sqrt{2}}{2}\int_0^{2\pi}\int_0^{\pi}\frac{1}{2}\sqrt{\pi}\sin\phi d\phi d\theta$$
$$\left(\because \Gamma\left(\frac{3}{2}\right)=\int_0^{\infty}\sqrt{x}e^{-x}dx=\frac{\sqrt{\pi}}{2}\right)$$
$$=\frac{\sqrt{2\pi}}{4}\times 2\times 2\pi=\pi\sqrt{2\pi}$$

5. 부피

312. $\frac{4}{3}\pi a^3$

풀이 반지름이 a의 구의 식은 $x^2+y^2+z^2=a^2$이고
영역 $D=\{(x,\ y)|x^2+y^2\le a^2\}$를 극좌표 영역으로 바꾸면
$\{(r,\theta)|0\le r\le a, 0\le\theta\le 2\pi\}$이다.

$$V=2\times\iint_D\sqrt{a^2-x^2-y^2}\,dA=2\int_0^{2\pi}\int_0^a r\sqrt{a^2-r^2}\,drd\theta$$

$$=2\times 2\pi\left[-\frac{1}{3}(a^2-r^2)^{\frac{3}{2}}\right]_0^a=-\frac{4}{3}\pi(0-a^3)=\frac{4}{3}\pi a^3$$

[다른 풀이]
삼중적분을 이용해서 계산하자. $E:x^2+y^2+z^2\le a^2$일 때
구면좌표를 이용하여 부피를 구하자.

$$\iiint_E 1dV=\int_0^{2\pi}\int_0^{\pi}\int_0^a\rho^2\sin\phi d\rho d\phi d\theta=2\pi\cdot 2\cdot\frac{1}{3}a^3=\frac{4\pi}{3}$$

313. $\frac{64}{3}\pi$

풀이

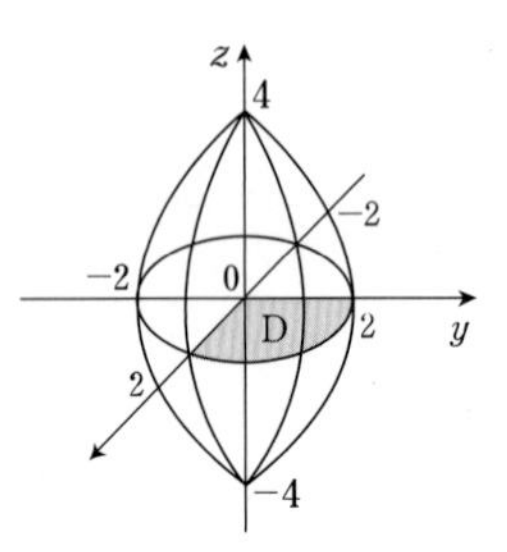

$4x^2+4y^2+z^2=16\Rightarrow z^2=16-4(x^2+y^2)$
$\Rightarrow z=\pm\sqrt{16-4(x^2+y^2)}$ 으로 나타낼 수 있다.
입체의 부피는 xy평면의 위쪽의 부피와 아래쪽의 부피가 같으므로 $z=0$과 $z=\sqrt{16-4(x^2+y^2)}$ 가 둘러싸인 부피의 2배를 하자. $D=\{(x,y)|x^2+y^2\le 4\}$

$$V=2\times\iint_D f(x,y)dA$$

$$=2\int_0^{2\pi}\int_0^2\sqrt{16-4r^2}\cdot rdrd\theta$$

$$=2\int_0^{2\pi}\int_0^2 2r(4-r^2)^{\frac{1}{2}}drd\theta$$

$$=2\cdot 2\pi\left[(4-r^2)^{\frac{3}{2}}\cdot\frac{2}{3}\cdot(-1)\right]_0^2=4\pi\cdot\frac{16}{3}=\frac{64}{3}\pi$$

[다른 풀이]
주어진 타원체는 $\frac{x^2}{2^2}+\frac{y^2}{2^2}+\frac{z^2}{4^2}=1$이고
부피 공식 $\frac{4\pi}{3}abc$를 이용하면 $\frac{64}{3}\pi$이다.

[다른 풀이]
주어진 타원체 $E:\frac{x^2}{2^2}+\frac{y^2}{2^2}+\frac{z^2}{4^2}=1$를 $x=2X,\ y=2Y,$
$z=4Z$로 치환하면 $E':X^2+Y^2+Z^2=1$의 영역이 되고
$dxdydz=16dXdYdZ$이다.

$$\iiint_E 1dV=\iiint_{E'}16dV=6\cdot E'\text{의 부피}=\frac{64}{3}\pi$$

314. 9π

풀이

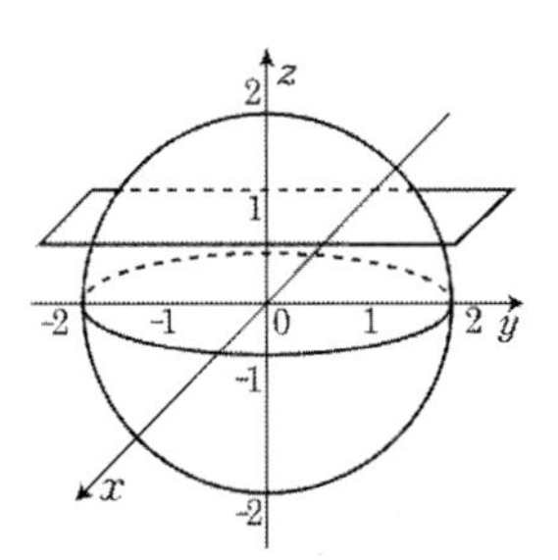

주어진 입체는 위 그림과 같다. 따라서 입체의 부피 V는

$$V=\frac{4}{3}\pi\times 2^3-\int\int_D(\sqrt{4-x^2-y^2}-1)dxdy$$

(단, $D:x^2+y^2\le 3$)

$$=\frac{32}{3}\pi-\int_0^{2\pi}\int_0^{\sqrt{3}}(\sqrt{4-r^2}-1)r\,drd\theta$$

$$=\frac{32}{3}\pi-\int_0^{2\pi}\int_0^{\sqrt{3}}r\sqrt{4-r^2}-rdr\,d\theta$$

$$=\frac{32}{3}\pi-\int_0^{2\pi}\left[-\frac{1}{2}\cdot\frac{2}{3}(4-r^2)^{\frac{3}{2}}-\frac{1}{2}r^2\right]_0^{\sqrt{3}}d\theta$$

$$=\frac{32}{3}\pi-\int_0^{2\pi}\left(-\frac{1}{3}-\frac{3}{2}+\frac{1}{3}\times 8\right)d\theta$$

$$=\frac{32}{3}\pi-\left(\frac{-2-9+16}{6}\right)\times 2\pi$$

$$=\frac{32}{3}\pi-\frac{5}{3}\pi=\frac{27}{3}\pi=9\pi$$

315. $\frac{4\pi}{3}(\sqrt{2}-1)$

풀이 영역 $E=\{(x,y,z)|x^2+y^2+z^2\le 2, z\ge\sqrt{x^2+y^2}\}$을 구면좌표계로 변환하면

$$E=\left\{(\rho,\phi,\theta)|0\le\rho\le\sqrt{2}, 0\le\phi\le\frac{\pi}{4}, 0\le\theta\le 2\pi\right\}$$

$$V=\iiint_E dV=\int_0^{2\pi}\int_0^{\frac{\pi}{4}}\int_0^{\sqrt{2}}\rho^2\sin\phi\, d\rho d\phi d\theta$$

$$=\int_0^{2\pi}d\theta\cdot\int_0^{\frac{\pi}{4}}\sin\phi\, d\phi\cdot\int_0^{\sqrt{2}}\rho^2\, d\rho$$

$$=2\pi\cdot[-\cos\phi]_0^{\frac{\pi}{4}}\cdot\left[\frac{1}{3}\rho^3\right]_0^{\sqrt{2}}$$

$$=2\pi\left(-\frac{\sqrt{2}}{2}+1\right)\cdot\frac{2\sqrt{2}}{3}=\frac{4\pi}{3}(\sqrt{2}-1)$$

316. $\frac{8}{3}\pi$

풀이

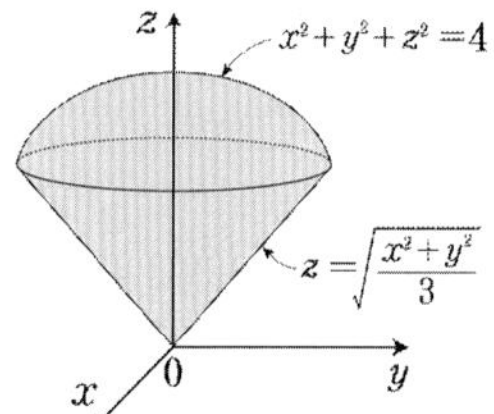

$E=\left\{(x,y,z)|x^2+y^2+z^2\le 4, z\ge\sqrt{\frac{x^2+y^2}{3}}\right\}$이므로

부피는 $\iiint_E dV$이다. 구면좌표계로 변경하면

$$E=\left\{(x,y,z)|x^2+y^2+z^2\le 4, z\ge\sqrt{\frac{x^2+y^2}{3}}\right\}$$

$$=\left\{(\rho,\phi,\theta)|0\le\rho\le 2, 0\le\phi\le\frac{\pi}{3}, 0\le\theta\le 2\pi\right\}$$이므로

$$\iiint_E dV=\int_0^{2\pi}\int_0^{\frac{\pi}{3}}\int_0^2\rho^2\sin\phi d\rho d\phi d\theta$$

$$=\int_0^{2\pi}\int_0^{\frac{\pi}{3}}\frac{1}{3}[\rho^3]_0^2\sin\phi d\phi d\theta$$

$$=\frac{8}{3}\int_0^{2\pi}\int_0^{\frac{\pi}{3}}\sin\phi d\phi d\theta=-\frac{8}{3}\int_0^{2\pi}[\cos\phi]_0^{\frac{\pi}{3}}d\theta$$

$$=-\frac{8}{3}\int_0^{2\pi}\left(\frac{1}{2}-1\right)d\theta=\frac{4}{3}\times 2\pi=\frac{8}{3}\pi$$

317. 8π

풀이 $x^2+y^2+(z-2)^2\le 4\Leftrightarrow x^2+y^2+z^2\le 4z$이므로

구면좌표계로 변환하면 $0\le\rho\le 4\cos\phi$, $0\le\phi\le\frac{\pi}{4}$,

$0\le\theta\le 2\pi$이다. 따라서 공통 영역의 부피 V는

$$V=\int_0^{2\pi}\int_0^{\frac{\pi}{4}}\int_0^{4\cos\phi}\rho^2\sin\phi\, d\rho d\phi d\theta$$

$$=2\pi\int_0^{\frac{\pi}{4}}\left[\frac{1}{3}\rho^3\sin\phi\right]_0^{4\cos\phi}d\phi$$

$$=2\pi\int_0^{\frac{\pi}{4}}\frac{1}{3}(4\cos\phi)^3\sin\phi d\phi$$

$$=\frac{2}{3}\pi\left[-4^2(\cos\phi)^4\right]_0^{\frac{\pi}{4}}$$

$$=-\frac{2^5}{3}\pi\left\{\left(\frac{\sqrt{2}}{2}\right)^4-1^4\right\}=\frac{2^5}{3}\pi\cdot\frac{3}{4}=8\pi$$

318. $\frac{7\pi}{12}$

풀이

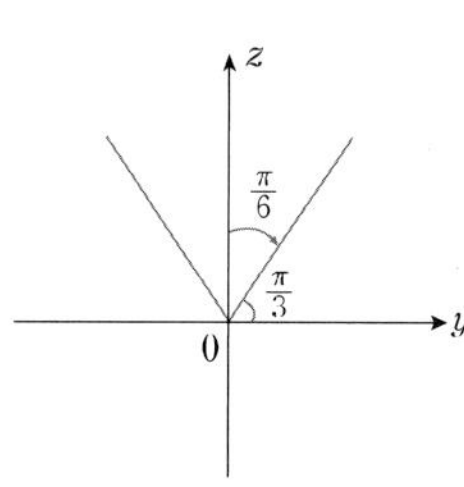

$$x^2+y^2+z^2=2z\Rightarrow\rho^2=2\rho\cos\phi\Rightarrow\rho=2\cos\phi$$

$z=\sqrt{3(x^2+y^2)}$에서 $x=0$이면

$z=\sqrt{3}|y|\Rightarrow\begin{cases}z=\sqrt{3}y, y\ge 0\\ z=-\sqrt{3}y, y<0\end{cases}$ 따라서 E의 부피는

$$\iiint_E 1dV=\int_0^{2\pi}\int_0^{\frac{\pi}{6}}\int_0^{2\cos\phi}\rho^2\sin\phi d\rho d\phi d\theta$$

$$=2\pi\int_0^{\frac{\pi}{6}}\sin\phi\cdot\frac{1}{3}[\rho^3]_0^{2\cos\phi}d\phi$$

$$=\frac{2\pi}{3}\int_0^{\frac{\pi}{6}}\sin\phi\cdot 8\cos^3\phi d\phi$$

$$=\frac{16\pi}{3}\cdot\left(-\frac{1}{4}\right)[\cos^4\phi]_0^{\frac{\pi}{6}}$$

$$=-\frac{4\pi}{3}\left(\frac{9}{16}-1\right)=\frac{4\pi}{3}\times\frac{7}{16}=\frac{7\pi}{12}$$

319. $\frac{14}{3}\pi$

풀이 구하고자 하는 입체가 구의 일부이므로 구면좌표계를 이용하여 부피를 구하여보자. 중심이 $(0,0,2)$이고 반지름이 2인 구의 방정식이 $x^2+y^2+(z-2)^2=4 \Leftrightarrow x^2+y^2+z^2=4z$ 이므로 구면좌표계로 나타내면 $\rho=4\cos\phi$이며 부등식 $0 \le z \le \sqrt{3(x^2+y^2)}$ 을 만족시키는 ϕ의 범위는 $0 \le \phi \le \frac{\pi}{6}$이다.

$$V=\iiint_V 1dV=\int_0^{2\pi}\int_0^{\frac{\pi}{6}}\int_0^{4\cos\phi}\rho^2\sin\phi d\rho d\phi d\theta$$

$$=\int_0^{2\pi}\int_0^{\frac{\pi}{6}}\frac{1}{3}[\rho^3]_0^{4\cos\phi}\sin\phi d\phi d\theta$$

$$=\frac{64}{3}\int_0^{2\pi}\int_0^{\frac{\pi}{6}}\cos^3\phi\sin\phi d\phi d\theta$$

$$=-\frac{64}{3}\int_0^{2\pi}\frac{1}{4}[\cos^4\phi]_0^{\frac{\pi}{6}}d\theta$$

$$=-\frac{64}{3}\times\frac{1}{4}\times 2\pi\times\left(\frac{9}{16}-1\right)=\frac{14}{3}\pi$$

320. 10π

풀이 구하고자 하는 입체가 구의 일부이므로 구면좌표계를 이용하여 부피를 구하여 보자. 중심이 $(0,0,2)$이고 반지름이 2인 구의 방정식이 $x^2+y^2+(z-2)^2=4 \Leftrightarrow x^2+y^2+z^2=4z$ 이므로 구면좌표계로 나타내면 $\rho=4\cos\phi$이며 부등식 $\sqrt{\frac{x^2+y^2}{3}} \le z$를 만족시키는 ϕ의 범위는 $0 \le \phi \le \frac{\pi}{3}$ 이다. 따라서 구하려는 입체의 부피를 V라 두면

$$V=\iiint_V 1dV=\int_0^{2\pi}\int_0^{\frac{\pi}{3}}\int_0^{4\cos\phi}\rho^2\sin\phi d\rho d\phi d\theta$$

$$=\int_0^{2\pi}\int_0^{\frac{\pi}{3}}\frac{1}{3}[\rho^3]_0^{4\cos\phi}\sin\phi d\phi d\theta$$

$$=\frac{64}{3}\int_0^{2\pi}\int_0^{\frac{\pi}{3}}\cos^3\phi\sin\phi d\phi d\theta$$

$$=-\frac{64}{3}\int_0^{2\pi}\frac{1}{4}[\cos^4\phi]_0^{\frac{\pi}{3}}d\theta$$

$$=-\frac{64}{3}\times\frac{1}{4}\times 2\pi\times\left(\frac{1}{16}-1\right)=10\pi$$

321. $\frac{16}{3}\pi$

풀이 $x^2+y^2+(z-2)^2 \le 4 \Leftrightarrow x^2+y^2+z^2 \le 4z$이므로 구면좌표계로 변환하면 $0 \le \rho \le 4\cos\phi$, $\frac{\pi}{6} \le \phi \le \frac{\pi}{3}$, $0 \le \theta \le 2\pi$이다. 따라서 공통 영역의 부피 V는

$$V=\int_0^{2\pi}\int_{\frac{\pi}{6}}^{\frac{\pi}{3}}\int_0^{4\cos\phi}\rho^2\sin\phi d\rho d\phi d\theta$$

$$=2\pi\int_{\frac{\pi}{6}}^{\frac{\pi}{3}}\left[\frac{1}{3}\rho^3\sin\phi\right]_0^{4\cos\phi}d\phi$$

$$=2\pi\int_{\frac{\pi}{6}}^{\frac{\pi}{3}}\frac{1}{3}(4\cos\phi)^3\sin\phi d\phi$$

$$=\frac{2}{3}\pi\left[-4^2(\cos\phi)^4\right]_{\frac{\pi}{6}}^{\frac{\pi}{3}}$$

$$=-\frac{32}{3}\pi\left\{\left(\frac{1}{2}\right)^4-\left(\frac{\sqrt{3}}{2}\right)^4\right\}$$

$$=\frac{32}{3}\pi\cdot\frac{1}{2}=\frac{16}{3}\pi$$

322. 4

풀이

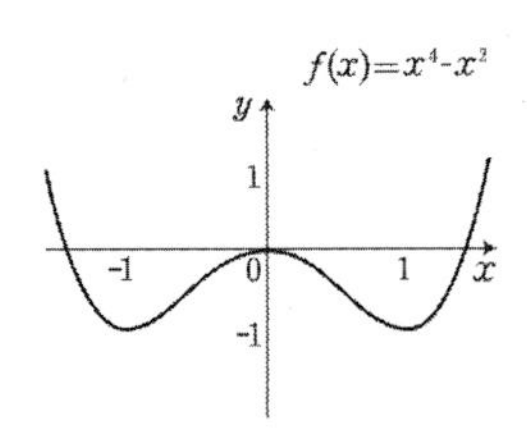

$f(x)=x^4-2x^2=x^2(x^2-2)=x^2(x+\sqrt{2})(x-\sqrt{2})$ 의 그래프를 그려보면 $-\sqrt{2} \le x \le \sqrt{2}$ 일 때 적분값이 최소가 된다. 따라서 $a=-\sqrt{2}$, $b=\sqrt{2}$ 이다. 그러므로 $a^2+b^2=2+2=4$이다.

323. 2

풀이

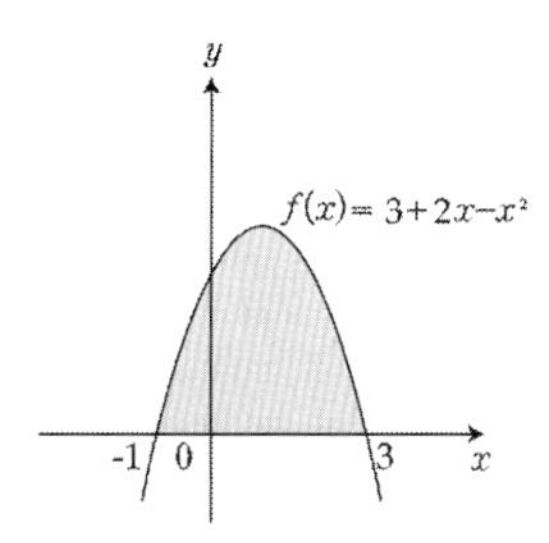

함수 $f(x)=3+2x-x^2=-(x+1)(x-3)$의 그래프를 그려보면 적분 $\int_a^b (3+2x-x^2)dx$의 값이 최대가 되도록 하는 a, b의 값은 $a=-1, b=3$이다.

$\therefore a+b=2$

324. $\frac{4}{3}\pi$

풀이 삼중적분 $\iiint_E f(x,y,z)\,dV$는 사차원 문제의 초부피인데 눈에 보이도록 나타낼 수는 없다. 그럼에도 적분값 $\iiint_E (1-x^2-y^2-z^2)\,dV$이 최댓값을 갖는 경우는 $1-(x^2+y^2+z^2)\geq 0$일 때이다.

$\therefore$ 영역 E의 부피$=\frac{4}{3}\pi$

6. 무게중심

325. 풀이 참조

풀이 상수밀도함수를 갖는다면 E의 무게중심은 $\bar{x}=a, \bar{y}=b, \bar{z}=c$이다. $\iiint_E 1\,dV=(E$의 부피$)=\frac{4\pi}{3}r^3$이다.

(i) $\bar{x}=\dfrac{\iiint_E x\,dV}{\iiint_E 1\,dV} \Leftrightarrow a=\dfrac{\iiint_E x\,dV}{\iiint_E 1\,dV}$

$\Leftrightarrow \iiint_E x\,dV=a\iiint_E 1\,dV=\frac{4\pi}{3}ar^3$

(ii) $\bar{y}=\dfrac{\iiint_E y\,dV}{\iiint_E 1\,dV} \Leftrightarrow b=\dfrac{\iiint_E y\,dV}{\iiint_E 1\,dV}$

$\Leftrightarrow \iiint_E y\,dV=a\iiint_E 1\,dV=\frac{4\pi}{3}br^3$

(iii) $\bar{z}=\dfrac{\iiint_E z\,dV}{\iiint_E 1\,dV} \Leftrightarrow c=\dfrac{\iiint_E z\,dV}{\iiint_E 1\,dV}$

$\Leftrightarrow \iiint_E z\,dV=a\iiint_E 1\,dV=\frac{4\pi}{3}cr^3$

326. 풀이 참조

풀이 (1) 주어진 영역은 상반구의 내부이다. 따라서 무게중심은 z축 위에 존재하므로 $\bar{x}=0, \bar{y}=0$이므로

$$0=\dfrac{\iiint_E x\,dV}{\iiint_E 1\,dV} \Rightarrow \iiint_E xdxdydz=0$$

$$0=\dfrac{\iiint_E y\,dV}{\iiint_E 1\,dV} \Rightarrow \iiint_E ydxdydz=0$$

$$\iiint_E zdxdydz=\int_0^{2\pi}\int_0^{\frac{\pi}{2}}\int_0^2 \rho\cos\phi\cdot\rho^2\sin\phi d\rho d\phi d\theta$$

$$=2\pi\int_0^{\frac{\pi}{2}}\cos\phi sin\phi d\phi\cdot\int_0^2\rho^3 d\rho$$

$$=2\pi\cdot\frac{1}{2}\left[\sin^2\phi\right]_0^{\frac{\pi}{2}}\cdot\frac{1}{4}\left[\rho^4\right]_0^2$$

$$=2\pi\cdot\frac{1}{2}\cdot 1\cdot\frac{1}{4}\cdot 16=4\pi$$

(2) 원뿔곡면의 윗부분과 구의 내부로 이루어진 영역이다.

따라서 무게중심은 z축 위에 존재하므로 $\bar{x}=0, \bar{y}=0$

$$0=\frac{\iiint_E x\,dV}{\iiint_E 1\,dV} \Rightarrow \iiint_E xdxdydz=0$$

$$0=\frac{\iiint_E y\,dV}{\iiint_E 1\,dV} \Rightarrow \iiint_E ydxdydz=0$$

구면좌표를 이용하여 $\iiint_E zdxdydz$를 구하자.

$$\iiint_E z\,dx\,dy\,dz$$

$$=\int_0^{2\pi}\int_0^{\frac{\pi}{4}}\int_0^1 \rho\cos\phi\cdot\rho^2\sin\phi d\rho d\phi d\theta$$

$$=2\pi\int_0^{\frac{\pi}{4}}\cos\phi\sin\phi d\phi\cdot\int_0^1\rho^3\,d\rho$$

$$=2\pi\cdot\frac{1}{2}\left[\sin^2\phi\right]_0^{\frac{\pi}{4}}\cdot\frac{1}{4}\left[\rho^4\right]_0^1=\pi\cdot\frac{1}{2}\cdot\frac{1}{4}=\frac{\pi}{8}$$

(3) 원기둥의 내부와 구의 내부로 이루어진 영역이다.

따라서 무게중심은 z축 위에 존재하므로 $\bar{x}=0, \bar{y}=0$

$$0=\frac{\iiint_E x\,dV}{\iiint_E 1\,dV} \Rightarrow \iiint_E xdxdydz=0$$

$$0=\frac{\iiint_E y\,dV}{\iiint_E 1\,dV} \Rightarrow \iiint_E ydxdydz=0$$

원주좌표를 이용하여 $\iiint_E zdxdydz$를 구하자.

$$\iiint_E zdxdydz=\int_0^{2\pi}\int_0^1\int_0^{\sqrt{1-r^2}} zrdzdrd\theta$$

$$=2\pi\int_0^1 r\cdot\frac{1}{2}\left[z^2\right]_0^{\sqrt{1-r^2}}dr$$

$$=\pi\int_0^1 r(1-r^2)\,dr=\pi\int_0^1(r-r^3)\,dr$$

$$=\pi\left(\frac{1}{2}-\frac{1}{4}\right)=\frac{\pi}{4}$$

327. $\frac{8}{15}$

풀이 밀도가 $\delta(x, y, z)$ 인 도형 $x^2+y^2+z^2 \le 1$, $z \ge 0$ 의 질량중심을 $(\bar{x}, \bar{y}, \bar{z})$ 라고 할 때, $\bar{z}$ 는 다음과 같다.

$$\bar{z}=\frac{\iiint_T z\delta(x, y, z)dV}{\iiint_T \delta(x, y, z)dV}=\frac{\iiint_T z^2dV}{\iiint_T zdV}$$

$$=\frac{\int_0^{2\pi}\int_0^{\frac{\pi}{2}}\int_0^1(\rho\cos\phi)^2\rho^2\sin\phi d\rho d\phi d\theta}{\int_0^{2\pi}\int_0^{\frac{\pi}{2}}\int_0^1(\rho\cos\phi)\rho^2\sin\phi d\rho d\phi d\theta}$$

$$=\frac{\int_0^{2\pi}\int_0^{\frac{\pi}{2}}\int_0^1\rho^4\cos^2\phi\sin\phi d\rho d\phi d\theta}{\int_0^{2\pi}\int_0^{\frac{\pi}{2}}\int_0^1\rho^3\cos\phi\sin\phi d\rho d\phi d\theta}$$

$$=\frac{2\pi\left[-\frac{1}{3}\cos^3\phi\right]_0^{\frac{\pi}{2}}\frac{1}{5}\left[\rho^5\right]_0^1}{2\pi\left[\frac{1}{2}\sin^2\phi\right]_0^{\frac{\pi}{2}}\frac{1}{4}\left[\rho^4\right]_0^1}$$

$$=\frac{2\pi\times\frac{1}{3}\times\frac{1}{5}}{2\pi\times\frac{1}{2}\times\frac{1}{4}}=\frac{8}{15}$$

328. $2\pi(3\sqrt{3}-\pi)$

풀이 구면좌표계에서 $x^2+y^2\ge1 \Leftrightarrow \rho\sin\theta\ge1 \Leftrightarrow \rho\ge csc\theta$ 이므로 입체 E의 질량은

$$\iiint_E\mu(x, y, z)dV=\iiint_E\frac{3}{x^2+y^2+z^2}\,dV$$

$$=\int_0^{2\pi}\int_{\frac{\pi}{6}}^{\frac{\pi}{2}}\int_{\csc\phi}^2\frac{3}{\rho^2}\cdot\rho^2\sin\phi\,d\rho d\phi d\theta$$

(∵구면좌표계)

$$=\int_0^{2\pi}\int_{\frac{\pi}{6}}^{\frac{\pi}{2}}\int_{\csc\phi}^2 3\sin\phi\,d\rho d\phi d\theta$$

$$=\int_0^{2\pi}\int_{\frac{\pi}{6}}^{\frac{\pi}{2}}3\sin\phi(2-\csc\phi)\,d\phi d\theta$$

$$=\int_0^{2\pi}\int_{\frac{\pi}{6}}^{\frac{\pi}{2}}(6\sin\phi-3)\,d\phi d\theta$$

$$=2\pi\left[-6\cos\phi-3\phi\right]_{\frac{\pi}{6}}^{\frac{\pi}{2}}=2\pi(3\sqrt{3}-\pi)$$

329. $\left(\frac{5}{7}, 0, \frac{5}{14}\right)$

풀이

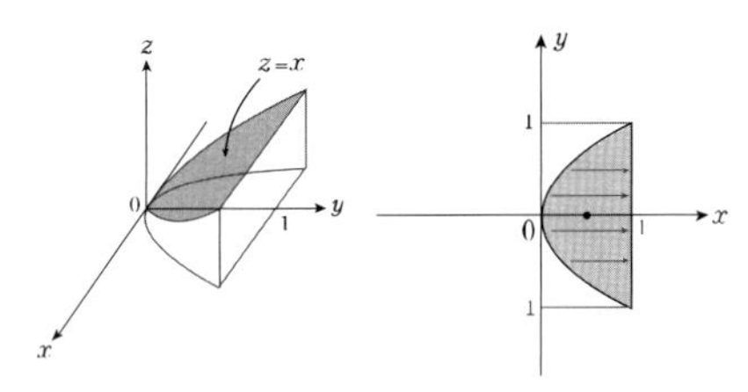

상수밀도 $\rho=k$, 입체의 질량을 m이라 두면
m=(입체의 부피)×(입체의 밀도)

$$\iiint_E k dV=\int_{-1}^{1}\int_{y^2}^{1}\int_0^x k dzdxdy=k\int_{-1}^{1}\int_{y^2}^{1} xdxdy$$
$$=k\int_{-1}^{1}\left[\frac{1}{2}x^2\right]_{y^2}^{1}dy=\frac{k}{2}\int_{-1}^{1}(1-y^4)dy$$
$$=\frac{k}{2}\cdot 2\int_0^1(1-y^4)dy=k\left(1-\frac{1}{5}\right)=\frac{4}{5}k$$

(ⅰ) $\iiint_E x\cdot k dV=k\int_{-1}^{1}\int_{y^2}^{1}\int_0^x xdzdxdy$
$$=k\int_{-1}^{1}\int_{y^2}^{1}x(x-0)dxdy=k\int_{-1}^{1}\left[\frac{1}{3}x^3\right]_{y^2}^{1}dy$$
$$=\frac{k}{3}\int_{-1}^{1}(1-y^6)dy=\frac{k}{3}\cdot 2\int_0^1(1-y^6)dy$$
$$=\frac{2k}{3}\left(1-\frac{1}{7}\right)=\frac{2k}{3}\cdot\frac{6}{7}=\frac{4k}{7}$$
$$\therefore \bar{x}=\frac{\frac{4}{7}k}{\frac{4}{5}k}=\frac{5}{7}$$

(ⅱ) $\iiint_E y\cdot k dV=k\int_{-1}^{1}\int_{y^2}^{1}\int_0^x ydzdxdy$
$$=k\int_{-1}^{1}\int_{y^2}^{1}yxdxdy=k\int_{-1}^{1}y\left[\frac{1}{2}x^2\right]_{y^2}^{1}dy$$
$$=\frac{k}{2}\int_{-1}^{1}y(1-y^4)dy=\frac{k}{2}\int_{-1}^{1}(y-y^5)dy=0 \quad \therefore \bar{y}=0$$

(ⅲ) $\iiint_E z\cdot k dV=k\int_{-1}^{1}\int_{y^2}^{1}\int_0^x zdzdxdy$
$$=k\int_{-1}^{1}\int_{y^2}^{1}\frac{1}{2}x^2dxdy=\frac{k}{2}\int_{-1}^{1}\left[\frac{1}{3}x^3\right]_{y^2}^{1}dy$$
$$=\frac{k}{6}\int_{-1}^{1}(1-y^6)dy=\frac{k}{6}\cdot 2\int_0^1(1-y^6)dy$$
$$=\frac{k}{3}\left(1-\frac{1}{7}\right)=\frac{k}{3}\cdot\frac{6}{7}=\frac{2}{7}k$$
$$\therefore \bar{z}=\frac{\frac{2}{7}k}{\frac{4}{5}k}=\frac{2\cdot 5k}{7\cdot 4k}=\frac{5}{14}$$

따라서 입체의 질량중심은 $\left(\frac{5}{7}, 0, \frac{5}{14}\right)$이다.

330. 질량$=\frac{79}{30}$, 질량중심 $(\bar{x}, \bar{y}, \bar{z})=\left(\frac{358}{553}, \frac{33}{79}, \frac{571}{553}\right)$

풀이 $E=\{(x, y, z)|0\le x\le 1, 0\le y\le\sqrt{x}, 0\le z\le 1+x+y\}$
이므로 질량은

$$\iiint_E 2dV=2\int_0^1\int_0^{\sqrt{x}}\int_0^{1+x+y}1\,dzdydx$$
$$=2\int_0^1\int_0^{\sqrt{x}}1+x+y\,dydx$$
$$=2\int_0^1\left.(1+x)y+\frac{1}{2}y^2\right]_0^{\sqrt{x}}dx$$
$$=2\int_0^1 x^{\frac{1}{2}}+x^{\frac{3}{2}}+\frac{1}{2}x\,dx$$
$$=2\left[\frac{2}{3}x^{\frac{3}{2}}+\frac{2}{5}x^{\frac{5}{2}}+\frac{1}{4}x^2\right]_0^1$$
$$=2\left(\frac{2}{3}+\frac{2}{5}+\frac{1}{4}\right)=\frac{79}{30}$$

$$\iiint_E x\rho(x, y, z)dV=2\int_0^1\int_0^{\sqrt{x}}\int_0^{1+x+y}x\,dzdydx$$
$$=2\int_0^1\int_0^{\sqrt{x}}x(1+x+y)\,dydx$$
$$=2\int_0^1\int_0^{\sqrt{x}}x+x^2+xy\,dydx$$
$$=2\int_0^1\left.(x+x^2)y+\frac{1}{2}xy^2\right]_0^{\sqrt{x}}dx$$
$$=2\int_0^1 x^{\frac{3}{2}}+x^{\frac{5}{2}}+\frac{1}{2}x^2\,dx$$
$$=2\left[\frac{2}{5}x^{\frac{5}{2}}+\frac{2}{7}x^{\frac{7}{2}}+\frac{1}{6}x^3\right]_0^1$$
$$=2\left(\frac{2}{5}+\frac{2}{7}+\frac{1}{6}\right)=\frac{179}{105}$$

$$\iiint_E y\rho(x, y, z)dV=2\int_0^1\int_0^{\sqrt{x}}\int_0^{1+x+y}y\,dzdydx$$
$$=2\int_0^1\int_0^{\sqrt{x}}y(1+x+y)\,dydx$$
$$=2\int_0^1\int_0^{\sqrt{x}}(1+x)y+y^2\,dydx$$
$$=2\int_0^1\left[\frac{1}{2}(1+x)y^2+\frac{1}{3}y^3\right]_0^{\sqrt{x}}dx$$

$$=2\int_0^1 \frac{1}{2}(1+x)x+\frac{1}{3}x^{\frac{3}{2}}\,dx$$

$$=2\int_0^1 \frac{1}{2}x+\frac{1}{2}x^2+\frac{1}{3}x^{\frac{3}{2}}\,dx$$

$$=2\left[\frac{1}{4}x^2+\frac{1}{6}x^3+\frac{2}{15}x^{\frac{5}{2}}\right]_0^1$$

$$=2\left(\frac{1}{4}+\frac{1}{6}+\frac{2}{15}\right)=\frac{11}{10}$$

$$\iiint_E z\rho(x,y,z)dV=2\int_0^1\int_0^{\sqrt{x}}\int_0^{1+x+y} z\,dzdydx$$

$$=2\int_0^1\int_0^{\sqrt{x}}\left[\frac{1}{2}z^2\right]_0^{1+x+y}dydx$$

$$=\int_0^1\int_0^{\sqrt{x}}(1+x+y)^2\,dydx$$

$$=\int_0^1\int_0^{\sqrt{x}}x^2+y^2+2xy+2x+2y+1\,dydx$$

$$=\int_0^1\left[x^2y+\frac{1}{3}y^3+xy^2+2xy+y^2+y\right]_0^{\sqrt{x}}dx$$

$$=\int_0^1 x^{\frac{5}{2}}+\frac{1}{3}x^{\frac{3}{2}}+x^2+2x^{\frac{3}{2}}+x+x^{\frac{1}{2}}\,dx$$

$$=\int_0^1 x^{\frac{5}{2}}+\frac{7}{3}x^{\frac{3}{2}}+x^2+x+x^{\frac{1}{2}}\,dx$$

$$=\left[\frac{2}{7}x^{\frac{7}{2}}+\frac{14}{15}x^{\frac{5}{2}}+\frac{1}{3}x^3+\frac{1}{2}x^2+\frac{2}{3}x^{\frac{3}{2}}\right]_0^1$$

$$=\frac{2}{7}+\frac{14}{15}+\frac{1}{3}+\frac{1}{2}+\frac{2}{3}=\frac{571}{210}$$

$$\bar{x}=\frac{\iiint_E x\rho(x,y,z)dV}{\iiint_E \rho(x,y,z)dV}=\frac{\frac{179}{105}}{\frac{79}{30}}=\frac{358}{553}$$

$$\bar{y}=\frac{\iiint_E y\rho(x,y,z)dV}{\iiint_E \rho(x,y,z)dV}=\frac{\frac{11}{10}}{\frac{79}{30}}=\frac{33}{79}$$

$$\bar{z}=\frac{\iiint_E z\rho(x,y,z)dV}{\iiint_E \rho(x,y,z)dV}=\frac{\frac{571}{210}}{\frac{79}{30}}=\frac{571}{553}$$

질량$=\frac{79}{30}$, 질량중심 $(\bar{x},\bar{y},\bar{z})=\left(\frac{358}{553},\frac{33}{79},\frac{571}{553}\right)$

331. 질량 a^5, 질량중심 $\left(\frac{7}{12}a,\ \frac{7}{12}a,\ \frac{7}{12}a\right)$

풀이 $E=\{(x,y,z)|0\le x\le a, 0\le y\le a, 0\le z\le a\}$
이므로 질량은

$$\iiint_E \rho(x,y,z)dV=\int_0^a\int_0^a\int_0^a x^2+y^2+z^2\,dxdydz$$

$$=3\int_0^a\int_0^a\int_0^a x^2\,dxdydz$$

$$=a^2\cdot[x^3]_0^a=a^5$$

$$\iiint_E x\rho(x,y,z)dV=\int_0^a\int_0^a\int_0^a x(x^2+y^2+z^2)\,dxdydz$$

$$=\int_0^a\int_0^a\int_0^a x^3+x(y^2+z^2)\,dxdydz$$

$$=a^2\cdot\frac{1}{4}[x^4]_0^a+\frac{1}{2}a^2\int_0^a\int_0^a(y^2+z^2)\,dydz$$

$$=\frac{a^6}{4}+\frac{1}{2}a^2\cdot 2\int_0^a\int_0^a y^2\,dydz$$

$$=\frac{a^6}{4}+a^2\cdot a\cdot\frac{1}{3}a^3=\frac{7}{12}a^6$$

$\iiint_E y\rho(x,y,z)dV$와 $\iiint_E z\rho(x,y,z)dV$는

위와 동일하게 계산하면 둘 다 $\frac{7}{12}a^6$이 나온다.

$$\bar{x}=\frac{\iiint_E x\rho(x,y,z)dV}{\iiint_E \rho(x,y,z)dV}=\frac{\frac{7}{12}a^6}{a^5}=\frac{7}{12}a$$

$$\bar{y}=\frac{\iiint_E y\rho(x,y,z)dV}{\iiint_E \rho(x,y,z)dV}=\frac{\frac{7}{12}a^6}{a^5}=\frac{7}{12}a$$

$$\bar{z}=\frac{\iiint_E z\rho(x,y,z)dV}{\iiint_E \rho(x,y,z)dV}=\frac{\frac{7}{12}a^6}{a^5}=\frac{7}{12}a$$

질량a^5이고, 질량중심 $(\bar{x},\bar{y},\bar{z})=\left(\frac{7}{12}a,\frac{7}{12}a,\frac{7}{12}a\right)$

CHAPTER 06 선적분과 면적분

1. 선적분

332. $2\pi+\frac{2}{3}$

풀이

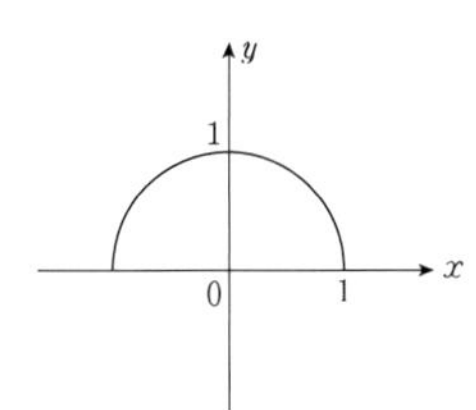

$C: r(t)=\langle \cos t, \sin t\rangle,\ 0\le t\le \pi$라 두면

$x'=-\sin t,\ y'=\cos t$이므로

$$\int_C (2+x^2y)ds=\int_0^{\pi}(2+x^2y)\sqrt{(x')^2+(y')^2}\,dt$$

$$=\int_0^{\pi}(2+\cos^2 t\sin t)\sqrt{(-\sin t)^2+(\cos t)^2}\,dt$$

$$=\int_0^{\pi}(2+\sin t\cos^2 t)dt=[2t]_0^{\pi}-\frac{1}{3}[\cos^3 t]_0^{\pi}$$

$$=2\pi-\frac{1}{3}(-1-1)=2\pi+\frac{2}{3}$$

333. 8

풀이 $x=2\cos t,\ y=2\sin t\ (0\le t\le\pi)$라 두면

$$\int_C y\,ds=\int_0^{\pi}2\sin t\sqrt{(-2\sin t)^2+(2\cos t)^2}\,dt$$

$$=4\int_0^{\pi}\sin t\,dt$$

$$=4[-\cos t]_0^{\pi}=8$$

334. $\sqrt{5}\,(e^{2\pi}-1)$

풀이 $ds=\sqrt{\sin^2 t+2^2+\cos^2 t}\,dt=\sqrt{5}\,dt$이므로

$$\int_C (x+2)e^{y+z}ds=\int_0^{\pi}(\cos t+2)e^{2t+\sin t}\sqrt{5}\,dt$$

$$=\sqrt{5}\left[e^{2t+\sin t}\right]_0^{\pi}$$

$$=\sqrt{5}\,(e^{2\pi}-1)$$

335. $\frac{1}{3}(13\sqrt{13}-1)$

풀이 $r'(t)=\left(1,\ 2t^{\frac{1}{2}},\ t\right)\Rightarrow |r'(t)|=\sqrt{1+4t+t^2}$

$$\int_C (x+2)ds=\int_0^2 (t+2)\sqrt{1+4t+t^2}\,dt$$

$$=\left[\frac{1}{3}(1+4t+t^2)^{\frac{3}{2}}\right]_0^2$$

$$=\frac{1}{3}(13\sqrt{13}-1)$$

336. 질량 $2\pi k$, 질량중심 $\left(\frac{4}{\pi},0\right)$

풀이 주어진 곡선을 매개화하면

$r(t)=<2\cos t,\ 2\sin t>,\ -\frac{\pi}{2}\le t\le\frac{\pi}{2}$이고 질량은

$$\int_C k\,ds=\int_{-\frac{\pi}{2}}^{\frac{\pi}{2}}k|r'(t)|dt$$

$$=k\int_{-\frac{\pi}{2}}^{\frac{\pi}{2}}\sqrt{(-2\sin t)^2+(2\cos t)^2}\,dt$$

$$=k\int_{-\frac{\pi}{2}}^{\frac{\pi}{2}}2\,dt=2k\pi$$

$$\bar{x}=\frac{\int_C kx\,ds}{\int_C k\,ds}=\frac{1}{2\pi}\int_{-\frac{\pi}{2}}^{\frac{\pi}{2}}2\cos t\,|r'(t)|\,dt$$

$$=\frac{1}{2\pi}\int_{-\frac{\pi}{2}}^{\frac{\pi}{2}}4\cos t\,dt=\frac{1}{2\pi}8=\frac{4}{\pi}$$

$$\bar{y}=\frac{\int_C ky\,ds}{\int_C k\,ds}=\frac{1}{2\pi}\int_{-\frac{\pi}{2}}^{\frac{\pi}{2}}2\sin t\,|r'(t)|\,dt$$

$$=\frac{1}{2\pi}\int_{-\frac{\pi}{2}}^{\frac{\pi}{2}}4\sin t\,dt=0$$

질량중심 $(\bar{x},\ \bar{y})=\left(\frac{4}{\pi},\ 0\right)$이다.

337. 질량 $\frac{ka^3}{2}$, 질량중심 $\left(\frac{2a}{3},\ \frac{2a}{3}\right)$

풀이 주어진 곡선을 매개화하면

$r(t)=<a\cos t,\ a\sin t>,\ 0\le t\le\frac{\pi}{2}$이므로 질량은

$$\int_C kxy\,ds = \int_0^{\frac{\pi}{2}} ka^2\cos t\sin t\,|r'(t)|\,dt$$

$$= \int_0^{\frac{\pi}{2}} ka^2\cos t\sin t\sqrt{(-a\sin t)^2+(a\cos t)^2}\,dt$$

$$= \int_0^{\frac{\pi}{2}} ka^3\cos t\sin t\,dt$$

$$= ka^3\left[\frac{1}{2}\sin^2 t\right]_0^{\frac{\pi}{2}} = \frac{ka^3}{2}$$

$$\overline{x} = \frac{\int_C kx^2y\,ds}{\int_C kxy\,ds} = \frac{2}{ka^3}\int_0^{\frac{\pi}{2}} ka^4\cos^2 t\sin t\,dt$$

$$= 2a\left[-\frac{1}{3}\cos^3 t\right]_0^{\frac{\pi}{2}}$$

$$= -\frac{2a}{3}(0-1) = \frac{2a}{3}$$

$$\overline{y} = \frac{\int_C kxy^2\,ds}{\int_C kxy\,ds} = \frac{2}{ka^3}\int_0^{\frac{\pi}{2}} ka^4\cos t\sin^2 t\,dt$$

$$= 2a\left[\frac{1}{3}\sin^3 t\right]_0^{\frac{\pi}{2}} = \frac{2a}{3}$$

질량중심은 $(\overline{x},\ \overline{y}) = \left(\frac{2a}{3},\ \frac{2a}{3}\right)$이다.

338. $\frac{2}{5}(e-1)$

풀이 $y=t^2$ 에서 $dy=2t\,dt$이므로

$$\int_C xye^{yz}\,dy = \int_0^1 t\cdot t^2 e^{t^2\cdot t^3}\cdot 2t\,dt$$

$$= 2\int_0^1 t^4 e^{t^5}\,dt = \frac{2}{5}\left[e^{t^5}\right]_0^1 = \frac{2}{5}(e-1)$$

339. (1) $\sqrt{2}\pi$ (2) π

풀이 (1) $\int_C y\sin z\,ds$

$$= \int_0^{2\pi} \sin t\cdot \sin t\sqrt{(-\sin t)^2+(\cos t)^2+1}\,dt$$

$$= \int_0^{2\pi} \sin^2 t\cdot\sqrt{2}\,dt = \sqrt{2}\cdot\frac{1}{2}\cdot\frac{\pi}{2}\cdot 4 = \sqrt{2}\pi$$

(2) $\int_C y\sin z\,dz = \int_0^{2\pi}\sin^2 t\,dt = \pi$

340. $-\frac{2}{3}$

풀이 $r(t)=\langle\cos t,\ \sin t\rangle,\ 0\le t\le\frac{\pi}{2}$이므로

$r'(t)=\langle-\sin t,\ \cos t\rangle$이고 $F(x,\ y)=\langle x^2,\ -xy\rangle$

$=\langle\cos^2 t,\ -\cos t\sin t\rangle$이다.

$$\int_C F\cdot dr = \int_0^{\frac{\pi}{2}}\langle\cos^2 t,\ -\cos t\sin t\rangle\cdot\langle-\sin t,\cos t\rangle dt$$

$$= \int_0^{\frac{\pi}{2}}(-\sin t\cos^2 t - \sin t\cos^2 t)\,dt$$

$$= \int_0^{\frac{\pi}{2}}(-2\sin t\cos^2 t)\,dt$$

$$= 2\cdot\frac{1}{3}\left[\cos^3 t\right]_0^{\frac{\pi}{2}} = \frac{2}{3}(0-1) = -\frac{2}{3}$$

341. $\frac{27}{28}$

풀이 $r(t)=\langle t,\ t^2,\ t^3\rangle,\ 0\le t\le 1$이므로

$r'(t)=\langle 1,\ 2t,\ 3t^2\rangle$이고

$F(x,\ y,\ z)=\langle xy,\ yz,\ zx\rangle=\langle t^3,\ t^5,\ t^4\rangle$이므로

$$\int_C F\cdot dr = \int_0^1 F\cdot r'(t)\,dt$$

$$= \int_0^1\langle t^3,\ t^5,\ t^4\rangle\cdot\langle 1,\ 2t,\ 3t^2\rangle dt$$

$$= \int_0^1(t^3+2t^6+3t^6)\,dt$$

$$= \frac{1}{4}+\frac{2}{7}+\frac{3}{7} = \frac{1}{4}+\frac{5}{7} = \frac{7+20}{28} = \frac{27}{28}$$

342. $\frac{19}{2}$

풀이 $F=\langle y,\ z,\ x\rangle$라 두면 $dr=\langle dx,\ dy,\ dz\rangle$이므로

$$\int_C y\,dx+z\,dy+x\,dz = \int_C F\cdot dr$$

$$= \int_{C_1+C_2} F\cdot dr = \int_{C_1} F\cdot dr + \int_{C_2} F\cdot dr$$

(ⅰ) C_1의 방향벡터는 $(3,\ 4,\ 5)-(2,\ 0,\ 0)=(1,\ 4,\ 5)$이고 지나는 한 점은 $(2,\ 0,\ 0)$이므로 선분 C_1의 방정식은

$x=t+2,\ y=4t,\ z=5t,\ 0\le t\le 1$이다.

즉, C_1 : $r(t)=\langle t+2,\ 4t,\ 5t\rangle,\ 0\le t\le 1$이다.

$$\int_{C_1} F\cdot dr = \int_0^1\langle 4t, 5t, t+2\rangle\cdot\langle 1,4,5\rangle dt$$

$= \int_0^1 (4t+20t+5t+10)\,dt$

$= \int_0^1 (29t+10)\,dt = \frac{29}{2}+10 = \frac{49}{2}$

(ii) C_2의 방향벡터는 $(3,\ 4,\ 0)-(3,\ 4,\ 5)=(0,\ 0,\ -5)$ 이고 지나는 한 점은 $(3,\ 4,\ 5)$이므로 선분 C_2의 방정식은 $x=0\cdot t+3,\ y=0\cdot t+4,\ z=-5t+5,\ 0\le t\le 1$ 이다. 즉, $C_2 : r(t)=\langle 3,\ 4,\ -5t+5\rangle,\ 0\le t\le 1$이다.

$\int_{C_2} F\cdot dr = \int_0^1 \langle 4,\ -5t+5,\ 3\rangle \cdot \langle 0,0,-5\rangle dt$

$= \int_0^1 (-15)dt = -15$

$\therefore \int_C y\,dx + z\,dy + x\,dz = \int_C F\cdot dr$

$= \int_{C_1} F\cdot dr + \int_{C_2} F\cdot dr = \frac{49}{2} - 15 = \frac{19}{2}$

343.

(1) $f(x,\ y)=3x+x^2y-y^3+c$

(2) $f(x,\ y,\ z)=xy^2+ye^{3z}+c$

풀이 $F=\nabla f=\langle f_x,\ f_y\rangle$를 만족하면 즉, 이계도함수가 연속이면 $f_{xy}=f_{yx}$ 즉, $F(x,y)=\langle P,Q\rangle$에서 $P_y=Q_x$이면 $F=\nabla f$

(1) $P(x,y)=3+2xy,\ Q(x,y)=x^2-3y^2$이라 두면 $P_y=2x=Q_x$이므로 $F=\nabla f$ 즉, $f_x=3+2xy$이고 $f_y=x^2-3y^2$이므로 $f(x,y)=3x+x^2y-y^3+c$ (단, c는 상수)

(2) $F=\langle y^2, 2xy+e^{3z}, 3ye^{3z}\rangle$에서 $P(x,y,z)=y^2$, $Q(x,y,z)=2xy+e^{3z}$, $R(x,y,z)=3ye^{3z}$이라 두면 $P_y=2y=Q_x,\ Q_z=3e^{3z}=R_y,\ R_x=0=P_z$이므로 $\therefore f(x,y,z)=xy^2+ye^{3z}+c$ (단, c는 상수)

344.

4

풀이 $P=2xe^z,\ \ Q=\sin z,\ \ R=x^2e^z+y\cos z$ 라 하면

$\frac{\partial P}{\partial y}=0=\frac{\partial Q}{\partial x},\ \frac{\partial P}{\partial z}=2xe^z=\frac{\partial R}{\partial x},\ \frac{\partial Q}{\partial z}=\cos z=\frac{\partial R}{\partial y}$

이므로 $F=Pi+Qj+Rk$ 은 보존적 벡터장이다.

시작점 $X(0)=(0,1,0)$, 끝점 $X\left(\frac{\pi}{2}\right)=(2,0,0)$을 잇는 곡선에 대한 선적분은 다음과 같다.

$\int_X 2xe^z dx+\sin z dy+(x^2e^z+y\cos z)dz$

$= x^2e^z+y\sin z\Big]_{(0,1,0)}^{(2,0,0)} = 4$

345.

63

풀이 벡터장 $\boldsymbol{F}=(yz,\ xz,\ xy)$ 이라 하자.
$P=yz,\ Q=xz,\ R=xy$는 $curl\,F=O$을 만족하므로 $\boldsymbol{F}$는 보존적벡터장이다. 따라서 F의 퍼텐셜 함수 f는 $f(x,y,z)=xyz+C$ (C는 임의의 상수)이다.
보존적 벡터장은 곡선 C의 경로에 독립적이므로

$\int_C yzdx+xzdy+xydz = f(2,4,8)-f(1,1,1) = 63$이다.

346.

$e^{3\pi}+1$

풀이 $F(x,y)=\langle 3+2xy,\ x^2-3y^2\rangle$에서

$\frac{\partial}{\partial y}(3+2xy)=2x=\frac{\partial}{\partial x}(x^2-3y^2)$이므로 $F=\nabla f$

즉, $f(x,\ y)=3x+x^2y-y^3+c$ (단, c는 상수)이고

$r(0)=\langle 0,\ 1\rangle,\ r(\pi)=\langle 0,\ -e^{\pi}\rangle$이므로

$\int_C F\cdot dr=\int_C \nabla f\cdot dr=[f(x,\ y)]_{r(0)}^{r(\pi)}$

$=f(0,\ -e^{\pi})-f(0,\ 1)=e^{3\pi}-(-1)=e^{3\pi}+1$

347.

71

풀이 $\frac{\partial}{\partial y}(2xy-3)=2x=\frac{\partial}{\partial x}(x^2+4y^3+5)$이므로

주어진 벡터장은 보존적 벡터장이다. 따라서

$\int_C \vec{F}(x,\ y)\cdot d\vec{r}=[x^2y-3x+y^4+5y]_{(-1,\ 2)}^{(2,\ 3)}$

$=(12-6+81+15)-(2+3+16+10)=102-31=71$

348.

$-\frac{\pi}{2}$

풀이 $f(x,y)=x^2\tan^{-1}y+C$ (C는 상수)

$\Rightarrow \nabla f=\mathrm{F}=\left(2x\tan^{-1}y,\ \frac{x^2}{1+y^2}\right)$

선적분의 기본정리에 의해

$\int_C 2x\tan^{-1}y\,dx+\frac{x^2}{1+y^2}dy=f(1,-1)-f(1,1)=-\frac{\pi}{2}$

349. 7

풀이 벡터장 $F=(3x^2,\ z\cos(yz),\ y\cos(yz))$에 대하여 $curlF=0$이므로 F는 보존장이다. $\nabla f=F$이므로 포텐셜함수 f는 $x^3+\sin(yz)+C$(단, C는 임의의 상수)이다.

$$\therefore \int_C 3x^2dx+z\cos(yz)\,dy+y\cos(yz)dz$$

$$=\left[x^3+\sin(yz)\right]_{\left(0,\,1,\,\frac{\pi}{2}\right)}^{(2,\,\pi,\,1)}=7$$

2. 그린 정리

350. 36π

풀이

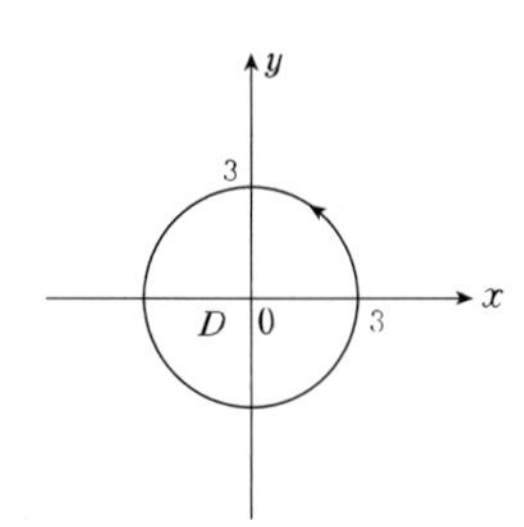

$$F(x,y)=\langle P(x,y),\,Q(x,y)\rangle$$
$$=\left\langle 3y-e^{\sin x},\,7x+\sqrt{y^4+1}\right\rangle$$라 두면

$$\therefore \oint_C(3y-e^{\sin x})dx+\left(7x+\sqrt{y^4+1}\right)dy$$
$$=\iint_D(Q_x-P_y)\,dA=\iint_D(7-3)\,dA$$
$$=\iint_D 4dA=4\cdot(D\text{ 의 면적})=4\cdot 9\pi=36\pi$$

351. $\frac{243}{2}\pi$

풀이 $F(x,\ y)=\langle P(x,\ y),\ Q(x,\ y)\rangle=\langle x^2-y^3,x^3-y^2\rangle$라 두면

$$\oint_C(x^2-y^3)\,dx+(x^3-y^2)\,dy$$
$$=\iint_D(Q_x-P_y)\,dA=\iint_D 3x^2+3y^2\,dA$$
$$=3\int_0^{2\pi}\int_0^3 r^3dr\,d\theta=3\cdot 2\pi\cdot\frac{81}{4}=\frac{243}{2}\pi$$

352. $\frac{1}{6}$

풀이

$F(x, y) = \langle P(x, y), Q(x, y) \rangle = \langle x^4, xy \rangle$

$C = C_1 + C_2 + C_3$라 두면 C는 폐곡선이므로

$$\int_C x^4 dx + xydy = \iint_D (Q_x - P_y) dA$$

$$= \iint_D (y-0) dA = \int_0^1 \int_0^{1-x} ydydx$$

$$= \int_0^1 \left[\frac{1}{2}y^2\right]_0^{1-x} dx = \int_0^1 \frac{1}{2}(1-x)^2 dx$$

$$= \frac{1}{2}\left[-\frac{1}{3}(1-x)^3\right]_0^1 = -\frac{1}{6}(0-1) = \frac{1}{6}$$

353. $\frac{1}{3}$

풀이

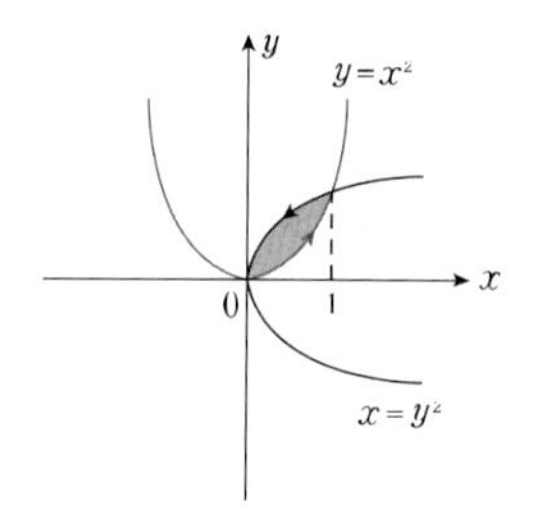

$F(x, y) = \langle P(x, y), Q(x, y) \rangle$

$= \langle y + e^{\sqrt{x}}, 2x + \cos y^2 \rangle$이라 두면

$$\int_C (y + e^{\sqrt{x}}) dx + (2x + \cos y^2) dy = \iint_D (Q_x - P_y) dA$$

$$= \iint_D (2-1) dA = \iint_D dA = \int_0^1 \int_{x^2}^{\sqrt{x}} 1dydx$$

$$= \int_0^1 (\sqrt{x} - x^2) dx = \left[\frac{2}{3}x^{\frac{3}{2}} - \frac{1}{3}x^3\right]_0^1 = \frac{1}{3}$$

354. $\frac{14}{3}$

풀이

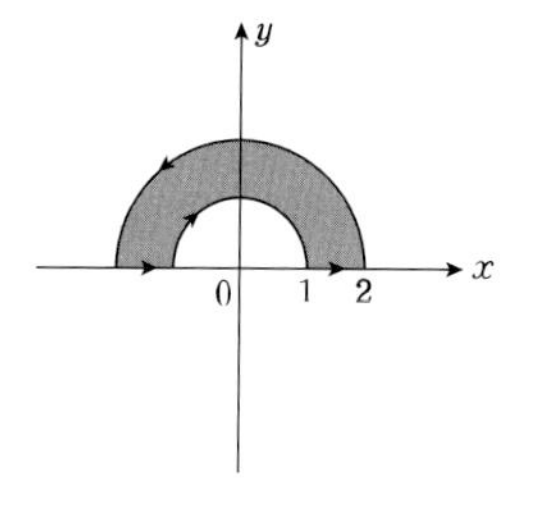

$F(x, y) = \langle P(x, y), Q(x, y) \rangle = \langle y^2, 3xy \rangle$라 두면

$$\oint_C y^2 dx + 3xydy = \iint_D (Q_x - P_y) dA$$

$$= \iint_D (3y - 2y) dA = \iint_D ydA$$

$$= \int_0^{\pi} \int_1^2 r\sin\theta \cdot rdrd\theta$$

$$= \int_0^{\pi} \sin\theta d\theta \cdot \int_1^2 r^2 dr$$

$$= [-\cos\theta]_0^{\pi} \cdot \left[\frac{1}{3}r^3\right]_1^2 = 2 \cdot \frac{7}{3} = \frac{14}{3}$$

355. -4π

풀이

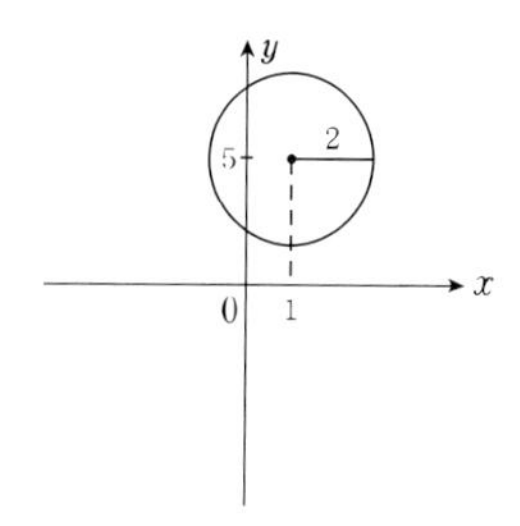

$F(x, y) = \langle P(x, y), Q(x, y) \rangle = \langle x^3 + 3y, 2x - e^{y^5} \rangle$라 두면

$$\oint_C (x^3 + 3y) dx + (2x - e^{y^5}) dy$$

$$= \iint_D (Q_x - P_y) dA = \iint_D (2-3) dA$$

$$= -\iint_D 1dA = (-1) \cdot (D\text{의 면적}) = -4\pi$$

356. $\frac{4}{3} - 2\pi$

풀이 적분경로가 폐곡선이므로 그린 정리를 사용하자. 이때 적분경로의 방향이 시계 방향이므로 부호에 주의해야 한다.

$$\oint_C (\sqrt{x} + y^3) dx + (x^2 + \sqrt{y}) dy$$

$$= \int_0^{\pi} \int_0^{\sin x} (3y^2 - 2x) dydx$$

$$= \int_0^{\pi} [y^3 - 2xy]_0^{\sin x} dx = \int_0^{\pi} (\sin^3 x - 2x\sin x) dx$$

$$= \left\{\left(2 \times \frac{2}{3}\right) - 2\left([-x\cos x]_0^{\pi} + \int_0^{\pi} \cos x dx\right)\right\} = \frac{4}{3} - 2\pi$$

357. 18π

풀이 그린 정리에 의해 닫힌 타원 구간을 D라 하면

$$\oint_C F\cdot dr = \iint_D \frac{\partial}{\partial x}(x) - \frac{\partial}{\partial y}(-2y)dA$$
$$=3\iint_D dA = 3\times(6\pi) = 18\pi$$

[다른 풀이]

$C: x=2\cos t,\ y=3\sin t$ 매개 변수로 놓고 선적분을 계산하면

$$\oint_C (Pdy - Qdx) = \oint_C (x\,dy - 2y\,dx)$$
$$=\int_0^{2\pi}(2\cos t)(3\cos t\,dt) - 2(3\sin t)(-2\sin t\,dt)$$
$$=\int_0^{2\pi}(6\cos^2 t + 12\sin^2 t)dt = 18\pi$$

358. 12π

풀이 그린 정리에 의하여

$$\oint_C (2y+\sqrt{9+x^3})dx + (5x+e^{\tan^{-1}y})dy = \iint (5-2)dxdy$$
$$=3\times(\text{원의 넓이}) = 3\times 4\pi = 12\pi$$

359. $-\frac{1}{12}$

풀이 $\vec{F} = \langle y^2+\sin^3 x,\ x^3+\sqrt{y^2+1}\rangle$ 는 영역 D 에서 연속이고 편미분 가능하므로 그린정리가 성립한다.

$$\int_C (y^2+\sin^3 x)\,dx + (x^3+\sqrt{y^2+1})\,dy$$
$$=\iint_D \frac{\partial}{\partial x}(x^3+\sqrt{y^2+1}) - \frac{\partial}{\partial y}(y^2+\sin^3 x)dA$$
$$=\iint_D (3x^2-2y)\,dA = \int_0^1\int_0^{1-x}(3x^2-2y)dydx$$
$$=\int_0^1 \left[3x^2y - y^2\right]_0^{1-x} dx$$
$$=\int_0^1 (-3x^3+2x^2+2x-1)\,dx = -\frac{1}{12}$$

360. 2

풀이 적분경로가 폐곡선이고 피적분함수가 폐곡선으로 둘러싸인 영역 내에서 연속이므로 그린 정리를 사용할 수 있다.

$$\int_C \left(\frac{\partial Q}{\partial x} - \frac{\partial P}{\partial y}\right)dxdy = \int_C (2x+2y)dxdy$$
$$=2\int_0^1\int_0^1 (x+y)dxdy = 2\int_0^1 \left[\frac{1}{2}x^2+yx\right]_0^1 dy$$
$$=2\int_0^1 \left(\frac{1}{2}+y\right)dy = 2\left[\frac{1}{2}y+\frac{1}{2}y^2\right]_0^1 = 2$$

361. 2π

풀이 폐곡선이므로 그린 정리를 이용하면

$$\int_C \left(2x^2y+\frac{2}{3}y^3\right)dx + (2x^3+6xy^2)\,dy$$
$$=\iint_D \left(\frac{\partial Q}{\partial x} - \frac{\partial P}{\partial y}\right)dA = \iint_D 4(x^2+y^2)\,dA$$
$$=\int_0^{2\pi}\int_0^1 4r^2\cdot r\,dr\,d\theta = 2\pi\int_0^1 4r^3\,dr = 2\pi$$

362. $\frac{\sqrt{2}}{2}\pi$

풀이 곡선 C는 단순 폐곡선이고 곡선 C의 내부에서 $P=x^2+y$, $Q=e^y-y+2x$ 에서 연속인 편도함수를 갖는다.
그린정리에 의해 다음이 성립한다.

$$\int_C Pdx+Qdy = \iint_D (Q_x - P_y)\,dxdy$$
$$=\iint_D (2-1)dxdy$$
$$=\frac{1}{2}\cdot\sqrt{2}\pi = \frac{\sqrt{2}}{2}\pi$$

363. $\frac{65}{4}\pi$

풀이 적분경로가 반시계 방향의 단순 폐곡선이므로 그린 정리를 사용할 수 있다. (D는 C의 내부영역)

$$\oint_C F\cdot dr$$
$$=\int_C (y\sin x + xy\cos x)dx + (xy^2+x\sin x)\,dy$$
$$=\iint_D (y^2+\sin x + x\cos x - \sin x - x\cos x)dA$$

$$= \iint_D y^2\, dA$$
$$= \int_0^{2\pi}\int_0^1 (r\sin\theta+4)^2\, r\, dr\, d\theta$$
$$= \int_0^{2\pi}\int_0^1 (r^3\sin^2\theta+8r^2\sin\theta+16r)\, dr\, d\theta$$
$$= \int_0^{2\pi}\left[\frac{1}{4}r^4\sin^2\theta+\frac{8}{3}r^3\sin\theta+8r^2\right]_0^1 d\theta$$
$$= \int_0^{2\pi}\left(\frac{1}{4}\sin^2\theta+\frac{8}{3}\sin\theta+8\right)d\theta$$
$$= \frac{1}{4}\int_0^{2\pi}\sin^2\theta\, d\theta+\frac{8}{3}\int_0^{2\pi}\sin\theta\, d\theta+\int_0^{2\pi}8\, d\theta$$
$$= \frac{1}{4}\times4\times\frac{1}{2}\cdot\frac{\pi}{2}+0+16\pi$$
$$= \frac{65}{4}\pi$$

364. $\frac{25}{2}\pi-\frac{250}{3}$

풀이

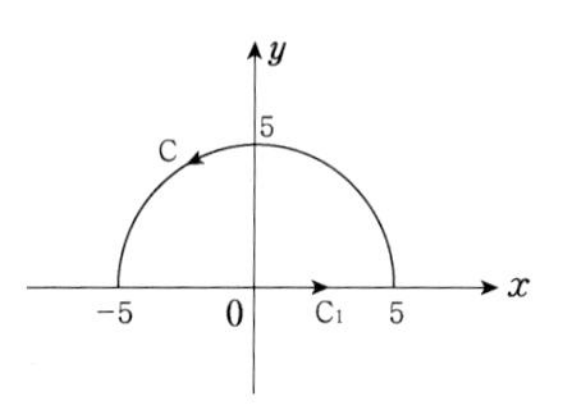

$F(x,y)=\langle x^2, x+\tan^{-1}y\rangle=\langle P(x,y), Q(x,y)\rangle$에서 $Q_x-P_y=1$이다. $C_1: r(t)=\langle t, 0\rangle,\ -5\le t\le 5$이라 두면 $r'(t)=\langle 1,0\rangle$, $F(x,y)=\langle x^2, x+\tan^{-1}y\rangle=\langle t^2, t\rangle$이다.
$F(r(t))\cdot r'(t)=\langle t^2,t\rangle\cdot\langle 1,0\rangle=t^2$이고,

$$\int_{C+C_1}F\cdot dr=\int_C F\cdot dr+\int_{C_1}F\cdot dr=\iint_D (Q_x-P_y)dA$$
$$\int_C F\cdot dr=\iint_D (Q_x-P_y)dA-\int_{C_1}F\cdot dr$$
$$=\int_D 1dA-\int_{-5}^{5}t^2dt$$
$$=\frac{25}{2}\pi-2\cdot\frac{1}{3}\cdot5^3=\frac{25}{2}\pi-\frac{250}{3}$$

365. 4

풀이 C는 점 $(1,0)$ 에서 $(0,1)$ 까지 선분과 $(0,1)$ 에서 $(-1,0)$ 까지 선분이고, C_0 은 $(-1,0)$ 에서 $(1,0)$ 으로의 선분이라고 하자. C와 C_0 로 둘러싸인 영역을 D라 할 때, 영역 D에서 벡터장 F 가 해석적이므로 그린정리에 의하여 다음과 같다.

$$\int_C F\cdot dr+\int_{C_0}F\cdot dr$$
$$=\iint_D \{6+10xy^4-10xy^4\}dA$$
$$=\iint_D 6dA=6\times(D\text{의 넓이})$$
$$=6\times2\times1\times\frac{1}{2}=6$$

또한 $C_0: r(t)=(t,0),\ (-1\le t\le 1)$에 대하여
$F(t)=(3t^2, 6t)$이고, $r'(t)=(1,0)$이므로
$\int_{C_0}F\cdot dr=\int_{-1}^{1}3t^2dt=6\int_0^1 t^2dt=6\times\frac{1}{3}=2$이다.
따라서
$\int_C F\cdot dr+\int_{C_0}F\cdot dr=6$이고
$\int_C F\cdot dr=6-\int_{C_0}F\cdot dr=4$이다.

366. 6π

풀이 곡선 C_1을 추가하여 닫아서 풀자.
여기서 $C_1: r(t)=(-t,0),(-2\pi\le t\le 0)$일 때
$F=(y,-x)=(0,t)$이고, $r'(t)=(-1,0)$이다.
$\int_{C_1}F\cdot dr=\int_{-2\pi}^{0}F\cdot r'(t)dt=0$이다.
주어진 곡선 C와 추가로 만든 곡선 C_1을 연결하면 시계방향의 폐곡선이 만들어진다. 그린정리를 이용하자.

$$\int_C F\cdot dr+\int_{C_1}F\cdot dr=-\iint_D Q_x-P_y dA$$
$$\int_C F\cdot dr+0=-\iint_D -2dA=2\cdot D\text{의 면적}=2\cdot3\pi$$

★★ 싸이클로이드 곡선 $r(t)=(a(t-\sin t), a(1-\cos t))$과 x축으로 둘러싸인 영역의 면적은 $3\pi a^2$이다.

367. 12

풀이 C_4 를 $(4,0)$ 부터 $(0,0)$ 까지의 선분이라고 하자.
곡선 $C'=C\cup C_4$ 라고 하면 C'는 반시계방향의 단순폐곡선이다. $\frac{\partial Q}{\partial x}=2x=\frac{\partial P}{\partial y}$ 이므로

$$\int_{C'}F\cdot dr=\int_{C+C_4}F\cdot dr=\iint_D Q_x-P_y dA=0 \text{ 이다.}$$
$$\int_C F\cdot dr+\int_{C_4}F\cdot dr=0$$

$\int_C F \cdot dr = -\int_{C_4} F \cdot dr = \int_{-C_4} F \cdot dr$ 가 성립한다.

직선 $-C_4$ 는 $r(t) = (t, 0)$, $(0 \le t \le 4)$로 매개화하고

이 때 $F = (3, t^2+1)$, $r'(t) = (1, 0)$이므로 다음과 같다.

$$\int_{-C_4} F \cdot dr = \int_0^4 (3, t^2+1) \cdot (1,0) dt = \int_0^4 3dt = 12$$

368. 0

풀이 D는 유계 폐구간이므로 그린 정리에 의해 다음과 같다.

$$\oint_C xe^{-2x} dx + (x^4 + 2x^2y^2) dy$$
$$= \iint_D (4x^3 + 4xy^2) dxdy$$
$$= \iint_D 4x(x^2+y^2) dxdy$$
$$= \int_0^{2\pi} \int_1^2 4r^4 \cos\theta \, dr d\theta = 0$$

369. 0

풀이 이중연결된 영역 C내부에서 벡터함수 $\left\langle \frac{-y}{x^2+y^2}, \frac{x}{x^2+y^2} \right\rangle$는 연속이고 미분가능하므로 그린 정리를 이용하여 풀자.

$P(x,y) = \frac{-y}{x^2+y^2}$, $Q(x,y) = \frac{x}{x^2+y^2}$ 일 때,

$P_y = Q_x$ 가 성립하므로 $\int_C \frac{-y\,dx + x\,dy}{x^2+y^2} = 0$이다.

370. 0

풀이 이중연결된 영역 C내부에서 벡터함수

$\left\langle \frac{2xy}{(x^2+y^2)^2}, \frac{y^2-x^2}{(x^2+y^2)^2} \right\rangle$는 연속이고 미분가능하므로

그린 정리를 이용하여 풀자.

$P(x,y) = \frac{2xy}{(x^2+y^2)^2}$, $Q(x,y) = \frac{y^2-x^2}{(x^2+y^2)^2}$ 일 때,

$P_y = Q_x$ 가 성립하므로 $\int_C F \cdot dr = 0$이다.

371. 0

풀이

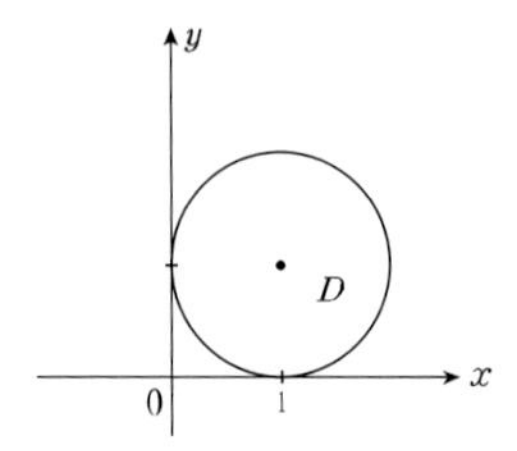

$F(x, y) = \langle P(x, y), Q(x, y) \rangle = \left\langle \frac{-y}{x^2+y^2}, \frac{x}{x^2+y^2} \right\rangle$

F 는 영역 D 에서 연속이고 미분가능하다.

즉, 원점을 통과하지 않거나 원점을 둘러싸고 있지 않은 임의의 단순 닫힌 경로에 대하여 $\oint_C F \cdot dr = 0$이다.

즉, $\oint_C \frac{-y}{x^2+y^2} dx + \frac{x}{x^2+y^2} dy = \oint_C F \cdot dr = 0$

372. 0

풀이

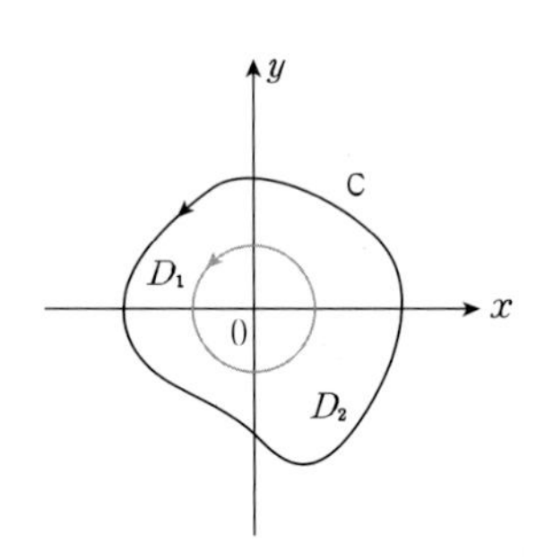

F 는 원점을 제외한 $D = D_1 + D_2$에서 연속이다.

$C_1 : r(t) = \langle a\cos t, a\sin t \rangle$, $0 \le t \le 2\pi$이라 두면

$r'(t) = \langle -a\sin t, a\cos t \rangle$이다.

$$F(x, y) = \langle P(x, y), Q(x, y) \rangle = \left\langle \frac{2xy}{(x^2+y^2)^2}, \frac{y^2-x^2}{(x^2+y^2)^2} \right\rangle$$
$$= \left\langle \frac{2a^2 \cos t \sin t}{(a^2\cos^2 t + a^2 \sin^2 t)^2}, \frac{a^2(\sin^2 t - \cos^2 t)}{(a^2\cos^2 t + a^2\sin^2 t)^2} \right\rangle$$
$$= \frac{1}{a^2} \langle 2\cos t \sin t, \sin^2 t - \cos^2 t \rangle$$

$$\oint_C F\cdot dr=\oint_{C_1} F\cdot dr$$
$$=\int_0^{2\pi}\frac{1}{a^2}\langle 2\cos t\sin t,\ \sin^2 t-\cos^2 t\rangle\cdot a\langle -\sin t,\ \cos t\rangle dt$$
$$=\frac{a}{a^2}\int_0^{2\pi}(-2\cos t\sin^2 t+\cos t\sin^2 t-\cos^3 t)dt$$
$$=\frac{1}{a}\int_0^{2\pi}(-\cos t\sin^2 t-\cos^3 t)dt$$
$$=\frac{1}{a}\int_0^{2\pi}(-\cos t)dt=0$$

373. π

풀이 $C_1 : (x+1)^2+4y^2=1$이라 하면 그린 정리의 확장에 의해

벡터함수 $F=\left\langle \frac{-y}{(x+1)^2+4y^2},\ \frac{x+1}{(x+1)^2+4y^2}\right\rangle$의

선적분은 $\oint_C F\cdot dr=\oint_{C_1} F\cdot dr$ 이다.

$C_1 : x+1=\cos t,\ 2y=\sin t\,(0\le t\le 2\pi)$라고 매개화하자.

$F=\left\langle -\frac{1}{2}\sin t,\ \cos t\right\rangle$이고

$r'(t)=\langle x'(t), y'(t)\rangle=\left\langle -\sin t,\ \frac{1}{2}\cos t\right\rangle$이므로

$$\oint_{C_1} F\cdot dr=\int_0^{2\pi}F\cdot r'(t)dt$$
$$=\int_0^{2\pi}\frac{1}{2}\sin^2 t+\frac{1}{2}\cos^2 t\,dt=\pi$$

374. -2π

풀이 $x=X,\ y-1=Y$라 치환하면

$$\int_C \frac{y-1}{x^2+(y-1)^2}dx+\frac{-x}{x^2+(y-1)^2}dy$$
$$=\int_{C'}\frac{Y}{X^2+Y^2}dX-\frac{X}{X^2+Y^2}dY$$
$$=-\int_{C'}\frac{-Y}{X^2+Y^2}dX+\frac{X}{X^2+Y^2}dY$$

이고 곡선 C'으로 둘러싸인 영역을 D라고 할 때,
원점 $(0,0)$이 영역 D에 포함되므로

$$\int_C \frac{y-1}{x^2+(y-1)^2}dx+\frac{-x}{x^2+(y-1)^2}dy$$
$$=-\int_{C'}\frac{-Y}{X^2+Y^2}dX+\frac{X}{X^2+Y^2}dY=-2\pi$$

375. $\frac{\pi}{2}$

풀이 $P(x,y)=\frac{-y}{x^2+y^2},\ Q(x,y)=\frac{x}{x^2+y^2}$일 때, $P_y=Q_x$가 성립한다. 주어진 곡선 C는 특이점을 포함하는 곡선이 아니므로 C위에서 연속이고 미분가능한 함수이다. 따라서 선적분의 기본 정리가 성립한다.

$$\int_C F\cdot dr=\int_C \nabla f\cdot dr=f(x,y)]_{(1,0)}^{(0,1)}$$
$$=-\left[\tan^{-1}\left(\frac{x}{y}\right)\right]_{(1,0+)}^{(0,1)}=-\left(0-\left(\frac{\pi}{2}\right)\right)=\frac{\pi}{2}$$

376. π

풀이 $P=-\frac{y}{x^2+y^2},\ Q=\frac{x}{x^2+y^2}$에 대해 $P_y=Q_x$ 이므로 $F=Pi+Qj$는 보존적 벡터장이다.

중심이 원점이고 반지름이 $2\sqrt{2}$인 원 위의 점 $P(2,2)$에서 점 $S(2,-2)$의 반시계 방향의 왼쪽 곡선을 C^*라고 하고, 오른쪽 영역을 C^{**}라고 하자.

$$\int_C \frac{-ydx}{x^2+y^2}+\frac{xdy}{x^2+y^2}=\int_{C^*}\frac{-ydx}{x^2+y^2}+\frac{xdy}{x^2+y^2}=\frac{3\pi}{2}$$
$$\int_{C_4}\frac{-ydx}{x^2+y^2}+\frac{xdy}{x^2+y^2}=\int_{-C^{**}}\frac{-ydx}{x^2+y^2}+\frac{xdy}{x^2+y^2}=-\frac{\pi}{2}$$
$$\int_{C+C_4}\frac{-ydx}{x^2+y^2}+\frac{xdy}{x^2+y^2}=\pi$$

3. 면적분

377.

π

풀이 $S: r(\phi, \theta) = \langle \sin\phi\cos\theta, \sin\phi\sin\theta, \cos\phi \rangle$,

$0 \le \phi \le \frac{\pi}{2}$, $0 \le \theta \le 2\pi$라 두면 $|r_\phi \times r_\theta| = 1^2 \cdot \sin\phi$

$$\iint_S G(x, y, z)dS = \iint_D z|r_\phi \times r_\theta| d\phi d\theta$$

$$= \int_0^{2\pi}\int_0^{\frac{\pi}{2}} \cos\phi\sin\phi d\phi d\theta$$

$$= 2\pi \cdot \frac{1}{2}[\sin^2\phi]_0^{\frac{\pi}{2}} = \pi$$

[다른 풀이]

$z = \sqrt{1-x^2-y^2}$ 에서

$$\therefore \iint_S zdS = \iint_D z \cdot \frac{1}{z}dxdy = \iint_D 1dA = (D\text{의 면적}) = \pi$$

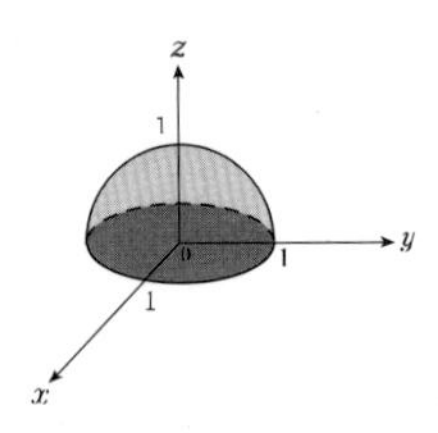

378.

16π

풀이 구면좌표계에서 $\rho = \sqrt{2}$인 경우와 S를 ϕ와 θ에 대한 매개변수함수로 나타내면

$r(\phi, \theta) = (\sqrt{2}\sin\phi\cos\theta, \sqrt{2}\sin\phi\sin\theta, \sqrt{2}\cos\phi)$,

$0 \le \phi \le \pi$, $0 \le \theta \le 2\pi$

$f(x, y, z) = x+y+z = \sqrt{2}(\sin\phi\cos\theta + \sin\phi\sin\theta + \cos\phi)$

이고 $|r_\phi \times r_\theta| = 2\sin\phi$이다.

$$\iint_S x^2+y^2+z^2\, dS = \int_0^{2\pi}\int_0^{\pi} 2 \cdot 2\sin\phi\, d\phi d\theta$$

$= 16\pi$ (푸비니 정리, 왈리스공식 이용)

❖ 발산정리 수강 후에 다른 풀이로 풀이가능하다.

379.

$\frac{13}{3}\sqrt{2}$

풀이

$$\iint_S ydS = \iint_D y\sqrt{1+(z_x)^2+(z_y)^2}\, dA$$

$$= \iint_D y\sqrt{1+1+4y^2}\, dA$$

$$= \int_0^1 1dx \cdot \int_0^2 y\sqrt{2+4y^2}\, dy$$

$$= 1 \cdot \left[\frac{1}{8} \cdot \frac{2}{3}(2+4y^2)^{\frac{3}{2}}\right]_0^2$$

$$= \frac{1}{12}(18\sqrt{18} - 2\sqrt{2}) = \frac{1}{12} \cdot 52\sqrt{2} = \frac{13}{3}\sqrt{2}$$

380.

$\frac{1}{3}(26\sqrt{26} - 10\sqrt{10})$

풀이 $D = \{(x,y) | 0 \le x \le 2,\ -2x \le y \le 0\}$인 영역이고,

곡면 $z = 2-3y+x^2$에서 $z_x = 2x$, $z_y = -3$이므로

$|\nabla S| = \sqrt{1+{z_x}^2+{z_y}^2} = \sqrt{4x^2+10}$ 이다.

$$\iint_S (z+3y-x^2)dS$$

$$= \iint_D (z+3y-x^2)|\nabla S| dxdy$$

$$= \int_0^2\int_{-2x}^0 2\sqrt{4x^2+10}\, dydx$$

$$= \int_0^2 \left[2y\sqrt{4x^2+10}\right]_{-2x}^0 dx$$

$$= \int_0^2 4x\sqrt{4x^2+10}\, dx$$

$$= \frac{1}{3}\left[(4x^2+10)^{\frac{3}{2}}\right]_0^2 = \frac{1}{3}(26\sqrt{26} - 10\sqrt{10})$$

381.

$\frac{4}{3}\pi$

풀이 $r_u = (\cos v, \sin v, 0)$, $r_v = (-u\sin v, u\cos v, 1)$

$\Rightarrow |r_u \times r_v| = |(\sin v, -\cos v, u)| = \sqrt{1+u^2}$

$$\iint_S \sqrt{1+x^2+y^2}\, dS$$

$$= \int_0^1\int_0^{\pi} \sqrt{1+(u\cos v)^2+(u\sin v)^2}\, |r_u \times r_v| dvdu$$

$$= \int_0^1\int_0^{\pi}(1+u^2)dvdu$$

$$= \pi\int_0^1(1+u^2)du = \pi\left[u+\frac{u^3}{3}\right]_0^1 = \frac{4}{3}\pi$$

382. $\frac{2}{15}(1+\sqrt{2})\pi$

풀이 영역 $D=\{(x,y)|x^2+y^2 \le 1\}$이라 하자.

$$\frac{1}{2}\iint_D (x^2+y^2)\sqrt{1+x^2+y^2}\,dA$$
$$=\frac{1}{2}\int_0^{2\pi}\int_0^1 r^3\sqrt{1+r^2}\,drd\theta=\pi\int_0^1 r^3\sqrt{1+r^2}\,dr$$
$$=\frac{\pi}{2}\int_1^2 (t-1)\sqrt{t}\,dt\ (\because 1+r^2=t\text{로 치환})$$
$$=\frac{\pi}{2}\left[\frac{2}{5}t^{\frac{5}{2}}-\frac{2}{3}t^{\frac{3}{2}}\right]_1^2=\frac{2}{15}(1+\sqrt{2})\pi$$

383. $\frac{364\sqrt{2}}{3}\pi$

풀이 곡면 $S: F=z^2-x^2-y^2=0$, $\nabla F=\langle -2x, -2y, 2z\rangle$,

$\nabla S=\left\langle \frac{-x}{z}, \frac{-y}{z}, 1\right\rangle$, $|\nabla S|=\sqrt{\frac{x^2+y^2}{z^2}+1}=\sqrt{2}$,

$D=\{(x,y)|1 \le x^2+y^2 \le 9\}$이다.

$$\iint_S x^2z^2\,dS=\iint_D x^2(x^2+y^2)\,|\nabla S|dxdy$$
$$=\sqrt{2}\int_0^{2\pi}\int_1^3 r^2\cos^2\theta \cdot r^2 \cdot r\,dr\,d\theta$$
$$=\sqrt{2}\cdot\frac{1}{2}\cdot\frac{\pi}{2}\cdot 4\int_1^3 r^5\,dr$$
$$=\sqrt{2}\,\pi\cdot\frac{1}{6}r^6\Big]_1^3=\frac{364\sqrt{2}}{3}\pi$$

384. 12

풀이 주어진 곡면 S를 매개화 하면 $0 \le x \le 3, 0 \le \theta \le \frac{\pi}{2}$에서

$r(x,\theta)=(x, \cos\theta, \sin\theta)$일 때

$$r_x \times r_\theta=\begin{vmatrix} i & j & k \\ 1 & 0 & 0 \\ 0 & -\sin\theta & \cos\theta \end{vmatrix}=(0, -\cos\theta, -\sin\theta)$$

$|r_x \times r_\theta|=1$이다.

$$\iint_S z+x^2y\,dS$$
$$=\int_0^{\frac{\pi}{2}}\int_0^3(\sin\theta+x^2\cos\theta)\,|r_x\times r_\theta|\,dx\,d\theta$$
$$=\int_0^{\frac{\pi}{2}}\int_0^3\sin\theta\,dx\,d\theta+\int_0^{\frac{\pi}{2}}\int_0^3 x^2\cos\theta\,dx\,d\theta$$
$$=3+9=12$$

385. $-\frac{1}{6}$

풀이

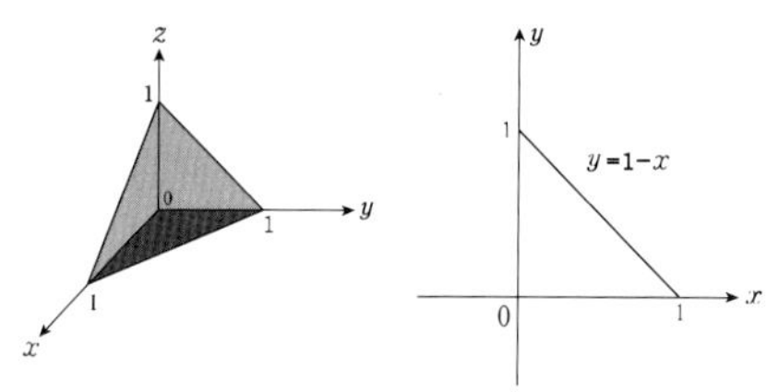

$F(x,y,z)=\langle xze^y, -xze^y, z\rangle$

곡면 S는 $S=x+y+z=1$이므로 $z=1-x-y$이고

$\nabla S=\langle 1,1,1\rangle \Rightarrow F\cdot\nabla S=xze^y-xze^y+z=z$

$$\therefore \iint_S F\cdot d\mathbf{S}=-\iint_S F\cdot ndS=-\iint_D F\cdot\nabla S dxdy$$
$$=-\iint_D zdxdy=-\iint_D(1-x-y)dxdy$$
$$=\iint_D(x+y-1)dxdy$$
$$=\int_0^1\int_0^{1-x}\{-(1-x)+y\}dydx$$
$$=\int_0^1\left\{-(1-x)^2+\frac{1}{2}(1-x)^2\right\}dx$$
$$=\int_0^1\left\{-\frac{1}{2}(1-x)^2\right\}dx=\frac{1}{2}\left[\frac{1}{3}(1-x)^3\right]_0^1$$
$$=\frac{1}{6}(0-1)=-\frac{1}{6}$$

386. $\frac{1}{2}$

풀이 곡면 $S: x+y+\frac{z}{2}=1$에 대하여 $\nabla S=\langle 2,2,1\rangle$이고,

$D=\{(x,y)|0 \le x \le 1, 0 \le y \le 1-x\}$이다.

$$\iint_S \vec{V}\cdot\hat{n}\,dS=\iint_D V\cdot\nabla S dxdy$$
$$=\iint_D 2x^2+2ydxdy=\int_0^1\int_0^{1-x}2x^2+2y\,dydx$$
$$=\int_0^1 2x^2(1-x)+(1-x)^2\,dx$$
$$=\int_0^1-2x^3+3x^2-2x+1\,dx$$
$$=-\frac{1}{2}x^4+x^3-x^2+x\Big]_0^1=\frac{1}{2}$$

387. $-\frac{\pi}{4}$

풀이 $\iint_S F \cdot d\mathbf{S}$

$= \iint_D (xy + xe^{z^2},\ -2y^2 - ye^{z^2},\ z + x^2) \cdot (0,\ 0,\ -1)dxdy$

$= \iint_D (-z - x^2)dA$ (단, D ; $x^2 + y^2 \le 1$)

$= -\iint_D x^2\, dA (\because z = 0)$

$= -\int_0^{2\pi} \int_0^1 r^2 \cos^2\theta \cdot r dr\, d\theta$

$= -\int_0^1 r^3\, dr \int_0^{2\pi} \cos^2\theta\, d\theta$

$= -\frac{1}{4} \cdot 4 \cdot \frac{1}{2} \cdot \frac{\pi}{2} = -\frac{\pi}{4}$

388. 2π

풀이 곡면 $S : x^2 + y^2 + z^2 = 1 (z \ge 0)$이고,

$\nabla S = \left\langle \frac{x}{z}, \frac{y}{z}, 1 \right\rangle$, $D = \{(x,y) \mid x^2 + y^2 \le 1\}$이다.

곡면 S : $x^2 + y^2 + z^2 = 1$를 식에 대입하자.

$\iint_S F \cdot d\mathbf{S} = \iint_S F \cdot n dS$

$= \iint_D \sqrt{x^2 + y^2 + z^2} \langle x,y,z \rangle \cdot \left\langle \frac{x}{z}, \frac{y}{z}, 1 \right\rangle dxdy$

$= \iint_D \frac{x^2 + y^2 + z^2}{z} dxdy = \iint_D \frac{1}{\sqrt{1 - x^2 - y^2}} dxdy$

$= \int_0^{2\pi} \int_0^1 \frac{r}{\sqrt{1 - r^2}} dr\, d\theta = -2\pi (1 - r^2)^{\frac{1}{2}} \Big|_0^1 = 2\pi$

389. $\frac{1}{2}$

풀이 곡면 S를 $z = f(x,\ y)$라 하면 위로 향하는 단위법선벡터는 $\nabla S = \langle -f_x, -f_y, 1 \rangle$이고 $D = \{(x,\ y) \mid 0 \le x \le 1,\ 0 \le y \le 1\}$이라 하자.

$\iint_S x \vec{k} \cdot d\vec{S}$

$= \iint_D \langle 0, 0, x \rangle \cdot \langle -f_x,\ -f_y,\ 1 \rangle dydx$

$= \iint_D x\, dydx = \int_0^1 \int_0^1 x\, dydx = \frac{1}{2}$

390. $2a^4$

풀이

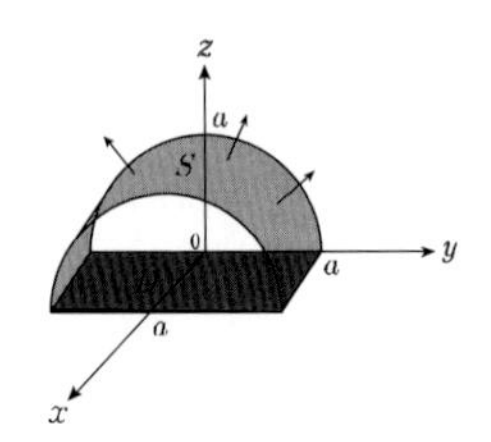

벡터함수는 $F(x, y, z) = \langle 0, yz, z^2 \rangle$이고

곡면 S는 $G(x, y, z) = y^2 + z^2 = a^2$이므로

$\left(\frac{G_x}{G_z}, \frac{G_y}{G_z}, 1 \right) = \left(0, \frac{y}{z}, 1 \right)$이다.

$\iint_S F \cdot dS = \iint_S F \cdot ndS$

$= \iint_D (F_1, F_2, F_3) \cdot \left(\frac{G_x}{G_z}, \frac{G_y}{G_z}, 1 \right) dxdy$

$= \iint_D (0, yz, z^2) \cdot \left(0, \frac{y}{z}, 1 \right) dxdy$

$= \iint_D (y^2 + z^2) dxdy$

$= \iint_D a^2 dxdy \ \ (\because z = \sqrt{a^2 - y^2})$

$= a^2 \times (D$의 면적$) = a^2 \cdot 2a^2 = 2a^4$

391. π

풀이 곡면 S : $r(u, v) = (u\cos v, u\sin v, v)$에 대하여

$r_u = (\cos v, \sin v, 0)$, $r_v = (-u\sin v, u\cos v, 1)$이고,

$\nabla S = r_u \times r_v = \langle \sin v, -\cos v, u \rangle$이다.

D : $0 \le u \le 1$, $0 \le v \le \pi$일 때

$F = \langle z, y, x \rangle = \langle v, u\sin v, u\cos v \rangle$에 대하여

$\iint_S F \cdot ndS = \iint_D F \cdot \nabla S dA$

$= \iint_D v\sin v - u\sin v\cos v + u^2 \cos v\, dudv$

$= \int_0^\pi \int_0^1 v\sin v dudv - \int_0^\pi \int_0^1 u\sin v \cos v dudv$

$+ \int_0^\pi \int_0^1 u^2 \cos v\, dudv$

$= \int_0^\pi v\sin v\, dv = \pi$

■ 4. 발산 정리

392. $\frac{7}{2}$

풀이

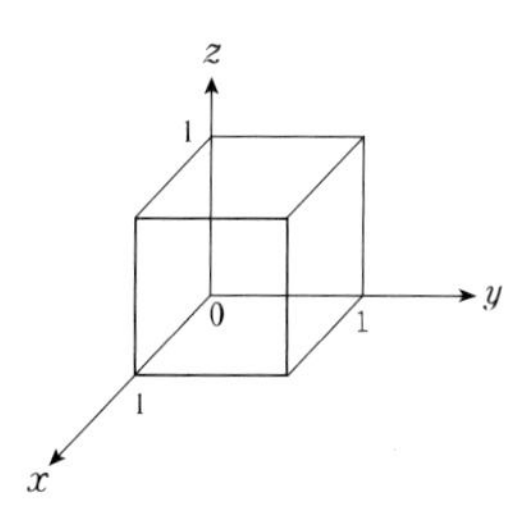

$F(x,y,z)=\langle 2xy, y^2, 3yz\rangle$ 이므로 $divF=2y+2y+3y=7y$

$\therefore \iint_S F\cdot ndS=\iiint_T divFdV=\iiint_T 7ydV$

$=\int_0^1\int_0^1\int_0^1 7ydxdydz=\frac{7}{2}\left[y^2\right]_0^1=\frac{7}{2}$

[다른 풀이]

$\iint_S F\cdot ndS=\iiint_T divFdV=\iiint_T 7ydV=7\iiint_T ydV$

$=7\cdot$ (y의 무게중심)$=7\cdot\frac{1}{2}=\frac{7}{2}$

393. $\frac{\pi}{2}$

풀이

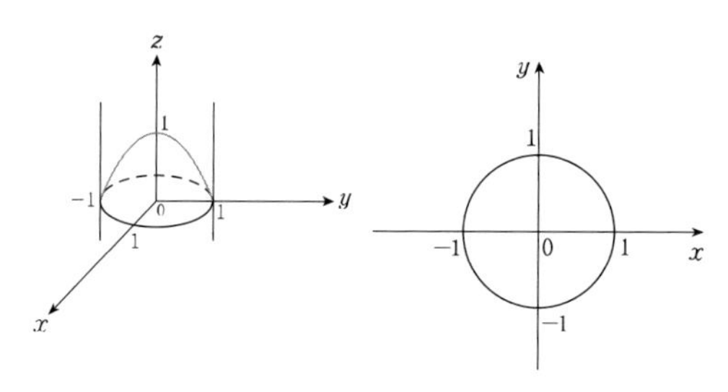

$div V=\left\langle \frac{\partial}{\partial x}, \frac{\partial}{\partial y}, \frac{\partial}{\partial z}\right\rangle\cdot\langle y, x, z\rangle=0+0+1=1$

이므로 발산 정리에 의하여

$\iint_S V\cdot d\mathbf{S}=\iiint_E div\,Vdxdydz$

$=\iint_D\int_0^{1-x^2-y^2} dz\,dy\,dx$

$=\int_0^{2\pi}\int_0^1\int_0^{1-r^2} r\,dz\,dr\,d\theta$

$=2\pi\int_0^1 r\left(1-r^2\right)dr$

$=2\pi\int_0^1\left(r-r^3\right)dr$

$=2\pi\left(\frac{1}{2}-\frac{1}{4}\right)=2\pi\cdot\frac{1}{4}=\frac{\pi}{2}$

394. $\frac{5}{2}\pi$

풀이 S를 포물면 $z=x^2+y^2$ 과 평면 $z=1$ 로 둘러싸인 입체라 하자.

$\iint_D \vec{F}\cdot d\vec{S}=\iiint_S div(F)\,dV$ ($\because$ 발산정리)

$=\iiint_S 5\,dV$

$=\int_0^{2\pi}\int_0^1\int_{r^2}^1 5r\,dzdrd\theta$ ($\because$ 원주좌표계)

$=\int_0^{2\pi}\int_0^1 5r(1-r^2)drd\theta$

$=\int_0^{2\pi}\left(\frac{5}{2}-\frac{5}{4}\right)d\theta=\frac{5}{2}\pi$

395. 4π

풀이 $divF=\left\langle\frac{\partial}{\partial x}, \frac{\partial}{\partial y}, \frac{\partial}{\partial z}\right\rangle\cdot\langle x+2yz, \sin x+y, xy+z\rangle$

$=1+1+1=3$ 이므로 유량은

$\iint_S F\cdot d\mathbf{S}=\iiint_E divFdxdydz=\iiint_E 3dV=3\cdot\frac{4}{3}\pi=4\pi$

396. 24π

풀이 곡면 σ로 둘러싸인 영역을 E라 하면, 벡터장 F가 E에서 해석적이므로 발산정리를 사용하면

$\iint_\sigma F\cdot n\,dS=\iiint_D \nabla F(x, y, z)\,dV$

$=3\iiint_E dV$

$=3\times\frac{4}{3}\pi\cdot 1\cdot 2\cdot 3=24\pi$

397. 279π

풀이

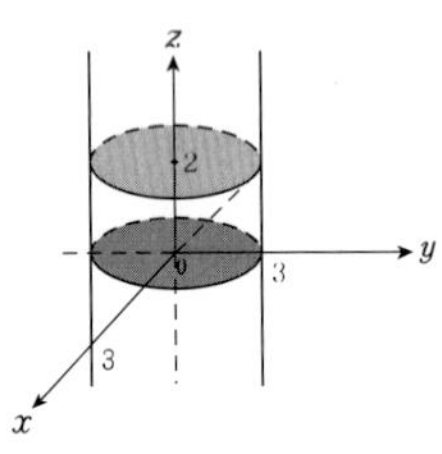

$F(x, y, z)=\langle x^3, y^3, z^2\rangle$이므로 $divF=3x^2+3y^2+2z$

$\therefore \iint_S F\cdot dS=\iiint_E divF dxdydz$

$=\iiint_E \{3(x^2+y^2)+2z\}dxdydz$

$=\iint_D\int_0^2\{3(x^2+y^2)+2z\}dzdxdy$

$=\iint_D[3(x^2+y^2)z+z^2]_0^2 dA$

$=\iint_D\{6(x^2+y^2)+4\}dA$

$=\int_0^{2\pi}\int_0^3(6r^2+4)rdrd\theta$

$=\left[\frac{6}{4}r^4+2r^2\right]_0^3\cdot 2\pi$

$=\left(\frac{3}{2}\cdot 81+18\right)\cdot 2\pi=243\pi+36\pi=279\pi$

398. $\frac{6}{5}a^5\pi$

풀이 $F(x, y, z)=\langle x^3, y^3, z^3\rangle$이므로 $divF=3x^2+3y^2+3z^2$

$\therefore \iint_S F\cdot dS=\iiint_E divF dV$

$=\iiint_E 3(x^2+y^2+z^2)dxdydz$

$=\int_0^{2\pi}\int_0^{\frac{\pi}{2}}\int_0^a 3\rho^2\cdot\rho^2\sin\phi d\rho d\phi d\theta$

$=2\pi\left[\frac{3}{5}\rho^5\right]_0^a\cdot[-\cos\phi]_0^{\frac{\pi}{2}}$

$=2\pi\cdot\frac{3}{5}a^5\cdot 1=\frac{6}{5}a^5\pi$

399. $\frac{31\pi}{20}$

풀이 $\iint_S F\cdot\hat{n}dS=3\iiint_E(x^2+y^2+z)dV$ ($\because$ 발산정리)

$=3\int_0^{2\pi}\int_0^1\int_0^{\sqrt{1-r^2}}r^3+zr\,dz\,dr\,d\theta$ ($\because$ 원주좌표계)

$=3\cdot 2\pi\int_0^1 r^3\sqrt{1-r^2}+\frac{1}{2}r(1-r^2)dr$

$=6\pi\left[\int_0^1(1-t^2)t^2dt+\frac{1}{2}\int_0^1 r-r^3dr\right]$

$=6\pi\left[\frac{1}{3}-\frac{1}{5}+\frac{1}{2}\left(\frac{1}{2}-\frac{1}{4}\right)\right]=\frac{31}{20}\pi$

400. 96π

풀이 S가 단순 폐곡면이고 영역 V에서 벡터장 $F(x, y, z)=x^3i+y^3j+z^3k$ 가 연속인 1계 편도함수를 가지므로 가우스 발산정리에 의하여

$\iint_S F\cdot ndS=\iiint_V divFdzdydx$

$=\iiint_V 3x^2+3y^2+3z^2dzdydx$

$=3\int_0^{2\pi}\int_0^2\int_0^{4-r^2}(r^2+z^2)rdzdrd\theta$

$=3\cdot 2\pi\int_0^2\left[r^3z+\frac{1}{3}rz^3\right]_0^{4-r^2}dr$

$=6\pi\int_0^2 r^3(4-r^2)+\frac{1}{3}r(4-r^2)^3dr$

$=6\pi\int_0^2 4r^3-r^5+\frac{1}{3}r(4-r^2)^3dr$

$=6\pi\left[r^4-\frac{1}{6}r^6-\frac{1}{24}(4-r^2)^4\right]_0^2=6\pi\left[16-\frac{32}{3}+\frac{4^4}{24}\right]$

$=6\pi\times 16=96\pi$

401. $\frac{4}{3}\pi$

풀이 발산정리에 의해

$\iint_S\vec{F}\cdot d\vec{S}=\iiint_E 4z\,dV=\int_0^{2\pi}\int_0^1\int_{r^2}^1 4zr\,dz\,dr\,d\theta$

$=2\pi\int_0^1[2z^2]_{r^2}^1 r\,dr\,d\theta=2\pi\int_0^1(2r-2r^5)dr$

$=2\pi\left[r^2-\frac{1}{3}r^6\right]_0^1=\frac{4}{3}\pi$

402. π

풀이 $z=0,\ x^2+y^2 \le 1$인 곡면을 S_1(단, S_1의 방향은 아래)라고 하면 가우스-발산 정리에 의하여

$$\iint_S F\cdot dS+\iint_{S_1} F\cdot dS$$
$$=\iiint_T divFdV \quad (T:\ 0 \le z \le \sqrt{1-x^2-y^2})$$
$$=\iiint_T 2x+2y+2zdV$$
$$=\iiint 2zdV \quad (\because x\text{와 } y\text{의 중심은 } (0,\ 0))$$
$$=2\int_0^{2\pi}\int_0^{\frac{\pi}{2}}\int_0^1 \rho\cos\phi\,\rho^2\sin\phi\,d\rho d\phi d\theta$$
$$=2\times 2\pi\frac{1}{2}\left[\sin^2\phi\right]_0^{\frac{\pi}{2}}\frac{1}{4}\left[\rho^4\right]_0^1=\frac{\pi}{2}$$
$$\therefore \iint_S F\cdot dS=\frac{\pi}{2}-\iint_{S_1} F\cdot dS$$
$$=\frac{\pi}{2}+\iint_D (P,Q,R)\cdot(0,\ 0,\ 1)dA$$
(단, $D:\ x^2+y^2 \le 1$)
$$=\frac{\pi}{2}+\iint_D x^2+y^2+z^2dA\ (S_1:\ z=0\text{대입})$$
$$=\frac{\pi}{2}+\iint_D x^2+y^2dA=\frac{\pi}{2}+\int_0^{2\pi}\int_0^1 r^3drd\theta$$
$$=\frac{\pi}{2}+2\pi\frac{1}{4}=\pi$$

403. $\frac{13}{20}\pi$

풀이 $S_1=\{(x,\ y,\ z)|x^2+y^2 \le 1,\ z=0\}$이라 하자.
$S\cup S_1$ 폐곡면이므로 발산 정리에 의해서

$$\iint_{S\cup S_1} F\cdot dS=\iiint_E divFdV=\iiint_E x^2+y^2+z^2\ dV$$
$$=\int_0^{2\pi}\int_0^{\frac{\pi}{2}}\int_0^1 \rho^4\sin\phi\ d\rho d\phi d\theta=\frac{2}{5}\pi$$
$$\iint_{S\cup S_1} F\cdot dS=\iint_S F\cdot dS+\iint_{S_1} F\cdot dS\text{에서}$$
$$\iint_{S_1} F\cdot dS=-\iint_D F\cdot <0,\ 0,1>dA$$
$$=-\iint_D x^2z+y^2\ dA=-\iint_D y^2\ dA$$
$$=-\int_0^{2\pi}\int_0^1 r^3\sin^2\theta\ drd\theta=-\frac{\pi}{4}$$
$$\therefore \iint_S F\cdot dS=\frac{2\pi}{5}-\iint_{S_1} F\cdot dS=\frac{2\pi}{5}+\frac{\pi}{4}=\frac{13}{20}\pi$$

404. 2π

풀이 벡터함수 $F(x,y,z)=\sqrt{x^2+y^2+z^2}\,(x,y,z)$, $G(x,y,z)=(x,y,z)$에 대하여 곡면 S는 $x^2+y^2+z^2=1\,(z\ge 0)$에 대한 $\iint_S F\cdot ndS=\iint_S G\cdot ndS$와 같다.
곡면 $S_1;z=0\,(x^2+y^2 \le 1)$라고 할 때 S와 S_1으로 둘러싸인 영역을 E라고 하자.

$$\iint_S F\cdot ndS=$$
$$\iint_S G\cdot ndS=\iiint_E div\,Gdxdydz+\iint_{S_1} G\cdot ndS$$
$$=\iiint_E 3dV+\iint_{x^2+y^2\le 1}(x,y,z)\cdot(0,0,1)dxdy$$
$$=3\cdot\frac{4\pi}{3}\cdot\frac{1}{2}+\iint_{x^2+y^2\le 1} 0dxdy=2\pi$$

405. $\frac{\pi}{4}$

풀이 $S=\{(x,\ y,\ z)|z=\sqrt{1-x^2-y^2}\}$이므로
$S_1=\{(x,\ y,\ z)|z=0,\ x^2+y^2\le 1\}$이라 두면
$S\cup S_1$는 폐곡면이다. 폐곡면의 내부를 E라고 하자.
$D=\{(x,y)|x^2+y^2\le 1\}$라 두자.
$\iint_{S+S_1} F\cdot\vec{n}dS=\iint_S F\cdot\vec{n}dS+\iint_{S_1} F\cdot\vec{n}dS$이고
발산 정리를 이용하면 다음과 같다.

$$\iiint_E divF\,dV$$
$$=\iint_S F\cdot\vec{n}dS+\iint_D (y^2,-z^2,x^2)\cdot(0,0,-1)dA$$

$div\,F=0$이므로 $0=\iint_S F\cdot\vec{n}\,dS+\iint_D(-x^2)\,dydx$

$$\therefore \iint_S F\cdot\vec{n}\,dS=\iint_D x^2dydx$$
$$=\int_0^{2\pi}\int_0^1 r^3\cos^2\theta\ drd\theta$$
$$=\left(4\int_0^{\frac{\pi}{2}}\cos^2\theta\,d\theta\right)\cdot\left(\int_0^1 r^3\,dr\right)$$
$$=\left(4\cdot\frac{1}{2}\cdot\frac{\pi}{2}\right)\cdot\left[\frac{1}{4}r^4\right]_0^1(\because\text{왈리스(Wallis) 공식})=\frac{\pi}{4}$$

406. $\frac{3}{5}\pi$

풀이 $S_1=\{(x,y,z)\mid x^2+y^2\le 1,\ z=1\}$ 이라 하면

$$\iint_{S\cup S_1} F\cdot n\,dS=\iint_S F\cdot dS+\iint_{S_1} F\cdot dS \text{ 이다.}$$

유계인 폐곡면 $S\cup S_1$ 를 경계로 갖는 영역 E 에서 벡터장 $F=Pi+Qj+Rk$ 가 E 를 포함하는 열린 영역에서 연속인 편도함수를 가지므로 발산정리가 성립한다.

이때, n 은 $S\cup S_1$ 의 외향단위법선벡터이다.

$$\iint_{S\cup S_1} F\cdot ndS=\iiint_E \mathrm{divF\,dV}=\iiint_E (x^2+y^2)\,dV$$

$$=\int_0^{2\pi}\int_0^1\int_1^{2-r} r^2\cdot r\,dz\,dr\,d\theta$$

$$=\int_0^{2\pi}\int_0^1 r^3(1-r)\,dr\,d\theta$$

$$=2\pi\left[\frac{1}{4}r^4-\frac{1}{5}r^5\right]_0^1=\frac{\pi}{10}$$

$$\iint_{S_1} F\cdot dS$$

$$=\iint_D (xy^2+\tan^2 1,e^{x^2}+x\sin^3 1,x^2+y^2)\cdot(0,0,-1)\,dA$$

$$=-\iint_D (x^2+y^2)\,dA$$

$$=-\int_0^{2\pi}\int_0^1 r^3\,dr\,d\theta=-\frac{\pi}{2}$$

$$\iint_S F\cdot dS=\iint_{S\cup S_1} F\cdot dS-\iint_{S_1} F\cdot dS$$

$$=\frac{\pi}{10}-\left(-\frac{\pi}{2}\right)=\frac{3}{5}\pi$$

407. $\frac{3}{2}\pi$

풀이 문제에서 제시한 곡면의 부분을 S라 하고

$S_1=\{(x,y,z)\mid x^2+y^2\le 1,\ z=1\}$이라 하자.

$S\cup S_1$은 폐곡면이므로 발산 정리에 의해서

$$\iint_{S\cup S_1} F\cdot dS=\iiint_E divF\,dV$$

$$=\iint_D\int_1^{2-x^2-y^2} 1\,dV$$

$$=\iint_D 1-(x^2+y^2)\,dV$$

$$=\int_0^{2\pi}\int_0^1 r-r^3\,dr\,d\theta=\frac{\pi}{2}$$

$$\iint_{S\cup S_1} F\cdot dS=\iint_S F\cdot dS+\iint_{S_1} F\cdot dS\text{이고}$$

$$\iint_{S_1} F\cdot dS=\iint_D F\cdot <0,0,-1>dA$$

$$=-\iint_D z\,dA$$

$$=-\iint_D 1\,dA=-\pi$$

$$\therefore \iint_S F\cdot dS=\frac{\pi}{2}+\pi=\frac{3}{2}\pi$$

408. 108π

풀이 벡터함수 $F(x,y,z)=(P,Q,R)$이라고 하자.

$$\iint_S F\cdot d\mathbf{S}=\iint_S F\cdot ndS$$

$$=\iint_S F\cdot\frac{(x,y,z)}{\sqrt{x^2+y^2+z^2}}dS$$

$$=\iint_S (P,Q,R)\cdot\frac{(x,y,z)}{3}dS$$

$$=\iint_S (x+y+z^2)\,dS$$

이 성립한다고 한다면 $F=(3,3,3z)$이라고 할 수 있다.

B는 구 $x^2+y^2+z^2=9$의 내부라고 하자.

따라서 벡터함수 $F=(3,3,3z)$를 Gauss발산정리에 의해 면적분을 계산하자.

$$\iint_S F\cdot d\mathbf{S}=\iiint_B divF\,dV=\iiint_B 3dV$$

$$=3\cdot\frac{4\pi}{3}\cdot 3^3=108\pi$$

[다른 풀이]

$$\iint_D (x+y+z^2)\,ds$$

$$=\int_0^{2\pi}\int_0^{\pi}(3\sin\phi\cos\theta+3\sin\phi sin\theta+9\cos^2\phi)\cdot 9\sin\phi\,d\phi\,d\theta$$

$$=\int_0^{2\pi}\int_0^{\pi}81\cos^2\phi\sin\phi\,d\phi\,d\theta$$

$$=2\pi\cdot 81\left[\frac{1}{3}\cos^3\phi\right]_{\pi}^{0}=108\pi$$

409. 16π

풀이 벡터함수 $F(x,y,z)=(P,Q,R)$이라고 하자.

$$\iint_S F \cdot d\mathbf{S} = \iint_S F \cdot n dS$$
$$= \iint_S F \cdot \frac{(x,y,z)}{\sqrt{x^2+y^2+z^2}} dS$$
$$= \iint_S (P,Q,R) \cdot \frac{(x,y,z)}{\sqrt{2}} dS$$
$$= \iint_S (x^2+y^2+z^2)\, dS$$

이 성립한다고 한다면 $F=\sqrt{2}(x,y,z)$이라고 할 수 있다.

B는 구 $x^2+y^2+z^2=9$의 내부라고 하자.

따라서 벡터함수 $F=\sqrt{2}(x,y,z)$를 Gauss발산정리에 의해 면적분을 계산하자.

$$\iint_S F \cdot d\mathbf{S} = \iiint_B divF\, dV$$
$$= \iiint_B 3\sqrt{2}\, dV = 3\sqrt{2} \cdot \frac{4\pi}{3} \cdot 2\sqrt{2} = 16\pi$$

410. $\frac{4}{3}\pi$

풀이 벡터함수 $F(x,y,z)=(P,Q,R)$이라고 하자.

$$\iint_S F \cdot d\mathbf{S} = \iint_S F \cdot n dS$$
$$= \iint_S F \cdot \frac{(x,y,z)}{\sqrt{x^2+y^2+z^2}} dS$$
$$= \iint_S (P,Q,R) \cdot (x,y,z) dS$$
$$= \iint_S (x^2+y+z)\, dS \text{이}$$

성립한다고 한다면 $F=(x,1,1)$이라고 할 수 있다.

B는 구 $x^2+y^2+z^2=9$의 내부라고 하자.

따라서 벡터함수 $F=(x,1,1)$를 Gauss발산정리에 의해 면적분을 계산하자.

$$\iint_S F \cdot d\mathbf{S} = \iiint_B divF\, dV = \iiint_B 1 dV = \frac{4\pi}{3}$$

[다른 풀이] $S : r(\phi,\theta) = (\sin\phi\cos\theta, \sin\phi\sin\theta, \cos\phi)$ 이므로 면적분은 다음과 같다.

$$\iint_S (x^2+y+z)\, dS$$
$$= \int_0^{2\pi}\int_0^{\pi} (\sin^2\phi\cos^2\theta + \sin\phi\sin\theta + \cos\phi) \cdot \sin\phi d\phi$$
$$= \int_0^{2\pi} \cos^2\theta\, d\theta \times \int_0^{\pi} \sin^3\phi\, d\phi = \frac{4}{3}\pi$$

411. 4π

풀이 주어진 입체의 영역에서 벡터함수 V는 연속이고 미분가능하므로 발산 정리로 유량을 구할 수 있다.

$V=\frac{xi+yj+zk}{x^2+y^2+z^2}$이고, $divV=\frac{1}{x^2+y^2+z^2}$이다.

$$\iint_S V \cdot ndS = \iiint_E \frac{1}{x^2+y^2+z^2} dV$$
$$= \int_0^{2\pi}\int_0^{\pi}\int_1^2 \frac{1}{\rho^2}\rho^2 \sin\phi d\rho d\phi d\theta = 4\pi$$

412. 4π

풀이 주어진 입체의 영역 안에 존재하는 반지름이 a인 구 $x^2+y^2+z^2=a^2$을 S_1이라고 하자. 벡터함수 F는 $divF=0$인 비압축장이다.

따라서 $\iint_S \vec{F} \cdot \vec{N} dS = \iint_{S_1} F \cdot n_1 dS$이고,

구를 매개화하면 $x=\sin\phi\cos\theta$, $y=\sin\phi\sin\theta$, $z=\cos\phi$

$$\iint_{S_1} F \cdot dS = \iint_{S_1} F \cdot \vec{n} dS$$
$$= \iint_D (x,y,z) \cdot \frac{r_\phi \times r_\theta}{|r_\phi \times r_\theta|} |r_\phi \times r_\theta| dA$$
$$= \int_0^{2\pi}\int_0^{\pi} \sin\phi d\phi d\theta = 4\pi$$

5. 스톡스 정리

413. π

풀이 원기둥과 평면의 경계곡선 C가 평면 $y=z$의 일부 영역의 경계곡선이다. $\nabla S=\langle 0,-1,1\rangle$이고 $D=\{(x,y)\mid x^2+y^2\le 1\}$,

$curl\,F=\begin{vmatrix} i & j & k \\ \frac{\partial}{\partial x} & \frac{\partial}{\partial y} & \frac{\partial}{\partial z} \\ 2z & 3x & 1 \end{vmatrix}=\langle 0,2,3\rangle$이다.

$$\oint F\cdot dr=\iint_D curl\,F\cdot\nabla S\,dxdy$$
$$=\iint_D\langle 0,2,3\rangle\cdot\langle 0,-1,1\rangle dxdy$$
$$=\iint_D 1\,dxdy=D\text{의 면적}=\pi$$

[다른 풀이]

곡선 C를 $r(t)=(\cos t,\sin t,\sin t)$, $0\le t\le 2\pi$라고 하면 선적분 값은

$$\int_C F\cdot dr=\int_C F(r(t))\cdot r'(t)dt$$
$$=\int_0^{2\pi}(2\sin t,\ 3\cos t,\ 1)\cdot(-\sin t,\ \cos t,\ \cos t)dt$$
$$=\int_0^{2\pi}(-2\sin^2 t+3\cos^2 t+\cos t)dt\ ;\ \text{왈리스 공식 활용}$$
$$=\left(-2\cdot\frac{1}{2}\cdot\frac{\pi}{3}+3\cdot\frac{1}{2}\cdot\frac{\pi}{2}\right)\times 4$$
$$=\pi$$

414. $\frac{27}{2}\pi$

풀이 $curl\,F=\begin{vmatrix} i & j & k \\ \frac{\partial}{\partial x} & \frac{\partial}{\partial y} & \frac{\partial}{\partial z} \\ -y^3 & x^3 & -z^3 \end{vmatrix}=(0,\,0,\,3x^2+3y^2)$

$$\int_C\vec{F}\cdot\vec{dr}=\int_C -y^3dx+x^3dy-z^3dz$$
$$=\iint_S curl\vec{F}\cdot\vec{dS}=\iint_D curl\vec{F}\cdot\nabla S dA$$
$$=\iint_D(0,\,0,\,3x^2+3y^2)\cdot(1,\,1,\,1)dx\,dy$$
$$=3\int_0^{2\pi}\int_0^{\sqrt{3}}r^2\cdot r\,dr\,d\theta$$
$$=\frac{27}{2}\pi$$

415. 24π

풀이 곡선 C는 원기둥과 평면이 만나서 이루는 교선인 타원이다. 곡선 C의 방향은 위에서 봤을 때 시계 반대 방향이고

$curl\vec{F}=\begin{vmatrix} \mathbf{i} & \mathbf{j} & \mathbf{k} \\ \frac{\partial}{\partial x} & \frac{\partial}{\partial y} & \frac{\partial}{\partial z} \\ -y^3 & x^3 & -z^3 \end{vmatrix}=<0,0,3(x^2+y^2)>$ 이다.

곡선 C로 둘러싸인 곡면을 S라고 S의 xy-평면 위로의 사영을 D라고 하면 스토크스정리(Stoke' s theorem)에 의하여 다음과 같다.

$$\int_C\vec{F}\cdot\vec{dr}=\iint_S curl\vec{F}\cdot\vec{dS}$$
$$=\iint_D curl\vec{F}\cdot\nabla S dA$$
$$=3\iint_D(x^2+y^2)dA$$
$$=3\int_0^{2\pi}\int_0^2 r^3drd\theta=24\pi$$

416. 36

풀이 세 점을 꼭짓점으로 갖는 곡선 C는

평면의 방정식은 $\frac{x}{4}+\frac{y}{2}+\frac{z}{4}=1$의 일부곡면의 경계이다.

$\nabla S=\langle 1,2,1\rangle$이고,

$D=\left\{(x,y)\mid 0\le x\le 4,\ 0\le y\le 2-\frac{x}{2}\right\}$

$curl\,F=\begin{vmatrix} i & j & k \\ \frac{\partial}{\partial x} & \frac{\partial}{\partial y} & \frac{\partial}{\partial z} \\ x+2z & 3x+y & 2y-z \end{vmatrix}=\langle 2,2,3\rangle$

$$\oint F\cdot dr=\iint_D curl\,F\cdot\nabla S\,dxdy$$
$$=\iint_D\langle 2,2,3\rangle\cdot\langle 1,2,1\rangle dxdy$$
$$=9\cdot D\text{의 면적}=36$$

417. 1

풀이 세 점 $\mathrm{A}(1,0,0)$, $\mathrm{B}(0,2,0)$, $\mathrm{C}(0,0,3)$을 지나는

평면 S의 방정식은 $\frac{x}{1}+\frac{y}{2}+\frac{z}{3}=1 \Leftrightarrow 6x+3y+2z=6$

$\Leftrightarrow\ 3x+\frac{3}{2}y+z=3$이다. $\nabla S=\left(3,\frac{3}{2},1\right)$이고,

$$curl\vec{F} = \begin{vmatrix} \mathbf{i} & \mathbf{j} & \mathbf{k} \\ \frac{\partial}{\partial x} & \frac{\partial}{\partial y} & \frac{\partial}{\partial z} \\ x-y & z & y \end{vmatrix} = <0,0,1>$$

$$\int_C \vec{F} \cdot d\vec{r} = \iint_S curl\vec{F} \cdot d\vec{S} = \iint_D curl\vec{F} \cdot \nabla S dA$$

$$= \iint_D (0,0,1) \cdot \left(3, \frac{3}{2}, 1\right) dA$$

$$= \iint_D 1 dA = D\text{의 면적} = 1$$

418.

80π

풀이 곡면 $S : z = 5(x^2+y^2 \le 16)$라고 할 때, $\nabla S = \langle 0,0,1 \rangle$,

$$curlF = \begin{vmatrix} i & j & k \\ \frac{\partial}{\partial x} & \frac{\partial}{\partial y} & \frac{\partial}{\partial z} \\ yz & 2xz & e^{xy} \end{vmatrix} = \langle xe^{xy} - 2x, y - ye^{xy}, z \rangle$$

이므로 스톡스 정리에 의해서

$$\int_C F \cdot dr = \iint_S curlF \cdot d\mathbf{S}$$

$$= \iint_D curl F \cdot (0,0,1) dx dy = \iint_D z\, dx dy$$

$$= \iint_D 5\, dx dy = 5 \times 16\pi = 80\pi$$

419.

-50π

풀이

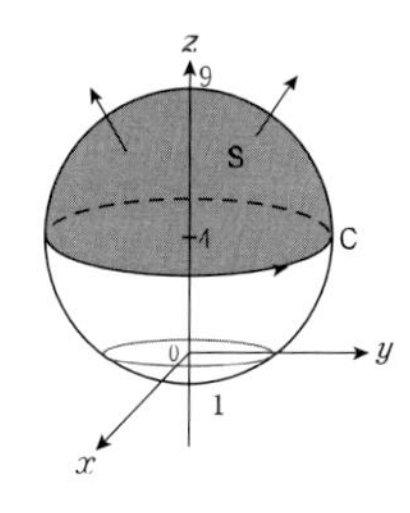

$C: r(t) = \langle 5\cos t, 5\sin t, 4 \rangle$, $0 \le t \le 2\pi$

$\Rightarrow r'(t) = \langle -5\sin t, 5\cos t, 0 \rangle$

$F(x,y,z) = \langle y, y-x, z^2 \rangle = \langle 5\sin t, 5(\sin t - \cos t), 16 \rangle$

$$\therefore \iint_S curlF \cdot ndS = \oint_C F \cdot dr$$

$$= \int_0^{2\pi} \{-25\sin^2 t + 25(\sin t \cos t - \cos^2 t)\} dt$$

$$= \int_0^{2\pi} (-25 + 25\sin t \cos t)\, dt = -50\pi$$

[다른 풀이] 스톡스 정리 활용

S는 구의 일부, S_1 는 평면 $z=4$의 일부라고 할 때,

$\iint_S curlF \cdot ndS = \iint_{S_1} curlF \cdot ndS$이므로

계산을 편하게 하기 위해서

$$\iint_{S_1} curlF \cdot ndS = \iint_D curlF \cdot \langle 0,0,1 \rangle dA$$

$$= \iint_D \langle ■, ▲, -2 \rangle \langle 0,0,1 \rangle dA = -50\pi$$

420.

-18π

풀이 $z=0$이면 $x^2+y^2=9$,

$C: r(t) = \langle 3\cos t, 3\sin t, 0 \rangle \Rightarrow r'(t) = \langle -3\sin t, 3\cos t, 0 \rangle$

$F(x,y,z) = \langle y, y-x, z^2 \rangle = \langle 3\sin t, 3(\sin t - \cos t), 0 \rangle$

$\Rightarrow F \cdot r' = -9\sin^2 t + 9(\sin t \cos t - \cos^2 t) = -9 + 9\sin t \cos t$

$$\therefore \iint_S curlF \cdot ndS = \oint_C F \cdot dr$$

$$= \int_0^{2\pi} (-9 + 9\sin t \cos t)\, dt = -18\pi$$

[다른 풀이]

스톡스 정리 활용

S는 구의 일부, S_1 는 평면 $z=0$의 일부라고 할 때,

$\iint_S curlF \cdot ndS = \iint_{S_1} curlF \cdot ndS$이므로

계산을 편하게 하기 위해서

$$\iint_{S_1} curlF \cdot ndS = \iint_D curlF \cdot \langle 0,0,1 \rangle dA$$

$$= \iint_D \langle ■, ▲, -2 \rangle \langle 0,0,1 \rangle dA\ 18\pi$$

421.

-18π

풀이 S의 경계곡선을 C 라고 하면

$C: r(t) = <3\cos t, 3\sin t, 0>$, $0 \le t \le 2\pi$이다.

스톡스 정리에 의해서

$$\iint_S curlF \cdot d\mathbf{S} = \int_C F \cdot dr$$

$$= \int_0^{2\pi} \langle 6\sin t, 0, 3\cos t e^{3\sin t} \rangle \cdot \langle -3\sin t, 3\cos t, 0 \rangle dt$$

$$= -18\int_0^{2\pi} \sin^2 t\, dt = -18 \cdot \frac{1}{2} \cdot \frac{\pi}{2} \cdot 4 = -18\pi$$

[다른 풀이]

스톡스 정리 활용

곡면 $S_1 = \{(x,\ y) | x^2 + y^2 \le 9,\ z = 0\}$라 하면

$$\iint_S curlF \cdot dS = \iint_{S_1} curlF \cdot dS$$

$$\iint_{S_1} curlF \cdot dS = \iint_D \langle ■, ▲, e^x \sin z - 2\cos z \rangle \cdot \langle 0,0,1 \rangle dA$$

$$= \iint_D -2dA = -2 \times 9\pi = -18\pi$$

422. 0

풀이 포물면과 $z=0$인 평면의 교선 $C: r(t) = \langle 2\cos t, 2\sin t, 0 \rangle$, $r'(t) = \langle -2\sin t, 2\cos t, 0 \rangle$에 대하여

$$\iint_S (\nabla \times \vec{F}) \cdot \vec{n} dS = \int_C F \cdot dr$$

$$= \int_C e^{z^{z^2}} dx + (4z - y)dy + 8x \sin y dz$$

$$= \int_0^{2\pi} [1(-2\sin t) + (0 - 2\sin t) 2\cos t] dt$$

$$= \int_0^{2\pi} (-2\sin t - 4\sin t \cos t) dt$$

$$= [2\cos t + \cos 2t]_0^{2\pi} = 0$$

[다른 풀이]

$S_1 : z = 0 (x^2 + y^2 \le 4)$에 대하여 $\nabla S_1 = \langle 0,0,1 \rangle$이다.

$$\iint_S (\nabla \times \vec{F}) \cdot \vec{n} dS = \iint_{S_1} (\nabla \times \vec{F}) \cdot \vec{n} dS$$

$$= \iint_D Q_x - P_y dA = \iint_D 0 dA = 0$$

423. π

풀이 스톡스 정리에 의해서

$$\iint_S \mathrm{curl F} \cdot d\boldsymbol{S} = \oint_C F \cdot dr$$

(단, $r(t) = (\cos t,\ \sin t,\ 0)$, $0 \le t \le 2\pi$)

$$= \int_0^{2\pi} F(r(t)) \cdot '(t)\, dt$$

$$= \int_0^{2\pi} (0,\ \cos t,\ \cos(\cos t \sin t)) \cdot (-\sin t,\ \cos t,\ 0)\, dt$$

$$= \int_0^{2\pi} \cos^2 t\, dt = 4\int_0^{\frac{\pi}{2}} \cos^2 t\, dt$$

$= 4 \cdot \frac{1}{2} \cdot \frac{\pi}{2}$ (∵ 왈리스(Wallis) 공식) $= \pi$

[다른 풀이]

스톡스 정리 활용

$S_1 : z = 0 (x^2 + y^2 \le 1)$에 대하여 $\nabla S_1 = \langle 0,0,1 \rangle$이다.

$$\iint_S curlF \cdot d\boldsymbol{S} = \iint_{S_1} curlF \cdot d\boldsymbol{S}$$

$$\iint_{S_1} curlF \cdot d\boldsymbol{S} = \iint_D \langle ■, ▲, e^{x^2 z} + 2x^2 z e^{x^2 z} \rangle \cdot \langle 0,0,1 \rangle dA$$

$= \iint_D e^{x^2 z} + 2x^2 z e^{x^2 z}\, dA$ ($S_1 : z = 0$대입)

$= \iint_D 1\, dA = D$의 면적 $= \pi$

424. 0

풀이 두 곡면의 교선을 C라 하면 $C : r(t) = < 2\cos t, 2\sin t, 4 >$, $0 \le t \le 2\pi$이므로 스톡스 정리에 의해서

$$\iint_S curlF \cdot d\boldsymbol{S}$$

$$= \int_C F \cdot dr$$

$$= \int_0^{2\pi} \langle 64\cos^2 t, 64\sin^2 t, 16\sin t \cos t \rangle \cdot \langle -2\sin t, 2\cos t, 0 \rangle dt$$

$$= \int_0^{2\pi} -128\sin t \cos^2 t + 128\cos t \sin^2 t\, dt$$

$$= 128\left[\frac{1}{3}\cos^3 t + \frac{1}{3}\sin^3 t\right]_0^{2\pi} = 0$$

[다른 풀이] 스톡스 정리 활용

곡면 $S_1 = \{(x,\ y,\ z) | x^2 + y^2 \le 4,\ z = 4\}$이라 하면

$\iint_S curlF \cdot d\boldsymbol{S} = \iint_{S_1} curlF \cdot dS$를 만족한다.

$$\iint_{S_1} curlF \cdot dS = \iint_D < ★, ●, 0 > \cdot < 0,\ 0,\ 1 > dA = 0$$

425. 0

풀이 곡면 $S_1 = \{(x, y, z) | z = -1, -1 \le x, y \le 1\}$이라 하면 스톡스 정리 활용에 의해서

$$\iint_S curlF \cdot dS = \iint_{S_1} curlF \cdot dS$$

$$\iint_{S_1} curlF \cdot dS = \int_D \langle ■, ▲, y - xz \rangle \cdot \langle 0,0,1 \rangle dA$$

$$= \iint_D x + y dA$$

$= \iint_D x dA + \iint_D y dA = 0$(∵ 무게중심 이용)

426. -2π

풀이 스토크스 정리에 의하여 구하는 면적분 스톡스정리의 활용을 이용하자. (단, $D: 4x^2+y^2 \le 4$, $S_1 : z=0$)

$$\iint_S (\nabla \times F) \cdot n dS$$
$$= \iint_{S_1} (\nabla \times F) \cdot n dS$$
$$= \iint_D Q_x - P_y dA$$
$$= \iint_D z-1 dA \; ; \; z=0\text{대입하자.}$$
$$= \iint_D -1 dA = -(D\text{의 넓이}) = -2\pi$$

427. $-\pi$

풀이 스토크스 정리에 의하여 구하는 면적분 스톡스정리의 활용을 이용하자. (단, $D: x^2+y^2 \le 1$, $S_1 : z=0$)

$$\iint_S curl F \cdot dS$$
$$= \iint_{S_1} (\nabla \times F) \cdot n dS$$
$$= \iint_D Q_x - P_y dA$$
$$= \iint_D -1 dA = -(D\text{의 넓이}) = -\pi$$

428. 0

풀이 곡면 $S_1 = \{(x,y,z) | y=0, x^2+z^2 \le 1\}$이라 하면 스톡스 정리에 의해서 $\iint_S curl F \cdot d\mathbf{S} = \iint_{S_1} curl F \cdot d\mathbf{S}$이다.

$$\iint_{S_1} curl F \cdot d\mathbf{S} = \int_D \langle ■, -2xz, ★ \rangle \cdot \langle 0,1,0 \rangle dA$$
$$= -2\iint_D xz dA$$
$$= -2\int_0^{2\pi}\int_0^1 r^3 \cos\theta \sin\theta \, dr d\theta = 0$$

429. 54π

풀이 두 곡면으로 둘러싸인 입체를 정사영시킨 영역을 구하자.

$x^2+y^2 = 2x+4y+4 \Leftrightarrow (x-1)^2+(y-2)^2 = 9$

곡선 C는 영역 $\{(x,y) | (x-1)^2+(y-2)^2=9\}$에서 존재하는 평면 S_2위의 폐곡선이다.

따라서 $D = \{(x,y) | (x-1)^2+(y-2)^2 \le 9\}$이다.

$$curl F = \begin{vmatrix} i & j & k \\ \frac{\partial}{\partial x} & \frac{\partial}{\partial y} & \frac{\partial}{\partial z} \\ xz & yz & xy \end{vmatrix} = \langle x-y, x-y, 0 \rangle \text{이고,}$$

벡터함수의 한 일은 스톡스 정리에 의해서

$$\int_C F \cdot dr = \iint_{S_2} curl F \cdot n dS$$
$$= \iint_D curl F \cdot (-2,-4,1) dA$$
$$= \iint_D -6(x-y) dA$$
$$= -6 \cdot D\text{의 면적}(\bar{x}-\bar{y}) = 54\pi$$

430. 11π

풀이 곡선 $C: r(t) = \cos t\, i + \sin t\, j + (6-\cos^2 t - \sin t)k$는 곡면 $x^2+y^2=1$과 $z=6-x^2-y$의 교선임을 알 수 있다.

여기서 곡면 S는 $x^2+y^2=1$ 위의 $x^2+y+z=6$ 이고 $ndS = \langle 2x, 1, 1 \rangle dxdy$이다.

$$curl F = \begin{vmatrix} i & j & k \\ \frac{\partial}{\partial x} & \frac{\partial}{\partial y} & \frac{\partial}{\partial z} \\ z^2-y^2 & -2xy^2 & e^{\sqrt{z}} \end{vmatrix} = \langle 0, 2z, 2y-2y^2 \rangle$$

$$\int_C F \cdot dr = \iint_S curl F \cdot n dS$$
$$= \iint_D \langle 0, 2z, 2y-2y^2 \rangle \cdot \langle 2x, 1, 1 \rangle dx dy$$
$$= \iint_D 2z+2y-2y^2 dx dy$$
$$= 2\iint_D (6-x^2-y)+y-y^2 dx dy$$
$$= 2\iint_D 6-x^2-y^2 dx dy$$
$$= 2\int_0^{2\pi}\int_0^1 6r-r^3 dr d\theta$$
$$= 2 \cdot 2\pi \cdot \left(3-\frac{1}{4}\right) = 11\pi$$